学以致用

AutoCAD 2017 案例教程

孙　超　主　编
杨艳霞　副主编

電子工業出版社
Publishing House of Electronics Industry
北京•BEIJING

内 容 简 介

本书全面介绍了如何使用 AutoCAD 2017 软件进行绘图，内容涵盖了 AutoCAD 2017 软件的各种常见应用，并且通过大量实例将制图设计与软件操作相结合，以便帮助读者全面、深入地掌握 AutoCAD 2017 软件。本书详细讲解了 AutoCAD 2017 基础入门、二维图形的绘制、二维图形的编辑、二维图形的填充、图层与图块、文字与表格、尺寸标注、辅助工具、三维实体的绘制、三维实体的编辑、打印与输出等内容。

配套资源中提供了本书实例的 DWG 文件和演示实例设计过程的教学视频文件。

本书内容全面、层次清晰、言简意赅、重点突出，将编者在实际设计和教学工作中的经验和应用技巧渗透其中，具有较强的使用价值，适合作为 AutoCAD 初学者的学习参考书，也适合作为大中专院校和社会培训机构的 AutoCAD 相关课程的教材。

未经许可，不得以任何方式复制或抄袭本书之部分或全部内容。
版权所有，侵权必究。

图书在版编目（CIP）数据

AutoCAD 2017 案例教程 / 孙超主编. —北京：电子工业出版社，2021.3

ISBN 978-7-121-37381-7

Ⅰ. ①A… Ⅱ. ①孙… Ⅲ. ①AutoCAD 软件－职业教育－教材 Ⅳ. ①TP391.72

中国版本图书馆 CIP 数据核字（2019）第 192920 号

责任编辑：罗美娜　　特约编辑：田学清
印　　刷：三河市双峰印刷装订有限公司
装　　订：三河市双峰印刷装订有限公司
出版发行：电子工业出版社
　　　　　北京市海淀区万寿路 173 信箱　　邮编　100036
开　　本：787×1 092　1/16　印张：21　字数：538 千字
版　　次：2021 年 3 月第 1 版
印　　次：2021 年 3 月第 1 次印刷
定　　价：45.00 元

凡所购买电子工业出版社图书有缺损问题，请向购买书店调换。若书店售缺，请与本社发行部联系，联系及邮购电话：（010）88254888，88258888。

质量投诉请发邮件至 zlts@phei.com.cn，盗版侵权举报请发邮件至 dbqq@phei.com.cn。

本书咨询联系方式：（010）88254617，luomn@phei.com.cn。

前　言

AutoCAD 是国内非常流行，也是应用非常广泛的计算机绘图和设计软件之一，其丰富的绘图功能、强大的设计功能和友好的用户界面深受广大设计人员的青睐。AutoCAD 2017 与以前的版本相比有了较大改进和提高，使用起来更加人性化、更加方便。

目前，AutoCAD 软件不仅在机械、电子、建筑等工程设计领域得到了广泛的应用，而且在地理、气象、航海等特殊领域，甚至在乐谱、灯光、广告等其他领域也得到了广泛的应用。

本书的编者具有丰富的教学和实践经验。在编写本书的过程中，他们将多年积累的设计经验融入每个章节中，使书中的内容更加贴近实际应用。同时，编者结合自己的培训经验，将所有知识的讲解进行了合理化的拆分和科学的安排，使入门人员在学习时更加方便、快捷。希望通过本书的学习，能够让读者掌握 AutoCAD 软件的所有常见应用。

本书内容

本书从应用的角度出发，深入浅出地讲解了 AutoCAD 在设计领域的各种应用，全面介绍了 AutoCAD 2017 中文版的基本操作和功能，详尽说明了各种工具的使用及创建技巧。本书从 AutoCAD 2017 的基础知识开始介绍，深入、细致地讲解了各种二维和三维绘图工具及编辑修改工具，包括 AutoCAD 2017 基础入门、二维图形的绘制、二维图形的编辑、二维图形的填充、图层与图块、文字与表格、尺寸标注、辅助工具、三维实体的绘制、三维实体的编辑、打印与输出等内容，让读者全面、深入地掌握 AutoCAD 在各种常见领域的具体应用。本书实例丰富，步骤清晰，与实践结合非常密切，可以使初学者很容易地上手操作，在短时间内学到内容的精华。

本书约定

为了便于理解，本书的写作遵从如下约定。

- 本书中出现的中文菜单和命令将使用【】括起来，以示区分。此外，为了使语句更加简洁易懂，本书中所有的菜单和命令之间以竖线（|）分隔，例如，单击【修改】菜单，再选择【移动】命令，就使用选择【修改】|【移动】命令来表示。
- 用加号（+）连接的 2 个或 3 个键表示组合键，在操作时表示同时按下这两个或三个键。例如，【Ctrl+V】是指在按下【Ctrl】键的同时，按下【V】键；【Ctrl+Alt+F10】是指在按下【Ctrl】和【Alt】键的同时，按下【F10】键。
- 在没有特殊指定时，单击、双击和拖动是指用鼠标左键单击、双击和拖动，右击是指用鼠标右键单击。

另外，需要说明的是，Auto CAD 默认使用的尺寸单位为毫米（mm）。

本书由东营市中等专业学校的孙超老师主编，东营市技师学院的杨艳霞老师担任副主编，参加编写人员还有朱晓文、刘蒙蒙、刘峥、陈月霞、刘希林、黄健、黄永生等。

本书的每一章都围绕综合实例来介绍，便于提高和拓宽读者对 AutoCAD 2017 基本功能的掌握与应用。

本书内容翔实，结构清晰，语言流畅，实例分析透彻，操作步骤简洁实用，适合作为 AutoCAD 2017 初学者的学习参考书，也适合作为大中专院校和社会培训机构的 AutoCAD 相关课程的教材。

编　者

2020 年 10 月

目　录

第 1 章

AutoCAD 2017 基础入门

01

Chapter

本章导读：

基础知识
- ◈ AutoCAD 2017 的工作空间
- ◈ AutoCAD 2017 的工作界面

重点知识
- ◈ 绘制单人床
- ◈ 绘制玻璃造型门

提高知识
- ◈ 管理图形文件
- ◈ 命令的使用

在学习 AutoCAD 之前，首先需要掌握一些基础的知识，包括界面、命令、坐标等。只有掌握了这些基础知识，才可以在后面的学习中做到绘制自如。

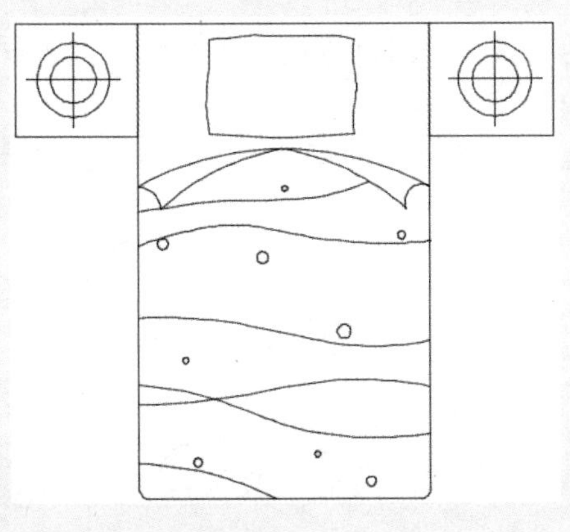

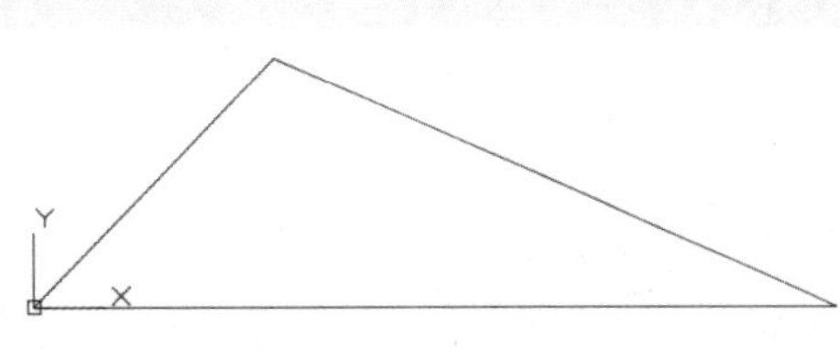

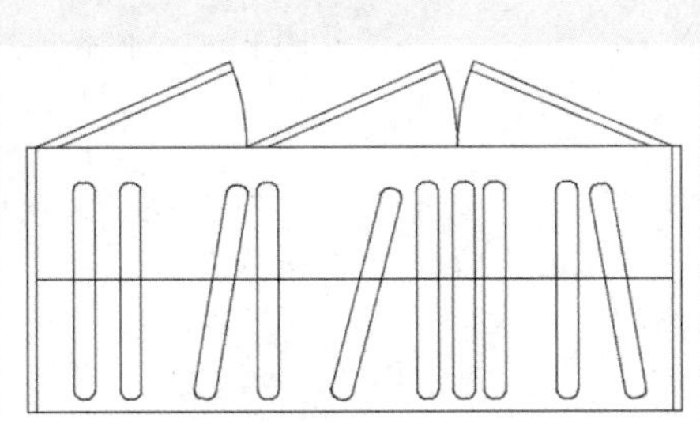

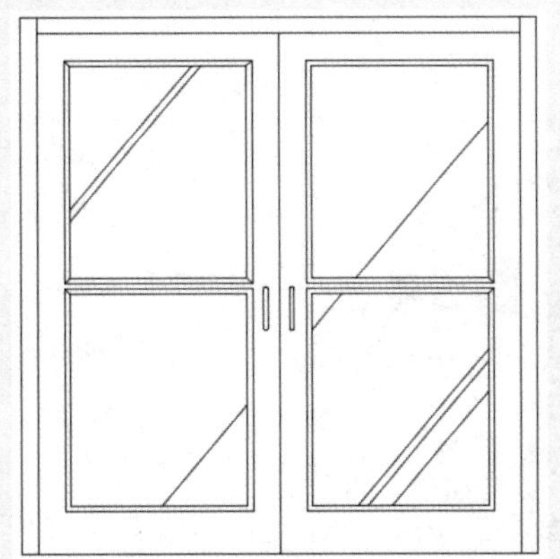

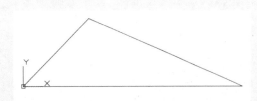

1.1　任务 1：绘制单人床——AutoCAD 2017 的基本操作

下面将通过实例讲解如何绘制单人床，其效果如图 1-1 所示。具体操作步骤如下。

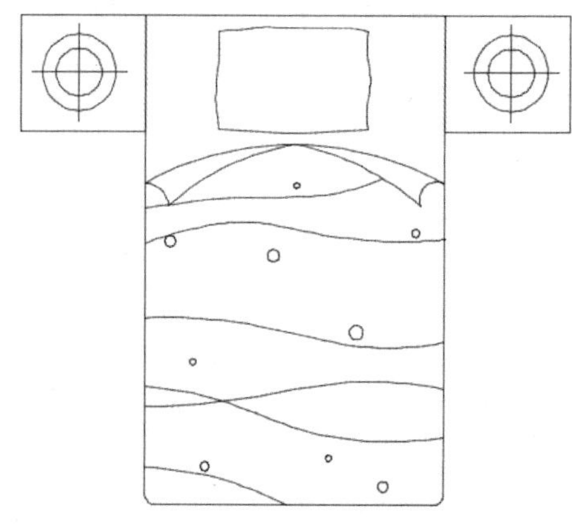

图 1-1　单人床效果

1.1.1　任务实施

（1）在命令行中输入【RECTANG】命令，绘制一个长度为 1300、宽度为 2059 的矩形，如图 1-2 所示。

（2）在命令行中输入【FILLET】命令，然后在命令行中输入【R】，指定圆角半径为 50，对矩形的左下角和右下角进行圆角处理，效果如图 1-3 所示。

（3）在命令行中输入【RECTANG】命令，指定矩形的第一个角点，然后在命令行中输入【D】，指定矩形的长度为 540、矩形的宽度为 487，绘制如图 1-4 所示的矩形。

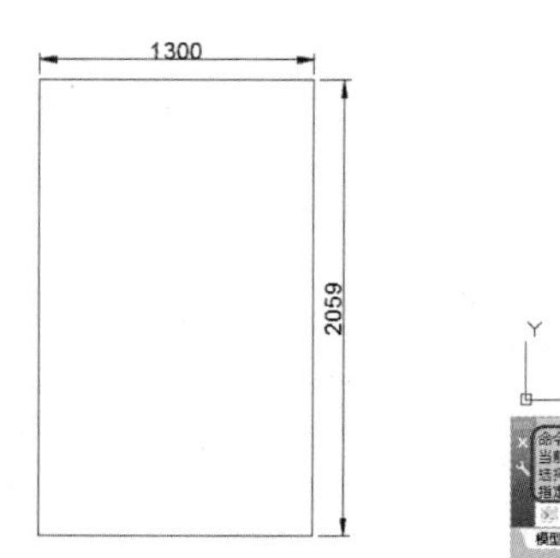

图 1-2　绘制矩形 1

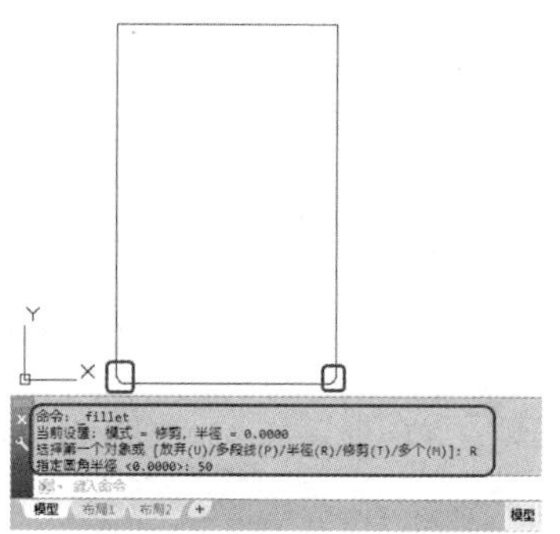

图 1-3　圆角矩形效果

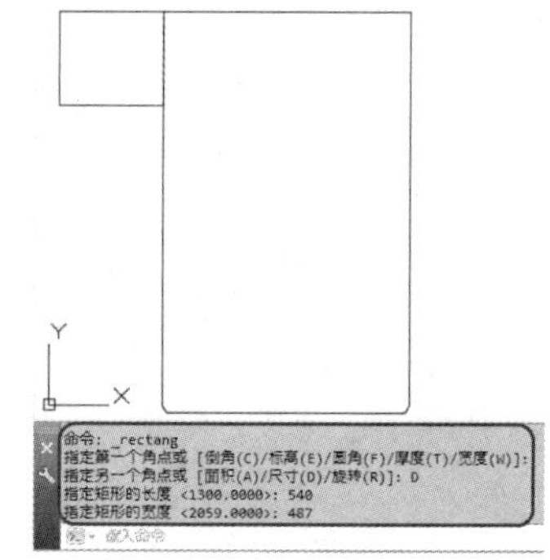

图 1-4　绘制矩形 2

技术看板：

在使用 AutoCAD 2017 时，首先需要启动该软件，在完成相关操作后，应该退出该软件，这是软件操作的首要步骤。启动和退出 AutoCAD 2017 的方式有多种，下面将对其进行详细讲解。

在安装 AutoCAD 2017 后，即可启动并使用该软件。启动 AutoCAD 2017 的方法主要有如下 3 种。

1. 通过桌面快捷图标启动

在安装 AutoCAD 2017 后，系统会自动在计算机桌面上添加快捷图标，如图 1-5 所示。此时，双击该图标即可启动 AutoCAD 2017。这是最直接也是最常用的启动该软件的方法。

2. 通过快速启动区启动

在安装 AutoCAD 2017 的过程中，该软件会提示用户是否创建快速启动方式。如果创建了快速启动方式，那么在任务栏的快速启动区中会显示 AutoCAD 2017 的图标，如图 1-6 所示。此时，单击该图标即可启动 AutoCAD 2017。

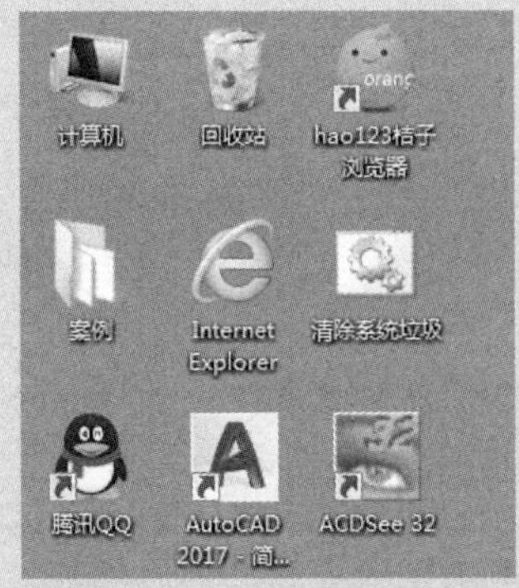

图 1-5　AutoCAD 2017 图标 1

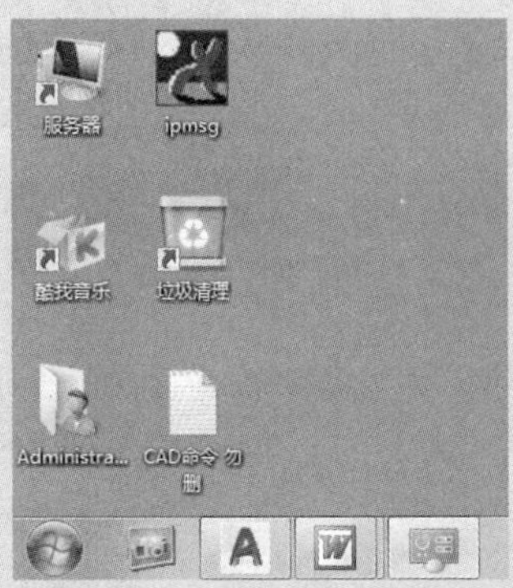

图 1-6　AutoCAD 2017 图标 2

3. 通过【开始】菜单启动

与其他多数应用软件类似，在安装 AutoCAD 2017 后，系统会自动在【开始】菜单的【所有程序】子菜单中创建一个名称为 Autodesk 的程序组。选择该程序组中的【AutoCAD 2017-简体中文（Simplified Chinese）】|【AutoCAD 2017-简体中文（Simplified Chinese）】命令，即可启动 AutoCAD 2017，如图 1-7 所示。

图 1-7　通过【开始】菜单启动 AutoCAD 2017

在 AutoCAD 2017 中完成绘图后，若需要退出，则可以通过以下 4 种方式进行。

单击 AutoCAD 2017 主窗口右上角的【关闭】按钮。

单击【菜单浏览器】按钮，在弹出的操作菜单中单击退出 Autodesk AutoCAD 2017 按钮，如图 1-8 所示。

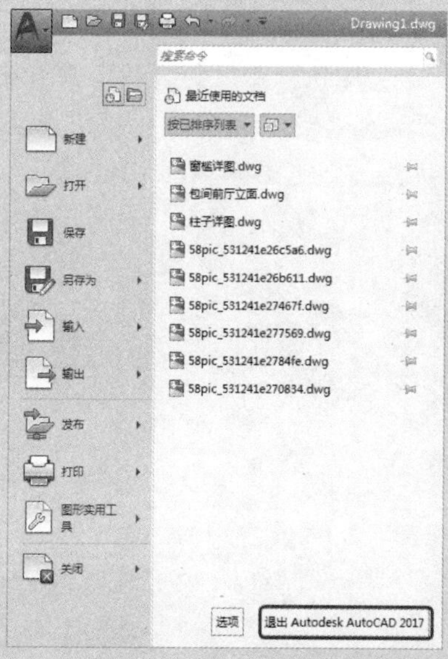

图 1-8　单击【退出 Autodesk AutoCAD 2017】按钮

在 AutoCAD 工作界面的标题栏上右击，在弹出的快捷菜单中选择【关闭】命令。

直接按【Alt+F4】组合键或【Ctrl+Q】组合键。

（4）在命令行中输入【CIRCLE】命令，指定圆的圆点，指定圆的半径为 100，如图 1-9 所示。

（5）在命令行中输入【OFFSET】命令，按【Enter】键确认，向外引导鼠标光标，在命令行中输入【60】，按【Enter】键确认，如图 1-10 所示。

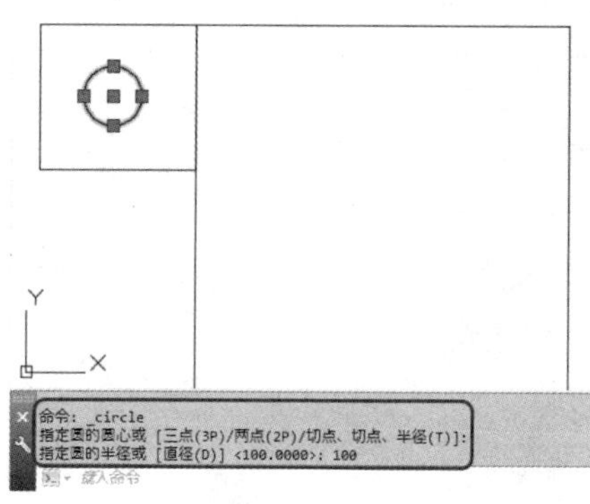

图 1-9　绘制圆

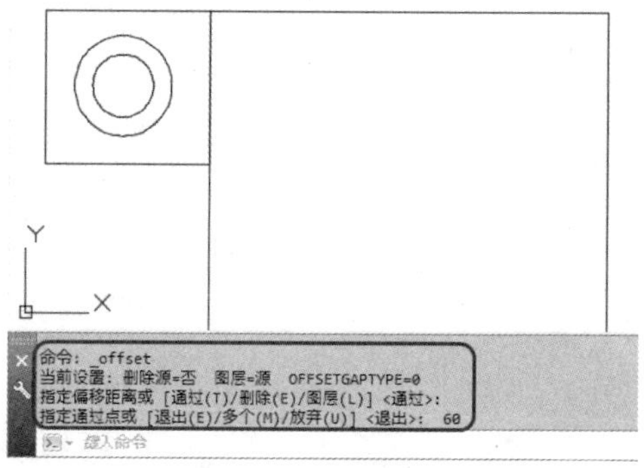

图 1-10　偏移圆

（6）在【绘图】面板中单击【直线】按钮，绘制水平和垂直的线段，如图 1-11 所示。

（7）选择左侧绘制的图形，在命令行中输入【MIRROR】命令，指定镜像的第一点和第二点，如图 1-12 所示。

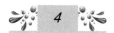

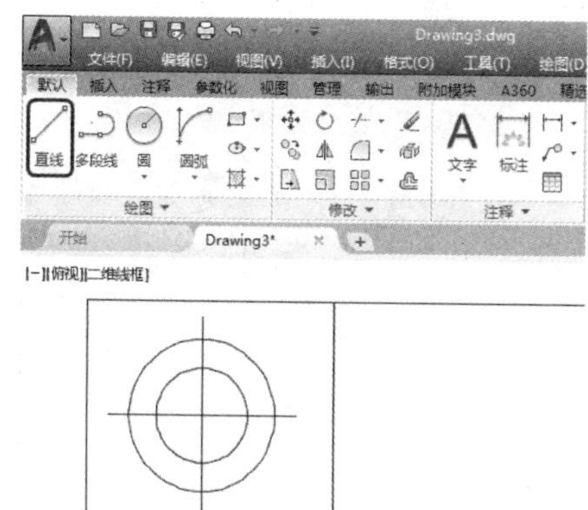

图 1-11　绘制线段

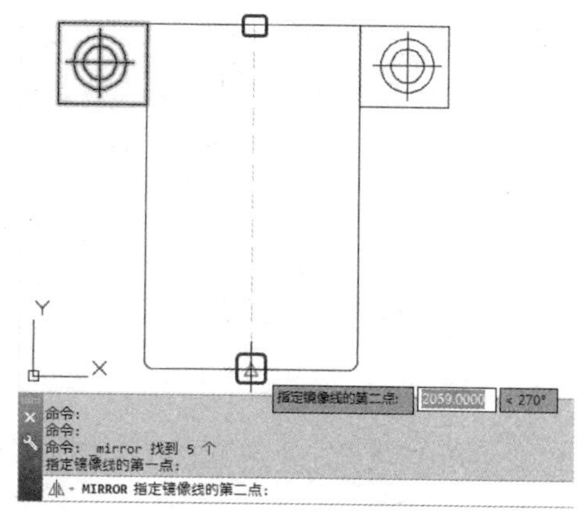

图 1-12　指定镜像点

（8）在命令行中输入【N】，按【Enter】键确认，即可镜像对象，如图 1-13 所示。

（9）在命令行中输入【SPLINE】命令，绘制样条曲线，如图 1-14 所示。

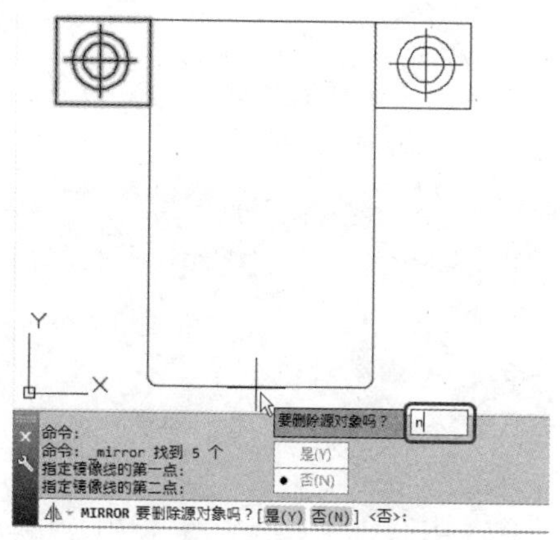

图 1-13　镜像对象

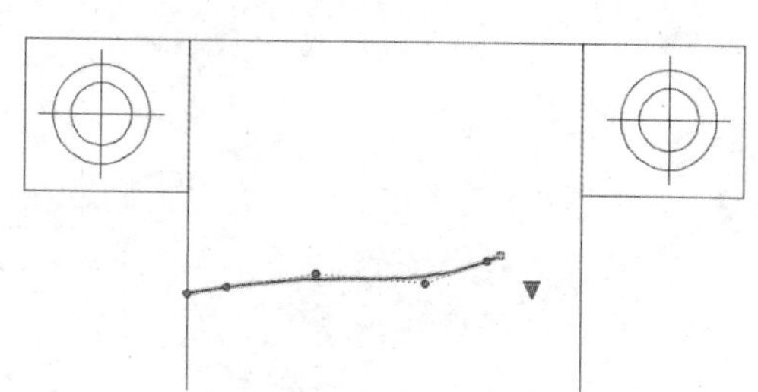

图 1-14　绘制样条曲线

（10）按【Enter】键确认，再次输入【SPLINE】命令，绘制如图 1-15 所示的样条曲线。

（11）在【绘图】面板中单击【圆弧】按钮，绘制圆弧，如图 1-16 所示。

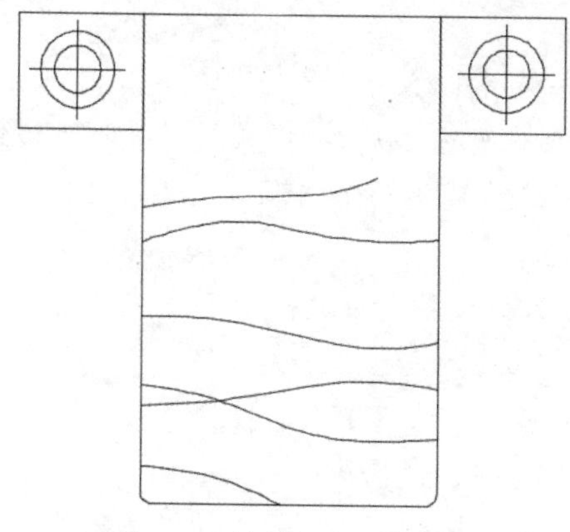

图 1-15　绘制完成后的效果

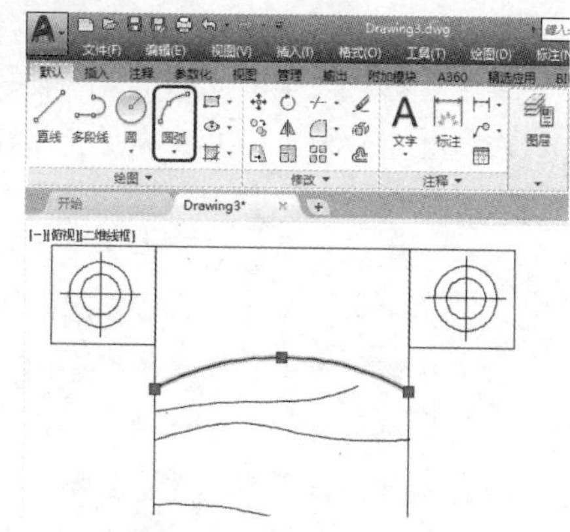

图 1-16　绘制圆弧

（12）继续执行【圆弧】命令，绘制其他对象，如图 1-17 所示。

（13）使用【SPLINE】和【ARC】命令，绘制枕头，如图 1-18 所示。

（14）在【绘图】面板中单击【圆】按钮，绘制多个圆，最终效果如图 1-19 所示。

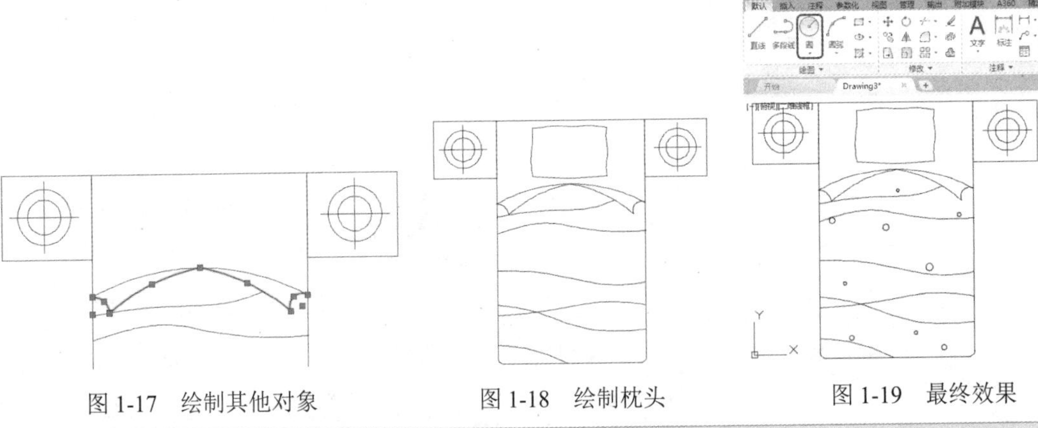

图 1-17　绘制其他对象　　图 1-18　绘制枕头　　图 1-19　最终效果

技术看板：

视图操作包括平移、缩放、重画与重生成视图等。通过视图操作可以全面地观察图形对象，使绘制出的图形对象更加精准。

在 AutoCAD 2017 中绘制图形时，某些图形对象不能完全显示在绘图区中，此时用户可以执行平移视图操作，查看未在绘图区中显示的图形对象。该操作不会改变图形显示的大小。执行该操作的方法有以下几种。

（1）在【视图】选项卡的【导航】面板中单击 平移 按钮。

（2）在绘图区右侧的常用工具栏中单击【平移】按钮。

（3）在命令行中执行【PAN】或【P】命令。

在执行上述任意一种操作后，鼠标光标会变为形状，然后在绘图区按住鼠标左键并移动鼠标光标的位置，可以自由移动当前图形，使其到达最佳观察位置。

平移视图又分为实时平移和定点平移两种方式，它们的功能和作用如下。

实时平移：鼠标光标变为形状，按住鼠标左键并移动鼠标光标的位置，可使图形的显示位置随鼠标光标向同一方向移动。

定点平移：以平移起始基点和目标点的方式进行平移。

在 AutoCAD 2017 中，用户通过缩放视图操作可以更快速、更准确、更细致地绘制图形。该操作可以帮助用户观察图形的大小，或者观察局部图形，或者放大和缩小图形，而且原图形的尺寸不会发生变化。

在 AutoCAD 2017 中，用户可以通过以下 3 种方法执行缩放视图操作。

（1）在菜单栏中选择【视图】|【缩放】|【范围】命令。

（2）切换至【视图】选项卡，在【导航】面板中单击【范围】按钮。

（3）在命令行中输入【ZOOM】命令并按【Enter】键确认。

当在 AutoCAD 2017 中绘制较复杂的图形或较大的图形时，可以执行重画与重生成视图操作，并刷新当前视窗中的图形，清除残留的标记点痕迹。

1. 重画视图

将虚拟屏幕上的图形对象输出到实际屏幕中，不需要重新计算图形，即重画视图。执行该操作的方法有以下几种。

（1）在菜单栏中选择【视图】|【重画】命令。

（2）在命令行中执行【REDRAWALL】命令。

2. 重生成视图

重生成视图相当于刷新桌面。当视图被放大后，图形的分辨率会有所降低，弧形可能会被显示成直线段，在这种情况下执行重画视图操作只能去除点的标记，不能使圆弧看起来很连续，此时必须执行重生成视图操作来刷新视图。执行该操作的方法有以下几种。

（1）在菜单栏中选择【视图】|【重生成】或【全部重生成】命令。

（2）在命令行中执行【REGEN】命令。

1.1.2 AutoCAD 2017 的工作空间

在 AutoCAD 中选择不同的工作空间可以进行不同的操作，例如，在【三维基础】工作空间下，可以方便地进行简单的三维建模操作。

1. 草图与注释

AutoCAD 2017 默认的工作空间为【草图与注释】工作空间。其界面主要由应用程序按钮、功能区选项卡、快速访问工具栏、绘图区、命令行窗口和状态栏组成。在该工作空间中，可以方便地使用【默认】选项卡的【绘图】【修改】【图层】【注释】【块】【特性】等面板中的命令绘制和编辑二维图形。【草图与注释】工作空间界面如图 1-20 所示。

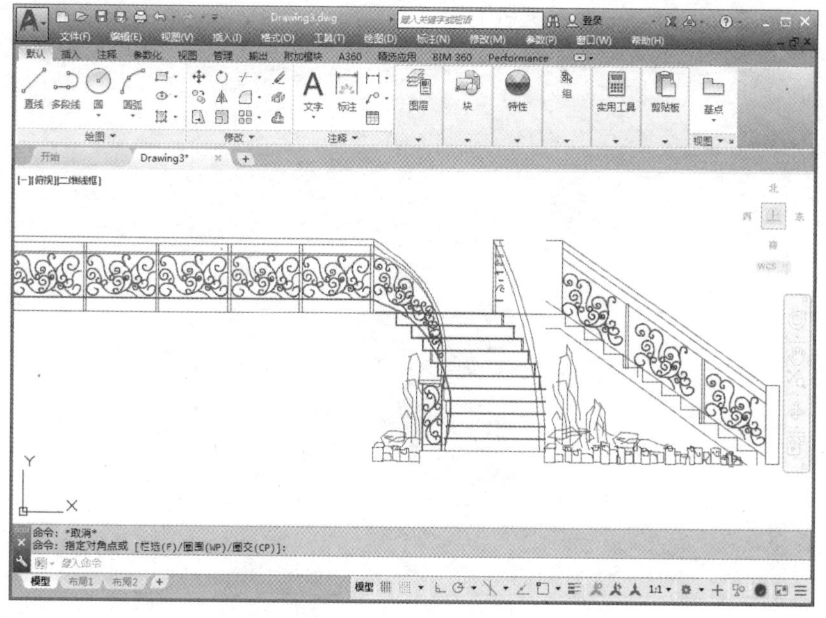

图 1-20 【草图与注释】工作空间界面

2. 三维基础

在【三维基础】工作空间中，可以非常方便地创建基本的三维模型，其功能区选项卡中提供了各种常用的三维建模、布尔运算及三维编辑工具按钮。【三维基础】工作空间界面如图 1-21 所示。

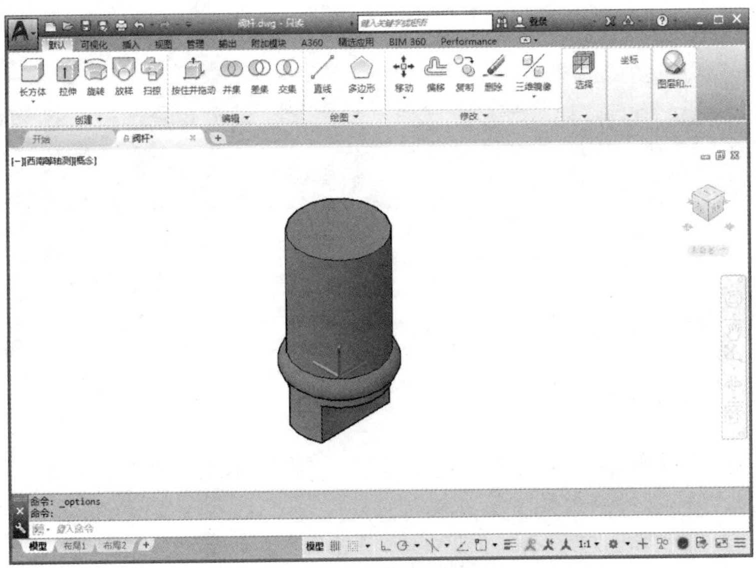

图 1-21 【三维基础】工作空间界面

3. 三维建模

【三维建模】工作空间界面与【草图与注释】工作空间界面相似，其功能区选项卡集中了【建模】【视觉样式】【光源】【材质】【渲染】【导航】等面板，为绘制和观察三维图形、附加材质、创建动画、设置光源等操作提供了非常便利的环境，如图 1-22 所示。

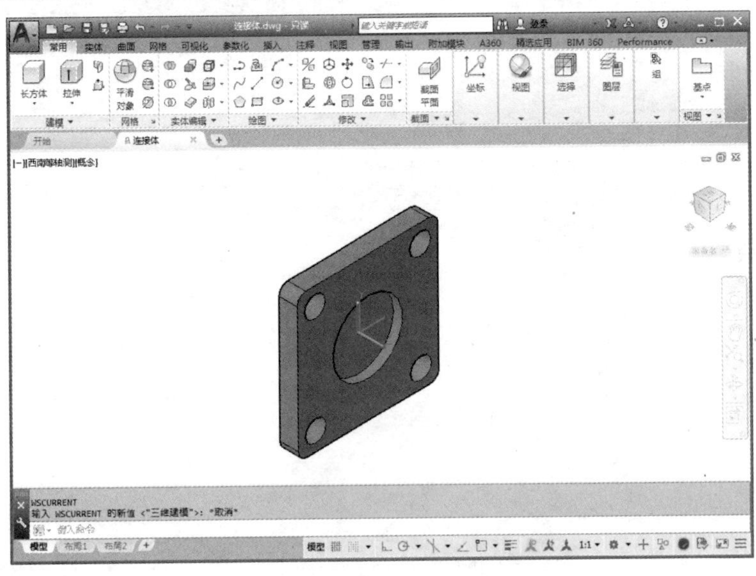

图 1-22 【三维建模】工作空间界面

1.1.3 AutoCAD 2017 的工作界面

在启动 AutoCAD 2017 后，将打开其工作界面，并自动新建一个名称为 Drawing1.dwg 的图形文件。AutoCAD 2017 的工作界面主要由标题栏、菜单栏、功能区选项卡、绘图区、十字光标、坐标系图标、命令行和状态栏组成，如图 1-23 所示。下面根据 AutoCAD 2017 的工作界面各组成部分的位置，依次介绍其功能。

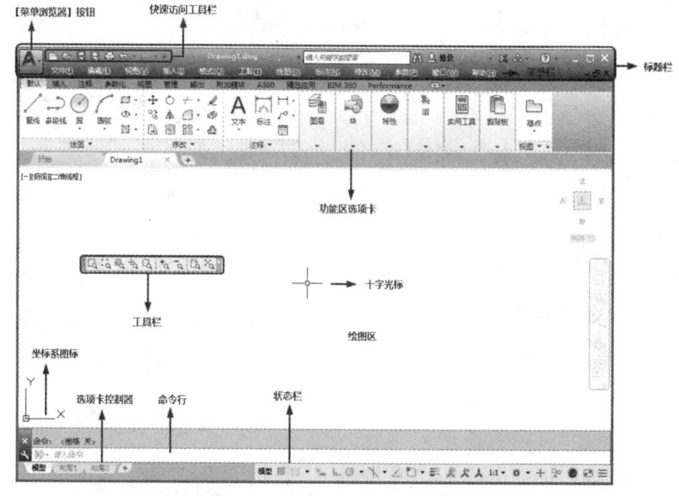

图 1-23 AutoCAD 2017 的工作界面

1. 标题栏

标题栏位于工作界面的最上方，如图 1-24 所示。

图 1-24 标题栏

【菜单浏览器】按钮A：单击该按钮可以打开相应的操作菜单，如图 1-25 所示。

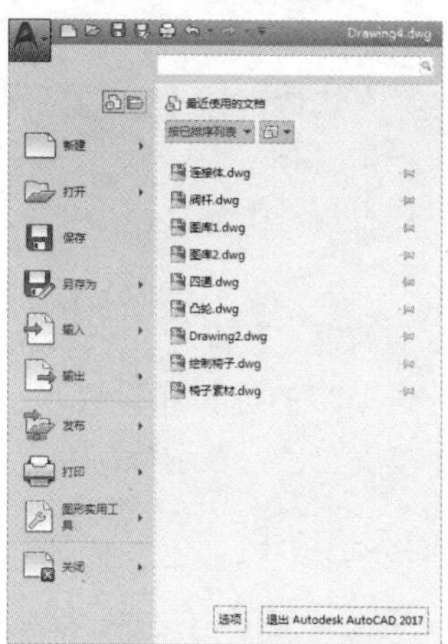

图 1-25 单击【菜单浏览器】按钮

- 快速访问工具栏：在默认情况下会显示 7 个按钮，包括【新建】按钮、【打开】按钮、【保存】按钮、【另存为】按钮、【打印】按钮、【放弃】按钮和【重做】按钮。

- Drawing4.dwg：代表图形文件名称。
- 搜索栏：在文本框中输入要查找的内容后，单击按钮即可进行搜索。
- 【登录】按钮：单击该按钮，将弹出【AutoCAD 账户】对话框，用于账户登录。
- 【交换】按钮：单击该按钮，将弹出【AutoCAD Exchange】对话框，用于与用户进行信息交换，并默认显示该软件的新增内容的相关信息。
- 【帮助】按钮：单击该按钮，将弹出【AutoCAD Help】对话框。此时默认显示帮助主页，在该页面中输入信息并进行搜索后，即可查看相应的帮助信息。
- 控制按钮：分别是【最小化】按钮、【最大化】按钮和【关闭】按钮。
  - 【最小化】按钮：单击该按钮可将窗口最小化到 Windows 任务栏中，只显示图形文件的名称。
  - 【最大化】按钮：单击该按钮可将窗口放大到充满整个屏幕，即全屏显示。同时，该控制按钮变为形状，即【还原】按钮，单击该按钮可将窗口还原到原有状态。
  - 【关闭】按钮：单击该按钮可退出 AutoCAD 2017 应用程序。

2. 菜单栏

在自定义快速访问工具栏的弹出菜单中选择【显示菜单栏】命令，AutoCAD 2017 中文版的菜单栏就会出现在功能区选项卡的上方，如图 1-26 所示。

文件(F) 编辑(E) 视图(V) 插入(I) 格式(O) 工具(T) 绘图(D) 标注(N) 修改(M) 参数(P) 窗口(W) 帮助(H)

图 1-26 菜单栏

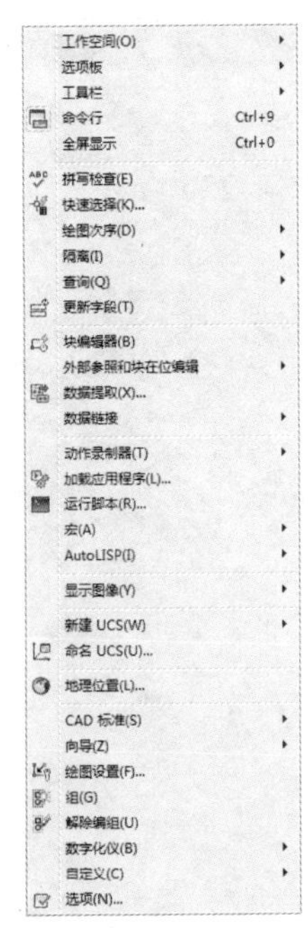

图 1-27 【工具】菜单

菜单栏由【文件】【编辑】【视图】等菜单组成，几乎包括了AutoCAD 2017 中全部的功能和命令。图 1-27 所示即为 AutoCAD 2017 的【工具】菜单，从中可以看到，某些菜单命令后有【▸】【…】【Ctrl+0】【(W)】等符号或组合键，用户在使用它们时应遵循以下规定。

- 命令后有【▸】符号，表示该命令下还有子命令。
- 命令后有快捷键如【（K）】，表示在打开该菜单时按快捷键即可执行相应命令。
- 命令后有组合键如【Ctrl+9】，表示直接按组合键即可执行相应命令。
- 命令后有【…】符号，表示执行该命令可打开一个对话框，以进行进一步的选择和设置。
- 命令呈现灰色，表示该命令在当前状态下不可用。

3. 功能区选项卡

功能区选项卡类似于旧版本 AutoCAD 的菜单命令，AutoCAD 2017 根据其用途进行了规划，在默认情况下，包括【默认】【插入】【注释】【参数化】【视图】【管理】【输出】【附加模块】【A360】【精选应用】【BIM 360】【Performance】选项卡，如图 1-28 所示。

单击某个选项卡，将打开其相应的编辑按钮；单击功能区选项卡右侧的【显示完整的功能区】按钮，在弹出的下拉列表中选择【最小化为面板按钮】选项，可收缩选项卡中的编辑按钮，只显示各面板的名称，如图 1-29 所示。

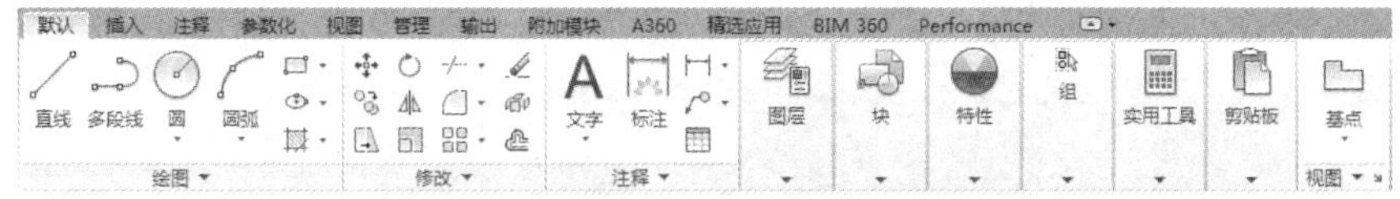

图 1-28　功能区选项卡

图 1-29　选择【最小化为面板按钮】选项

此时，单击功能区选项卡右侧的【显示完整的功能区】按钮，在弹出的下拉列表中选择【最小化为面板标题】选项，可将其收缩为如图 1-30 所示的样式。再次单击按钮，选择相应的选项，将展开各面板。

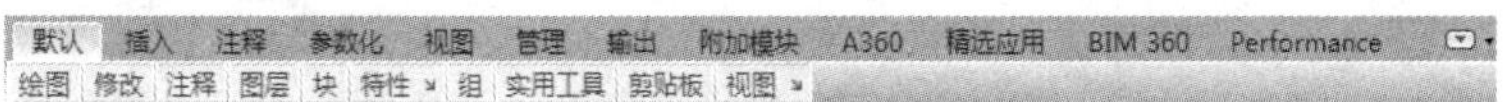

图 1-30　选择【最小化为面板标题】选项

4. 绘图区

AutoCAD 2017 版本的绘图区比旧版本 AutoCAD 的更大，可以方便用户更好地绘制图形对象，如图 1-31 所示。此外，为了方便用户更好地操作，在绘图区的右侧还动态显示坐标和常用工具栏，这是该软件人性化的一面，可为绘图操作节省不少时间。

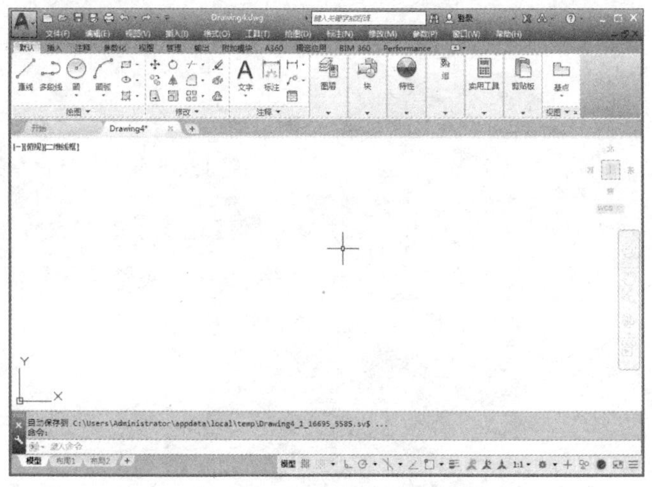

图 1-31　绘图区

5. 十字光标

在绘图区中，鼠标光标变为十字形状，即十字光标，它的交点显示了当前点在坐标系中的位置。十字光标与当前用户坐标系的 *X*、*Y* 坐标轴平行，如图 1-32 所示。系统默认的十字光标大小为 5，该大小可根据实际情况进行相应的更改。

6. 坐标系图标

坐标系图标位于绘图区的左下角，主要用于显示当前使用的坐标系及坐标方向等，如图 1-33 所示。在不同的视图模式下，该坐标系所指的方向也不同。

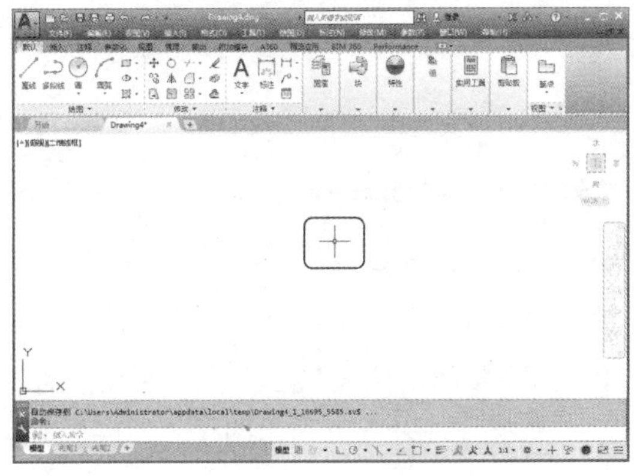

图 1-32　十字光标

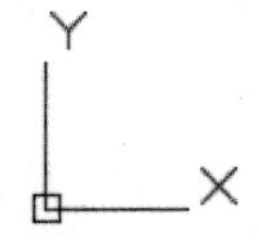

图 1-33　坐标系图标

7. 命令行

命令行是用户与 AutoCAD 2017 对话的区域，位于绘图区的下方。在使用软件的过程中，我们应密切关注命令行中出现的信息，然后按照信息提示进行相应的操作。在默认情况下，命令行有 3 行。

在绘图过程中，命令行一般有以下两种状态。

- 等待命令输入的状态：表示系统等待用户输入命令，以绘制或编辑图形，如图 1-34 所示。
- 正在执行命令的状态：在执行命令的过程中，命令行中将显示关于该命令的操作提示，以方便用户快速确定下一步操作，如图 1-35 所示。

图 1-34　等待命令输入的状态

图 1-35　正在执行命令的状态

> **提示：**在当前命令行中输入内容后，可以按【F2】键打开文本窗口，如图 1-36 所示，并最大化显示命令行的信息。AutoCAD 文本窗口和命令行相似。

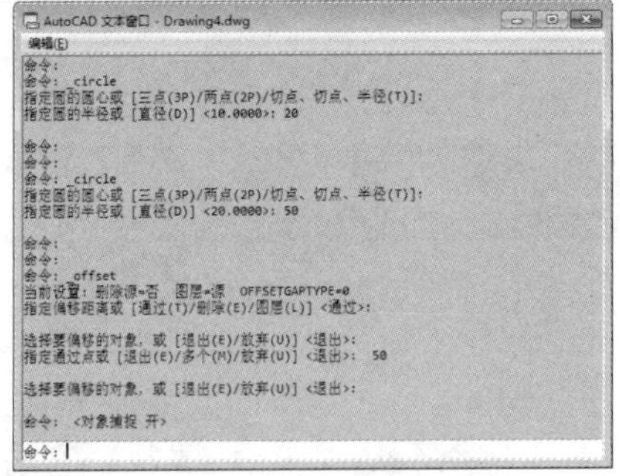

图 1-36　文本窗口

8. 状态栏

状态栏位于工作界面的最下方，主要由当前光标的坐标值和辅助工具按钮组两部分组成，如图 1-37 所示。

图 1-37　状态栏

- 当前光标的坐标值：位于左侧，分别显示(X,Y,Z)坐标值，方便用户快速查看当前光标的位置。移动鼠标光标，坐标值也将随之变化。单击该坐标值区域，可关闭该功能。
- 辅助工具按钮组：用于设置 AutoCAD 的辅助绘图功能，均属于开关型按钮。单击某个按钮使其呈蓝底显示时，表示启用该功能；再次单击该按钮使其呈灰底显示时，表示关闭该功能。

➢【模型】按钮：用于转换到模型空间。

➢【快速查看布局】按钮：用于快速转换和查看布局空间。

➢【栅格显示】按钮：用于显示栅格，默认为启用，即绘图区中出现的小方框。

➢【捕捉模式】按钮：用于捕捉设定间距倍数点和栅格点。

➢【推断约束】按钮：用于推断几何约束。

➢【动态输入】按钮：用于使用动态输入。当开启此功能并输入命令时，在十字光标附近将显示线段的长度及角度，按【Tab】键可在长度及角度值间进行切换，并可输入新的长度及角度值。

➢【正交模式】按钮：用于绘制二维平面图形的水平和垂直线段，以及正等轴测图中的线段。启用该功能后，光标只能在水平或垂直方向上确定位置，从而快速绘制水平和垂直线段。

➢【极轴追踪】按钮：用于捕捉和绘制与起点水平线段成一定角度的线段。

➢【对象捕捉追踪】按钮：该功能和对象捕捉功能一起使用，用于追踪捕捉点在线性方向上与其他对象特殊点的交点。

➢【对象捕捉】按钮和【三维对象捕捉】按钮：用于捕捉二维对象和三维对象中的特殊点，如圆心、中点等，相关内容将在后面章节中进行详细讲解，这里不再赘述。

➢【显示/隐藏线宽】按钮：用于在绘图区中显示绘图对象的线宽。

➢【显示/隐藏透明度】按钮：用于显示绘图对象的透明度。

➢【选择循环】按钮：该按钮可以允许用户选择重叠的对象。

➢【注释可见性】按钮：用于显示所有比例的注释性对象。

➢【自动缩放】按钮：在注释比例发生变化时，将比例添加到注释性对象中。

➢【注释比例】按钮 1:1 / 100%：用于更改可注释对象的注释比例，默认为 1∶1。

➢【切换工作空间】按钮：可以快速切换和设置绘图空间。

➢【快捷特性】按钮：用于禁止和开启【特性】面板。显示对象的【特性】面板，能帮助用户快捷地编辑对象的一般特性。

➢【隔离对象】按钮：可通过隔离或隐藏选择集来控制对象的显示。

➢【硬件加速】按钮：用于性能调节，检查图形卡和三维显示驱动程序，并对支持软件实现和硬件实现的功能进行选择。简而言之，就是可使用该功能对当前的硬件进行加速，以优化 AutoCAD 在系统中的运行。在该按钮上右击，在弹出的快捷菜单中还可选择相应的命令并进行相应的设置。

➢【全屏显示】按钮：用于隐藏 AutoCAD 的工作界面中的功能区选项卡等界面元素，使 AutoCAD 的绘图区全屏显示。

➢【自定义】按钮：用于改变状态栏的相应组成部分。

1.1.4 管理图形文件

在绘制图形之前，首先需要熟悉图形文件的新建、打开、保存和关闭等操作。

1. 新建图形文件

AutoCAD 默认新建了一个以 acadiso.dwt 为样板的 Drawing1.dwg 图形文件。为了更好地完成更多的绘图操作，用户可以自行新建图形文件。新建图形文件有以下 4 种方法。

- 单击快速访问工具栏中的【新建】按钮。
- 单击【菜单浏览器】按钮，在弹出的操作菜单中选择【新建】|【图形】命令，如图 1-38 所示。
- 在命令行中执行【NEW】命令。
- 按【Ctrl+N】组合键。

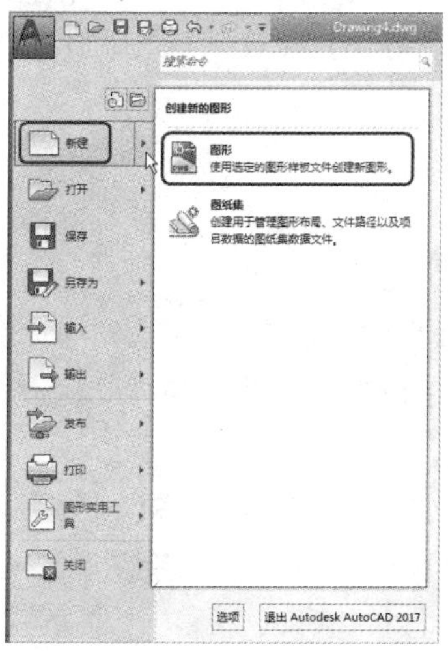

图 1-38　选择【图形】命令

在使用上述任意一种方式新建图形文件时，都将弹出如图 1-39 所示的【选择样板】对话框。若要创建基于默认样板的图形文件，单击打开(O)按钮即可。用户也可以在【名称】列表框中选择其他样板文件。

单击打开(O)按钮右侧的按钮，将弹出如图 1-40 所示的下拉列表。在其中可选择图形

文件的绘制单位，若选择【无样板打开-英制】选项，将以英制单位为计量标准绘制图形；若选择【无样板打开-公制】选项，将以公制单位为计量标准绘制图形。

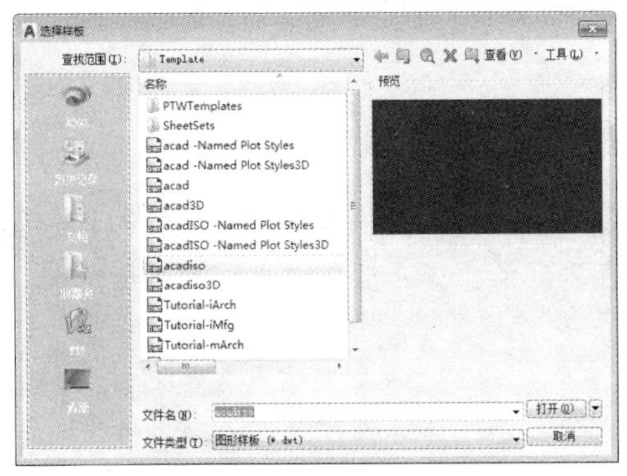

图 1-39 【选择样板】对话框

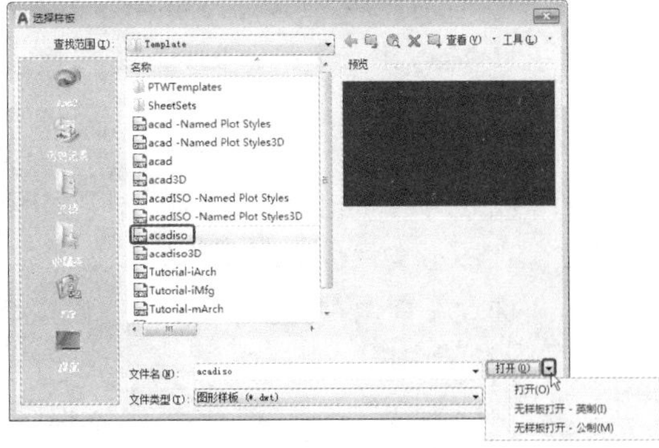

图 1-40 下拉列表

2. 打开图形文件

若计算机中保存过 AutoCAD 图形文件，则用户可以将其打开，以进行查看和编辑，有以下 4 种方法。

- 单击快速访问工具栏中的【打开】按钮。
- 单击【菜单浏览器】按钮，在弹出的操作菜单中选择【打开】命令。
- 在命令行中执行【OPEN】命令。
- 按【Ctrl+O】组合键。

在执行上述任意一种操作后，系统都将自动弹出【选择文件】对话框。在该对话框的【查找范围】下拉列表中选择要打开的文件的路径，在【名称】列表框中选择要打开的文件，单击 打开(O) 按钮即可打开该图形文件，如图 1-41 所示。

单击 打开(O) 按钮右侧的按钮，将弹出如图 1-42 所示的下拉列表，在该下拉列表中可以选择图形文件的打开方式。

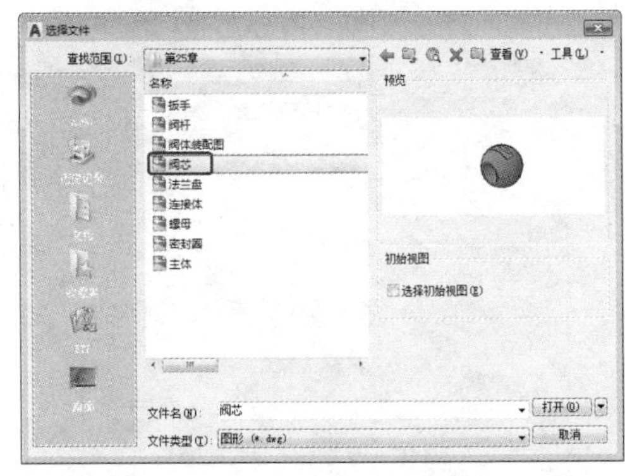

图 1-41 【选择文件】对话框

图 1-42 下拉列表

该下拉列表为用户提供了以下 4 种打开图形文件的方式。

- 打开：选择该选项，将直接打开图形文件。
- 以只读方式打开：选择该选项，将以只读方式打开图形文件。用户可以对以此方式打开的图形文件进行编辑操作，但保存该文件时不能覆盖原文件。

- 局部打开：选择该选项，将弹出【局部打开】对话框。如果图形中的图层较多，则可采用【局部打开】方式打开其中某些图层。
- 以只读方式局部打开：以只读方式打开图形的部分图层。

3. 保存图形文件

为了防止计算机出现异常情况，丢失图形文件，在绘制图形的过程中应随时保存图形文件。保存图形文件包括保存新图形文件、另存为其他图形文件和定时保存图形文件 3 种类型。下面介绍前两种类型。

1）保存新图形文件

保存新图形文件，也就是保存从未保存过的图形文件，主要有以下 4 种方法。

- 单击快速访问工具栏中的【保存】按钮。
- 单击【菜单浏览器】按钮，在弹出的操作菜单中选择【保存】命令。
- 在命令行中执行【SAVE】命令。
- 按【Ctrl+S】组合键。

在执行上述任意一种操作后，都将弹出如图 1-43 所示的【图形另存为】对话框。在该对话框的【保存于】下拉列表中选择要保存到的位置，在【文件名】文本框中输入文件名，然后单击【保存】按钮，保存文件并关闭对话框。此时，即可在工作界面的标题栏中显示文件的名称。

在【图形另存为】对话框中，用户可以通过【文件类型】下拉列表将图形文件保存为 4 种不同扩展名的图形文件，如图 1-44 所示。各扩展名的含义如下。

- dwg：AutoCAD 默认的图形文件类型。
- dxf：包含图形信息的文本文件或二进制文件，可供其他 CAD 程序读取该图形文件的信息。
- dws：二维矢量文件。使用该种格式可以在网络上发布 AutoCAD 图形。
- dwt：AutoCAD 样板文件。在新建图形文件时，可以基于样板文件进行创建。

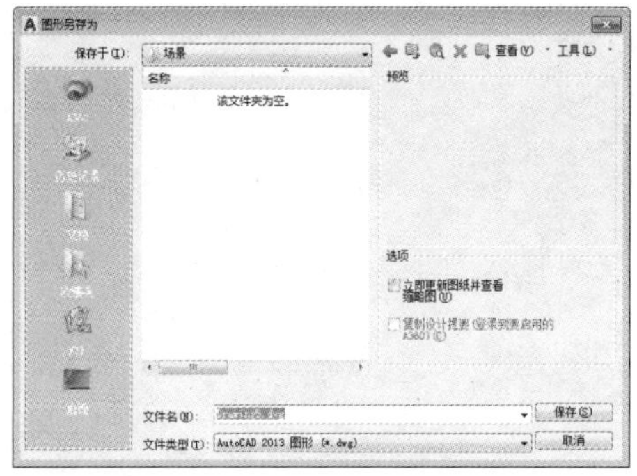

图 1-43 【图形另存为】对话框

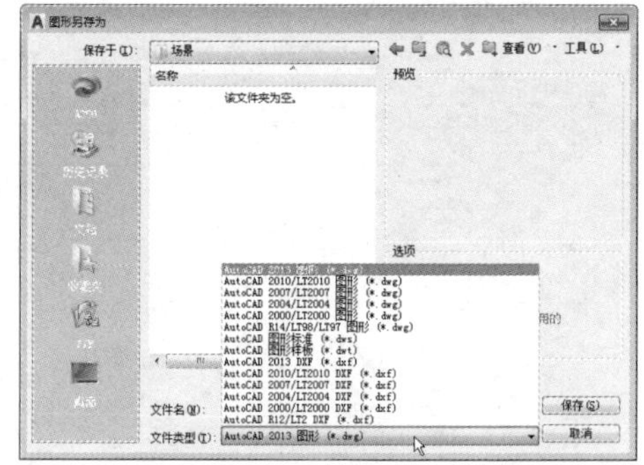

图 1-44 【文件类型】下拉列表

2）另存为其他图形文件

将修改后的文件另存为一个其他名称的图形文件，以便与原文件进行区分。

- 单击【菜单浏览器】按钮，在弹出的操作菜单中选择【另存为】命令。

● 在命令行中执行【SAVEAS】命令。

在执行上述任意一种操作后，都将弹出【图形另存为】对话框，只需按照前面介绍的保存新图形文件的方法保存即可。用户可在原文件的基础上任意改动，而不影响原文件。

> 提示：如果另存的文件与原文件保存在同一目录中，将不能使用相同的文件名称。

4. 关闭图形文件

在编辑完当前图形文件后，应将其关闭，主要有以下4种方法。

● 单击标题栏中的【关闭】按钮☒。
● 在标题栏中右击，在弹出的快捷菜单中选择【关闭】命令，如图1-45所示。
● 在命令行中执行【CLOSE】命令。
● 按【Ctrl+F4】组合键。

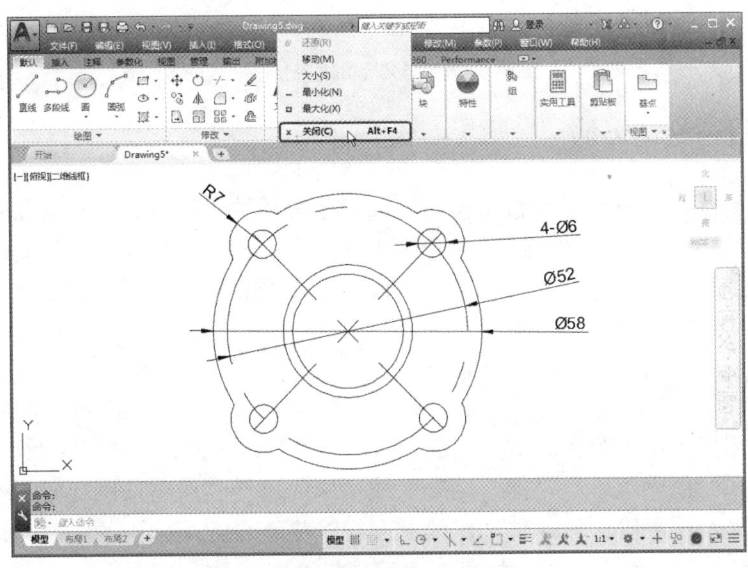

图1-45 选择【关闭】命令

1.2 任务2：绘制三角形——使用坐标系

下面将通过实例讲解如何绘制三角形。该实例的绘制比较简单，主要使用【直线】工具，在命令行中输入坐标点来确定直线，并调整坐标原点的位置。具体操作步骤如下。

1.2.1 任务实施

（1）新建一个图形文件，并使用【多段线】工具，在命令行中输入【0,0】，指定线段的第一个点，然后在命令行中输入【@200,0】，指定线段的第二个点，如图1-46所示。

（2）在命令行中输入【@-140,60】，如图1-47所示。

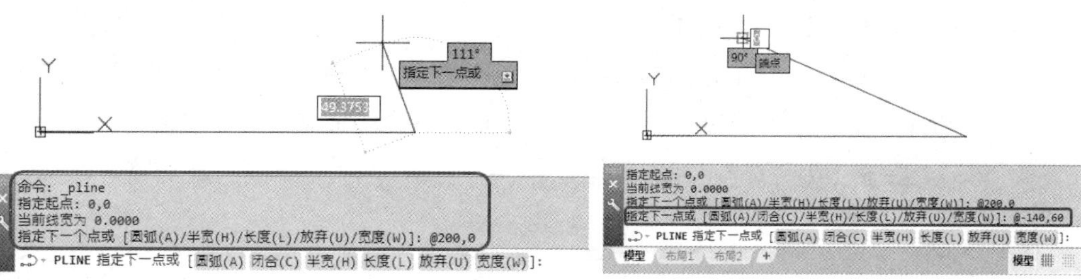

图 1-46　输入坐标值指定线段的第一个点和第二个点　　　　图 1-47　继续输入坐标值

（3）根据命令行的提示，在命令行中输入【C】，完成三角形的绘制，效果如图 1-48 所示。

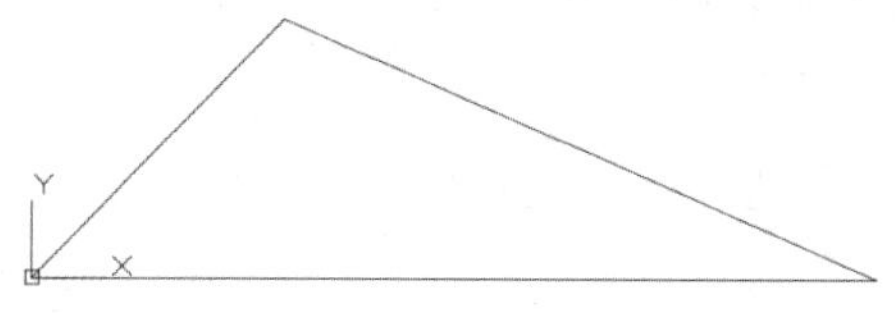

图 1-48　三角形的绘制效果

1.2.2　设置绘图环境

为了方便绘图，可以根据直接绘图的习惯对绘图环境进行设置。设置绘图环境包括设置绘图界限、绘图单位、绘图区颜色、十字光标大小、命令行的显示行数与字体，以及工作空间菜单栏的显示、保存和选择。下面主要介绍设置绘图界限、设置绘图单位和设置十字光标大小。

1. 设置绘图界限

绘图界限相当于手工绘图时规定的图纸大小。在 AutoCAD 中默认的绘图界限为无限大，如果开启了绘图界限检查功能，则输入或拾取的点一旦超出绘图界限，操作将无法进行；如果关闭了绘图界限检查功能，则绘制图形时将不受绘图范围的限制。设置绘图界限的命令是【LIMITS】，用户可以根据以下步骤进行操作。

（1）在命令行中执行【LIMITS】命令，并根据命令行的提示指定绘图区左下角点的坐标值，这里保持默认设置，直接按【Enter】键，表示绘图区左下角点的坐标值为（0,0），如图 1-49 所示。

（2）指定绘图区右上角点的坐标值。用户可根据需要进行输入，指定绘图区右上角点的坐标值，如图 1-50 所示。

图 1-49　指定绘图区左下角点的坐标值

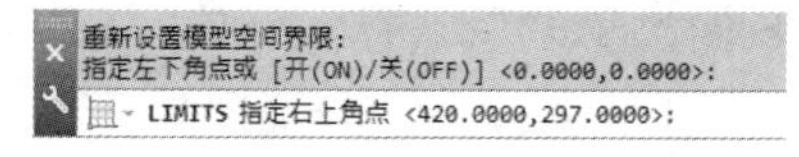

图 1-50　指定绘图区右上角点的坐标值

在执行命令的过程中，各选项的含义如下。

- 开（ON）：选择该选项，表示开启图形界限功能。
- 关（OFF）：选择该选项，表示关闭图形界限功能。

> **提示：** 在用户开启或关闭图形界限功能后，必须执行【REGEN】命令重新生成

视图，或者在 AutoCAD 2017 工作界面的菜单栏中选择【视图】|【重生成】命令，才能使设置生效。

2. 设置绘图单位

绘图单位直接影响所绘制的图形大小。设置绘图单位的方法有以下两种。

- 在 AutoCAD 2017 工作界面的菜单栏中选择【格式】|【单位】命令。
- 在命令行中执行【UNITS】、【DDUNITS】或【UN】命令。

在执行上述任意一种操作后，都将弹出如图 1-51 所示的【图形单位】对话框。通过该对话框可以设置长度和角度的单位与精度，其中部分选项的含义如下。

- 【长度】选项组：在【类型】下拉列表中可选择长度单位的类型，如【分数】【工程】【建筑】【科学】【小数】等；在【精度】下拉列表中可选择长度单位的精度。
- 【角度】选项组：在【类型】下拉列表中可选择角度单位的类型，如【百分度】【度/分/秒】【弧度】【勘测单位】【十进制度数】等；在【精度】下拉列表中可选择角度单位的精度；系统默认取消勾选 □顺时针(C) 复选框，即以逆时针方向旋转为正方向，若勾选该复选框，则以顺时针方向旋转为正方向。
- 【插入时的缩放单位】选项组：在【用于缩放插入内容的单位】下拉列表中可选择插入图块时的单位，这也是当前绘图环境的尺寸单位。
- 方向(D)... 按钮：单击该按钮，将弹出【方向控制】对话框，如图 1-52 所示。在该对话框中可设置基准角度，如设置 0° 的角度，若在【基准角度】选项组中选中【西】单选按钮，则绘图时的 0° 实际在 180° 方向上。

图 1-51 【图形单位】对话框

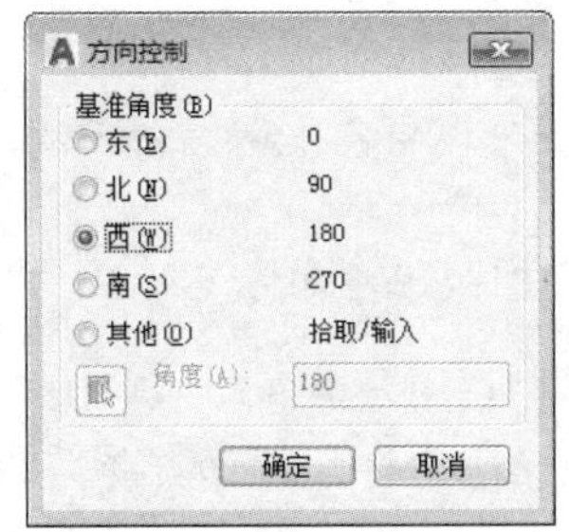

图 1-52 【方向控制】对话框

3. 设置十字光标大小

用户可根据实际需要设置十字光标的大小，具体操作过程如下。

（1）在绘图区中右击，在弹出的快捷菜单中选择【选项】命令，弹出【选项】对话框。

（2）切换至【显示】选项卡，在【十字光标大小】选项组中的文本框中输入需要的大小值，或者拖动文本框右侧的滑块到合适的位置，这里在文本框中输入【50】，如图 1-53 所示。

（3）切换至【选择集】选项卡，在【拾取框大小】选项组中向右拖动滑块至如图 1-54 所示的位置。

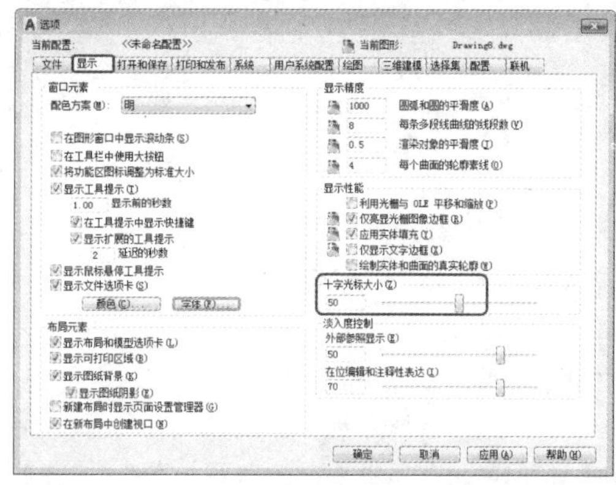

图 1-53　设置【十字光标大小】

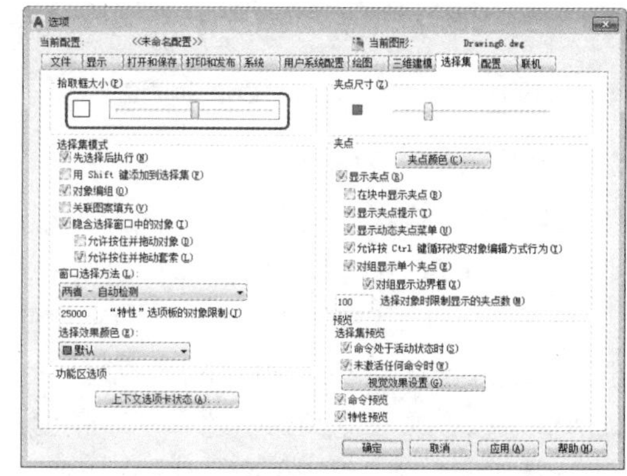

图 1-54　设置【拾取框大小】

（4）单击 确定 按钮，返回 AutoCAD 2017 的工作界面，即可看到十字光标与原来相比更大，拾取框与原来相比也更大。

1.2.3　命令的使用

在 AutoCAD 2017 中，命令的基本调用方法有多种，如输入、取消、重复执行、透明等，用户可以根据需要进行调用。

1. 使用键盘输入命令

如果要执行某个命令，则必须先输入该命令。输入命令的方法有以下几种。

- 使用菜单和快捷键输入与在其他软件中的输入方法大致相同，这是所有软件的共同点。
- 在命令行的【命令：】文本后输入命令的全名或简称，并按【Enter】键或【Space】键确认。
- 在绘图过程中右击，在弹出的快捷菜单中选择需要的命令。
- 在选项卡中单击需要执行的命令按钮。

> 提示：用户在命令行中输入的命令不用区分大小写。

2. 使用菜单栏命令

菜单栏调用是 AutoCAD 2017 提供的功能最全、最强大的命令调用方法。AutoCAD 中绝大多数常用命令都被分门别类地放置在菜单栏中。前文所述的 3 个绘图工作空间在默认情况下没有菜单栏，需要用户自己调出。若需要在菜单栏中使用【多段线】命令，则选择【绘图】|【多段线】命令即可，如图 1-55 所示。

3. 使用工具栏命令

与菜单栏一样，工具栏不显示在 3 个绘图工作空间中，需要通过在菜单栏中选择【工具】|【工具栏】|【AutoCAD】命令来调出。单击工具栏中的按钮，即可执行相应的命令。用户在其他工作空间中绘图时，也可以根据实际需要调出工具栏。

4. 使用功能区选项卡命令

功能区选项卡使得绘图界面无须显示多个工具栏。系统会自动显示与当前绘图操作相

对应的面板，使得应用程序窗口更加整洁。因此，可以将进行操作的区域最大化，使用单个界面来加快和简化工作。例如，需要在功能区选项卡中使用【圆】工具，则单击【绘图】面板中的【圆】按钮即可，如图 1-56 所示。

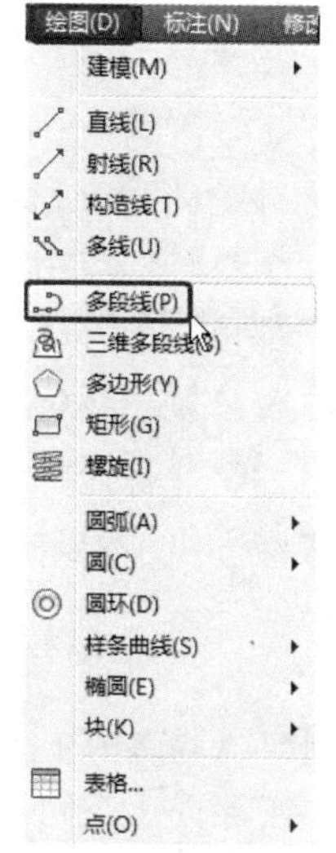

图 1-55 使用菜单栏命令

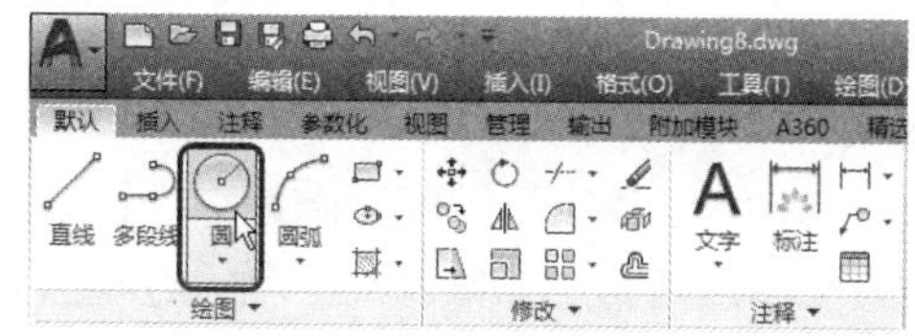

图 1-56 使用功能区选项卡命令

5. 使用透明命令

在执行其他命令的过程中仍然可以执行的命令称为透明命令。在执行透明命令之前，需要在输入命令前输入单引号【'】。在执行透明命令时，其命令行中的提示前有一个双折号【>>】。

> **提示：**当命令处于活动状态时，执行【UNDO】命令可以取消其他任何已经执行的透明命令。

1.2.4 坐标系

如果要在 AutoCAD 2017 中准确、高效地绘制图形对象，则必须掌握坐标系的概念、使用方法，以及如何输入坐标值，因为物体在空间中的位置都是通过坐标系来体现的。

在使用 AutoCAD 2017 进行绘图的过程中，用户可以通过坐标系来定位某个图形对象，以便定位点的位置。坐标系分为世界坐标系和用户坐标系两种。

1. 世界坐标系

世界坐标系的英文缩写为 WCS，它是在进入 AutoCAD 2017 绘图区时系统默认的坐标系。该坐标系是由 X 轴、Y 轴和 Z 轴组成的，其坐标轴的交汇处显示【口】形标记，但坐标原点并不在坐标系的交汇点，而位于绘图区的左下角点，所有的位移都是相对于原点来计算的，并且规定沿 X 轴正向及 Y 轴正向的位移为正方向。世界坐标系分为二维坐标系和三维坐标系，二维坐标系如图 1-57 所示；三维坐标系如图 1-58 所示。

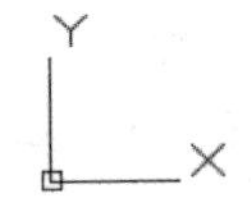

图 1-57 二维坐标系

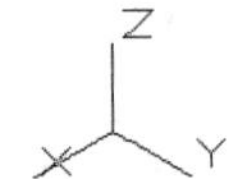

图 1-58 三维坐标系

2．用户坐标系

用户坐标系的英文缩写为 UCS。由于在 AutoCAD 2017 中进行绘图时，为了更好地绘制图形对象，经常需要修改坐标系的原点和方向，此时世界坐标系将转变成用户坐标系。用户坐标系是一种可自定义的坐标系，其 *X* 轴、*Y* 轴和 *Z* 轴方向都可以被移动及旋转，在绘制三维平面图时非常有用，并且在绘制二维平面图时，可不输入 *Z* 轴坐标值。若输入的坐标值与输出的点坐标效果不同，则应在英文状态下输入逗号【,】，并且在输入完一个点的坐标值后，必须按【Enter】键确认输入完毕。其调用方法如下。

- 在【可视化】选项卡的【坐标】面板中单击 USC 按钮。
- 在命令行中执行【UCS】命令。

在执行上述任意一种操作后，命令行会提示【指定 UCS 的原点或[面(F)/命名(NA)/对象(OB)/上一个(P)/视图(V)/世界(W)/X/Y/Z/Z 轴(ZA)]<世界>:】，在该提示下可以选择相应的坐标系进行操作。

用户坐标系包括绝对直角坐标、相对直角坐标、绝对极坐标和相对极坐标 4 种坐标。

- 绝对直角坐标：绝对直角坐标以原点为基础定位所有的点。对于输入点的(*X*,*Y*,*Z*)坐标值，由于在二维图形中 *Z*=0，可忽略 *Z*，因此它与数学中表示点的方法一样。当系统提示用户输入点的位置时，可输入相应点的坐标值，如(10,20,18)。
- 相对直角坐标：相对直角坐标与绝对直角坐标的表示方法大致一样，只是在表示相对直角坐标时，需要在坐标值前加上@。
- 绝对极坐标：绝对极坐标表示距原点的距离和角度，在距离值与角度值之间需要使用<隔开。
- 相对极坐标：相对极坐标与绝对极坐标的表示方法大致一样，只是在表示相对极坐标时，需要在坐标值前加上@。

在 AutoCAD 2017 的工作界面中，切换至【可视化】选项卡，如图 1-59 所示，其中【坐标】面板中的命令可以帮助用户自定义需要的用户坐标系。

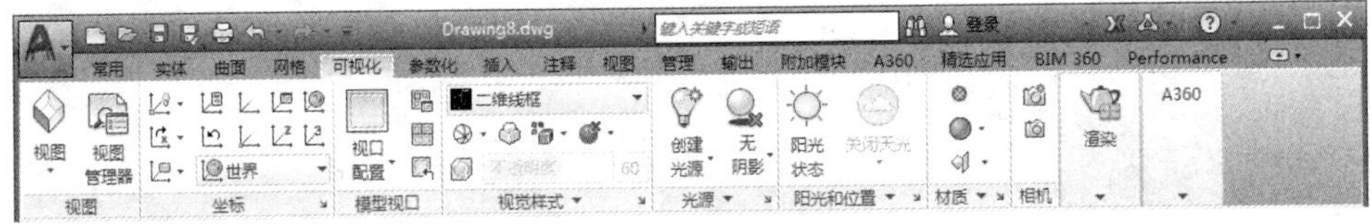

图 1-59 【可视化】选项卡

各项命令的含义如下。

- UCS 按钮：启动 UCS 图标。
- 【UCS 命名】按钮：管理已定义的用户坐标系。
- 【UCS 世界】按钮：将当前用户坐标系设置为世界坐标系。
- 【原点】按钮：通过移动原点来定义新的 UCS。

- X 按钮：绕 *X* 轴旋转用户坐标系。
- Y 按钮：绕 *Y* 轴旋转用户坐标系。
- Z 按钮：绕 *Z* 轴旋转用户坐标系。
- 【Z 轴矢量】按钮：将用户坐标系与指定的正向 *Z* 轴对齐。
- 【在原点处显示 UCS 图标】按钮：在原点处显示 UCS 图标。
- 【视图】按钮：将用户坐标系的 *XY* 平面与屏幕对齐。
- 【对象】按钮：将用户坐标系与选定的对象对齐。
- 【面 UCS】按钮：将用户坐标系与三维实体的面对齐。
- 【三点】按钮：使用 3 个点定义新的用户坐标系。
- 【UCS 上一个】按钮：恢复上一个用户坐标系。
- 【UCS 图标，特征】按钮：控制 UCS 图标的样式、大小和颜色。

1.3 上机练习

1.3.1 绘制衣柜

下面将通过实例讲解如何绘制衣柜，其效果如图 1-60 所示。

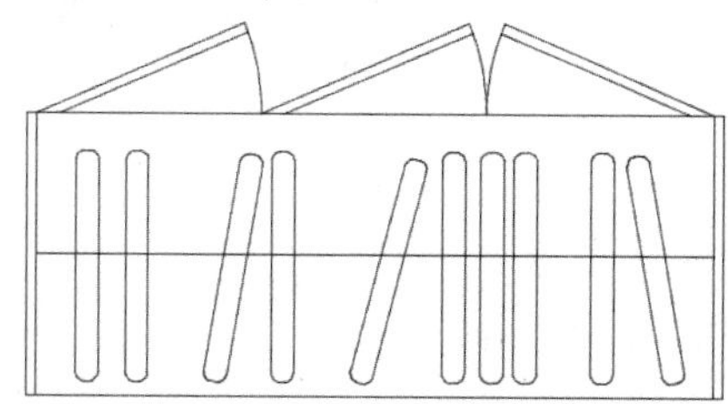

图 1-60 衣柜效果

（1）在命令行中输入【RECTANG】命令，指定矩形的第一个角点，根据命令行的提示输入【@1520,600】，按【Enter】键确认，如图 1-61 所示。

（2）在【修改】面板中单击【分解】按钮，选择矩形对象，按【Enter】键确认，矩形的分解效果如图 1-62 所示。

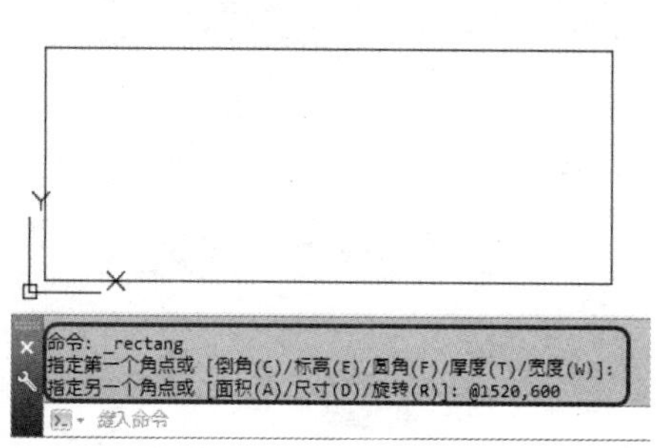

图 1-61 绘制矩形 1

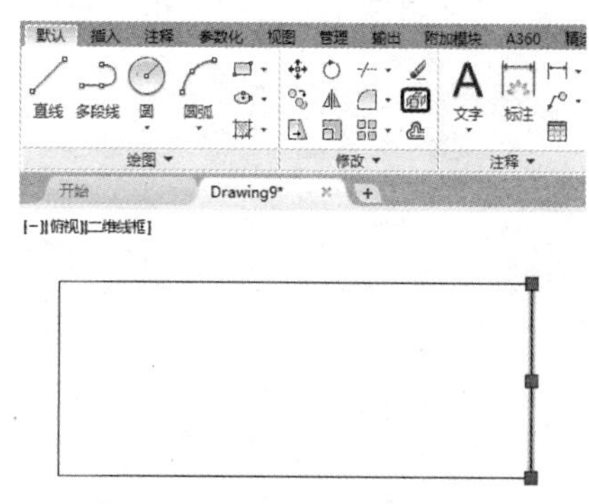

图 1-62 矩形的分解效果

（3）在【修改】面板中单击【偏移】按钮，将矩形的左侧边和右侧边分别向内部偏移 20，如图 1-63 所示。

（4）在【绘图】面板中单击【直线】按钮，绘制一条水平的线段，如图 1-64 所示。

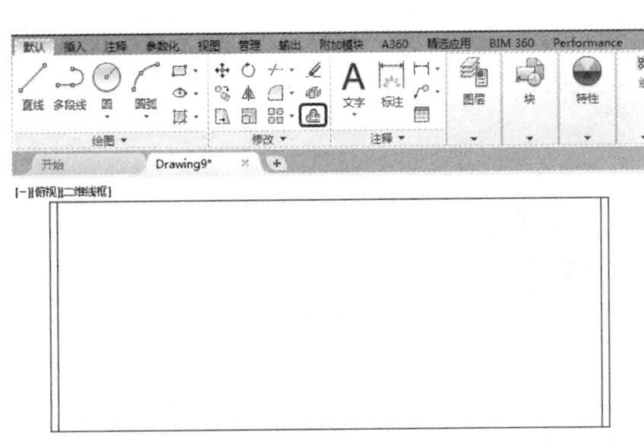

图 1-63　偏移对象

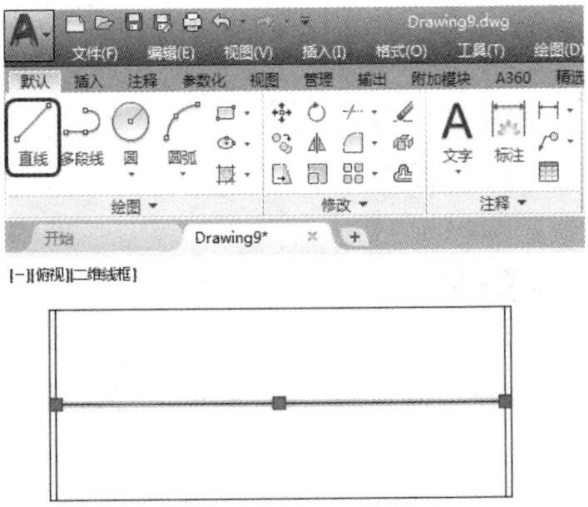

图 1-64　绘制水平线段

（5）在命令行中输入【RECTANG】命令，指定矩形的第一个角点，根据命令行的提示输入【@50, 490】，按【Enter】键确认，如图 1-65 所示。

（6）在命令行中输入【FILLET】命令，根据命令行的提示输入【R】，指定圆角半径为 20，并根据命令行的提示输入【M】，对矩形进行圆角处理，效果如图 1-66 所示。

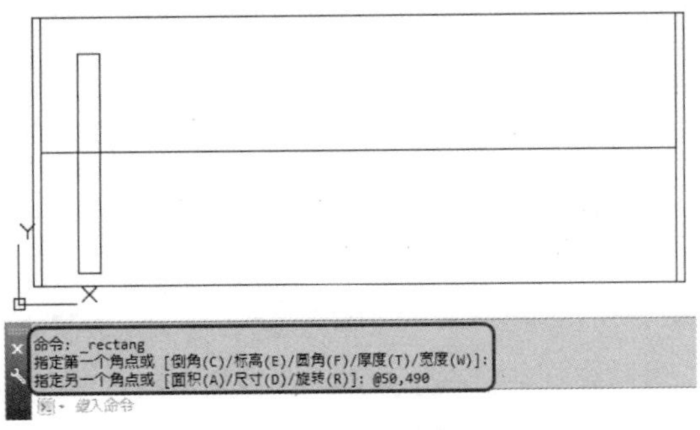

图 1-65　绘制矩形 2

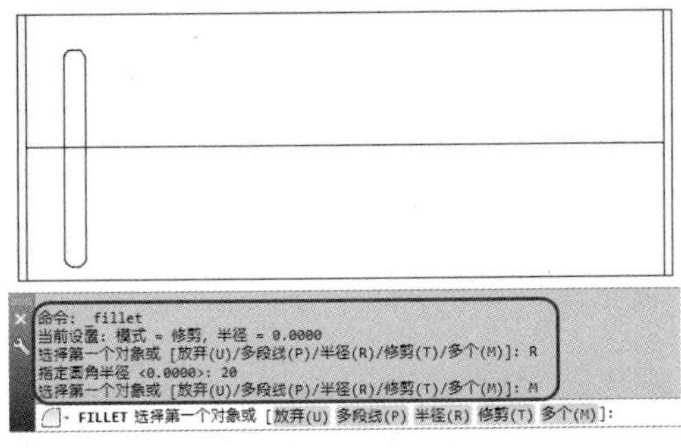

图 1-66　圆角矩形效果

（7）在【修改】面板中单击【复制】按钮，对圆角矩形进行多次复制，如图 1-67 所示。

（8）在【修改】面板中单击【旋转】按钮，选择要旋转的对象，如图 1-68 所示。

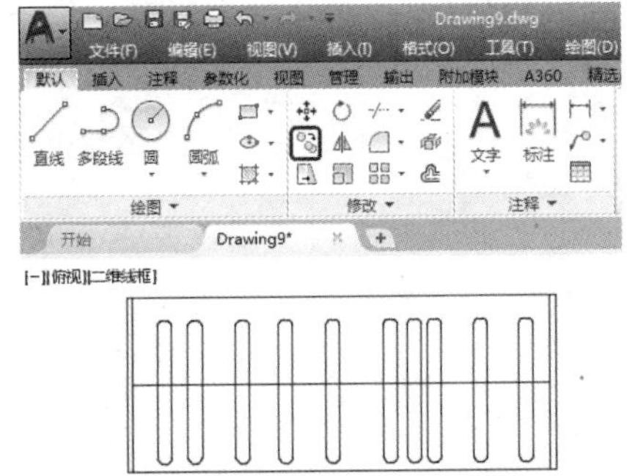

图 1-67　多次复制圆角矩形

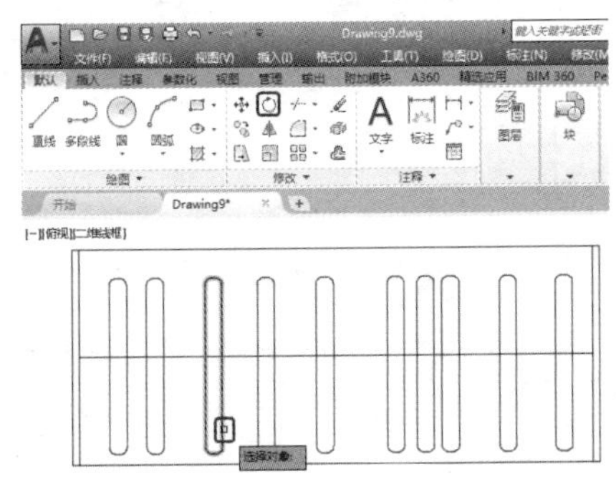

图 1-68　选择要旋转的对象

（9）根据命令行的提示指定矩形的中点为旋转基点，如图 1-69 所示。

（10）根据命令行的提示指定旋转角度为-10，如图 1-70 所示。

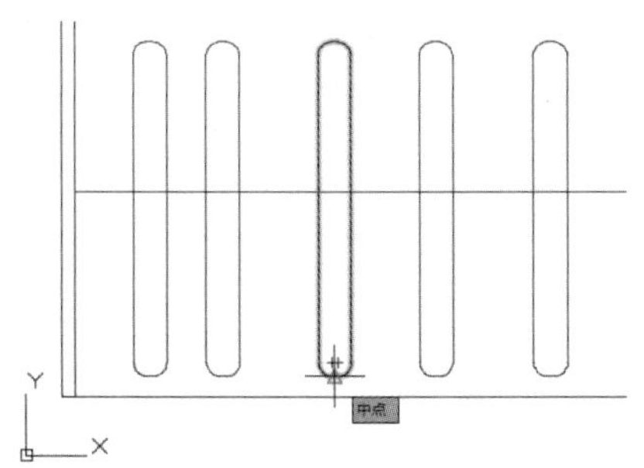

图 1-69　指定旋转基点

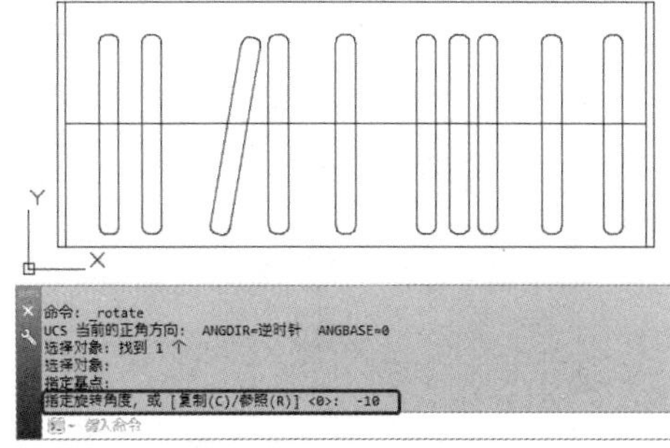

图 1-70　指定旋转角度

（11）使用【ROTATE】命令将其他圆角矩形进行旋转，如图 1-71 所示。

（12）使用【直线】和【圆弧】工具绘制图形对象，最终效果如图 1-72 所示。

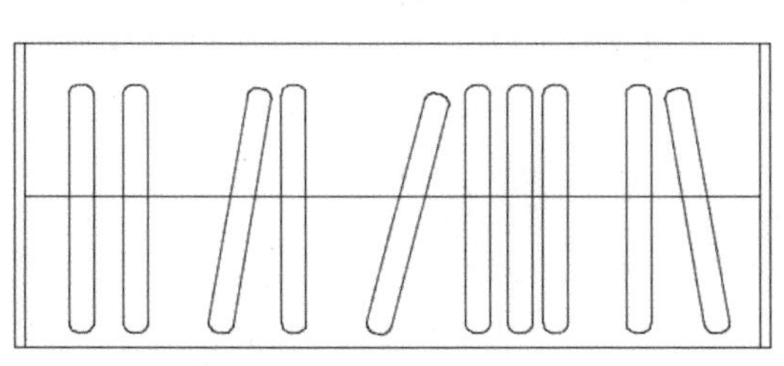

图 1-71　旋转其他圆角矩形

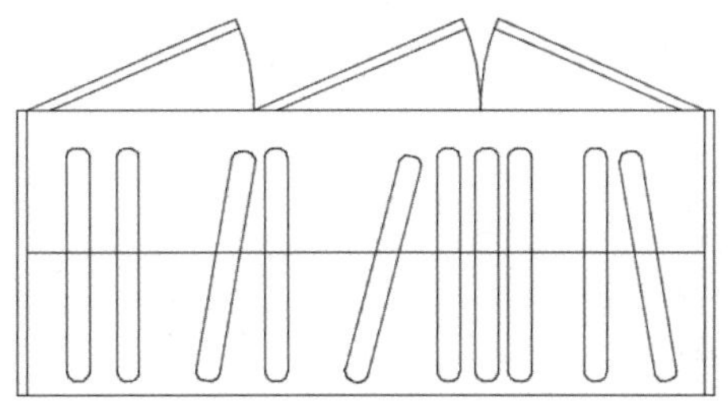

图 1-72　最终效果

1.3.2　绘制玻璃造型门

下面将通过实例讲解如何绘制玻璃造型门，其效果如图 1-73 所示。

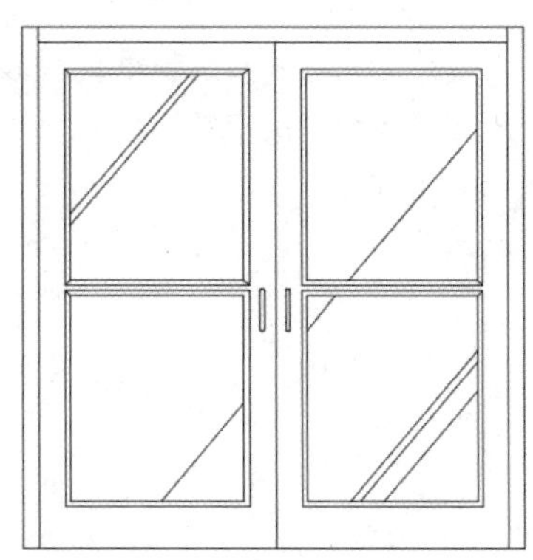

图 1-73　玻璃造型门效果

（1）在命令行中输入【RECTANG】命令，指定矩形的第一个角点，根据命令行的提示输入【@1920, 1960】，按【Enter】键确认，如图 1-74 所示。

（2）在【修改】面板中单击【分解】按钮，选择矩形对象，按【Enter】键确认，矩形的分解效果如图 1-75 所示。

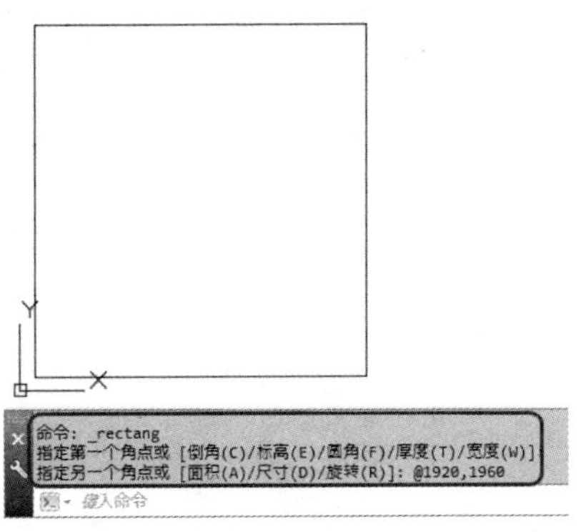

图 1-74　绘制矩形 1

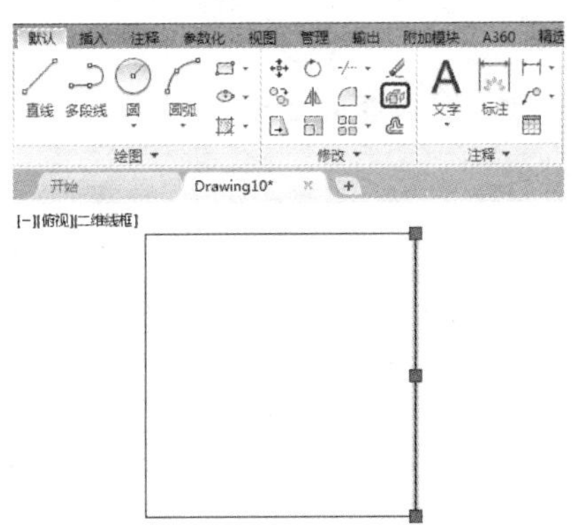

图 1-75　矩形的分解效果

（3）在命令行中输入【OFFSET】命令，按【Enter】键确认，将矩形的上侧边、左侧边、右侧边分别向内部偏移 60，如图 1-76 所示。

（4）在【修改】面板中单击【修剪】按钮，根据命令行的提示修剪对象，如图 1-77 所示。

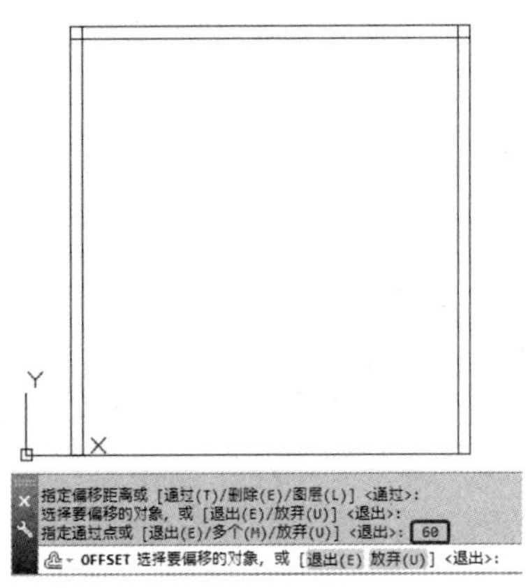

图 1-76　偏移对象

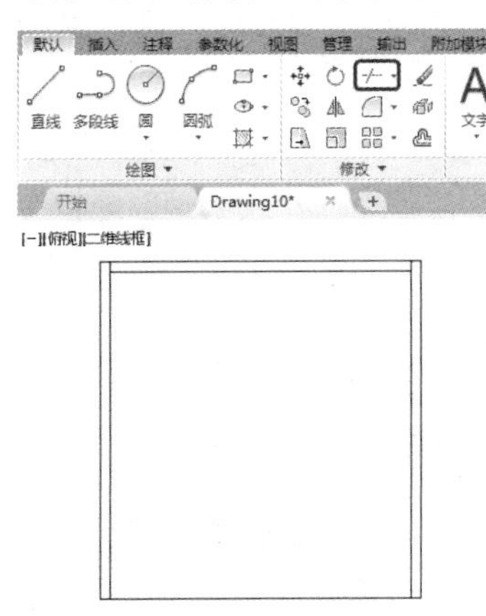

图 1-77　修剪对象

（5）在【绘图】面板中单击【直线】按钮，绘制垂直线段，如图 1-78 所示。

（6）在命令行中输入【RECTANG】命令，指定矩形的第一个角点，在命令行中输入【@700，810】，按【Enter】键确认，如图 1-79 所示。

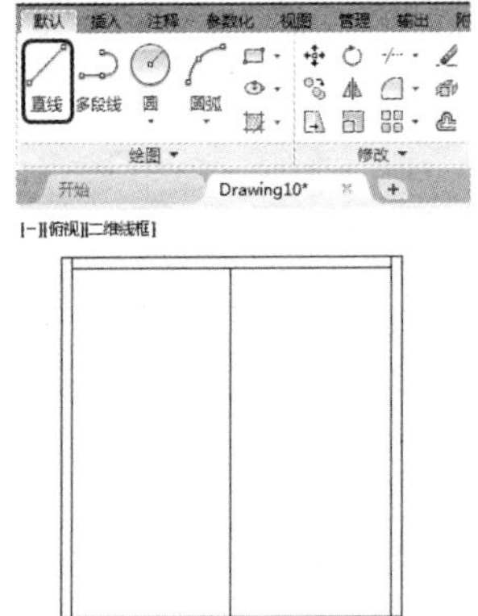

图 1-78　绘制垂直线段

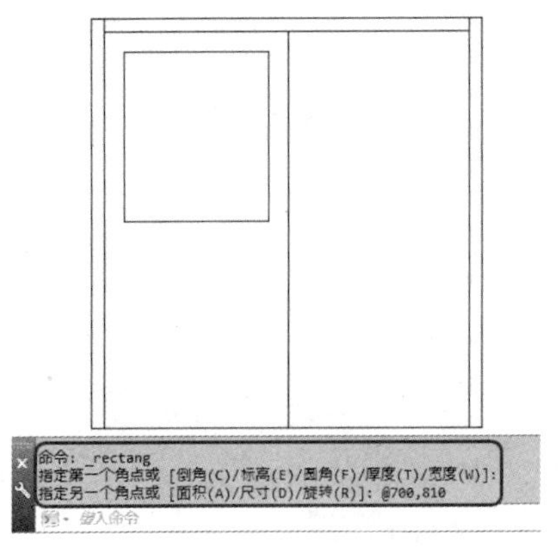

图 1-79　绘制矩形 2

（7）在命令行中输入【OFFSET】命令，按【Enter】键确认，将矩形向内偏移 20，如图 1-80 所示。

（8）使用【直线】工具绘制直线，效果如图 1-81 所示。

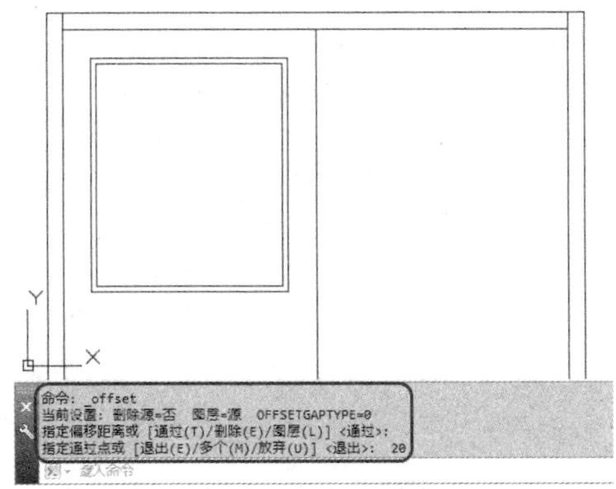

图 1-80　偏移矩形

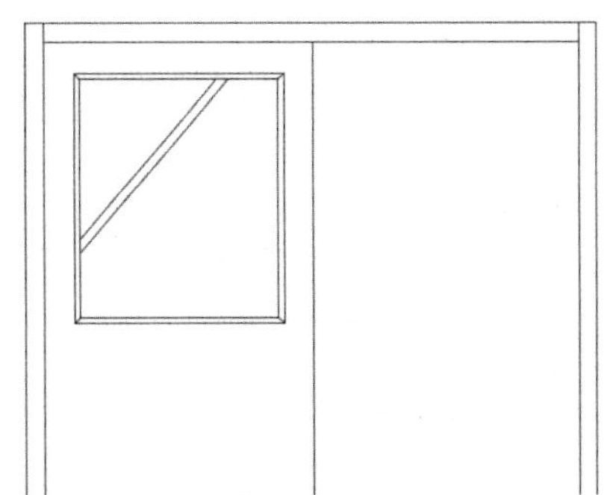

图 1-81　绘制直线

（9）使用同样的方法，绘制其他图形对象，如图 1-82 所示。

（10）在命令行中输入【RECTANG】命令，指定矩形的第一个角点，在命令行中输入【@17,160】，按【Enter】键确认，绘制两个大小相同的矩形，如图 1-83 所示。

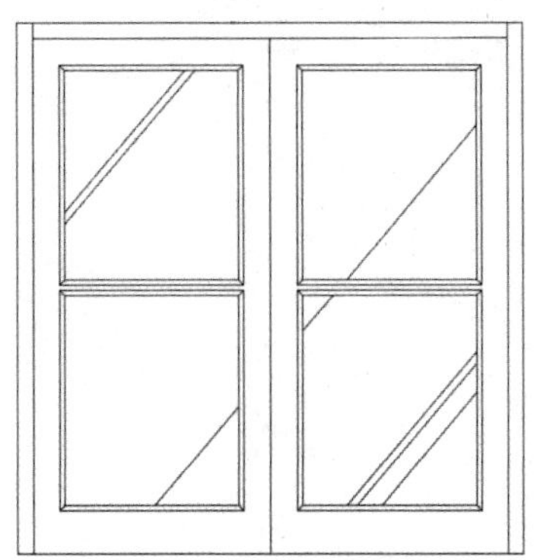

图 1-82　绘制其他图形对象

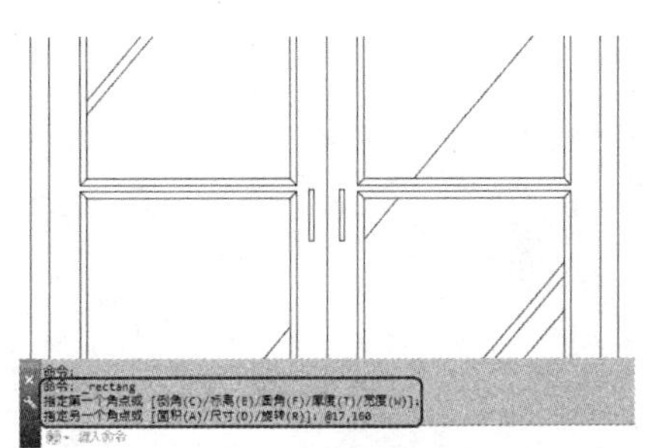

图 1-83　绘制矩形 3

（11）在命令行中输入【FILLET】命令，根据命令行的提示输入【R】，指定圆角半径为 8，并根据命令行的提示输入【M】，对矩形进行圆角处理，最终效果如图 1-84 所示。

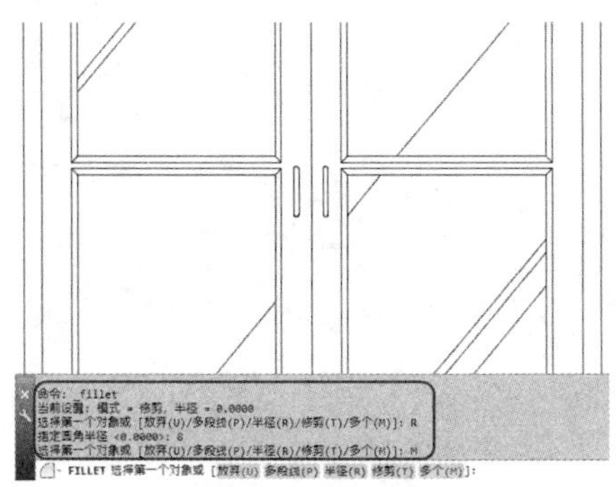

图 1-84　最终效果

习题与训练

项目练习　绘制办公椅

效果展示：	操作要领：
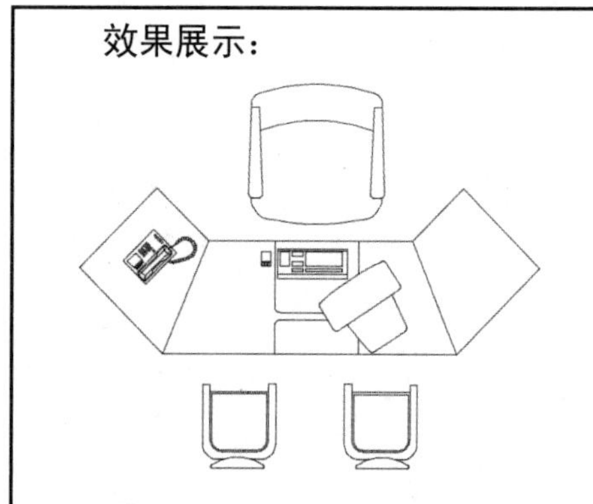	（1）打开【椅子素材.dwg】素材文件。 （2）使用【多段线】和【圆弧】工具绘制办公椅。

第 2 章

二维图形的绘制

02

Chapter

本章导读：

基础知识

◈ 绘制直线和射线

◈ 绘制圆弧

重点知识

◈ 绘制多段线

◈ 绘制圆

提高知识

◈ 绘制矩形

◈ 绘制点

无论多么复杂的图形都是由普通图形组成的，而普通图形是由点、面、线组成的。本章将重点讲解默认的绘图工具，包括点、面、线等图形绘制工具。通过本章的学习，读者可以掌握基本绘图工具的使用方法。

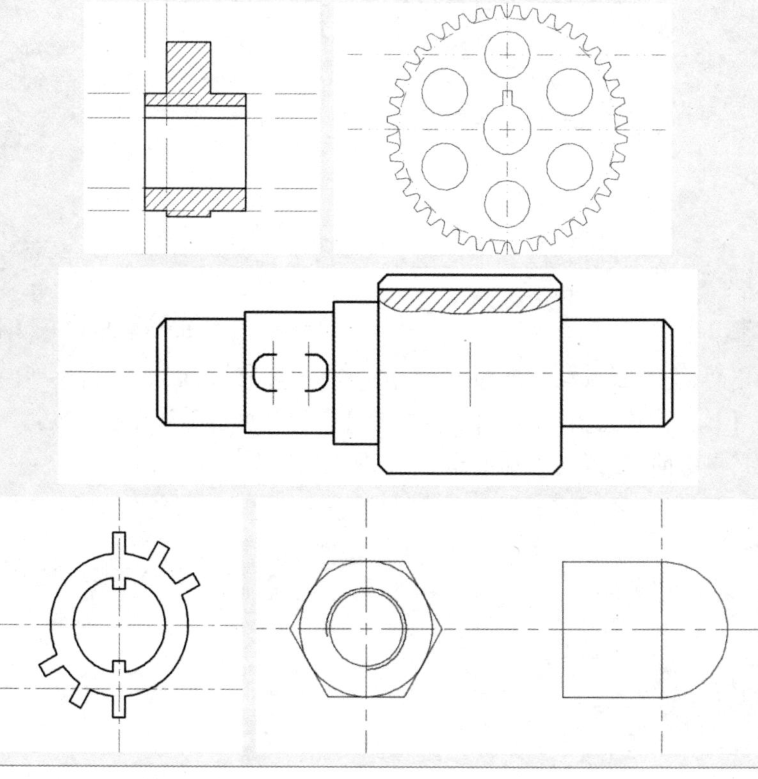

2.1　任务 3：绘制凸轮——线类操作

凸轮是指机械的回转或滑动件（如轮或轮的凸起部分），它把运动传递给紧靠其边缘移动的滚轮或在槽面上自由运动的针杆，或者从这样的滚轮和针杆中承受力。下面将通过实例讲解如何绘制凸轮，其效果如图 2-1 所示。

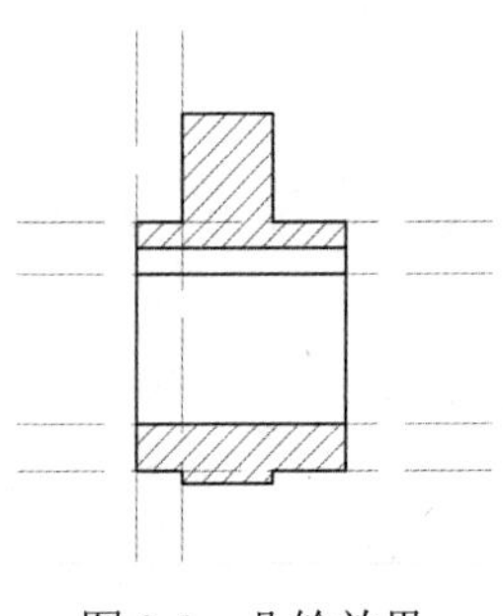

图 2-1　凸轮效果

2.1.1　任务实施

（1）启动软件，在命令行中输入【LAYER】命令，按【Enter】键确认，在弹出的【图层特性管理器】选项板中将【0】图层右侧的【线宽】设置为【0.30】，如图 2-2 所示。

（2）在该选项板中单击【新建图层】按钮，将新建的图层命名为【辅助线】，将【颜色】设置为【红】。然后单击线型名称，在弹出的【选择线型】对话框中单击【加载】按钮，如图 2-3 所示。

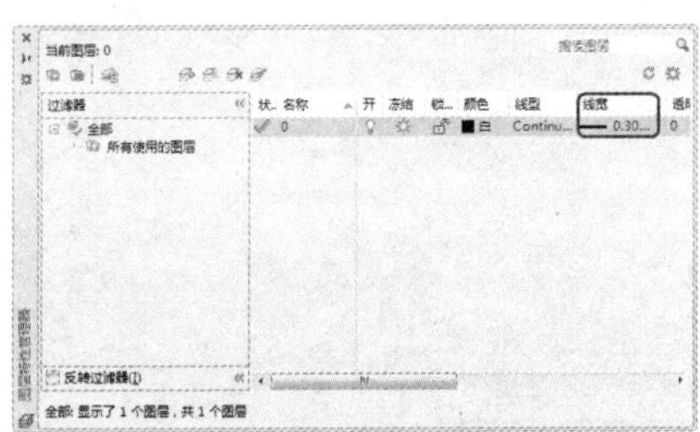

图 2-2　设置图层线宽

图 2-3　单击【加载】按钮

（3）在弹出的【加载或重载线型】对话框中选择【ACAD_ISO02W100】线型，如图 2-4 所示。

（4）单击【确定】按钮，然后在【选择线型】对话框中选择新加载的线型，单击【确定】按钮，将新建的图层的线宽设置为【默认】，如图 2-5 所示。

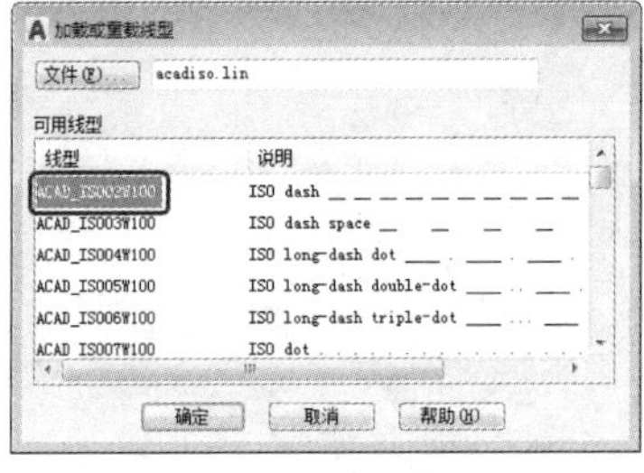

图 2-4　选择线型

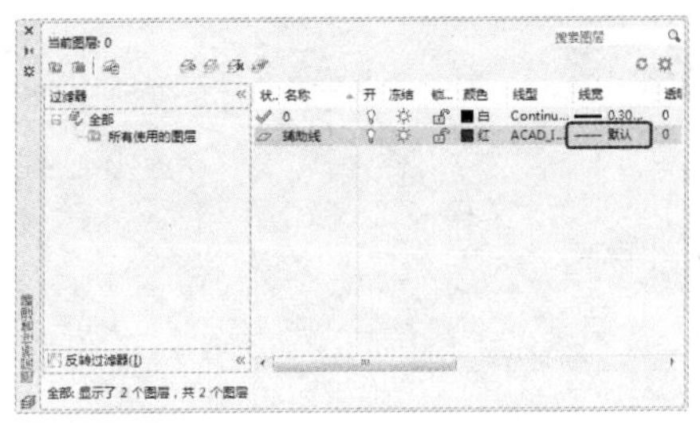

图 2-5　选择线型并设置线宽

（5）在该选项板中单击【新建图层】按钮，将新建的图层命名为【细线】，将【颜色】设置为【白】，将【线型】设置为【Continuous】，如图 2-6 所示。

（6）选中【辅助线】图层，单击【置为当前】按钮，在命令行中输入【LINE】命令，指定第一个点，然后在命令行中输入【@52,0】，按两次【Enter】键完成水平直线的绘制，如图 2-7 所示。

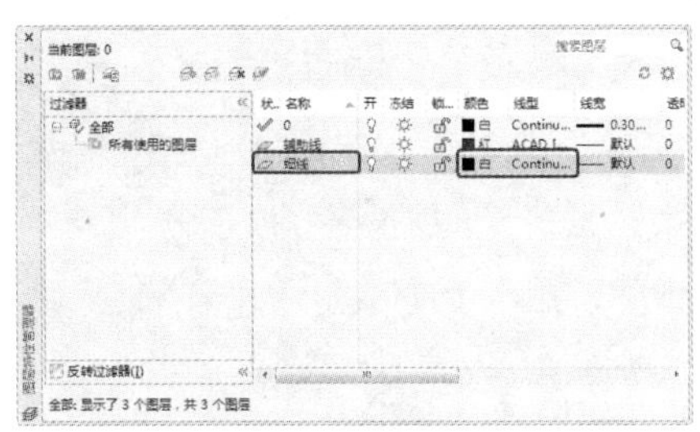

图 2-6　新建图层并进行设置

图 2-7　绘制水平直线

（7）选中绘制的水平直线，在命令行中输入【OFFSET】命令，根据命令行的提示指定偏移距离为 5.4，按【Enter】键确认，将选中的水平直线向下偏移 5.4，并将该直线依次向下偏移 21、26，如图 2-8 所示。

（8）在命令行中输入【LINE】命令，以第一条水平直线左侧的端点为起点，根据命令行的提示输入【@0,-57】，按两次【Enter】键完成垂直直线的绘制，如图 2-9 所示。

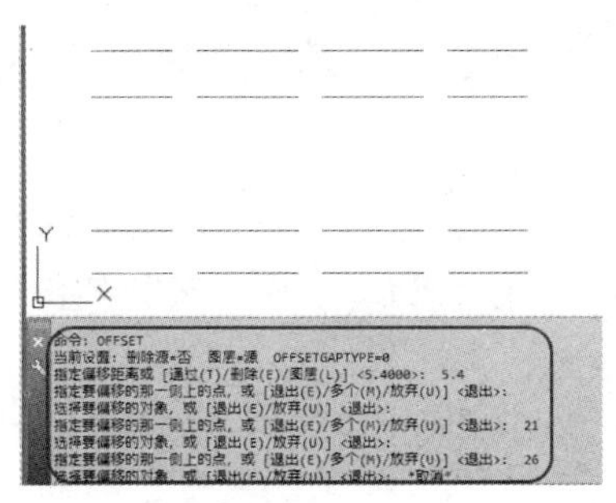

图 2-8　偏移水平直线

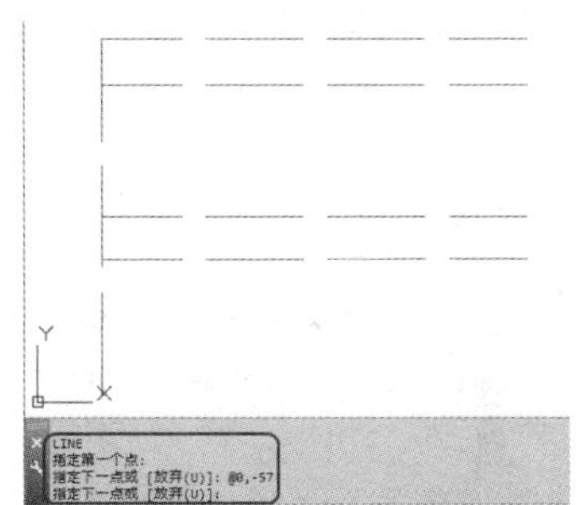

图 2-9　绘制垂直直线

（9）选中新绘制的垂直直线，在命令行中输入【MOVE】命令，以该直线上方的端点为基点，根据命令行的提示输入【@13,20】，按【Enter】键完成移动，效果如图 2-10 所示。

（10）选中移动后的垂直直线，在命令行中输入【OFFSET】命令，将其向右偏移 5，效果如图 2-11 所示。

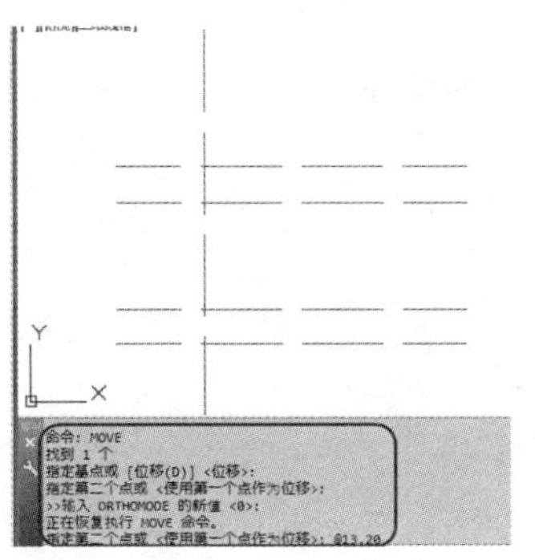

图 2-10　移动垂直直线后的效果

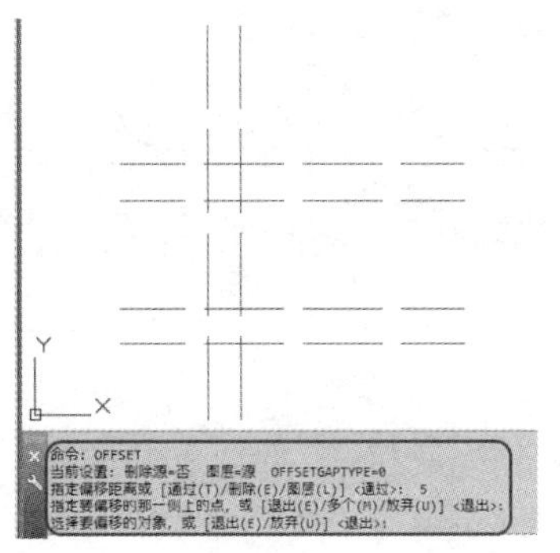

图 2-11　偏移垂直直线后的效果

（11）在【图层特性管理器】选项板中将【0】图层置为当前图层，在命令行中输入【RECTANG】命令，指定矩形的第一个角点，并根据命令行的提示输入【@23,-26】，按【Enter】键完成矩形的绘制，如图 2-12 所示。

> **提示**：在将【0】图层置为当前图层时，所绘制的矩形线宽为 0.3。如果用户所设置的线宽未显示，则可以通过在屏幕右下角单击【显示/隐藏线宽】按钮来控制线宽的显示。

（12）在命令行中输入【PLINE】命令，指定多段线的起点，根据命令行的提示输入【@0,11.3】，按【Enter】键确认，输入【@10,0】，按【Enter】键确认，输入【@0,-11.3】，按两次【Enter】键完成多段线的绘制，如图 2-13 所示。

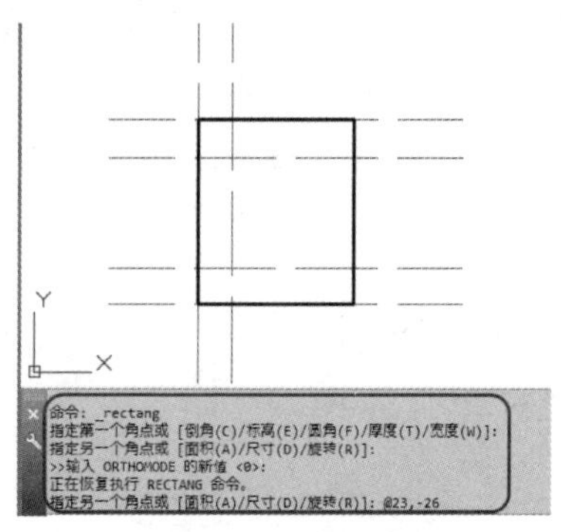

图 2-12　绘制矩形

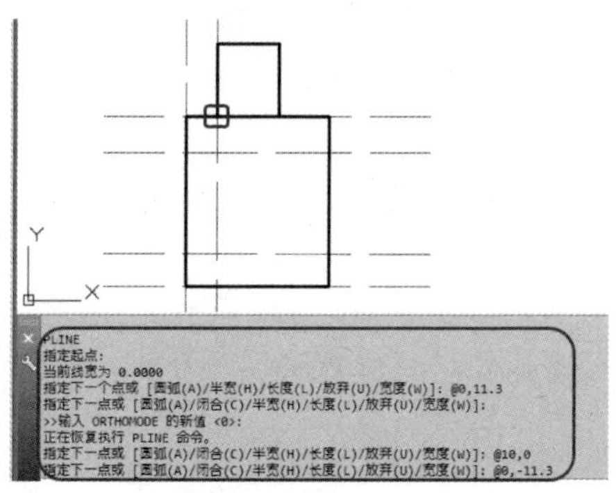

图 2-13　绘制多段线 1

（13）在命令行中输入【PLINE】命令，指定多段线的起点，根据命令行的提示输入【@0,-1.3】，按【Enter】键确认，输入【@10,0】，按【Enter】键确认，输入【@0,1.3】，按两次【Enter】键完成多段线的绘制，如图 2-14 所示。

（14）选中绘制的矩形和两条多段线，在命令行中输入【TRIM】命令，对选中的对象进行修剪，效果如图 2-15 所示。

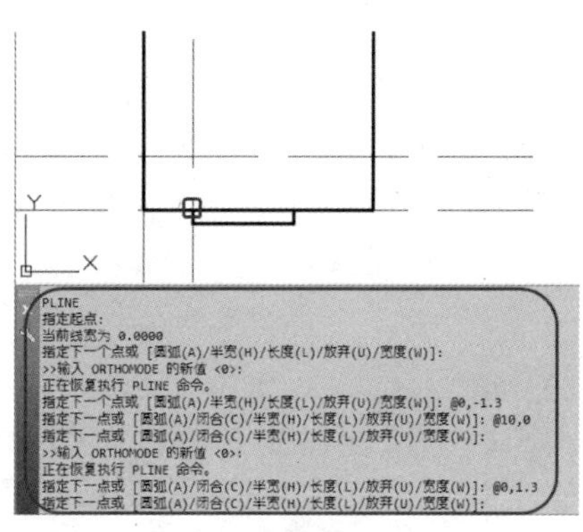

图 2-14　绘制多段线 2

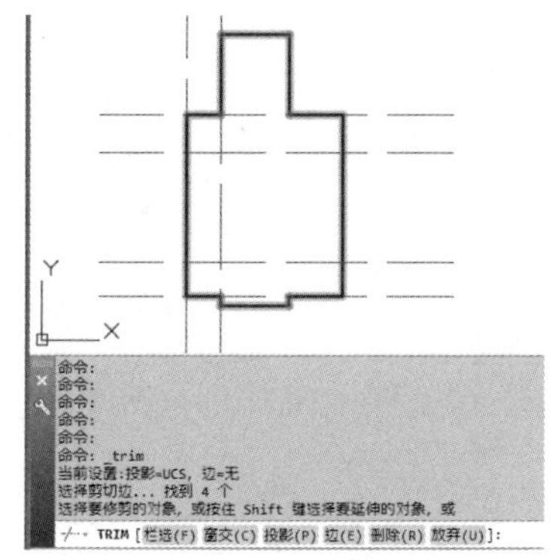

图 2-15　修剪对象后的效果

（15）在命令行中输入【LINE】命令，指定一个起点，根据命令行的提示输入【@23,0】，按两次【Enter】键完成直线的绘制，如图 2-16 所示。

（16）选中新绘制的直线，在命令行中输入【OFFSET】命令，将选中的直线向上偏移 2.7，然后将选中的直线向下偏移 15.6，如图 2-17 所示。

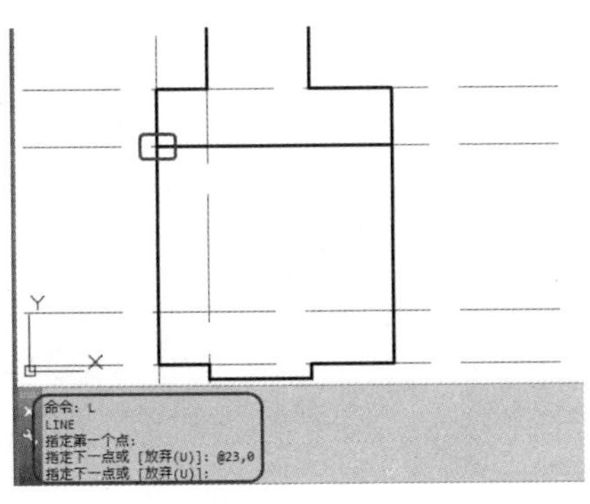

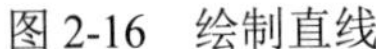
图 2-16　绘制直线

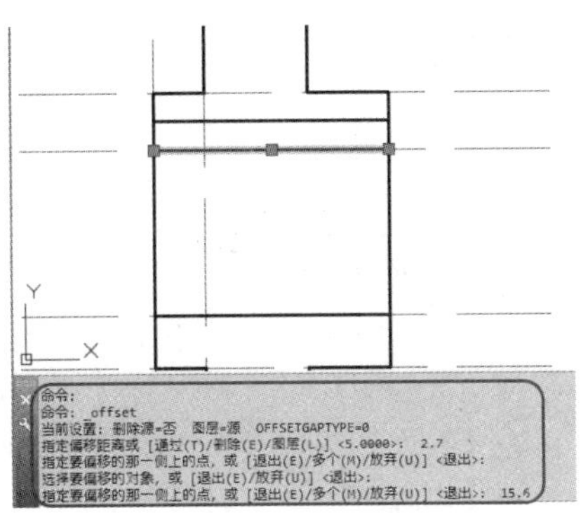

图 2-17　偏移直线

（17）将【细线】图层置为当前图层，在命令行中输入【HATCH】命令，根据命令行的提示输入【T】，按【Enter】键确认。在弹出的【图案填充和渐变色】对话框中将【图案】设置为【ANSI31】，将【比例】设置为【0.5】，如图 2-18 所示。

（18）设置完成后，单击【确定】按钮，拾取图形内部位置进行填充，填充后的效果如图 2-19 所示。

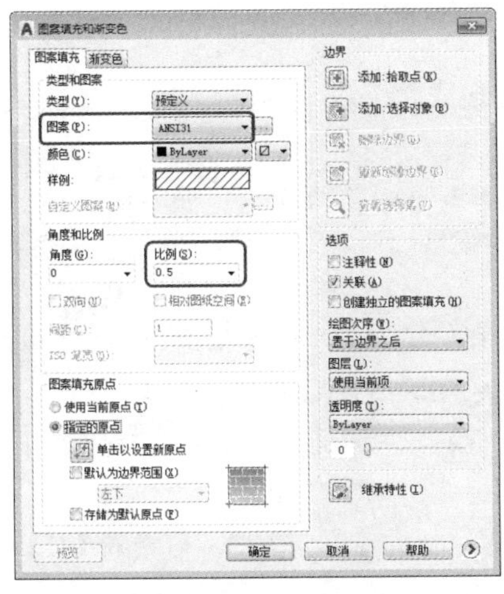

图 2-18　设置图案参数

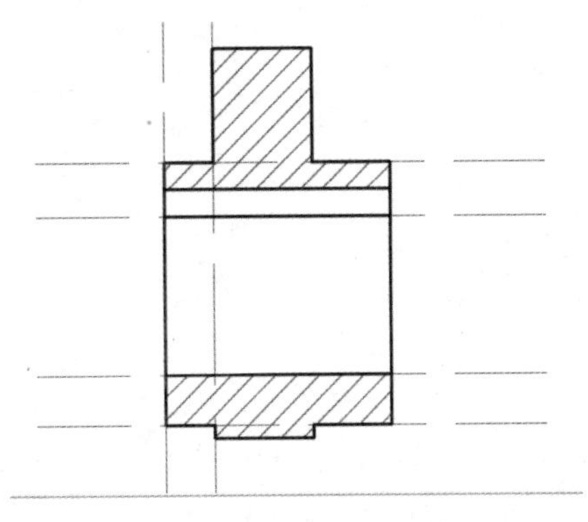

图 2-19　填充后的效果

2.1.2　绘制直线和射线

直线和射线都是 AutoCAD 中比较简单的对象，两者的不同在于，直线有两个端点，射线只有一个端点。

1. 绘制直线

当绘制一条线段后，可继续以该线段的终点作为起点，然后指定另一终点，从而绘制首尾相连的图形。

在 AutoCAD 2017 中，执行【直线】命令的方法有以下几种。

- 在菜单栏中选择【绘图】|【直线】命令。
- 在【默认】选项卡的【绘图】面板中单击【直线】按钮。

- 在命令行中执行【LINE】命令。

2. 绘制射线

射线是只有起点和方向，没有终点的直线，即射线为一端固定，另一端无限延伸的直线。射线一般作为辅助线，在绘制射线后，按【Esc】键可退出绘制状态。

在 AutoCAD 2017 中，执行【射线】命令的方法有以下几种。

- 在菜单栏中选择【绘图】|【射线】命令。
- 在【默认】选项卡的【绘图】面板中单击【绘图】按钮 绘图 ▾ ，然后在弹出的下拉列表中单击【射线】按钮。
- 在命令行中执行【RAY】命令。

2.1.3 绘制构造线

构造线为两端可以无限延伸的直线，没有起点和终点。在 AutoCAD 2017 中，构造线一般作为辅助线，单独执行【构造线】命令无法绘制任何图形。

在 AutoCAD 2017 中，执行【构造线】命令的方法有以下几种。

- 在菜单栏中选择【绘图】|【构造线】命令。
- 在【默认】选项卡的【绘图】面板中单击【构造线】按钮。
- 在命令行中执行【XLINE】命令。

在执行上述任意一种操作后，AutoCAD 2017 命令行中将依次出现如下提示：

```
指定点或 [水平(H)/垂直(V)/角度(A)/二等分(B)/偏移(O)]:
```

命令行中主要选项的含义如下。

- 指定点：构造线的默认项。可以使用鼠标直接在绘图区中单击来指定点，也可以通过键盘输入点的坐标值来指定点。用户移动鼠标在绘图区中任意单击一点即可给出构造线的通过点，然后可以绘制出一条通过线上点 A 的直线。不断地移动鼠标光标位置并在绘图区中单击，即可绘制出相交于同一点的多条构造线，如图 2-20 所示。
- 水平（H）：如果要绘制水平的构造线，可在命令行的【方向】提示后输入【H】，或者在右键快捷菜单中选择【水平】命令，绘制通过线上点 A 并平行于当前坐标系 X 轴的水平构造线。在该提示下，可以不断地指定水平构造线的位置来绘制多条间距不等的水平构造线，如图 2-21 所示。使用同样的方法，在命令行的【方向】提示后输入【V】，可以绘制多条间距不等的垂直构造线。

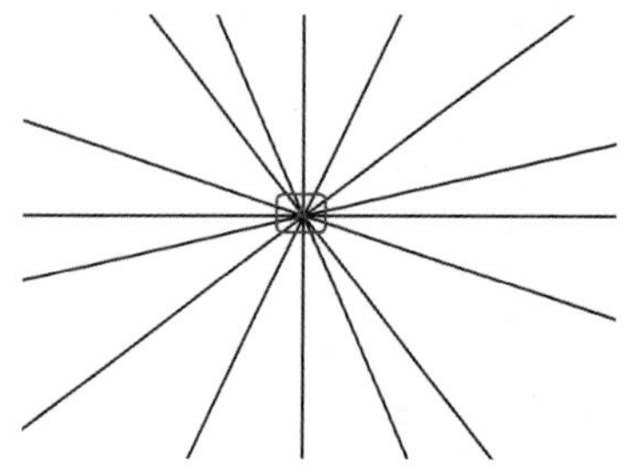

图 2-20　相交于同一点的多条构造线

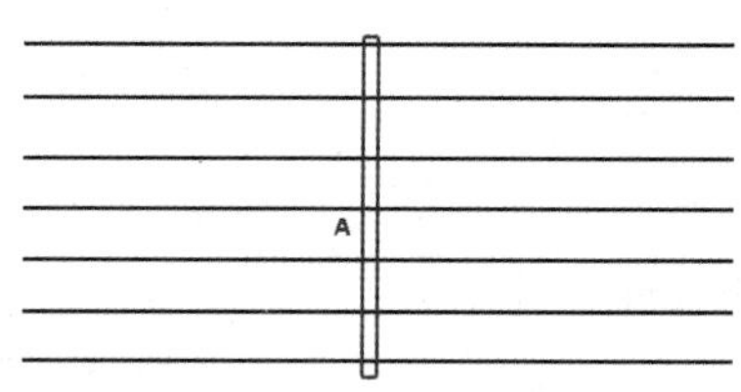

图 2-21　多条间距不等的水平构造线

- 角度（A）：如果要绘制带有指定角度的构造线，可在命令行中输入【A】，或者在右键

快捷菜单中选择【角度】命令，绘制与指定直线成一定角度的构造线。

提示：

① 构造线可以通过使用【修剪】工具修剪而变成线段或射线。

② 构造线一般作为辅助线。在绘图时，可将构造线单独置于一层，并赋予其一种特殊颜色。

2.1.4 绘制多段线

多段线是由等宽或不等宽的直线或圆弧等多条线段构成的特殊线段。多段线所构成的图形是一个整体，用户可对其进行整体编辑。在 AutoCAD 2017 中，执行【多段线】命令的方法有以下几种。

- 在菜单栏中选择【绘图】|【多段线】命令。
- 在【默认】选项卡的【绘图】面板中单击【多段线】按钮。
- 在命令行中执行【PLINE】命令。

2.1.5 绘制样条曲线

AutoCAD 2017 使用的样条曲线是一种特殊的曲线。通过指定一系列控制点，AutoCAD 2017 可以在指定的允差范围内把控制点拟合成光滑的 NURBS 曲线，即样条曲线，如图 2-22 所示。所谓允差，是指样条曲线与指定控制点之间的接近程度。允差越小，样条曲线与控制点越接近。若允差为 0，则样条曲线将通过控制点。使用样条曲线可以生成拟合光滑曲线，使绘制的曲线更加真实、美观，通常用来设计某些曲线型工艺品的轮廓线。

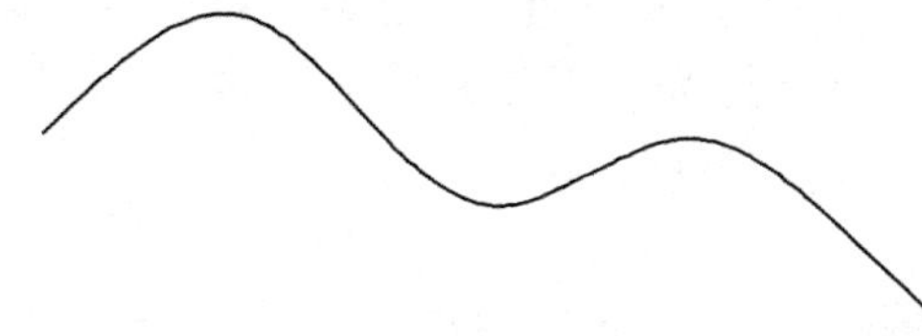

图 2-22 样条曲线

在 AutoCAD 2017 中，执行【样条曲线】命令的方法有以下几种。

- 在菜单栏中选择【绘图】|【样条曲线】命令。
- 在【默认】选项卡的【绘图】面板中单击【绘图】按钮 绘图 ▾ ，然后在弹出的下拉列表中单击【样条曲线拟合】按钮。
- 在命令行中执行【SPLINE】命令。

2.1.6 绘制多线

多线是由多条平行线构成的线段，具有起点和终点，绘制多线后的效果如图 2-23 所示。多线是 AutoCAD 中最复杂的线段对象。与绘制点的方法一样，在绘制多线之前应先设置多线样式。

1. 绘制多线

在 AutoCAD 2017 中，执行【多线】命令的方法有以下几种。

- 在菜单栏中选择【绘图】|【多线】命令。
- 在命令行中执行【MLINE】命令。

2. 编辑多线

编辑多线是为了处理多种类型的多线交叉点，如十字交叉点和 T 形交叉点等。

在 AutoCAD 2017 中，执行【编辑多线】命令的方法有以下几种。

- 在菜单栏中选择【修改】|【对象】|【多线】命令。
- 在命令行中执行【MLEDIT】命令。

在执行上述任意一种操作后，都将弹出【多线编辑工具】对话框，如图 2-24 所示。

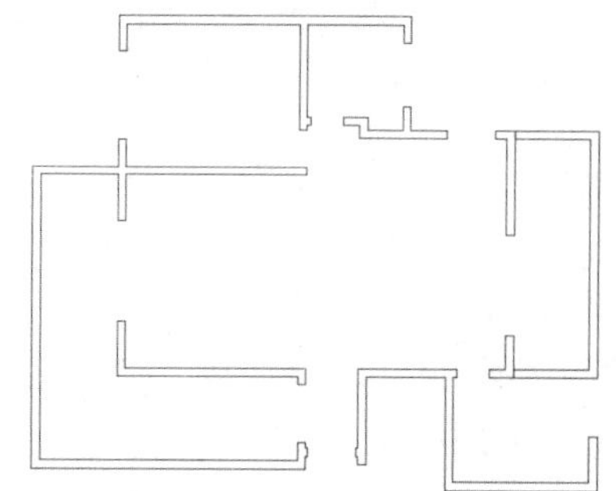

图 2-23　绘制多线后的效果

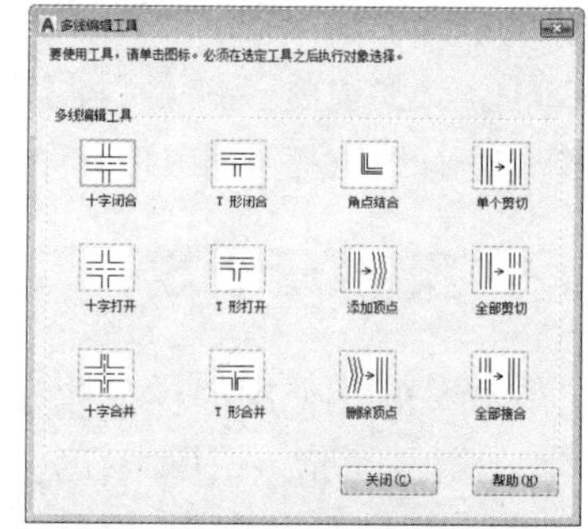

图 2-24　【多线编辑工具】对话框

在该对话框中的各个图形按钮形象地说明了该对话框具有编辑功能，其中提供了 12 种修改工具，可分别用于处理十字交叉的多线（第 1 列）和 T 形交叉的多线（第 2 列），处理角点结合和顶点（第 3 列），处理多线的剪切和接合（第 4 列）。

在处理 T 形交叉点时，选择多线的顺序将直接影响交叉点修整后的效果。

2.2　任务 4：绘制链轮——圆类操作

链轮是一种带嵌齿式扣链齿的轮子，用于与节链环或缆索上节距准确的块体相啮合。链轮被广泛应用于化工、纺织机械、食品加工、仪表仪器、石油等行业的机械传动。下面将通过实例讲解如何绘制链轮，其效果如图 2-25 所示。

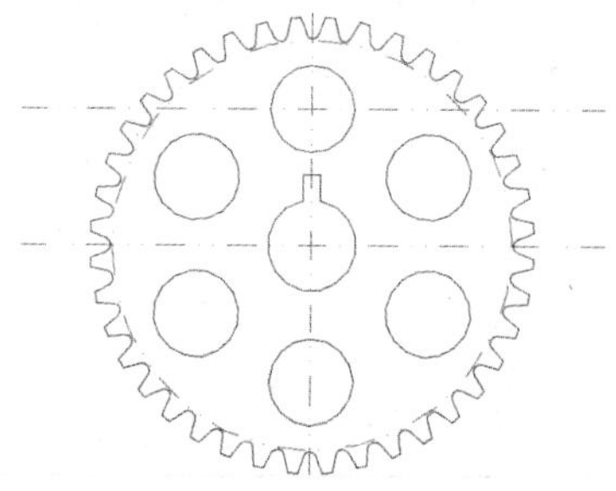

图 2-25　链轮效果

2.2.1 任务实施

（1）打开【素材】|【Cha02】|【绘制链轮-素材.dwg】素材文件，如图 2-26 所示。

（2）在命令行中输入【LAYER】命令，在【图层特性管理器】选项板中选择【辅助线】图层，单击【置为当前】按钮，如图 2-27 所示。

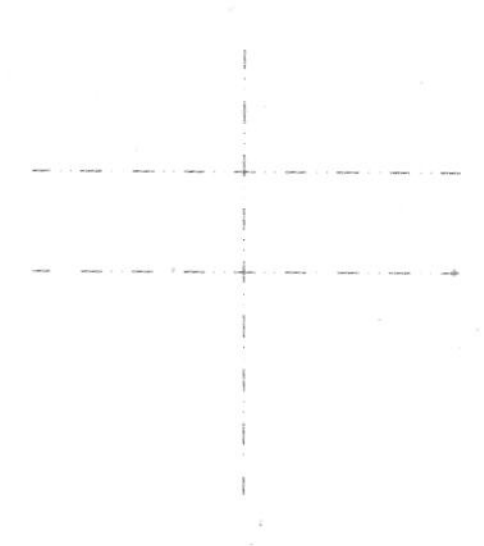

图 2-26 打开素材文件

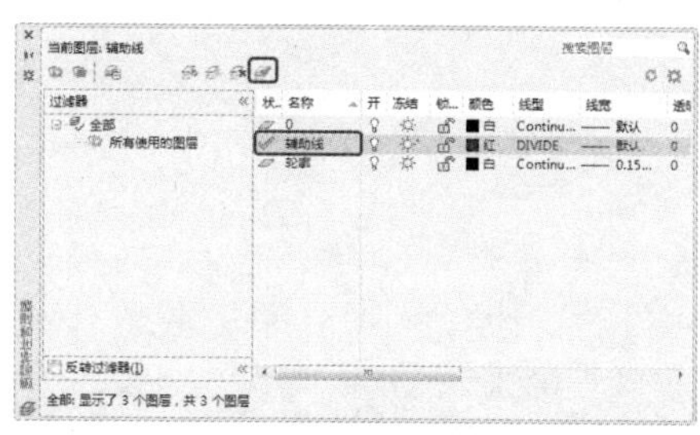

图 2-27 将【辅助线】图层置为当前图层

（3）在命令行中输入【CIRCLE】命令，指定圆的圆心，根据命令行的提示输入【90】，按【Enter】键确认，绘制一个半径为 90 的圆，如图 2-28 所示。

（4）将【轮廓】图层置为当前图层，在命令行中输入【CIRCLE】命令，指定圆的圆心，根据命令行的提示输入【20】，按【Enter】键确认，绘制一个半径为 20 的圆，如图 2-29 所示。

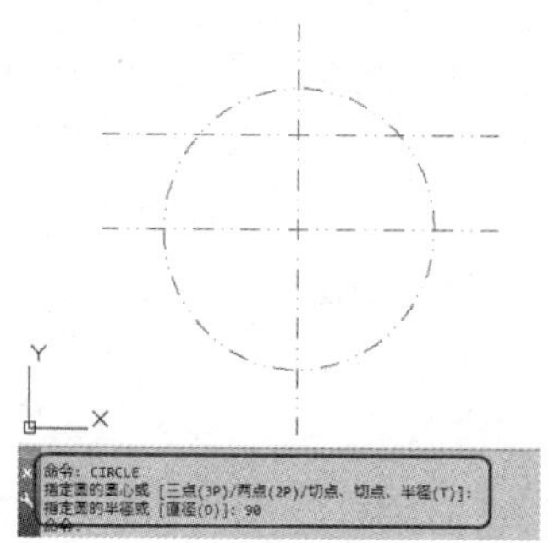

图 2-28 绘制半径为 90 的圆

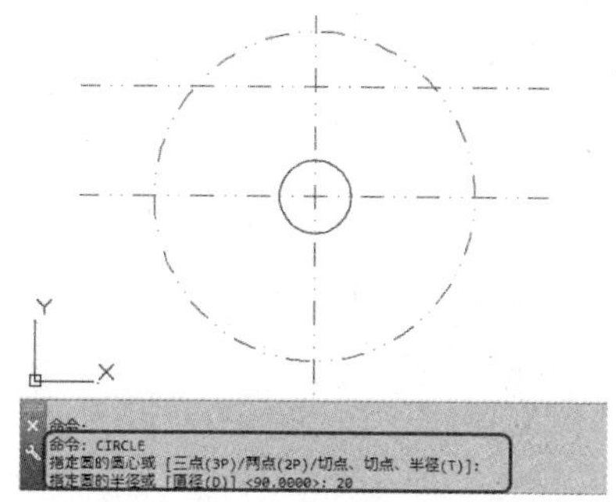

图 2-29 绘制半径为 20 的圆

（5）在命令行中输入【RECTANG】命令，指定圆心为矩形的第一个角点，根据命令行的提示输入【@8,31】，按【Enter】键完成矩形的绘制，如图 2-30 所示。

（6）选中绘制的矩形，在命令行中输入【MOVE】命令，以圆心为基点，根据命令行的提示输入【@-4,0】，按【Enter】键完成矩形的移动，如图 2-31 所示。

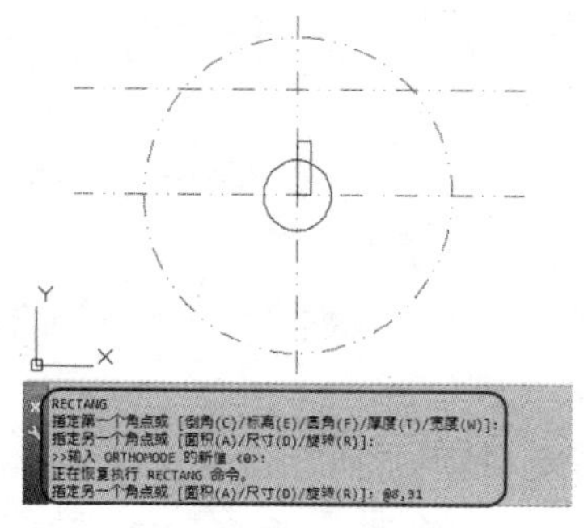

图 2-30 绘制矩形

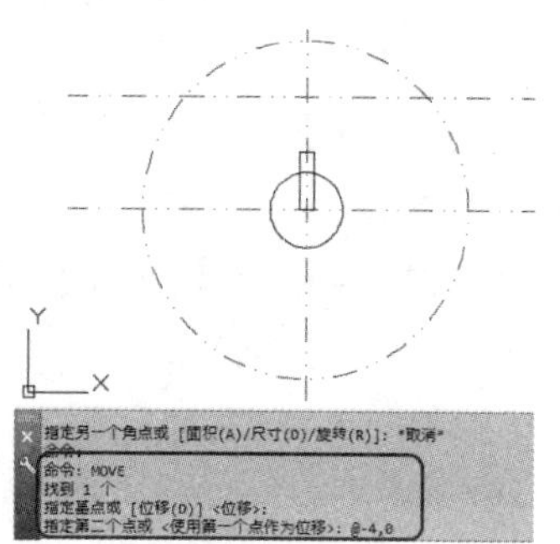

图 2-31 移动矩形

（7）选中半径为 20 的圆与刚绘制的矩形，在命令行中输入【TRIM】命令，对选中的图形进行修剪，效果如图 2-32 所示。

（8）在命令行中输入【CIRCLE】命令，指定圆的圆心，根据命令行的提示输入【19】，按【Enter】键确认，绘制一个半径为 19 的圆，如图 2-33 所示。

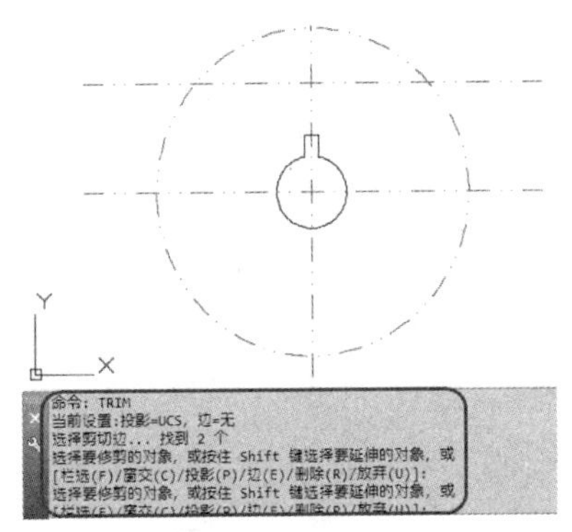

图 2-32　修剪图形后的效果 1

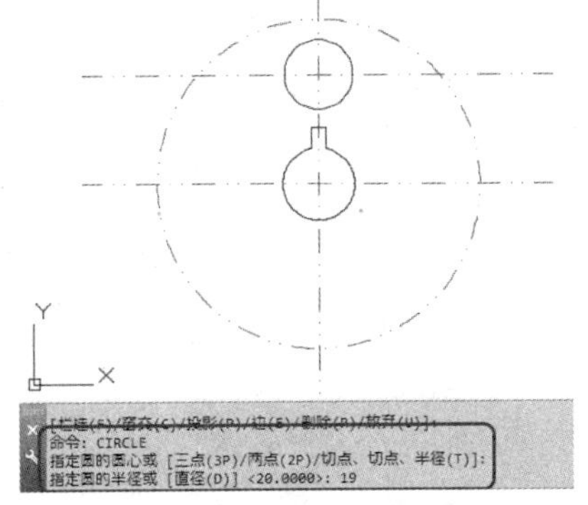

图 2-33　绘制半径为 19 的圆

（9）选中新绘制的圆，在命令行中输入【ARRAYPOLAR】命令，指定半径为 90 的圆的圆心为基点，根据命令行的提示输入【I】，按【Enter】键确认，输入【6】，按两次【Enter】键完成圆形的阵列，如图 2-34 所示。

（10）在命令行中输入【CIRCLE】命令，指定半径为 90 的圆的圆心为新圆的圆心，根据命令行的提示输入【100】，按【Enter】键确认，绘制一个半径为 100 的圆，效果如图 2-35 所示。

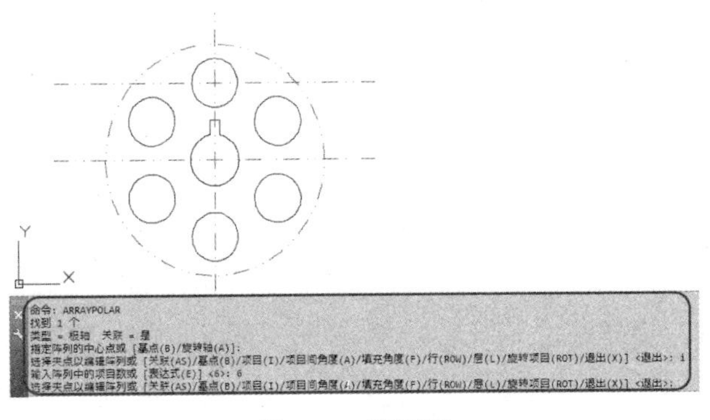

图 2-34　阵列圆

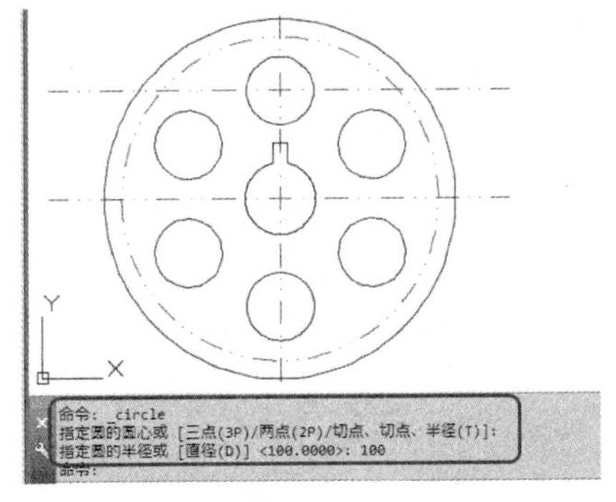

图 2-35　绘制半径为 100 的圆

（11）在命令行中输入【XLINE】命令，捕捉半径为 90 的圆的象限点，向上引导鼠标光标，输入【3】，按【Enter】键确认，向右引导鼠标光标，输入【3】，按两次【Enter】键完成射线的绘制，如图 2-36 所示。

（12）选中水平射线，在命令行中输入【MOVE】命令，以射线的中点为基点，向上引导鼠标光标，输入【3.4】，按【Enter】键完成射线的移动，如图 2-37 所示。

（13）在命令行中输入【CIRCLE】命令，以射线的交点为基点，根据命令行的提示输入【3】，按【Enter】键确认，绘制一个半径为 3 的圆，如图 2-38 所示。

（14）选择水平射线，在命令行中输入【ROTATE】命令，指定射线的交点为基点，输入【69】，按【Enter】键完成射线的旋转，如图 2-39 所示。

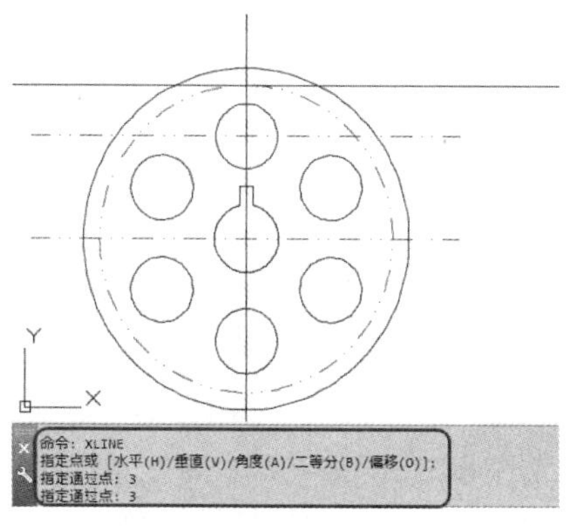

图 2-36　绘制射线

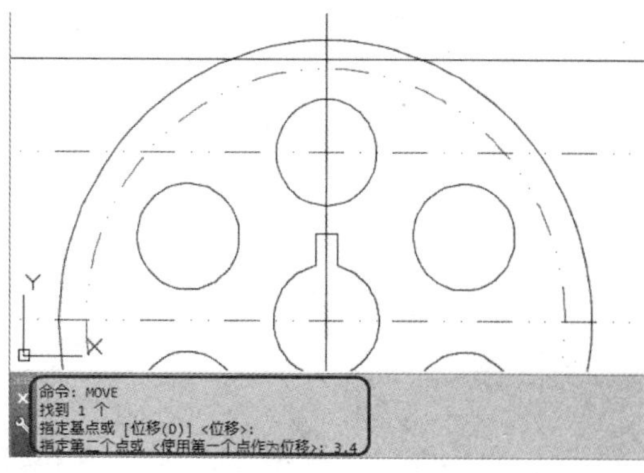

图 2-37　移动射线

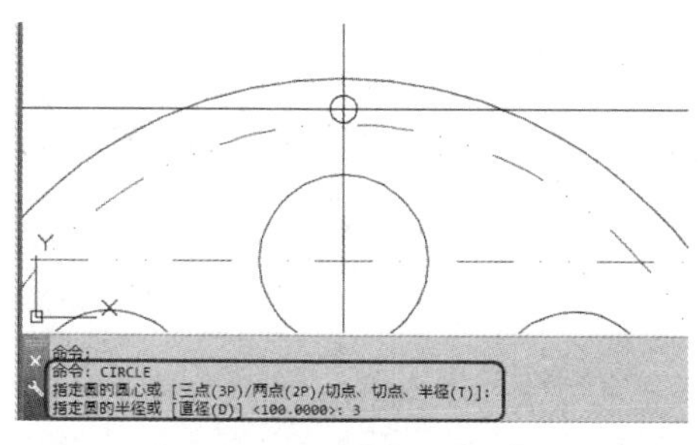

图 2-38　绘制半径为 3 的圆

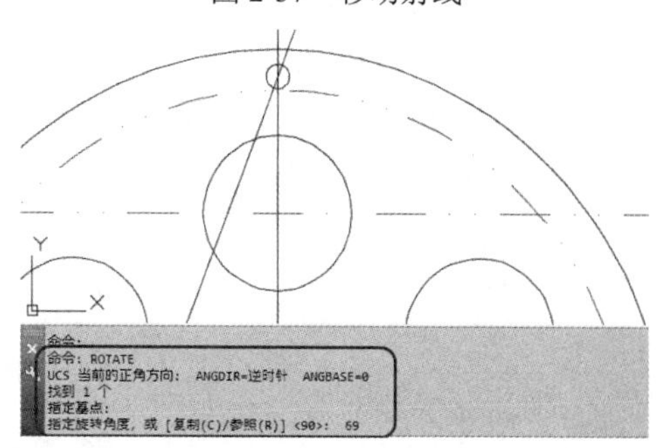

图 2-39　旋转射线

（15）选中旋转后的射线，在命令行中输入【OFFSET】命令，将射线向右偏移 3，效果如图 2-40 所示。

（16）选中偏移后的射线与半径为 3 的圆，在命令行中输入【TRIM】命令，对选中的图形进行修剪，效果如图 2-41 所示。

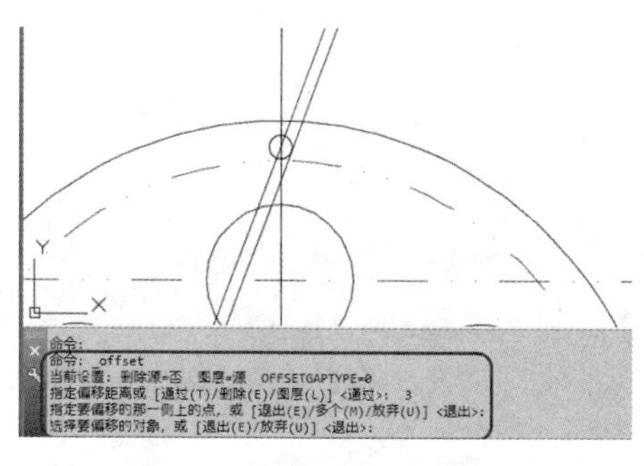

图 2-40　偏移射线后的效果

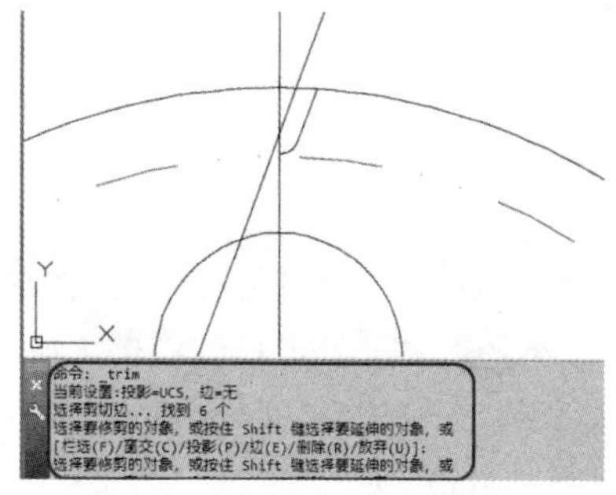

图 2-41　修剪图形后的效果 2

（17）选中修剪后的图形，在命令行中输入【MIRROR】命令，以垂直射线为镜像轴，将选中的图形进行镜像，如图 2-42 所示。

> **提示：**在对选中对象进行镜像时，在提示【要删除源对象吗？】后输入【N】，将不会删除源对象。

（18）将射线删除，选中镜像的对象，在命令行中输入【ARRAYPOLAR】命令，指定半径为 90 的圆的圆心为阵列的中心点，根据命令行的提示输入【I】，按【Enter】键确认，输入【40】，按两次【Enter】键完成对象的阵列，如图 2-43 所示。

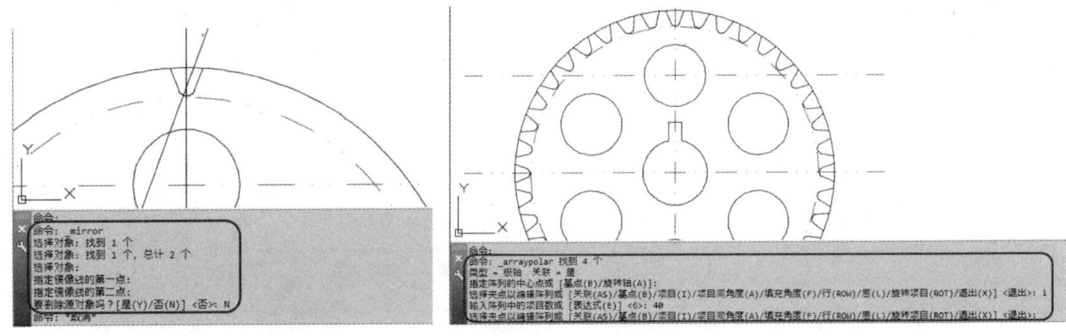

图 2-42　镜像选中的图形

图 2-43　阵列对象

（19）选中阵列后的对象，在命令行中输入【EXPLODE】命令，完成对象的分解，效果如图 2-44 所示。

（20）选中所有图形，在命令行中输入【TRIM】命令，对选中的图形进行修剪，效果如图 2-45 所示。

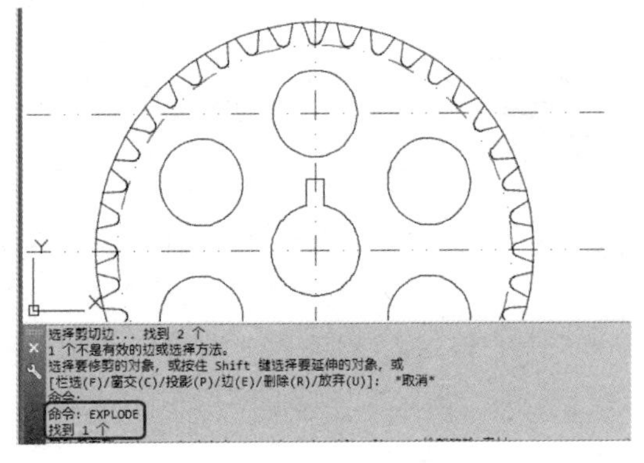

图 2-44　分解对象后的效果

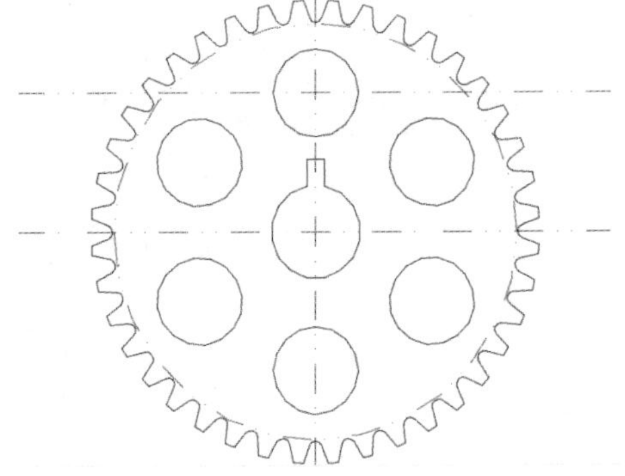

图 2-45　修剪图形后的效果 3

2.2.2　绘制圆

AutoCAD 提供了多种绘制圆的方式供用户选择，系统默认使用指定圆心和半径的方式进行圆的绘制。在 AutoCAD 2017 中，执行【圆】命令的方法有以下几种。

- 在菜单栏中选择【绘图】|【圆】命令，并在【圆】子菜单中选择合适的命令绘制圆，如图 2-46 所示。
- 在【默认】选项卡的【绘图】面板中单击【圆】按钮。
- 在【默认】选项卡的【绘图】面板中单击【圆】按钮下方的按钮，然后在弹出的下拉列表中选择相应的选项绘制圆，如图 2-47 所示。
- 在命令行中执行【CIRCLE】命令。

在菜单栏的【圆】子菜单中选择相应的命令绘制圆的效果如图 2-48 所示。

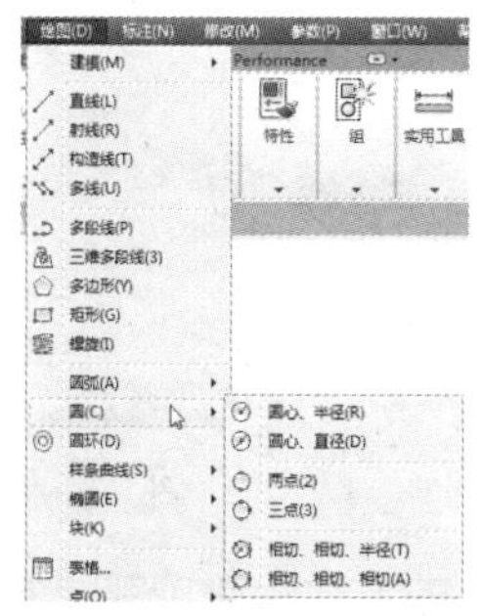

图 2-46 【圆】子菜单

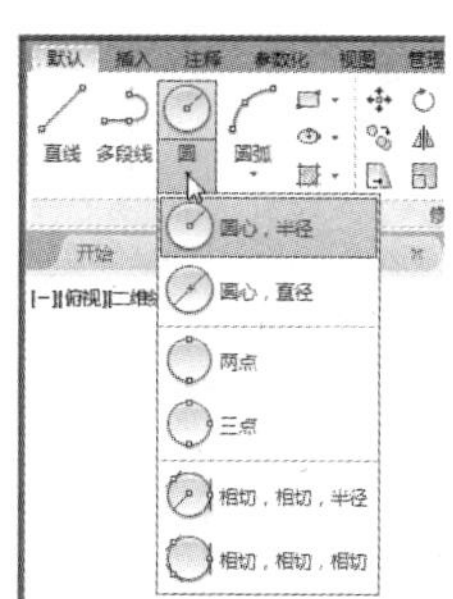

图 2-47 【圆】下拉列表

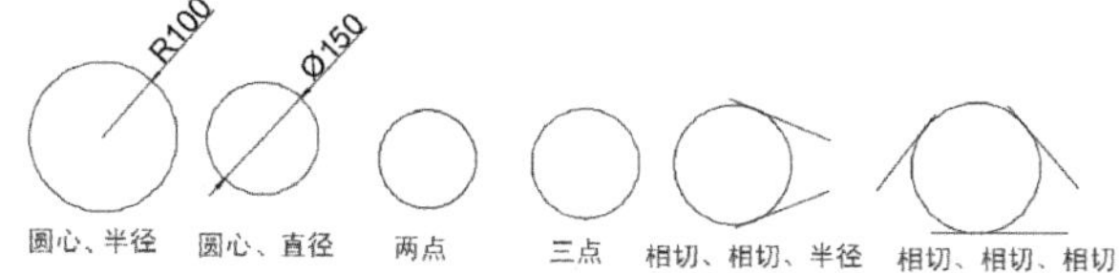

图 2-48 绘制圆的效果

2.2.3 绘制圆弧

圆弧是包含一定角度的圆周线。在 AutoCAD 2017 中，执行【圆弧】命令的方法有以下几种。

- 在菜单栏中选择【绘图】|【圆弧】命令，并在【圆弧】子菜单中选择合适的命令绘制圆弧，如图 2-49 所示。
- 在【默认】选项卡的【绘图】面板中单击【圆弧】按钮 。
- 在【默认】选项卡的【绘图】面板中单击【圆弧】按钮 下方的 按钮，然后在弹出的下拉列表中选择相应的选项绘制圆弧，如图 2-50 所示。
- 在命令行中执行【ARC】命令。

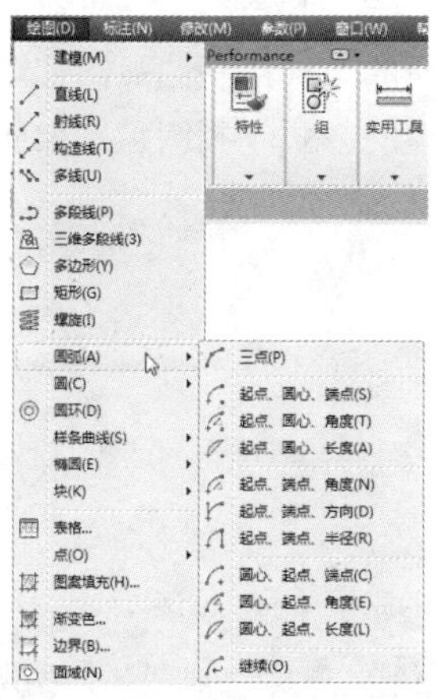

图 2-49 【圆弧】子菜单

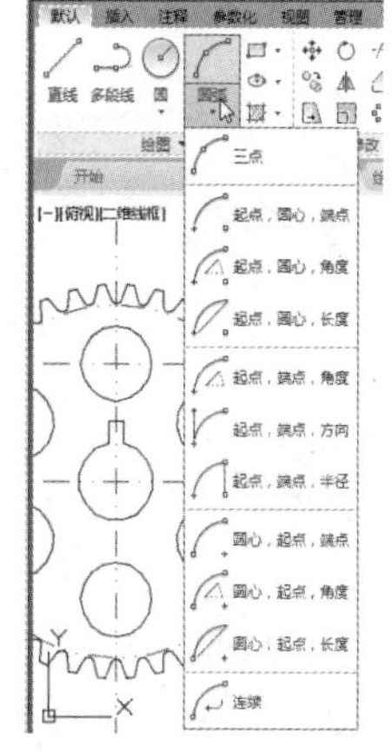

图 2-50 【圆弧】下拉列表

在【圆弧】子菜单中，各选项的含义如下。

- 三点：以指定 3 个点的方式绘制圆弧，如图 2-51 所示。
- 起点、圆心、端点：以指定圆弧的起点、圆心、端点的方式绘制圆弧，如图 2-52 所示。

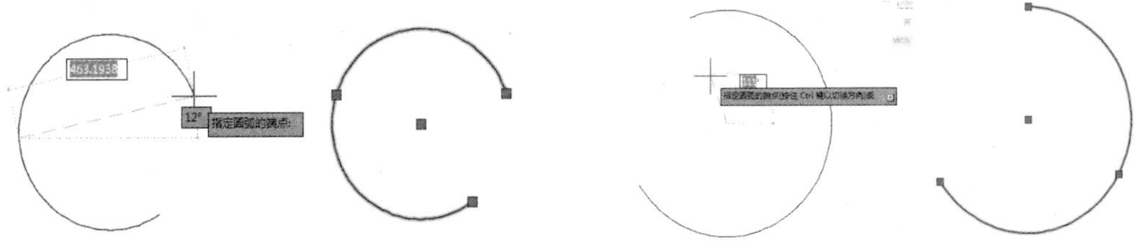

图 2-51 【三点】画弧　　　　图 2-52 【起点、圆心、端点】画弧

- 起点、圆心、角度：以指定圆弧的起点、圆心、圆心角的方式绘制圆弧，如图 2-53 所示。
- 起点、圆心、长度：以指定圆弧的起点、圆心、弦长的方式绘制圆弧，如图 2-54 所示。

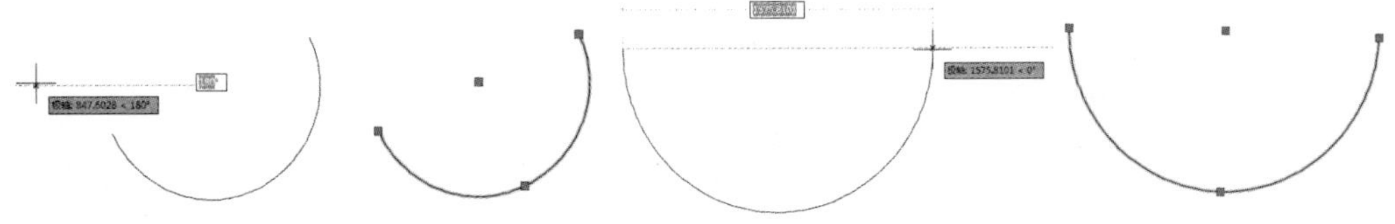

图 2-53 【起点、圆心、角度】画弧　　　　图 2-54 【起点、圆心、长度】画弧

- 起点、端点、角度：以指定圆弧的起点、端点、圆心角的方式绘制圆弧，如图 2-55 所示。
- 起点、端点、方向：以指定圆弧的起点、端点、起点的切线方向的方式绘制圆弧，如图 2-56 所示。

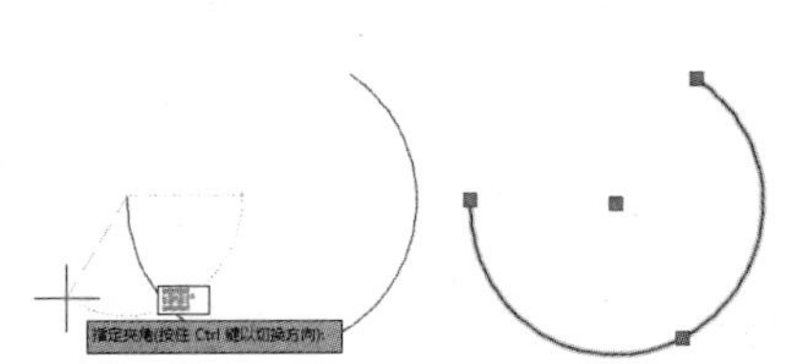

图 2-55 【起点、端点、角度】画弧

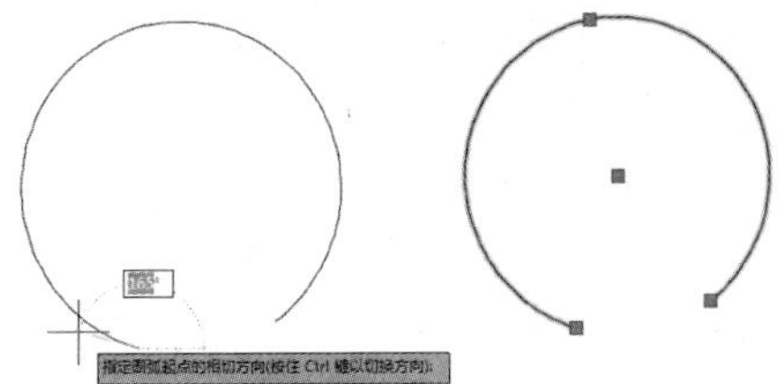

图 2-56 【起点、端点、方向】画弧

- 起点、端点、半径：以指定圆弧的起点、端点、半径的方式绘制圆弧，如图 2-57 所示。
- 圆心、起点、端点：以指定圆弧的圆心、起点、端点的方式绘制圆弧，如图 2-58 所示。

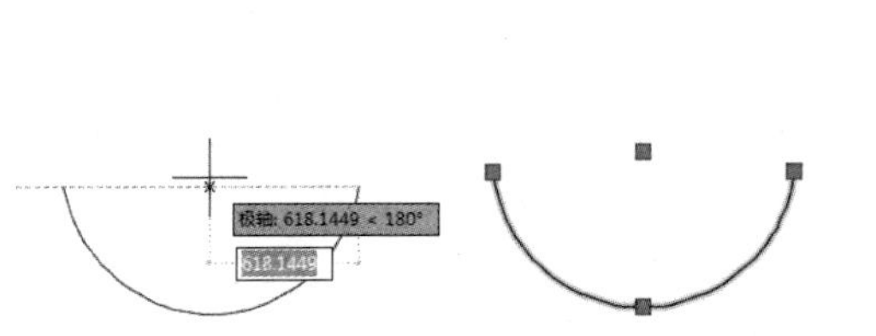

图 2-57 【起点、端点、半径】画弧

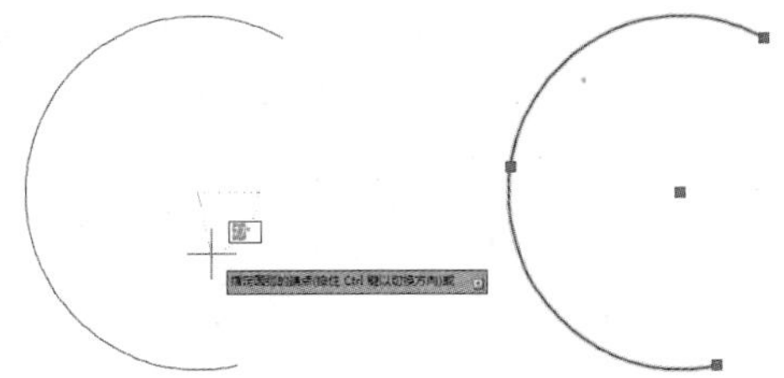

图 2-58 【圆心、起点、端点】画弧

- 圆心、起点、角度：以指定圆弧的圆心、起点、圆心角的方式绘制圆弧，如图 2-59 所示。
- 圆心、起点、长度：以指定圆弧的圆心、起点、弦长的方式绘制圆弧，如图 2-60 所示。
- 继续：在绘制其他直线或非封闭曲线后，选择【绘图】|【圆弧】|【继续】命令，系统将自动以刚才绘制的对象的终点作为即将绘制的圆弧的起点。

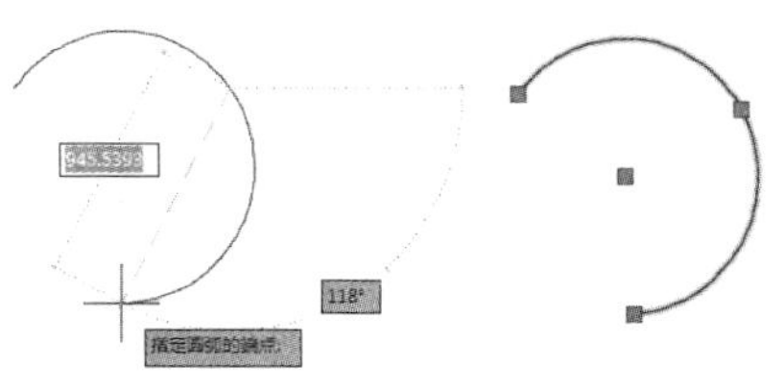

图 2-59 【圆心、起点、角度】画弧

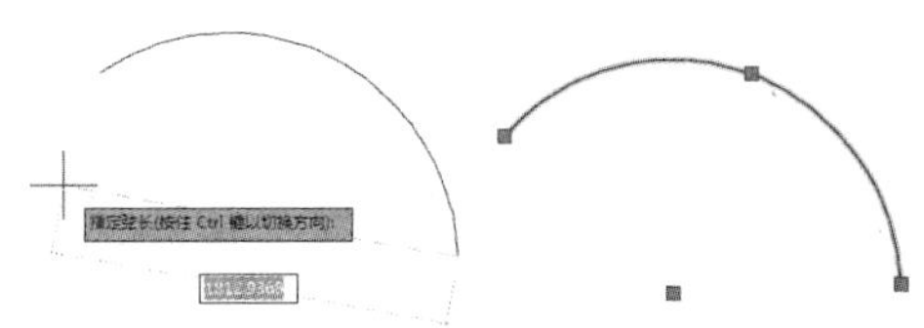

图 2-60 【圆心、起点、长度】画弧

2.2.4 绘制圆环

在绘制圆环时，需要用户指定圆环的内径和外径。在 AutoCAD 2017 中，执行【圆环】命令的方法有以下几种。

- 在菜单栏中选择【绘图】|【圆环】命令。
- 在【默认】选项卡的【绘图】面板中单击【绘图】按钮，然后在弹出的下拉列表中单击【圆环】按钮。
- 在命令行中执行【DONUT】命令。

> **提示**：在绘制圆环时，若内径值为 0，外径值为大于 0 的任意数值，则绘制出的圆环是一个实心圆。

2.2.5 绘制椭圆与椭圆弧

在 AutoCAD 2017 中，绘制椭圆与绘制椭圆弧的英文命令相同，都是【ELLIPSE】命令，但是在命令行中的提示不同。

1. 绘制椭圆

在绘制椭圆时，系统默认必须指定椭圆长轴与短轴的尺寸，可以通过轴端点、轴距离、绕轴线、旋转的角度或中心点几种不同的组合来绘制椭圆。

在 AutoCAD 2017 中，执行【椭圆】命令的方法有以下几种。

- 在菜单栏中选择【绘图】|【椭圆】命令。
- 在【默认】选项卡的【绘图】面板中单击【圆心】按钮右侧的按钮，然后在弹出的下拉列表中选择【椭圆】选项。
- 在命令行中执行【ELLIPSE】命令。

2. 绘制椭圆弧

绘制椭圆弧与绘制椭圆的方法类似。在 AutoCAD 2017 中，执行【椭圆弧】命令的方法有以下几种。

- 在菜单栏中选择【绘图】|【椭圆】|【椭圆弧】命令。
- 在【默认】选项卡的【绘图】面板中单击【圆心】按钮右侧的按钮，然后在弹出的下拉列表中选择【椭圆弧】选项。
- 在命令行中执行【ELLIPSE】命令。

2.3 任务 5：绘制齿轮轴——平面图形

下面将通过实例讲解如何绘制齿轮轴，其效果如图 2-61 所示。

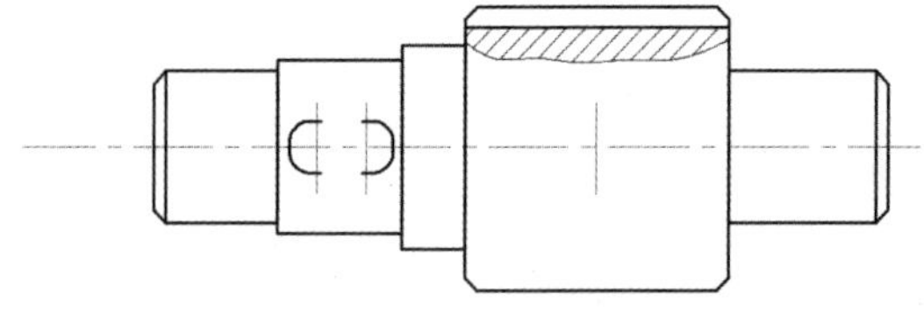

图 2-61 齿轮轴效果

2.3.1 任务实施

（1）打开【素材】|【Cha02】|【齿轮轴素材.dwg】素材文件，如图 2-62 所示。

（2）在命令行中输入【OFFSET】命令，选择垂直的第二条线段，将其向右偏移 55，如图 2-63 所示。

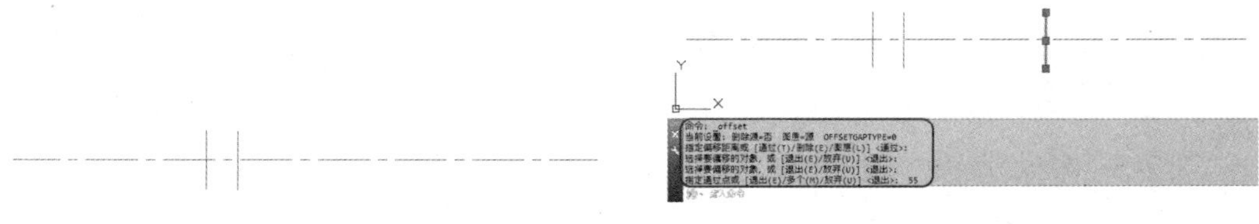

图 2-62 打开素材文件　　图 2-63 偏移辅助线

（3）在命令行中输入【LAYER】命令，弹出【图层特性管理器】选项板。选择【粗实线】图层，单击【置为当前】按钮，然后在状态栏中单击【显示/隐藏线宽】按钮，如图 2-64 所示。

（4）在命令行中输入【RECTANG】命令，指定矩形的第一个角点，在命令行中输入【@63,66】，如图 2-65 所示。

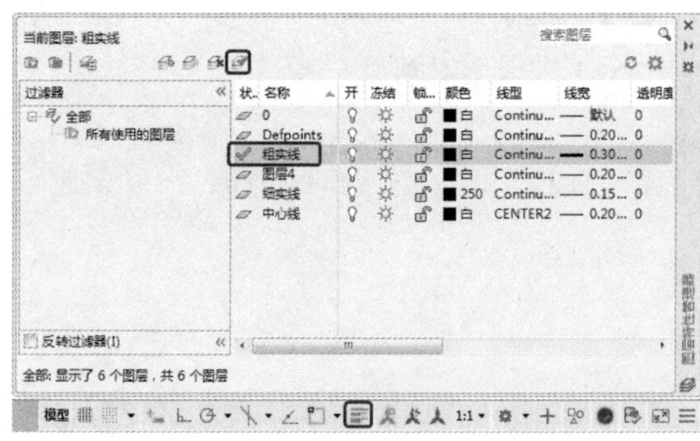

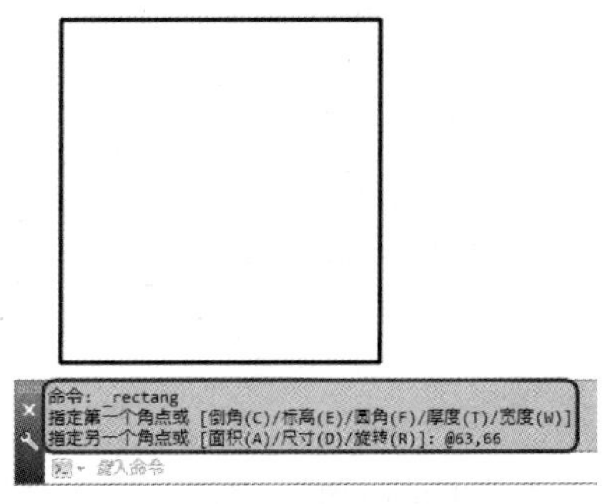

图 2-64 设置当前图层　　图 2-65 绘制矩形

（5）在命令行中输入【OS】命令，弹出【草图设置】对话框。勾选【启用对象捕捉】复选框，在【对象捕捉模式】选项组中勾选【中点】【几何中心】复选框，单击【确定】按钮，如图 2-66 所示。

（6）在命令行中输入【MOVE】命令，选择绘制的矩形，根据命令行的提示指定矩形的中心点为移动基点，如图 2-67 所示。

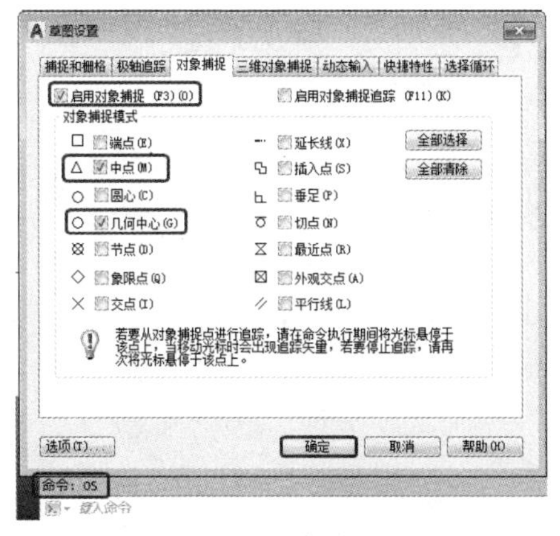

图 2-66　设置对象捕捉参数

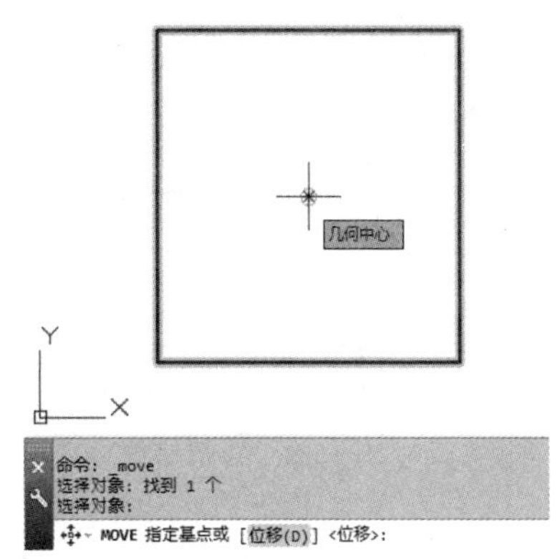

图 2-67　指定移动基点

（7）将对象移动至如图 2-68 所示的位置处。

（8）在命令行中输入【EXPLODE】命令，选择矩形对象，进行分解。在命令行中输入【OFFSET】命令，按【Enter】键确认，并根据命令行的提示输入【5】，将上侧边向下偏移 5，如图 2-69 所示。

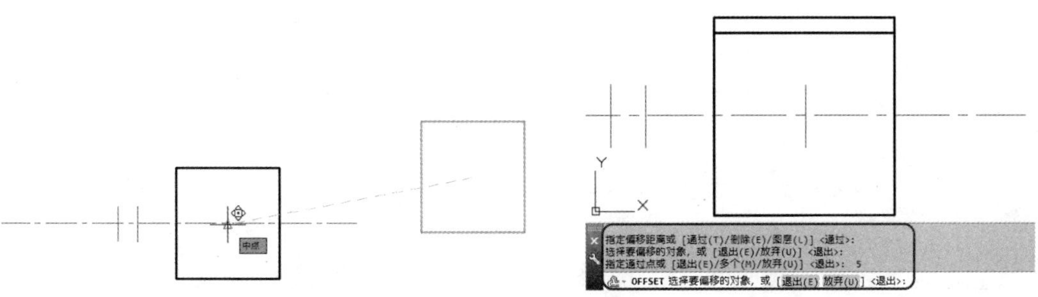

图 2-68　移动对象的位置

图 2-69　偏移对象

（9）在命令行中输入【CHAMFER】命令，根据命令行的提示输入【D】，指定第一个和第二个倒角距离均为 3，根据命令行的提示输入【M】，对矩形进行倒角处理，如图 2-70 所示。

（10）在命令行中输入【RECTANG】命令，分别绘制 15×47、30×40、30×35、38×35 的矩形，并通过【MOVE】命令调整矩形的位置，通过【CHAMFER】命令对矩形进行倒角处理，效果如图 2-71 所示。

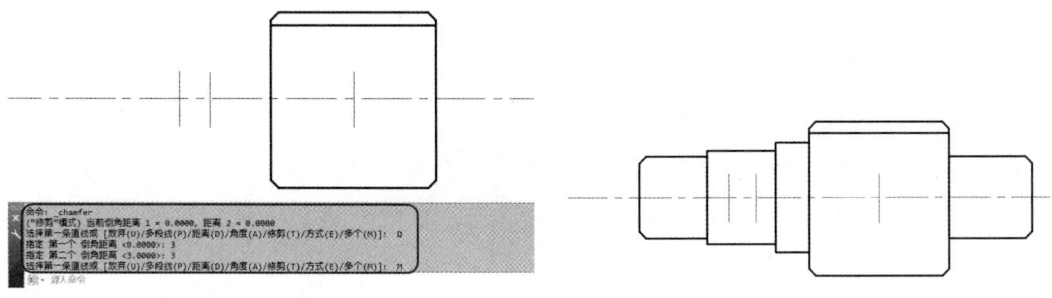

图 2-70　倒角处理

图 2-71　调整后的效果

（11）使用【直线】工具绘制直线，如图 2-72 所示。

（12）在命令行中输入【RECTANG】命令，绘制第一个角点坐标为（@25,12）的矩形，然后将矩形分解，在命令行中输入【OFFSET】命令，将左侧边和右侧边向内部偏移 7.5，效果如图 2-73 所示。

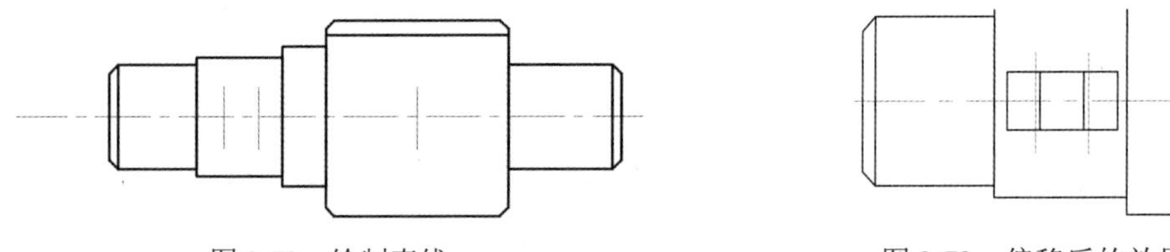

图 2-72　绘制直线　　　　图 2-73　偏移后的效果

（13）在命令行中输入【FILLET】命令，根据命令行的提示输入【R】，指定圆角半径为 5，根据命令行的提示输入【M】，对矩形进行圆角处理。在命令行中输入【TRIM】命令，修剪对象，如图 2-74 所示。

（14）在命令行中输入【LAYER】命令，弹出【图层特性管理器】选项板。选择【细实线】图层，单击【置为当前】按钮，如图 2-75 所示。

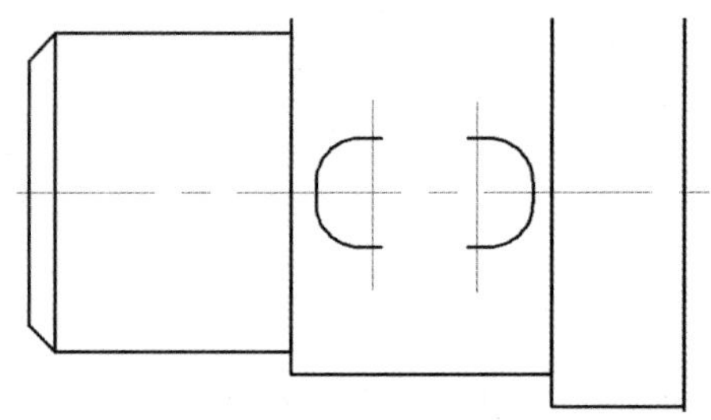

图 2-74　修剪对象

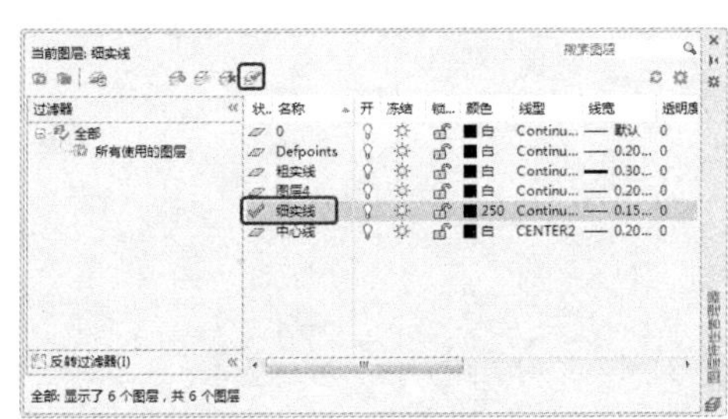

图 2-75　设置当前图层

（15）在命令行中输入【SPLINE】命令，绘制样条曲线，如图 2-76 所示。

（16）在命令行中输入【HATCH】命令，将【图案填充图案】设置为【ANSI31】，对图形进行填充，如图 2-77 所示。

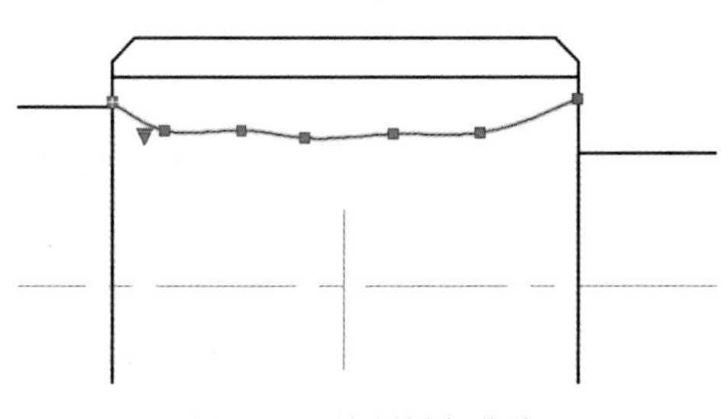

图 2-76　绘制样条曲线

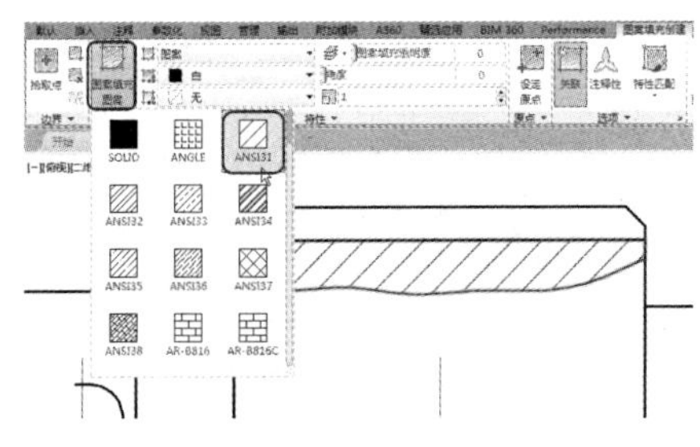

图 2-77　填充图形

（17）按【Enter】键确认，齿轮轴最终效果如图 2-78 所示。

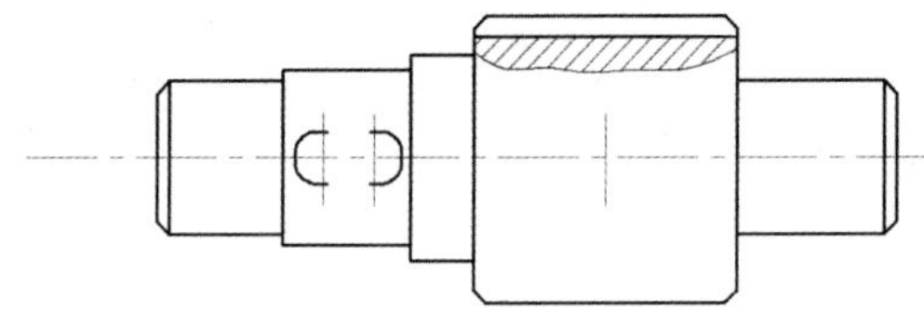

图 2-78　齿轮轴最终效果

2.3.2 绘制矩形

在 AutoCAD 中不仅可以绘制常见的矩形，还可以绘制具有倒角、圆角等特殊效果的矩形。

在 AutoCAD 2017 中，执行【矩形】命令的方法有以下几种。

- 在菜单栏中选择【绘图】|【矩形】命令。
- 在【默认】选项卡的【绘图】面板中单击【矩形】按钮。
- 在命令行中执行【RECTANG】命令。

2.3.3 绘制点

点是 AutoCAD 中组成图形对象的最基本的元素。在默认情况下，点是没有长度和大小的，因此在绘制点之前可以对其样式进行设置，以便更好地显示点。

1. 设置点的样式和大小

AutoCAD 提供了多种点样式供用户选用，用户可以根据不同需要进行选择，具体操作过程如下。

（1）在命令行中输入【DDPTYPE】命令，弹出【点样式】对话框，如图 2-79 所示，然后选择需要的点样式，这里选择点样式。

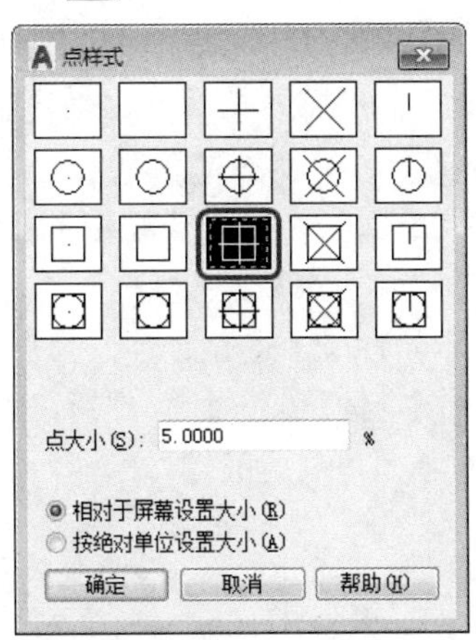

图 2-79 【点样式】对话框

（2）在【点大小】文本框中输入点的大小值，然后单击 确定 按钮，保存设置并关闭【点样式】对话框。

> 提示：在【点样式】对话框中，选中【相对于屏幕设置大小】单选按钮，表示按屏幕尺寸的百分比设置点的大小，当缩放视图时，点的大小不会发生改变；选中【按绝对单位设置大小】单选按钮，表示按在【点大小】文本框中指定的实际单位设置点的大小，当缩放视图时，点的大小会随之改变。

2. 绘制单点

绘制单点，就是在执行命令后只能绘制一个点。

在 AutoCAD 2017 中，执行【单点】命令的方法有以下几种。

- 在菜单栏中选择【绘图】|【点】|【单点】命令。
- 在命令行中执行【POINT】命令。

在命令行中执行【POINT】命令，具体操作过程如下：

```
命令:POINT                                    //执行【POINT】命令
当前点模式： PDMODE=0  PDSIZE=0.0000  //系统提示当前的点模式
```

在执行命令的过程中，各选项的含义如下。

- PDMODE：控制点的样式。与【点样式】对话框中的第 1 行与第 4 行点样式相对应，不同的值对应不同的点样式，其数值为 0～4、32～36、64～68、96～100。当该值为 0 时，显示为 1 个小圆点；当该值为 1 时，不显示任何图形，但可以捕捉到该点，系统默认该值为 0。
- PDSIZE：控制点的大小。当该值为 0 时，表示点的大小为系统默认值，即屏幕大小的 5%；当该值为负值时，表示点的相对尺寸大小，相当于选中【点样式】对话框中的【相对于屏幕设置大小】单选按钮；当该值为正值时，表示点的绝对尺寸大小，相当于选中【点样式】对话框中的【按绝对单位设置大小】单选按钮。

> **提示**：在命令行中分别输入【PDMODE】和【PDSIZE】后，可以重新指定点的样式和大小，这与在【点样式】对话框中设置的点样式效果是一样的。

3. 绘制多点

绘制多点，就是在执行命令后能绘制多个点，直到按【Esc】键手动结束命令为止。

在 AutoCAD 2017 中，执行【多点】命令的方法有以下几种。

- 在【默认】选项卡的【绘图】面板中单击【绘图】按钮 绘图 ▾ ，然后在弹出的下拉列表中单击【多点】按钮。
- 在菜单栏中选择【绘图】|【点】|【多点】命令。
- 在命令行中输入【POINT】命令，按【Enter】键，然后在绘图区的任意位置单击，按【Enter】键，再在绘图区的任意位置单击，以此类推。

4. 绘制定数等分点

绘制定数等分点，就是在指定的对象上绘制等分点。

在 AutoCAD 2017 中，执行【定数等分】命令的方法有以下几种。

- 在菜单栏中选择【绘图】|【点】|【定数等分】命令。
- 在【默认】选项卡的【绘图】面板中单击【绘图】按钮 绘图 ▾ ，然后在弹出的下拉列表中单击【定数等分】按钮。

> **提示**：每次只能对一个对象操作，而不能对一组对象操作。输入的是等分数，而不是放置点的个数，如果要将所选对象分成 m 份，则实际上只能生成 $m-1$ 个等分点。

5. 绘制定距等分点

绘制定距等分点，是指在选定的对象上按指定的长度绘制多个点对象。该操作是先指定所要创建的点与点之间的距离，然后由系统按照该间距值分割所选对象（并不是将对象断开，而是在相应的位置上放置点对象，以辅助绘制其他图形）。在 AutoCAD 2017 中，执行【定距等分】命令的方法有以下几种。

- 在菜单栏中选择【绘图】|【点】|【定距等分】命令。
- 在【默认】选项卡的【绘图】面板中单击【绘图】按钮 绘图 ，然后在弹出的下拉列表中单击【定距等分】按钮。
- 在命令行中执行【MEASURE】命令。

2.4 上机练习

2.4.1 绘制止动垫圈

下面将通过实例讲解如何绘制止动垫圈，其效果如图 2-80 所示。具体操作步骤如下。

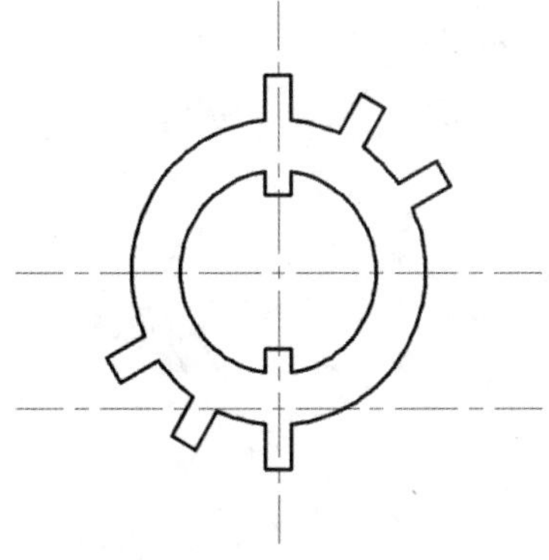

图 2-80 止动垫圈效果

（1）打开【素材】|【Cha02】|【止动垫圈素材.dwg】素材文件，如图 2-81 所示。

（2）在命令行中输入【CIRCLE】命令，以 A 点为圆心，分别绘制 3 个半径为 50.5、61、76 的圆，如图 2-82 所示。

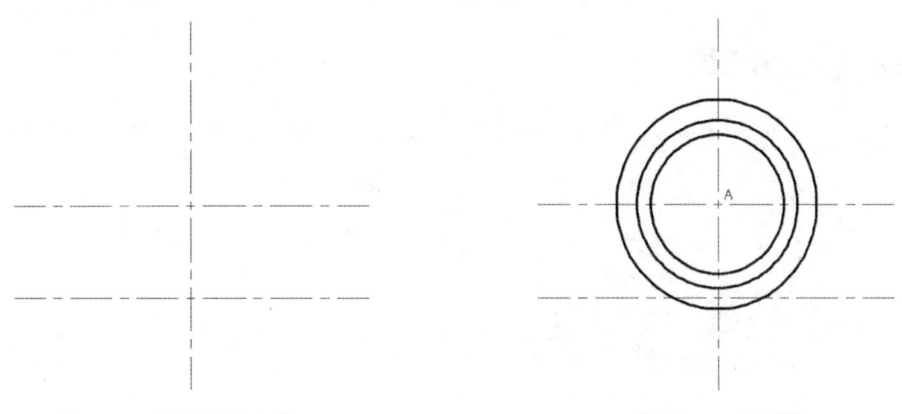

图 2-81 打开素材文件　　图 2-82 绘制圆

（3）在命令行中输入【RECTANG】命令，指定矩形的第一个角点，根据命令行的提示输入【@14,60】，然后移动对象的位置，如图 2-83 所示。

（4）在命令行中输入【ARRAYPOLAR】命令，选择绘制的矩形，指定圆的圆心为阵列的基点，将【项目数】设置为【12】，如图 2-84 所示。

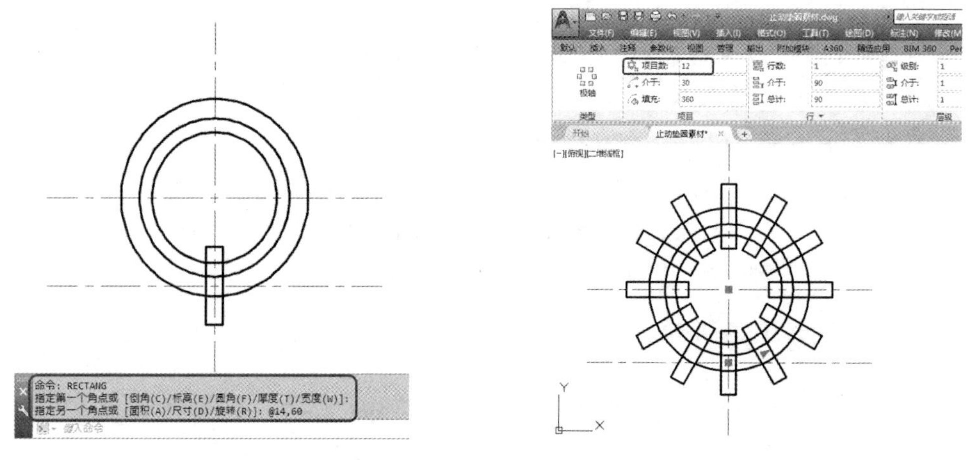

图 2-83　绘制矩形并移动位置　　　　图 2-84　阵列对象

（5）在命令行中输入【EXPLODE】命令，选择阵列后的对象，将其分解，并使用【修剪】和【删除】工具修剪不需要的线段，最终效果如图 2-85 所示。

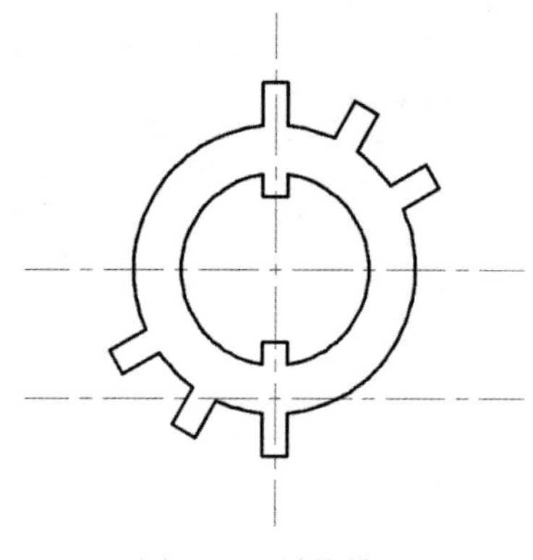

图 2-85　最终效果

2.4.2　盖形螺母

下面将通过实例讲解如何绘制盖形螺母，其效果如图 2-86 所示。具体操作步骤如下。

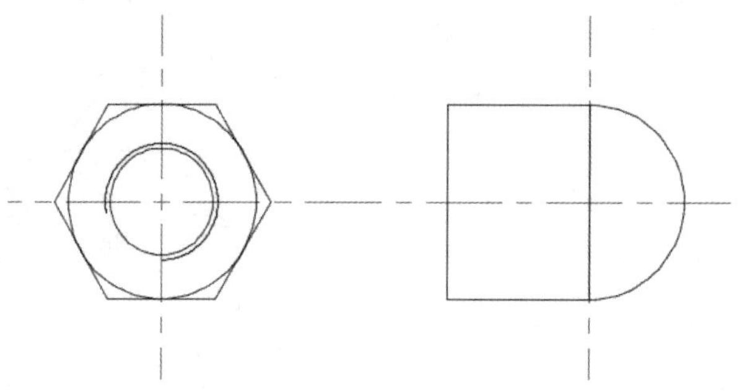

图 2-86　盖形螺母效果

（1）打开【素材】|【Cha02】|【盖形螺母素材.dwg】素材文件。

（2）在命令行中输入【CIRCLE】命令，以两条线的交点为圆心，分别绘制半径为 5.5、6、10 的圆，如图 2-87 所示。

（3）在命令行中输入【POLYGON】命令，根据命令行的提示将正多边形的侧面数设置为 6，指定圆心为正多边形的中心点，然后执行【外切于圆】命令，将圆的半径设置为 10，完成正六边形的绘制，如图 2-88 所示。

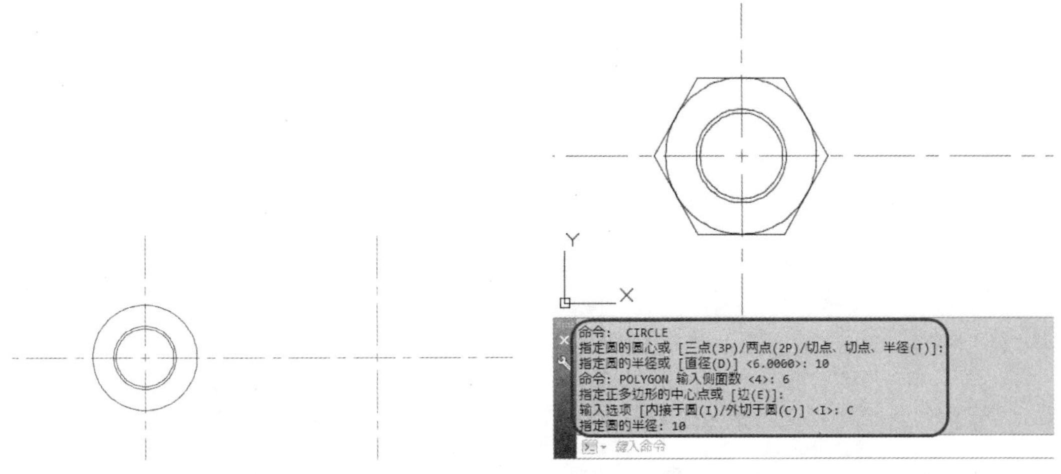

图 2-87　绘制圆　　　　图 2-88　绘制正六边形

（4）在命令行中输入【BREAK】命令，根据命令行的提示选择半径为 6 的圆作为打断对象，然后指定第一个点，再指定第二个点，即可将其打断，打断效果如图 2-89 所示。

（5）在命令行中输入【CIRCLE】命令，以最右侧垂直线段的中心点为圆心，绘制一个半径为 10 的圆，如图 2-90 所示。

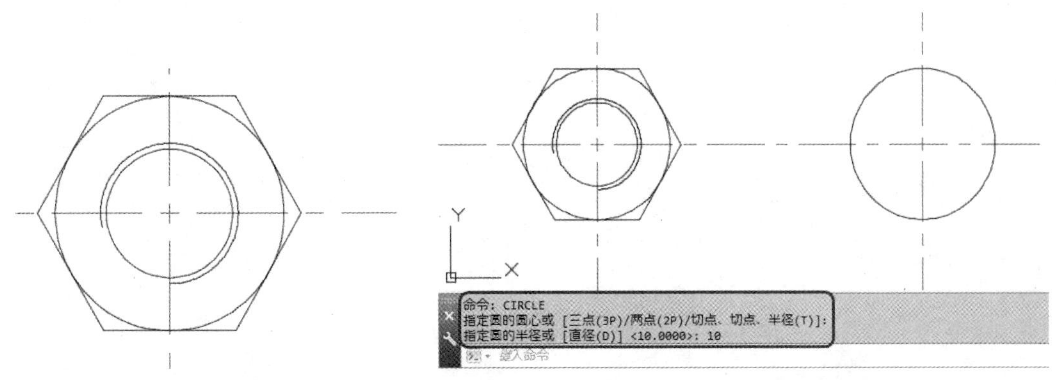

图 2-89　打断效果　　　　图 2-90　绘制半径为 10 的圆

（6）在命令行中输入【RECTANG】命令，指定矩形的第一个角点，根据命令行的提示输入【@15,20】，然后移动对象的位置，如图 2-91 所示。

（7）在命令行中输入【TRIM】命令，对图形对象进行修剪，最终效果如图 2-92 所示。

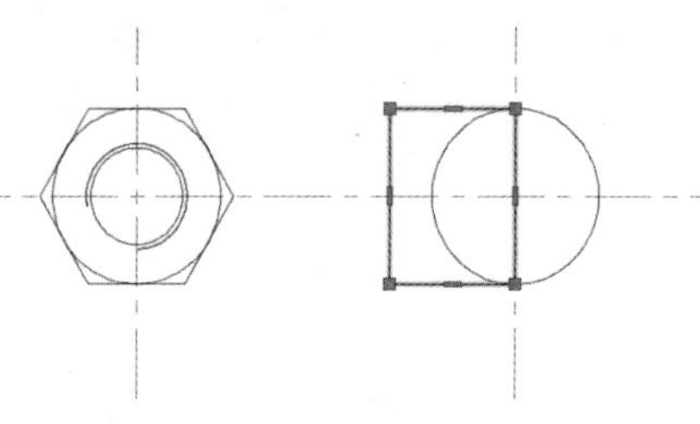

图 2-91　绘制矩形并移动位置

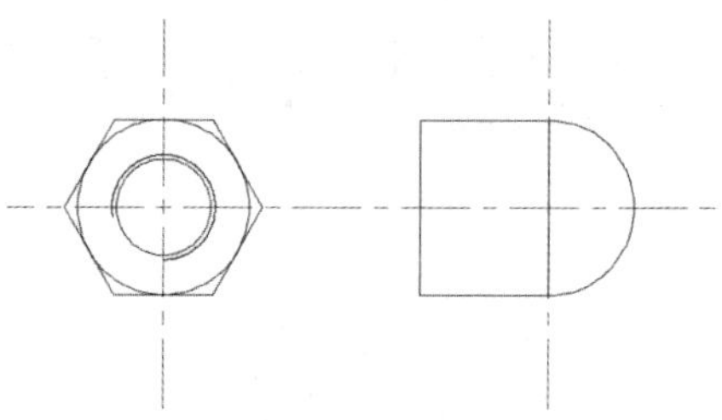

图 2-92　最终效果

习题与训练

项目练习　绘制花键轴

<table>
<tr>
<td>效果展示：
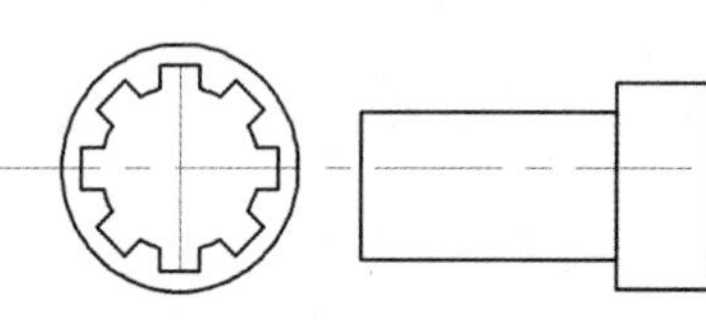</td>
<td>操作要领：
（1）打开【素材】|【Cha02】|【花键轴素材.dwg】素材文件。
（2）使用【圆】【矩形】【阵列】工具绘制花键轴。</td>
</tr>
</table>

第 3 章

二维图形的编辑

03

Chapter

本章导读：

基础知识
- ◈ 复制类编辑命令
- ◈ 修改几何体命令

重点知识
- ◈ 绘制地面拼花
- ◈ 绘制轴承盖

提高知识
- ◈ 选择对象的方法
- ◈ 使用夹点编辑对象

第 2 章讲解的内容是绘制二维图形工具的应用，而本章讲解的内容是编辑二维图形工具的应用。在实际绘图过程中，很多复杂图形都是通过对普通二维图形进行编辑而形成的。

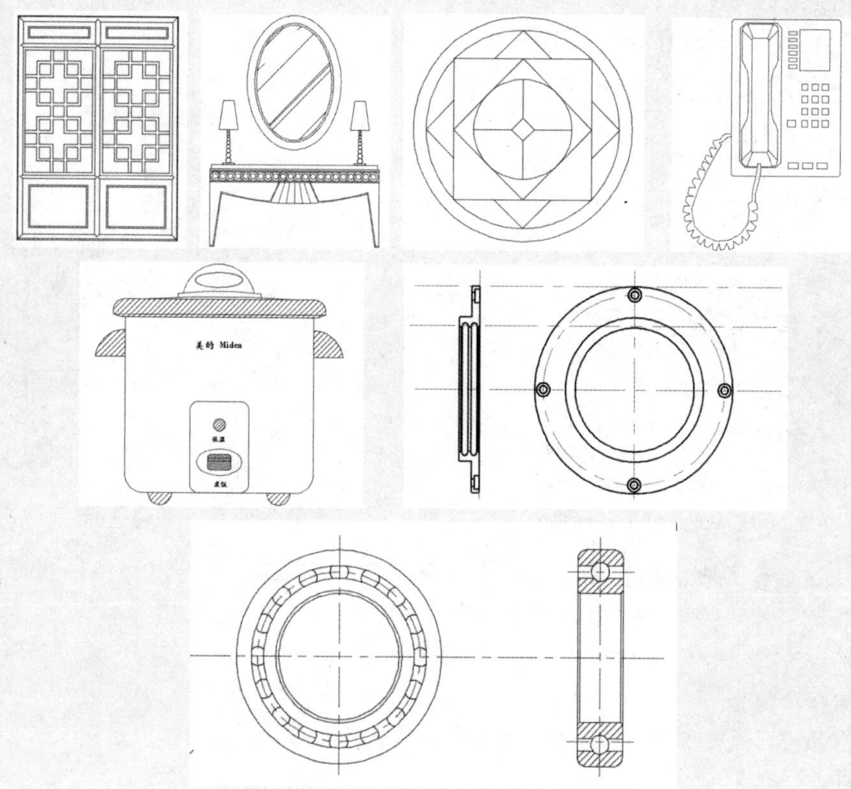

3.1　任务 6：绘制屏风——快速选择对象

下面通过【快速选择】对话框选择图形中相同图层的对象来绘制屏风，其效果如图 3-1 所示。

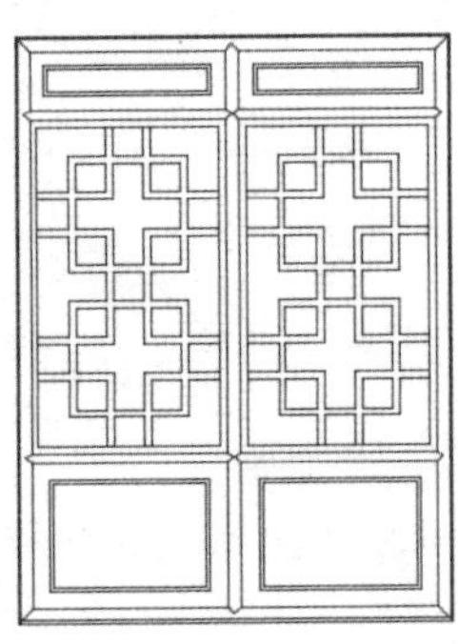

图 3-1　屏风效果

3.1.1　任务实施

（1）打开【素材】|【Cha03】|【屏风.dwg】素材文件。在绘图区中右击，并在弹出的快捷菜单中选择【快速选择】命令，弹出【快速选择】对话框。在【快速选择】对话框中将【对象类型】设置为【多段线】，将【值】设置为【蓝】，其他选项的设置保持不变，如图 3-2 所示。

（2）在完成相关设置后，单击 确定 按钮关闭对话框，返回绘图区，则图中所有符合设置的线都会被选中，如图 3-3 所示。

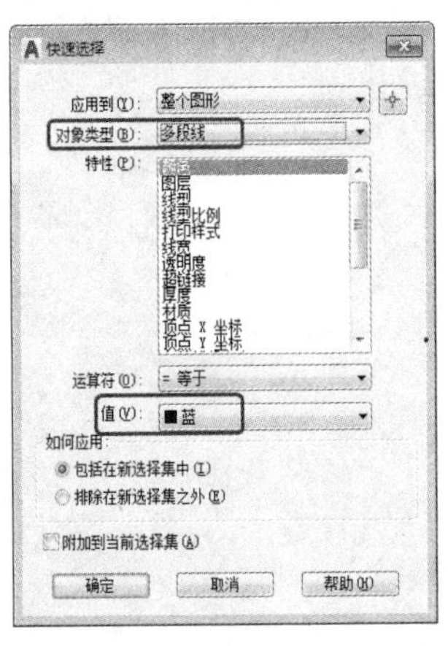

图 3-2　【快速选择】对话框

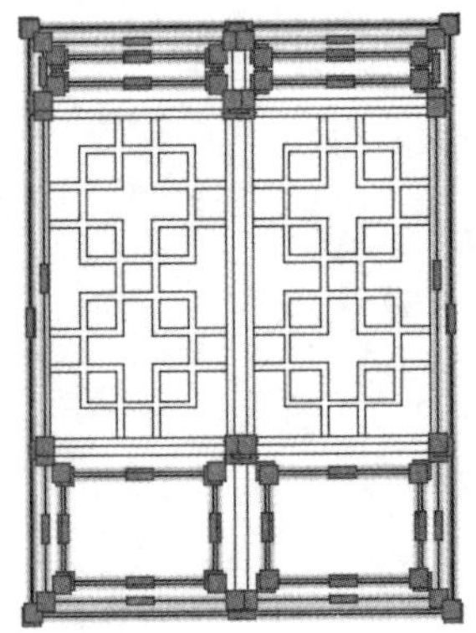

图 3-3　快速选择对象

在【快速选择】对话框的【如何应用】选项组中可以选择符合过滤条件的对象或不符合过滤条件的对象。该选项组中各选项的含义如下。

- 包括在新选择集中：选择绘图区中所有符合过滤条件的对象。关闭、锁定和冻结层上的对象除外。
- 排除在新选择集之外：选择所有不符合过滤条件的对象。关闭、锁定和冻结层上的对象除外。

3.1.2 点选方式

选择单个图形对象可以使用点选的方式，即直接在绘图区中单击图形对象来选择该图形对象。图 3-4 所示为选择一条直线。如果连续单击其他对象，则可同时选择多个对象，如图 3-5 所示。

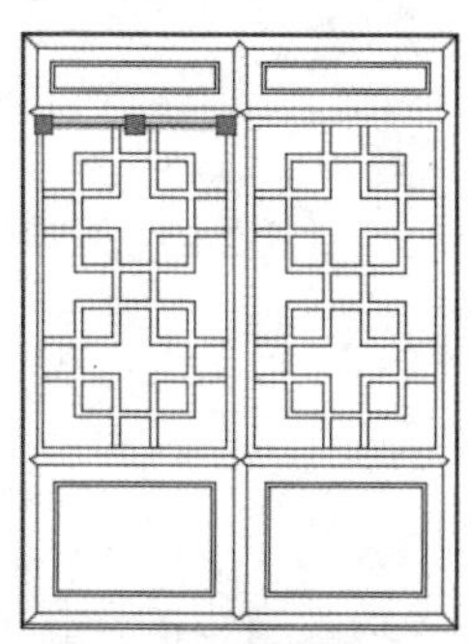

图 3-4 选择一条直线

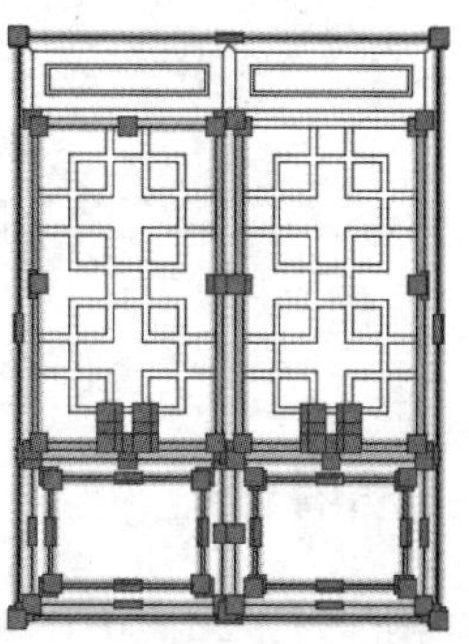

图 3-5 选择多个对象

> 提示：在默认情况下，被选择的对象以蓝色线状态显示，并呈现出一些蓝色小实体方块。这些蓝色的小实体方块被称为夹点。

3.1.3 矩形框选方式

矩形框选是指按住鼠标左键不放，将鼠标光标向右上方或右下方拖动，此时在绘图区中将出现一个矩形方框，如图 3-6 所示。在释放鼠标左键后，被矩形方框完全包围的对象将被选择，效果如图 3-7 所示。

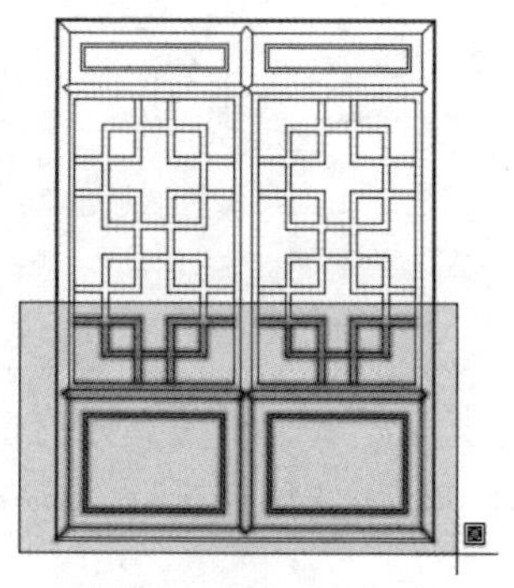

图 3-6 矩形框选

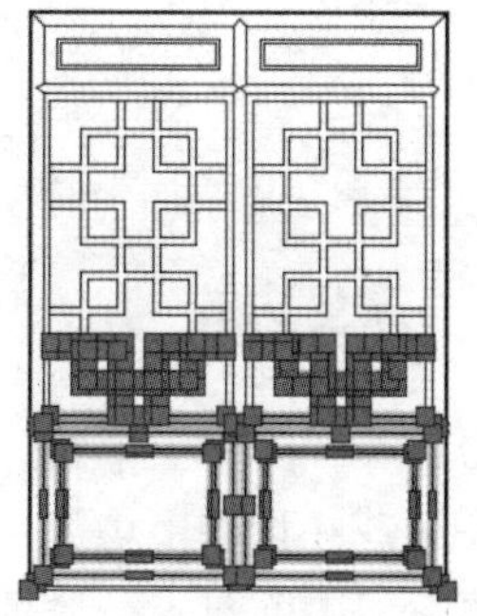

图 3-7 选择对象后的效果

3.1.4 交叉框选方式

交叉框选与矩形框选类似，两者的区别在于选择图形对象的方向不同，交叉框选是将鼠标光标移至图形对象的右侧，并按住鼠标左键不放，将鼠标光标向左上方或左下方拖动，此时在绘图区中将出现一个以虚线显示的矩形方框，如图 3-8 所示。在释放鼠标左键后，与矩形方框相交和被矩形方框完全包围的对象都将被选择，效果如图 3-9 所示。

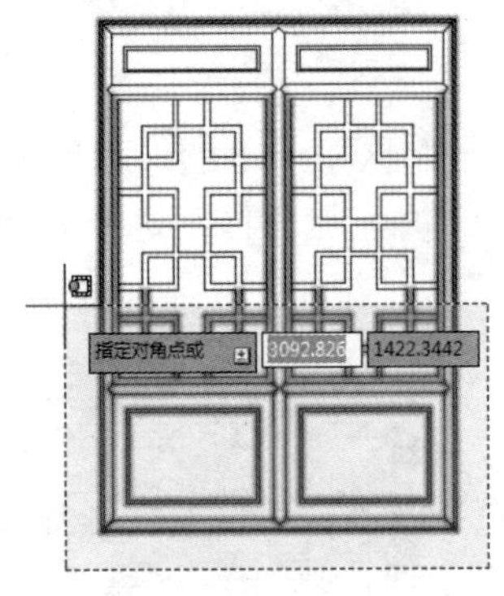

图 3-8　交叉框选

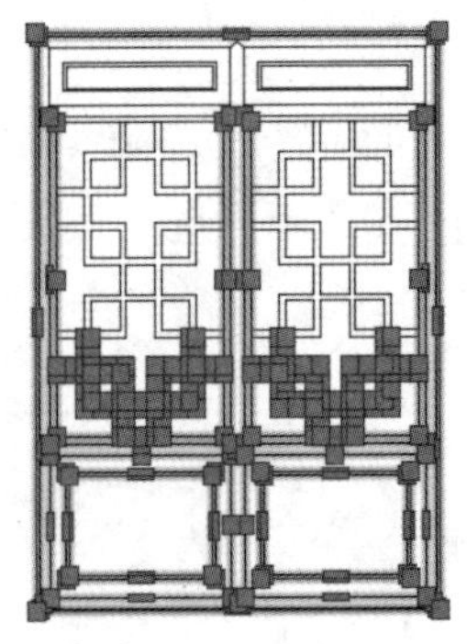
图 3-9　选择对象后的效果

3.1.5　圈围方式

圈围方式相对于其他选择方式来说更实用，它是一种多边形窗口的选择方式，可以构造任意形状的多边形，并且多边形框呈实线显示，完全包含在多边形框内的对象将会被选择。圈围对象即可选择对象，如图 3-10 所示。选择对象后的效果如图 3-11 所示。

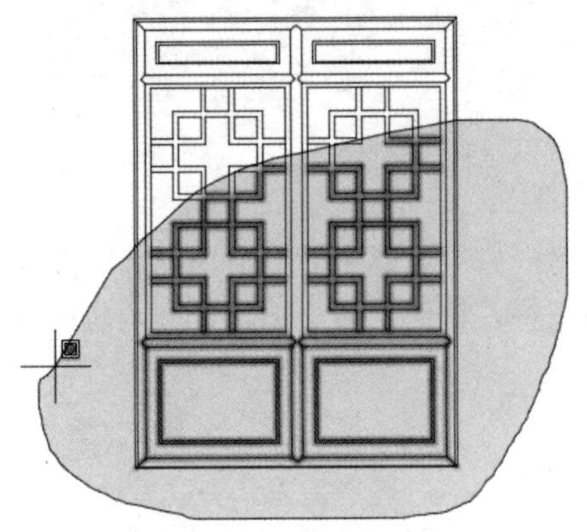
图 3-10　圈围对象

图 3-11　选择对象后的效果

3.1.6　圈交方式

圈交方式类似于交叉框选，两者的区别在于圈交方式是绘制一个任意闭合但不能与选择框自身相交或相切的多边形，并且多边形框呈虚线显示，在选择完毕后，与多边形框相交或被其完全包围的对象都会被选择。

3.1.7　栏选方式

在选择连续性图形对象时可以使用栏选方式，该方式是通过绘制任意折线来选择对象，凡是与折线相交的图形对象都会被选择。在命令行中输入【SELECT】命令，根据命令行的提示输入【F】，使用栏选方式栏选如图 3-12 所示的对象。选择对象后的效果如图 3-13 所示。

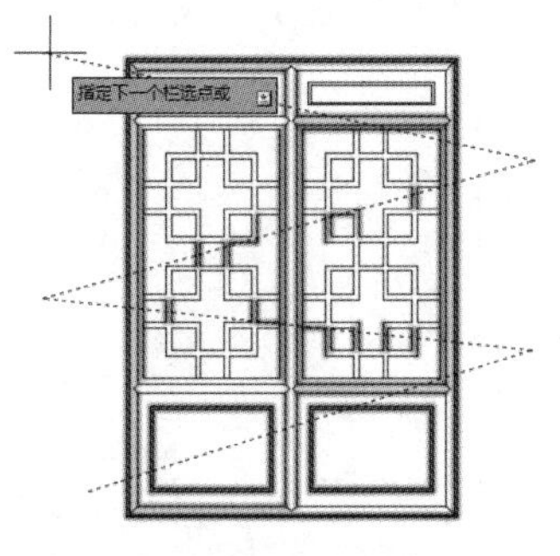

图 3-12　栏选对象

图 3-13　选择对象后的效果

3.1.8　快速选择方式

快速选择是指一次性选择图中所有具有相同属性的图形对象。在 AutoCAD 2017 中，执行【快速选择】命令的方法有以下几种。

- 在【默认】选项卡的【实用工具】面板中单击【快速选择】按钮。
- 在绘图区中右击，在弹出的快捷菜单中选择【快速选择】命令。
- 在命令行中执行【QSELECT】命令。

在执行上述任意一种操作后，都将弹出如图 3-14 所示的【快速选择】对话框。使用该对话框可以对图形对象进行快速选择。

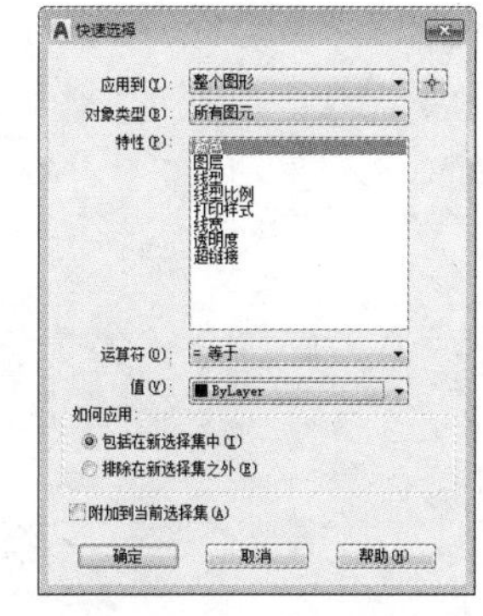

图 3-14　【快速选择】对话框

3.2　任务 7：绘制梳妆台——复制类编辑命令

下面通过【复制】命令制作梳妆台，其效果如图 3-15 所示。

图 3-15　梳妆台效果

3.2.1　任务实施

（1）打开【素材】|【Cha03】|【梳妆台.dwg】素材文件，如图 3-16 所示。

（2）在命令行中输入【COPY】命令，选择台灯对象，按【Enter】键确认，根据命令行的提示指定基点，如图 3-17 所示。

图 3-16　打开素材文件

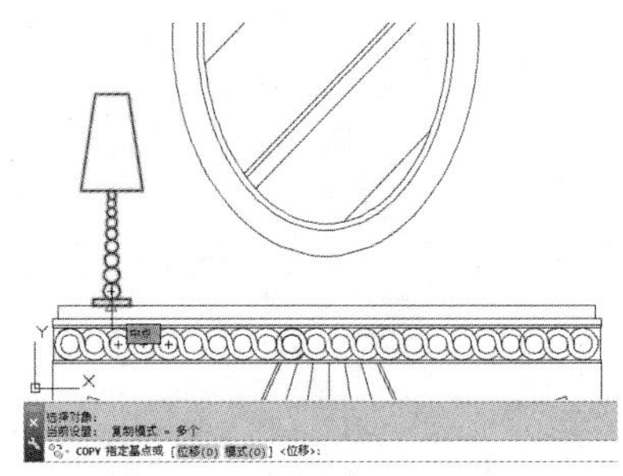

图 3-17　指定基点

（3）向右引导鼠标光标，输入【1400】，按【Enter】键确认，复制对象后的效果如图 3-18 所示。

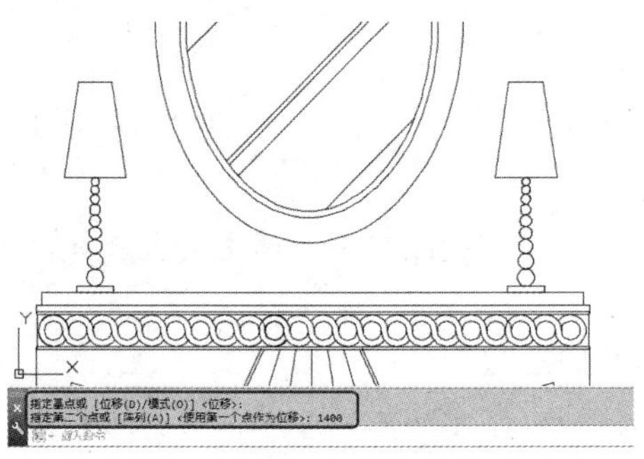

图 3-18　复制对象后的效果

3.2.2　【复制】命令

使用【复制】命令可以复制单个或多个已有图形对象到指定的位置。在 AutoCAD 2017 中，执行【复制】命令的方法有以下几种。

- 在【默认】选项卡的【修改】面板中单击【复制】按钮。
- 在菜单栏中选择【修改】|【复制】命令。
- 在命令行中执行【COPY】或【CO】命令。

> **提示**：在复制图形对象时，若开启正交功能，则只能在水平和垂直方向上拖动图形对象，只有关闭正交功能才可以将图形复制到绘图区的任意位置。

3.2.3　【镜像】命令

使用【镜像】命令可以生成与所选对象对称的图形。在 AutoCAD 2017 中，执行【镜像】命令的方法有以下几种。

- 在【默认】选项卡的【修改】面板中单击【镜像】按钮。
- 在菜单栏中选择【修改】|【镜像】命令。
- 在命令行中执行【MIRROR】或【MI】命令。

> **提示**：在命令行询问是否删除源对象时，选择【否】选项（默认选项），表示不删除源对象；选择【是】选项，表示删除源对象。

3.2.4 【偏移】命令

【偏移】命令与【复制】命令是类似的，不同的是，使用【偏移】命令需要输入新旧两个图形的具体距离，即偏移值。偏移对象可以是直线、圆弧、圆、椭圆、椭圆弧、二维多段线、构造线、射线和样条曲线等。在 AutoCAD 2017 中，执行【偏移】命令的方法有以下几种。

- 在【默认】选项卡的【修改】面板中单击【偏移】按钮。
- 在菜单栏中选择【修改】|【偏移】命令。
- 在命令行中执行【OFFSET】或【O】命令。

在执行命令的过程中，各选项的含义如下。

- 通过：指定通过一个已知点的方法偏移图形对象。
- 删除：指定是否在进行偏移操作后删除源对象。可以通过执行【OFFSET】命令时的命令行提示来判断当前状态，如果选择【删除源=否】，则不删除源对象；如果选择【删除源=是】，则会在进行偏移操作后只保留偏移图形而删除源对象。
- 图层：指定是在源对象所在的图层进行偏移操作还是在当前图层进行偏移操作。如果选择【图层=源】，则表示在源对象所在图层进行偏移操作；如果选择【图层=当前】，则表示在当前图层进行偏移操作。
- OFFSETGAPTYPE：控制偏移闭合多段线时处理线段之间潜在间隙方式的系统变量。其值有 0、1 和 2 三个，0 表示通过延伸多段线填充间隙；1 表示使用圆角弧线段填充间隙（每个弧线段半径等于偏移距离）；2 表示使用倒角直线段填充间隙（到每个倒角的垂直距离等于偏移距离）。

3.2.5 【移动】命令

使用【移动】命令可以把单个对象或多个对象从一个位置移动到另一个位置，但不会改变对象的方向和大小。在 AutoCAD 2017 中，执行【移动】命令的方法有以下几种。

- 在【默认】选项卡的【修改】面板中单击【移动】按钮。
- 在命令行中执行【MOVE】或【M】命令。
- 在选择图形对象后，右击该图形对象，在弹出的快捷菜单中选择【移动】命令。

3.2.6 【旋转】命令

使用【旋转】命令可以将图形对象调整到合适的位置，可以指定一个中心点，然后通过这个中心点旋转对象到指定的角度。在 AutoCAD 2017 中，执行【旋转】命令的方法有以下几种。

- 在【默认】选项卡的【修改】面板中单击【旋转】按钮。
- 在命令行中执行【ROTATE】或【RO】命令。
- 在选择图形对象后，右击该图形对象，在弹出的快捷菜单中选择【旋转】命令。

3.2.7 【阵列】命令

使用【阵列】命令可以将被阵列的源对象按一定的规则复制多个并进行阵列排列。在阵列排列后，可以对其中的一个或几个图形对象分别进行编辑而不影响其他对象。阵列分为矩形阵列和环形阵列两种。无论哪种阵列方式都需要在【阵列】对话框中进行，打开【阵列】对话框的方法如下。

- 在菜单栏中选择【修改】|【阵列】命令，在弹出的菜单中选择相应的阵列命令。
- 在【默认】选项卡的【修改】面板中单击按钮右侧的按钮，然后在弹出的下拉列表中选择相应的阵列选项。
- 在命令行中执行【ARRAY】或【AR】命令后，选择相应的阵列选项，或执行相应的阵列命令。

3.2.8 【缩放】命令

使用【缩放】命令可以将指定对象按指定比例相对于基点放大或缩小。在 AutoCAD 2017 中，执行【缩放】命令的方法有以下几种。

- 在菜单栏中选择【修改】|【缩放】命令。
- 在【默认】选项卡的【修改】面板中单击【比例】按钮。
- 在命令行中执行【SCALE】或【SC】命令。

3.3 任务 8：绘制地面拼花——修改几何体命令

下面将通过实例讲解如何使用【修剪】命令制作地面拼花，其效果如图 3-19 所示。具体操作步骤如下。

图 3-19　地面拼花效果

3.3.1 任务实施

（1）在命令行中输入【CIRCLE】命令，绘制半径为 305 的圆，如图 3-20 所示。

（2）在命令行中输入【OFFSET】命令，将圆向外偏移 300、380，如图 3-21 所示。

（3）在命令行中输入【RECTANG】命令，指定矩形的第一个角点，根据命令行的提示输入【@100,100】，如图 3-22 所示。

（4）在命令行中输入【ROTATE】命令，选择矩形作为旋转对象，指定矩形的中心点为旋转基点，如图 3-23 所示。

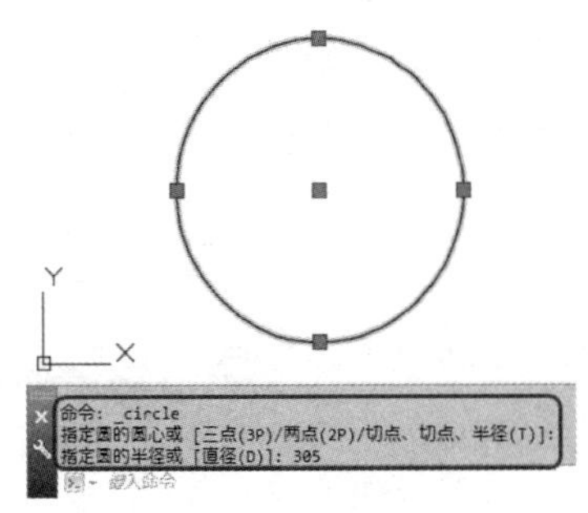

图 3-20　绘制圆

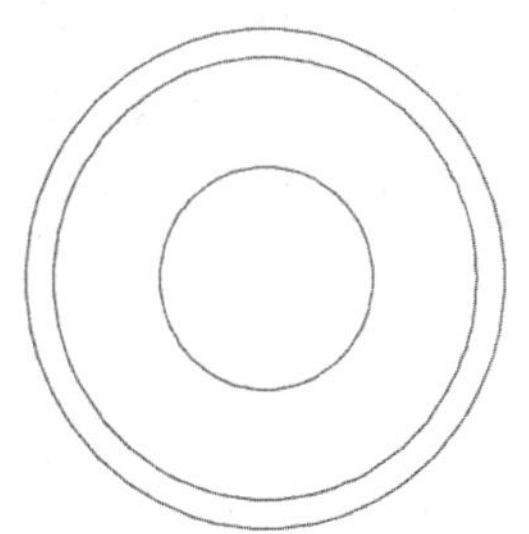

图 3-21　偏移圆

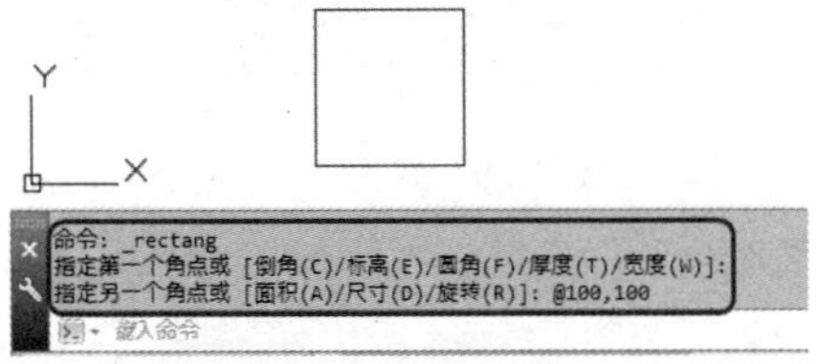

图 3-22　绘制矩形 1

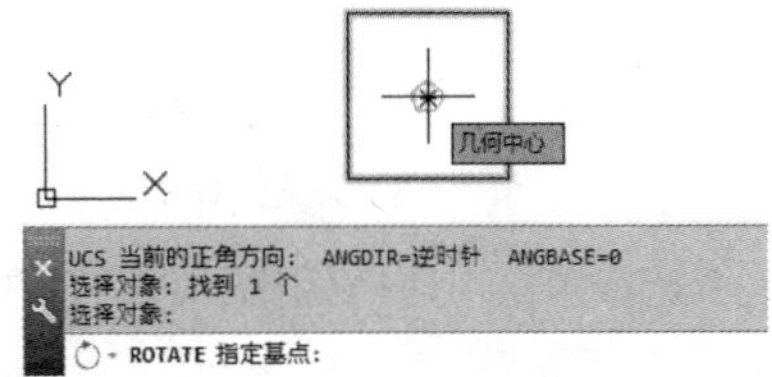

图 3-23　指定旋转基点

（5）指定旋转角度为 45，旋转后的效果如图 3-24 所示。

（6）在命令行中输入【MOVE】命令，选择旋转后的矩形，指定矩形的中心点为移动基点，指定圆的中心点为第二个移动点，如图 3-25 所示。

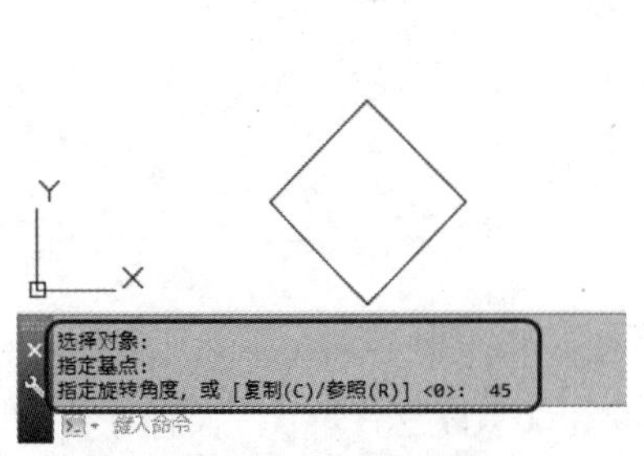

图 3-24　旋转后的效果

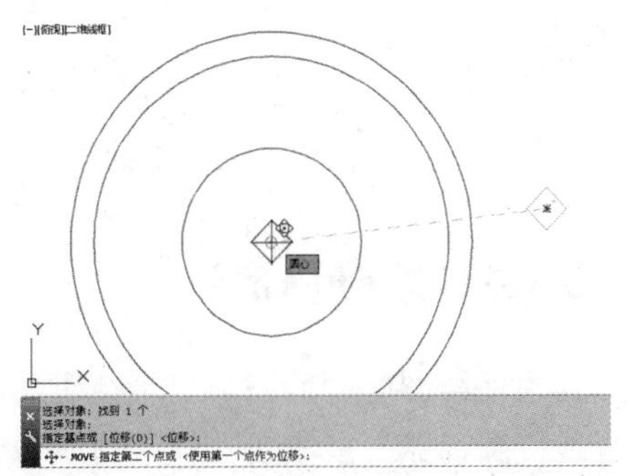

图 3-25　指定移动基点和第二个移动点

（7）在命令行中输入【OFFSET】命令，选择移动后的矩形，将其向外偏移 255、378，如图 3-26 所示。

（8）在命令行中输入【RECTANG】命令，指定矩形的第一个角点，根据命令行的提示输入【@860,860】，如图 3-27 所示。

图 3-26　偏移矩形

图 3-27　绘制矩形 2

（9）在命令行中输入【LINE】命令，绘制水平和垂直的直线，如图 3-28 所示。

（10）在命令行中输入【TRIM】命令，按【Enter】键确认，根据命令行的提示，在需要修剪的线段上单击，即可修剪对象，如图 3-29 所示。

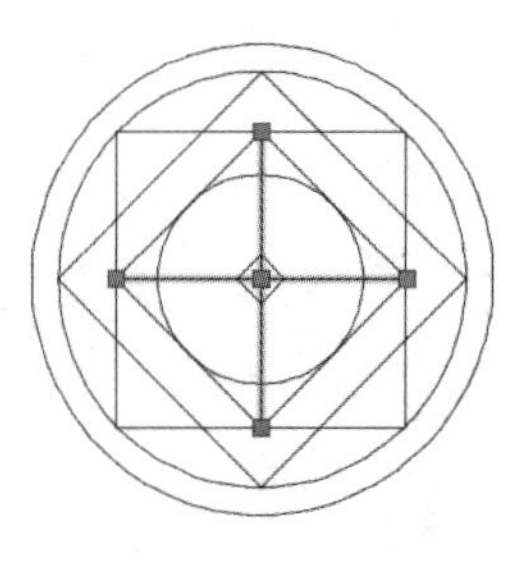

图 3-28　绘制直线

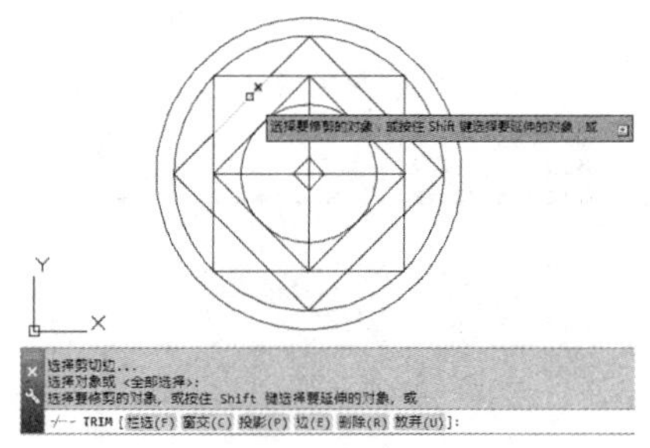

图 3-29　修剪对象

（11）修剪后的最终效果如图 3-30 所示。

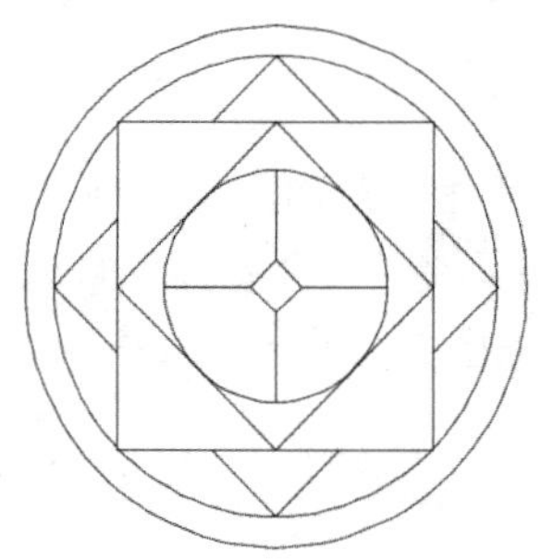

图 3-30　最终效果

3.3.2 【修剪】命令

为了使绘图区中的图形显示得更标准，可以将多余的线段修剪掉。被修剪的对象可以是直线、圆、弧、多段线、样条曲线和射线等。在 AutoCAD 2017 中，执行【修剪】命令的方法有以下几种。

- 在菜单栏中选择【修改】|【修剪】命令。
- 在【默认】选项卡的【修改】面板中单击【修剪】按钮 -/-- 。
- 在命令行中执行【TRIM】或【TR】命令。

在执行命令的过程中，各选项的含义如下。

- 全部选择：按【Space】键可快速选择所有可见的几何图形，用作剪切边或边界边。
- 栏选：使用栏选方式一次性选择多个需要进行修剪的对象。
- 窗交：使用框选方式一次性选择多个需要进行修剪的对象。
- 投影：指定修剪对象时 AutoCAD 使用的投影模式。该选项常常应用于三维绘图。
- 边：确定是在另一对象的隐含边处修剪对象，还是仅修剪对象到与它在三维空间中相交的对象处。
- 删除：直接删除选择的对象。
- 放弃：撤销上一步的修剪操作。

> ! 提示：在命令行中执行【修剪】命令时，按住【Shift】键可转换为执行【延伸】命令。例如，在选择要修剪的对象时，某线段未与修剪边界相交，则按住【Shift】键后单击该线段，可将其延伸到最近的边界。

3.3.3 【延伸】命令

【延伸】命令用于将延伸对象的端点延伸到指定的边界。这些边界可以是直线、圆弧等。在 AutoCAD 2017 中，执行【延伸】命令的方法有以下几种。

- 在【默认】选项卡的【修改】面板中单击【修剪】按钮旁边的按钮，然后在弹出的下拉列表中单击按钮。
- 在命令行中执行【EXTEND】或【EX】命令。

3.3.4 【圆角】命令

【圆角】命令用于将两条相交的直线通过一个圆弧连接起来。在 AutoCAD 2017 中，执行【圆角】命令的方法有以下几种。

- 在【默认】选项卡的【修改】面板中单击【圆角】按钮。
- 在菜单栏中选择【修改】|【圆角】命令。
- 在命令行中执行【FILLET】或【F】命令。

在执行命令的过程中，各选项的含义如下。

- 放弃：选择该选项，可放弃对圆角的设置。
- 多段线：选择该选项，可对由多段线组成的图形的所有角同时进行圆角处理。
- 半径：以指定一个半径的方法设置圆角的半径。
- 修剪：设置修剪模式，控制在进行圆角处理后是否删除原角的组成对象，默认为删除。
- 多个：选择该选项，可连续对多组对象进行圆角处理，直到结束命令为止。

3.3.5 【倒角】命令

【倒角】命令用于将两条非平行直线或多段线进行有斜度的倒角。在 AutoCAD 2017 中，执行【倒角】命令的方法有以下几种。

- 在【默认】选项卡的【修改】面板中单击【圆角】按钮右侧的按钮，然后在弹出的下拉列表中选择【倒角】选项。
- 在菜单栏中选择【修改】|【倒角】命令。
- 在命令行中执行【CHAMFER】或【CHA】命令。

在执行命令的过程中，各选项的含义如下。

- 多段线：选择该选项，可对由多段线组成的图形的所有角同时进行倒角处理。
- 角度：以指定一个角度和一段距离的方法设置倒角的距离。
- 修剪：设置修剪模式，控制在进行倒角处理后是否删除原角的组成对象，默认为删除。
- 多个：选择该选项，可连续对多组对象进行倒角处理，直到结束命令为止。

3.3.6 【拉伸】命令

【拉伸】命令用于将所选择的图形对象按照规定的方向和角度进行拉伸或缩短，并且被选对象的形状会发生变化。在 AutoCAD 2017 中，执行【拉伸】命令的方法有以下几种。

- 在【默认】选项卡的【修改】面板中单击【拉伸】按钮。
- 在命令行中执行【STRETCH】或【S】命令。

3.3.7 【拉长】命令

【拉长】命令在编辑直线、圆弧、多段线、椭圆弧和样条曲线时经常使用，可以用于拉长或缩短线段，以及改变弧的角度。在 AutoCAD 2017 中，执行【拉长】命令的方法有以下几种。

- 在【默认】选项卡的【修改】面板中单击【拉长】按钮。
- 在命令行中执行【LENGTHEN】命令。

在执行命令的过程中，部分选项的含义如下。

- 百分数：通过输入百分比来改变对象的长度或圆心角的大小。
- 全部：通过输入对象的总长度来改变对象的长度。
- 动态：使用动态模式拖动对象的一个端点来改变对象的长度或角度。

3.3.8 【打断】命令

【打断】命令用于将实体的某一部分打断，或者删除实体的某一部分。被分离的线段只能是单独的线条，不能是任何组合形体，如图块等。打断操作可通过以下两种方式断开对象。

1. 将对象打断于一点

将对象打断于一点是指将整条线段分离成两条独立的线段，但线段之间没有空隙。执行该操作的方法有以下几种。

- 在【默认】选项卡的【修改】面板中单击修改按钮，然后在弹出的下拉列表中单击【打断于点】按钮。
- 在命令行中执行【BREAK】或【BR】命令。

2. 以两点方式打断对象

以两点方式打断对象是指在对象上创建两个打断点，使对象以一定的距离断开。执行该操作的方法有以下几种。

- 在【默认】选项卡的【修改】面板中单击修改按钮，然后在弹出的下拉列表中单击【打断】按钮。
- 在命令行中执行【BREAK】或【BR】命令。

3.3.9 【光顺曲线】命令

【光顺曲线】命令用于在两条开放曲线的端点之间创建相切或平滑的样条曲线。该命令的有效对象包括直线、圆弧、椭圆弧、螺线、开放的多段线和开放的样条曲线。

在 AutoCAD 2017 中，执行【光顺曲线】命令的方法有以下几种。

- 在菜单栏中选择【修改】|【光顺曲线】命令。
- 在【默认】选项卡的【修改】面板中单击【光顺曲线】按钮。
- 在命令行中执行【BLEND】命令。

3.3.10 【分解】命令

在 AutoCAD 2017 中，执行【分解】命令的方法有以下几种。

- 在【默认】选项卡的【修改】面板中单击【分解】按钮。
- 在菜单栏中选择【修改】|【分解】命令。
- 在命令行中执行【EXPLODE】命令。

3.3.11 【合并】命令

合并图形是指将相似的图形对象合并为一个图形对象，可以合并的图形对象包括圆弧、椭圆弧、直线、多段线和样条曲线等。在 AutoCAD 2017 中，执行【合并】命令的方法有以下几种。

- 在【默认】选项卡的【修改】面板中单击 修改 ▾ 按钮，然后在弹出的下拉列表中单击【合并】按钮。
- 在菜单栏中选择【修改】|【合并】命令。
- 在命令行中执行【JOIN】或【J】命令。

3.4 任务 9：拉伸座机电话——使用夹点编辑对象

为了方便读者快速、准确地绘制图形，本节将介绍如何使用夹点来编辑图形对象。座机电话效果如图 3-31 所示。

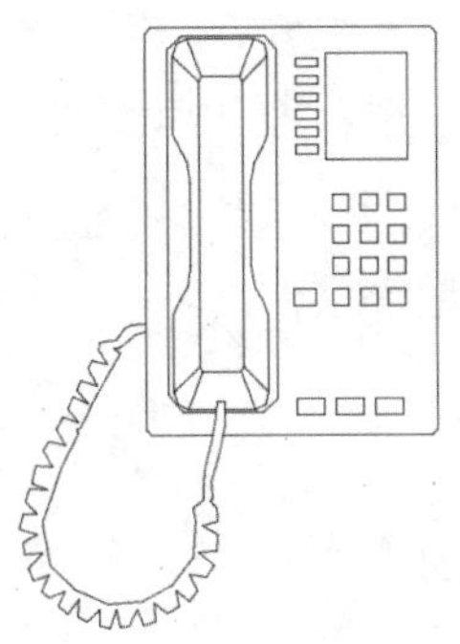

图 3-31 座机电话效果

3.4.1 任务实施

（1）打开【素材】|【Cha03】|【座机电话.dwg】素材文件，如图 3-32 所示。

（2）选择右侧的夹点，并水平向左移动鼠标光标，然后输入拉伸距离值为 100，按【Enter】键确认并退出命令，拉伸效果如图 3-33 所示。

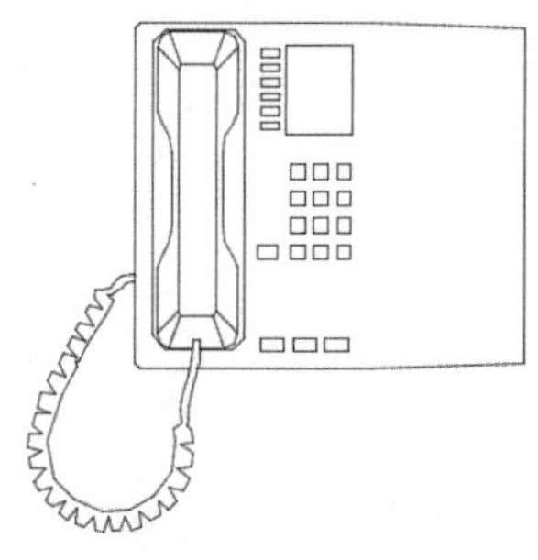
图 3-32　打开素材文件

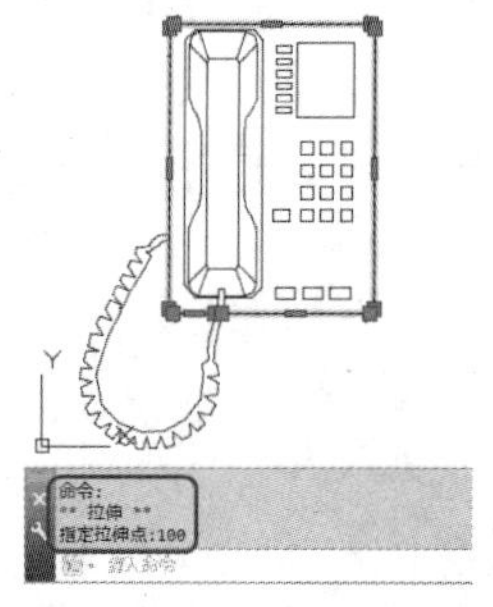
图 3-33　拉伸效果

> **提示：**当选中某个夹点后，系统默认的编辑方式为拉伸。

3.4.2　夹点

在 AutoCAD 2017 中，系统默认状态下，夹点有 3 种显示形式。

- 未选中夹点：当在非命令执行过程中直接选择图形对象时，该图形对象的每个顶点会以蓝色小实心方块显示，如图 3-34 所示。这些蓝色的小实心方块即夹点。
- 选中夹点：选择图形对象，在该图形对象中显示夹点后，再次单击夹点，夹点将以红色小实心方块显示，此时即可通过夹点对图形对象进行编辑操作，如图 3-35 所示。
- 悬停夹点：移动鼠标光标到蓝色的夹点上，夹点即可变为粉红色，如图 3-36 所示。

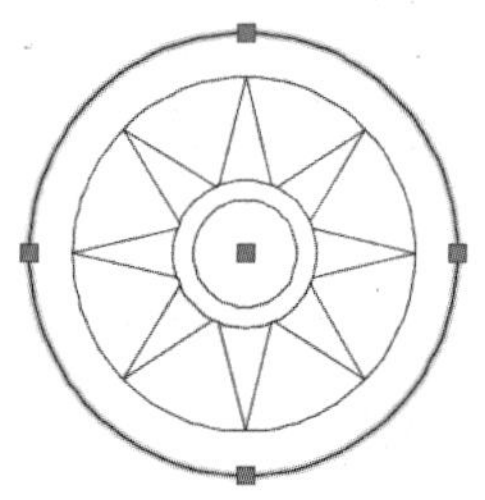
图 3-34　未选中夹点

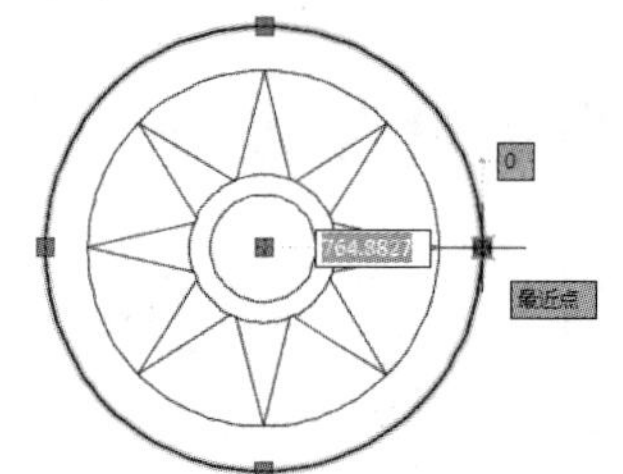

图 3-35　选中夹点

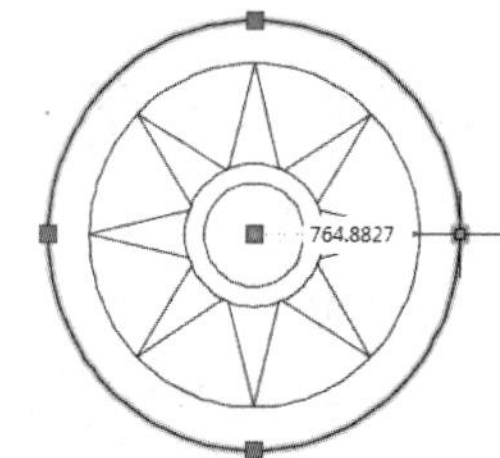

图 3-36　悬停夹点

当选中夹点后，夹点会显示相关的提示信息。此时，用户可通过这些夹点对图形对象进行拉伸、移动、旋转、缩放或镜像等操作。

3.4.3　使用夹点拉伸对象

使用夹点拉伸对象是指将选择的夹点移动到另一个位置，从而拉伸图形对象。

在执行拉伸对象命令的过程中，命令行提示信息中各选项的含义如下。

- 基点：提示用户输入一点作为拉伸的基点。
- 复制：在拉伸实体的同时复制实体。
- 放弃：放弃刚刚的编辑操作。
- 退出：退出夹点编辑方式。

3.4.4 使用夹点移动对象

移动夹点与移动对象没有什么区别，只是移动夹点可以对图形对象进行复制等操作，具体调用方法有以下两种。

- 选择某个夹点后，在绘图区中右击，在弹出的快捷菜单中选择【移动】命令。
- 选择某个夹点后，在命令行中执行【M】命令。

3.4.5 使用夹点旋转对象

使用夹点旋转对象就是将选择的图形对象围绕选中的夹点按照指定的角度进行旋转的操作，具体调用方法有以下两种。

- 选择某个夹点后，右击该夹点，在弹出的快捷菜单中选择【旋转】命令。
- 选择某个夹点后，在命令行中执行【RO】命令。

3.4.6 使用夹点缩放对象

使用夹点缩放对象是指在 X、Y 轴方向等比例缩放图形对象的尺寸，可以进行比例缩放、基点缩放、复制缩放等，具体调用方法有以下两种。

- 选择某个夹点后，右击该夹点，在弹出的快捷菜单中选择【缩放】命令。
- 选择某个夹点后，在命令行中执行【SC】命令。

下面通过实例练习该命令的使用。

（1）打开【素材】|【Cha03】|【利用夹点缩放壁画.dwg】素材文件，选择如图 3-37 所示的夹点。

（2）在命令行中执行【SC】命令，输入比例因子为【0.6】，按【Enter】键确认并退出该命令。按【Esc】键退出选择，完成后的效果如图 3-38 所示。

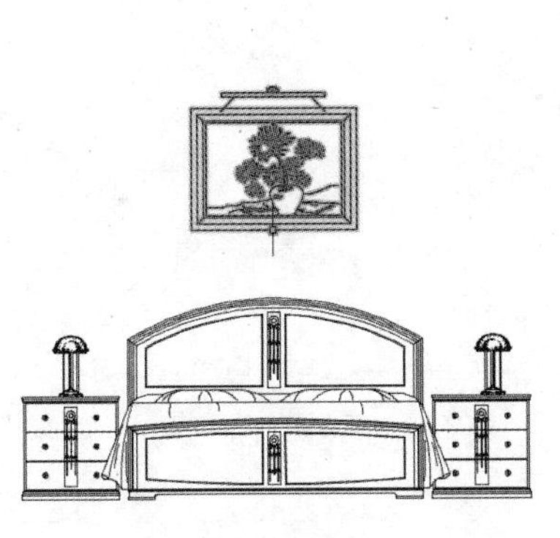

图 3-37　选择夹点

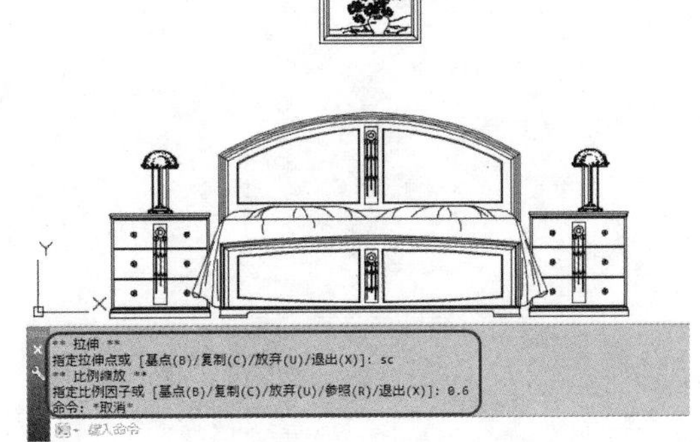

图 3-38　使用夹点缩放对象后的效果

3.4.7 使用夹点镜像对象

使用夹点镜像对象是指通过夹点指定基点和第二点的镜像线来镜像图形对象，具体调用方法是选择某个夹点后，在命令行中执行【MI】命令。

3.5 上机练习

下面通过 3 个实例来综合地讲解本章所学习的知识。

3.5.1 绘制电饭煲

本实例讲解电饭煲的绘制方法，其效果如图 3-39 所示。具体操作步骤如下。

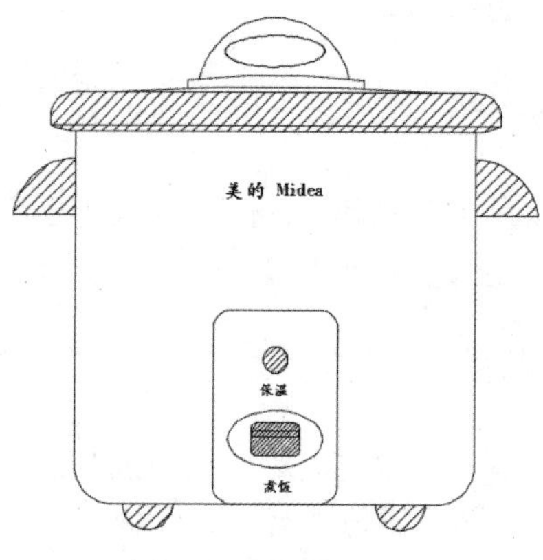

图 3-39 电饭煲效果

（1）在命令行中输入【RECTANG】命令，指定矩形的第一个角点，根据命令行的提示输入【@320,287】，如图 3-40 所示。

（2）在命令行中输入【FILLET】命令，根据命令行的提示输入【R】，将半径设置为 30，根据命令行的提示输入【M】，对矩形进行圆角处理，效果如图 3-41 所示。

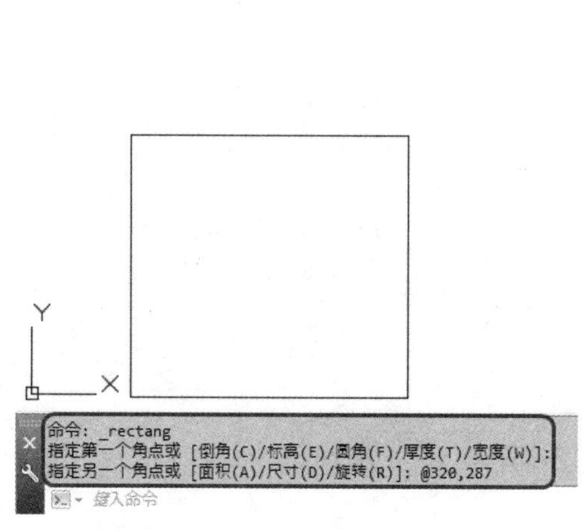

图 3-40 绘制矩形 1

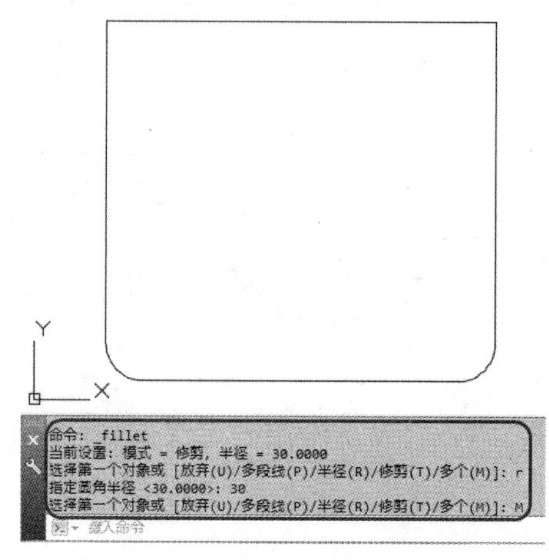

图 3-41 圆角矩形效果 1

（3）在命令行中输入【RECTANG】命令，指定矩形的第一个角点，根据命令行的提示输入【@360,25】，如图 3-42 所示。

（4）选择如图 3-43 所示的夹点，按【Enter】键确认，向上引导鼠标光标并输入【5】。

图 3-42　绘制矩形 2

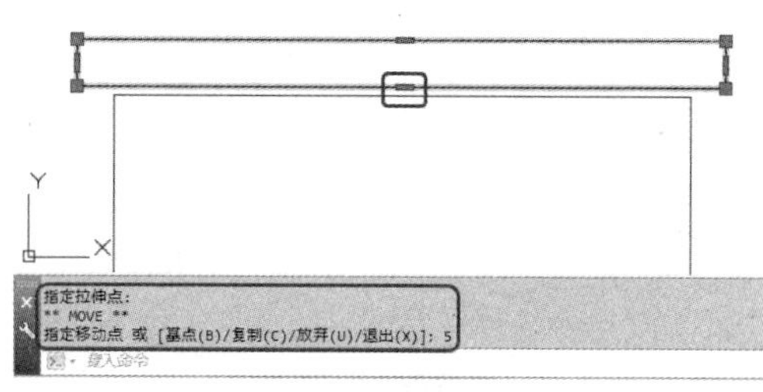

图 3-43　选择夹点

（5）在【绘图】面板中单击【圆弧】的下拉按钮，在弹出的下拉列表中选择【起点，端点，方向】选项，然后绘制圆弧，效果如图 3-44 所示。

（6）在命令行中输入【FILLET】命令，根据命令行的提示输入【R】，将圆角半径设置为 18，根据命令行的提示输入【M】，对矩形进行圆角处理，效果如图 3-45 所示。

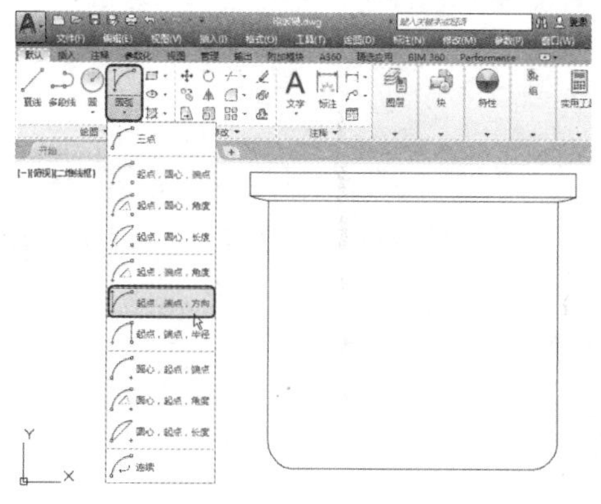

图 3-44　绘制圆弧

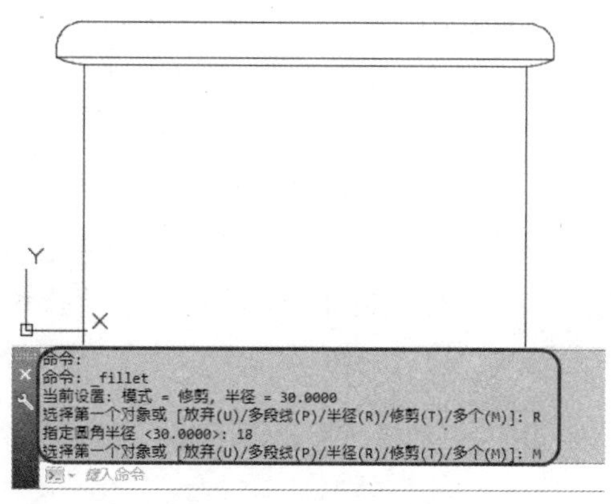

图 3-45　圆角矩形效果 2

（7）使用【圆弧】和【直线】工具绘制图形，如图 3-46 所示。

（8）在命令行中输入【ELLIPSE】命令，向右引导鼠标光标并输入【40】，向上引导鼠标光标并输入【12】，完成椭圆的绘制，如图 3-47 所示。

图 3-46　绘制图形 1

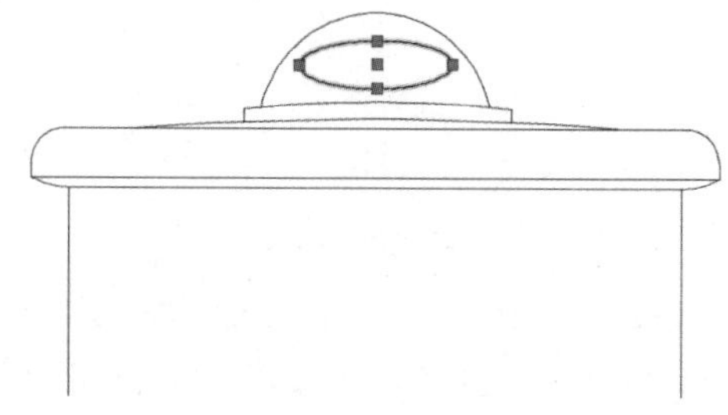

图 3-47　绘制椭圆

（9）使用【直线】和【圆弧】工具绘制图形，如图 3-48 所示。

（10）在命令行中输入【MIRROR】命令，选择绘制的图形，指定镜像的第一点和第二点，按【Enter】键确认，镜像效果如图 3-49 所示。

图 3-48　绘制图形 2

图 3-49　镜像效果

（11）在命令行中输入【CIRCLE】命令，绘制两个半径为 20 的圆，使用【移动】工具调整圆的位置，如图 3-50 所示。

（12）在命令行中输入【TRIM】命令，修剪对象，如图 3-51 所示。

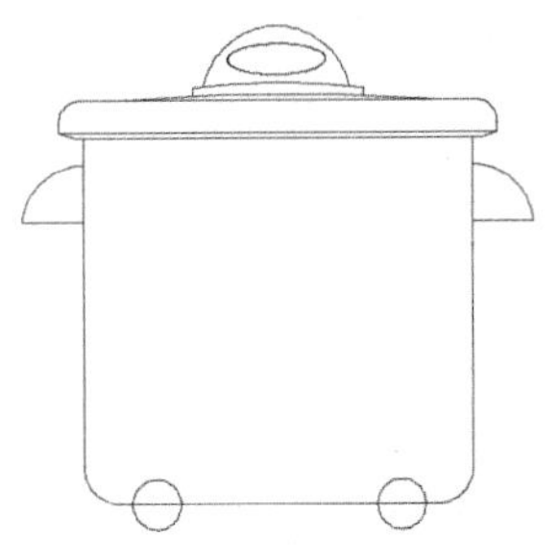

图 3-50　绘制圆并调整其位置

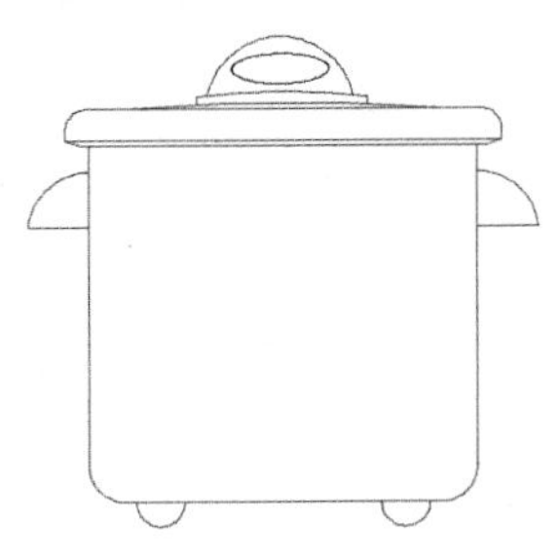

图 3-51　修剪对象

（13）在命令行中输入【HATCH】命令，将【图案填充图案】设置为【ANSI31】，将填充图案比例设置为【2】，对电饭煲进行图案填充，如图 3-52 所示。

（14）使用上面介绍过的方法，绘制如图 3-53 所示的图形。

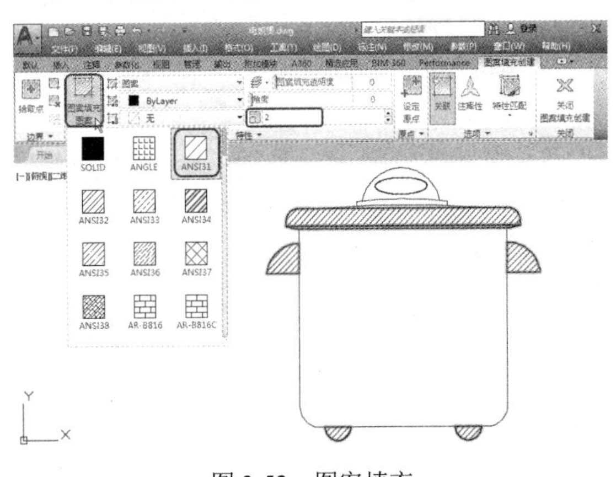

图 3-52　图案填充

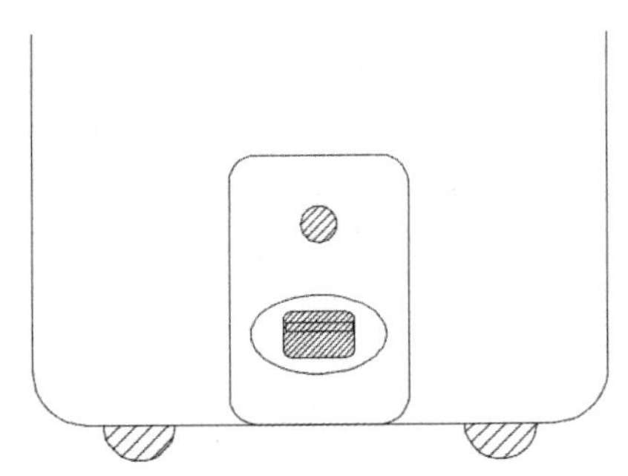

图 3-53　绘制图形 3

（15）在命令行中输入【MTEXT】命令，指定文字的第一点和第二点，输入文字，将文字高度设置为【10】，将字体设置为【汉仪中楷简】，如图 3-54 所示。

（16）继续执行【MTEXT】命令，输入文字，将文字高度设置为 7，将字体设置为【汉仪中楷简】，如图 3-55 所示。

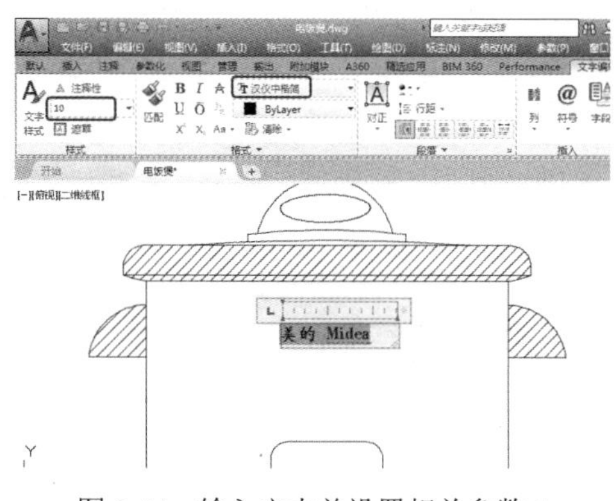
图 3-54　输入文本并设置相关参数 1

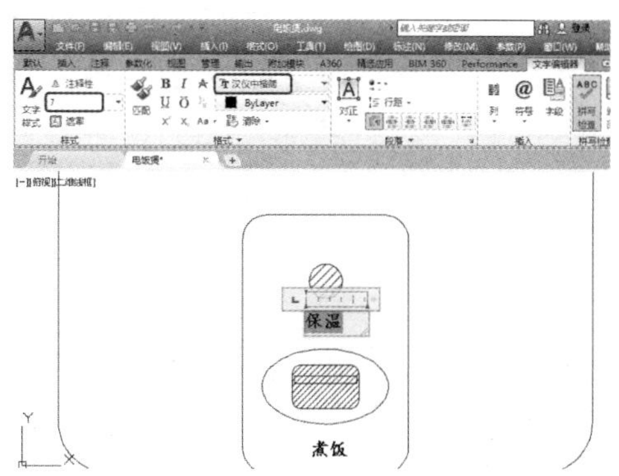
图 3-55　输入文本并设置相关参数 2

3.5.2　绘制轴承盖

本实例将根据本章所学的知识讲解如何绘制轴承盖，其效果如图 3-56 所示。

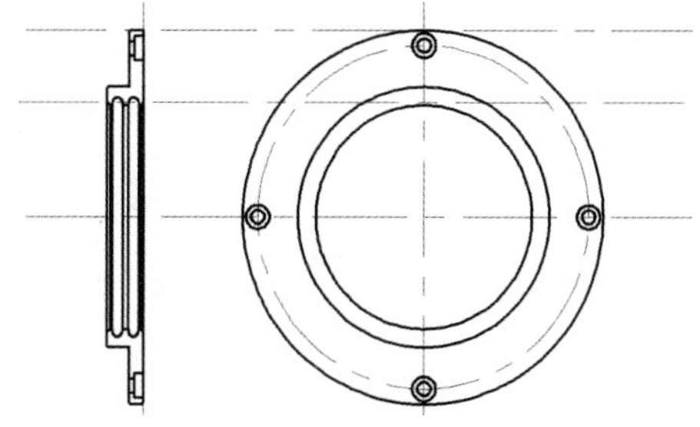
图 3-56　轴承盖效果

（1）打开【素材】|【Cha03】|【轴承盖-素材.dwg】素材文件，如图 3-57 所示。

（2）在【图层特性管理器】选项板中将【粗实线】置为当前图层，在命令行中输入【CIRCLE】命令，指定圆心，根据命令行的提示输入【36.5】，按【Enter】键完成圆的绘制，如图 3-58 所示。

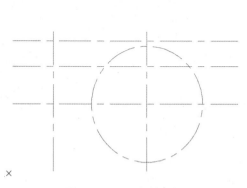

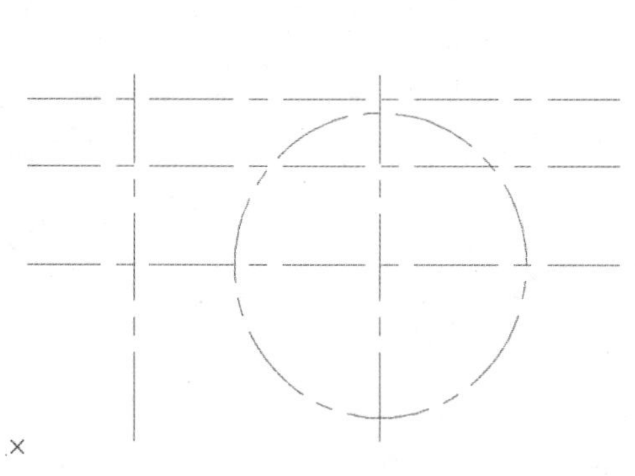
图 3-57　打开素材文件

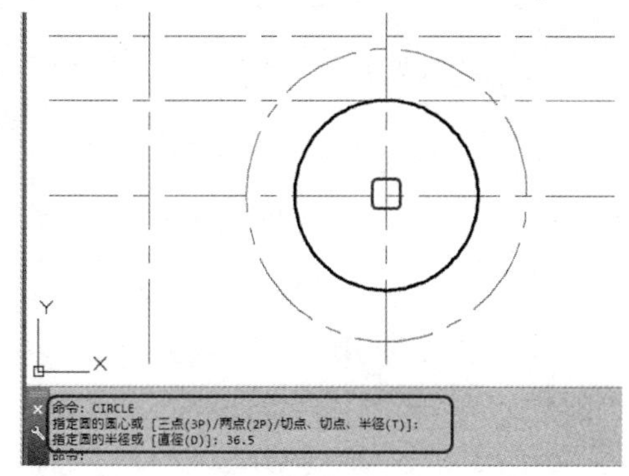

图 3-58　绘制圆 1

（3）选中刚绘制的圆，在命令行中输入【OFFSET】命令，将该圆分别向外偏移 6、24.5，效果如图 3-59 所示。

（4）在命令行中执行【CIRCLE】命令，指定圆心，根据命令行的提示输入【2.25】，按【Enter】键完成圆的绘制，如图 3-60 所示。

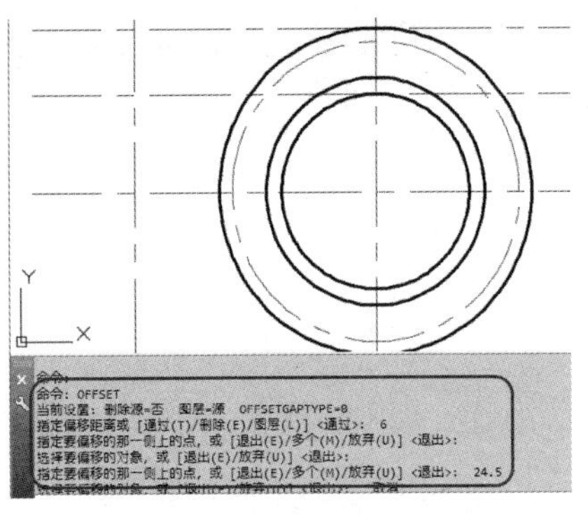

图 3-59　偏移后的效果 1

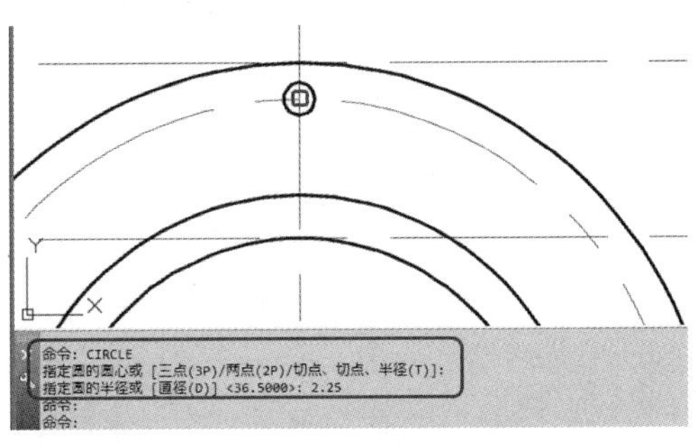

图 3-60　绘制圆 2

（5）选中刚绘制的圆，在命令行中输入【OFFSET】命令，将该圆向外偏移 1.75，效果如图 3-61 所示。

（6）选中两个小圆，在命令行中输入【ARRAYPOLAR】命令，指定红色圆的圆心为阵列中心点，根据命令行的提示输入【I】，按【Enter】键确认，输入【4】，按两次【Enter】键完成阵列，效果如图 3-62 所示。

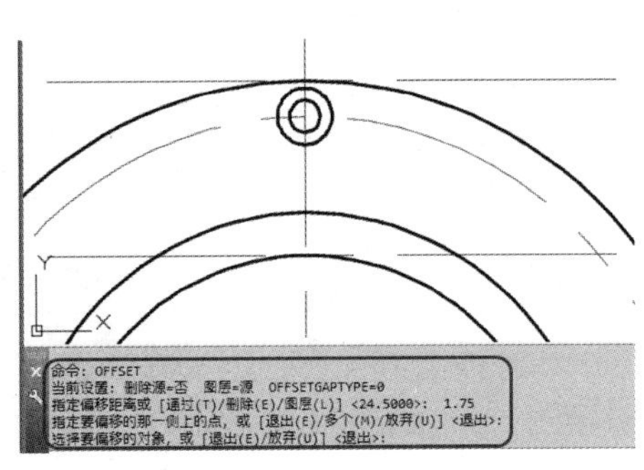

图 3-61　偏移后的效果 2

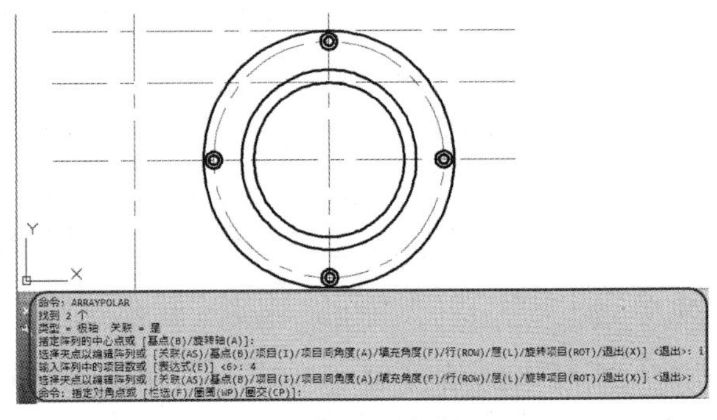

图 3-62　阵列后的效果

（7）在命令行中输入【RECTANG】命令，指定矩形的第一个角点，根据命令行的提示输入【@-5,-18.5】，按【Enter】键完成矩形的绘制，如图 3-63 所示。

（8）选中刚绘制的矩形，在命令行中输入【CHAMFER】命令，根据命令行的提示输入【D】，按【Enter】键确认，输入【0.5】，按【Enter】键确认，再次输入【0.5】，按【Enter】键确认，输入【M】，按【Enter】键确认，对选中的矩形进行倒角，效果如图 3-64 所示。

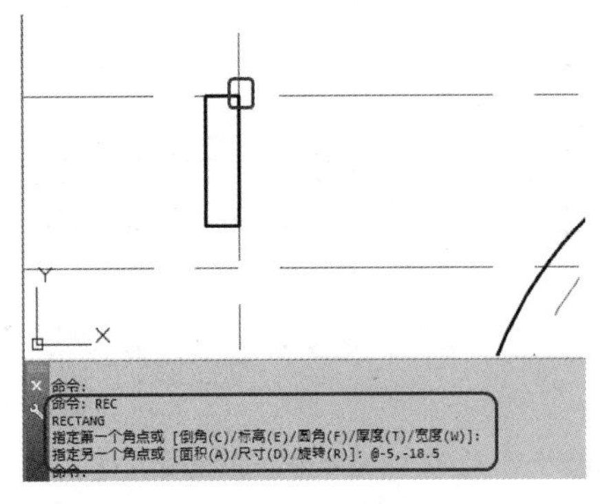

图 3-63　绘制矩形 1

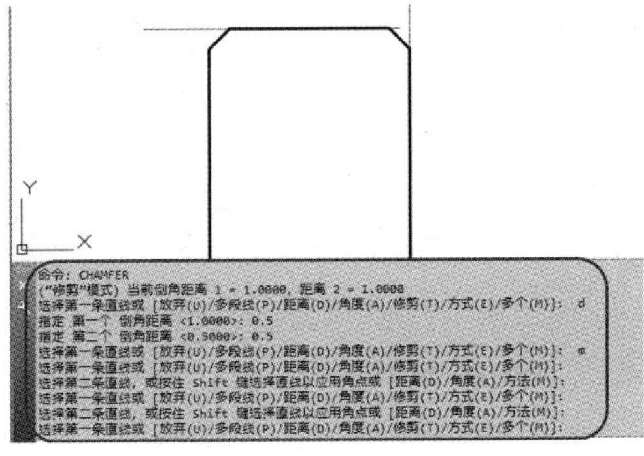

图 3-64　倒角后的效果 1

（9）在命令行中输入【RECTANG】命令，指定矩形的第一个角点，根据命令行的提示输入【@-3.2,-8】，按【Enter】键完成矩形的绘制，如图 3-65 所示。

（10）选中刚绘制的矩形，在命令行中输入【MOVE】命令，以矩形右上角的角点为基点，根据命令行的提示输入【@0,-1.5】，按【Enter】键完成移动，效果如图 3-66 所示。

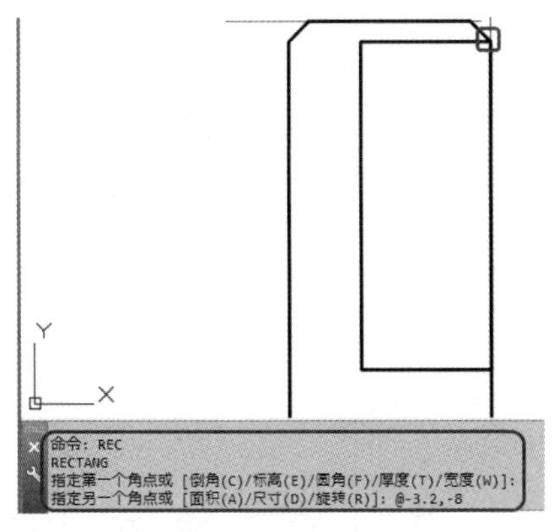

图 3-65　绘制矩形 2

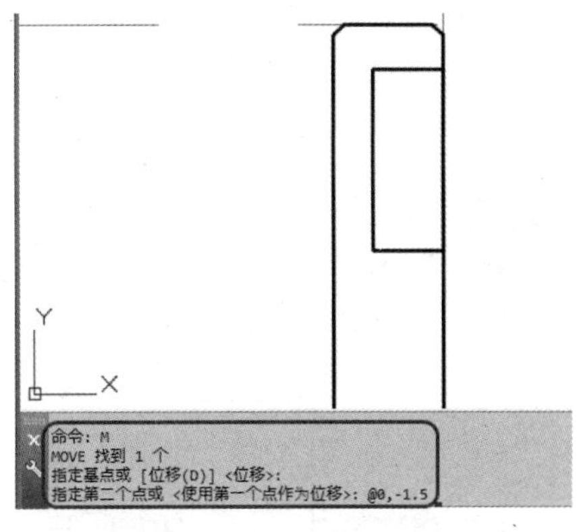

图 3-66　移动后的效果 1

（11）在命令行中输入【LINE】命令，以矩形左上角的角点为第一个点，绘制一条直线，如图 3-67 所示。

（12）选中刚绘制的直线，在命令行中输入【MOVE】命令，以该直线右侧端点为基点，根据命令行的提示输入【@0,-1.75】，按【Enter】键完成移动，效果如图 3-68 所示。

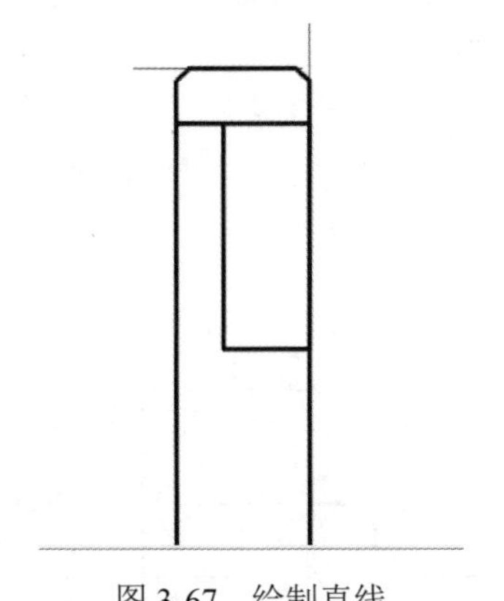

图 3-67　绘制直线

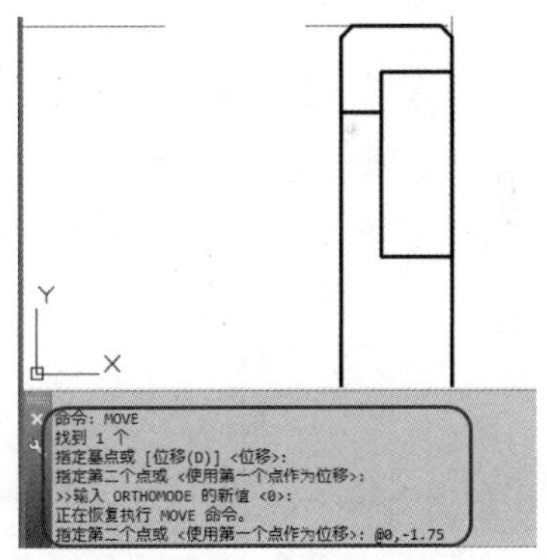

图 3-68　移动后的效果 2

（13）继续选中该直线，在命令行中输入【OFFSET】命令，将其向下偏移 4.5，如图 3-69 所示。

（14）在命令行中输入【RECTANG】命令，指定矩形的第一个角点，根据命令行的提示输入【@-12.5,-42.5】，按【Enter】键完成矩形的绘制，如图 3-70 所示。

（15）选中刚绘制的矩形，在命令行中输入【CHAMFER】命令，将倒角设置为 0.5，对选中的矩形进行倒角，效果如图 3-71 所示。

（16）选中辅助线与矩形，在命令行中输入【TRIM】命令，对选中的图形进行修剪，效果如图 3-72 所示。

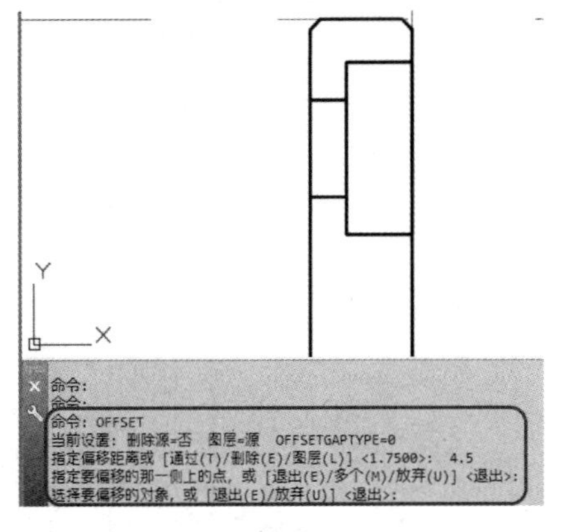

图 3-69　偏移后的效果 3

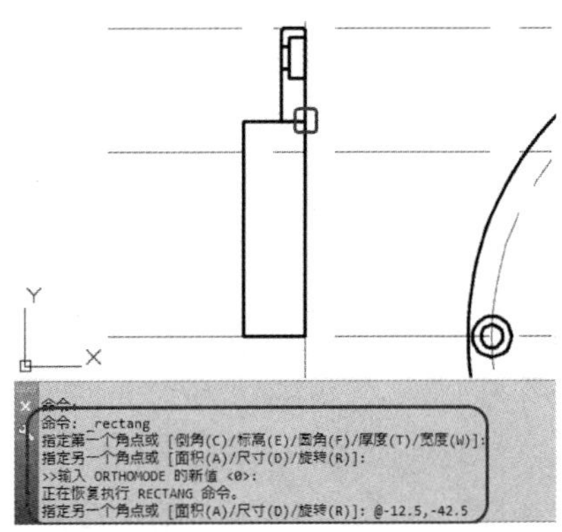

图 3-70　绘制矩形 3

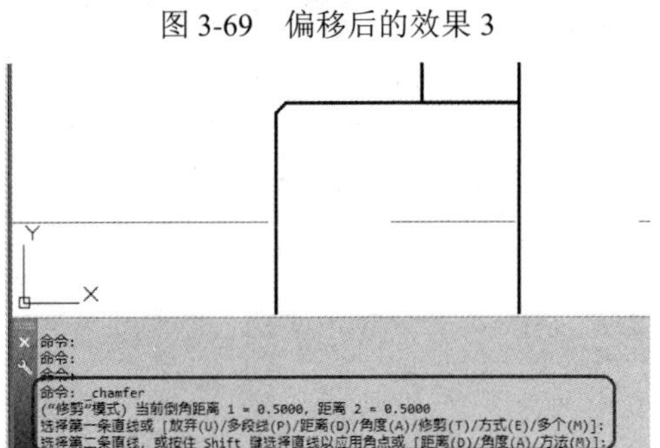

图 3-71　倒角后的效果 2

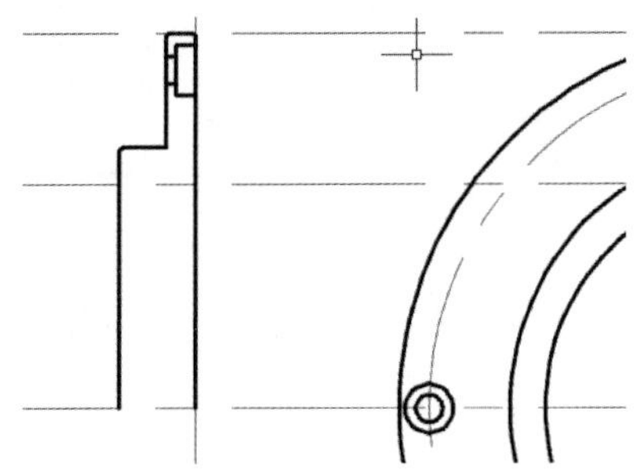

图 3-72　修剪后的效果 1

（17）以如图 3-73 所示的端点绘制一条直线，并将其向下移动 5.5。

（18）在命令行中输入【CHAMFER】命令，根据命令行的提示输入【T】，按【Enter】键确认，输入【N】，按【Enter】键确认，输入【D】，按【Enter】键确认，输入【1】，按两次【Enter】键确认，输入【M】，按【Enter】键确认，对直线与前面修剪的图形进行倒角，效果如图 3-74 所示。

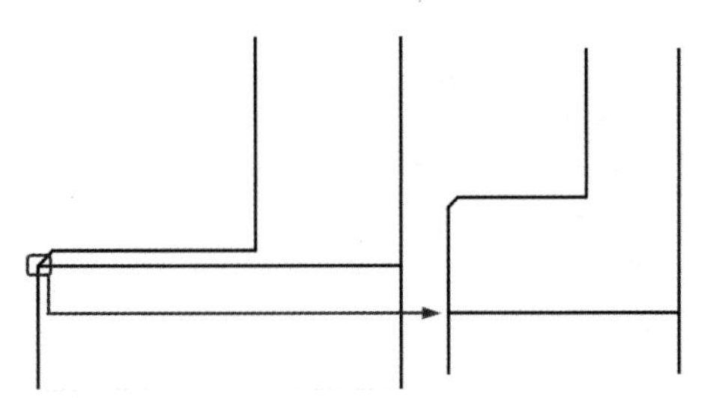

图 3-73　绘制直线并移动

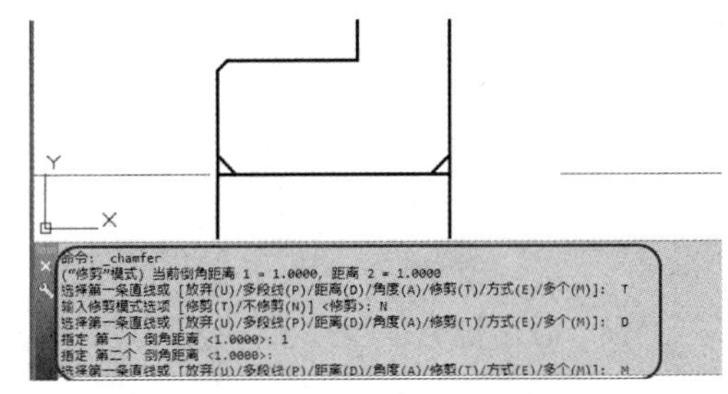

图 3-74　倒角后的效果 3

（19）在命令行中输入【XLINE】命令，以倒角后的直线的中点为基点，向右水平引导鼠标光标，输入【3】，按【Enter】键确认，向上垂直引导鼠标光标，输入【3】，按两次【Enter】键完成射线的绘制，如图 3-75 所示。

（20）选中两条射线，在命令行中输入【MOVE】命令，以射线的交点为基点，根据命令行的提示输入【@-2.7494,1】，按【Enter】键完成移动，效果如图 3-76 所示。

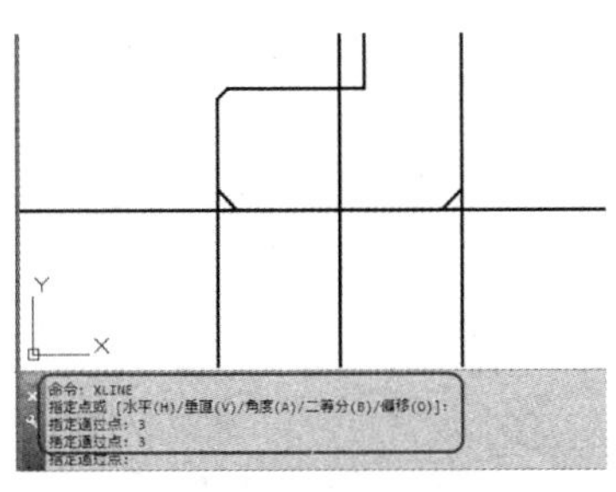

图 3-75　绘制射线

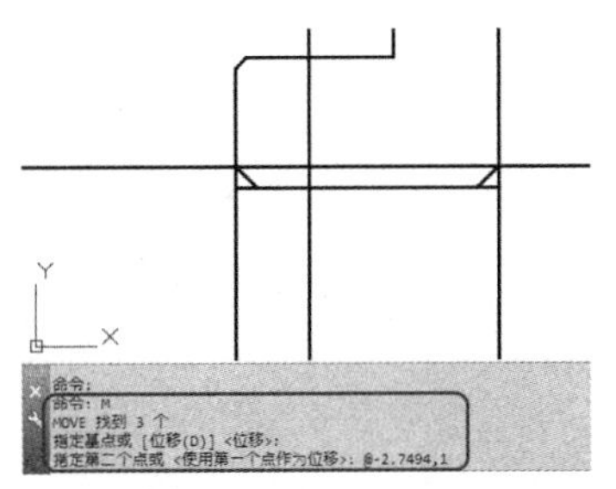

图 3-76　移动后的效果 3

（21）选中垂直射线，在命令行中输入【ROTATE】命令，以两条射线的交点为基点，输入【15】，按【Enter】键完成旋转，效果如图 3-77 所示。

（22）在命令行中输入【CIRCLE】命令，以射线的交点为圆心，根据命令行的提示输入【1.5】，按【Enter】键完成圆的绘制，如图 3-78 所示。

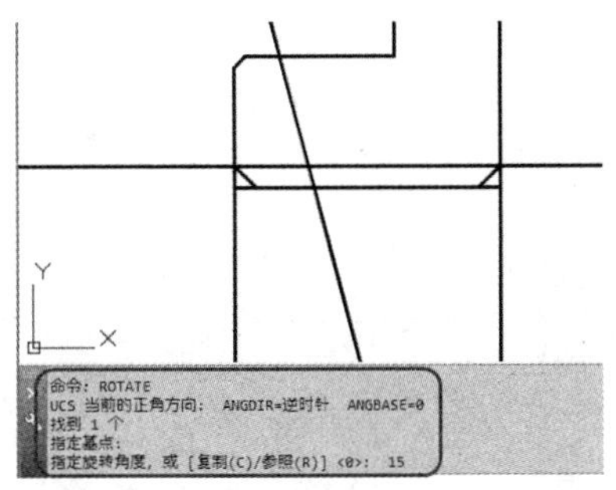

图 3-77　旋转后的效果

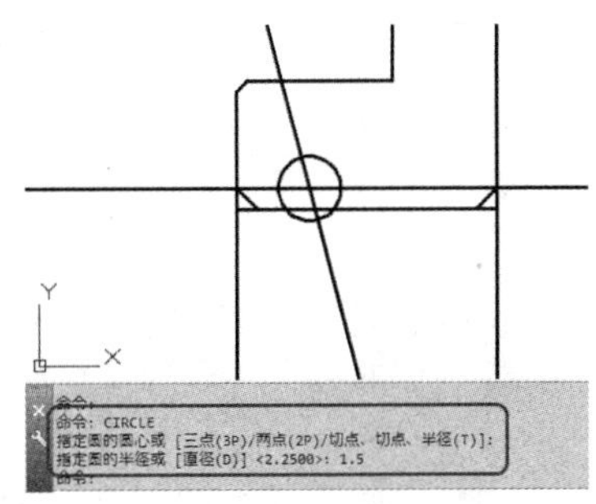

图 3-78　绘制圆 3

（23）选中倾斜的射线，在命令行中输入【OFFSET】命令，将其向右偏移 1.5，如图 3-79 所示。

（24）选中圆形与射线，在命令行中输入【TRIM】命令，对选中的图形进行修剪，效果如图 3-80 所示。

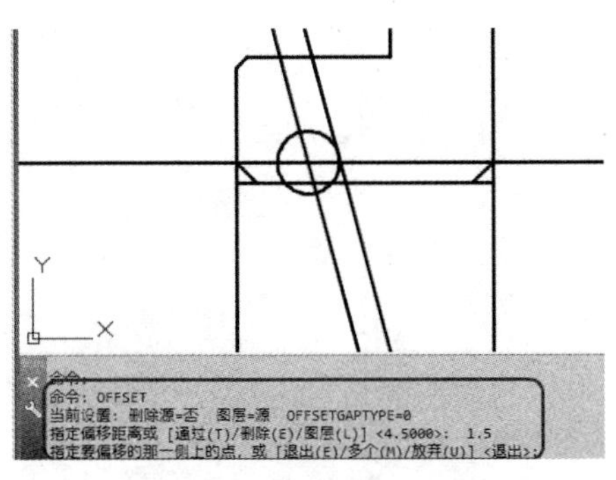

图 3-79　偏移后的效果 4

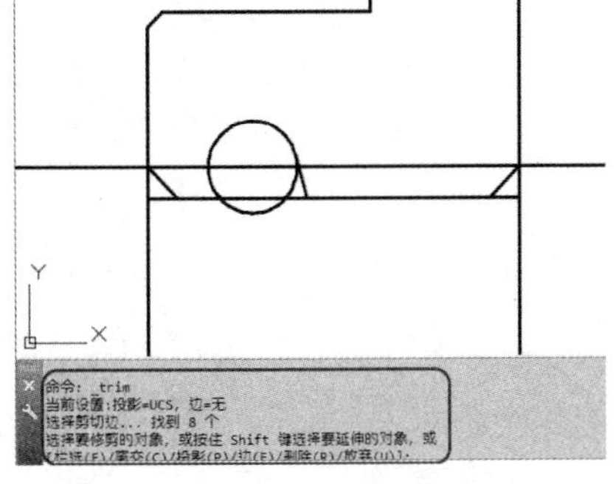

图 3-80　修剪后的效果 2

（25）对修剪后的图形进行镜像，然后选中如图 3-81 所示的图形，在命令行中输入【COPY】命令，指定圆心为基点，根据命令行的提示输入【@5.5,0】，按两次【Enter】键完成复制，效果如图 3-81 所示。

（26）选中所有图形，在命令行中输入【TRIM】命令，对选中的对象进行修剪，效果如图 3-82 所示。

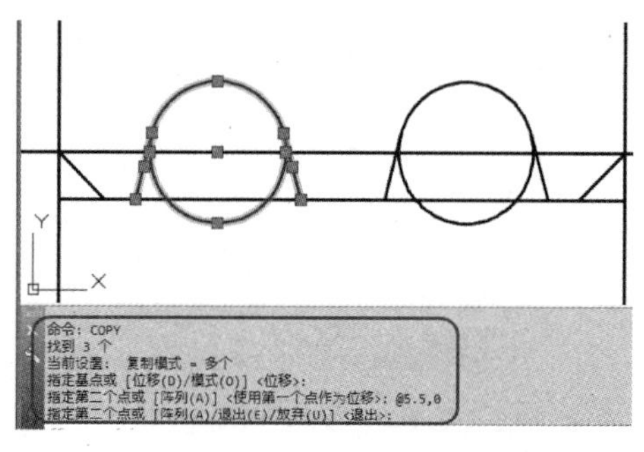

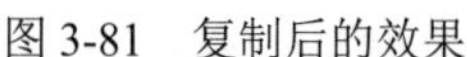

图 3-81　复制后的效果

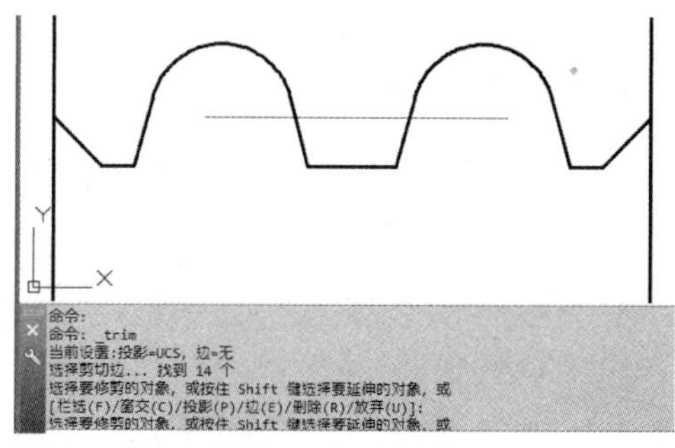

图 3-82　修剪后的效果 3

（27）在命令行中输入【LINE】命令，绘制直线，效果如图 3-83 所示。

（28）选中需要镜像的对象，在命令行中输入【MIRROR】命令，对选中的对象进行镜像，效果如图 3-84 所示。

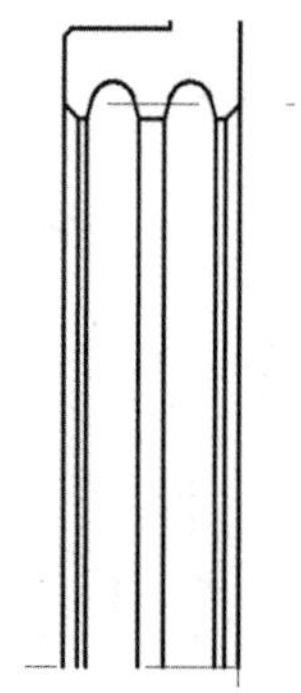

图 3-83　绘制直线后的效果

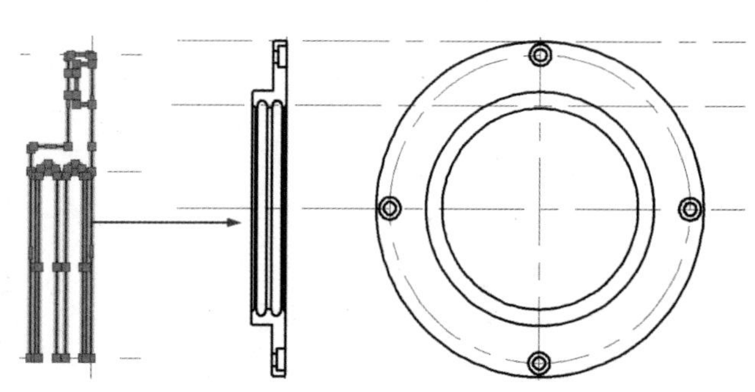

图 3-84　镜像后的效果

3.5.3　绘制深沟球轴承

下面将介绍如何绘制深沟球轴承，其效果如图 3-85 所示。

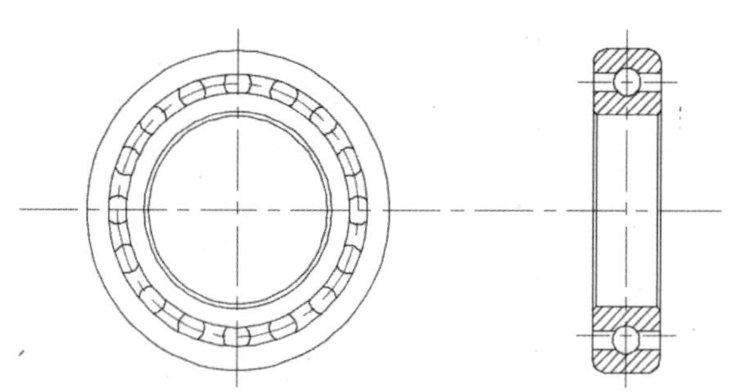

图 3-85　深沟球轴承效果

（1）启动软件，在命令行中输入【LAYER】命令，在弹出的【图层特性管理器】选项板中单击【新建图层】按钮，将其命名为【辅助线】，将【颜色】设置为【红】，单击右侧的线型名称，在弹出的【选择线型】对话框中单击【加载】按钮，如图 3-86 所示。

（2）在弹出的【加载或重载线型】对话框中选择【CENTER】线型，如图 3-87 所示。

图 3-86　单击【加载】按钮

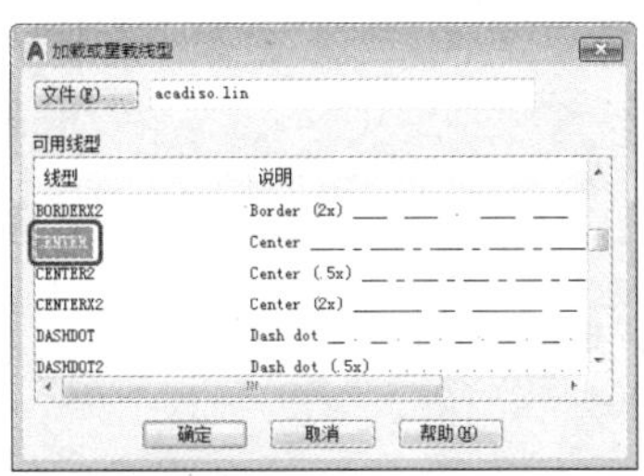

图 3-87　选择线型

（3）单击【确定】按钮，在【选择线型】对话框中选择新加载的线型，单击【确定】按钮，在【图层特性管理器】选项板中单击【置为当前】按钮，如图 3-88 所示。

（4）在命令行中输入【LINE】命令，指定第一个点，根据命令行的提示输入【@157,0】，按两次【Enter】键完成绘制，如图 3-89 所示。

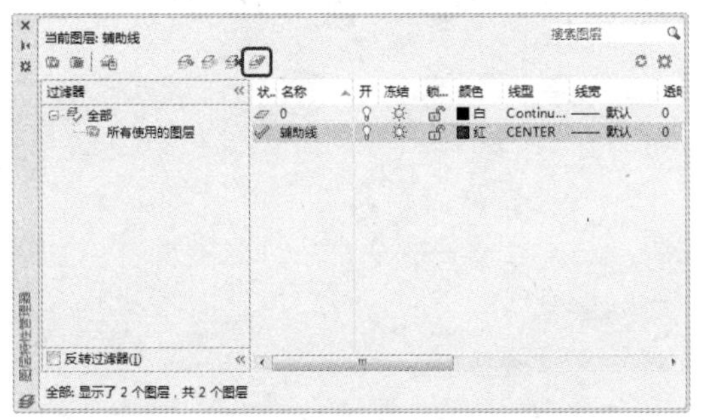

图 3-88　将图层置为当前图层

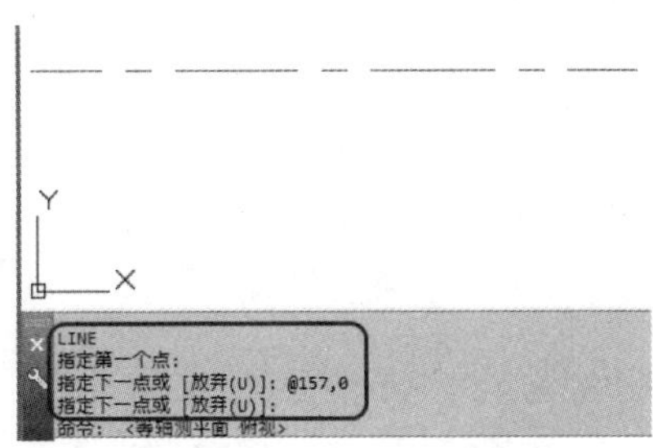

图 3-89　绘制水平直线 1

（5）在命令行中输入【LINE】命令，指定水平直线左侧的端点为第一个点，根据命令行的提示输入【@0,-76】，按两次【Enter】键完成绘制，如图 3-90 所示。

（6）选中绘制的垂直直线，在命令行中输入【MOVE】命令，以垂直直线上方的端点为基点，根据命令行的提示输入【@50,38.5】，按【Enter】键完成移动，效果如图 3-91 所示。

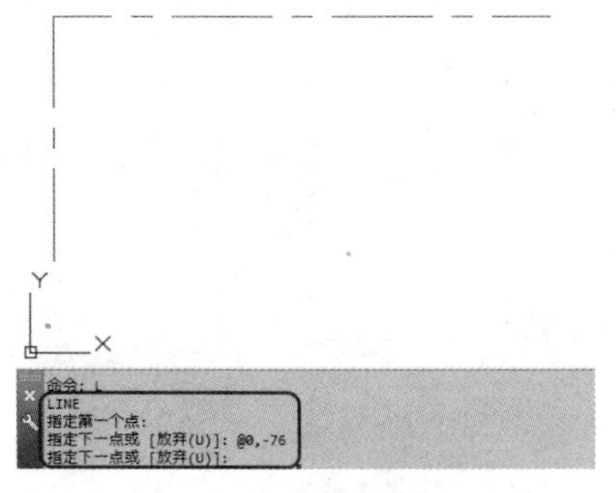

图 3-90　绘制垂直直线

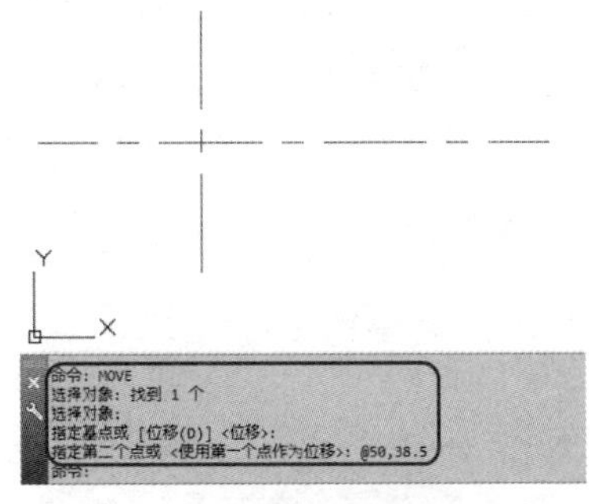

图 3-91　移动后的效果 1

（7）选中垂直直线，在命令行中输入【OFFSET】命令，将选中的直线向右偏移 86，效果如图 3-92 所示。

（8）在命令行中输入【LINE】命令，指定右侧垂直直线上方的端点为基点，根据命令行的提示输入【@22,0】，如图 3-93 所示。

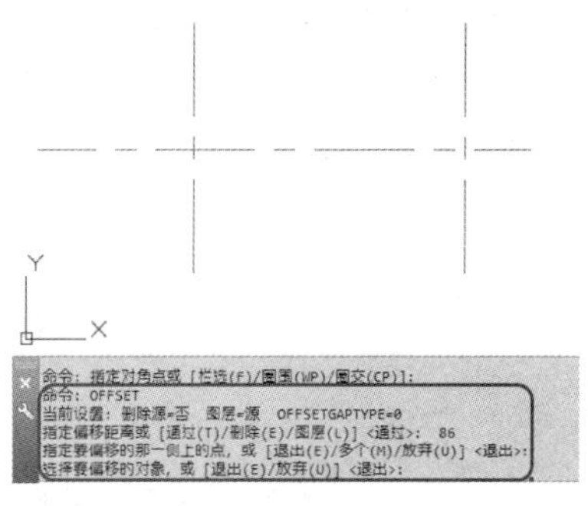

图 3-92　偏移后的效果 1

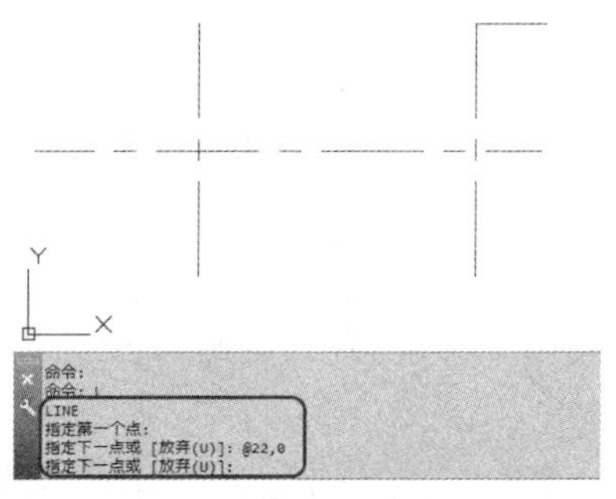

图 3-93　绘制水平直线 2

（9）选中新绘制的水平直线，在命令行中输入【MOVE】命令，以该水平直线左侧的端点为基点，根据命令行的提示输入【@-11,-11】，按【Enter】键完成移动，效果如图 3-94 所示。

（10）选中水平直线，在命令行中输入【OFFSET】命令，将选中的直线向下偏移 54，效果如图 3-95 所示。

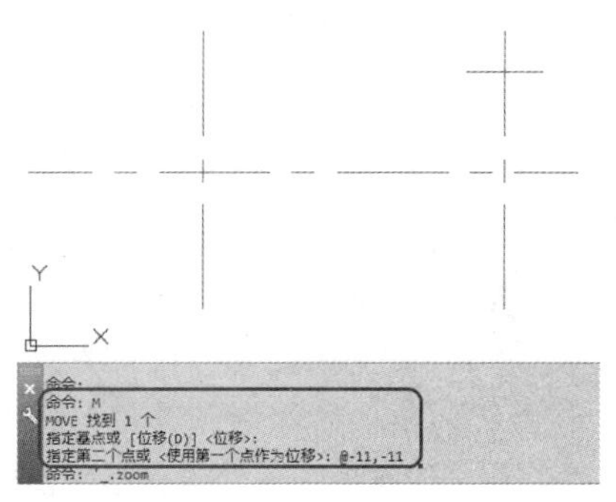

图 3-94　移动后的效果 2

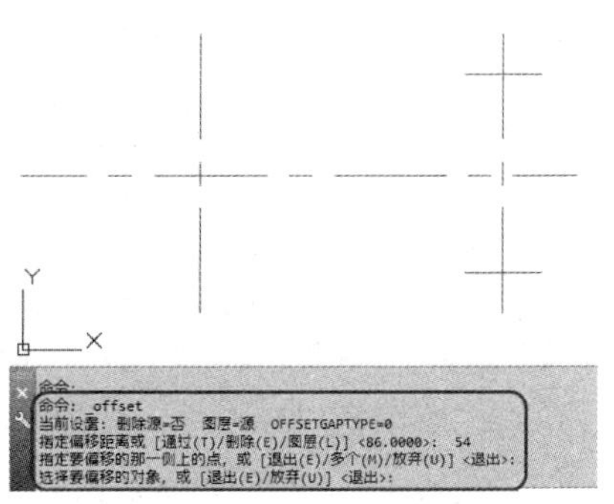

图 3-95　偏移后的效果 2

（11）在命令行中输入【CIRCLE】命令，指定圆的圆心，根据命令行的提示输入【27】，按【Enter】键确认，完成圆的绘制，如图 3-96 所示。

（12）选中绘制的直线与圆并右击，在弹出的快捷菜单中选择【特性】命令，在【特性】选项板中将【线型比例】设置为【0.4】，如图 3-97 所示。

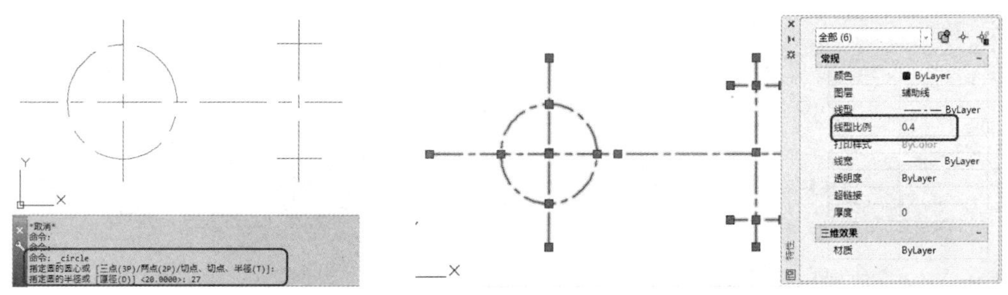

图 3-96　绘制圆 1　　　　图 3-97　设置【线型比例】

（13）将【0】图层置为当前图层，在命令行中输入【CIRCLE】命令，指定圆的圆心，根据命令行的提示输入【20】，按【Enter】键完成绘制，如图 3-98 所示。

（14）选中新绘制的圆，在命令行中输入【OFFSET】命令，将圆分别向外偏移 1、5、9、14，效果如图 3-99 所示。

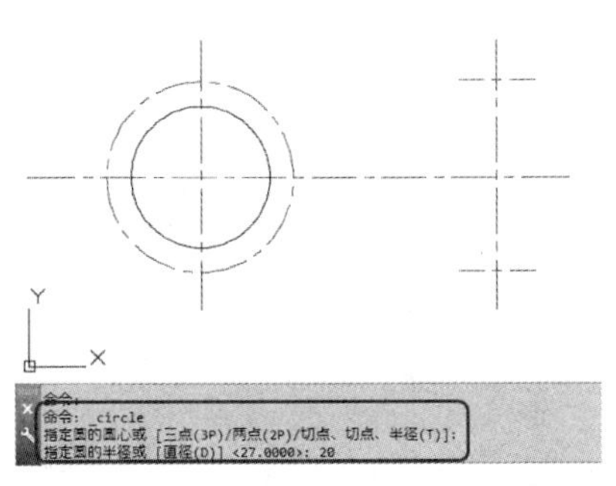

图 3-98　绘制圆 2

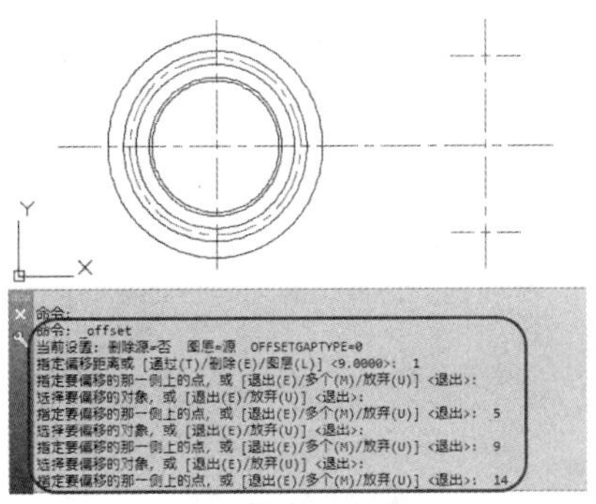

图 3-99　偏移后的效果 3

（15）在命令行中输入【CIRCLE】命令，指定圆的圆心，绘制一个半径为 3 的圆，如图 3-100 所示。

（16）选中所有的圆，在命令行中输入【TRIM】命令，对选中的图形进行修剪，效果如图 3-101 所示。

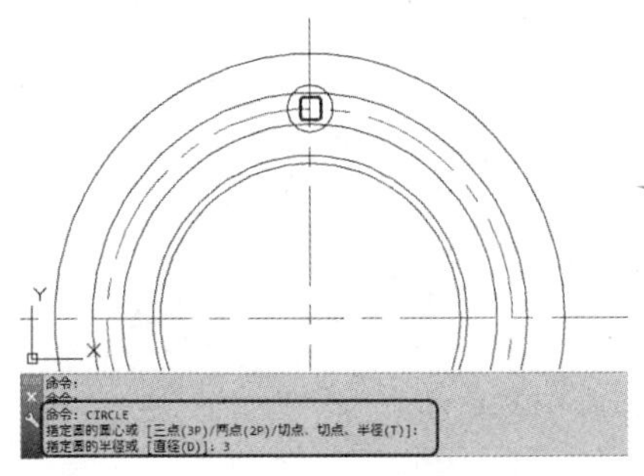

图 3-100　绘制圆 3

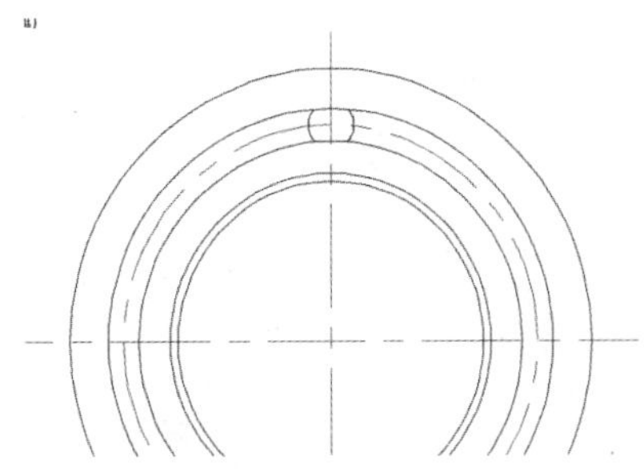

图 3-101　修剪后的效果 1

（17）选中修剪后的两个半圆，在命令行中输入【ARRAYPOLAR】命令，指定大圆的圆心为阵列的中心点，根据命令行的提示输入【I】，按【Enter】键确认，输入【16】，按两次【Enter】键完成阵列，效果如图 3-102 所示。

（18）在命令行中输入【CIRCLE】命令，指定圆的圆心，绘制一个半径为 3 的圆，如图 3-103 所示。

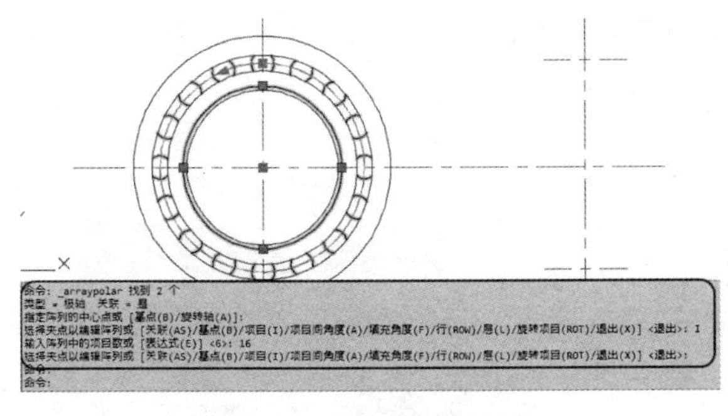

图 3-102　阵列后的效果

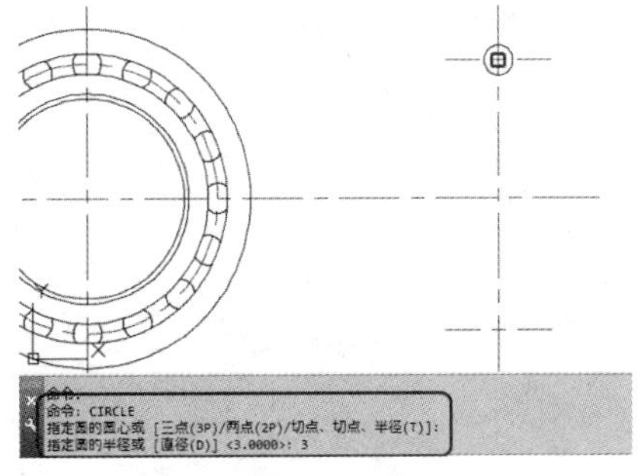

图 3-103　绘制圆 4

（19）在命令行中输入【RECTANG】命令，以刚绘制的圆的圆心为矩形的第一个角点，根据命令行的提示输入【@15,-14】，按【Enter】键完成绘制，如图 3-104 所示。

（20）选中新绘制的矩形，在命令行中输入【MOVE】命令，以矩形左上角的角点为基点，根据命令行的提示输入【@-7.5,7】，按【Enter】键完成移动，效果如图 3-105 所示。

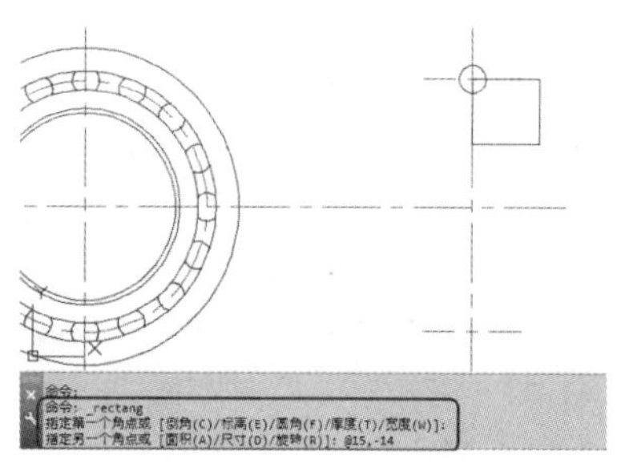

图 3-104　绘制矩形

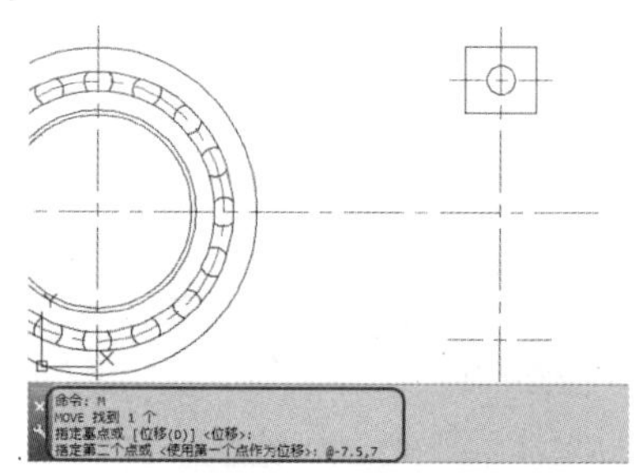

图 3-105　移动后的效果 3

（21）选中移动后的矩形，在命令行中输入【FILLET】命令，根据命令行的提示输入【R】，按【Enter】键确认，输入【3】，按【Enter】键确认，输入【M】，按【Enter】键确认，对矩形进行圆角处理，效果如图 3-106 所示。

（22）在命令行中输入【CHAMFER】命令，根据命令行的提示输入【D】，按【Enter】键确认，输入【0.7】，按【Enter】键确认，再次输入【0.7】，按【Enter】键确认，输入【M】，按【Enter】键确认，对矩形的另外两个角点进行倒角，效果如图 3-107 所示。

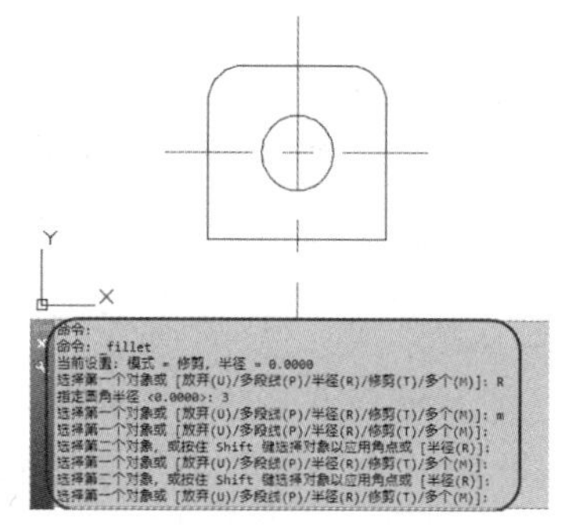

图 3-106　圆角后的效果

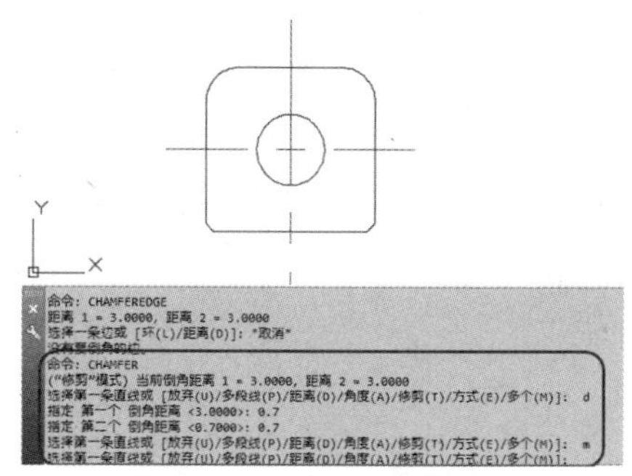

图 3-107　倒角后的效果

（23）在命令行中输入【LINE】命令，指定直线的第一个点，根据命令行的提示输入【@15,0】，按【Enter】键完成绘制，如图 3-108 所示。

（24）选中刚绘制的直线，在命令行中输入【MOVE】命令，指定直线左侧的端点为基点，根据命令行的提示输入【@0,2】，按【Enter】键完成移动，效果如图 3-109 所示。

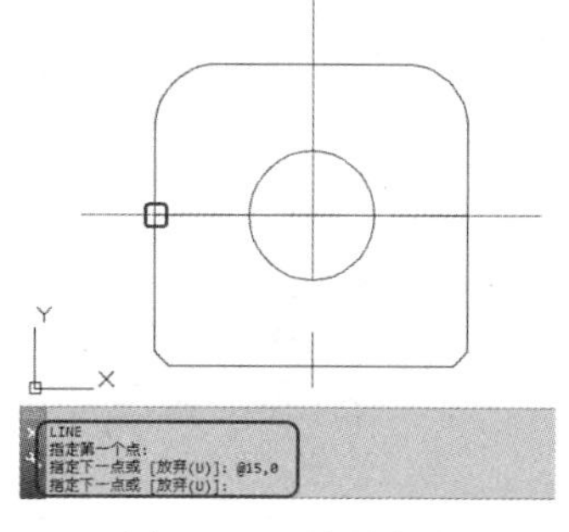

图 3-108　绘制直线

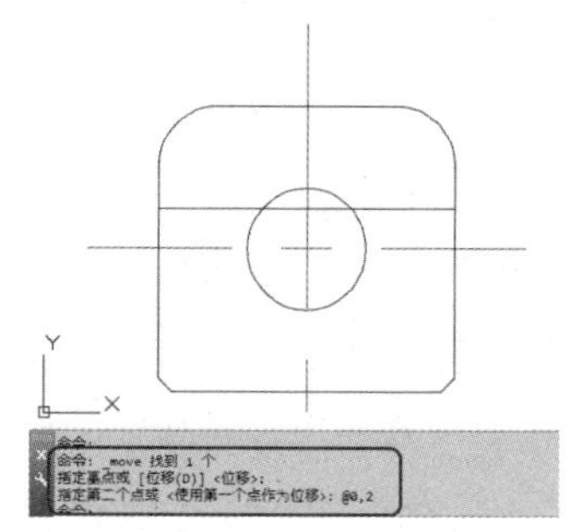

图 3-109　移动后的效果 4

（25）继续选中该直线，在命令行中输入【OFFSET】命令，将选中的直线向下偏移 4，效果如图 3-110 所示。

（26）选中直线与圆形，在命令行中输入【TRIM】命令，对选中的对象进行修剪，效果如图 3-111 所示。

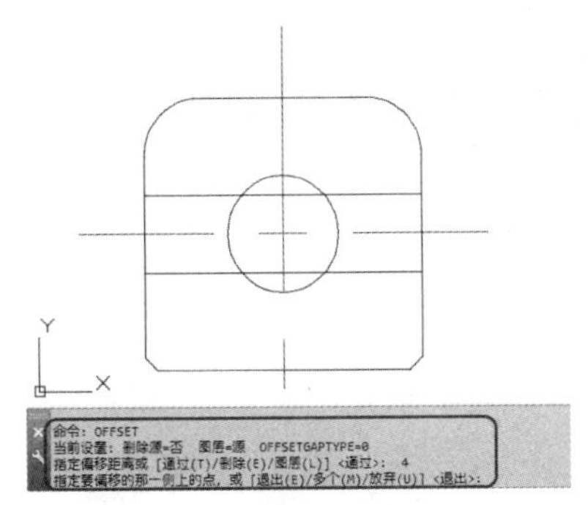

图 3-110 偏移后的效果 4

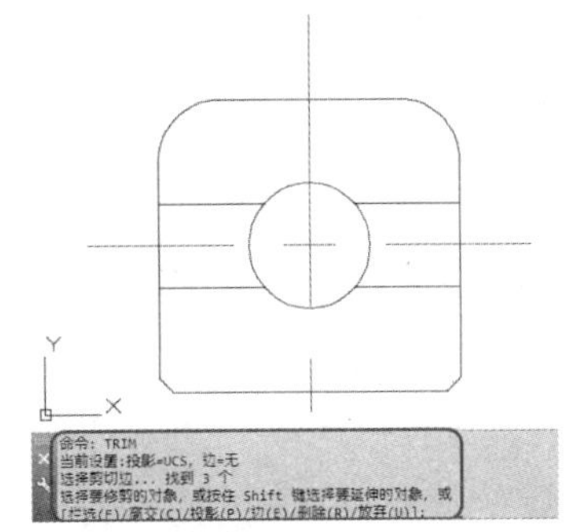

图 3-111 修剪后的效果 2

（27）在命令行中输入【LINE】命令，绘制 4 条如图 3-112 所示的直线。

（28）在命令行中输入【HATCH】命令，根据命令行的提示输入【T】，按【Enter】键确认，在弹出的【图案填充和渐变色】对话框中将【图案】设置为【ANSI31】，将【比例】设置为【0.5】，如图 3-113 所示。

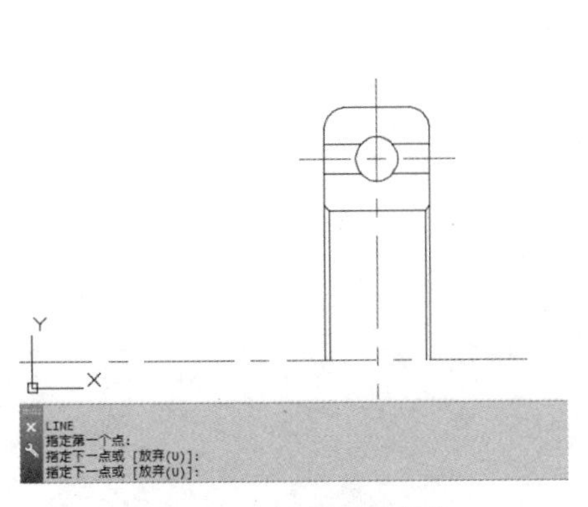

图 3-112 绘制 4 条直线

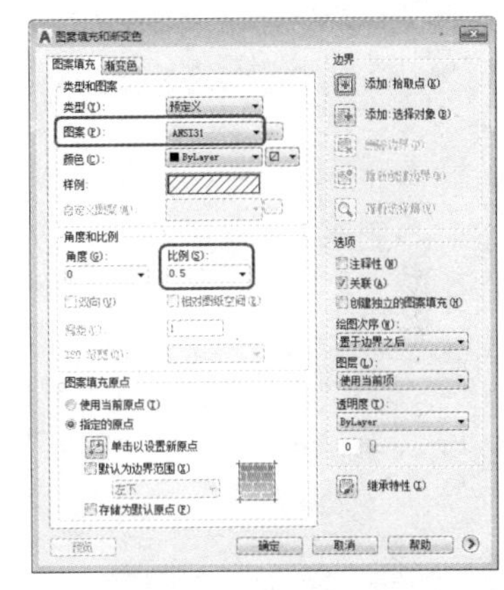

图 3-113 设置图案参数

（29）设置完成后，单击【确定】按钮，对图形进行填充，然后选择如图 3-114 所示的图形。

（30）在命令行中输入【MIRROR】命令，对选中的对象进行镜像，效果如图 3-115 所示。

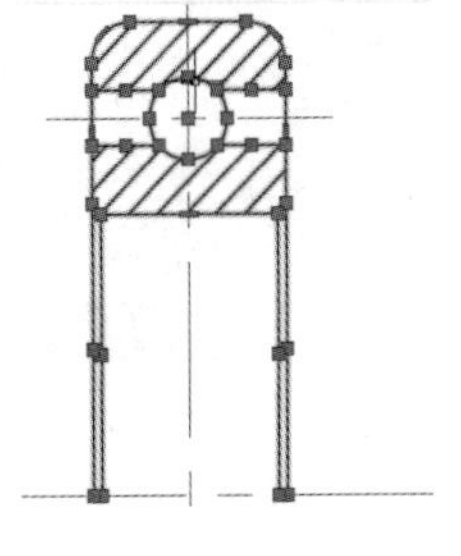

图 3-114 选择图形

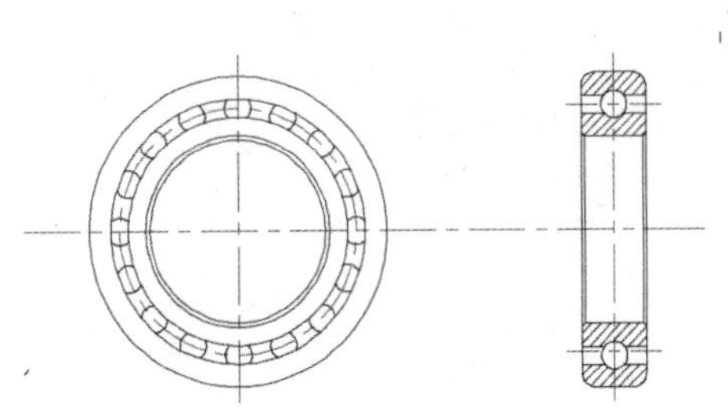

图 3-115 镜像后的效果

习题与训练

项目练习　绘制 V 带轮

效果展示：	操作要领：
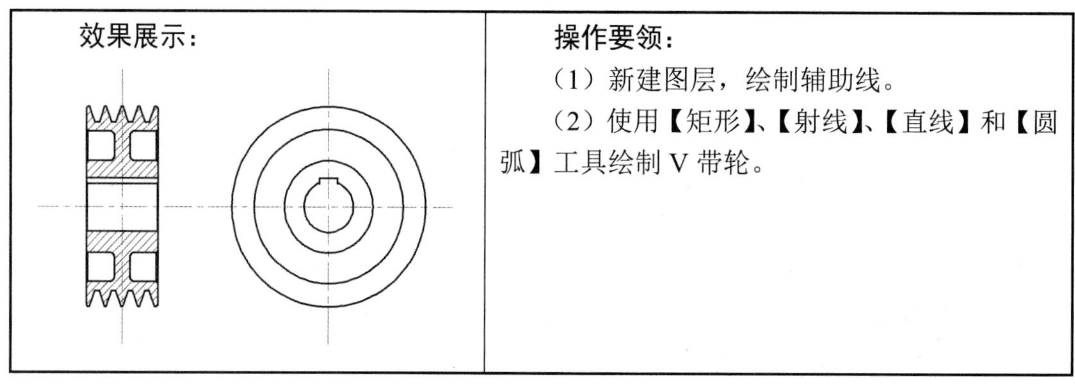	（1）新建图层，绘制辅助线。 （2）使用【矩形】、【射线】、【直线】和【圆弧】工具绘制 V 带轮。

第4章

二维图形的填充

04

Chapter

本章导读：

基础知识
◈ 创建填充边界
◈ 利用拾取对象填充图案

重点知识
◈ 编辑填充图案
◈ 添加单色渐变

提高知识
◈ 分解填充图案
◈ 使用双色填充

图案填充是指利用图案填充图形的某个区域，利用图案表达对象所表示的内容。图案填充在设计中的应用是非常广泛的，本章将重点讲解图案填充工具的使用。

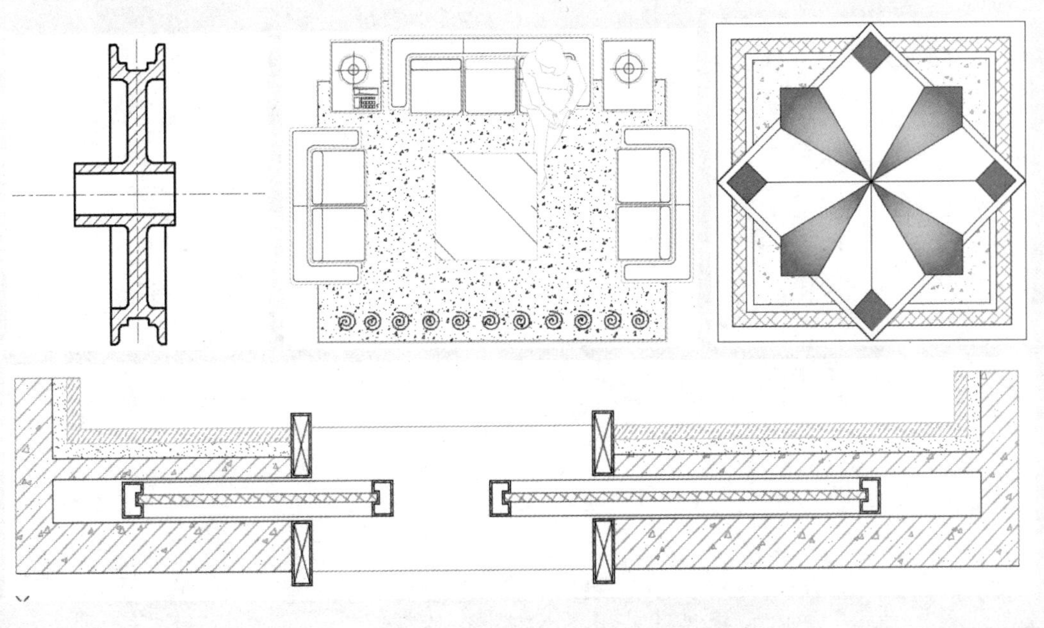

4.1　任务 10：填充机械零件——填充图案

下面以为机械图填充图案为例来综合练习本节所讲的知识。

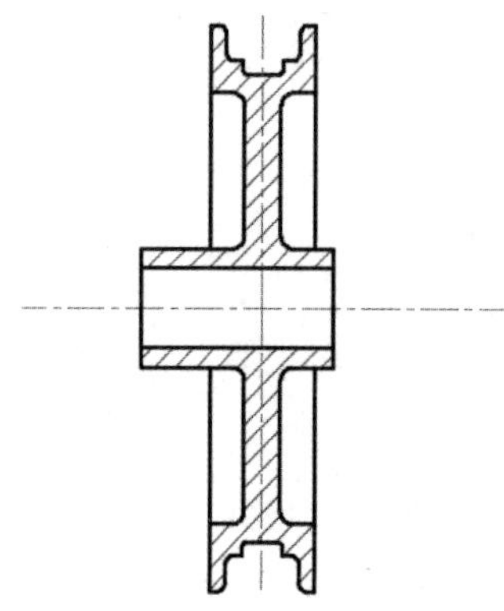

图 4-1　填充机械零件图

4.1.1　任务实施

（1）打开【素材】|【Cha04】|【填充机械零件-素材.dwg】素材文件，如图 4-2 所示。

（2）在命令行中输入【HATCH】命令，根据命令行的提示输入【T】，按【Enter】键确认，在弹出的【图案填充和渐变色】对话框中单击【图案】右侧的...按钮，在弹出的【填充图案选项板】对话框中选择【ANSI】选项卡，然后选择【ANSI31】选项，如图 4-3 所示。

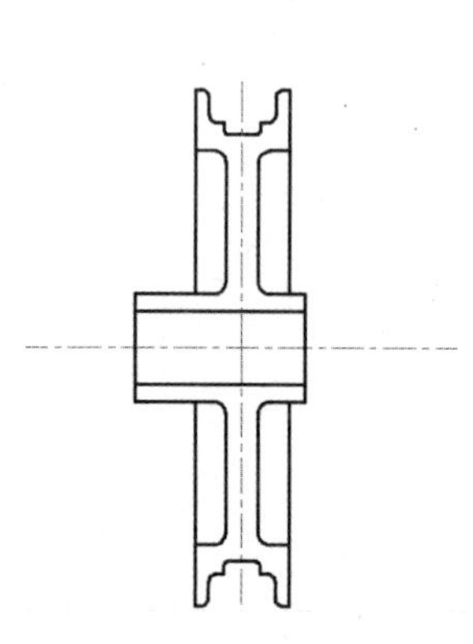

图 4-2　打开素材文件

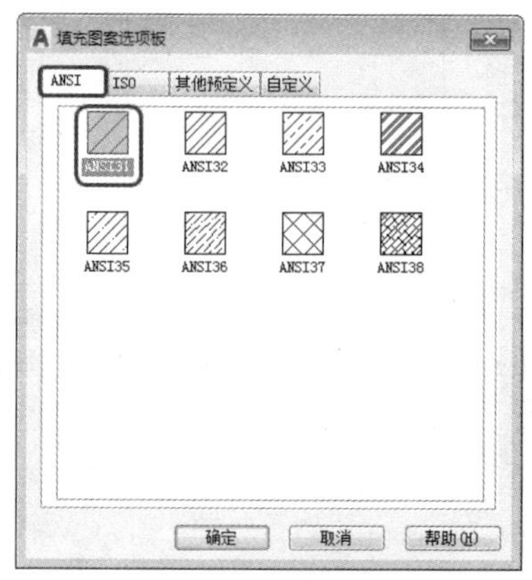

图 4-3　选择图案选项

（3）选择完成后，单击【确定】按钮，返回【图案填充和渐变色】对话框，将【比例】设置为【0.8】，单击【添加：拾取点】按钮，如图 4-4 所示。

（4）拾取图形的内部点进行填充，填充完成后按【Enter】键确认，效果如图 4-5 所示。

> **提示：**在第一次使用图案填充时，默认情况下将以【拾取点】作为图案填充的拾取方法。拾取填充点必须在一个或多个封闭图形内部，AutoCAD 会自动通过计算找到填充边界。

图 4-4 设置填充比例

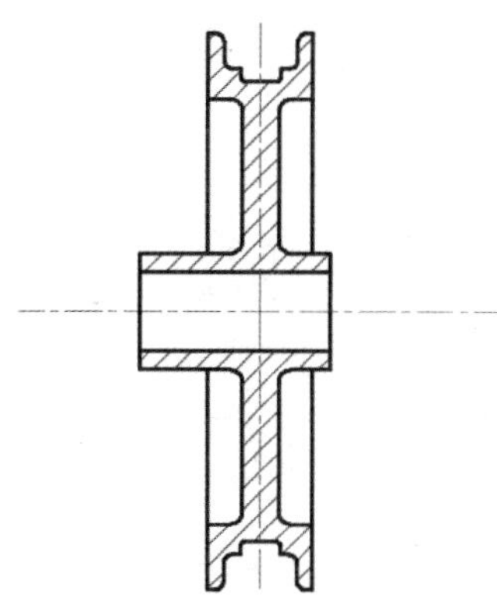

图 4-5 填充图案后的效果

4.1.2 创建填充边界

在为图形进行图案填充前，首先需要创建填充边界。图案填充边界可以是圆形、矩形等单个封闭对象，也可以是由直线、多段线、圆弧等对象首尾相连而形成的封闭区域。

创建填充边界可以有效地避免将图案填充到不需要填充的图形区域。在 AutoCAD 2017 中，执行【图案填充】命令的方法有以下 4 种。

- 在菜单栏中选择【绘图】|【图案填充】或【渐变色】命令。
- 在【默认】选项卡的【绘图】面板中单击【图案填充】按钮。
- 在【默认】选项卡的【绘图】面板中单击【图案填充】按钮右侧的按钮，在弹出的下拉列表中选择【渐变色】选项。
- 在命令行中执行【BHATCH】命令。

在执行上述任意一种操作后，弹出【图案填充和渐变色】对话框，如图 4-6 所示。单击该对话框右下角的【更多选项】按钮，将展开【孤岛】选项组、【边界保留】选项组、【边界集】选项组等，如图 4-7 所示。

图 4-6 【图案填充和渐变色】对话框

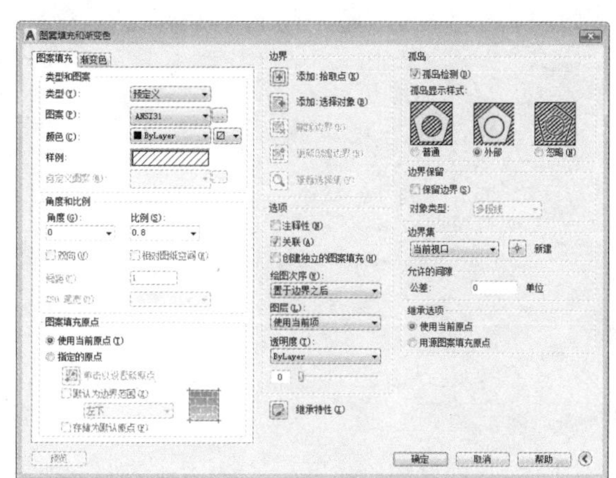

图 4-7 展开更多的选项组

在创建填充边界时，该对话框中的相关选项一般都保持默认设置。如果对填充方式有特殊要求，则可以对相应选项进行设置。其中部分选项的含义如下。

- 【孤岛检测】复选框：指定是否把在边界内部的对象包含为边界对象。这些内部对象称为孤岛。
- 【孤岛显示样式】选项：用于设置孤岛的填充方式。当指定填充边界的拾取点位于多重封闭区域内部时，需要在此选择一种填充方式。
- 【对象类型】下拉列表：用于控制新边界对象的类型。如果勾选【保留边界】复选框，则在创建填充边界时系统会将边界创建为面域或多段线，同时保留源对象。在【对象类型】下拉列表中可以选择将边界创建为多段线或面域。如果取消勾选【保留边界】复选框，则系统在填充指定的区域后将删除这些边界。
- 【边界集】选项组：指定使用当前视口中的对象还是使用现有选择集中的对象作为边界集，单击【选择新边界集】按钮，可以返回绘图区选择作为边界集的对象。
- 【允许的间隙】选项组：将几乎封闭一个区域的一组对象视为一个闭合的图案填充边界。默认值为 0，指定对象封闭后该区域无间隙。

4.1.3 利用拾取对象填充图案

拾取的填充对象可以是一个封闭对象，如矩形、圆、椭圆和多边形等，也可以是多个非封闭对象，但是这些非封闭对象必须互相交叉或相交围成一个或多个封闭区域。

（1）打开【素材】|【Cha04】|【拾取对象填充图案.dwg】素材文件，如图 4-8 所示。

（2）在命令行中输入【BHATCH】命令，根据命令行的提示输入【T】，弹出【图案填充和渐变色】对话框，在该对话框中将【图案】设置为【ANSI37】，将【颜色】设置为【红】，将【比例】设置为【18】，如图 4-9 所示。

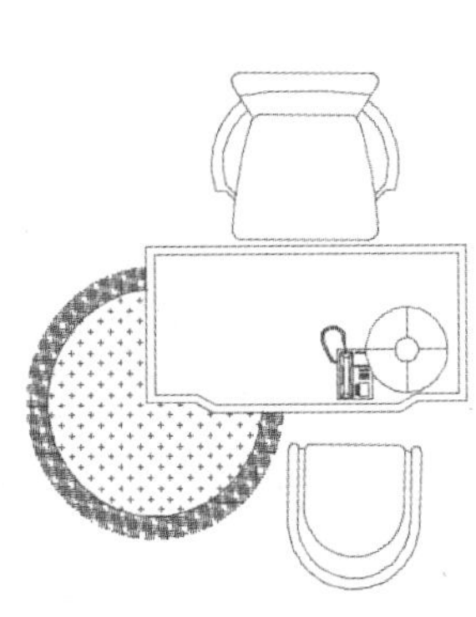

图 4-8　打开素材文件

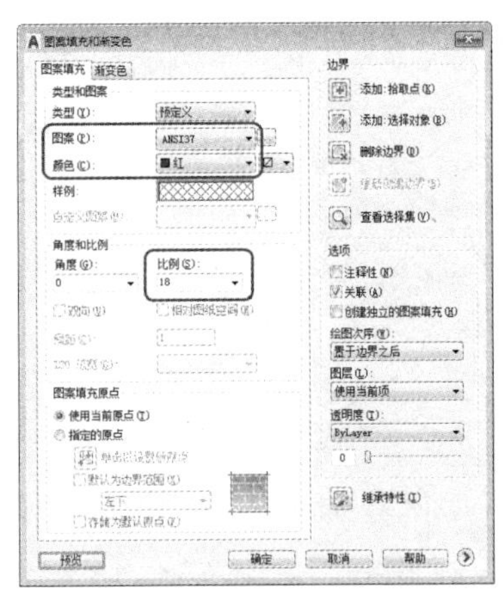

图 4-9　设置填充参数

（3）在【边界】选项组中单击【添加：选择对象】按钮，返回绘图区，选择如图 4-10 所示的对象。

（4）拾取完成后，将会对选中的图形进行填充，再选择另一侧的椅子进行填充，并在填充完成后按【Enter】键确定即可，填充效果如图 4-11 所示。

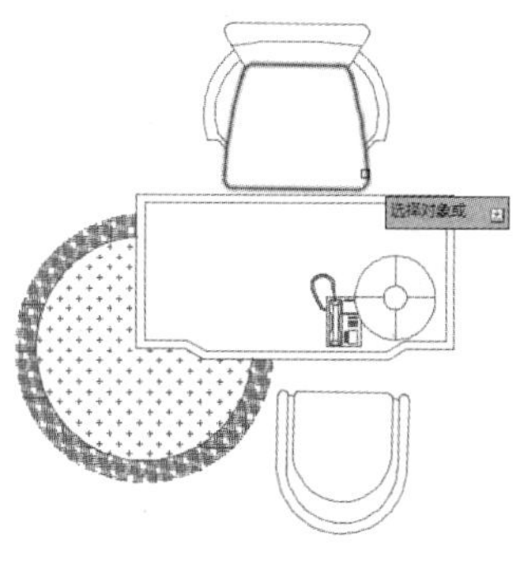

图 4-10　选择要填充的对象

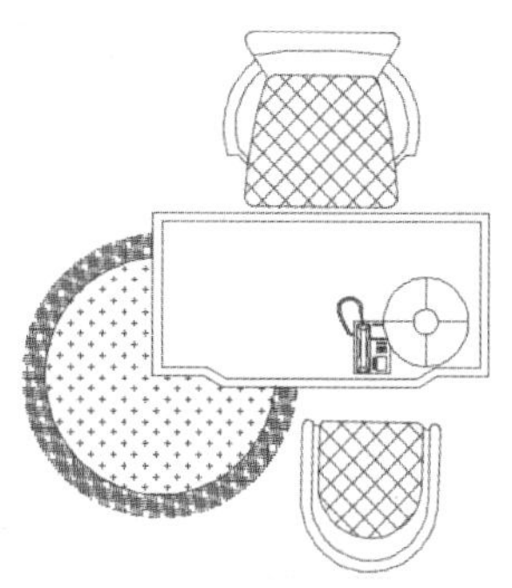

图 4-11　填充效果

提示：如果拾取的多个封闭区域呈嵌套状，则系统会默认填充外围图形与内部图形之间进行布尔相减操作后的区域。此外，在命令行中执行【BHATCH】命令后，系统会自动切换至【图案填充创建】选项卡，在其中可进行相应的设置，大致与【图案填充和渐变色】对话框中的设置方法相同。

4.2　任务 11：地毯图案——修剪填充图案

下面将通过实例讲解如何对填充图案进行修剪，具体操作步骤如下。

4.2.1　任务实施

（1）打开【素材】|【Cha04】|【修剪图案.dwg】素材文件，如图 4-12 所示。

（2）选中填充图案并右击，在弹出的快捷菜单中选择【图案填充编辑】命令，如图 4-13 所示。

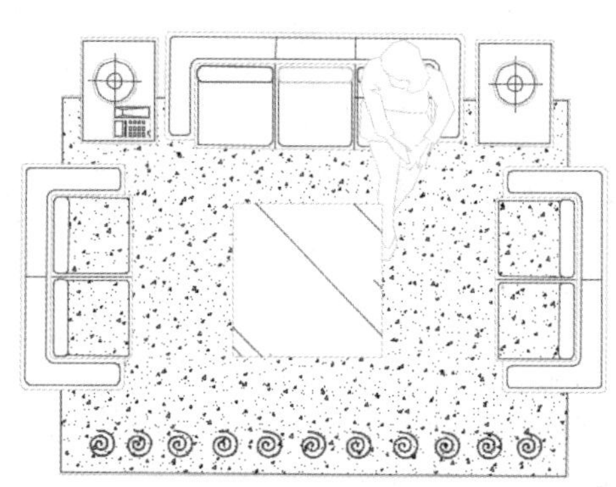

图 4-12　打开素材文件

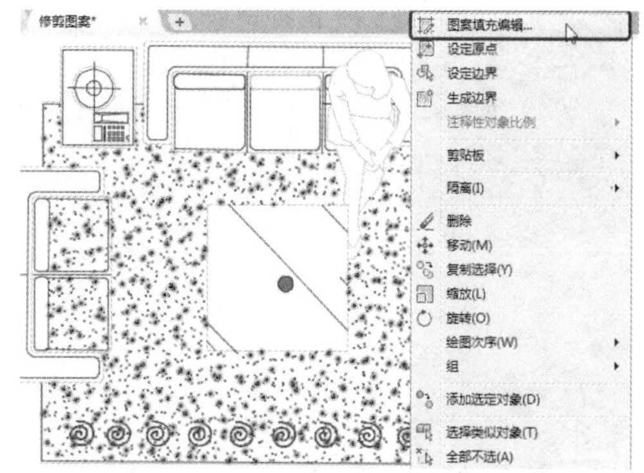

图 4-13　选择【图案填充编辑】命令

（3）执行该操作后，将会打开【图案填充编辑】对话框，在该对话框中单击【删除边界】按钮，如图 4-14 所示。

提示：除了上述方法，用户还可以在选择填充图案后，在【图案填充编辑器】选项板中单击【删除边界对象】按钮来执行删除边界操作。

（4）在绘图区中选择要删除的边界，如图 4-15 所示。

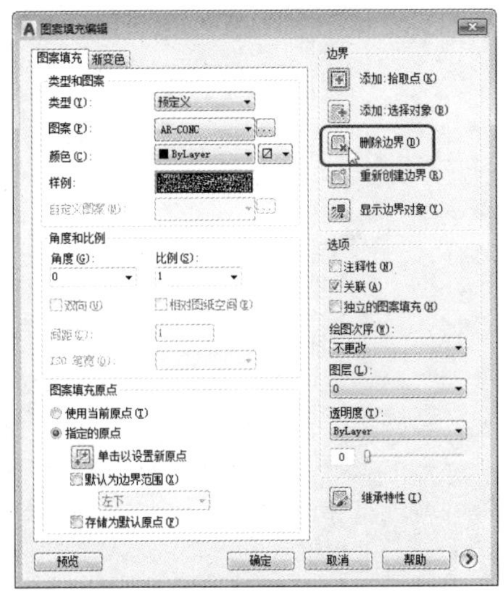

图 4-14　单击【删除边界】按钮

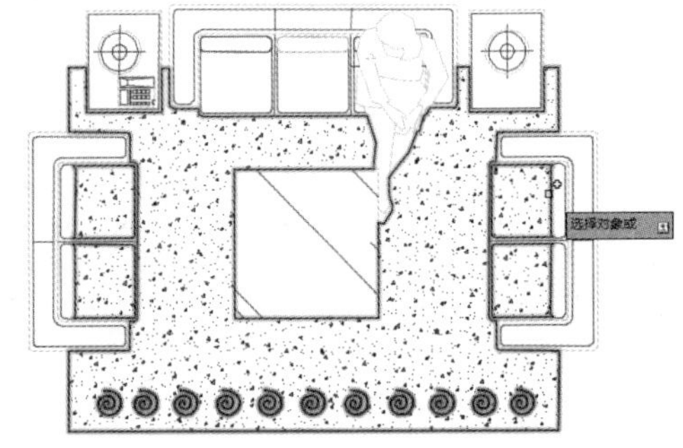

图 4-15　选择要删除的边界

（5）选择完成后，按【Enter】键完成边界的选择，然后在返回的【图案填充编辑】对话框中使用默认设置，按【Enter】键确认，即可完成填充图案的修剪，效果如图 4-16 所示。

知识链接：

除了使用上述方法可以对填充图案进行修剪，用户还可以使用【TRIM】命令对填充图案进行修剪。首先，选中所有对象，在命令行中输入【TRIM】命令，根据命令行的提示选择要进行修剪的对象，如图 4-17 所示。在修剪完成后，按【Enter】键确认即可。

修剪填充图案与修剪图形对象一样。在 AutoCAD 2017 中，执行【修剪】命令的方法有以下几种。

- 在菜单栏中选择【修改】|【修剪】命令。
- 在【默认】选项卡的【修改】面板中单击【修剪】按钮。
- 在命令行中执行【TRIM】命令。

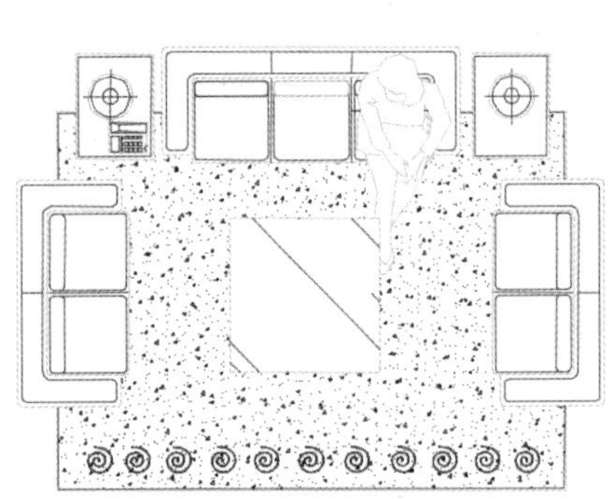

图 4-16　修剪后的效果

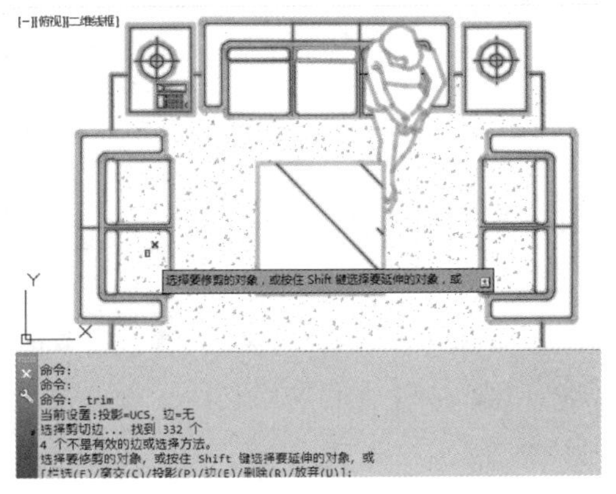

图 4-17　选择要进行修剪的对象

4.2.2 编辑填充图案

在填充完图案后，有时需要对填充图案进行编辑。快速编辑填充图案可以有效地提高绘图效率。下面将介绍如何编辑填充图案。

在 AutoCAD 2017 中，执行【图案填充编辑】命令的方法有以下几种。

- 直接在填充图案上双击。
- 在命令行中执行【HATCHEDIT】命令。
- 选中图案并右击，在弹出的快捷菜单中选择【图案填充编辑】命令。

下面通过实例讲解如何快速编辑填充图案。

（1）打开【素材】|【Cha04】|【编辑图案.dwg】素材文件，如图 4-18 所示。

（2）选中要进行编辑的填充图案并右击，在弹出的快捷菜单中选择【图案填充编辑】命令，如图 4-19 所示。

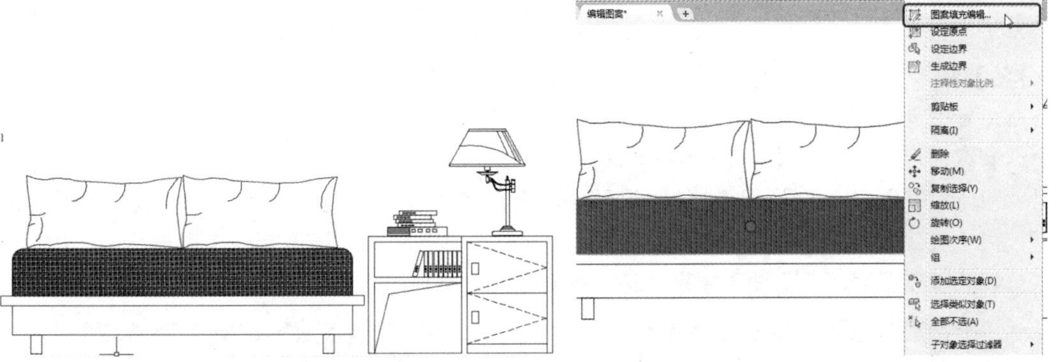

图 4-18　打开素材文件　　图 4-19　选择【图案填充编辑】命令

（3）在弹出的【图案填充编辑】对话框中，单击【类型和图案】选项组中的【图案】右侧的 ... 按钮，弹出【填充图案选项板】对话框。切换至【ANSI】选项卡，在列表框中选择【ANSI38】选项，如图 4-20 所示。

（4）单击【确定】按钮，返回【图案填充编辑】对话框，将【比例】设置为【10】，如图 4-21 所示。

图 4-20　选择填充图案

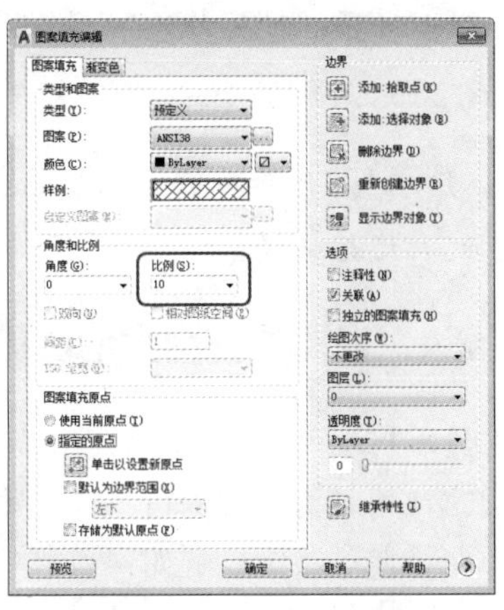

图 4-21　设置填充比例

（5）设置完成后，单击【确定】按钮，返回绘图区，即可看到编辑填充图案后的效果，如图 4-22 所示。

图 4-22　编辑填充图案后的效果

4.2.3　分解填充图案

为了满足编辑要求，有时需要将整个填充图案进行分解。在 AutoCAD 2017 中，执行【分解】命令的方法有以下两种。

- 选择要分解的图案，在【默认】选项卡的【修改】面板中单击【分解】按钮。
- 在命令行中执行【EXPLODE】命令。

（1）打开【素材】|【Cha04】|【分解图案.dwg】素材文件，选中填充图案，如图 4-23 所示。

（2）在命令行中输入【EXPLODE】命令，选择填充图案，按【Enter】键确认，然后选择刚分解的填充图案，即可发现原来的整体对象变成了单独的线条，如图 4-24 所示。

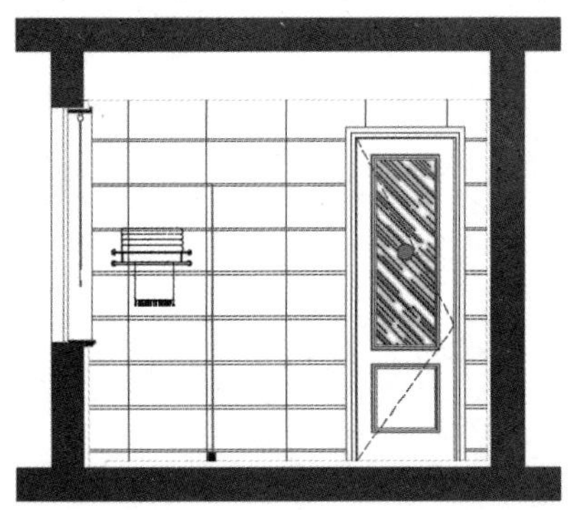

图 4-23　打开素材文件并选中填充图案

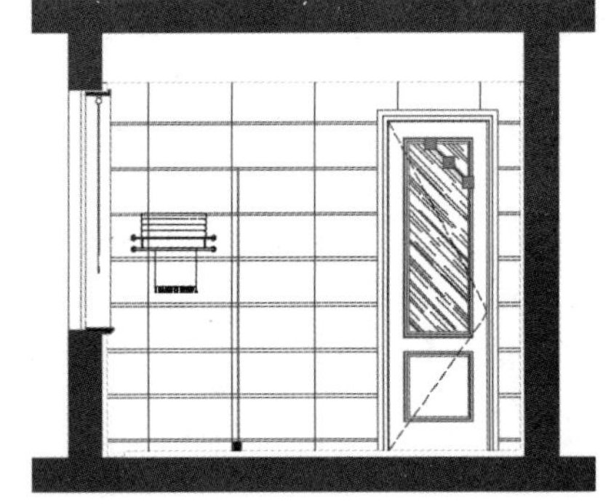

图 4-24　分解后的选中效果

提示：被分解后的填充图案会失去与图形的关联性，不能再使用【图案填充编辑】命令对其进行编辑。

4.2.4　设置填充图案的可见性

在绘制较大的图形时，需要花费较长时间等待图形中的填充图案生成。此时可关闭【填充】模式，暂时将图案的可见性关闭，从而提高显示速度。

下面将通过实例讲解如何设置填充图案的可见性，具体操作步骤如下。

（1）打开【素材】|【Cha04】|【设置填充图案的可见性.dwg】素材文件，如图 4-25 所示。

（2）在命令行中输入【FILL】命令，然后在命令行中输入【OFF】命令，最后在命令行中输入【REGEN】命令并按【Enter】键确认，即可将填充图案隐藏。隐藏填充图案后的效果如图 4-26 所示。

> **提示：**如果用户想将隐藏的图案显示出来，可在命令行中输入【FILL】命令，然后在命令行中输入【ON】命令，最后在命令行中输入【REGEN】命令并按【Enter】键确认。

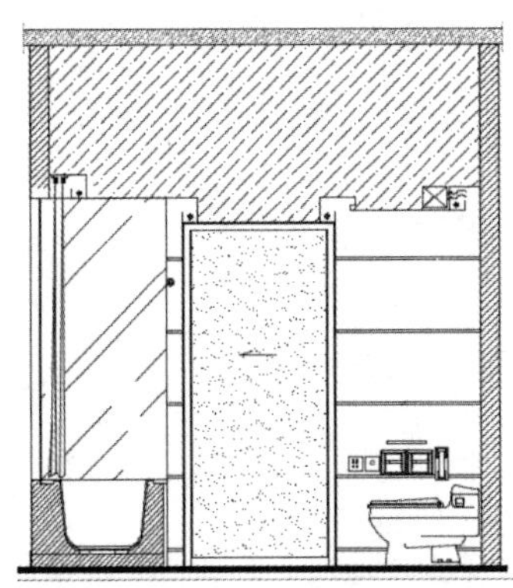

图 4-25　打开素材文件

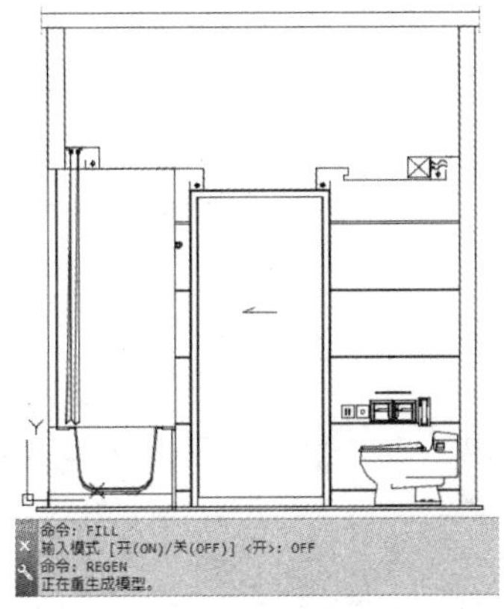

图 4-26　隐藏填充图案后的效果

4.3　任务 12：填充地面拼花——填充渐变色

除了可以为图形对象填充图案，还可以为图形对象填充渐变色。本节将通过一个简单实例来加深读者对相关知识的理解。填充地面拼花效果如图 4-27 所示。

图 4-27　填充地面拼花效果

4.3.1　任务实施

（1）打开【素材】|【Cha04】|【填充地面拼花.dwg】素材文件，如图 4-28 所示。

（2）在命令行中输入【GRADIENT】命令，根据命令行的提示输入【T】，并按【Enter】键确认，即可弹出【图案填充和渐变色】对话框。在该对话框中选中【单色】单选按钮，单击颜色条右侧的...按钮，在弹出的【选择颜色】对话框中设置【颜色】为【20】，如图 4-29 所示。

图 4-28 打开素材文件

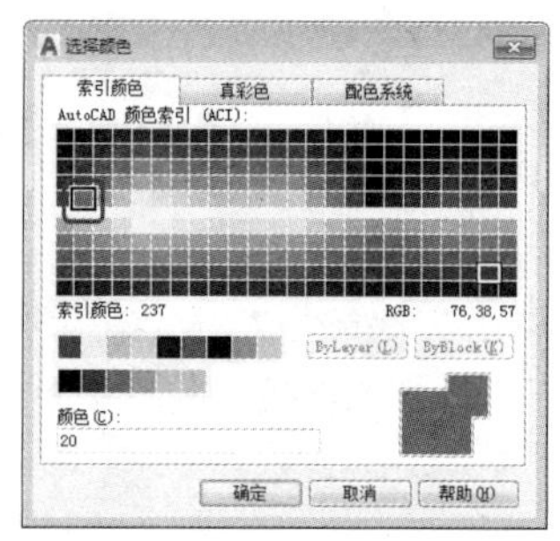

图 4-29 【选择颜色】对话框

（3）设置完成后，单击【确定】按钮，将明暗控制滑块调整至中间位置，并单击【添加：拾取点】按钮，如图 4-30 所示。

（4）返回绘图区，选择合适的区域单击鼠标左键进行填充，填充效果如图 4-31 所示。

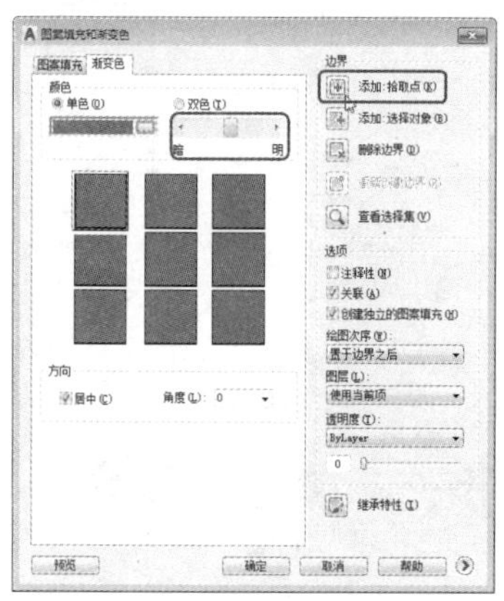

图 4-30 设置填充颜色的效果

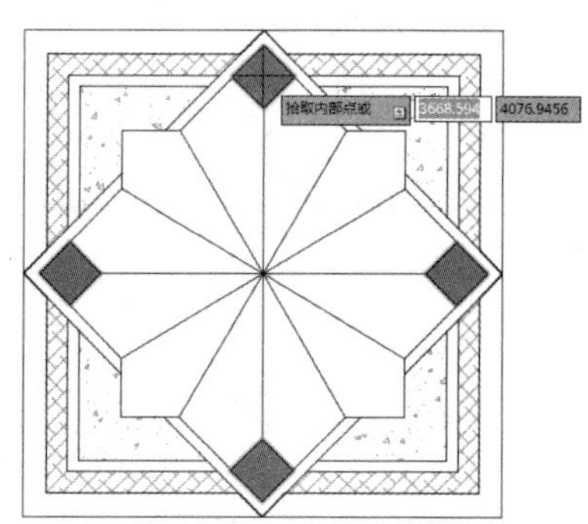

图 4-31 填充效果

（5）填充完成后，在命令行中输入【GRADIENT】命令，根据命令行的提示输入【T】，按【Enter】键确认。在弹出的对话框中选中【双色】单选按钮，将【颜色 1】设置为颜色 20，将【颜色 2】设置为颜色 40，并选择渐变类型，如图 4-32 所示。

（6）设置完成后，单击【添加：拾取点】按钮，返回绘图区，选择要进行填充的区域单击鼠标左键，填充效果如图 4-33 所示，按【Enter】键完成填充。

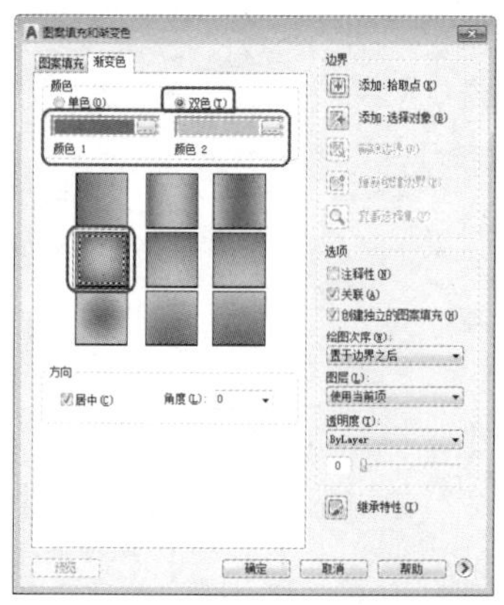

图 4-32 设置双色渐变填充效果

图 4-33 填充效果

知识链接：

在 AutoCAD 2017 中，执行【渐变色】命令的方法有以下几种。

- 在菜单栏中选择【绘图】|【渐变色】命令。
- 在【默认】选项卡的【绘图】面板中单击【图案填充】按钮右侧的按钮，在弹出的下拉列表中选择【渐变色】选项。
- 在命令行中执行【GRADIENT】命令。

在执行上述任意一种操作后，都将打开【图案填充和渐变色】对话框，其中的【渐变色】选项卡为用户提供了两种颜色模式，分别为【单色】和【双色】，如图 4-34 所示。

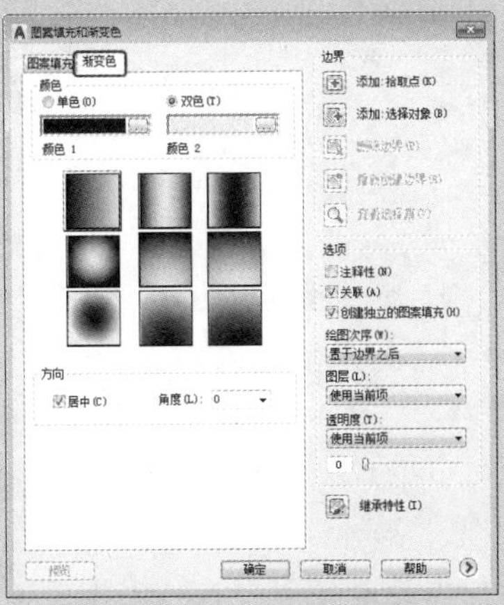

图 4-34 【渐变色】选项卡

单色渐变填充是指从一种颜色渐变到白色或黑色的过渡渐变填充。双色渐变填充是指使用两种颜色对图形对象进行的过渡渐变填充。

4.3.2 添加单色渐变

下面将通过实例讲解如何为图形对象添加单色渐变，具体操作步骤如下。

（1）打开【素材】|【Cha04】|【添加单色渐变.dwg】素材文件，如图 4-35 所示。

（2）在命令行中输入【GRADIENT】命令，根据命令行的提示输入【T】，按【Enter】键确认，在弹出的【图案填充和渐变色】对话框中选中【单色】单选按钮，单击颜色条右侧的按钮，在弹出的【选择颜色】对话框中设置【颜色】为【241】，如图 4-36 所示。

图 4-35 打开素材文件

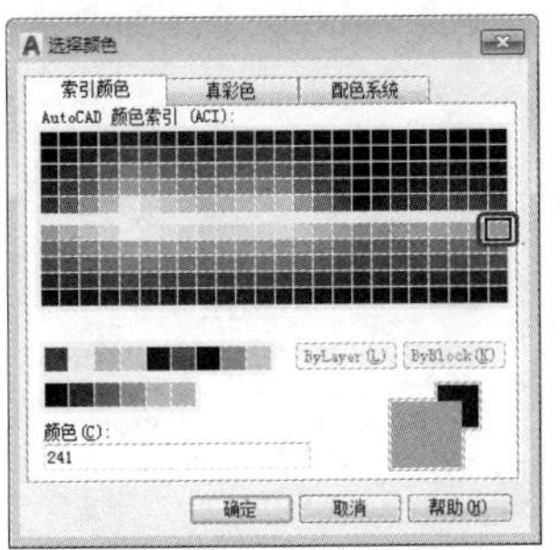

图 4-36 设置【颜色】

（3）设置完成后，单击【确定】按钮，返回【图案填充和渐变色】对话框。将滑块拖曳至【明】方向的最大处，选择如图 4-37 所示的填充样式，然后单击【添加：拾取点】按钮。

（4）返回绘图区，选择合适的区域单击鼠标左键进行渐变填充，并在填充完成后，按【Enter】键确认。填充效果如图 4-38 所示。

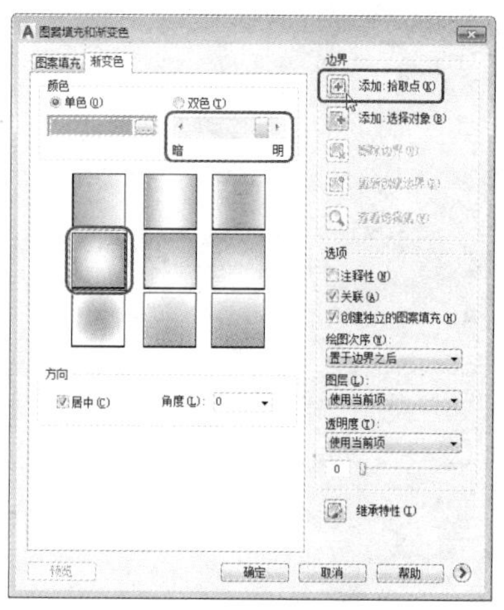

图 4-37　选择填充样式

图 4-38　填充效果

4.3.3　使用双色填充

下面将通过实例讲解如何使用双色填充，具体操作步骤如下。

（1）打开【素材】|【Cha04】|【双色填充.dwg】素材文件，如图 4-39 所示。

（2）在命令行中输入【GRADIENT】命令，根据命令行的提示输入【T】，按【Enter】键确认，弹出【图案填充和渐变色】对话框，在【颜色】选项组中选中【双色】单选按钮，将【颜色 1】设置为颜色 90，将【颜色 2】设置为颜色 112，选择第一个填充样式，然后单击【添加：拾取点】按钮，如图 4-40 所示。

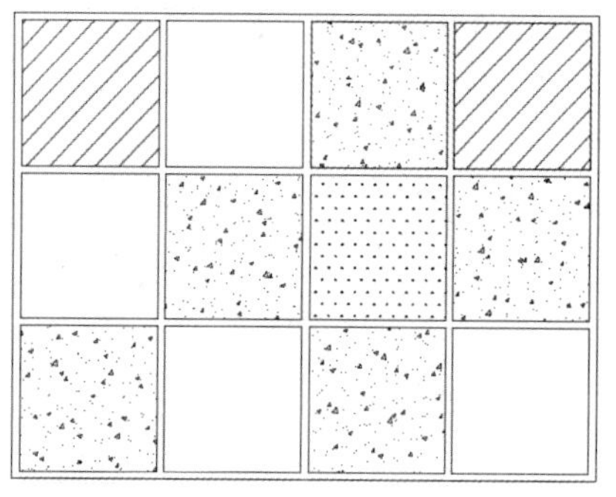

图 4-39　打开素材文件

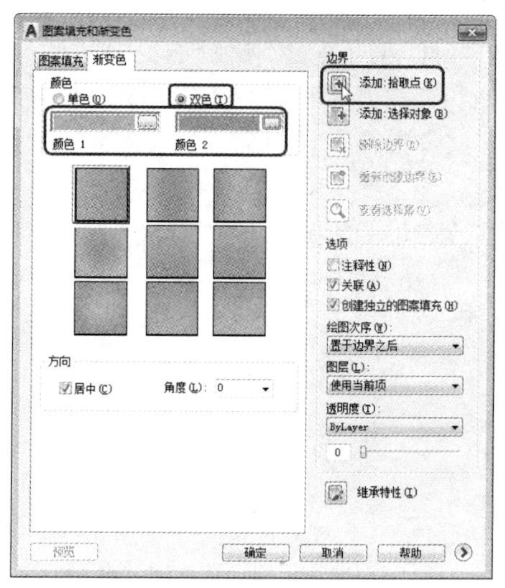

图 4-40　设置渐变参数

（3）返回绘图区，在合适的区域单击鼠标左键进行渐变填充，最终完成效果如图 4-41 所示。

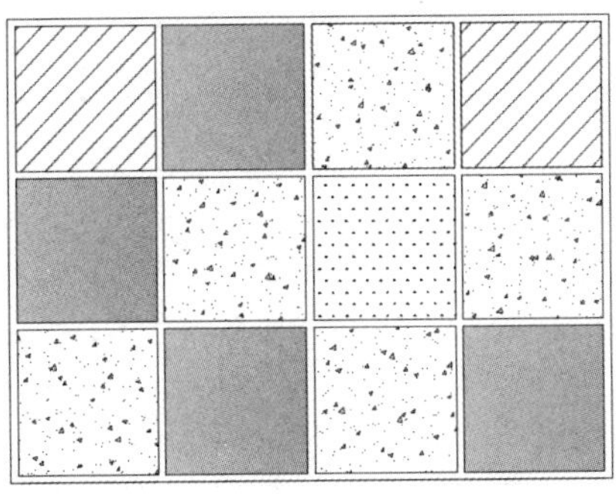

图 4-41　最终完成效果

4.4　上机练习——填充推拉门大样详图

下面将通过本章所学的知识填充推拉门大样详图，效果如图 4-42 所示。

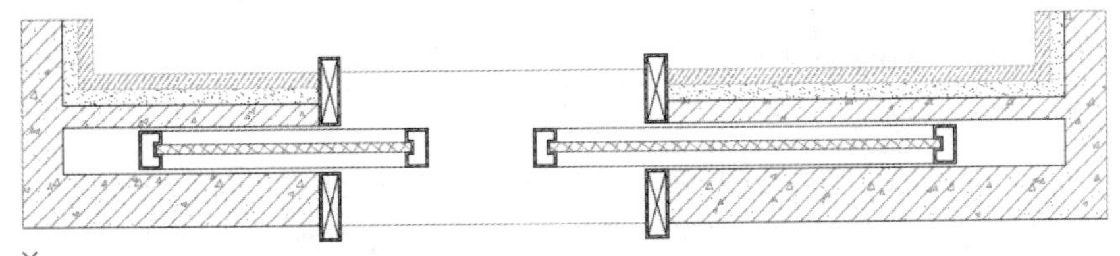

图 4-42　填充推拉门大样详图效果

（1）打开【素材】|【Cha04】|【填充推拉门大样详图.dwg】素材文件，如图 4-43 所示。

（2）在命令行中输入【HATCH】命令，根据命令行的提示输入【T】，按【Enter】键确认。在弹出的【图案填充和渐变色】对话框中将【图案】设置为【AR-CONC】，将【颜色】设置为【颜色 8】，将【角度】设置为【8】，将【比例】设置为【0.4】，如图 4-44 所示。

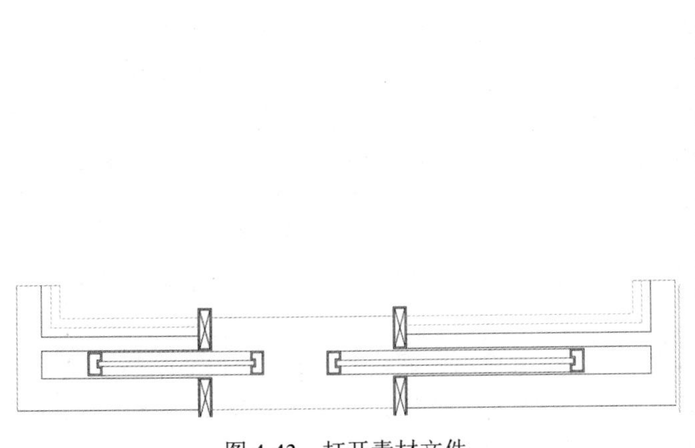

图 4-43　打开素材文件

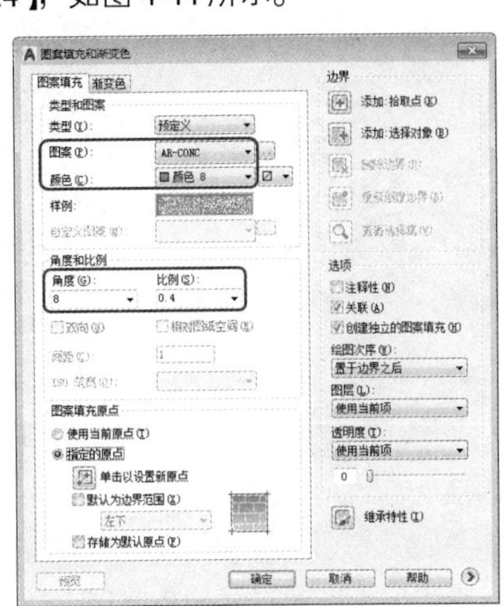

图 4-44　设置图案填充参数 1

（3）设置完成后，单击【确定】按钮，在绘图区中拾取填充区域，并在填充完成后按【Enter】键确认，效果如图 4-45 所示。

（4）在命令行中输入【HATCH】命令，根据命令行的提示输入【T】，按【Enter】键确认。在弹出的【图案填充和渐变色】对话框中将【图案】设置为【ANSI31】，将【颜色】设置为【颜色 8】，将【角度】设置为【0】，将【比例】设置为【5】，如图 4-46 所示。

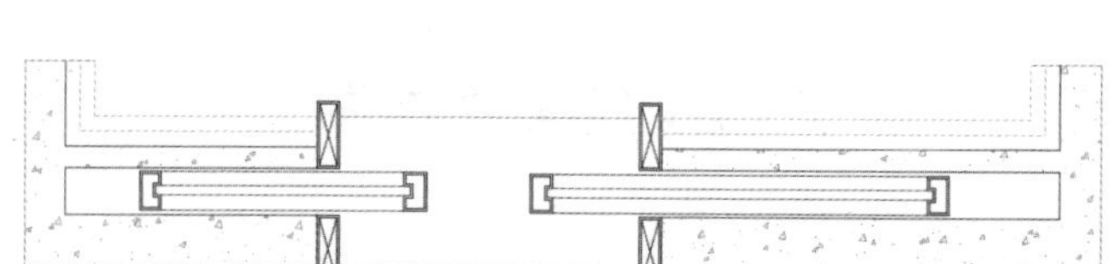

图 4-45　填充图案后的效果 1

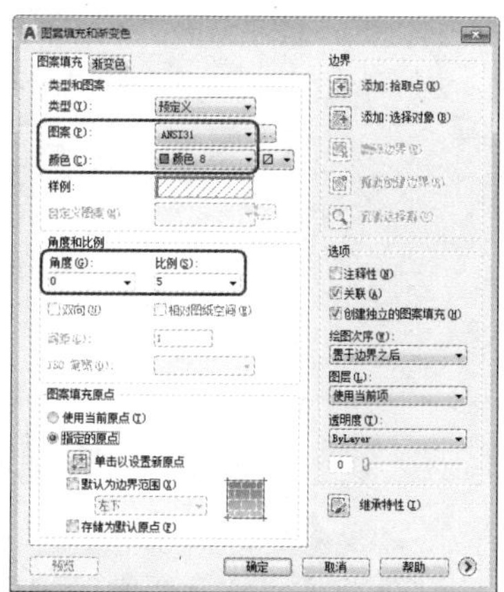

图 4-46　设置图案填充参数 2

（5）设置完成后，单击【确定】按钮，在绘图区中拾取填充区域，并在填充完成后按【Enter】键确认，效果如图 4-47 所示。

（6）在命令行中输入【HATCH】命令，根据命令行的提示输入【T】，按【Enter】键确认。在弹出的【图案填充和渐变色】对话框中将【图案】设置为【ANSI33】，将【颜色】设置为【颜色 8】，将【角度】设置为【8】，将【比例】设置为【2】，如图 4-48 所示。

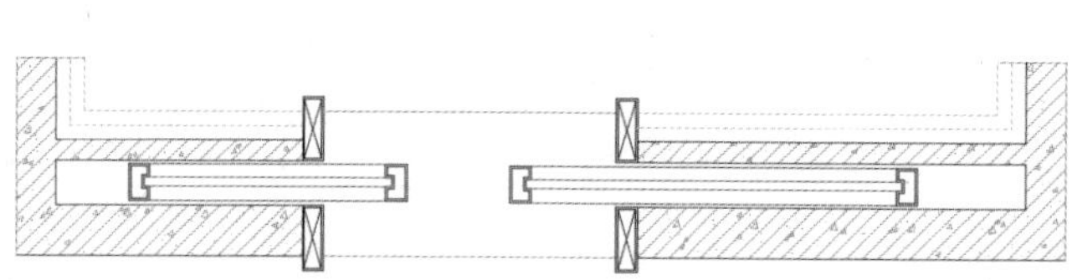

图 4-47　填充图案后的效果 2

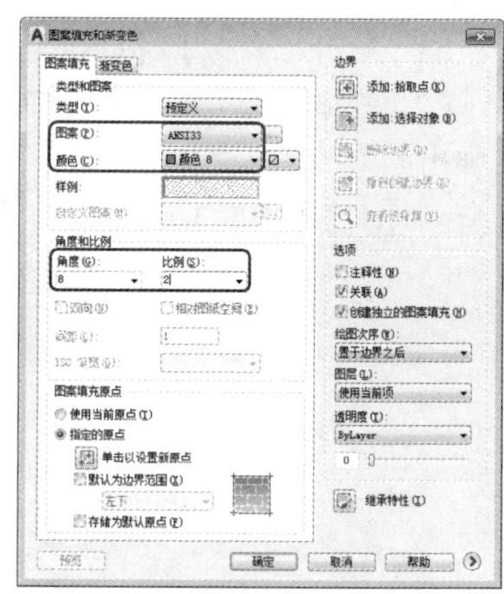

图 4-48　设置图案填充参数 3

（7）设置完成后，单击【确定】按钮，在绘图区中拾取填充区域，并在填充完成后按【Enter】键确认，效果如图 4-49 所示。

（8）在命令行中输入【HATCH】命令，根据命令行的提示输入【T】，按【Enter】键确认。在弹出的【图案填充和渐变色】对话框中将【图案】设置为【AR-SAND】，将【颜色】设置为【洋红】，将【角度】设置为【8】，将【比例】设置为【0.3】，如图 4-50 所示。

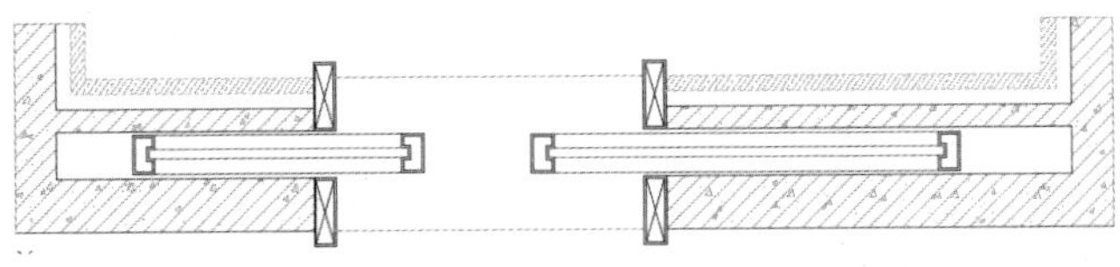

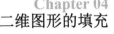

图 4-49　填充图案后的效果 3

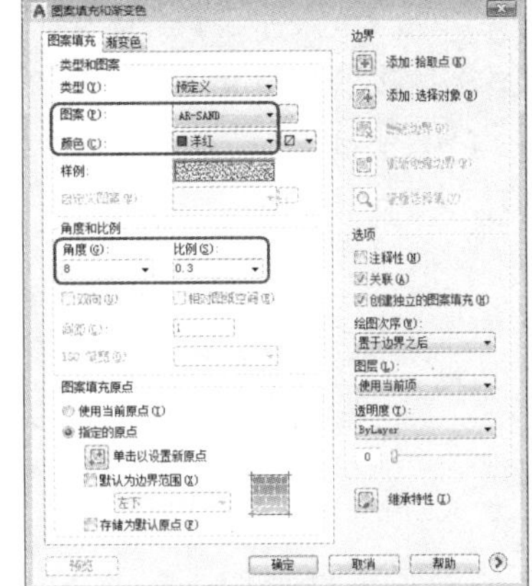

图 4-50　设置图案填充参数 4

（9）设置完成后，单击【确定】按钮，在绘图区中拾取填充区域，并在填充完成后按【Enter】键确认，效果如图 4-51 所示。

（10）在命令行中输入【HATCH】命令，根据命令行的提示输入【T】，按【Enter】键确认。在弹出的【图案填充和渐变色】对话框中将【图案】设置为【ANSI37】，将【颜色】设置为【颜色 8】，将【角度】设置为【8】，将【比例】设置为【4】，如图 4-52 所示。

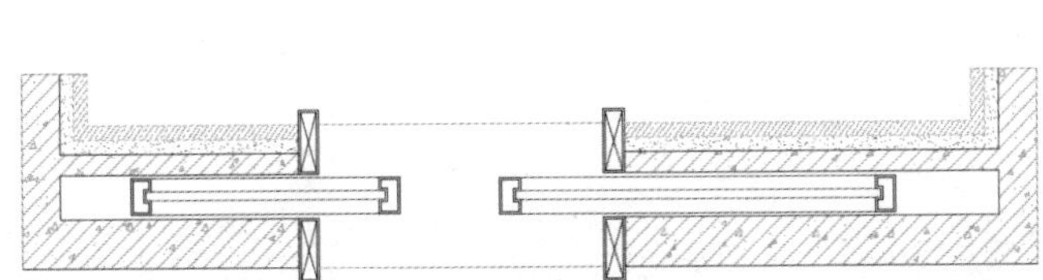

图 4-51　填充图案后的效果 4

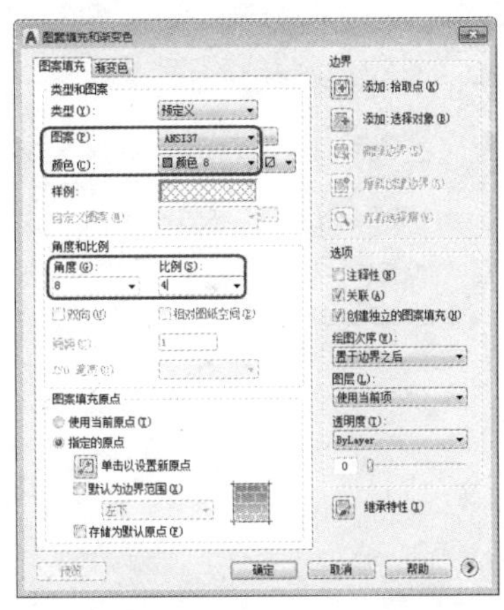

图 4-52　设置图案填充参数 5

（11）设置完成后，单击【确定】按钮，在绘图区中拾取填充区域，并在填充完成后按【Enter】键确认，效果如图 4-53 所示。

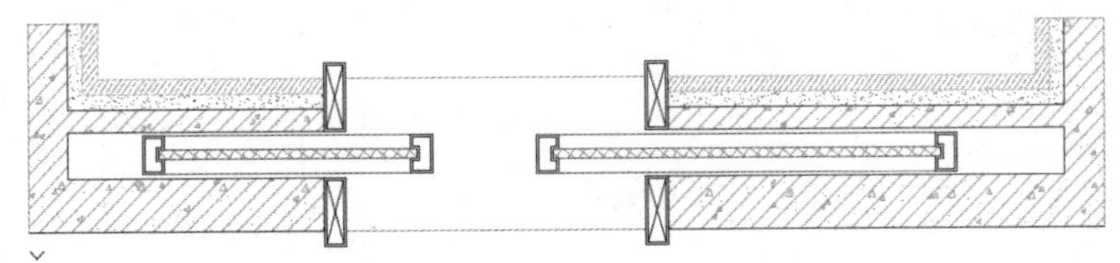

图 4-53　填充图案后的效果 5

（12）在命令行中输入【HATCH】命令，根据命令行的提示输入【T】，按【Enter】键确认。在弹出的【图案填充和渐变色】对话框中将【图案】设置为【ANSI34】，将【颜色】设置为【颜色 8】，将【角度】设置为【8】，将【比例】设置为【0.5】。设置完成后，单击【确定】按钮，在绘图区中拾取填充区域，并在填充完成后按【Enter】键确认，最后的填充效果如图 4-54 所示。

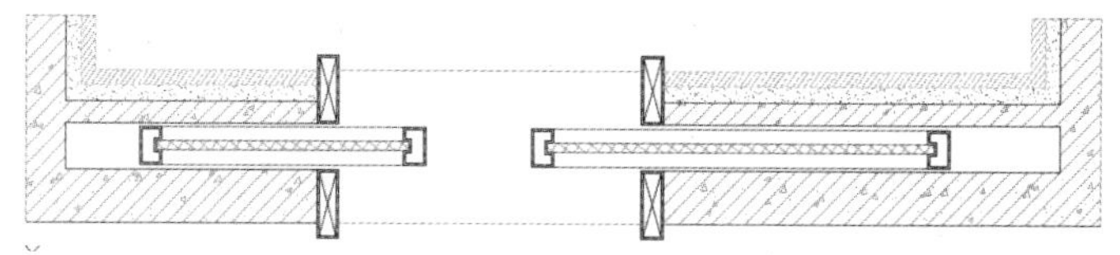

图 4-54　最后的填充效果

习题与训练

项目练习　填充卧室立面图

效果展示：	操作要领：
 卧室立面图	（1）打开素材文件。 （2）在命令行中输入【HATCH】命令，根据命令行的提示输入【T】，按【Enter】键确认。在弹出的【图案填充和渐变色】对话框中设置图案填充参数，并在设置完成后单击【添加：拾取点】按钮进行填充。

第5章 图层与图块

05 Chapter

本章导读：

基础知识
◈ 新建图纸集与图层
◈ 图层设置和分类

重点知识
◈ 管理图层
◈ 使用图块

提高知识
◈ 图块属性
◈ 外部参照

图层是 AutoCAD 中非常有用的工具，对图形文件中各类对象的分类管理和综合控制起着重要的作用。在绘图时，我们要养成创建图层的习惯，根据需要创建相应的图层。同时，如果在绘图过程中需要重复使用某种图形，则可以将该图形创建成图块，并在需要时直接插入图形中，从而提高绘图效率。本章将对图层与图块进行简单介绍。

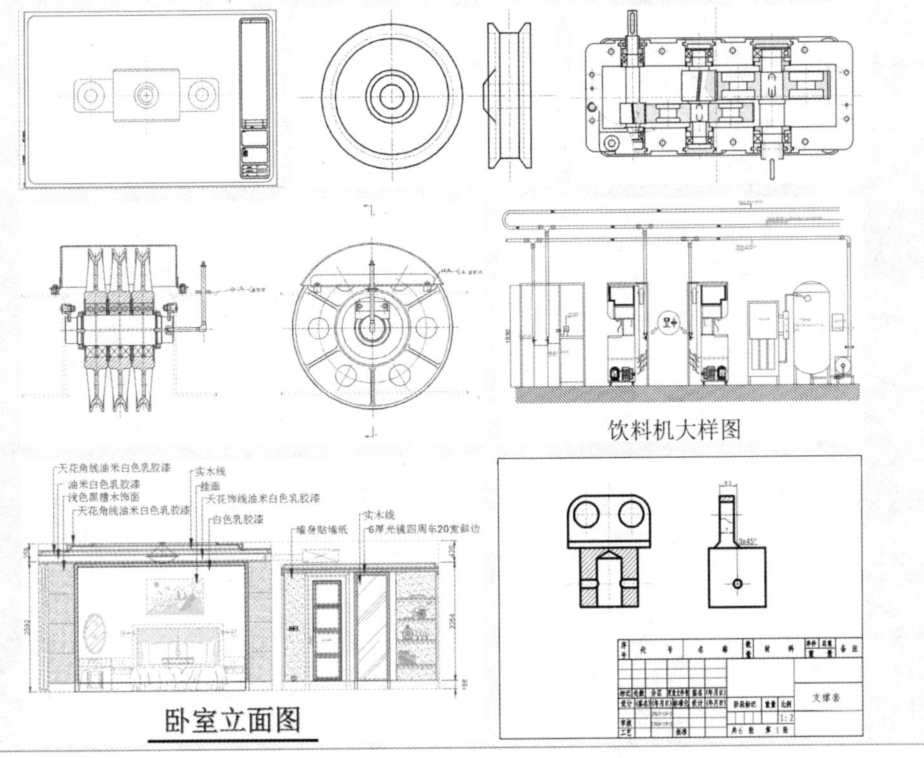

5.1 任务 13：轴承座图纸集——新建图纸集与图层

图层是用来管理图形文件的。将类似的图形文件放置在一个图层上，既方便管理又方便后期的编辑修改。系统默认有一个名称为 0 的图层。下面将通过轴承座图纸集来讲解如何新建图纸集与图层，其效果如图 5-1 所示。

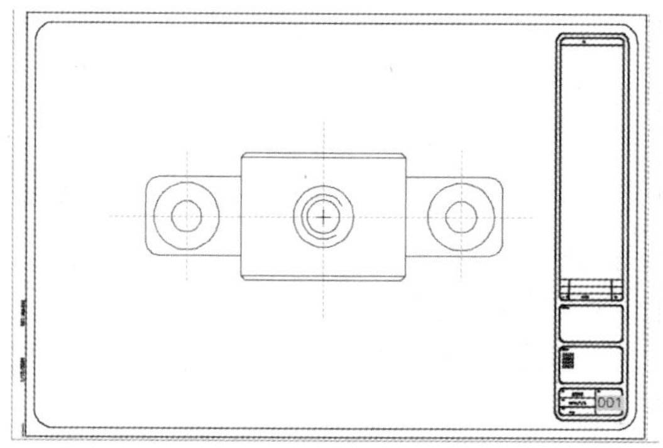

图 5-1　轴承座图纸集效果

5.1.1 任务实施

（1）在 AutoCAD 2017 的工作界面中单击【菜单浏览器】按钮，在弹出的操作菜单中选择【新建】|【图纸集】命令，如图 5-2 所示。

（2）在弹出的【创建图纸集-开始】对话框中选中【样例图纸集】单选按钮，单击【下一步】按钮，如图 5-3 所示。

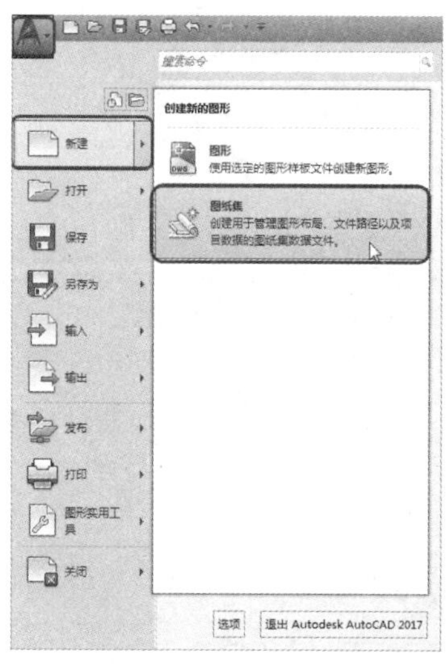

图 5-2　选择【图纸集】命令

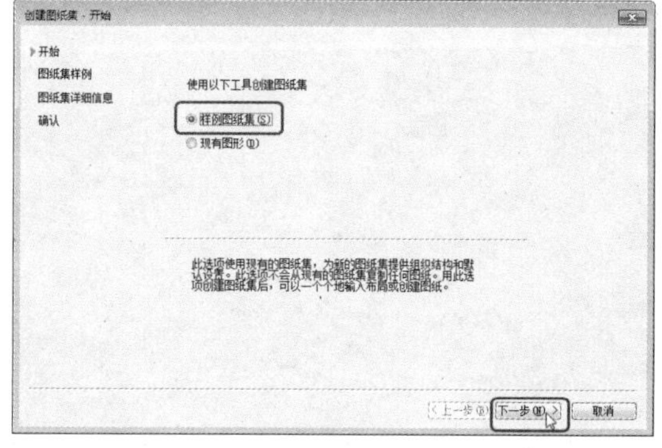

图 5-3　选中【样例图纸集】单选按钮

（3）在弹出的【创建图纸集-图纸集样例】对话框中选择一个图纸集作为样例，如图 5-4 所示。

（4）选择完成后，单击【下一步】按钮，在弹出的【创建图纸集-图纸集详细信息】对话框中将【新图纸集的名称】设置为【新图纸集】，然后单击保存路径右侧的...按钮，如图 5-5 所示。

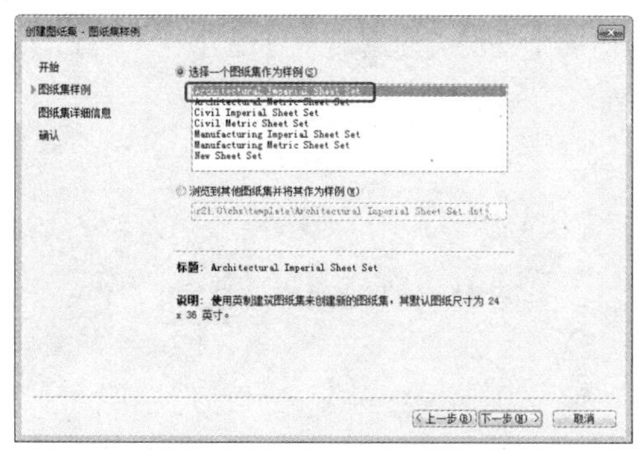

图 5-4　选择图纸集样例

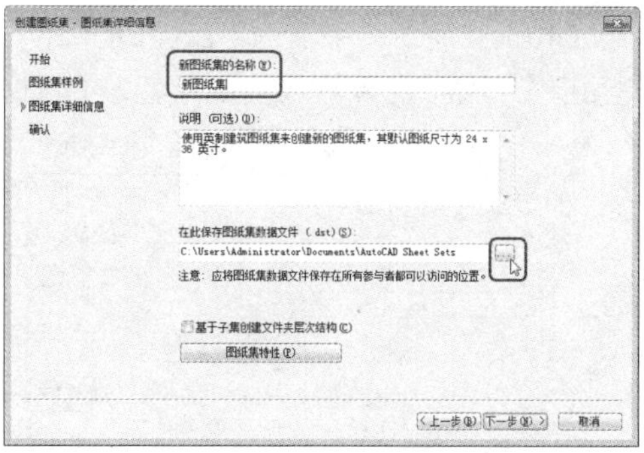

图 5-5　设置图纸集名称

（5）在弹出的【浏览图纸集文件夹】对话框中设置图纸集保存路径，如图 5-6 所示。

（6）设置完成后，单击【打开】按钮，返回【创建图纸集-图纸集详细信息】对话框，然后单击【下一步】按钮，在弹出的【创建图纸集-确认】对话框中单击【完成】按钮，如图 5-7 所示。

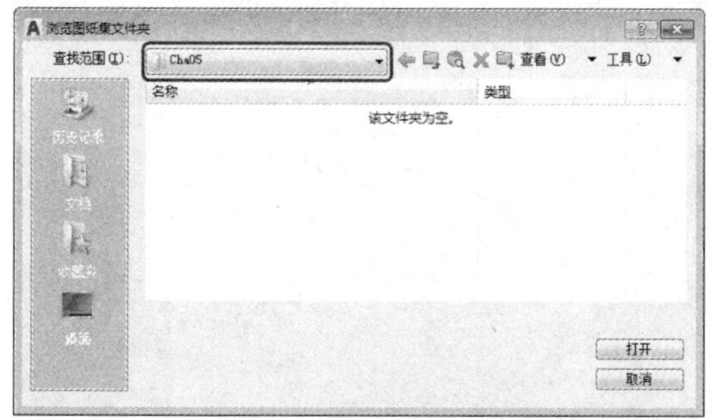

图 5-6　设置图纸集保存路径

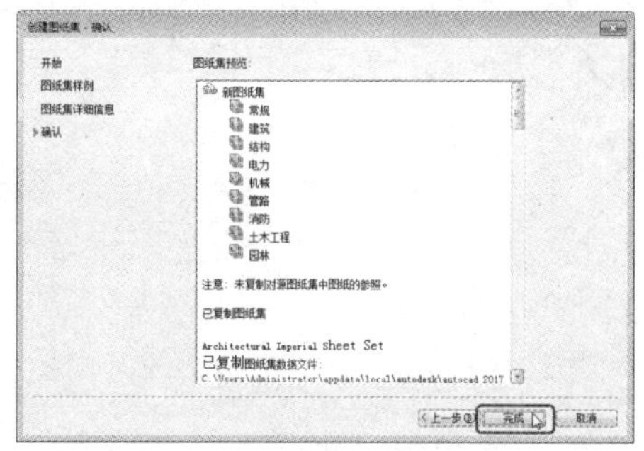

图 5-7　单击【完成】按钮

（7）在【图纸集管理器】选项板中选择【机械】选项并右击，在弹出的快捷菜单中选择【新建图纸】命令，如图 5-8 所示。

（8）在弹出的【新建图纸】对话框中将【编号】设置为【001】，将【图纸标题】设置为【轴承座】，如图 5-9 所示。

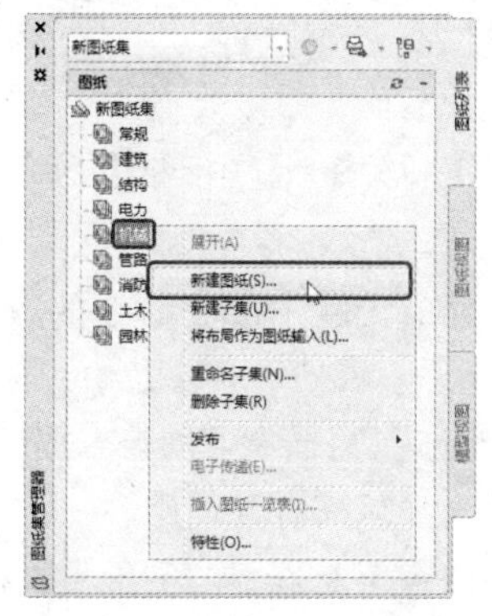

图 5-8　选择【新建图纸】命令

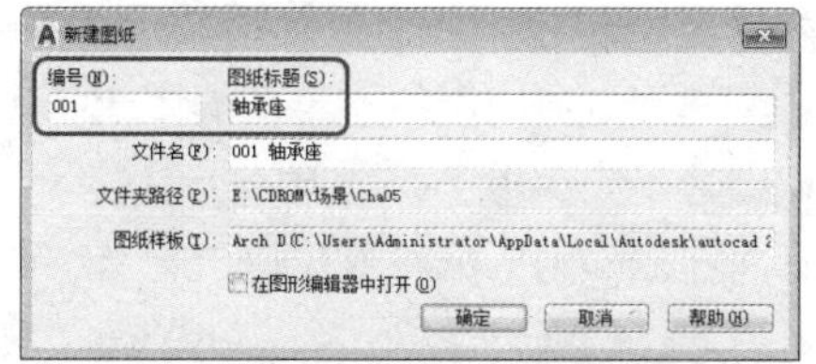

图 5-9　设置【编号】和【图纸标题】

（9）设置完成后，单击【确定】按钮，在【图纸集管理器】选项板中双击【001-轴承座】选项，将该图纸集打开，如图 5-10 所示。

（10）在命令行中输入【LAYER】命令，在弹出的【图层特性管理器】选项板中单击【新建图层】按钮，将新建的图层命名为【机械】，如图 5-11 所示。

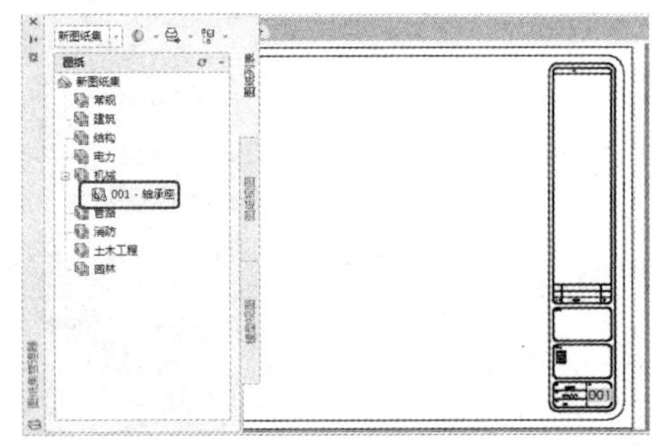

图 5-10　打开图纸集

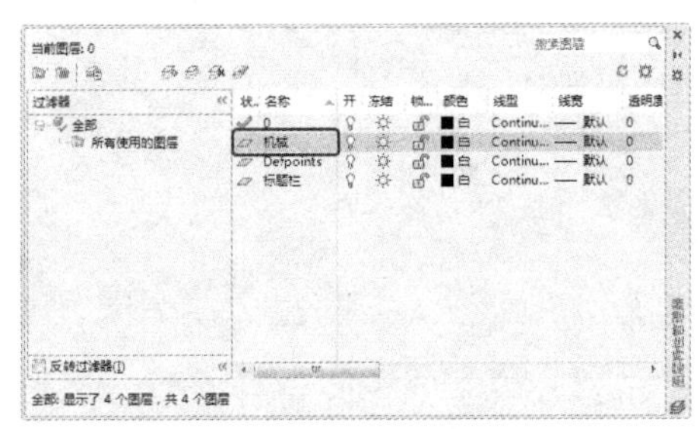

图 5-11　新建图层并命名

（11）选中该图层，在【图层特性管理器】选项板中单击【置为当前】按钮，然后打开【轴承座.dwg】素材文件，如图 5-12 所示。

（12）在素材文件中选中素材，按【Ctrl+C】组合键将其复制并粘贴至【001 轴承座】文件中，并调整该图形的位置与缩放参数，效果如图 5-13 所示。

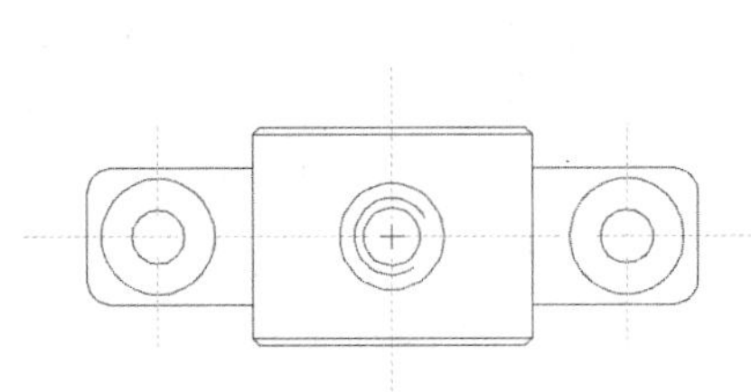

图 5-12　打开素材文件

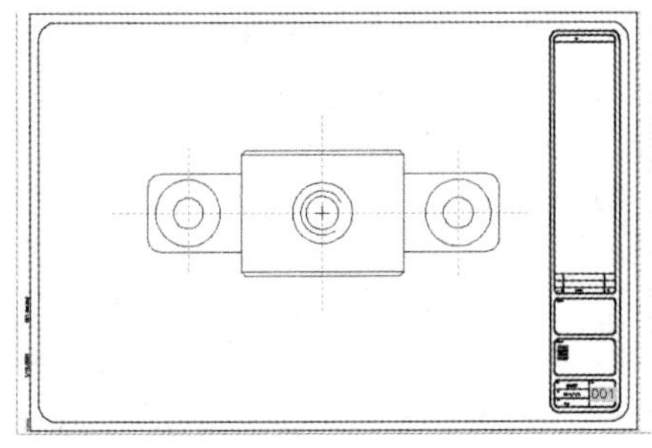

图 5-13　粘贴素材并进行调整后的效果

5.1.2　新建图纸集

图纸集是一个有序的命名集合，其中的图纸来自几个图形文件。

在 AutoCAD 2017 中，执行【新建图纸集】命令的方法有以下几种。

- 在菜单栏中选择【文件】|【新建图纸集】命令。
- 单击【菜单浏览器】按钮，在弹出的操作菜单中选择【新建】|【图纸集】命令。
- 在命令行中执行【NEWSHEETSET】命令。

在【图纸集管理器】选项板上右击，将弹出一个快捷菜单，其中部分命令的含义如下。

- 新建图纸：用于新建绘图的图纸。
- 新建子集：用于新建下一级图纸集。AutoCAD 2017 允许在图纸集下创建子图纸集。
- 将布局作为图纸输入：用于把已有的布局作为图纸输入，从而打开使用。
- 发布：选择该命令，弹出下一级子菜单。选择其中的命令可对选择的图纸集进行相应的发布操作。
- 电子传递：用于把所选择的图纸集以电子格式传递给其他用户。
- 特性：用于显示图纸集的特性信息。

5.1.3 新建图层

要建立一个新的图层，可先在【图层特性管理器】选项板中单击【新建图层】按钮，将图层名（如图层 1）自动添加到图层列表中。然后在图层的【名称】文本框中输入新图层的名称。注意图层名最多可以包括 255 个字符，可以是字母、数字和特殊字符，如美元符号（$）、连字符（–）和下画线（_）。在其他特殊字符前使用反向引号（`），可使该字符不被当作通配符。另外，图层名不能包含空格。

通过创建新的图层，可以将类型相似的对象指定给同一个图层，使它们互相关联。例如，可以将构造线、文字、标注和标题栏分别置于不同的图层上，并为这些图层指定通用特性。将对象分类放到各自的图层中，可以快速、有效地控制对象的显示，并对其进行更改。

在新建的 AutoCAD 文档中，只能自动创建一个名称为 0 的特殊图层。在默认情况下，图层 0 将被指定使用 7 号颜色、Continuous 线型、默认线宽，以及 Normal 打印样式。需要注意的是，不能删除或重命名图层 0。

在图形文件中，所有的图层都是通过【图层特性管理器】选项板进行管理的，并且所有的图层都是按名称的字母顺序排列的。

> **提示：**在图形中可以创建的图层数量和在每个图层中可以创建的对象数量实际上是没有限制的。

在默认情况下，创建的图层名为【图层 1】，以后创建的图层名以此类推。

在 AutoCAD 2017 中，执行【新建图层】命令的方法有以下几种。

- 在【默认】选项卡的【图层】面板中单击【图层特性】按钮，打开【图层特性管理器】选项板，单击【新建图层】按钮。
- 在菜单栏中选择【格式】|【图层】命令，打开【图层特性管理器】选项板，单击【新建图层】按钮。
- 在命令行中执行【LAYER】命令。

下面将通过实例讲解如何新建图层，具体操作步骤如下。

（1）在命令行中输入【LAYER】命令，打开【图层特性管理器】选项板，如图 5-14 所示。

（2）单击【新建图层】按钮，即可新建图层，图层名默认为【图层 1】，如图 5-15 所示。

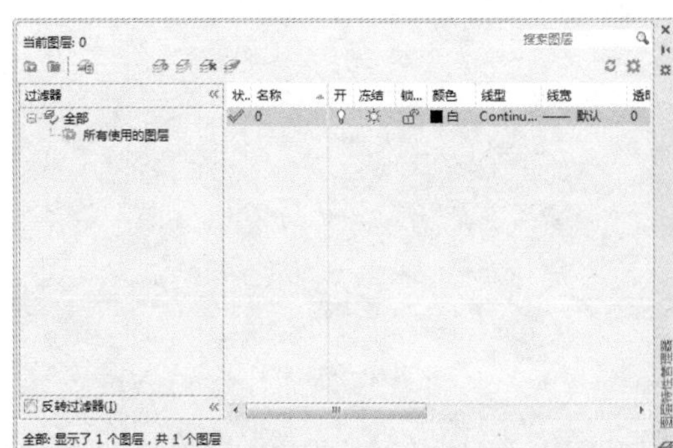

图 5-14 【图层特性管理器】选项板

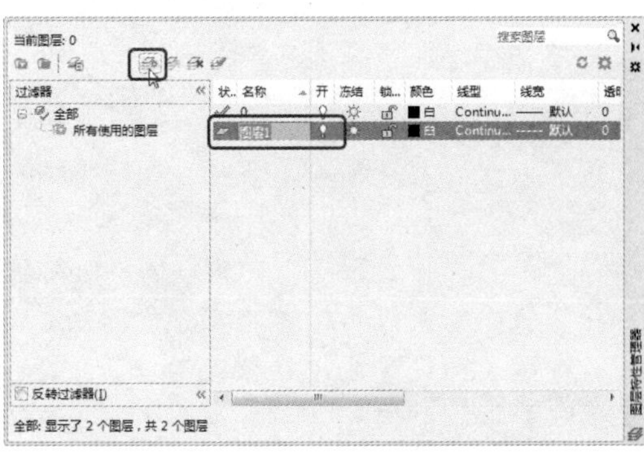

图 5-15 新建图层

> 提示：建议创建几个新图层来组织图形，这样可以方便选择操作等，而不是将整个图形均创建在图层 0 上。

5.2　任务 14：飞轮——图层设置和分类

下面将通过飞轮来讲解如何设置图层参数，其效果如图 5-16 所示。具体操作步骤如下。

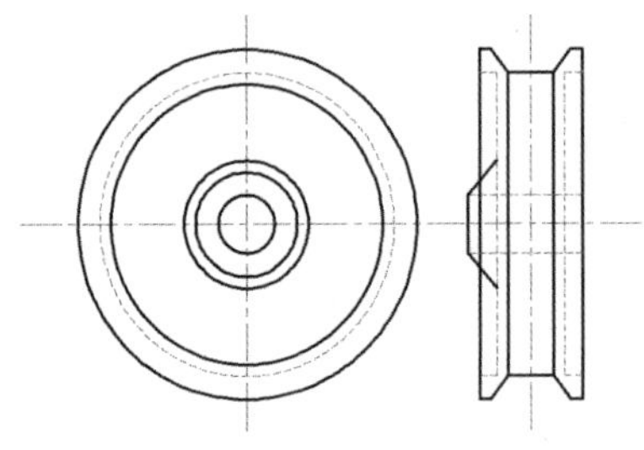

图 5-16　飞轮效果

5.2.1　任务实施

（1）启动软件，打开【素材】|【Cha05】|【飞轮.dwg】素材文件，如图 5-17 所示。

（2）在命令行中输入【LAYER】命令，在弹出的【图层特性管理器】选项板中选择【辅助线】图层，并单击该图层右侧的色块，在弹出的【选择颜色】对话框中设置【颜色】为【红】，如图 5-18 所示。

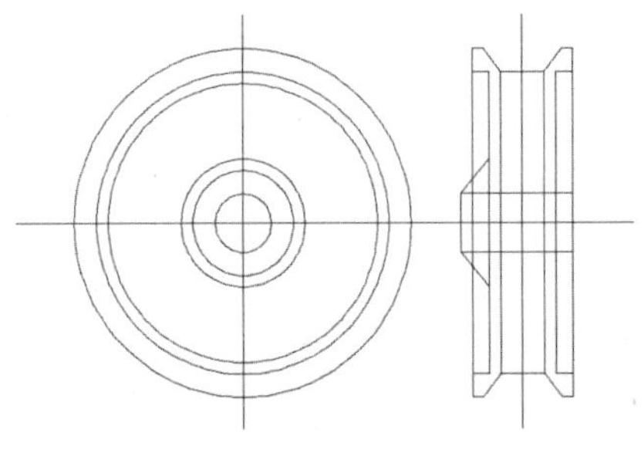

图 5-17　打开素材文件

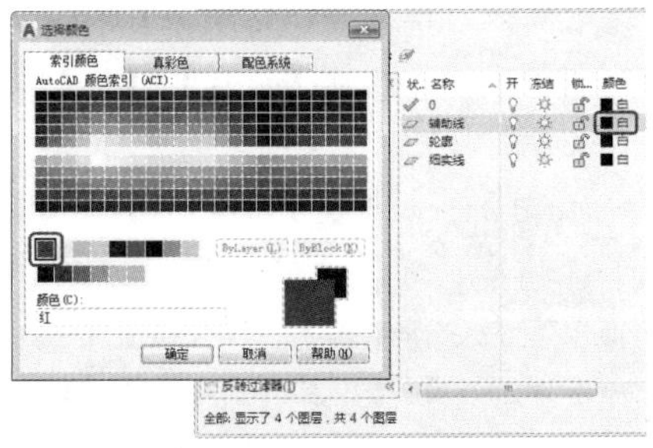

图 5-18　设置图层颜色

知识链接：

无论是哪个专业的图纸，还是处于绘图的哪个阶段，图纸上的所有图元都可以按照一定的规律来整理和归类。例如，机械专业的图纸根据绘制平面图可以分为中心线、粗实线、细实线、标注、文字说明等。

图层的设置应该在合理的前提下尽量精简，但是，对于如何精简，如何满足用户需求，每个绘图人员的体会都不尽相同。另外，对于不同阶段的图纸，图层的数量也会有所区别。一般来说，越复杂的图纸应该设置越多的图层；反之则越少。AutoCAD 的图层集成了颜色、线型、线宽、打印样式及状态，对不同的图层名设置不同的样式，便于在制图过程中对不同样式的引用。图层就类似于 Word 的样式（Word 的样式集成了字体、段落、样式等）。

在设计室内平面图时，中心线必须使用点画线，不可见的轮廓线使用虚线，可见的轮廓线使用粗实线，标注线使用细实线，这些辅助线不必打印。另外，在图形中为了区别不同用途的线，一般采用不同的颜色来区分，这些都要求必须设置对象的相应属性。如果用户将不同的设置作为图层保存起来，就可以通过更换当前图层使得所绘制的对象产生与当前图层设置相同的样式。由于 AutoCAD 不像 Word 那样可以顺序排列，因此图层的设置显得更加重要。在建筑制图中，如果要绘制墙线，则可以转换到墙线层，所绘制出的对象为白色粗实线；如果要绘制中心线，则可以转换到轴线层，所绘制出的对象为红色细点画线；当进行尺寸标注时，转换到标注层即可，所标注出来的尺寸为绿色细实线，这样非常方便，也一目了然。图层的 3 种状态（关闭、冻结和锁定）便于图形的绘制及修改。例如，在填充阴影线时，用户可以关闭或冻结中心线层及虚线层，此时填充区域可一次点中。在标注尺寸时，可以关闭或隐藏阴影线层，以防止因对象太多而捕捉出错。如果想复制墙线但又不想复制其标注尺寸，则可以将标注层关闭，再进行复制，这些都可以大大提高制图效率。在制图时，也可以设置一个辅助图层。在制图过程中，该图层是可见的，如果不希望它被打印出来，则可以设置其打印状态为不打印。

新建的图形都会有一个默认的图层——0 图层。在图纸绘制过程中，AutoCAD 会自动生成 Defpoints 图层。

1. 0 图层的作用

- 确保每个新建图形至少包括一个图层。
- 辅助图块颜色控制的特殊图层。在一般情况下，在定义图块时，应调整其所有图元都处于图层 0 中。这样在不同的图层中插入图块时，该图块都将显示其插入图层的特性，显示其插入图层的颜色，同时由其插入的图层控制线宽；而在非 0 图层上定义图块后，不管在哪个图层上插入该图块，该图块都将显示其定义图层上的颜色和其他特征。

2. Defpoints 图层

Defpoints 图层一般在 AutoCAD 标注尺寸的过程中自动生成，也可以预先由用户自行定义。在 Defpoints 图层中显示的图元不会被打印。因此，一般利用其可见但不会被打印的特性来绘制辅助线。

（3）设置完成后，单击【确定】按钮，再单击其右侧的线型名称，在弹出的【选择线型】对话框中单击【加载】按钮，如图 5-19 所示。

（4）在弹出的【加载或重载线型】对话框中选择【CENTER】线条类型，如图 5-20 所示。

图 5-19　单击【加载】按钮

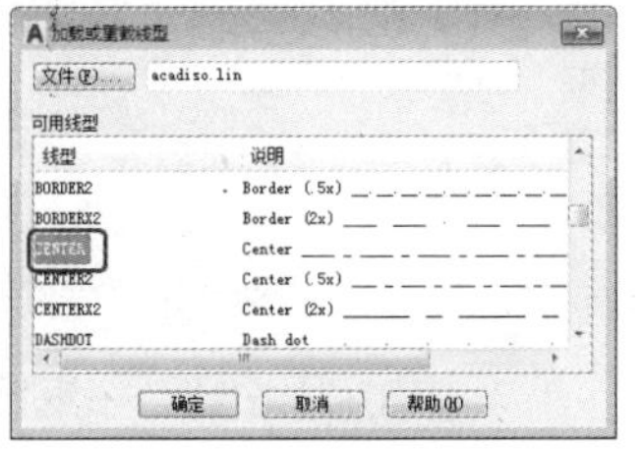

图 5-20　选择线条类型

（5）单击【确定】按钮，然后在【选择线型】对话框中选择新加载的线型，如图 5-21 所示。

（6）单击【确定】按钮，即可完成辅助线图层的设置，效果如图 5-22 所示。

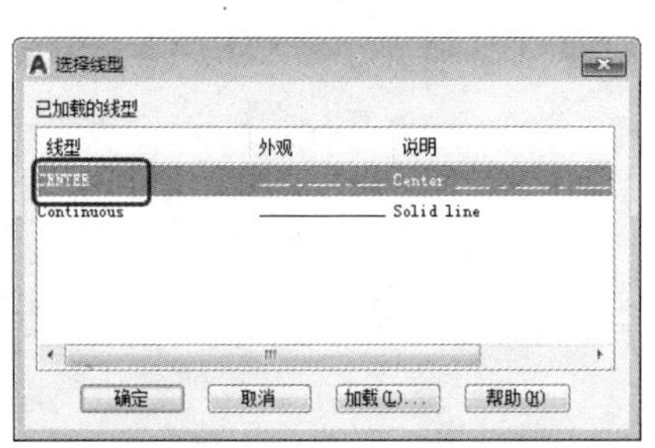

图 5-21　选择新加载的线型

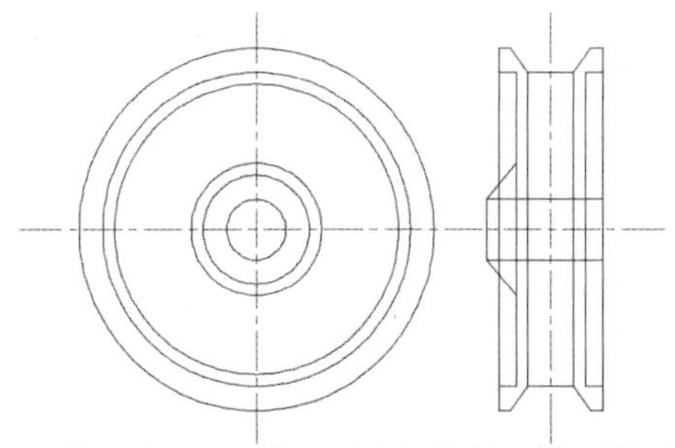

图 5-22　设置辅助线图层后的效果

（7）在【图层特性管理器】选项板中选择【轮廓】图层，单击其右侧的线宽名称，在弹出的【线宽】对话框中设置【线宽】为【0.30mm】，如图 5-23 所示。

（8）设置完成后，单击【确定】按钮，即可改变轮廓线的线宽，效果如图 5-24 所示。

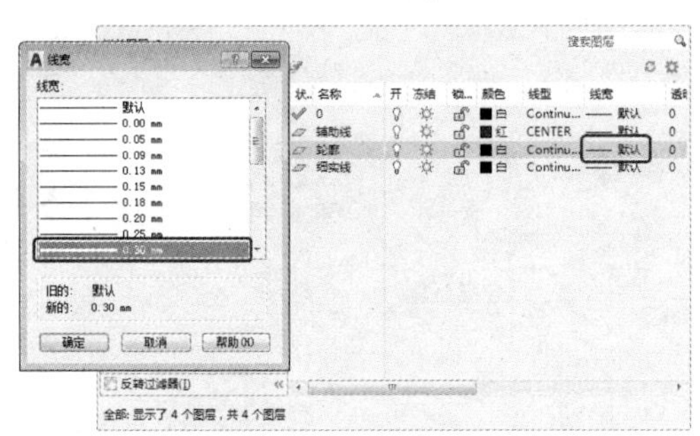

图 5-23　设置线宽

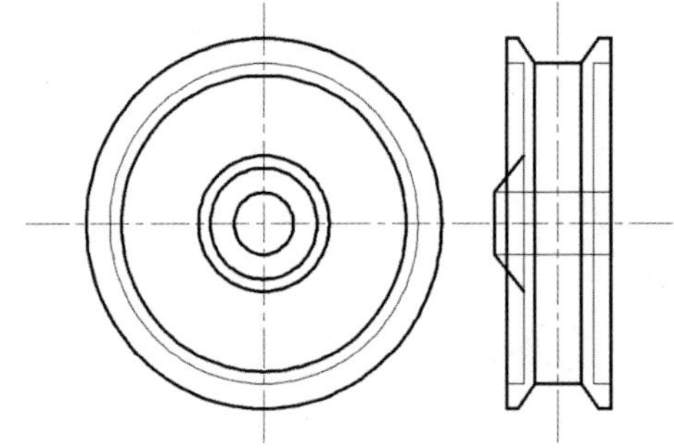

图 5-24　改变轮廓线的线宽后的效果

（9）在【图层特性管理器】选项板中选择【细实线】图层，将【颜色】设置为【洋红】，并单击其右侧的线型名称，如图 5-25 所示。

（10）在弹出的【选择线型】对话框中单击【加载】按钮，在弹出的【加载或重载线型】对话框中选择【HIDDEN】线条类型，如图 5-26 所示。

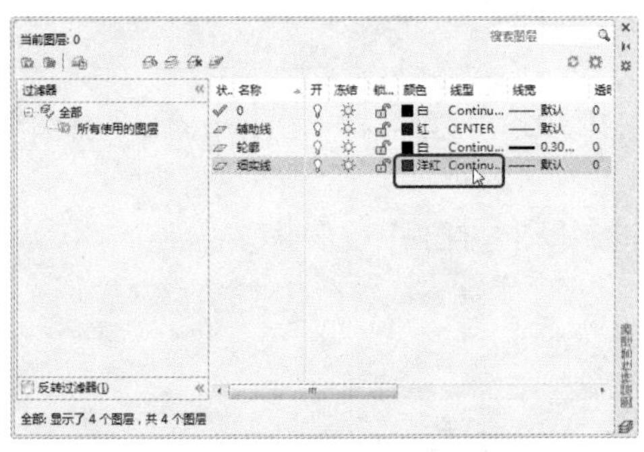

图 5-25　设置图层颜色并单击线型名称

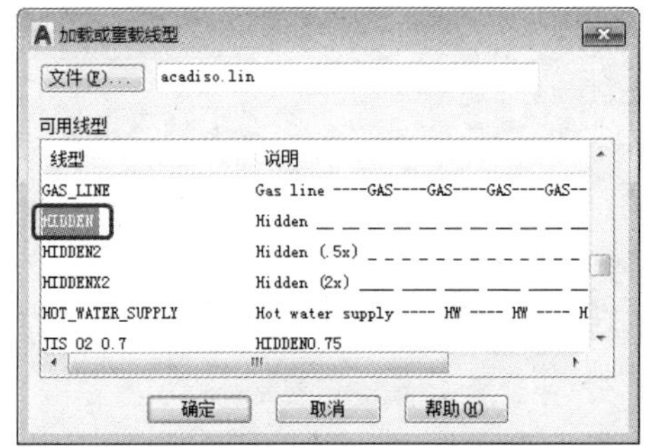

图 5-26　选择线条类型

（11）单击【确定】按钮，在返回的【选择线型】对话框中选择新加载的线型，单击【确定】按钮，即可改变该图层的线型，效果如图 5-27 所示。

（12）设置完成后，将【图层特性管理器】选项板关闭，完成后的效果如图 5-28 所示。

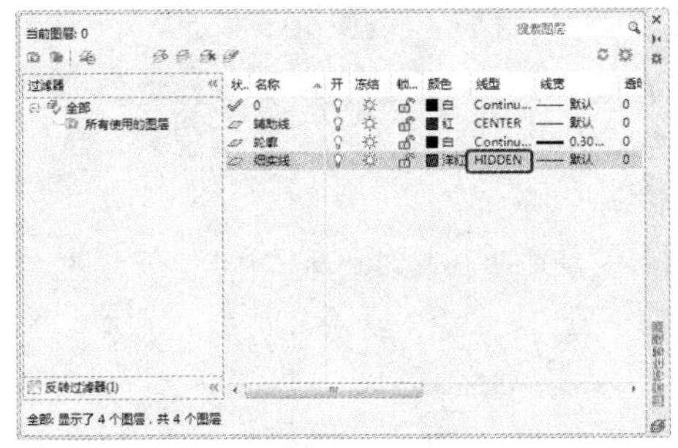

图 5-27　改变线型后的效果

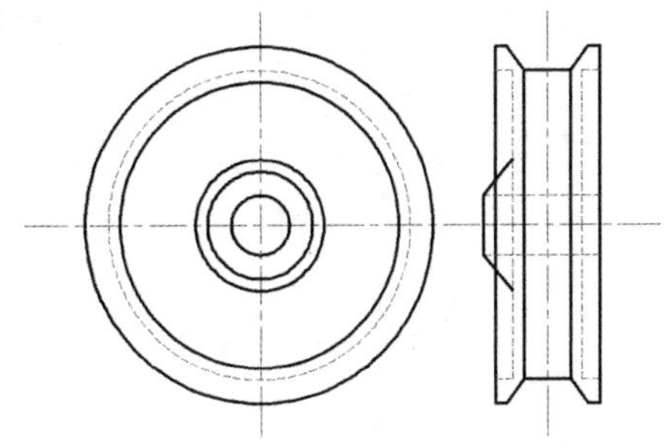

图 5-28　设置完成后的效果

5.2.2　图层特性管理器

图层一般是通过图层特性管理器来管理的。图层特性管理器用于显示和管理图形中图层的列表及其特性。在图层特性管理器中，可以添加、删除和重命名图层，修改图层的特性或添加说明。

在 AutoCAD 2017 中，开启图层特性管理器有以下 3 种方式。

- 在菜单栏中选择【格式】|【图层】命令。
- 在命令行中输入【LAYER】命令，并按【Enter】键确认。
- 单击【图层】面板中的【图层特性】按钮。

在执行上述任意一种操作后，打开【图层特性管理器】选项板，如图 5-29 所示。【图层特性管理器】选项板用于控制在列表中显示哪些图层，还可用于同时对多个图层进行属性修改，如线型、线宽、颜色、冻结和关闭等。

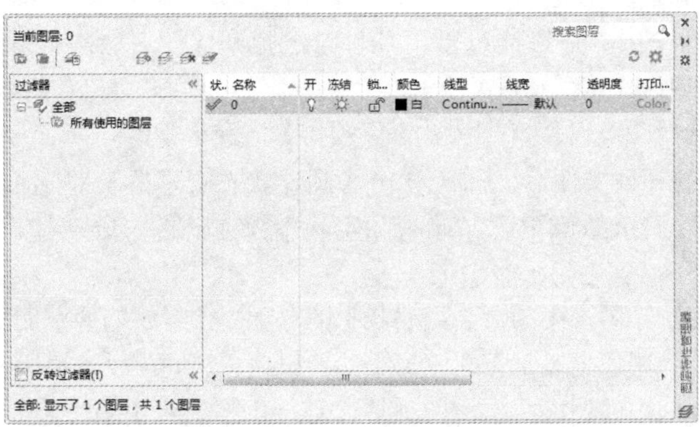

图 5-29　【图层特性管理器】选项板

【图层特性管理器】选项板中包含【新建特性过滤器】【新建组过滤器】【新建图层】【删除图层】【置为当前】等按钮。

- 【新建特性过滤器】按钮：单击该按钮，将弹出【图层过滤器特性】对话框，从中可以基于一个或多个图层特性创建图层过滤器。
- 【新建组过滤器】按钮：单击该按钮，将创建一个组过滤器，其中包含用户选定并添加到该过滤器的图层。

- 【图层状态管理器】按钮：单击该按钮，将弹出【图层状态管理器】对话框，从中可以将图层的当前特性设置保存到命名图层状态中，以后可以恢复这些设置。
- 【新建图层】按钮：单击该按钮，将创建一个新图层。在列表框中将显示名称为【图层 1】的图层。当该名称处于选中状态时，用户可以直接输入一个新图层名。新图层将继承图层列表中当前选定图层的特性（颜色、开/关状态等）。
- 【在所有视口中都被冻结的新图层视口】按钮：单击该按钮，将创建一个新图层，然后在所有现有布局视口中将其冻结。可以在【模型】选项卡或【布局】选项卡中访问此按钮。
- 【删除图层】按钮：单击该按钮，即可删除选中的图层（只能删除未被参照的图层）。

> **提示：** 参照图层包括 0 图层、Defpoints 图层、包含对象（包括块定义中的对象）的图层、当前图层和依赖外部参照的图层。

- 【置为当前】按钮：单击该按钮，将所选的图层设置为当前图层，用户创建的对象将被放置到当前图层中。
- 【刷新】按钮：通过扫描图形中的所有图元来刷新图层使用信息。
- 【设置】按钮：单击该按钮，将弹出【图层设置】对话框，从中可以设置新图层通知、是否将图层过滤器的更改应用于【图层】面板，以及更改图层特性替代的背景色。

5.2.3 图层状态管理器

通过【图层状态管理器】对话框可以保存图层的状态和特性。一旦保存了图层的状态和特性，就可以随时调用和恢复该图层，还可以将图层的状态和特性输出到文件中，然后在另一幅图形中使用这些设置。

在 AutoCAD 2017 中，可以通过以下几种方法打开【图层状态管理器】对话框。

- 在命令行中执行【LAYERSTATE】命令。
- 在菜单栏中选择【格式】|【图层状态管理器】命令。

在执行上述任意一种操作后，即可弹出【图层状态管理器】对话框，如图 5-30 所示。在该对话框中，可以显示图形中已保存的图层状态列表，也可以新建、重命名、编辑、保存和删除图层状态，各个选项功能如下。

- 图层状态：保存在图形中的命名图层状态的名称、保存它们的空间（如模型空间、布局或外部参照）、图层列表是否与图形中的图层列表相同，以及说明。
- 不列出外部参照中的图层状态：控制是否显示外部参照中的图层状态。
- 新建：单击该按钮，将弹出【要保存的新图层状态】对话框，在其中可以定义要保存的新图层状态的名称和说明，如图 5-31 所示。
- 保存：单击该按钮，可保存选定的命名图层状态。
- 编辑：单击该按钮，将弹出【编辑图层状态】对话框，在其中可以修改选定的图层状态，如图 5-32 所示。单击【将图层添加到图层状态】按钮，将弹出一个如图 5-33 所示的对话框。在该对话框的列表框中会显示选定的图层状态中没有包含（出现）的图层，可以将这些图层添加到选定的图层状态中。

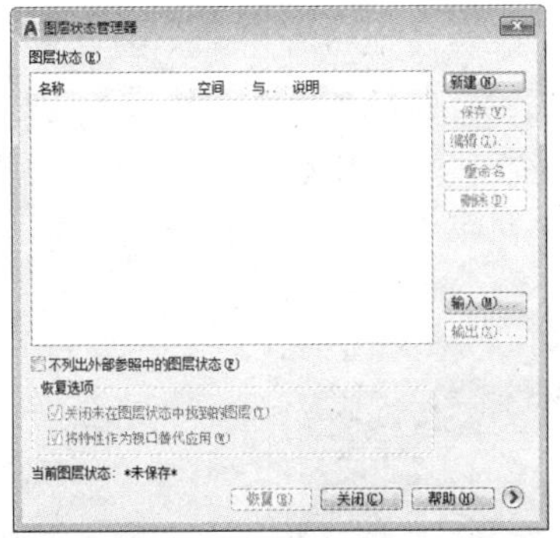

图 5-30 【图层状态管理器】对话框

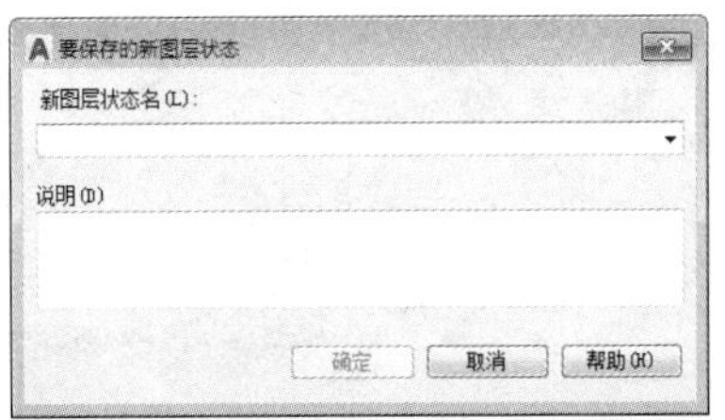

图 5-31 【要保存的新图层状态】对话框

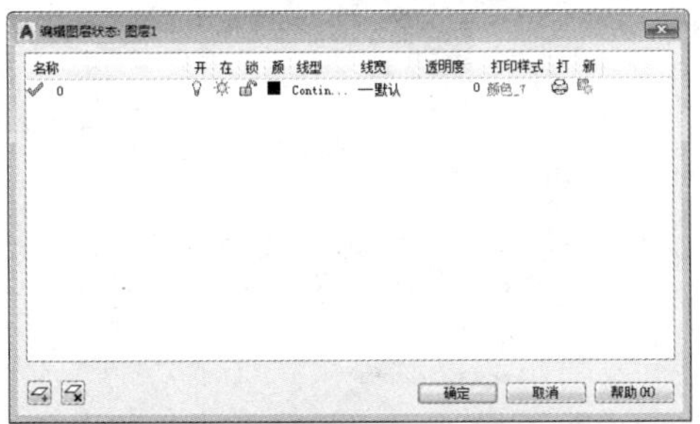

图 5-32 【编辑图层状态】对话框

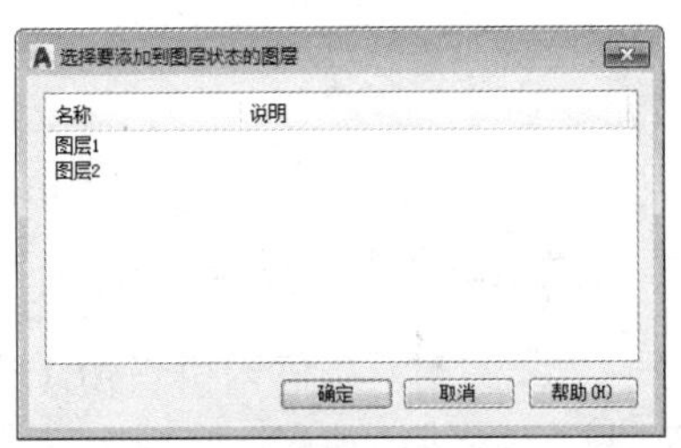

图 5-33 【选择要添加到图层状态的图层】对话框

- 重命名：单击该按钮，可以编辑图层状态的名称，如图 5-34 所示。

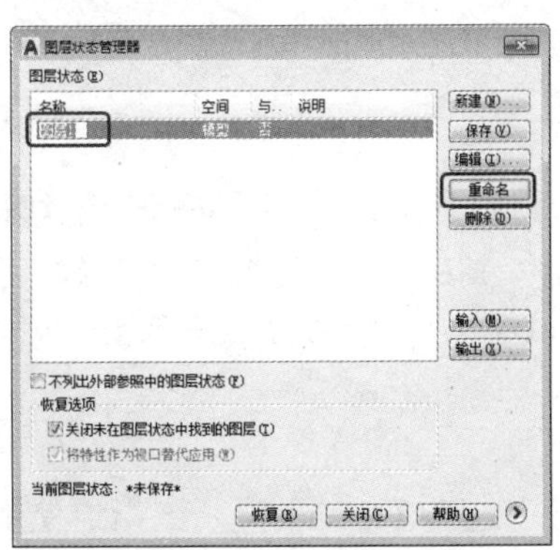

图 5-34 重命名图层状态

- 删除：删除选定的图层状态。
- 输入：将先前输出的图层状态.las 文件加载到当前图形中。
- 输出：将选定的图层状态保存到图层状态.las 文件中。
- 恢复：将图形中所有图层的状态和特性设置恢复为先前保存的设置，但仅恢复使用复选框指定的图层状态和特性设置。

5.2.4 设置图层颜色

颜色对于绘图工作来说非常重要，它可以表示不同的组件、功能和区域。在使用 AutoCAD 进行建筑制图时，常常将不同的建筑部件设置为不同的图层，并将各个图层设置

为不同的颜色，这样在进行复杂的绘图工作时，可以很容易地将各个部分区分开。在默认情况下，新建图层被指定为 7 号颜色（白色或黑色，由绘图区域的背景色决定）。我们可以修改设定图层的颜色。在菜单栏中选择【格式】|【颜色】命令，弹出【选择颜色】对话框，在该对话框中有 3 个选项卡，分别是【索引颜色】、【真彩色】和【配色系统】，如图 5-35 所示。

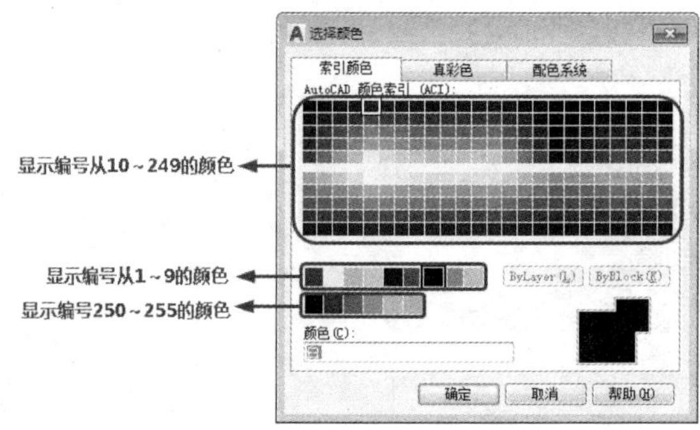

图 5-35　【选择颜色】对话框

1.【索引颜色】选项卡

在【AutoCAD 颜色索引（ACI）】选项组中可以指定颜色。将鼠标光标悬停在某个颜色色块上，该颜色的编号及其红、绿、蓝值将显示出来。单击一种颜色，或者在【颜色】文本框中输入该颜色的编号或名称，即可选中它。第一个调色板显示编号从 10～249 的颜色。第二个调色板显示编号从 1～9 的颜色，这些颜色既有编号，也有名称。第三个调色板显示编号从 250～255 的颜色，这些颜色表示灰度级。

2.【真彩色】选项卡

切换至【真彩色】选项卡，如图 5-36 所示。可以使用真彩色（24 位颜色）指定颜色设置［使用色调、饱和度和亮度（HSL）颜色模式或红、绿、蓝（RGB）颜色模式］。在使用真彩色功能时，可以使用 1600 多万种颜色。【真彩色】选项卡中的可用选项取决于指定的颜色模式（HSL 或 RGB）。

1）HSL 颜色模式

在【颜色模式】下拉列表中选择【HSL】选项，指定使用 HSL 颜色模式来选择颜色。色调、饱和度和亮度是颜色的特性。通过设置这些特性值，用户可以指定一个很大的颜色范围（见图 5-36）。

- 色调：指定颜色的色调。色调表示可见光谱内光的特定波长。要指定色调，可以使用色谱或者在【色调】文本框中指定值。调整该值会影响 RGB 值。色调的有效值为 0～360。
- 饱和度：指定颜色的饱和度。高饱和度会使颜色较纯，而低饱和度会使颜色褪色。要指定饱和度，可以使用色谱或者在【饱和度】文本框中指定值。调整该值会影响 RGB 值。饱和度的有效值为 0～100%。
- 亮度：指定颜色的亮度。要指定亮度，可以使用颜色滑块或者在【亮度】文本框中指定值。亮度的有效值为 0～100%。值为 0，表示最暗（黑）；值为 100%，表示最亮（白）；而 50%表示颜色的最佳亮度。调整该值也会影响 RGB 值。
- 色谱：指定颜色的色调和饱和度。要指定色调，可以将十字光标从色谱的一侧移到另一侧；要指定饱和度，可以将十字光标从色谱顶部移到底部。

- 颜色滑块：指定颜色的亮度。要指定亮度，可以调整颜色滑块从一侧移到另一侧。

2）RGB 颜色模式

在【颜色模式】下拉列表中选择【RGB】选项，指定使用 RGB 颜色模式来选择颜色，如图 5-37 所示。可以将颜色分解成红、绿、蓝 3 个分量，为每个分量指定的值分别表示红、绿、蓝颜色分量的强度。使用这些值的组合可以创建一个很大的颜色范围。

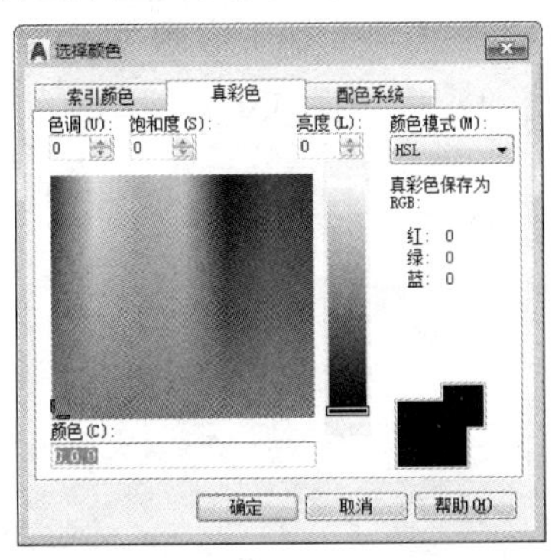

图 5-36 【真彩色】选项卡（HSL 颜色模式）

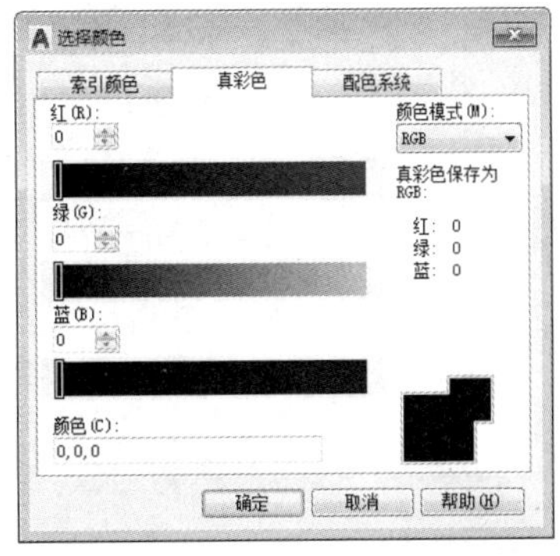

图 5-37 【真彩色】选项卡（RGB 颜色模式）

- 红：指定颜色的红色分量。调整颜色滑块或者在【红】文本框中指定 1～255 的值。如果调整该值，则会在 HSL 颜色模式值中反映出来。
- 绿：指定颜色的绿色分量。调整颜色滑块或者在【绿】文本框中指定 1～255 的值。如果调整该值，则会在 HSL 颜色模式值中反映出来。
- 蓝：指定颜色的蓝色分量。调整颜色滑块或者在【蓝】文本框中指定 1～255 的值。如果调整该值，则会在 HSL 颜色模式值中反映出来。

3.【配色系统】选项卡

切换至【配色系统】选项卡，如图 5-38 所示。在该选项卡中可以使用第三方配色系统或用户定义的配色系统指定颜色。在选择配色系统后，【配色系统】选项卡将显示选定的配色系统的名称。

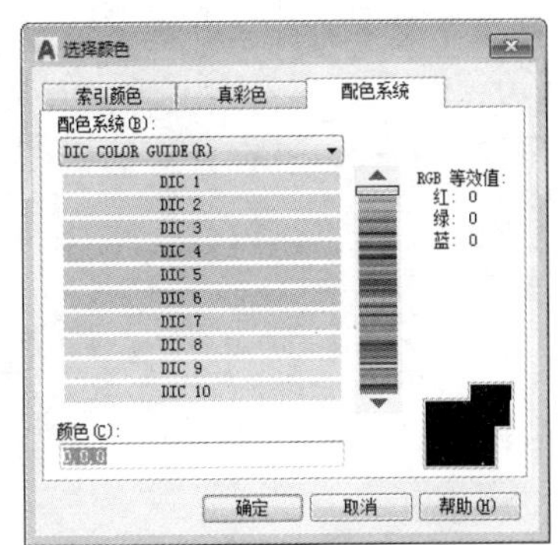

图 5-38 【配色系统】选项卡

在【配色系统】下拉列表中指定用于选择颜色的配色系统，包括在【配色系统位置】（在【选项】对话框的【文件】选项卡中指定）中找到的所有配色系统，显示选定配色系统的页，以及每页上的颜色和颜色名称。程序支持每页最多包含 10 种颜色的配色系统，如果配色系统没有分页，则程序将按每页 7 种颜色的方式将颜色分页。要查看配色系统页，可以在颜色滑块上选择一个区域或者使用上下箭头进行浏览。

5.2.5 设置图层线型

线型是指图形基本元素中线条的组成和显示方式，如虚线、实线等。在 AutoCAD 中，既有简单线型也有由一些特殊符号组成的复杂线型，可以满足不同国家或行业标准的要求。在建筑绘图中，常常使用不同的线型来画一些特殊的对象，例如，使用虚线绘制不可见棱边线和不可见轮廓线，使用点画线绘制建筑的轴线等。

1. 线型管理器

在【图层特性管理器】选项板中单击【线型】列中的任意图标，弹出【选择线型】对话框，如图 5-39 所示。在【已加载的线型】列表框中会显示当前图形中的可用线型，可在【已加载的线型】列表框中选择一种线型，然后单击【确定】按钮选中该线型。

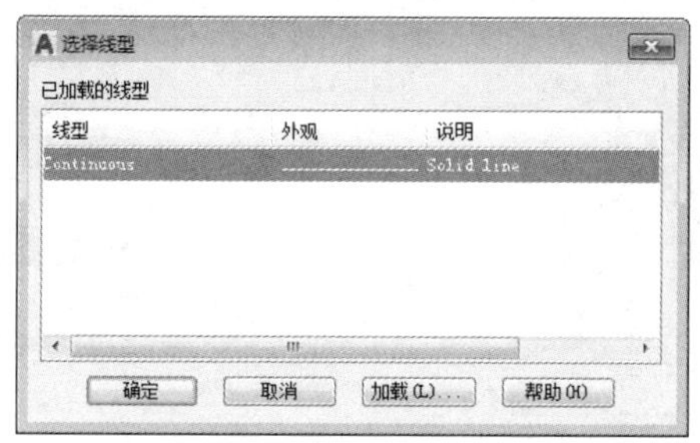

图 5-39　【选择线型】对话框

2. 加载或重载线型

在默认情况下，在【选择线型】对话框中的【已加载的线型】列表框中只有【Continuous】一种线型。如果想使用其他线型，则必须将其添加到【已加载的线型】列表框中。如果想将图层的线型设为其他形式，则可以单击【加载】按钮，弹出【加载或重载线型】对话框，如图 5-40 所示。在该对话框中可以将选定的线型加载到图层中，并将它们添加到【已加载的线型】列表框中。单击【文件】按钮，将弹出【选择线型文件】对话框，如图 5-41 所示。在该对话框中可以选择其他线型（LIN）的文件。在 AutoCAD 中，acad.lin 文件包含标准线型。在【文件名】文本框中显示的是当前 LIN 文件名，可以输入另一个 LIN 文件名。在【可用线型】列表框中显示的是可以加载的线型。要选择或清除列表框中的全部线型，可单击鼠标右键，并在弹出的快捷菜单中选择【选择全部】或【清除全部】命令。

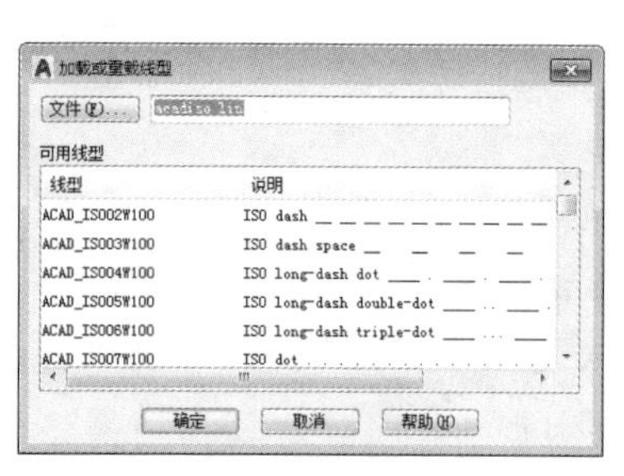

图 5-40　【加载或重载线型】对话框

图 5-41　【选择线型文件】对话框

如果想要了解哪些线型是可用的，则可以将在图形中加载的或者存储在 LIN（线型定义）文件中的线型列表显示出来。AutoCAD 包括线型定义文件 acad.lin 和 acadiso.lin。所选

择的线型文件取决于使用英制测量系统还是公制测量系统。英制测量系统使用 acad.lin 文件，公制测量系统使用 acadiso.lin 文件。两个线型定义文件都包含若干个复杂线型。

3．设置线型比例

在 AutoCAD 中，当用户绘制非连续线线型的图元时，需要控制其线型比例。通过线型管理器可以加载线型和设置当前线型。在菜单栏中选择【格式】|【线型】命令，弹出【线型管理器】对话框，如图 5-42 所示。单击【显示细节】按钮（该按钮会变为【隐藏细节】按钮），会在对话框下面出现【详细信息】选项组，其中显示了选中线型的名称、说明和全局比例因子等。在使用某些线型进行绘图时，经常遇到中心线或虚线显示为实线等情况，这是因为线型比例过小。通过全局修改或单个修改每个对象的线型比例因子，可以以不同的比例使用同一个线型。在默认情况下，全局线型比例和单个线型比例均被设置为 1.0。比例越小，在每个绘图单位中生成的重复图案就越多。例如，当线型比例由 1.0 变为 0.5 时，在同样长度的一条点画线中，将显示重复两次的同一图案。对于太短甚至不能显示一个虚线小段的线段，可以使用更小的线型比例。线型比例由以下两个方面来控制。

1）全局线型比例因子

全局线型比例因子控制整张图中所有的线型整体比例。在命令行中执行【LTSCALE】命令，可以调出全局线型比例因子设置，一般默认为 1。

2）每个图元基本属性中的【线型比例】

按【Ctrl+1】组合键或者在命令行中执行【PROPERTIES】命令，可以打开【特性】选项板，如图 5-43 所示。当选中图元时，在【常规】属性栏的【线型比例】文本框中，可以通过输入不同的数值调整单个图元的线型比例。

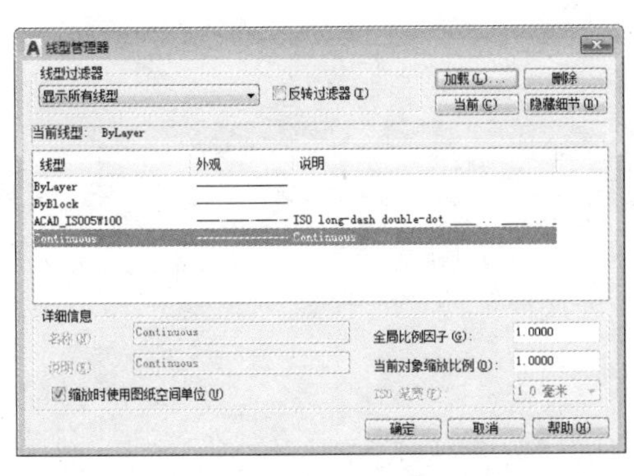

图 5-42　【线型管理器】对话框

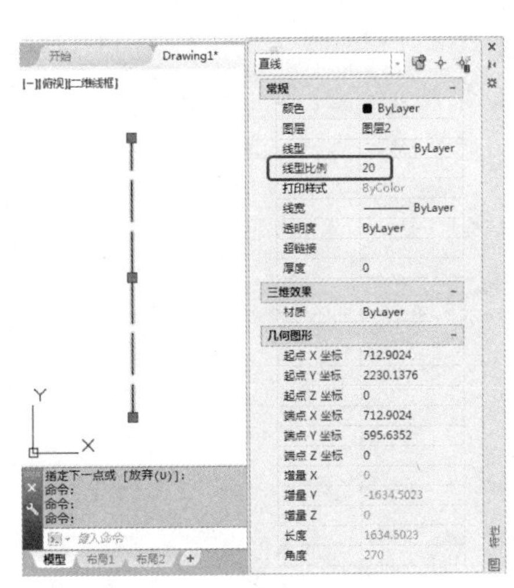

图 5-43　【特性】选项板

在【线型管理器】对话框中可以设置【全局比例因子】和【当前对象缩放比例】。【全局比例因子】的值用于控制 LTSCALE 系统变量，该系统变量可以全局修改新建和现有对象的线型比例；【当前对象缩放比例】的值用于控制 CELTSCALE 系统变量，该系统变量可以设置新建对象的线型比例。将 CELTSCALE 的值乘以 LTSCALE 的值，可获得已显示的线型比例。在图形中，可以很方便地单独或全局修改线型比例。

5.2.6 设置图层线宽

在绘制图纸时不但要求清晰准确，还要求美观，最重要的就是图元线条是否层次分明。设置不同的线宽，是使图纸层次分明的最好方法之一。如果线宽设置得合理，在图纸打印出来后就可以很方便地根据线的粗细来区分不同类型的图元。使用线宽，可以通过粗线和细线清楚地表现出截面的剖切方式、标高的深度、尺寸线和小标记，以及细节上的不同。

线宽设置是指改变线条的宽度。在 AutoCAD 中，使用不同宽度的线条表现对象的大小或类型，可以提高图形的表达能力和可读性。例如，为不同图层指定不同的线宽，可以很方便地区分新建的、现有的和被破坏的结构。需要注意的是，除非选择状态栏上的【线宽】按钮，否则不显示线宽。除 TrueType 字体、光栅图像、点和实体填充（二维实体）以外的所有对象，都可以显示线宽。在平面视图中，多段线忽略所有用线宽设置的宽度值，当在视图中而不是在平面中查看多段线时，多段线才显示线宽。在模型空间中，线宽以像素显示，并且在缩放时不会发生变化。因此，在模型空间中精确表示对象的宽度时，不应该使用线宽。例如，要绘制一个实际宽度为 5mm 的对象，就不能使用线宽而应使用宽度为 5mm 的多段线来表现对象。

具有线宽的对象将以指定的线宽值打印。这些值的标准设置包括【随层】、【随块】和【默认】，它们的单位可以是英寸或毫米（默认单位是毫米）。所有图层的初始设置均由 LWDEFAULT 系统变量控制，其值为 0.25mm。当线宽值为 0.025mm 或更小时，在模型空间显示为 1 个像素宽度，并将以指定打印设备允许的最细宽度打印。在命令行中所输入的线宽值将舍入为最接近的预定义值。

要设置图层的线宽，可以在【图层特性管理器】选项板的【线宽】列中单击该图层对应的线宽【默认】，弹出【线宽】对话框。在该对话框中，有 20 多种线宽可供选择，如图 5-44 所示。也可以在菜单栏中选择【格式】|【线宽】命令，弹出【线宽设置】对话框，然后调整线宽比例，使图形中的线宽显示得更宽或更窄，如图 5-45 所示。

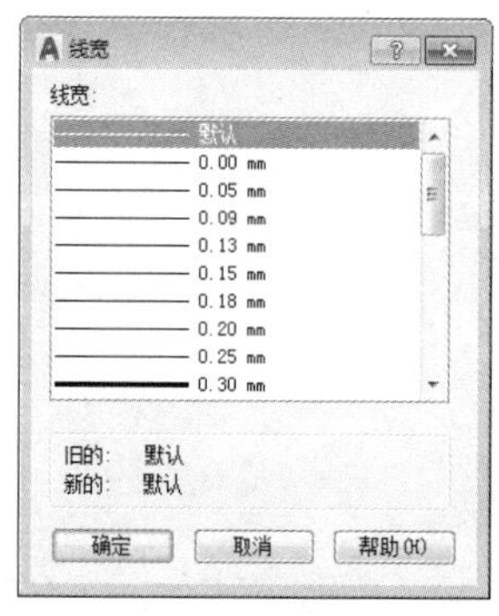

图 5-44 【线宽】对话框

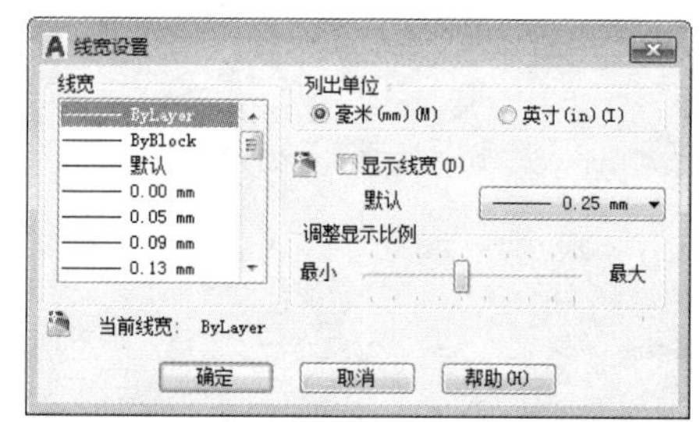

图 5-45 【线宽设置】对话框

通过【线宽设置】对话框可以设置线宽单位和默认值，以及显示比例。也可以通过以下几种方法来访问【线宽设置】对话框：在命令行中执行【LWEIGHT】命令；右击状态栏的【显示/隐藏线宽】按钮，在弹出的快捷菜单中选择【设置】命令；在【选项】对话框的【用户系统配置】选项卡中单击【线宽设置】按钮。在弹出的【线宽设置】对话框中可以设置当前线宽和线宽单位，设置线宽的显示及其显示比例，以及设置图层的默认线宽值等。

下面将通过实例讲解如何创建辅助线图层，具体操作步骤如下。

（1）在命令行中输入【LAYER】命令，按【Enter】键确认，在弹出的【图层特性管理器】选项板中单击【新建图层】按钮，新建一个图层，并将其命名为【辅助线】，如图 5-46 所示。

（2）单击该图层右侧的颜色色块，在弹出的对话框中设置【颜色】为【红】，如图 5-47 所示。

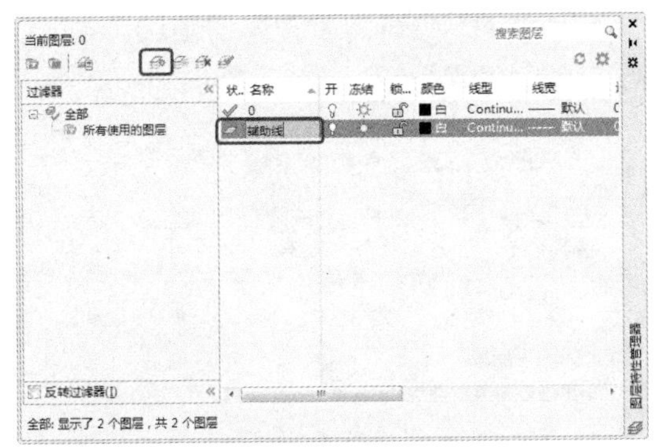

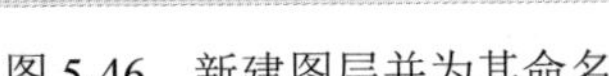
图 5-46　新建图层并为其命名

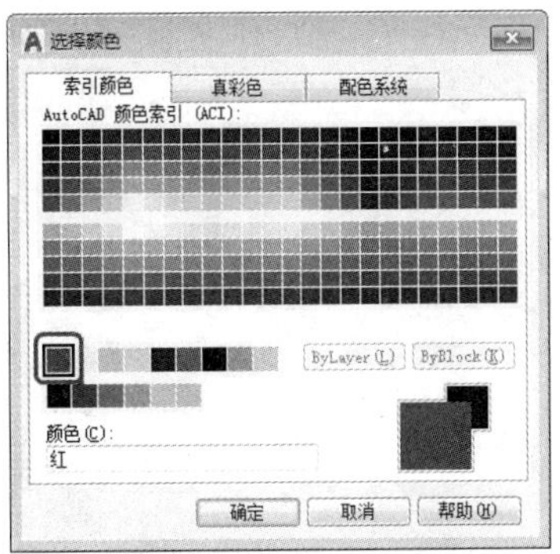

图 5-47　设置【颜色】

（3）设置完成后，单击【确定】按钮，然后单击该图层右侧的线宽名称，在弹出的【线宽】对话框中设置【线宽】为【0.30mm】，如图 5-48 所示。

（4）设置完成后，单击【确定】按钮，双击【辅助线】图层，在绘图区中绘制辅助线即可，效果如图 5-49 所示。

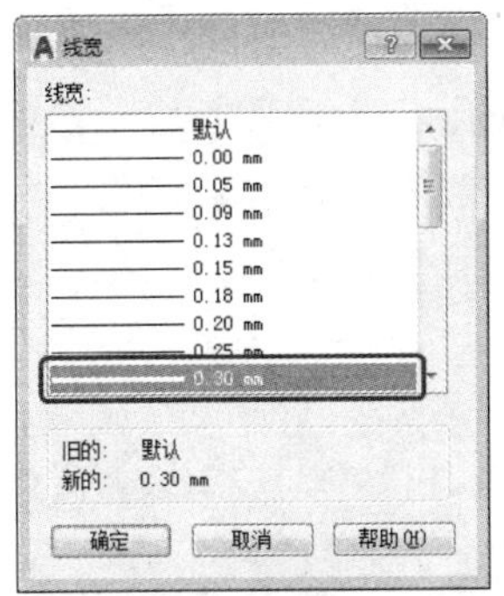

图 5-48　设置【线宽】

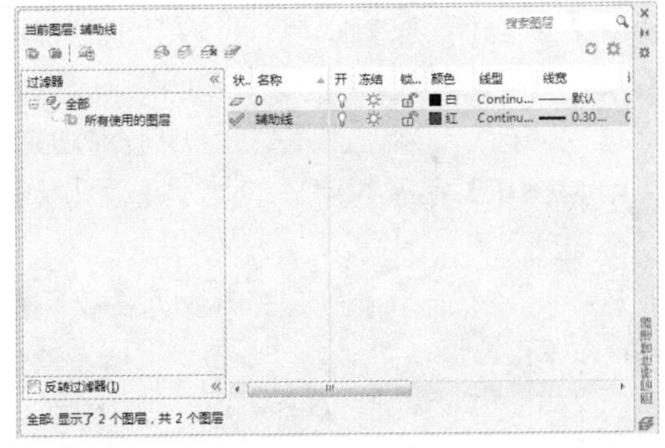

图 5-49　设置线宽后绘制辅助线的效果

5.2.7　修改图层特性

修改图层特性可以改变图层名和图层的任意特性（包括颜色、线型和线宽），也可以将一个图层中的对象指定给另一个图层。因为图形中的所有内容都与图层关联，所以在规划和创建图形的过程中，可能需要更改图层中放置的内容或查看组合图层的方式。

在设置图层时，每个图层都应有其各自不同的颜色、线宽和线型等属性定义。在绘制图纸时，一般应尽量保持图元属性和所在图层一致，即该图元的各种属性都为 ByLayer。如果在错误的图层上创建了对象，或者决定修改图层的组织方式，则可以将对象重新指定给不同的图层。除非已明确设置了对象的颜色、线型或其他特性，否则重新指定给不同的图层时对象将采用该图层的特性。这将有助于保持图面的清晰、绘图的准确和效率的提高。当然，在特定的情况下，也可以使某图元的属性不为 ByLayer，以达到特定的目的。

在图层特性管理器和【图层】面板的【图层】控件中，可以修改图层特性。需要注意的是，图层名和颜色只能在图层特性管理器中修改，不能在【图层】控件中修改。

在菜单栏中选择【格式】|【图层工具】|【上一个图层】命令，可以放弃当前对图层设置所做的修改，如图 5-50 所示。例如，修改了若干图层的颜色和线型后，又决定使用修改前的特性，则可以使用【上一个图层】命令撤销所做的修改并恢复原始的图层设置。

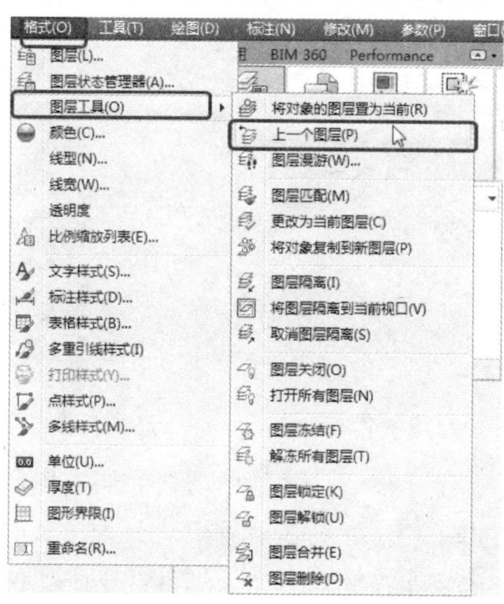

图 5-50　选择【上一个图层】命令

使用【上一个图层】命令可以放弃最近使用【图层】控件或图层特性管理器对图层所做的修改。用户对图层设置所做的每次修改都将被追踪，并且可以使用【上一个图层】命令放弃这次修改。在不需要图层特性追踪功能时，例如，在运行大型脚本时，可以使用【LAYERPMODE】命令暂停该功能。在关闭【上一个图层】命令的追踪功能后，系统性能将在一定程度上有所提高。

但是，使用【上一个图层】命令无法放弃以下修改。

- 重命名的图层：如果重命名某个图层并修改其特性，则使用【上一个图层】命令可恢复除原始图层名和颜色以外的所有原始特性。
- 删除的图层：如果删除或清理某个图层，则使用【上一个图层】命令无法恢复该图层。
- 添加的图层：如果将新图层添加到图形中，则使用【上一个图层】命令无法删除该图层。

在【选项】对话框中的【用户系统配置】选项卡中勾选【合并图层特性更改】复选框，可以对图层特性管理器中的更改进行分组。在【放弃】列表框中，可将图形创建和删除作为独特项目进行追踪。

下面将通过实例讲解如何设置图层特性，具体操作步骤如下。

（1）在菜单栏中选择【格式】|【图层】命令，如图 5-51 所示。

（2）打开【图层特性管理器】选项板，在该选项板中选择要修改颜色特性的图层，并单击该图层右侧的颜色色块，弹出【选择颜色】对话框，在该对话框中设置【颜色】为【绿】，如图 5-52 所示。

（3）单击【确定】按钮，返回【图层特性管理器】选项板，即可看到该图层的颜色由原来的【白】变成了【绿】，显示效果如图 5-53 所示。

（4）选择要修改线型特性的图层，单击其右侧的线型名称，如图 5-54 所示。

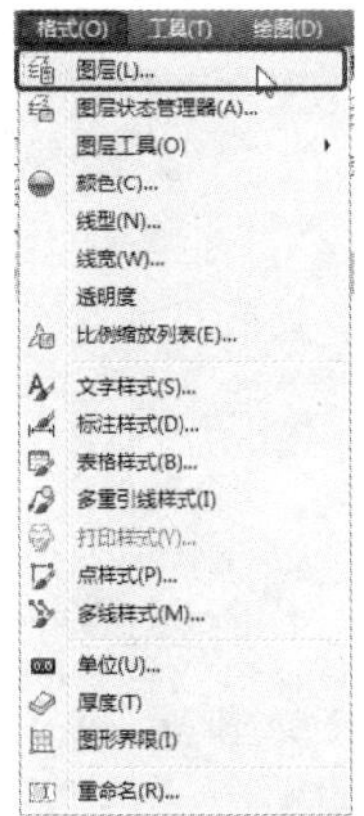

图 5-51　选择【图层】命令

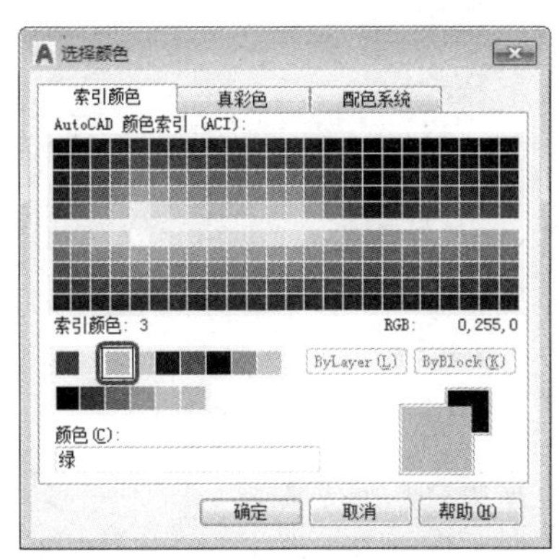

图 5-52　设置【颜色】

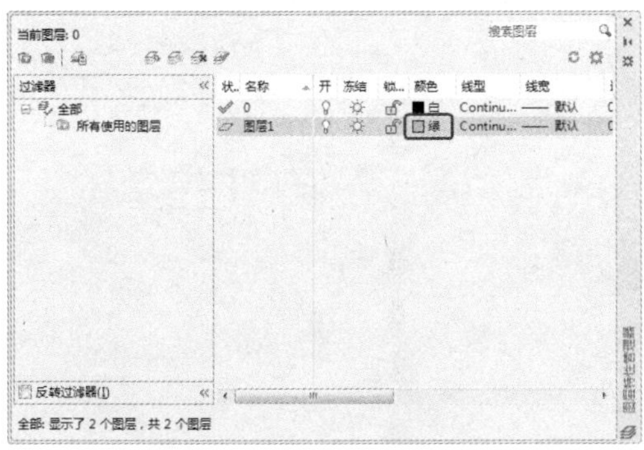

图 5-53　颜色显示效果

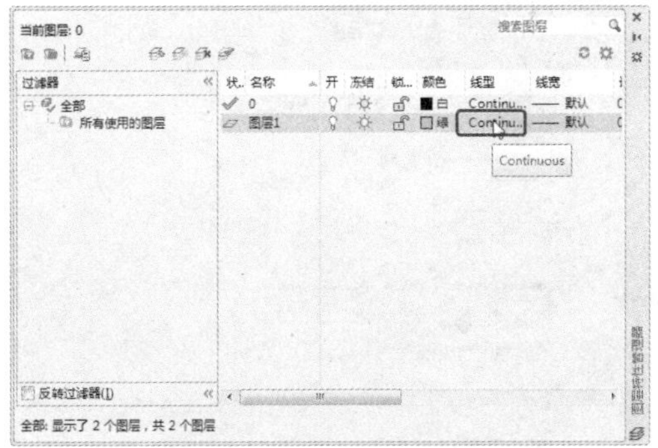

图 5-54　单击线型名称

（5）弹出【选择线型】对话框，在该对话框中的【已加载的线型】列表框中列出了当前已加载的线型。若【已加载的线型】列表框中没有所需线型，则单击【加载】按钮，如图 5-55 所示。

（6）弹出【加载或重载线型】对话框，选择需要加载的线型，这里选择【ACAD_ISO03W100】线型，如图 5-56 所示，单击【确定】按钮完成加载。

图 5-55　单击【加载】按钮

图 5-56　选择线型 1

（7）返回【选择线型】对话框，选择刚才加载的线型，这里选择【ACAD_ISO03W100】线型，单击【确定】按钮，如图 5-57 所示。

（8）返回【图层特性管理器】选项板，即可看到线型由原来的【Continuous】变成了【ACAD_ISO03W100】，显示效果如图 5-58 所示。

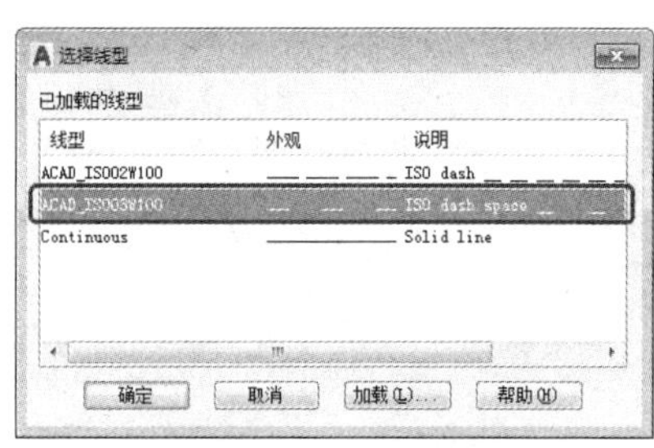

图 5-57　选择线型 2

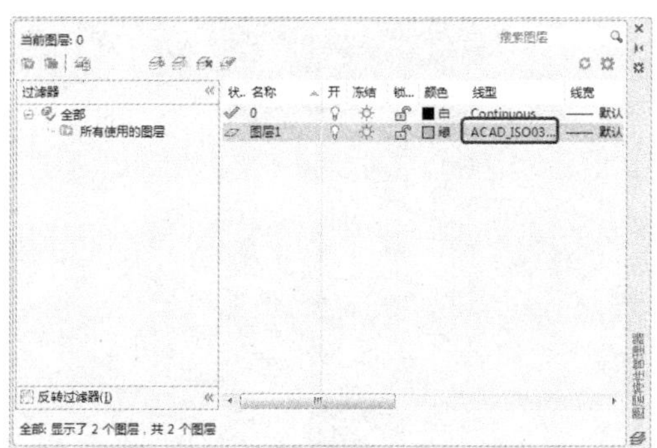

图 5-58　线型显示效果

（9）选择要修改线宽特性的图层，单击其右侧的线宽名称，弹出【线宽】对话框，在【线宽】列表框中设置【线宽】为【0.35mm】，然后单击【确定】按钮，如图 5-59 所示。

（10）返回【图层特性管理器】选项板，即可看到线宽由原来的【默认】变成了【0.35mm】，显示效果如图 5-60 所示。

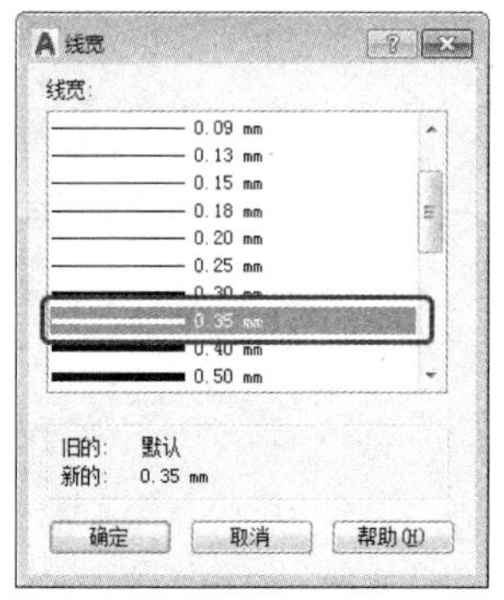

图 5-59　设置【线宽】

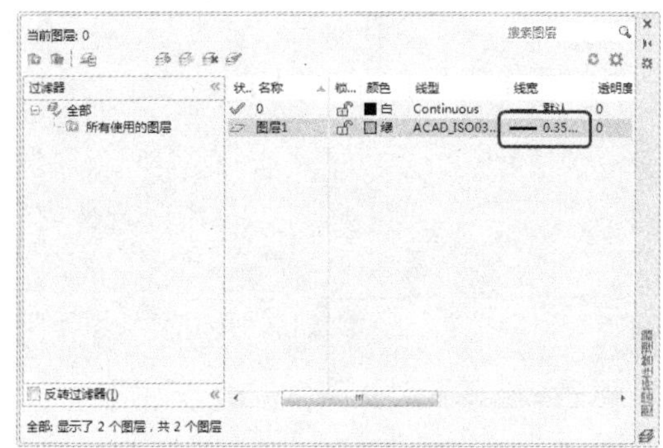

图 5-60　线宽显示效果

5.3　任务 15：减速箱装配图——管理图层

管理图层是为了更好地绘制图形，包括设置当前图层、重命名图层、删除图层、合并图层等。下面将通过减速箱装配图来讲解如何管理图层，其效果如图 5-61 所示。

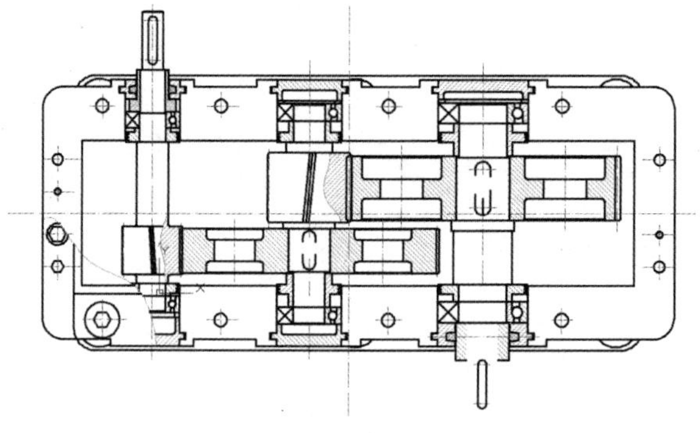

图 5-61　减速箱装配图效果

5.3.1 任务实施

（1）按【Ctrl+O】组合键打开【素材】|【Cha05】|【减速箱装配图.dwg】素材文件，如图 5-62 所示。

（2）在命令行中输入【LAYER】命令，按【Enter】键确认，在打开的【图层特性管理器】选项板中选择【中心线】图层，单击【置为当前】按钮，如图 5-63 所示。

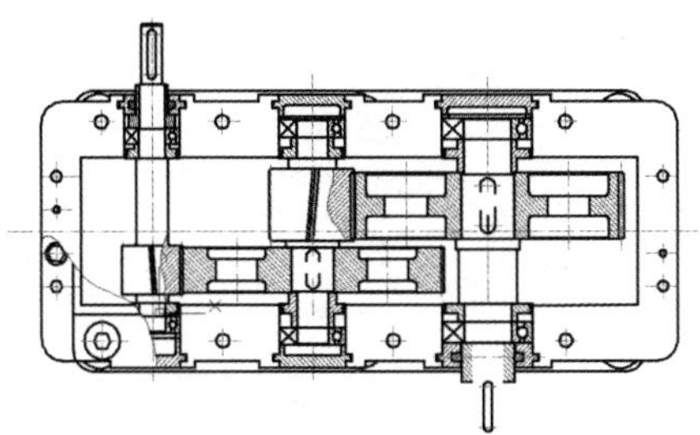

图 5-62 打开素材文件

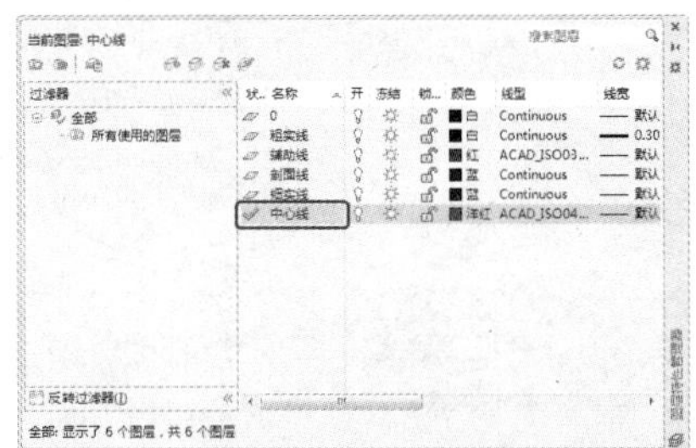

图 5-63 将【中心线】图层置为当前图层

（3）在命令行中输入【LINE】命令，根据命令行的提示指定水平中心线的左侧端点为第一个点，根据命令行的提示输入【@0，-7704】，按两次【Enter】键完成绘制，效果如图 5-64 所示。

（4）选中绘制的直线并右击，在弹出的快捷菜单中选择【特性】命令，如图 5-65 所示。

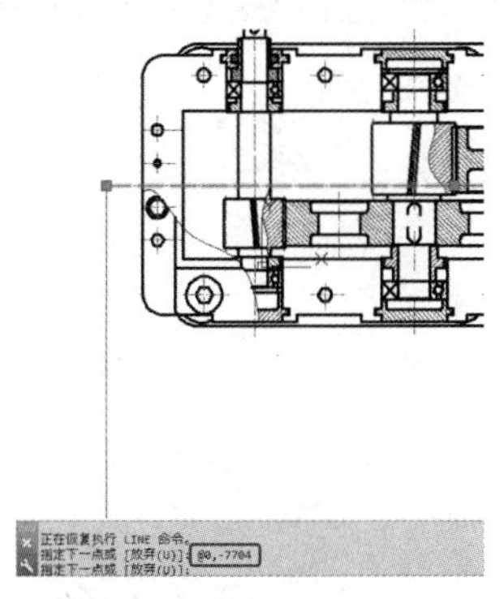

图 5-64 绘制垂直直线

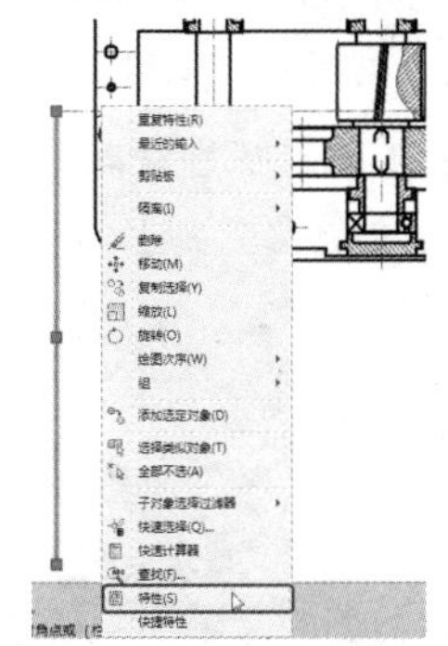

图 5-65 选择【特性】命令

（5）在打开的【特性】选项板中将【线型比例】设置为【20】，如图 5-66 所示。

（6）继续选中该垂直直线，在命令行中输入【MOVE】命令，以垂直直线的中点为基点，根据命令行的提示输入【@6515.3,3852】，按【Enter】键完成直线的移动，效果如图 5-67 所示。

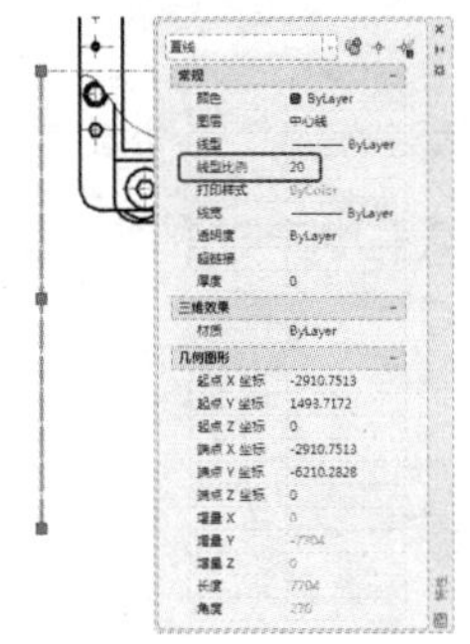

图 5-66 设置【线型比例】

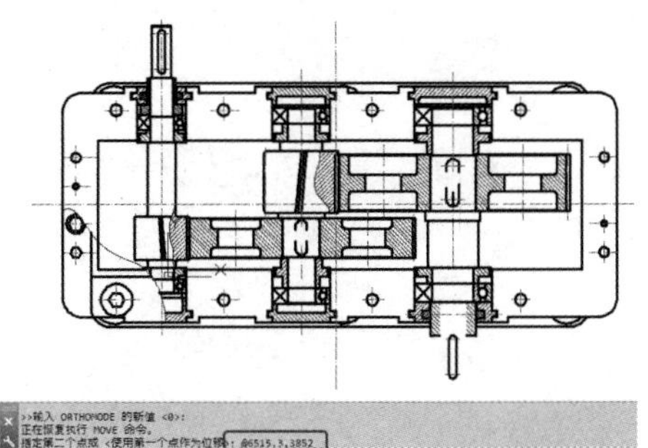

图 5-67 移动直线后的效果

（7）在【图层特性管理器】选项板中选择【辅助线】图层，单击【删除图层】按钮，如图 5-68 所示。

（8）在【图层特性管理器】选项板中选择【中心线】图层并右击，在弹出的快捷菜单中选择【重命名图层】命令，如图 5-69 所示。

> **提示：用户也可以在选择图层后按【F2】键对图层进行重命名。**

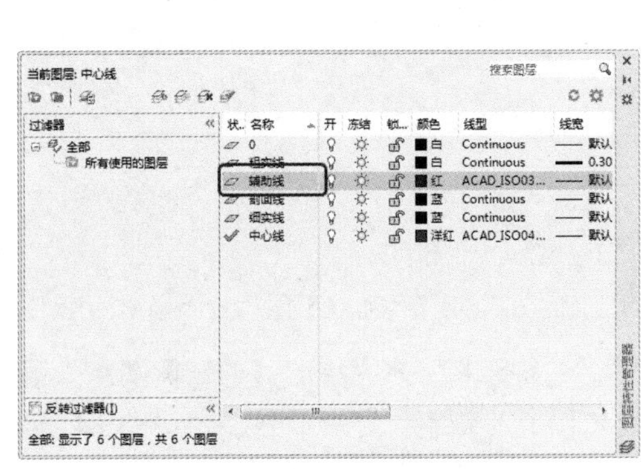

图 5-68　删除图层

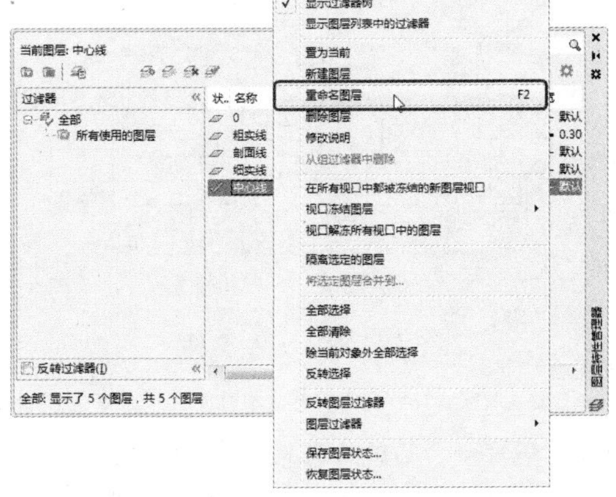

图 5-69　选择【重命名图层】命令

（9）将【中心线】图层命名为【辅助线】图层，如图 5-70 所示。

（10）在【图层特性管理器】选项板中选择【细实线】图层并右击，在弹出的快捷菜单中选择【将选定图层合并到】命令，如图 5-71 所示。

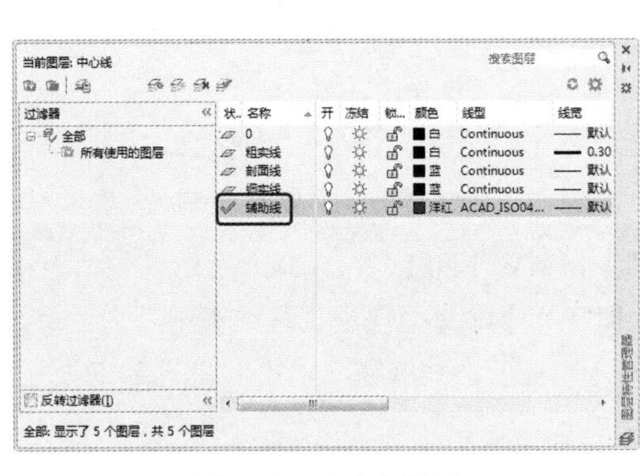

图 5-70　重命名图层

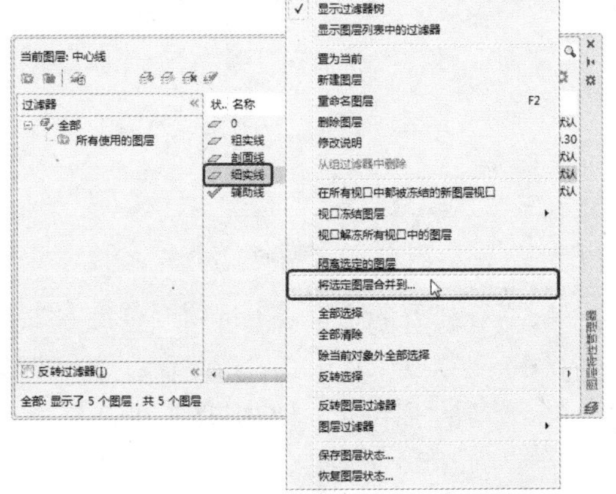

图 5-71　选择【将选定图层合并到】命令

（11）执行该操作后，将会弹出【合并到图层】对话框。在该对话框中选择【剖面线】图层，如图 5-72 所示。

（12）选择完成后，单击【确定】按钮，并在弹出的【合并到图层】对话框中单击【是】按钮，如图 5-73 所示。

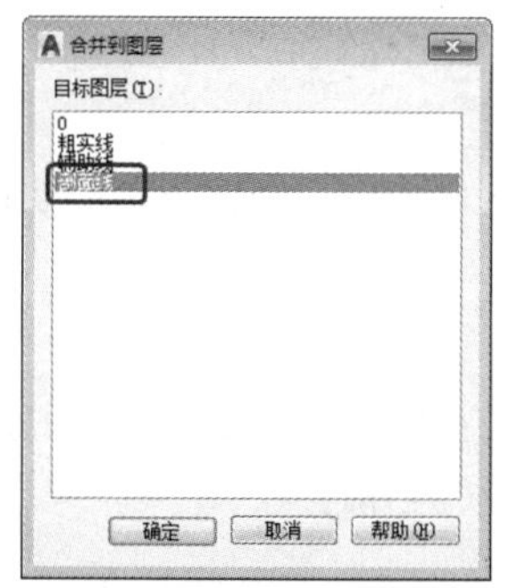

图 5-72　选择【剖面线】图层

图 5-73　单击【是】按钮

（13）执行该操作后，即可将【细实线】图层合并到【剖面线】图层中，合并图层后的效果如图 5-74 所示。

（14）在【图层特性管理器】选项板中选择【剖面线】图层，单击该图层右侧的锁定图标，即可将该图层锁定，如图 5-75 所示。

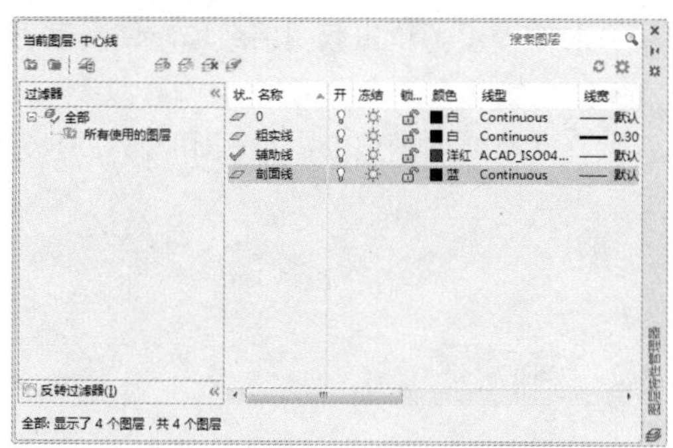

图 5-74　合并图层后的效果

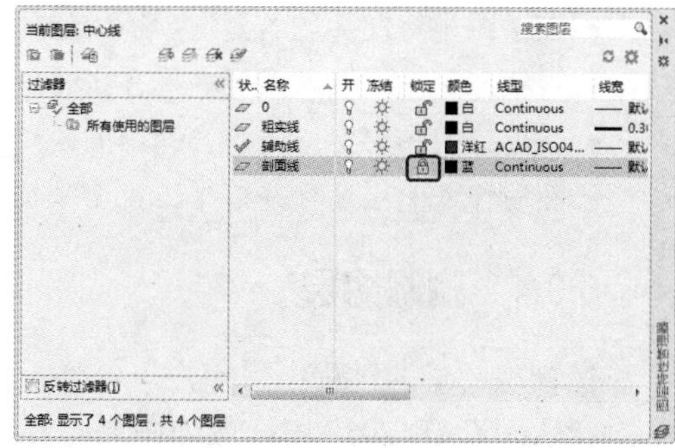

图 5-75　锁定图层

（15）执行锁定图层操作后，被锁定图层中的图形对象仍显示在绘图区中，但是不能对其进行编辑操作，效果如图 5-76 所示。

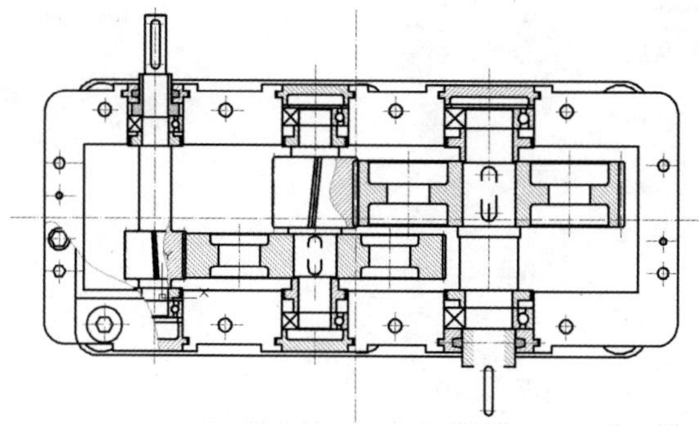

图 5-76　锁定图层后的效果

5.3.2　设置当前图层

当前图层就是当前正在使用的图层，若需要在某个图层上绘制图形对象，则应当将该图层设置为当前图层。将图层设置为当前图层的方法有以下几种。

- 在【图层特性管理器】选项板中选择需要设置为当前图层的图层，单击【置为当前】按钮。
- 在【图层特性管理器】选项板中右击需要设置为当前图层的图层，在弹出的快捷菜单中选择【置为当前】命令。
- 在【图层特性管理器】选项板中直接双击需要设置为当前图层的图层。
- 在【默认】选项卡的【图层】面板中单击【图层】下拉按钮，然后在弹出的下拉列表中选择所需的图层，即可将其设置为当前图层。

5.3.3 重命名图层

重命名图层有助于图层的管理，并且可以更好地区分图层。重命名图层的方法有以下几种。

- 在【图层特性管理器】选项板中选择需要重命名的图层，按【F2】键，然后输入图层名称并按【Enter】键确认。
- 在【图层特性管理器】选项板中选择需要重命名的图层，单击其图层名称，使其呈可编辑状态，然后输入图层名称并按【Enter】键确认。
- 在选择的图层上右击，在弹出的快捷菜单中选择【重命名图层】命令，如图 5-77 所示，然后输入图层名称并按【Enter】键确认。

5.3.4 删除图层

在管理图层的过程中，用户可以将不需要的图层删除。

在 AutoCAD 2017 中，删除图层的方法有以下几种。

- 在【图层特性管理器】选项板中选择需要删除的图层，单击【删除图层】按钮。
- 在选择的图层上右击，在弹出的快捷菜单中选择【删除图层】命令，如图 5-78 所示。

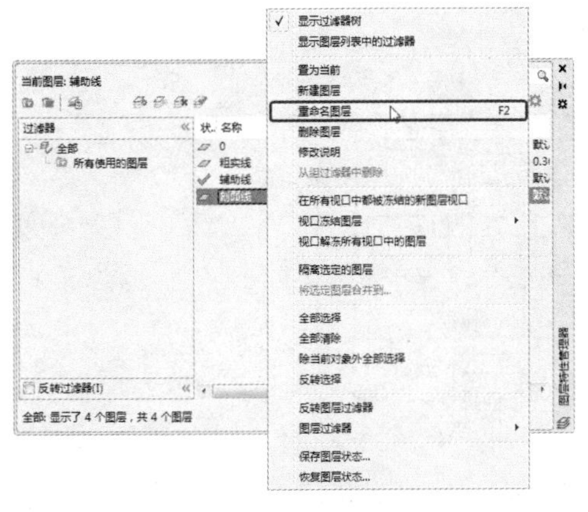

图 5-77　选择【重命名图层】命令

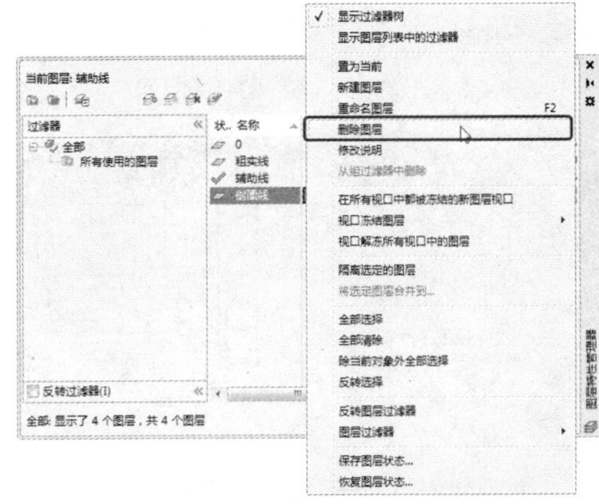

图 5-78　选择【删除图层】命令

> 提示：在删除图层的过程中，0 图层、默认层、当前层、含有实体的层和外部引用依赖层是不能被删除的。

5.3.5 合并图层

在绘制图形的过程中，可以将某个图层与其他图层合并。下面将简单介绍如何将两个图层合并，其操作步骤如下。

（1）按【Ctrl+O】组合键打开【素材】|【Cha05】|【冷库节点图.dwg】素材文件，如图 5-79 所示。

（2）在命令行中输入【LAYER】命令，按【Enter】键确认，在弹出的【图层特性管理器】选项板中选择【图框】图层并右击，在弹出的快捷菜单中选择【将选定图层合并到】命令，如图 5-80 所示。

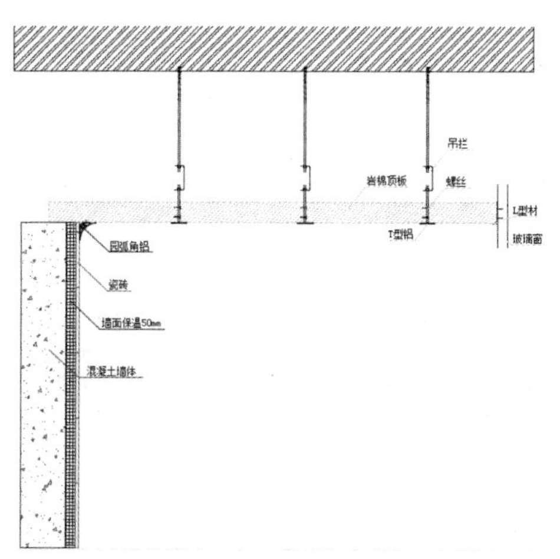

图 5-79　打开素材文件

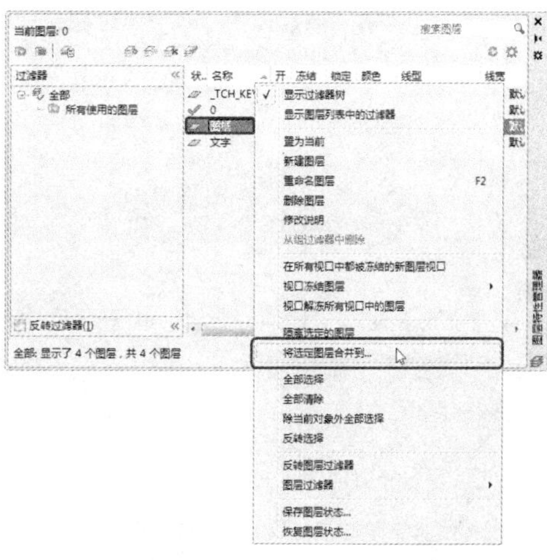

图 5-80　选择【将选定图层合并到】命令

（3）执行该操作后，将会弹出【合并到图层】对话框，在该对话框中选择【文字】图层，如图 5-81 所示。

（4）选择完成后，单击【确定】按钮，在弹出的【合并到图层】对话框中单击【是】按钮，如图 5-82 所示。

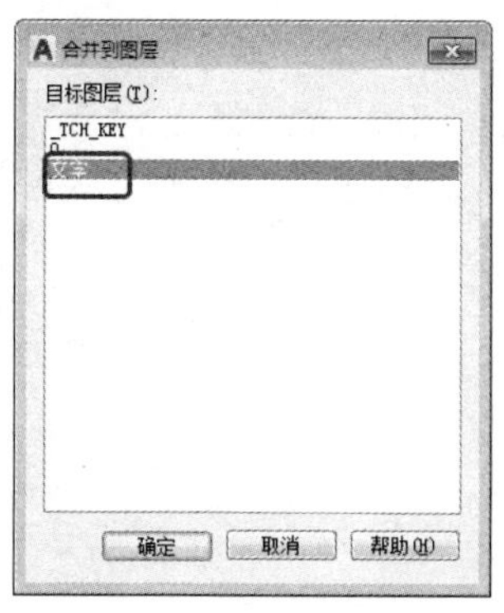

图 5-81　选择【文字】图层

图 5-82　单击【是】按钮

（5）执行该操作后，即可将【图框】图层合并到【文字】图层中，如图 5-83 所示。

（6）将图层合并后，【图框】图层中的对象将会被合并到【文字】图层中，同样地，【图框】图层中的对象将会应用【文字】图层的设置，效果如图 5-84 所示。

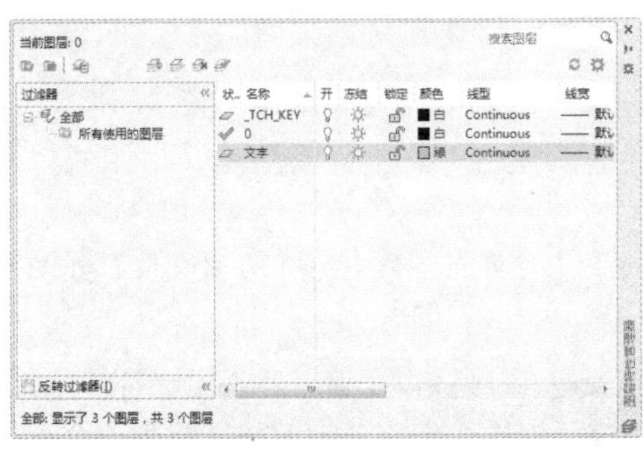

图 5-83　合并图层

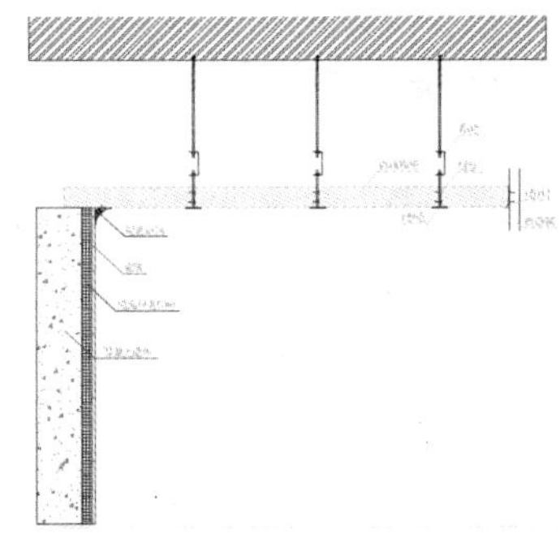

图 5-84　合并图层后的效果

5.3.6　改变图形对象所在图层

在绘制图形的过程中，可以将某图层上的图形对象改变到其他图层上。该操作与合并图层基本相同，下面将通过实例讲解如何改变图形对象所在图层，具体操作步骤如下。

（1）按【Ctrl+O】组合键打开【素材】|【Cha05】|【冷库节点图.dwg】素材文件，如图 5-85 所示。

（2）在绘图区中选择所有标注的文字，选择【默认】选项卡，在【图层】面板中单击【图层】下拉按钮，在弹出的下拉列表中选择【图层 1】选项，如图 5-86 所示。

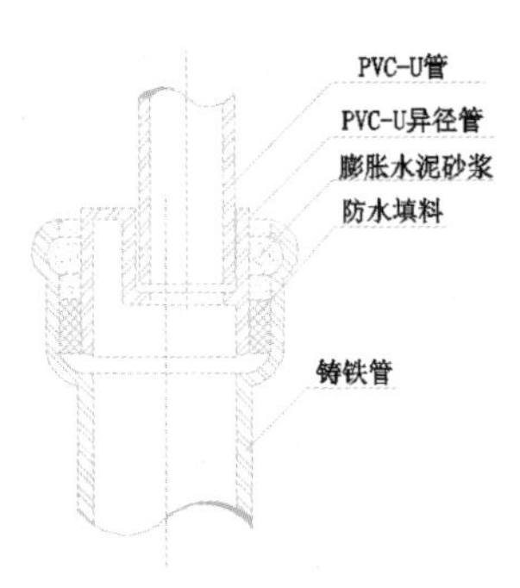

图 5-85　打开素材文件

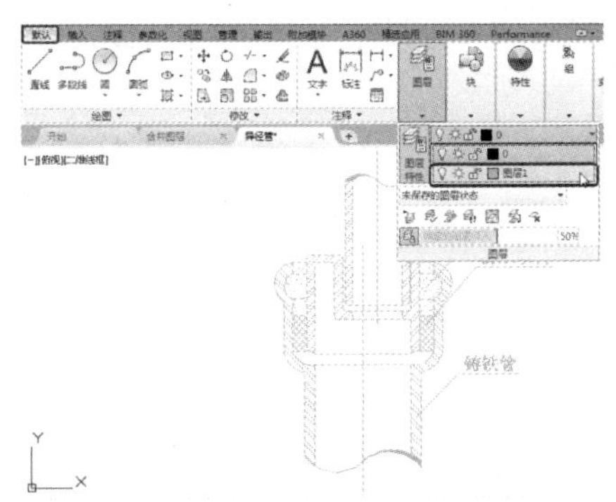

图 5-86　选择【图层 1】选项

（3）执行该操作后，即可将选中对象改变至【图层 1】图层中，如图 5-87 所示。

（4）除了上述方法，用户还可以在选中对象后右击，在弹出的快捷菜单中选择【特性】命令，如图 5-88 所示。

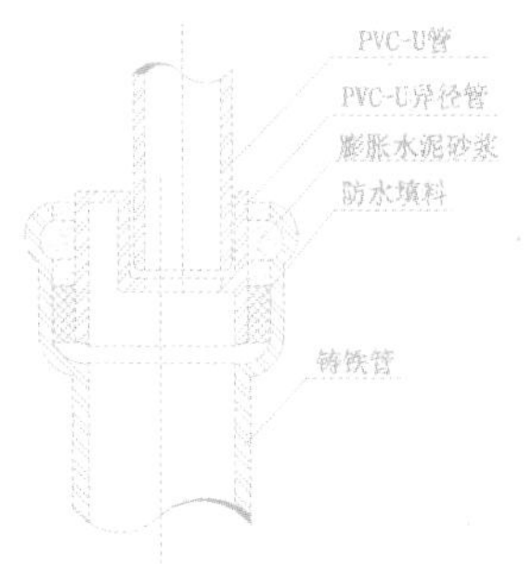

图 5-87　为选中对象改变图层

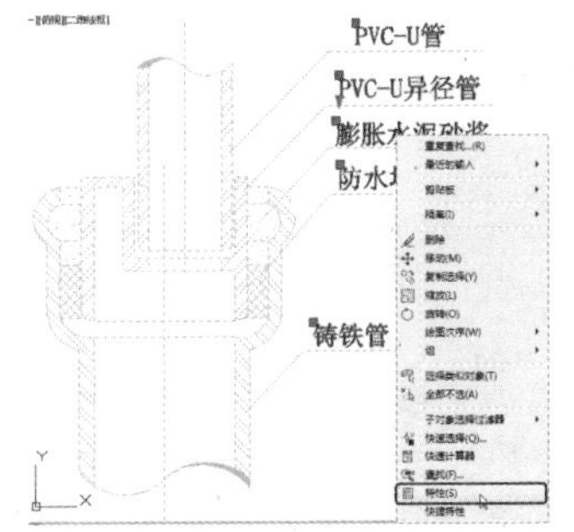

图 5-88　选择【特性】命令

（5）在弹出的【特性】选项板中选择【图层】下拉列表中的【图层 1】选项，设置图层特性，如图 5-89 所示。

（6）执行该操作后，即可改变选中对象所在的图层，效果如图 5-90 所示。

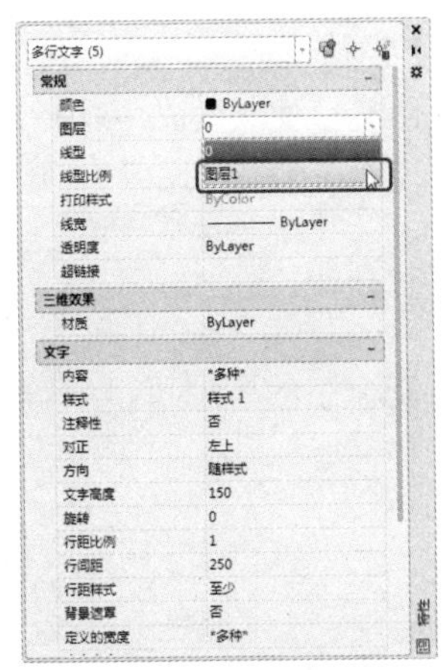

图 5-89　设置图层特性

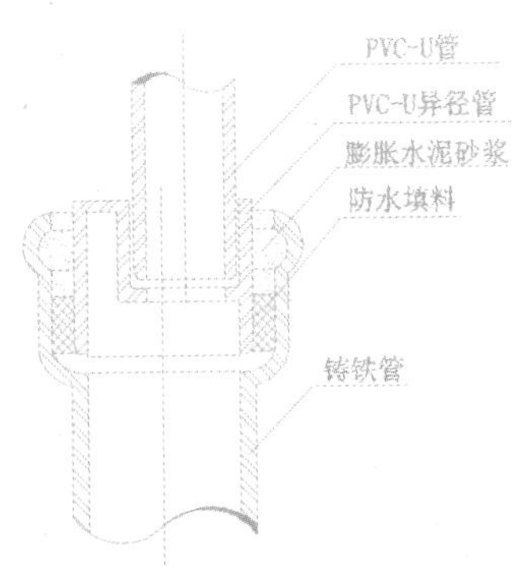

图 5-90　改变图层后的效果

5.3.7　打开与关闭图层

如果绘制的图形过于复杂，在编辑图形对象时就比较困难。此时可以将不相关的图层关闭，只显示需要编辑的图层，在图形编辑完成后，再将关闭的图层打开。

1．关闭图层

被关闭的图层中的对象不仅不会被显示在绘图区中，也不会被打印出来。

在 AutoCAD 2017 中，关闭图层的方法有以下几种。

- 在【默认】选项卡的【图层】面板中单击【图层】下拉按钮，然后在弹出的下拉列表中单击需要关闭的图层前的图标，使其变成图标，如图 5-91 所示。
- 打开【图层特性管理器】选项板，在中间列表框中的【开】列下单击图标，使其变成图标，如图 5-92 所示。

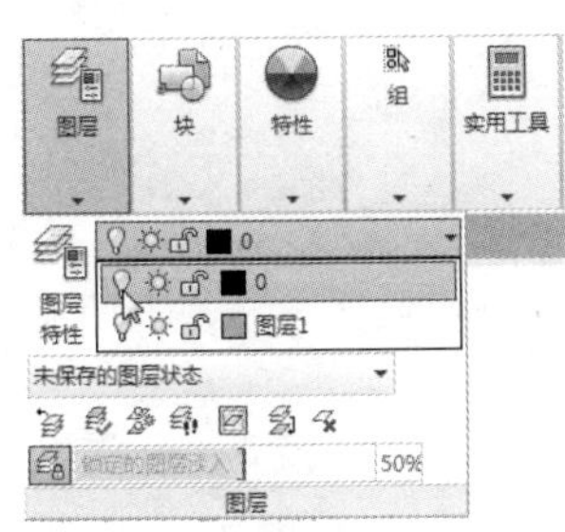

图 5-91　单击图层开/关图标 1

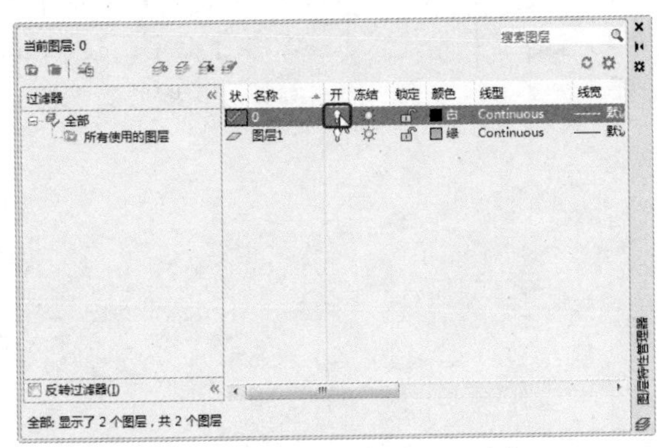

图 5-92　单击图层开/关图标 2

2．打开图层

在完成图形对象的编辑后，即可将隐藏的图层打开。

在 AutoCAD 2017 中，打开图层的方法有以下几种。

- 在【默认】选项卡的【图层】面板中单击【图层】下拉按钮，然后在弹出的下拉列表中单击需要打开的图层前的图标，使其变成图标。
- 打开【图层特性管理器】选项板，在中间列表框中的【开】列下单击图标，使其变成图标。

5.3.8 冻结与解冻图层

冻结图层有利于减少系统重生成图形的时间，并且被冻结的图层可以被解冻，但当前图层不能被冻结。

1．冻结图层

被冻结的图层不参与重生成计算，并且被冻结的图层中的对象不显示在绘图区中，用户不能对其进行编辑。

在 AutoCAD 2017 中，冻结图层的方法有以下几种。

- 在【默认】选项卡的【图层】面板中单击【图层】下拉按钮，在弹出的下拉列表中单击需要冻结的图层前的图标，使其变成图标。
- 打开【图层特性管理器】选项板，在中间列表框中的【冻结】列下单击图标，使其变成图标。

2．解冻图层

在 AutoCAD 2017 中，解冻图层的方法有以下几种。

- 在【默认】选项卡的【图层】面板中单击【图层】下拉按钮，在弹出的下拉列表中单击需要解冻的图层前的图标，使其变成图标。
- 打开【图层特性管理器】选项板，在中间列表框中的【冻结】列下单击图标，使其变成图标。

下面将简单介绍如何冻结与解冻图层，具体操作步骤如下。

（1）按【Ctrl+O】组合键打开【素材】|【Cha05】|【水槽立面图.dwg】素材文件，如图 5-93 所示。

（2）在命令行中输入【LAYER】命令，按【Enter】键确认，在弹出的【图层特性管理器】选项板中选择【标注】图层，并单击该图层右侧的图标，如图 5-94 所示。

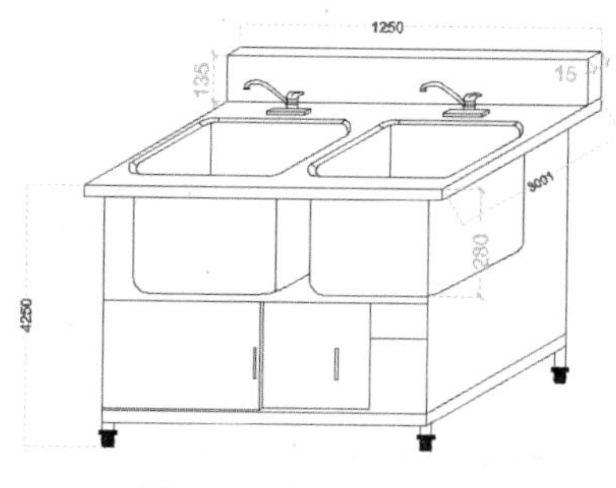

图 5-93　打开素材文件

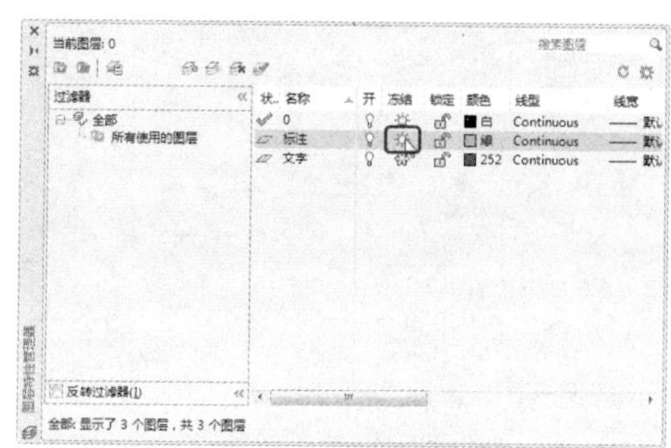

图 5-94　单击冻结图标

（3）执行该操作后，即可将该图层冻结。在冻结图层后，该图层中的对象将不会在绘图区中显示，效果如图 5-95 所示。

（4）在【图层特性管理器】选项板中选择【文字】图层，并单击该图层右侧的图标，如图 5-96 所示。

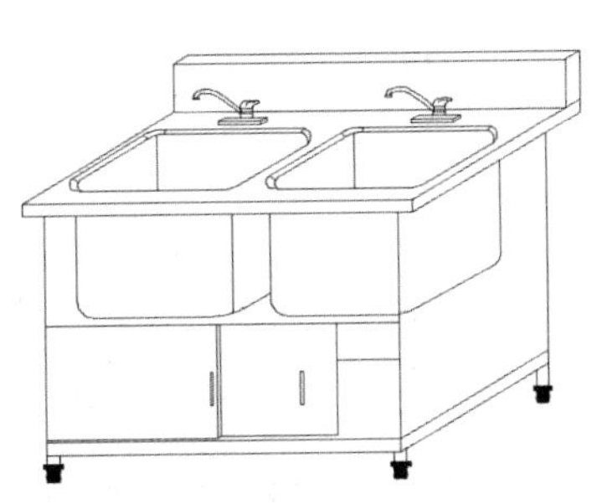

图 5-95　冻结【标注】图层后的效果

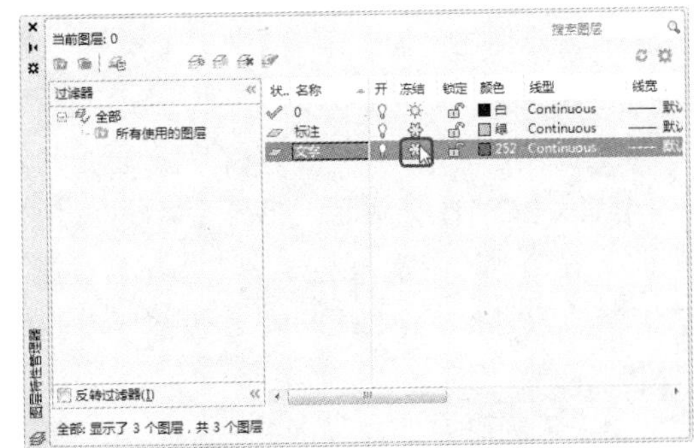

图 5-96　单击解冻图标

（5）执行该操作后，即可将【文字】图层解冻，同时该图层中的对象会在绘图区中显示，效果如图 5-97 所示。

除上述操作以外，在【默认】选项卡的【图层】面板中单击【图层】下拉按钮，在弹出的下拉列表中单击需要冻结的图层前的图标或图标，如图 5-98 所示，也可以实现冻结与解冻图层的效果。

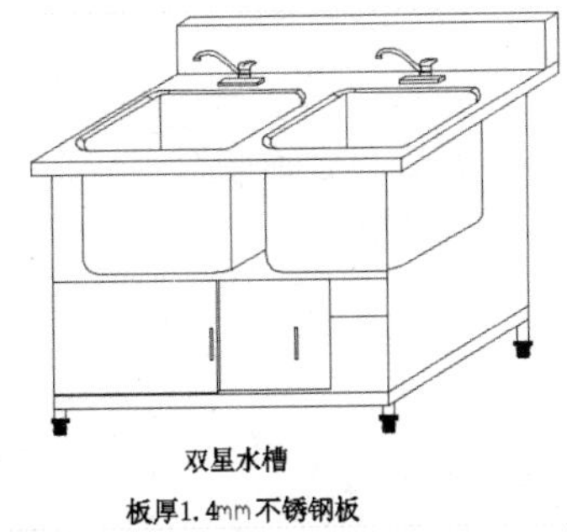

图 5-97　解冻【文字】图层后的效果

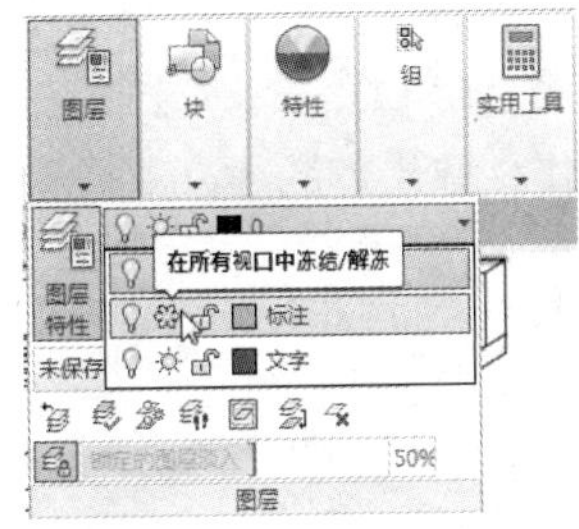

图 5-98　通过图层下拉按钮实现冻结与解冻图层

5.3.9　锁定与解锁图层

在绘制复杂的图形对象时，可以将不需要编辑的图层锁定，但被锁定的图层中的图形对象仍显示在绘图区中，只是不能对其进行编辑操作。

1. 锁定图层

在 AutoCAD 2017 中，锁定图层的方法有以下几种。

- 在【默认】选项卡的【图层】面板中单击【图层】下拉按钮，在弹出的下拉列表中单击需要锁定的图层前的图标，使其变成图标。
- 打开【图层特性管理器】选项板，在中间列表框中的【锁定】列下单击图标，使其变成图标。

2．解锁图层

在 AutoCAD 2017 中，解锁图层的方法有以下几种。

- 在【默认】选项卡的【图层】面板中单击【图层】下拉按钮 0，然后在弹出的下拉列表中单击需要解锁的图层前的图标，使其变成图标。
- 打开【图层特性管理器】选项板，在中间列表框中的【锁定】列下单击图标，使其变成图标。

下面练习控制图层状态的相关操作，以巩固本节所讲的知识。

（1）按【Ctrl+O】组合键打开【素材】|【Cha05】|【阀盖.dwg】素材文件，如图 5-99 所示。

（2）在命令行中输入【LAYER】命令，按【Enter】键确认，打开【图层特性管理器】选项板，选择【尺寸标注】图层，单击该图层右侧的图标，如图 5-100 所示。

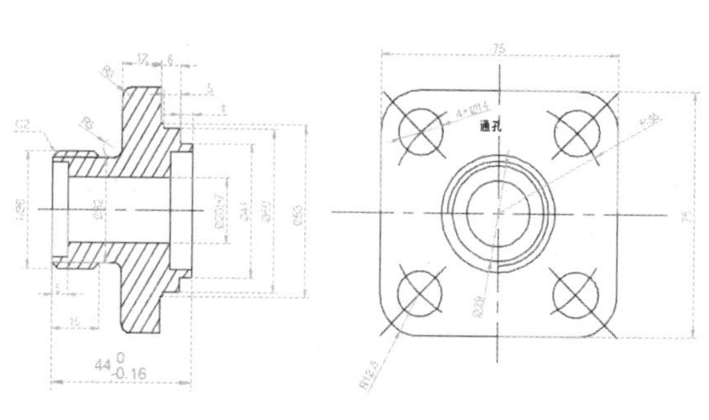

图 5-99　打开素材文件

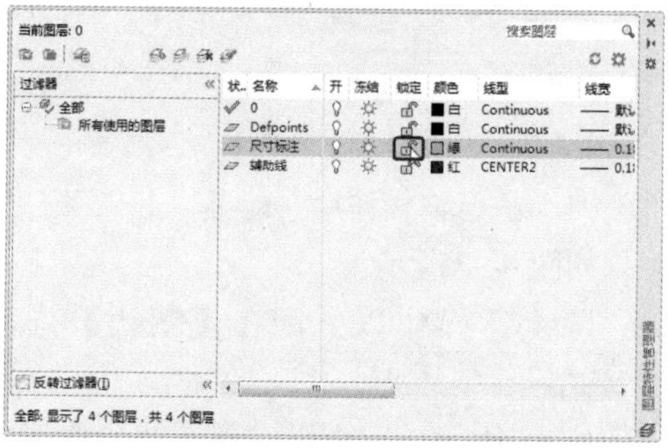

图 5-100　单击锁定图标

（3）执行该操作后，即可将【尺寸标注】图层锁定，如图 5-101 所示。

（4）将图层锁定后，该图层中的对象在绘图区中将会以变浅的颜色显示，并且不能对其进行任何操作，效果如图 5-102 所示。

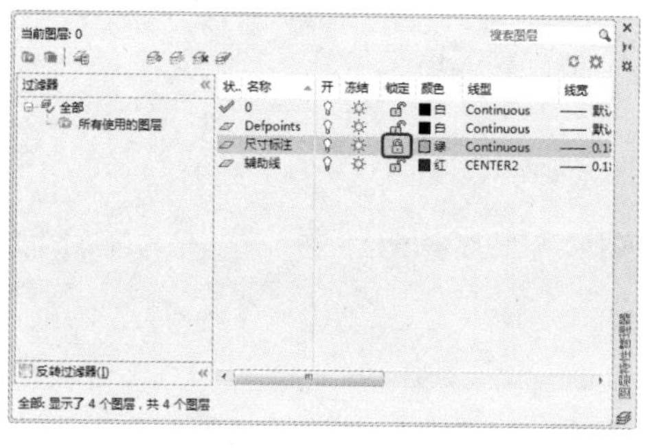

图 5-101　锁定图层

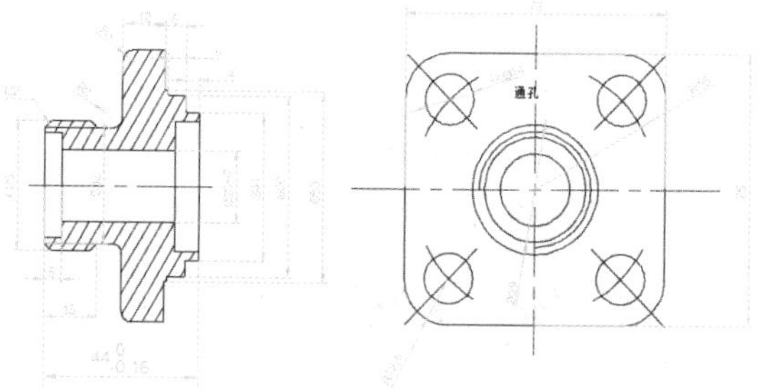

图 5-102　锁定图层后的对象显示效果

5.4　任务 16：定滑轮——使用图块

使用图块包括创建外部图块、插入单个图块、删除图块、重命名图块和分解图块等。下面将通过定滑轮来讲解如何使用图块，其效果如图 5-103 所示。具体操作步骤如下。

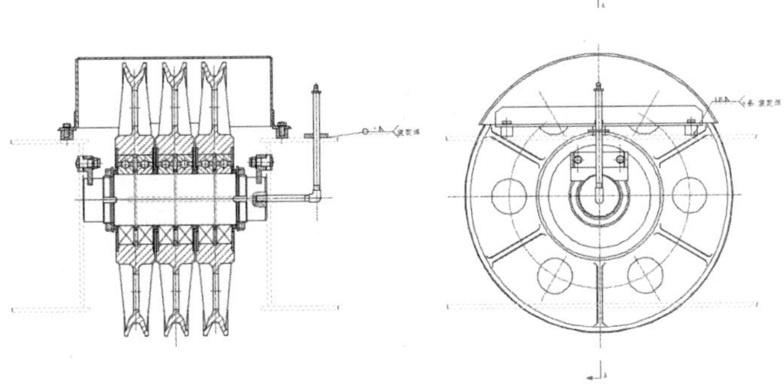

图 5-103　定滑轮效果

5.4.1　任务实施

（1）按【Ctrl+O】组合键打开【素材】|【Cha05】|【定滑轮平面图.dwg】素材文件，如图 5-104 所示。

（2）在命令行中输入【WBLOCK】命令，按【Enter】键确认，在弹出的对话框中单击【选择对象】按钮，如图 5-105 所示。

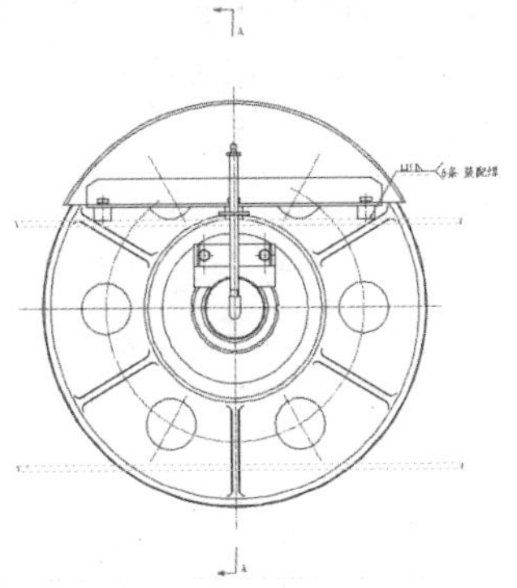

图 5-104　打开素材文件 1

图 5-105　单击【选择对象】按钮

（3）执行该操作后，在绘图区中选择要创建图块的对象，如图 5-106 所示。

（4）选择完成后，按【Enter】键确认，在【写块】对话框中单击【拾取点】按钮，如图 5-107 所示。

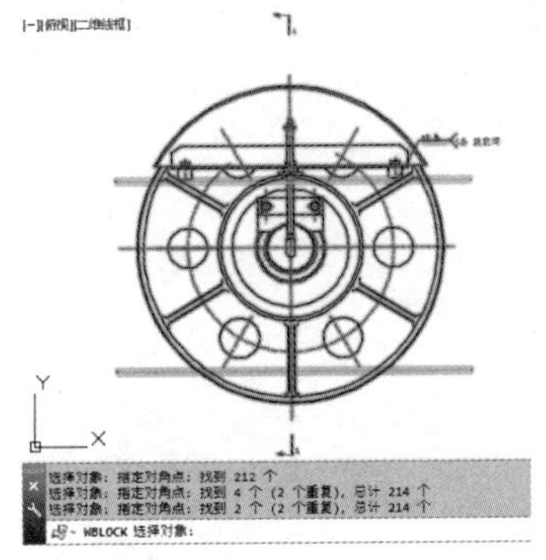

图 5-106　选择要创建图块的对象

图 5-107　单击【拾取点】按钮

（5）执行该操作后，在绘图区中指定插入基点，在此指定圆的圆心为插入基点，如图 5-108 所示。

（6）执行该操作后，在返回的【写块】对话框中单击【显示标准文件选择对话框】按钮，如图 5-109 所示。

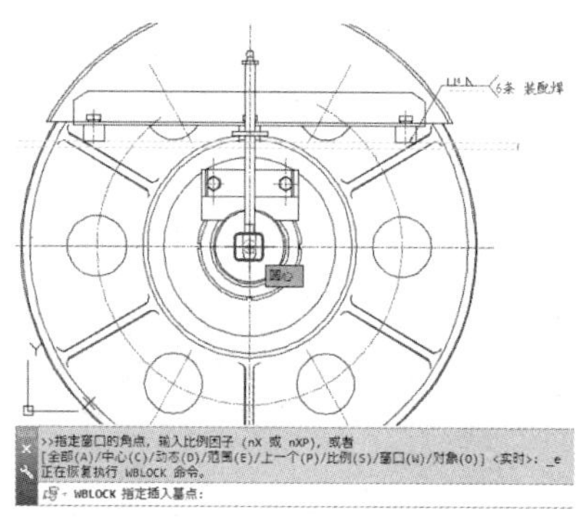
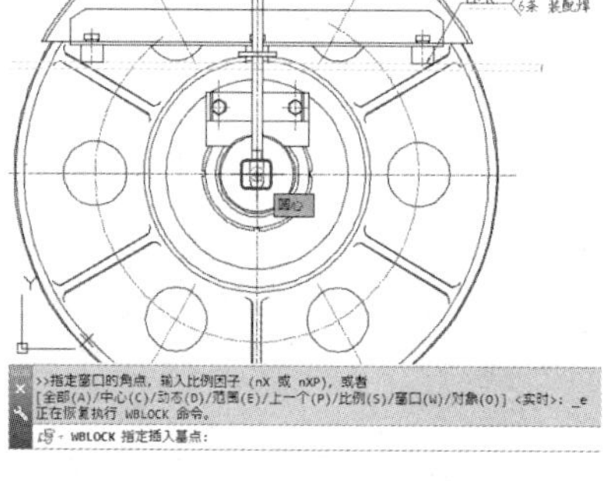

图 5-108　指定圆心为插入基点

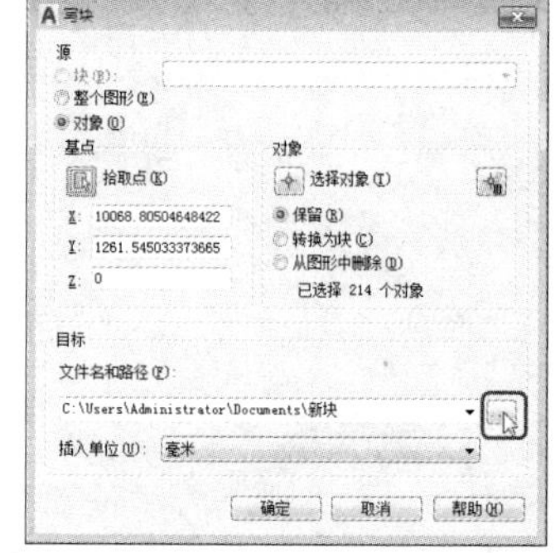

图 5-109　单击【显示标准文件选择对话框】按钮

（7）在弹出的【浏览图形文件】对话框中指定保存路径，并将【文件名】设置为【平面图】，如图 5-110 所示。

（8）设置完成后，单击【保存】按钮，在返回的【写块】对话框中单击【确定】按钮，按【Ctrl+O】组合键打开【素材】|【Cha05】|【定滑轮.dwg】素材文件，如图 5-111 所示。

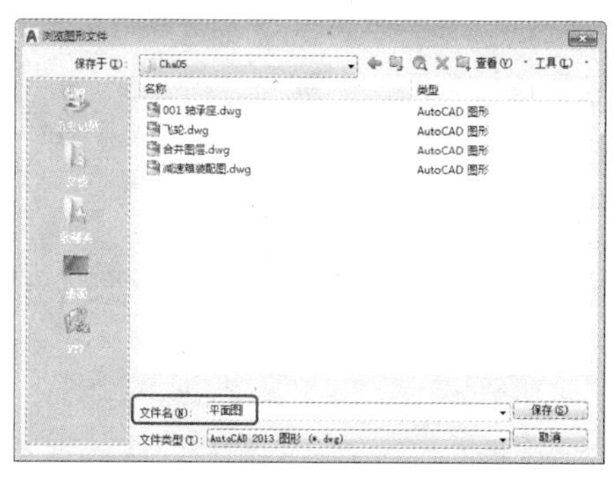

图 5-110　指定保存路径及文件名

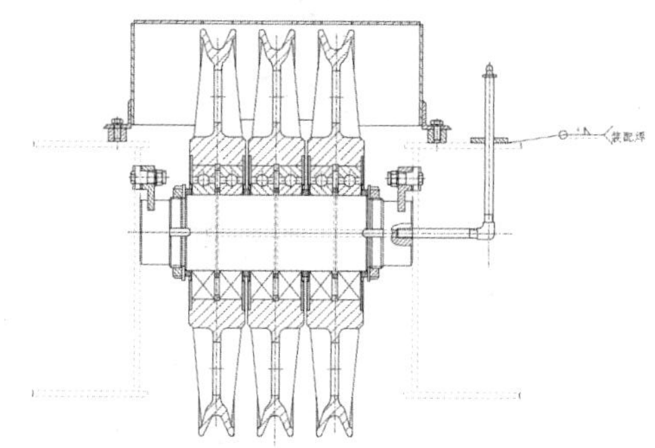

图 5-111　打开素材文件 2

（9）在命令行中输入【INSERT】命令，然后在弹出的【插入】对话框中单击【浏览】按钮 浏览(B)...，如图 5-112 所示。

（10）在弹出的【选择图形文件】对话框中选择前面保存的图块，如图 5-113 所示。

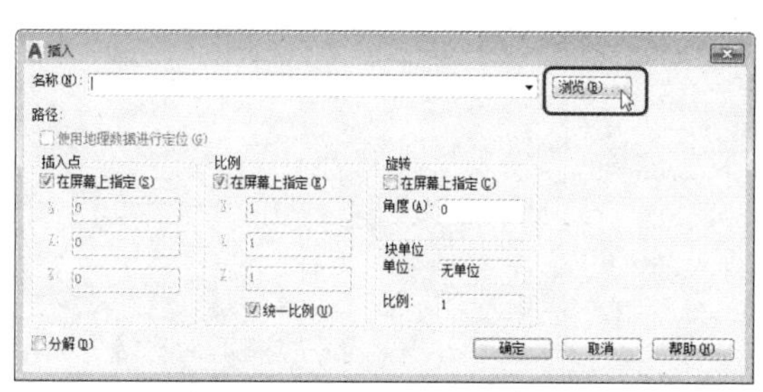

图 5-112　单击【浏览】按钮

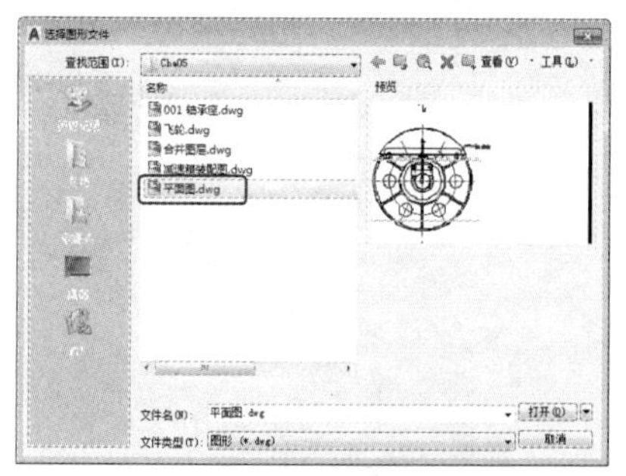

图 5-113　选择图块

（11）选择完成后，单击【打开】按钮，在返回的【插入】对话框中单击【确定】按钮，在绘图区中指定插入点，并根据命令行的提示输入【1】，按【Enter】键完成图块的插入，效果如图 5-114 所示。

（12）在命令行中输入【RENAME】命令，在弹出的【重命名】对话框中选择【命名对象】列表框中的【块】选项，在【项数】列表框中选择【平面图】选项，将其重命名为【定滑轮平面图】，如图 5-115 所示。

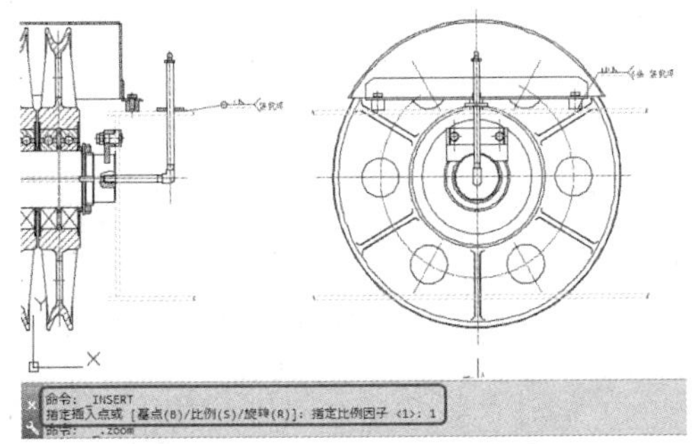

图 5-114　插入图块后的效果

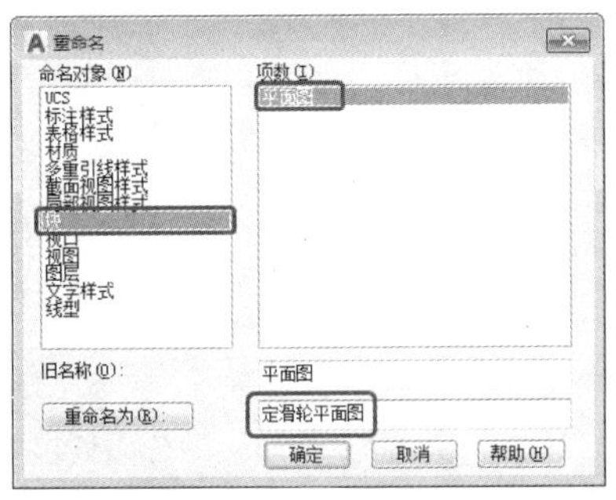

图 5-115　重命名图块

知识链接：

图块是一组图形对象的总称，是一个整体，但图块中的对象拥有各自的属性且互不影响。图 5-116 所示为非图块和图块的区别。图块多用于绘制重复、复杂的图形。

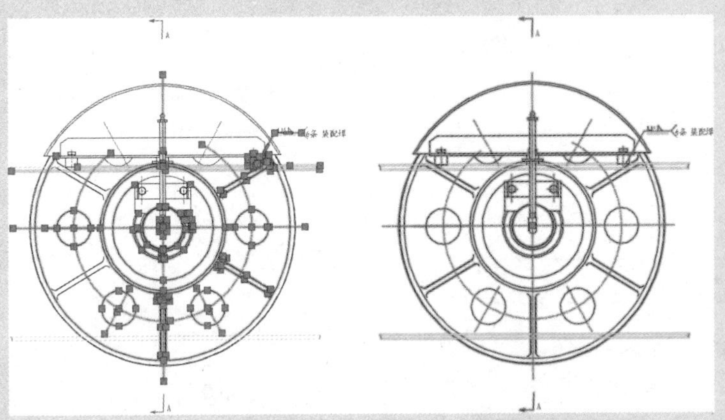

图 5-116　非图块和图块的区别

在使用 AutoCAD 进行绘图的过程中，经常需要绘制一些重复出现的图形。如果把这些图形做成图块并以文件的形式保存于计算机中，当需要使用时再将其调出，就可以避免大量的重复工作，从而提高工作效率。

在绘图的过程中，如果要保存图形中的每一个相关信息，就会占用大量的空间，因此可以把这些相同的图形先定义成一个图块，再插入所需的位置，从而节省大量的存储空间。

AutoCAD 还允许为图块创建具有文字信息的属性，并且可以在插入图块时指定是否显示这些属性。

（13）设置完成后，单击【确定】按钮，即可完成图块的重命名。在绘图区选择重命名后的图块，在命令行中输入【EXPLODE】命令，对选中的图块进行分解，效果如图 5-117 所示。

（14）在命令行中输入【PURGE】命令，在弹出的【清理】对话框中选择【块】|【定滑轮平面图】选项，单击【清理】按钮 清理(P) ，如图 5-118 所示。

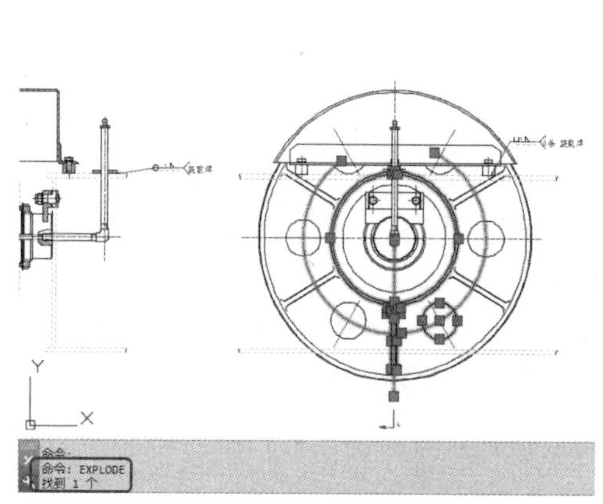

图 5-117 分解图块后的效果

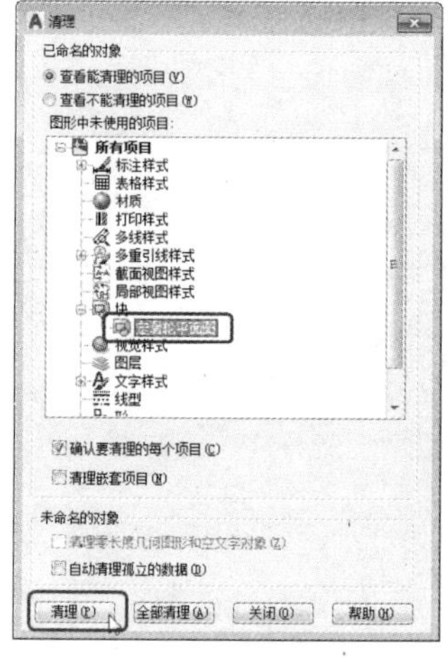

图 5-118 单击【清理】按钮

（15）在弹出的【清理-确认清理】对话框中单击【清理此项目】按钮，如图 5-119 所示。

（16）清理完成后，单击【关闭】按钮，即可将【定滑轮平面图】图块删除。用户可以通过【块】面板中的【插入】下拉列表查看删除图块后的效果，在该下拉列表中仅剩【定滑轮剖面图】图块，如图 5-120 所示。

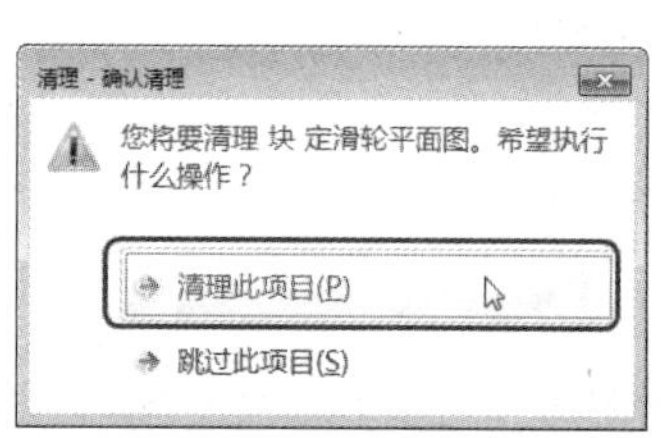

图 5-119 单击【清理此项目】按钮

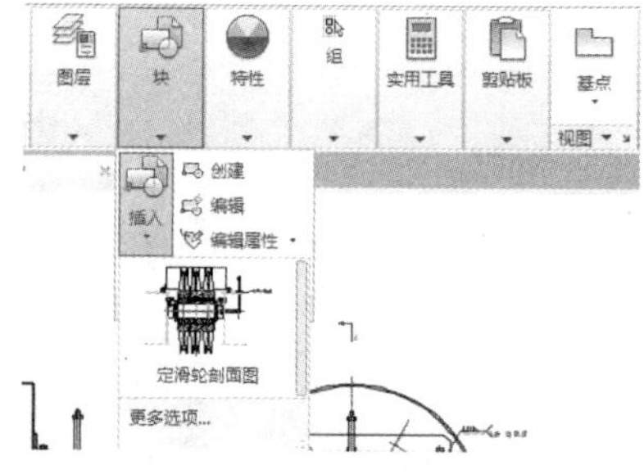

图 5-120 删除图块后的效果

> 提示：只有当图块已进行分解或者该图块处于未选中状态时，才可以删除图层。

5.4.2 创建内部图块

内部图块存储在图形文件内部，只能在存储该图块的文件中使用，不能在其他图形文件中使用。创建内部图块的方法有以下几种。

- 在【默认】选项卡的【块】面板中单击【创建】按钮 创建 。
- 在菜单栏中选择【绘图】|【块】|【创建】命令。
- 在命令行中执行【BLOCK】或【B】命令。

下面将通过实例讲解如何创建内部图块，具体操作步骤如下。

（1）按【Ctrl+O】组合键打开【素材】|【Cha05】|【齿轮.dwg】素材文件，如图 5-121 所示。

（2）在命令行中输入【BLOCK】命令，按【Enter】键确认，即可打开【块定义】对话框。在该对话框中单击【选择对象】按钮，如图 5-122 所示。

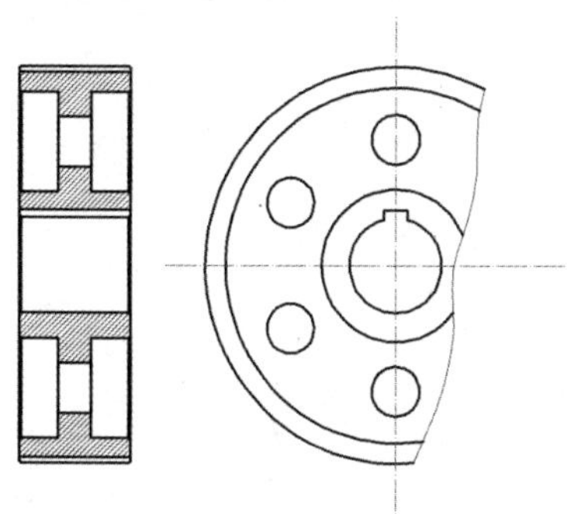

图 5-121 打开素材文件

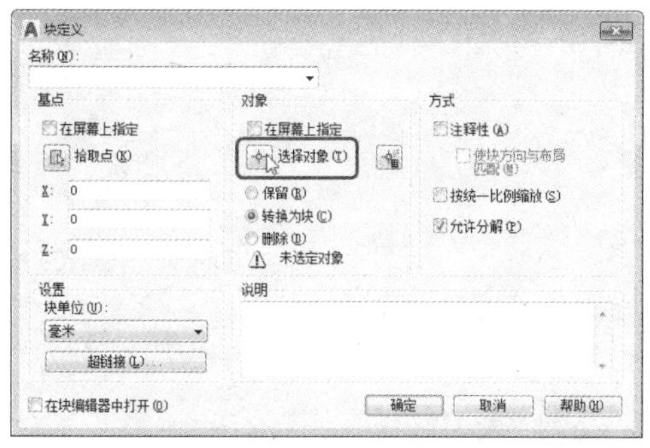

图 5-122 单击【选择对象】按钮

（3）执行该操作后，在绘图区中选择要创建图块的对象，如图 5-123 所示。

（4）按【Enter】键完成图块的选择，在返回的【块定义】对话框中单击【拾取点】按钮，如图 5-124 所示。

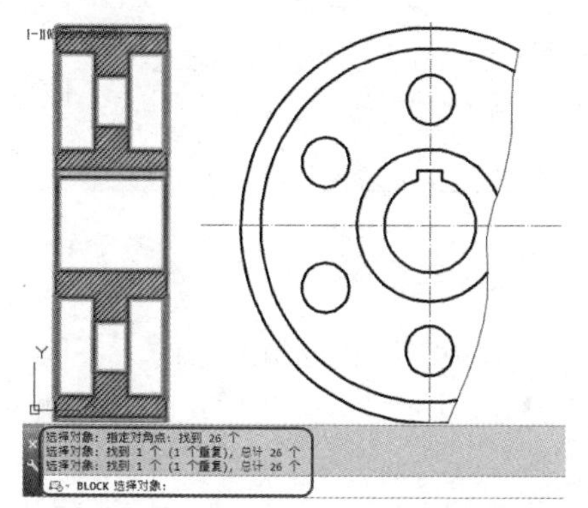

图 5-123 选择要创建图块的对象

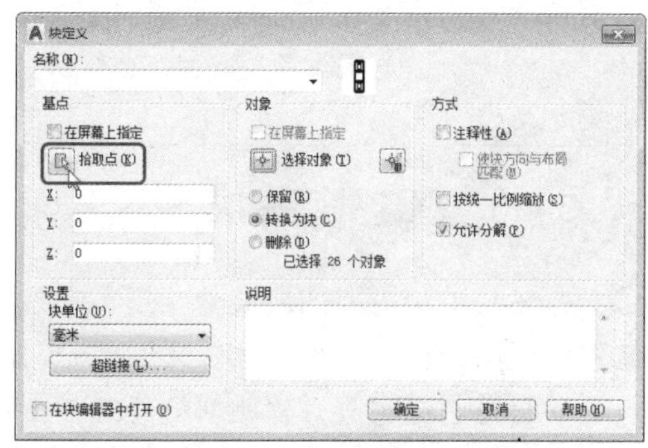

图 5-124 单击【拾取点】按钮

（5）执行该操作后，在绘图区中指定插入基点，如图 5-125 所示。

（6）在返回的【块定义】对话框中将【名称】设置为【齿轮立面图】，如图 5-126 所示。

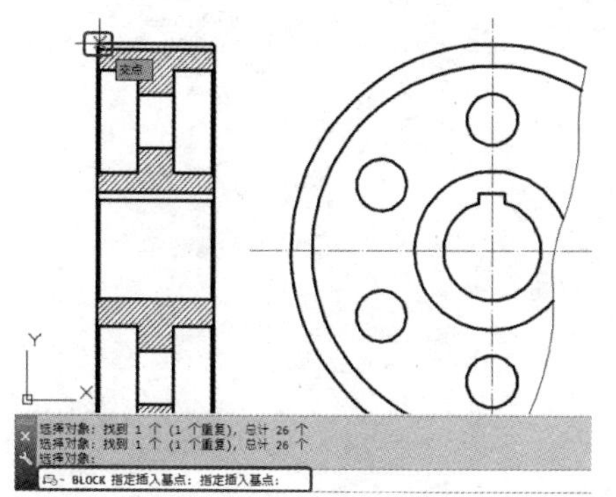

图 5-125 指定插入基点

图 5-126 设置图块的名称

（7）设置完成后，单击【确定】按钮，即可完成内部图块的创建，效果如图 5-127 所示。

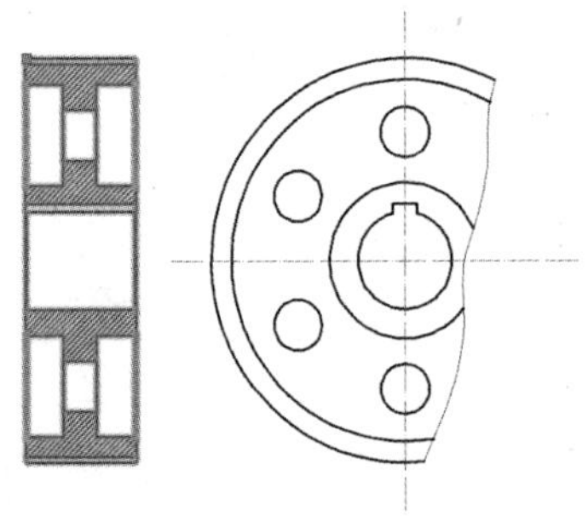

图 5-127 创建内部图块后的效果

知识链接：

在【块定义】对话框的【对象】选项组中，各单选按钮的含义如下。

- 【保留】单选按钮：选中该单选按钮，则被定义为图块的源对象仍然以原格式保留在绘图区中。
- 【转换为块】单选按钮：选中该单选按钮，则在定义内部图块后，绘图区中被定义为图块的源对象会被同时转换为图块。
- 【删除】单选按钮：选中该单选按钮，则在定义内部图块后，将删除绘图区中被定义为图块的源对象。

5.4.3 创建外部图块

外部图块与内部图块恰恰相反，它是以文件的形式被保存到计算机中的，可以随时对其进行调整。在命令行中执行【WBLOCK】或【W】命令，即可开始创建外部图块。

下面将通过实例讲解如何创建外部图块，具体操作步骤如下。

（1）按【Ctrl+O】组合键打开【素材】|【Cha05】|【清扫口大样.dwg】素材文件，如图 5-128 所示。

（2）在命令行中输入【WBLOCK】命令，按【Enter】键确认，在弹出的对话框中单击【选择对象】按钮，如图 5-129 所示。

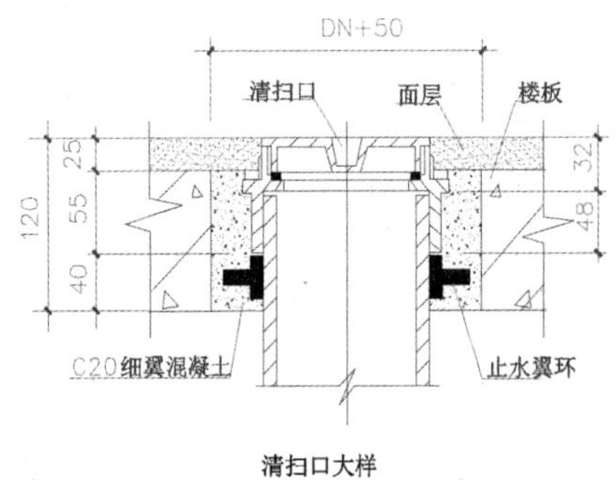

图 5-128 打开素材文件

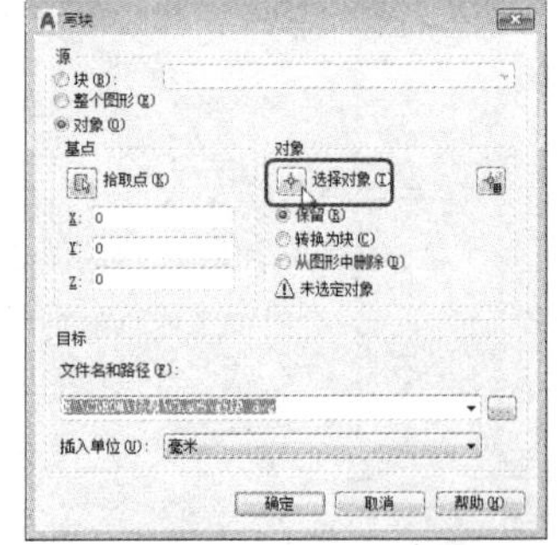

图 5-129 单击【选择对象】按钮

（3）执行该操作后，在绘图区中选择要创建图块的对象，如图 5-130 所示。

（4）选择完成后，按【Enter】键确认，在【写块】对话框中单击【拾取点】按钮，如图 5-131 所示。

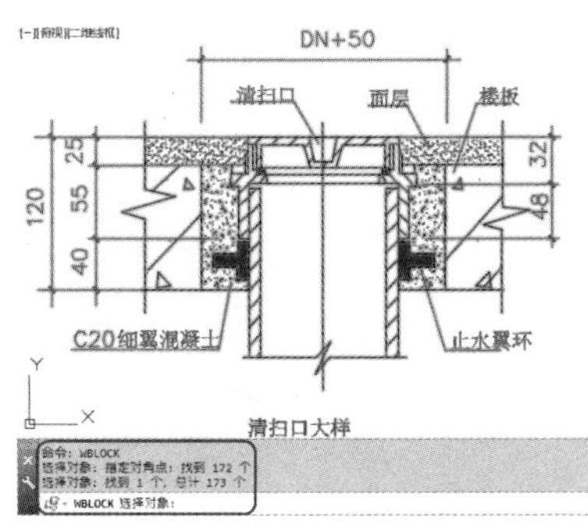

图 5-130　选择要创建图块的对象

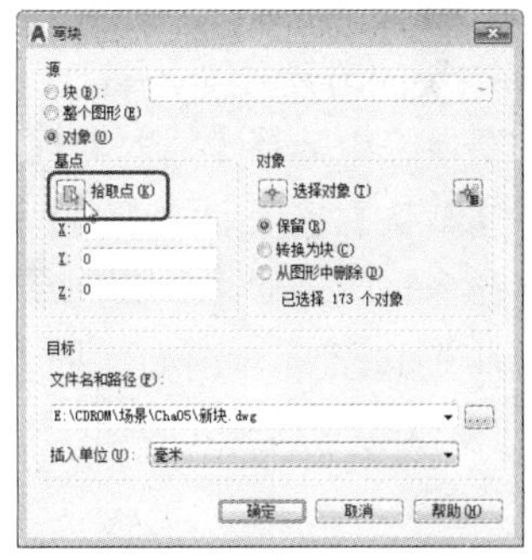

图 5-131　单击【拾取点】按钮

（5）执行该操作后，在绘图区中指定插入基点，在此指定中间垂直直线的中点为插入基点，如图 5-132 所示。

（6）执行该操作后，在返回的【写块】对话框中单击【显示标准文件选择对话框】按钮，如图 5-133 所示。

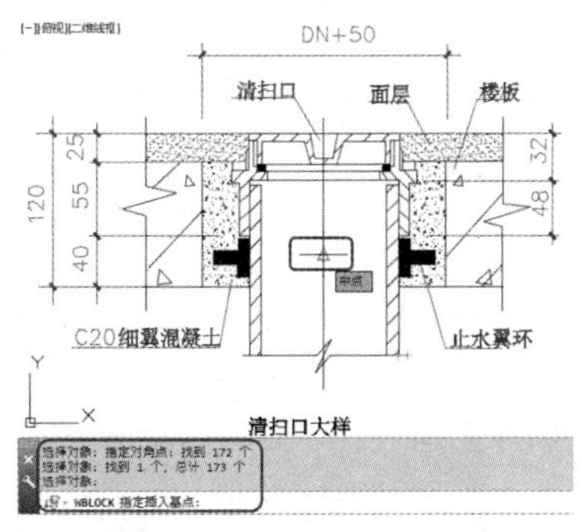

图 5-132　指定插入基点

图 5-133　单击【显示标准文件选择对话框】按钮

（7）在弹出的对话框中指定保存路径，将【文件名】设置为【清扫口大样-外部块】，如图 5-134 所示。

（8）设置完成后，单击【保存】按钮，在返回的【写块】对话框中单击【确定】按钮，即可创建外部图块。创建外部图块后，该图块对绘图区中的对象没有任何影响，用户还可以对其中某个单独的图形进行编辑，如图 5-135 所示。

图 5-134　指定保存路径及文件名

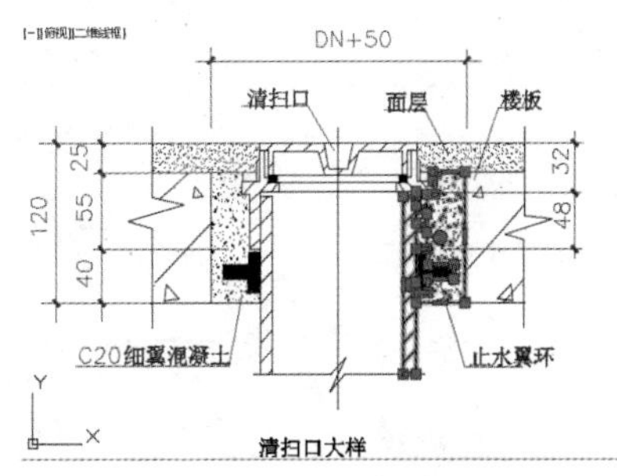

图 5-135　创建外部图块后的效果

5.4.4 插入单个图块

图块创建完成后，在绘制图形过程中就可以将其插入需要的位置了。插入单个内部图块与外部图块的方法完全一样。

- 在菜单栏中选择【插入】|【块】命令。
- 在【默认】选项卡的【块】面板中单击【插入】按钮。
- 在命令行中执行【INSERT】或【DDINSERT】命令。

下面将通过实例介绍如何插入单个图块，具体操作步骤如下。

（1）按【Ctrl+O】组合键打开【素材】|【Cha05】|【气门摇杆轴支座.dwg】素材文件，如图 5-136 所示。

（2）在命令行中输入【INSERT】命令，在弹出的【插入】对话框中单击【浏览】按钮，如图 5-137 所示。

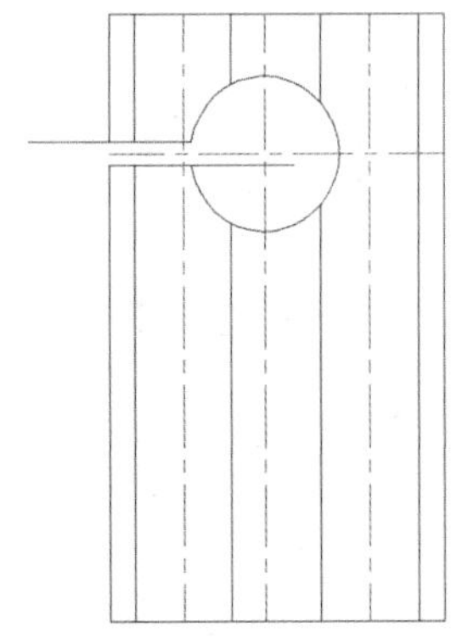

图 5-136　打开素材文件

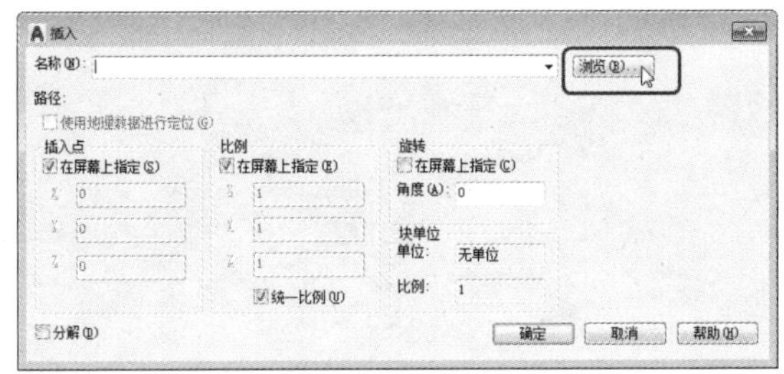

图 5-137　单击【浏览】按钮

（3）在弹出的【选择图形文件】对话框中选择要插入的图形文件，如图 5-138 所示。

（4）单击【打开】按钮，在返回的【插入】对话框中单击【确定】按钮，在绘图区中指定插入基点，根据命令行的提示输入【1】，按【Enter】键完成图块的插入，效果如图 5-139 所示。

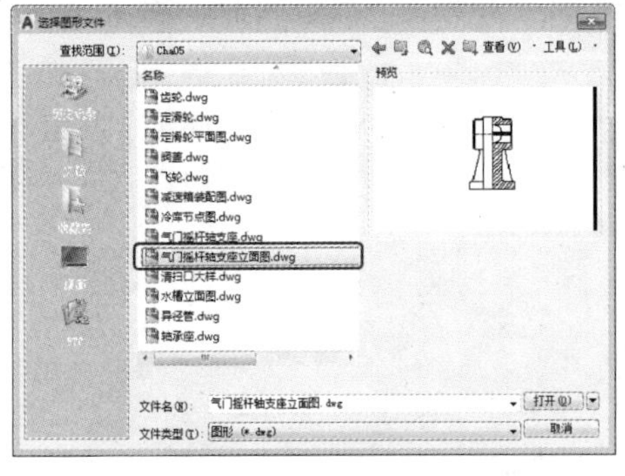

图 5-138　选择要插入的图形文件

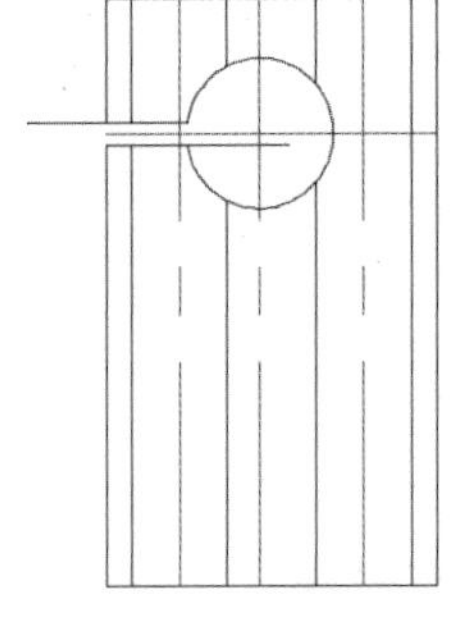

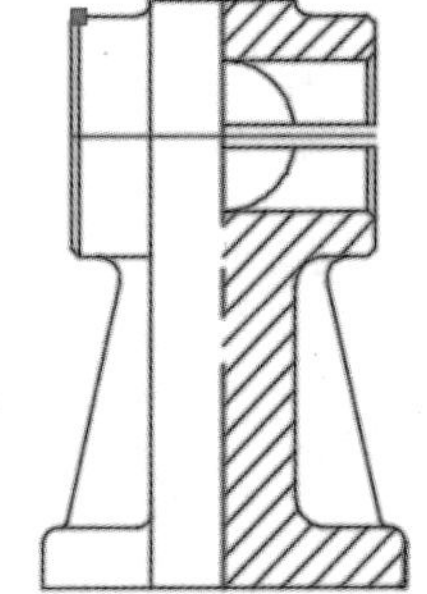

图 5-139　插入图块后的效果

> **提示：**若要插入内部图块，则在【插入】对话框的【名称】下拉列表中选择需要的图块名称，然后单击【确定】按钮即可，但该操作必须在保存内部图块的图形文件中进行。

5.4.5 插入多个图块

若要一次性插入多个相同的图块，则可以使用阵列、定数等分和定距等分方式。

1. 以阵列方式插入多个图块

阵列方式是在需要插入多个相同的图块时，以矩形阵列的方式将其插入图形中。以阵列方式插入多个图块，需要在命令行中执行【MINSERT】命令。

（1）按【Ctrl+O】组合键打开【素材】|【Cha05】|【台灯.dwg】素材文件，如图5-140所示。

（2）在命令行中输入【MINSERT】命令，根据命令行的提示输入【台灯】，按【Enter】键确认，在绘图区中指定第一个图块的插入点，根据命令行的提示输入【1】，按两次【Enter】键确认，指定旋转角度为【0】，按【Enter】键确认，根据命令行的提示输入行数为【3】，按【Enter】键确认，输入列数为【5】，按【Enter】键确认，根据命令行的提示输入阵列的行间距为【628】，按【Enter】键确认，指定列间距为【628】，按【Enter】键完成多个图块的插入，效果如图5-141所示。

> **提示**：在插入多个图块之前，需要保证当前文档中有内部图块，否则无法插入多个图块对象。

图5-140 打开素材文件

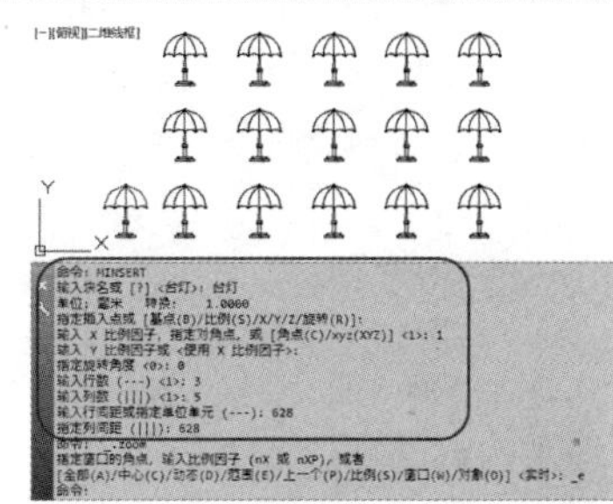

图5-141 以阵列方式插入多个图块后的效果

2. 以定数等分方式插入多个图块

在使用定数等分方式插入图块时，只能插入内部图块，不能插入外部图块。以定数等分方式插入多个图块，需要在命令行中执行【DIVIDE】命令。

（1）按【Ctrl+O】组合键打开【素材】|【Cha05】|【罗马柱.dwg】素材文件，如图5-142所示。

（2）在命令行中输入【DIVIDE】命令，选择绘图区中的直线，在命令行中输入【B】，输入要插入图块的名称，这里输入【罗马柱】，并按【Enter】键确认，然后在命令行中输入【Y】，按【Enter】键确认，输入线段数目为【5】，以定数等分方式插入多个图块，效果如图5-143所示。

图5-142 打开素材文件

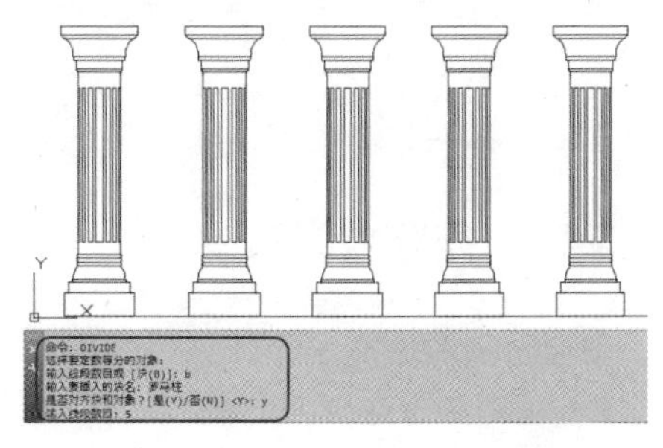

图5-143 以定数等分方式插入多个图块后的效果

3．以定距等分方式插入多个图块

以定距等分方式插入多个图块与以定数等分方式插入多个图块的方法类似，具体操作步骤如下。

（1）在命令行中执行【MEASURE】命令，选择被等分的对象，在命令行中输入【B】，按【Enter】键确认，输入要插入图块的名称，按【Enter】键确认。

（2）在命令行中输入【Y】，按【Enter】键确认，输入间隔的长度，按【Enter】键确认，即可以定距等分方式插入多个图块。

5.4.6 通过设计中心插入图块

设计中心是 AutoCAD 绘图的一项特色，其中包含了多种图块，通过它可以方便地将这些图块应用到图形中。打开【设计中心】选项板的方法有以下几种。

- 在【视图】选项卡的【选项板】面板中单击【设计中心】按钮。
- 在菜单栏中选择【工具】|【选项板】|【设计中心】命令。
- 按【Ctrl+2】组合键。

在执行上述任意一种操作后，都将打开【设计中心】选项板，在该选项板中调用图块的方法有以下几种。

- 将图块直接拖动到绘图区中，按照默认设置将其插入，如图 5-144 所示。

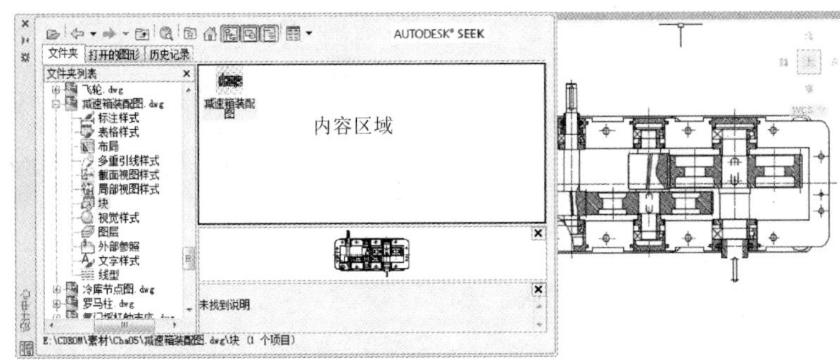

图 5-144　插入图块

- 右击内容区域中的某个项目，在弹出的快捷菜单中选择【插入为块】命令。
- 双击相应的图块，将弹出【插入】对话框；双击填充图案，将弹出【边界图案填充】对话框。通过这两个对话框也可以将图块插入绘图区中。

> **提示：** 在将【设计中心】选项板中的某图块添加到绘图区中后，该选项板不会自动关闭，用户可以根据需要继续添加，若不需要继续添加，则可以单击选项板左上角的【关闭】按钮，关闭该选项板。

5.4.7 删除内部图块

删除内部图块与删除计算机中的其他文件一样简单。删除内部图块的方法有以下几种。

- 在菜单栏中选择【文件】|【图形实用工具】|【清理】命令。
- 在命令行中执行【PURGE】命令。

删除内部图块的具体操作过程如下。

（1）在命令行中执行【PURGE】命令，弹出【清理】对话框，选中【查看能清理的项目】单选按钮。

（2）在【图形中未使用的项目】列表框中双击【块】选项，显示当前图形文件中的所有内部图块。然后选择要删除的图块，单击【清理】按钮，如图 5-145 所示。

（3）在单击【清理】按钮后，将会弹出【清理-确认清理】对话框，提示是否清理所选的图块，如图 5-146 所示。

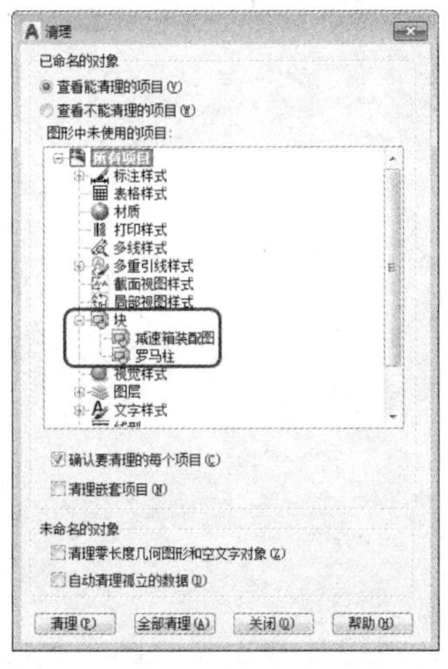

图 5-145　选择要删除的图块

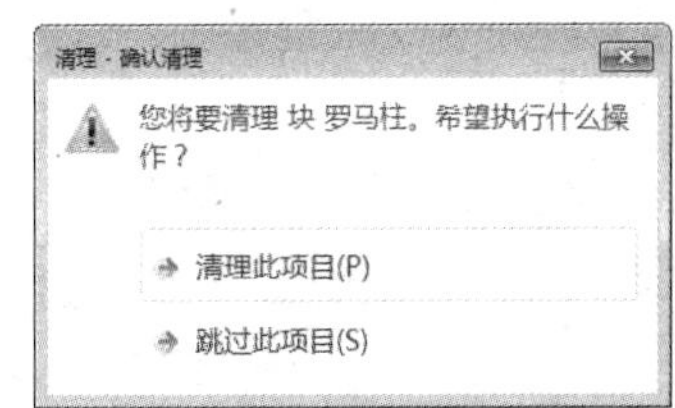

图 5-146　【清理-确认清理】对话框

提示：如果需要清理该文件中的多个内部图块，则可以在【清理】对话框中按住 Ctrl 键选择多个要删除的图块，然后单击【清理】按钮。

5.4.8　重命名图块

对于内部图块，可直接在保存目录中进行重命名，其方法比较简单。在命令行中执行【RENAME】或【REN】命令即可对内部图块进行重命名，具体操作过程如下。

（1）在命令行中执行【RENAME】命令，弹出【重命名】对话框，然后在左侧的【命名对象】列表框中选择【块】选项。此时在【项数】列表框中即可显示当前图形文件中的所有内部图块，选择要重命名的图块，在下方的【旧名称】文本框中会自动显示该图块的名称。在【重命名为】按钮右侧的文本框中输入新的名称，然后单击【重命名为】按钮确认重命名操作，如图 5-147 所示。

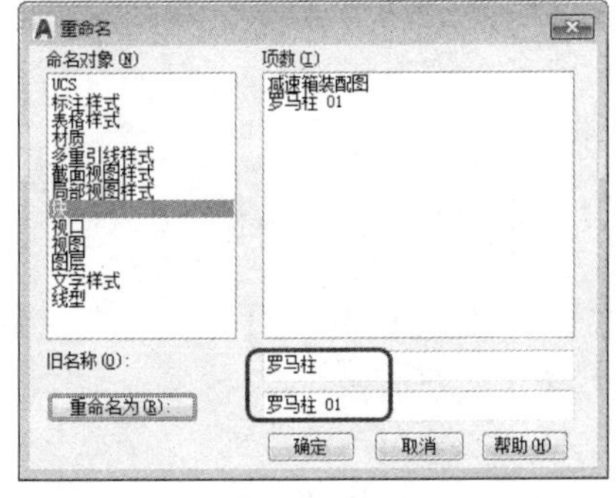

图 5-147　重命名操作

（2）单击【确定】按钮，关闭【重命名】对话框。如果需要重命名多个图块名称，则可以在该对话框中继续选择要重命名的图块，然后进行相关操作，最后单击【确定】按钮，关闭【重命名】对话框。

5.4.9 分解图块

插入的图块是一个整体，但有时因为绘图的要求，需要将该图块分解后才能使用各种编辑命令对其进行编辑。分解图块的方法有以下几种。

- 在菜单栏中选择【修改】|【分解】命令。
- 在【默认】选项卡的【修改】面板中单击【分解】按钮。
- 在命令行中执行【EXPLODE】或【X】命令。

在执行上述任意一种操作后，按【Enter】键即可分解图块。图块被分解后，其各个组成元素将变为单独的对象，此时可单独对其各个组成元素进行编辑。

如果插入的图块是以等分方式插入的，则分解后它将成为原始对象组件；如果插入图块时在 *X*、*Y*、*Z* 轴方向上设置了不同的比例，则图块可能被分解成未知的对象。

> **提示**：对于多段线、矩形、多边形和填充图案等对象，也可以使用 EXPLODE 命令进行分解，但直线、样条曲线、圆、圆弧和单行文字等对象不能被分解，使用阵列命令插入的图块也不能被分解。

5.5 任务 17：饮料机大样图——图块属性与外部参照

图块属性不能独立存在和使用，只有在图块的插入过程中才会出现。图块属性可以是图块的名称、用途、部件号及机件的型号等。下面将通过饮料机大样图来介绍如何定义图块属性，其效果如图 5-148 所示。具体操作步骤如下。

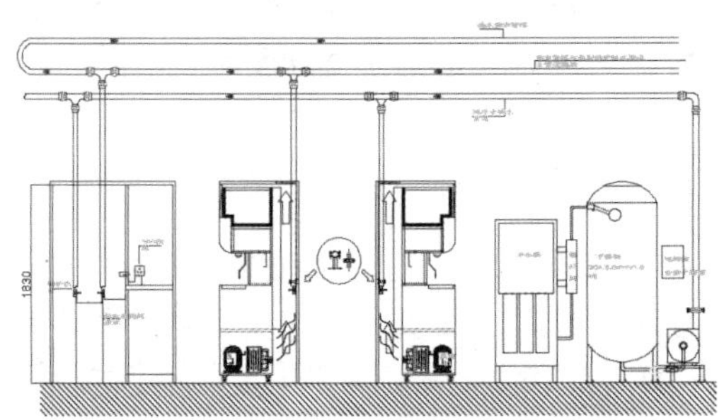

图 5-148 饮料机大样图

5.5.1 任务实施

（1）按【Ctrl+O】组合键打开【素材】|【Cha05】|【饮料机施工大样图.dwg】素材文件，如图 5-149 所示。

（2）使用定义内部块的方法将其定义为内部图块，在命令行中执行【ATTDEF】命令，弹出【属性定义】对话框。在【属性】选项组的【标记】【提示】【默认】文本框中分别输入【饮料机施工大样图】【饮料机】【饮料机】，在【文字高度】文本框中输入【450】，如图 5-150 所示。

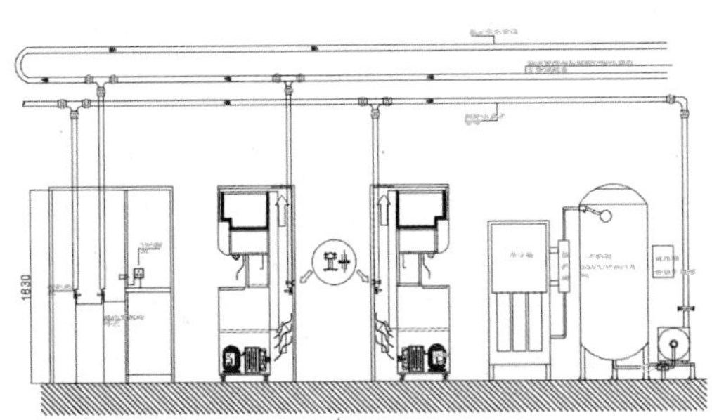

图 5-149　打开素材文件

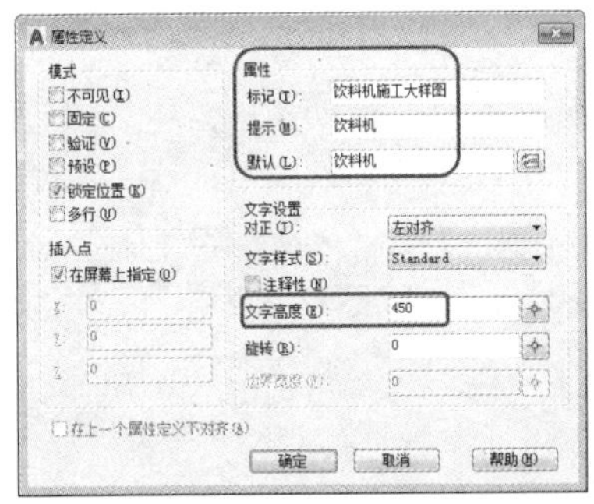

图 5-150　定义属性

（3）单击【确定】按钮，返回绘图区，在图块下方单击鼠标，定义属性后的图块效果如图 5-151 所示。

（4）在命令行中输入【BLOCK】命令，按【Enter】键确认，在弹出的【块定义】对话框中单击【选择对象】按钮，在绘图区中选择如图 5-152 所示的对象。

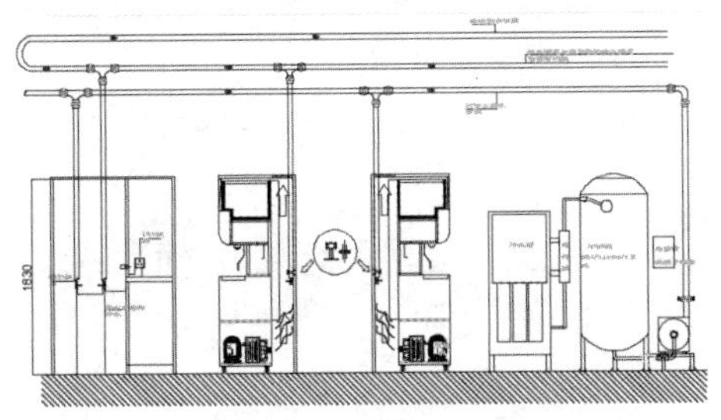

图 5-151　定义属性后的图块效果

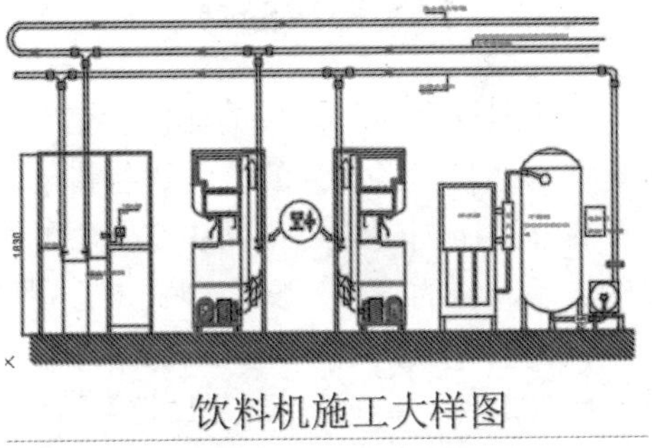

图 5-152　选择对象

（5）按【Enter】键确认，在返回的【块定义】对话框中单击【拾取点】按钮，在绘图区中指定基点，如图 5-153 所示。

（6）在返回的【块定义】对话框中将【名称】设置为【饮料机】，如图 5-154 所示。

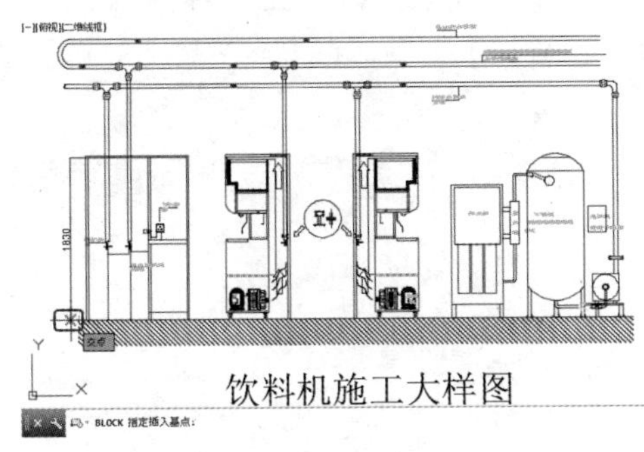

图 5-153　指定基点

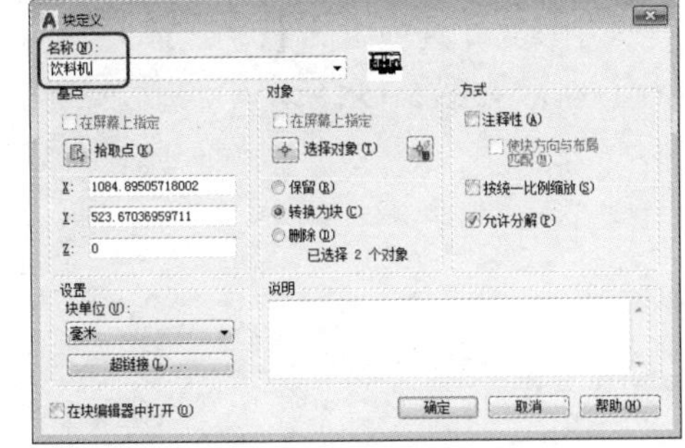

图 5-154　设置【名称】

（7）设置完成后，单击【确定】按钮，弹出【编辑属性】对话框，在第一个文本框中输入【饮料机大样图】，如图 5-155 所示。

（6）设置完成后，单击【确定】按钮，返回绘图区，即可看到编辑后的效果，如图 5-156 所示。

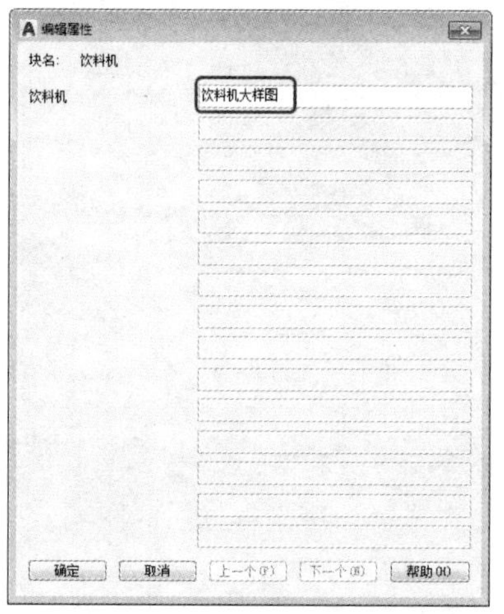

图 5-155 【编辑属性】对话框

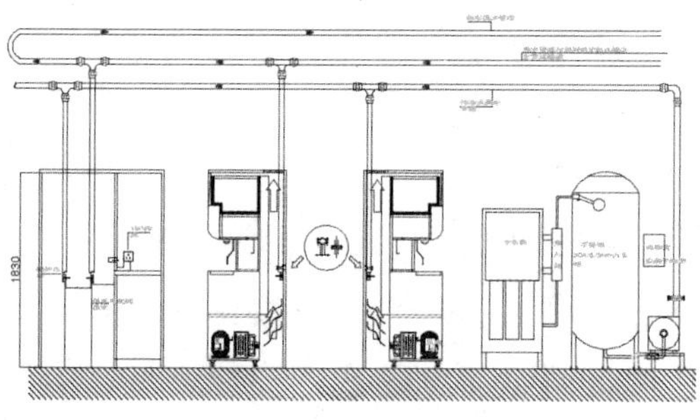

饮料机大样图

图 5-156 编辑后的效果

5.5.2 定义图块属性

图块属性反映了图块的非图形信息。图块属性和图块一样，都可以被修改。下面分别对定义属性和编辑属性的方法进行讲解。

属性是所创建的包含在块定义中的对象，包括标记（标识属性的名称）、插入图块时显示的提示、值的信息、文字样式、位置和任何可选模式。定义属性的方法有以下 3 种。

- 在【默认】选项卡的【块】面板中单击【定义属性】按钮。
- 在【插入】选项卡的【属性】面板中单击【定义属性】按钮。
- 在命令行中执行【ATTDEF】或【ATT】命令。

定义图块属性的具体操作过程如下。

（1）按【Ctrl+O】组合键打开【素材】|【Cha05】|【桌椅.dwg】素材文件，如图 5-157 所示。

（2）在命令行中执行【ATTDEF】命令，弹出【属性定义】对话框。在【属性】选项组的【标记】文本框中输入【台灯】，在【提示】文本框中输入【灯】，在【默认】文本框中输入【灯】，在【文字设置】选项组的【对正】下拉列表中选择【左对齐】选项，在【文字高度】文本框中输入【60】，如图 5-158 所示。

图 5-157 打开素材文件

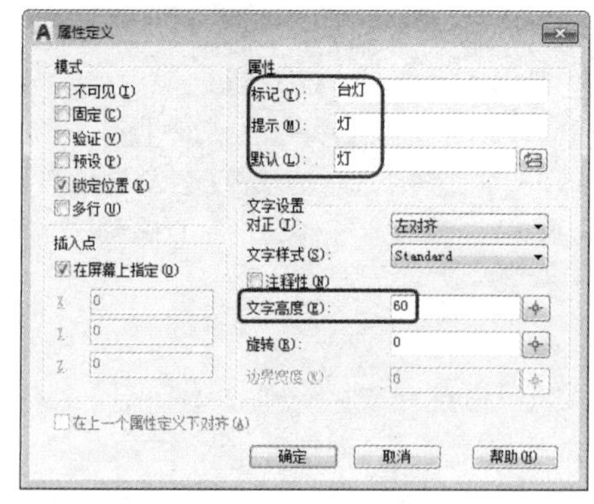

图 5-158 定义图块属性

（3）设置完成后，单击【确定】按钮，在绘图区中指定插入基点，定义图块属性后的效果如图 5-159 所示。

图 5-159 定义图块属性后的效果

【属性定义】对话框的【模式】选项组用于设置属性的模式，各复选框的含义如下。

- 【不可见】复选框：在插入图块并输入图块的属性值后，该属性值不在图中显示。
- 【固定】复选框：定义的属性值是常量。在插入图块时，属性值将保持不变。
- 【验证】复选框：在插入图块时，系统将对用户输入的属性值给出校验提示，以确认输入的属性值是否正确。
- 【预设】复选框：在插入图块时，将直接以图块默认的属性值插入。
- 【锁定位置】复选框：在插入图块时，位置将保持不变。
- 【多行】复选框：勾选该复选框，可以设置边界宽度、设置多行文字。

5.5.3 插入带属性的图块

在创建带属性的图块时，需要同时选择图块属性作为图块的成员对象。在带属性的图块创建完成后，即可在插入图块时为其指定相应的属性值。插入带属性的图块有以下几种方式。

- 在【默认】选项卡的【块】面板中单击【插入】按钮。
- 在命令行中执行【INSERT】或【I】命令。

5.5.4 修改图块属性

在插入带属性的图块后，选择带属性的图块，然后单击【编辑属性】按钮，将弹出【增强属性编辑器】对话框，如图 5-160 所示。该对话框中列出了选定的图块实例中的属性并显示了每个属性的特性。如果认为这些属性值不符合自己的要求，还可以对它们进行修改，方法如下。

- 在命令行中执行【DDATTE】或【ATE】命令。

在命令行中执行【DDATTE】命令，修改图块属性值，需要在选择定义属性的图块后，打开【编辑属性】对话框，如图 5-161 所示。在该对话框中可以为带属性的图块指定新的属性值，但不能编辑文字选项或其他特性。

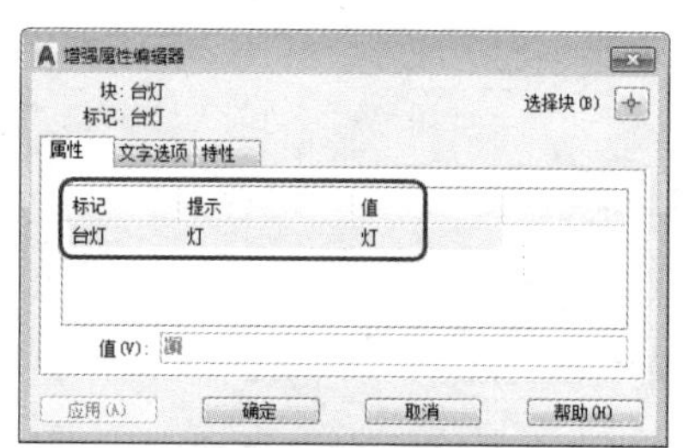

图 5-160　【增强属性编辑器】对话框

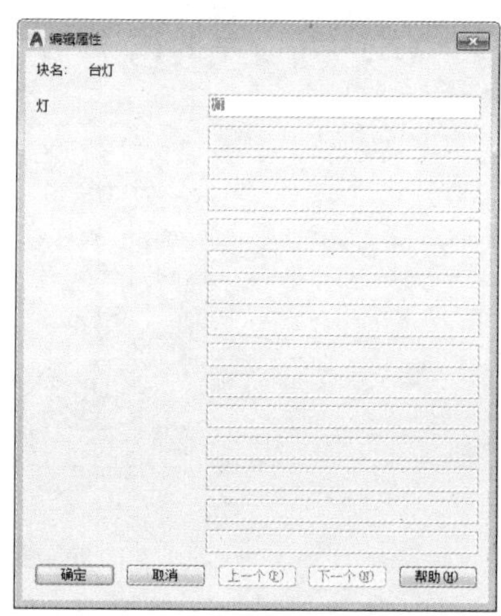

图 5-161　【编辑属性】对话框

5.5.5　附着外部参照

附着外部参照，就是将存储在外部媒介上的外部参照链接到当前图形中的一种操作。在 AutoCAD 2017 中执行【附着】命令的方法有以下几种。

- 在【插入】选项卡的【参照】面板中单击【附着】按钮。
- 在命令行中执行【XATTACH】或【ATTACH】命令。

在执行上述任意一种操作后，具体操作过程如下。

（1）启动软件，新建一个空白文档，在命令行中输入【XATTACH】命令，在弹出的对话框中选择【素材】|【Cha05】|【餐厅包厢立面图.dwg】素材文件，如图 5-162 所示。

（2）单击【打开】按钮，在弹出的【附着外部参照】对话框中选中【附着型】单选按钮，如图 5-163 所示。

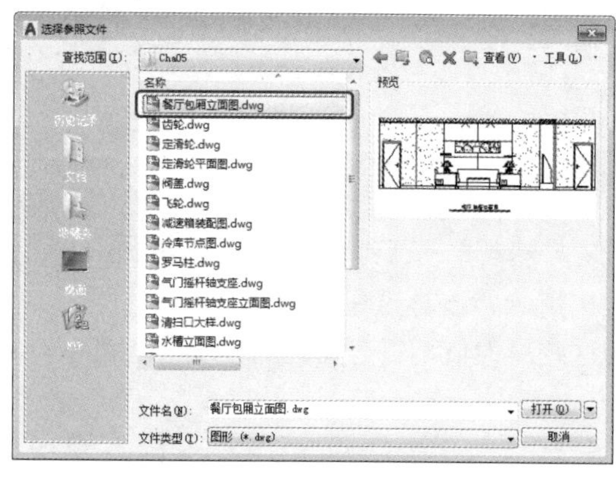

图 5-162　选择素材文件

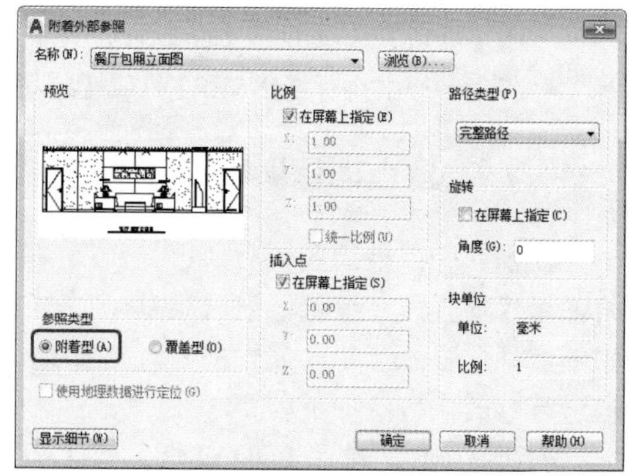

图 5-163　【附着外部参照】对话框

（3）设置完成后，单击【确定】按钮，在绘图区中指定插入点，根据命令行的提示输入【1】，按两次【Enter】键完成附着外部参照，效果如图 5-164 所示。

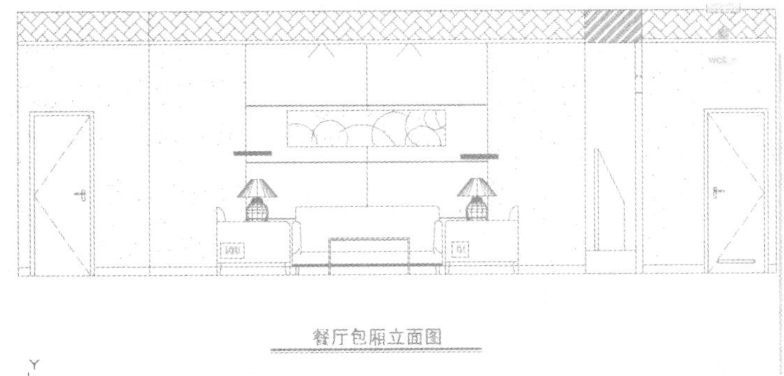

图 5-164　附着外部参照后的效果

> **提示：**外部参照与图块有很大的区别：图块一旦被插入，将会作为图形中的一部分，与原来的图块没有任何联系，不会随原来的图块的改变而改变；而外部参照被插入某一个图形文件后，虽然也会显示，但不能被直接编辑，它只是具有链接作用，可将参照图形链接到当前图形。

【附着外部参照】对话框中部分选项的含义如下。

- 【参照类型】选项组：指定外部参照的类型。
- 【附着型】单选按钮：选中该单选按钮，表示指定外部参照将被附着而非覆盖。附着外部参照后，当每次打开外部参照文件时，对外部参照文件所做的修改都将反映在插入的外部参照图形中。
- 【覆盖型】单选按钮：选中该单选按钮，表示指定外部参照为覆盖型。当图形作为外部参照被覆盖或附着到另一个图形时，任何附着到该外部参照的嵌套覆盖图都将被忽略。
- 【路径类型】下拉列表：指定外部参照文件的保存路径。在将路径类型设置为【相对路径】之前，必须保存当前图形文件。

> **提示：**在【视图】选项卡的【选项板】面板中单击【外部参照选项板】按钮，打开如图 5-165 所示的【外部参照】选项板，在选项板上方单击【附着 DWG】按钮，也可以打开【选择参照文件】对话框。

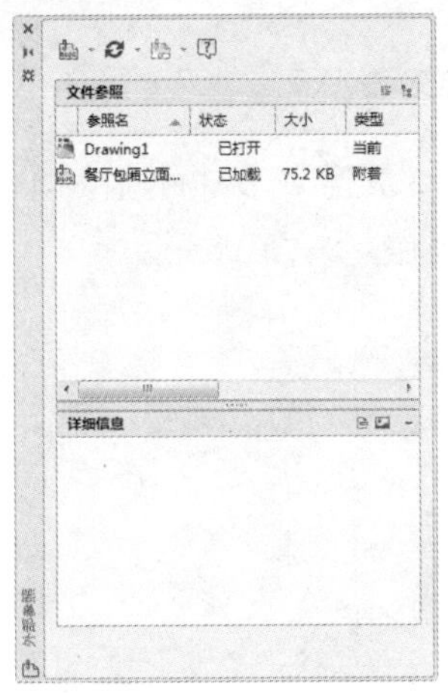

图 5-165　【外部参照】选项板

5.5.6 剪裁外部参照

在将外部参照插入图形后，可以使用【剪裁】命令满足用户的绘图需要。在 AutoCAD 2017 中，执行【剪裁】命令的方法有以下两种。

- 在【插入】选项卡的【参照】面板中单击【剪裁】按钮。
- 在命令行中执行【XCLIP】或【CLIP】命令。

剪裁外部参照的具体操作过程如下。

（1）继续上一小节的操作，如图 5-166 所示。

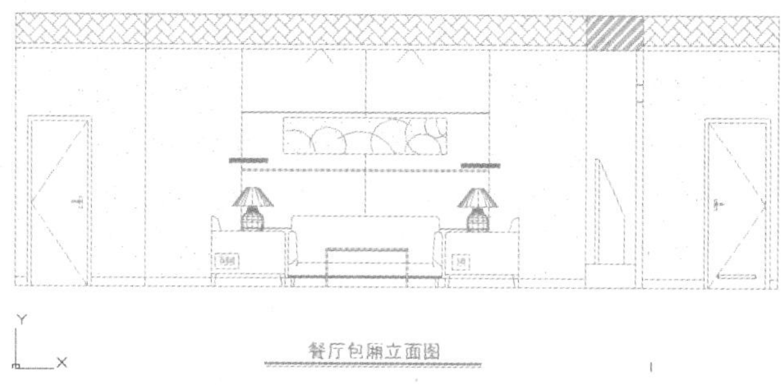

图 5-166 素材文件

（2）在命令行中执行【XCLIP】命令，选择整个对象，按【Enter】键确认对象的选择，默认选择【新建边界】选项，根据命令行的提示输入【P】，按【Enter】键确认以【多边形】方式选择边界，框选需要保留的图形对象，如图 5-167 所示。

（3）框选完成后，按【Enter】键完成剪裁。剪裁外部参照后的效果如图 5-168 所示。

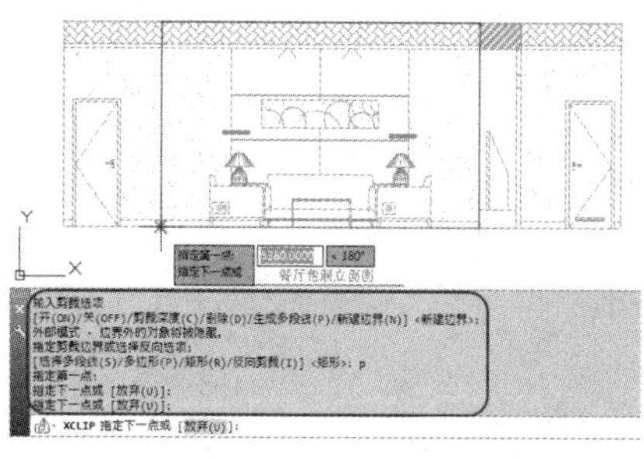

图 5-167 框选需要保留的图形对象

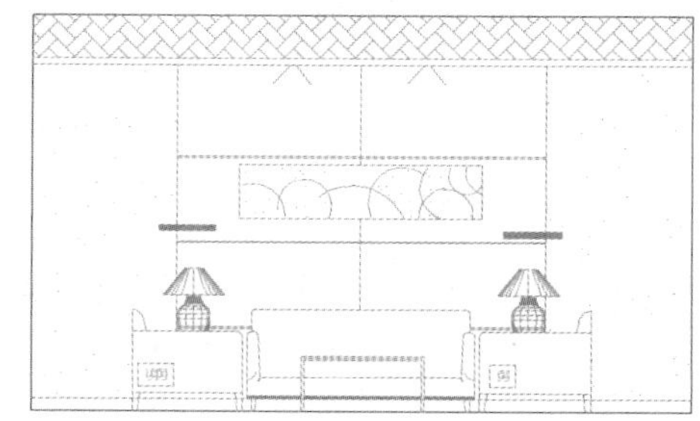

图 5-168 剪裁外部参照后的效果

提示： 剪裁外部参照后，选择剪裁后的外部参照，单击如图 5-169 所示的向下箭头，可以进行反向剪裁操作，如图 5-170 所示。

图 5-169 单击向下箭头

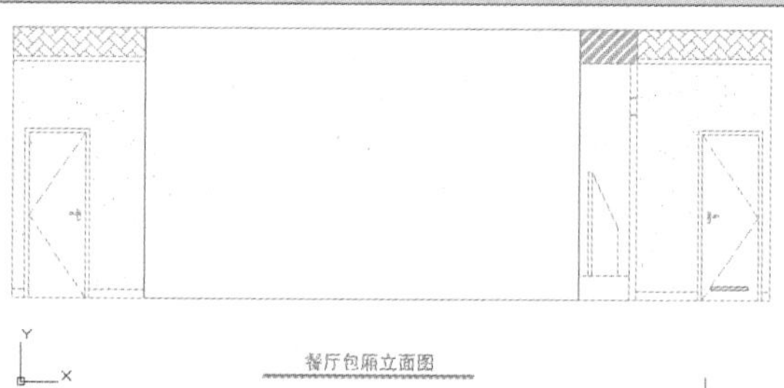

图 5-170 反向剪裁操作

5.5.7 绑定外部参照

绑定外部参照是指将外部参照转换为标准的内部图块。如果将外部参照绑定到正在打开的图形中，则外部参照及其所依赖的对象将成为当前图形中的一部分。调用该命令的方法是在命令行中执行【XBIND】命令，弹出【外部参照绑定】对话框，如图 5-171 所示。然后在该对话框的【外部参照】列表框中选择需要绑定的选项，单击【添加】按钮，将其添加到【绑定定义】列表框中，单击【确定】按钮，即可绑定相应的外部参照。

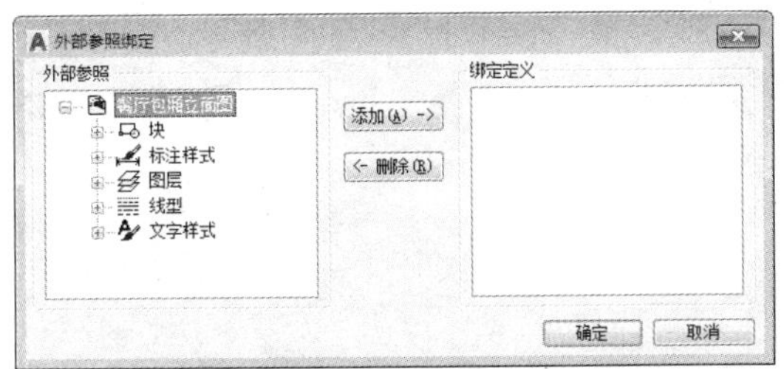

图 5-171 【外部参照绑定】对话框

> 提示：在【外部参照绑定】对话框的【绑定定义】列表框中选择需要取消绑定的外部参照，然后单击【删除】按钮即可取消与该外部参照的绑定。

5.6 上机练习

5.6.1 卧室立面图

下面将通过卧室立面图来巩固本章所学的知识，其效果如图 5-172 所示。具体操作步骤如下。

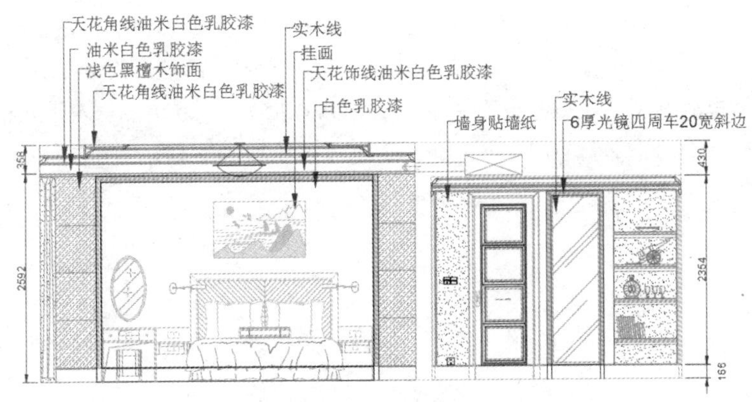

图 5-172 卧室立面图效果

（1）按【Ctrl+O】组合键打开【素材】|【Cha05】|【卧室立面图.dwg】素材文件，如图 5-173 所示。

（2）在命令行中输入【LAYER】命令，按【Enter】键确认，在弹出的【图层特性管理器】选项板中单击【新建图层】按钮，将新建的图层命名为【家具、装饰】，如图 5-174 所示。

（3）设置完成后，双击该图层，将该图层设置为当前图层，在命令行中输入【INSERT】命令，在弹出的【插入】对话框中单击【浏览】按钮，如图 5-175 所示。

（4）执行该操作后，在弹出的【选择图形文件】对话框中选择【素材】|【Cha05】|【门.dwg】素材文件，如图 5-176 所示。

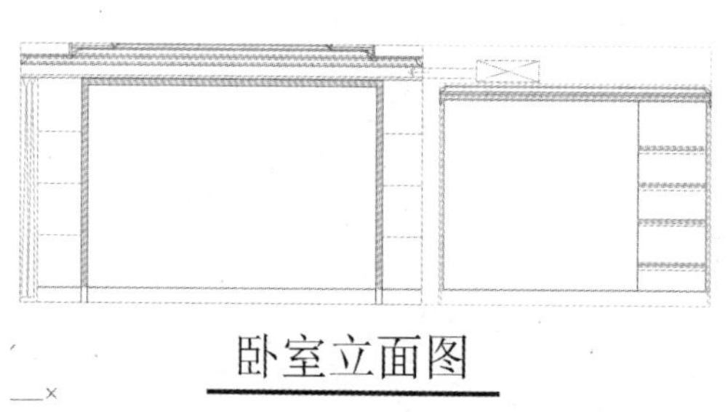

图 5-173　打开素材文件

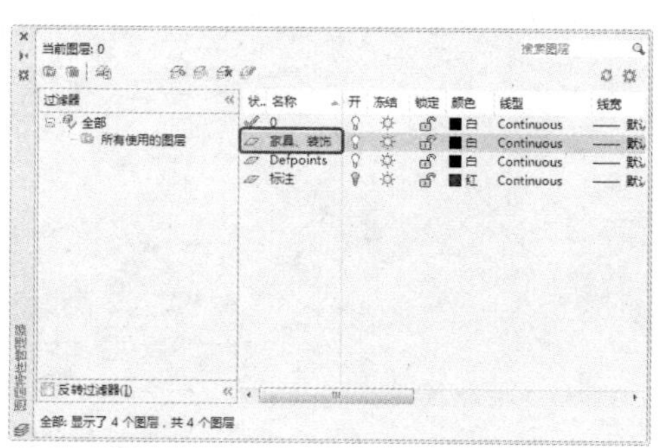

图 5-174　新建图层并为其命名 1

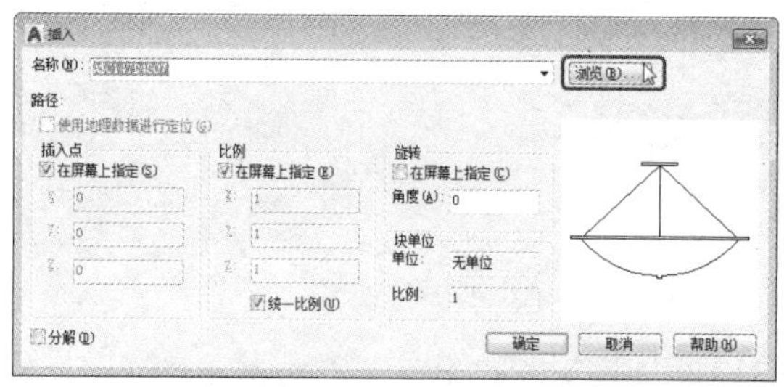

图 5-175　单击【浏览】按钮

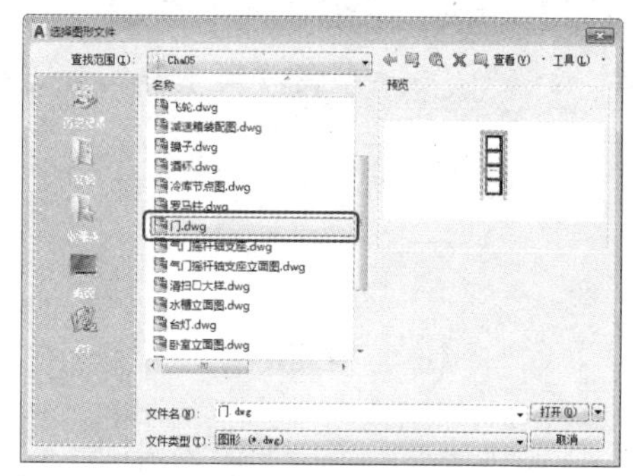

图 5-176　选择素材文件 1

（5）单击【打开】按钮，在返回的【插入】对话框中单击【确定】按钮，在绘图区中指定插入点，根据命令行的提示输入【1】，按【Enter】键完成图块的插入，效果如图 5-177 所示。

（6）选中新插入的图块，在命令行中输入【MOVE】命令，以该图块左下角的端点为基点，根据命令行的提示输入【@443,0】，按【Enter】键完成图块的移动，效果如图 5-178 所示。

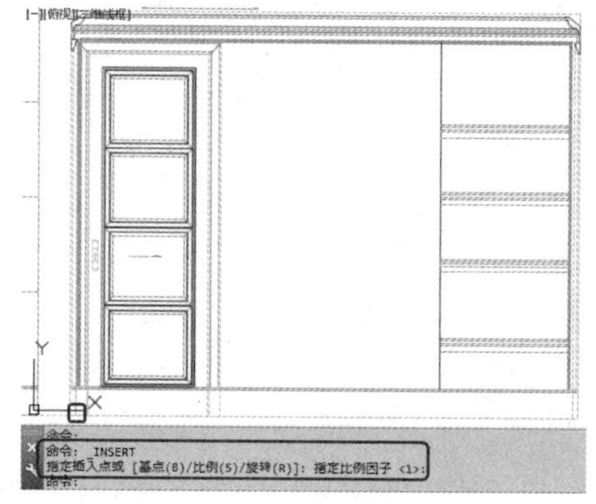

图 5-177　插入图块后的效果 1

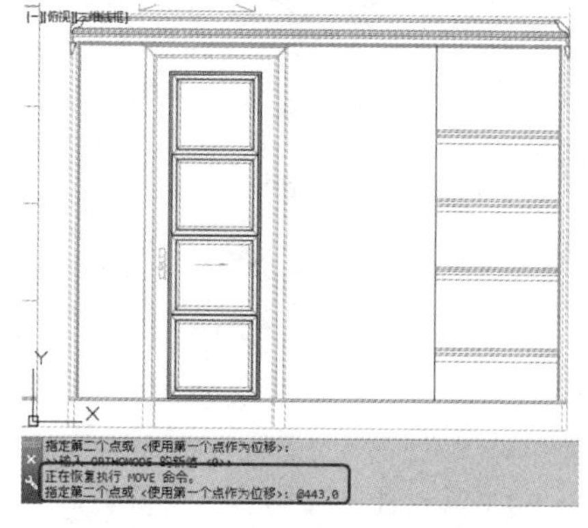

图 5-178　移动图块后的效果 1

（7）在命令行中输入【INSERT】命令，在弹出的【插入】对话框中单击【浏览】按钮，然后在弹出的【选择图形文件】对话框中选择【素材】|【Cha05】|【镜子.dwg】素材文件，如图 5-179 所示。

（8）单击【打开】按钮，在返回的【插入】对话框中单击【确定】按钮，在绘图区中指定【门】图块右下角的端点为基点，按【Enter】键完成图块的插入，效果如图 5-180 所示。

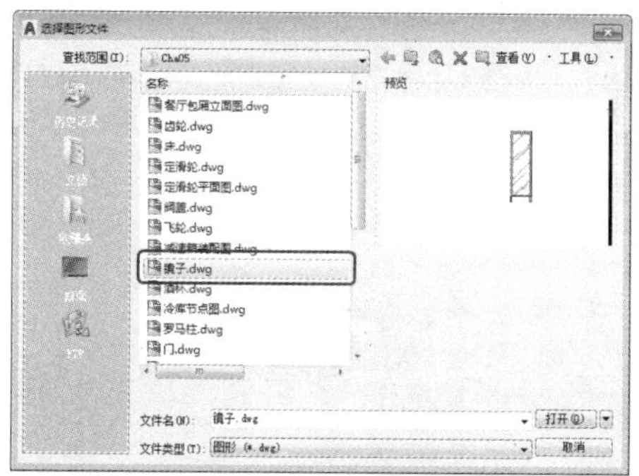

图 5-179　选择素材文件 2

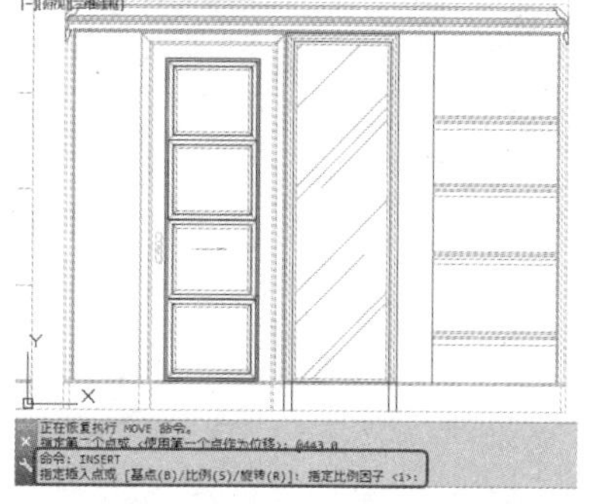

图 5-180　插入图块后的效果 2

（9）选中新插入的图块，在命令行中输入【MOVE】命令，以该图块左下角的端点为基点，根据命令行的提示输入【@100,0】，如图 5-181 所示。

（10）使用相同的方法将【装饰】图块插入绘图区，插入后的效果如图 5-182 所示。

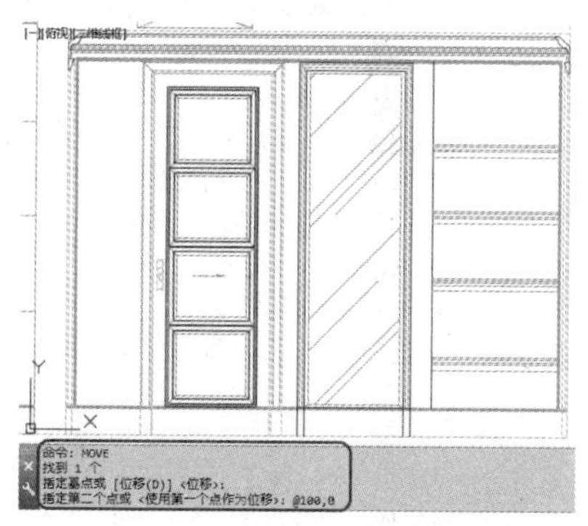

图 5-181　移动图块后的效果 2

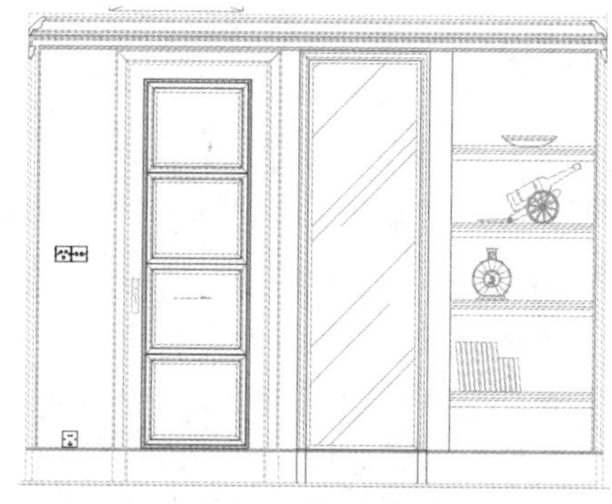

图 5-182　插入【装饰】图块后的效果

（11）在命令行中输入【MINSERT】命令，根据命令行的提示输入【酒杯】，按【Enter】键确认，在绘图区中指定第一个图块的插入点，根据命令行的提示输入【1】，按两次【Enter】键确认，指定旋转角度为【0】，按【Enter】键确认，根据命令行的提示输入行数为【1】，按【Enter】键确认，输入列数为【3】，按【Enter】键确认，根据命令行的提示指定阵列的列间距为【97】，按【Enter】键完成多个【酒杯】图块的插入，效果如图 5-183 所示。

（12）在绘图区中选择【门】与【镜子】图块，在命令行中输入【EXPLODE】命令，将选中的块进行分解，然后选中分解后的对象，在命令行中输入【BLOCK】命令，在弹出的【块定义】对话框中单击【拾取点】按钮，在绘图区中指定【门】图块左下角的端点为基点，如图 5-184 所示。

（13）在返回的【块定义】对话框中将【名称】设置为【门和镜子】，如图 5-185 所示。

（14）设置完成后，单击【确定】按钮，在命令行中输入【PURGE】命令，在弹出的【清理】对话框中选择【块】选项下的【镜子】和【门】选项，单击【清理】按钮，如图 5-186 所示。

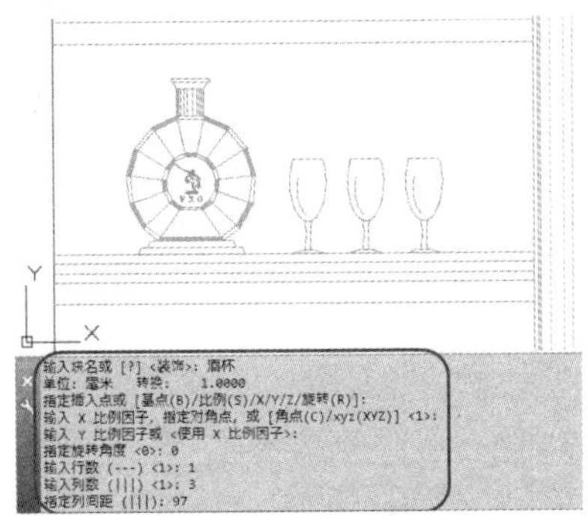

图 5-183　插入多个【酒杯】图块后的效果

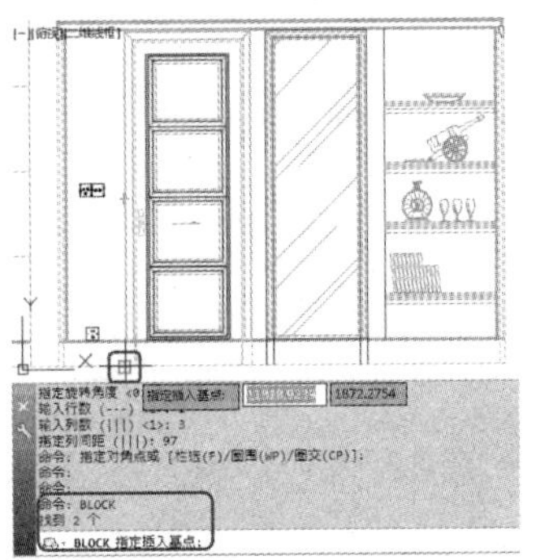

图 5-184　指定基点

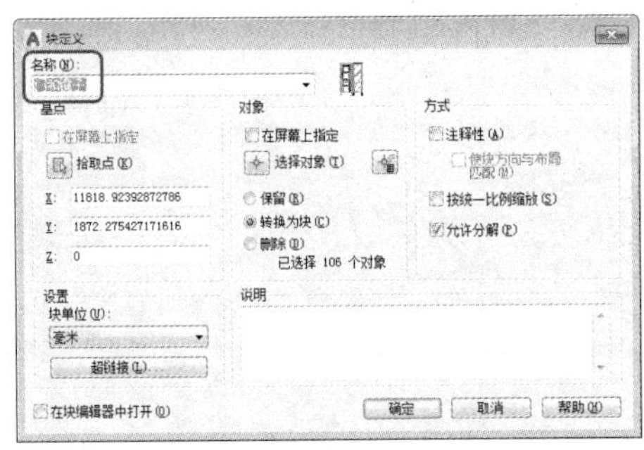

图 5-185　设置图块名称

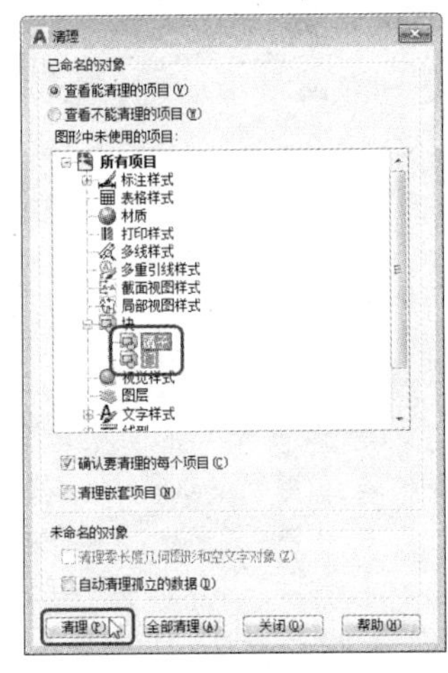

图 5-186　清理图块

（15）在弹出的【清理-确认清理】对话框中单击【清理所有项目】按钮，并在清理完成后，单击【关闭】按钮。然后在命令行中输入【XATTACH】命令，在弹出的【选择参照文件】对话框中选择【素材】|【Cha05】|【床.dwg】素材文件，如图 5-187 所示。

（16）单击【打开】按钮，在弹出的【附着外部参照】对话框中选中【附着型】单选按钮，如图 5-188 所示。

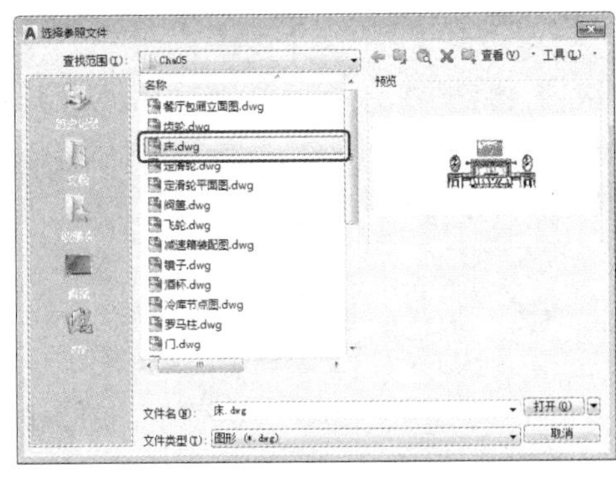

图 5-187　选择素材文件 3

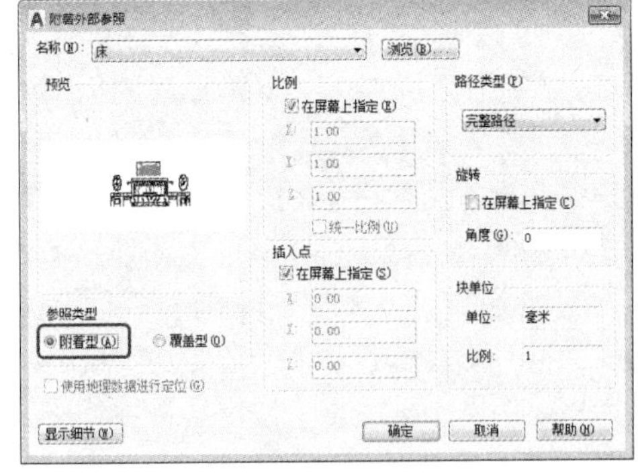

图 5-188　选中【附着型】单选按钮

（17）设置完成后，单击【确定】按钮，在绘图区中指定插入点，根据命令行的提示输入【1】，按两次【Enter】键完成附着外部参照，效果如图 5-189 所示。

（18）选中插入的参照图形，在命令行中输入【XCLIP】命令，根据命令行的提示输入【N】，按【Enter】键确认，输入【R】，按【Enter】键确认，然后在绘图区中绘制一个矩形，如图 5-190 所示。

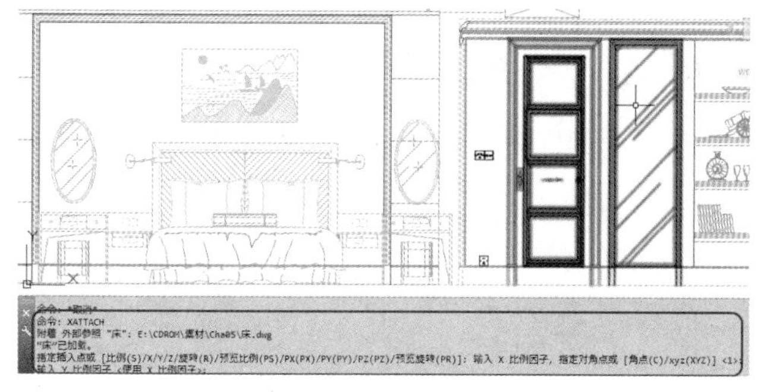

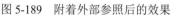

图 5-189　附着外部参照后的效果

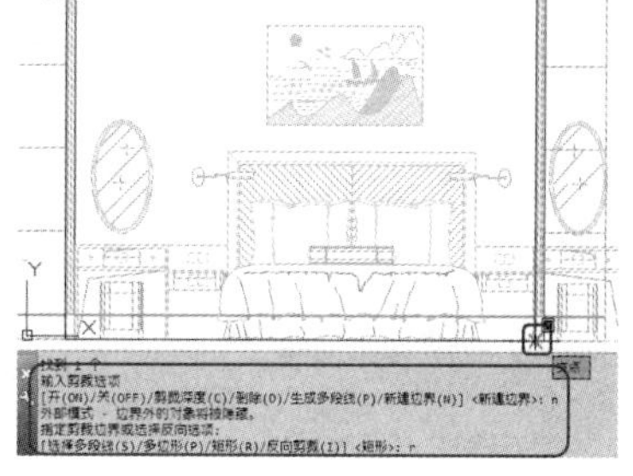

图 5-190　绘制矩形

（19）执行该操作后，即可完成对选中对象的剪裁，效果如图 5-191 所示。

（20）在命令行中输入【LAYER】命令，按【Enter】键确认，在弹出的【图层特性管理器】选项板中单击【新建图层】按钮，并将新建图层命名为【图案】，如图 5-192 所示。

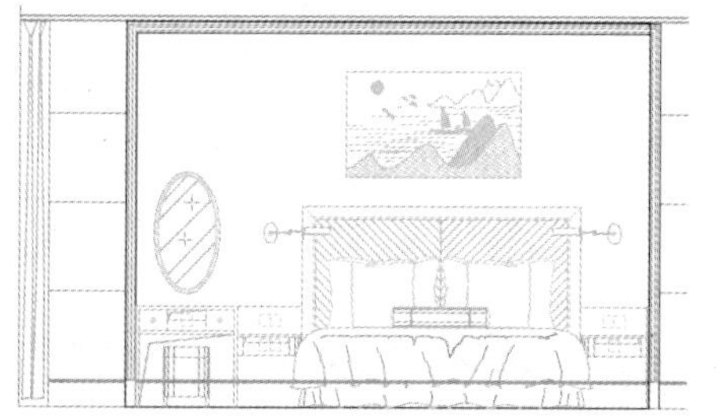

图 5-191　剪裁外部参照后的效果

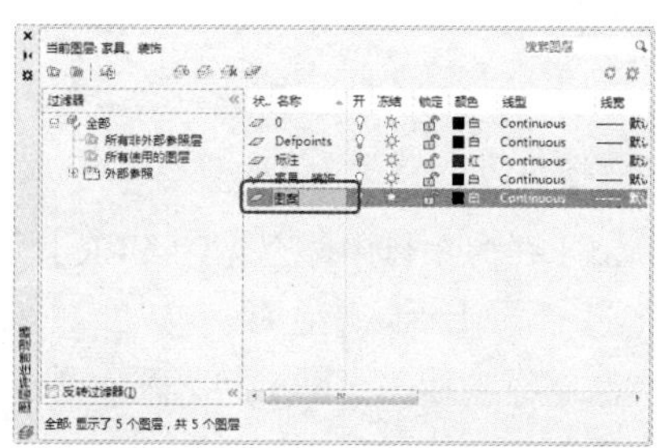

图 5-192　新建图层并为其命名 2

（21）双击该图层，将【图案】图层设置为当前图层，在命令行中输入【HATCH】命令，根据命令行的提示输入【T】，按【Enter】键确认，在弹出的对话框中将【图案】设置为【TRANS】，将【颜色】设置为【颜色 8】，将【角度】设置为【45】，将【比例】设置为【10】，如图 5-193 所示。

（22）设置完成后，单击【确定】按钮，在绘图区中拾取内部点进行填充。填充图案后的效果如图 5-194 所示。

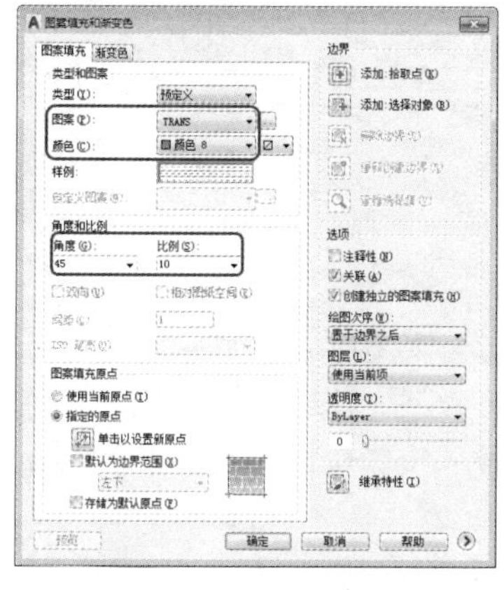

图 5-193　设置图案参数 1

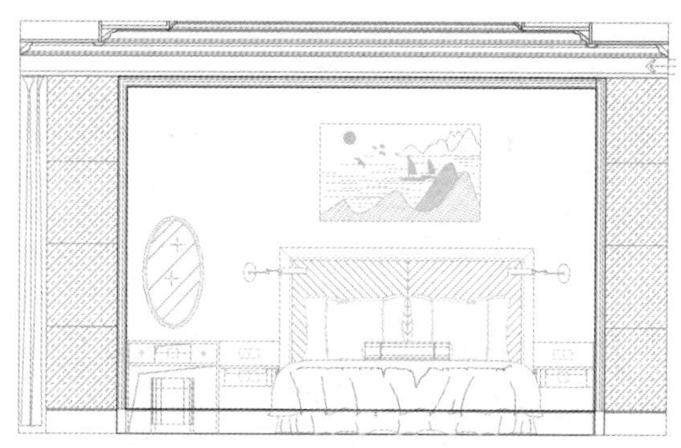

图 5-194　填充图案后的效果 1

（23）在命令行中输入【HATCH】命令，根据命令行的提示输入【T】，按【Enter】键确认，在弹出的对话框中将【图案】设置为【AR-SAND】，将【颜色】设置为【蓝】，将【角度】设置为【0】，将【比例】设置为【2】，如图 5-195 所示。

（24）设置完成后，单击【确定】按钮，在绘图区中拾取内部点进行填充。填充图案后的效果如图 5-196 所示。

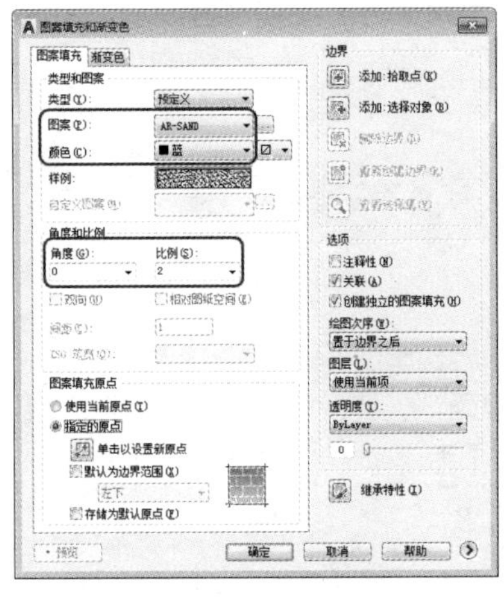

图 5-195　设置图案参数 2

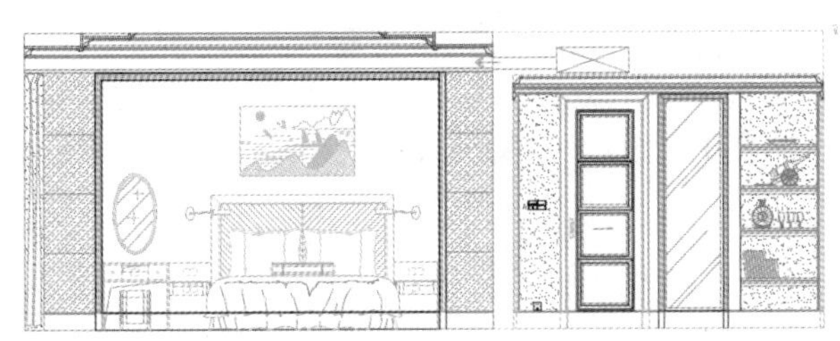

图 5-196　填充图案后的效果 2

（25）在命令行中输入【LAYER】命令，按【Enter】键确认，在弹出的【图层特性管理器】选项板中选择【标注】图层，单击按钮，将该图层打开，如图 5-197 所示。

（26）将【标注】图层打开后，即可在绘图区中显示所有标注，效果如图 5-198 所示。

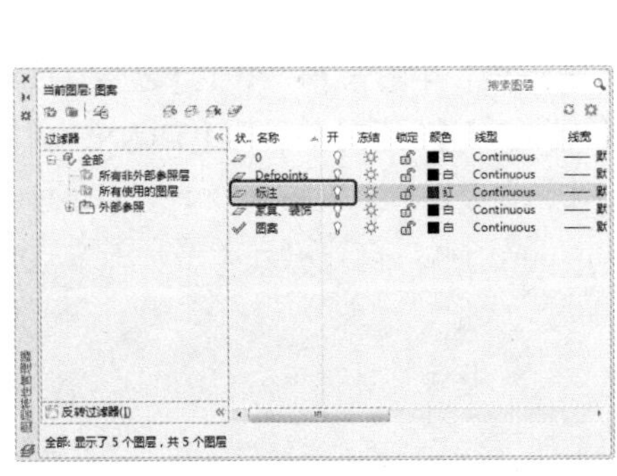

图 5-197　打开图层后的效果

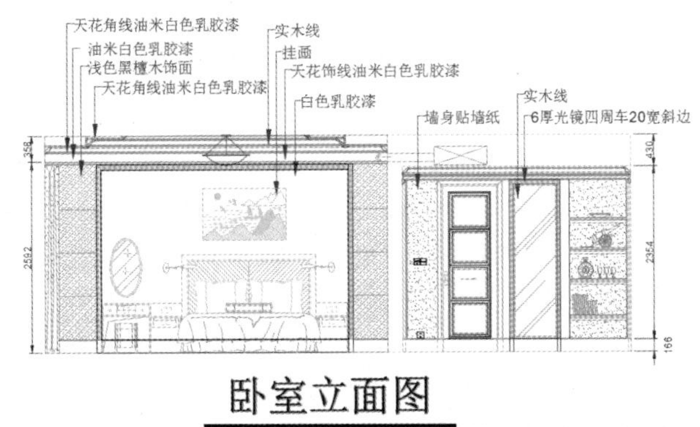

图 5-198　显示所有标注后的效果

5.6.2　支撑套

本例将讲解如何绘制支撑套，效果如图 5-199 所示。具体操作步骤如下。

（1）新建一个空白文档，在命令行中输入【LAYER】命令，按【Enter】键确认，在弹出的【图层特性管理器】选项板中单击【新建图层】按钮，新建一个图层，并将该图层命名为【粗实线】，将【线宽】设置为【0.5】，如图 5-200 所示。

（2）在该选项板中单击【新建图层】按钮，并将新建的图层命名为【图案】，如图 5-201 所示。

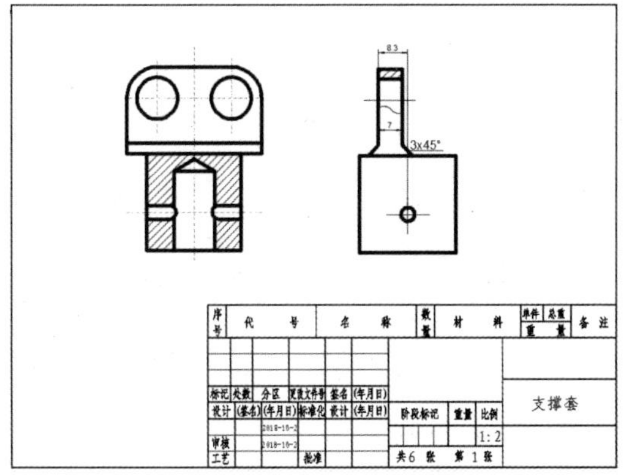

图 5-199　支撑套效果

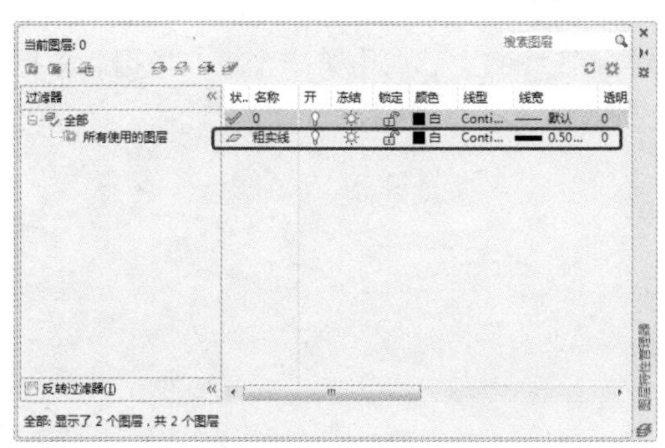

图 5-200　新建【粗实线】图层

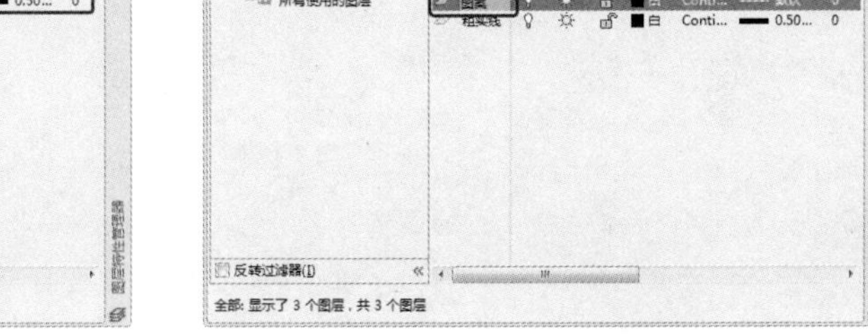

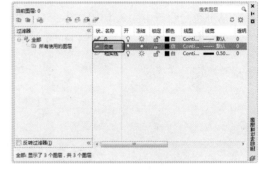

图 5-201　新建【图案】图层

（3）在该选项板中单击【新建图层】按钮，并将新建的图层命名为【辅助线】，将颜色设置为【红】，然后单击该图层右侧的线型名称，如图 5-202 所示。

（4）在弹出的【选择线型】对话框中单击【加载】按钮，在弹出的【加载或重载线型】对话框中选择【CENTER】线型，如图 5-203 所示。

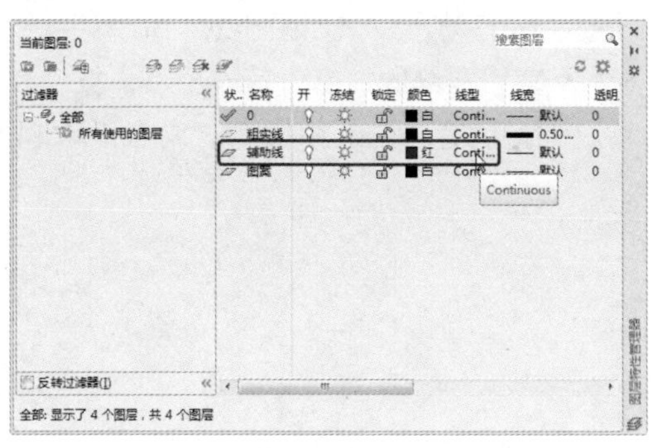

图 5-202　新建【辅助线】图层

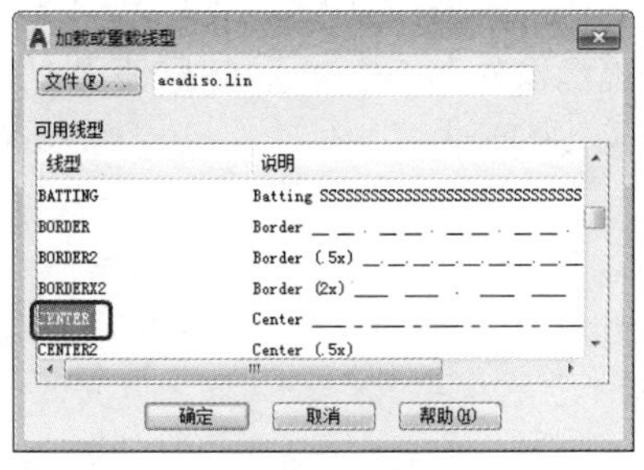

图 5-203　选择线型

（5）单击【确定】按钮，在返回的【选择线型】对话框中选择新添加的线型，双击【辅助线】图层，将该图层设置为当前图层，如图 5-204 所示。

（6）在命令行中输入【LINE】命令，在绘图区中指定第一个点，根据命令行的提示输入【@62,0】，按两次【Enter】键完成水平直线的绘制，如图 5-205 所示。

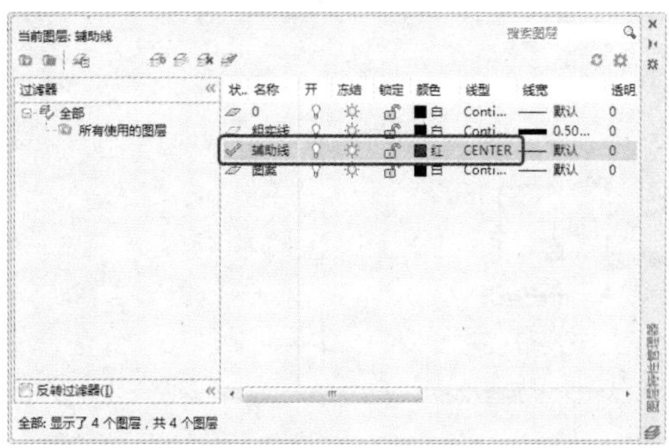

图 5-204　将【辅助线】图层设置为当前图层

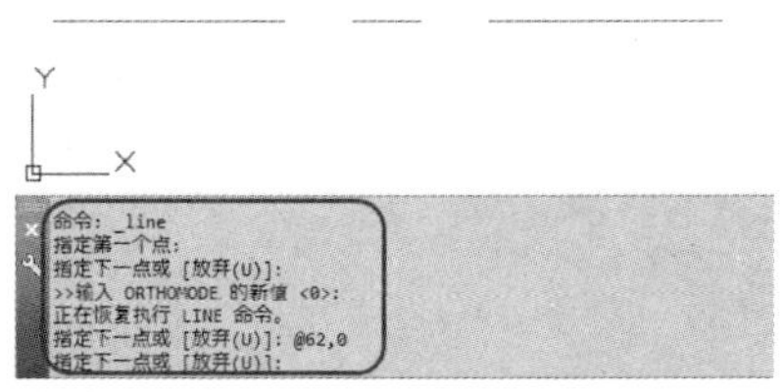

图 5-205　绘制水平直线

（7）选中绘制的水平直线，在命令行中输入【OFFSET】命令，将选中的直线向上偏移 49.5，如图 5-206 所示。

（8）在命令行中输入【LINE】命令，以上方水平直线的中心点为第一个点，根据命令行的提示输入【@0,-92】，按两次【Enter】键完成垂直直线的绘制，如图 5-207 所示。

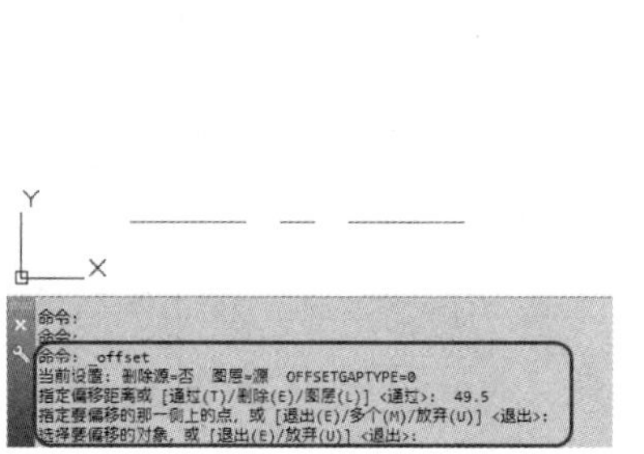

图 5-206　向上偏移水平直线

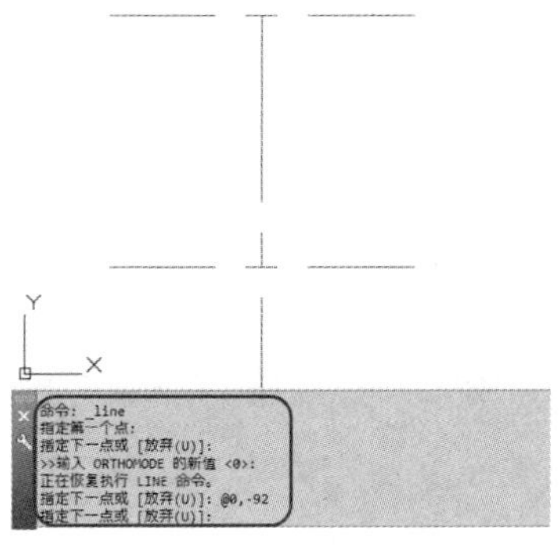

图 5-207　绘制垂直直线

（9）选中绘制的垂直直线，在命令行中输入【MOVE】命令，以垂直直线上方的端点为基点，根据命令行的提示输入【@0,22】，按【Enter】键完成移动，效果如图 5-208 所示。

（10）在命令行中输入【LINE】命令，以上方水平直线左侧的端点为第一个点，根据命令行的提示输入【@0,-32】，然后使用【MOVE】命令将绘制的直线向上移动 17，向右移动 14.5，如图 5-209 所示。

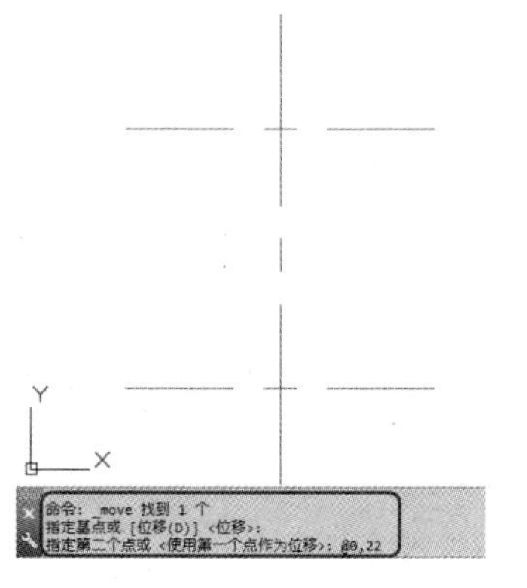

图 5-208　移动垂直直线后的效果

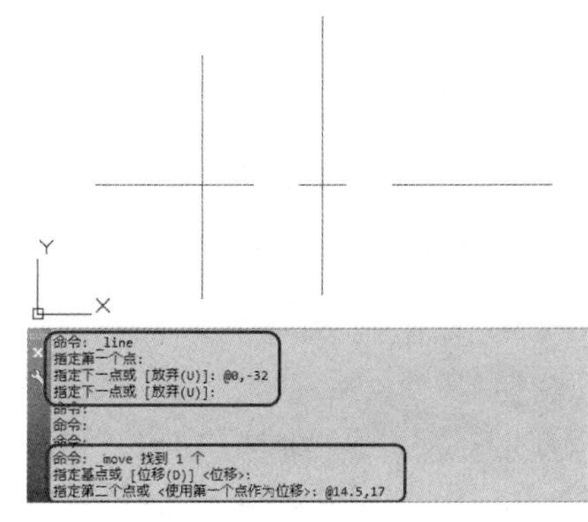

图 5-209　绘制直线并移动 1

（11）选中上一步中所移动的直线，在命令行中输入【OFFSET】命令，将选中的直线向右偏移 33，如图 5-210 所示。

（12）选中绘制的所有辅助线并右击，在弹出的快捷菜单中选择【特性】命令，在打开的【特性】选项板中将【线型比例】设置为【0.2】，如图 5-211 所示。

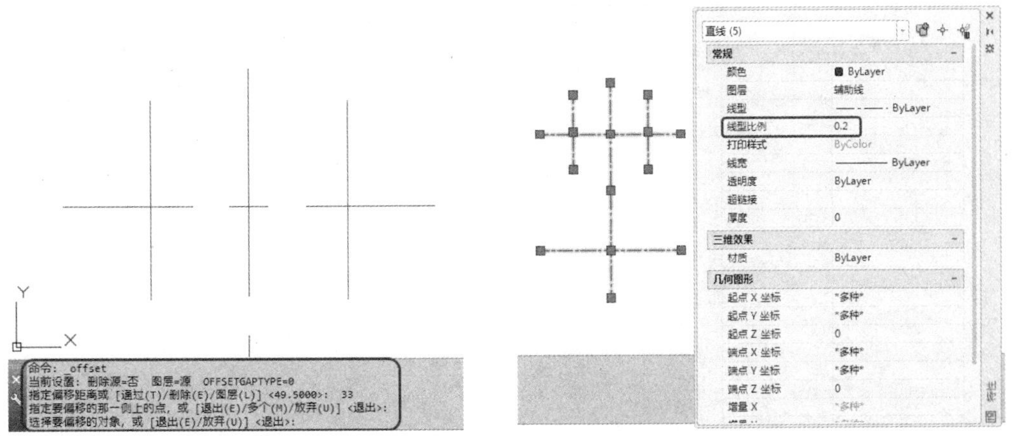

图 5-210　偏移直线后的效果　　图 5-211　设置【线型比例】

（13）取消辅助线的选择，将【粗实线】图层设置为当前图层，在命令行中输入【RECTANG】命令，在绘图区中指定矩形的第一个角点，根据命令行的提示输入【@60,-37.5】，按【Enter】键完成矩形的绘制，如图 5-212 所示。

（14）选中该矩形，在命令行中输入【MOVE】命令，以矩形左上角的端点为基点，根据命令行的提示输入【@-13.5,13.5】，按【Enter】键完成矩形的移动，效果如图 5-213 所示。

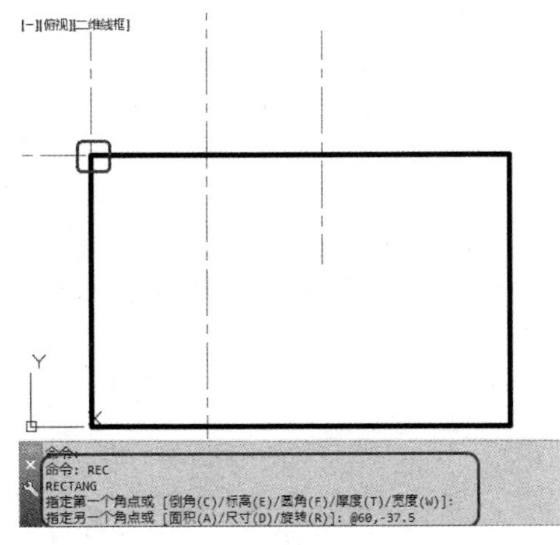

图 5-212　绘制矩形

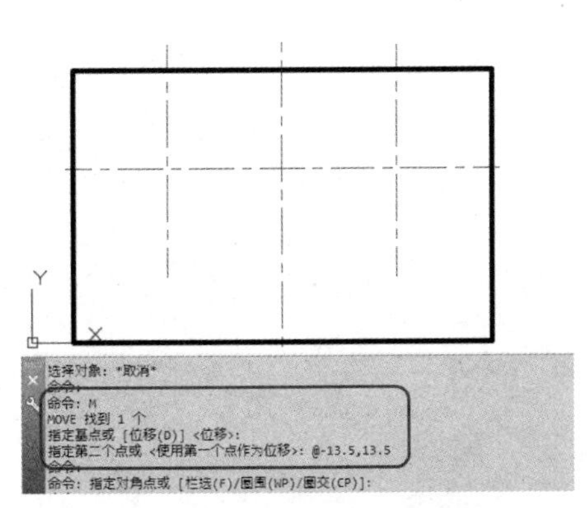

图 5-213　移动矩形后的效果

（15）继续选中该矩形，在命令行中输入【FILLET】命令，根据命令行的提示输入【R】，按【Enter】键确认，输入【13.5】，按【Enter】键确认，输入【T】，按【Enter】键确认，再次输入【T】，按【Enter】键确认，输入【M】，按【Enter】键确认，在绘图区中对矩形上方的两个角进行圆角处理，如图 5-214 所示。

（16）在命令行中输入【CIRCLE】命令，在如图 5-215 所示的位置绘制两个半径为 9 的圆。

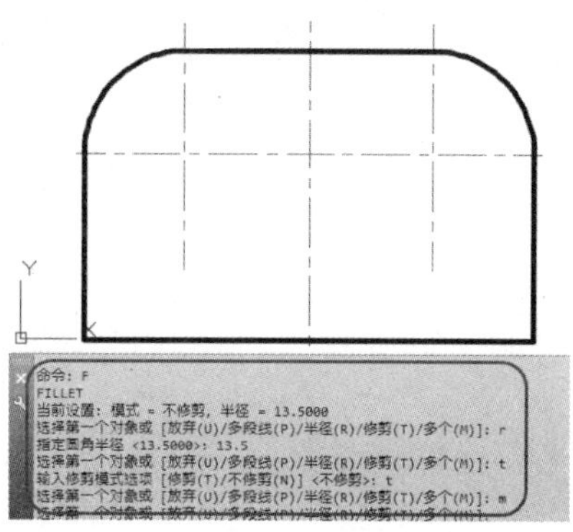

图 5-214　对矩形进行圆角处理 1

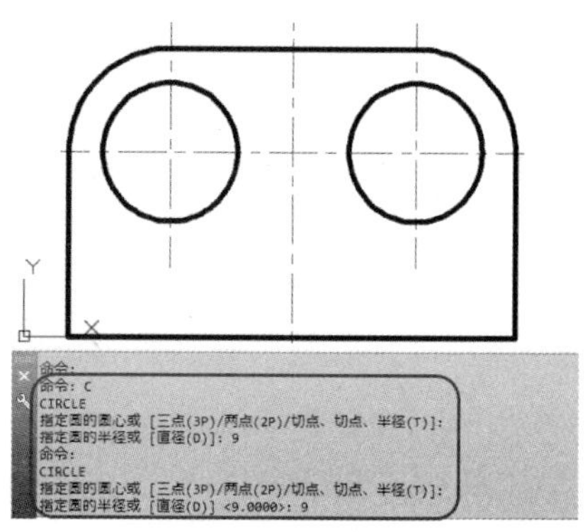

图 5-215　绘制圆

（17）在命令行中输入【LINE】命令，以矩形左下角的端点为基点，根据命令行的提示输入【@60,0】，按两次【Enter】键确认，并将该直线向上移动 4.5，如图 5-216 所示。

（18）在命令行中输入【PLINE】命令，以矩形左下角的端点为基点，根据命令行的提示输入【@0,-42】，按【Enter】键确认，输入【@42,0】，按【Enter】键确认，输入【@0,42】，按两次【Enter】键完成多段线的绘制，如图 5-217 所示。

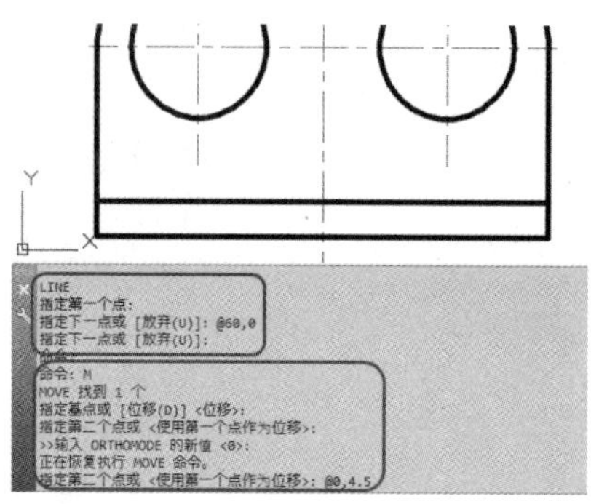

图 5-216　绘制直线并移动 2

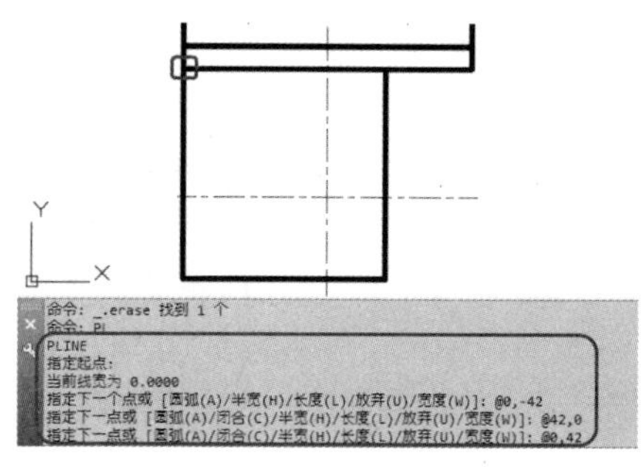

图 5-217　绘制多段线 1

（19）选中绘制的多段线，在命令行中输入【MOVE】命令，以矩形左下角的端点为基点，根据命令行的提示输入【@9,0】，按【Enter】键完成多段线的移动，效果如图 5-218 所示。

（20）在命令行中输入【RECTANG】命令，以多段线左下角的端点为第一个角点，根据命令行的提示输入【@13,6】，按【Enter】键完成矩形的绘制，并将其向上移动 13.5，如图 5-219 所示。

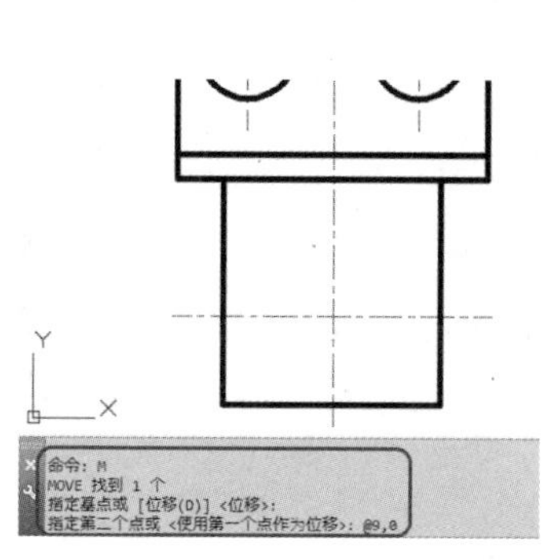

图 5-218　移动多段线后的效果 1

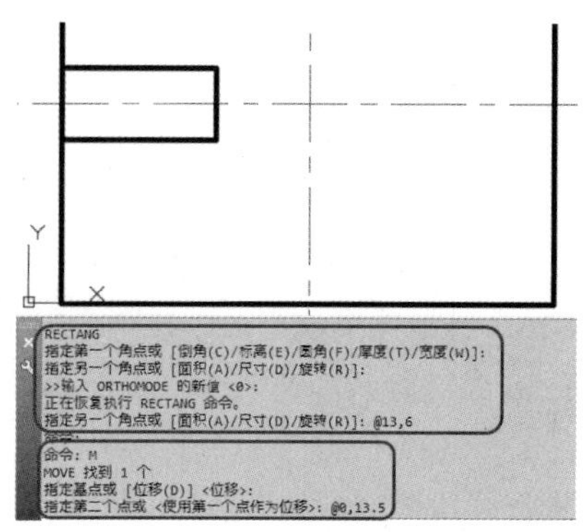

图 5-219　绘制矩形并移动

（21）选中该矩形，在命令行中输入【FILLET】命令，根据命令行的提示输入【R】，按【Enter】键确认，输入【3】，按【Enter】键确认，输入【T】，按【Enter】键确认，再次输入【T】，按【Enter】键确认，输入【M】，按【Enter】键确认，在绘图区中对矩形右侧的两个角进行圆角处理，如图 5-220 所示。

（22）选中刚刚进行圆角处理后的矩形，在命令行中输入【MIRROR】命令，在绘图区中对选中的矩形进行镜像，效果如图 5-221 所示。

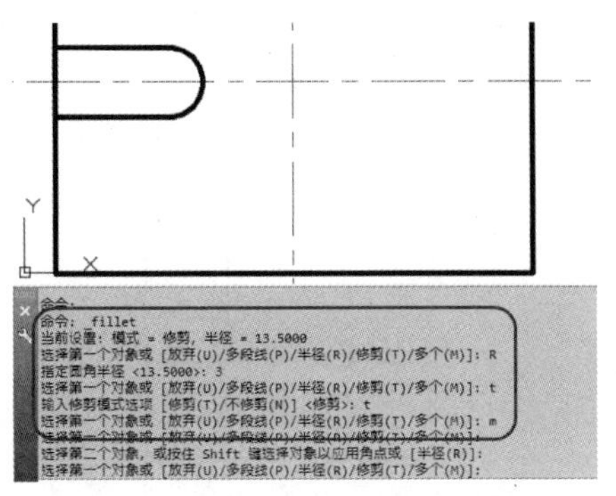

图 5-220 对矩形进行圆角处理 2

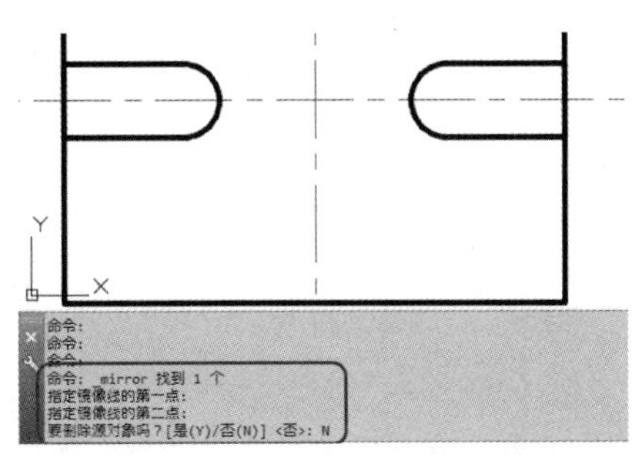

图 5-221 镜像矩形后的效果

（23）在命令行中输入【PLINE】命令，以多段线左下角的端点为起点，根据命令行的提示输入【@0,34.5】，按【Enter】键确认，输入【@18,0】，按【Enter】键确认，输入【@0,-34.5】，按两次【Enter】键完成多段线的绘制，效果如图 5-222 所示。

（24）选中刚绘制的多段线，在命令行中输入【MOVE】命令，以该多段线的起点为基点，根据命令行的提示输入【@12,0】，按【Enter】键完成多段线的移动，效果如图 5-223 所示。

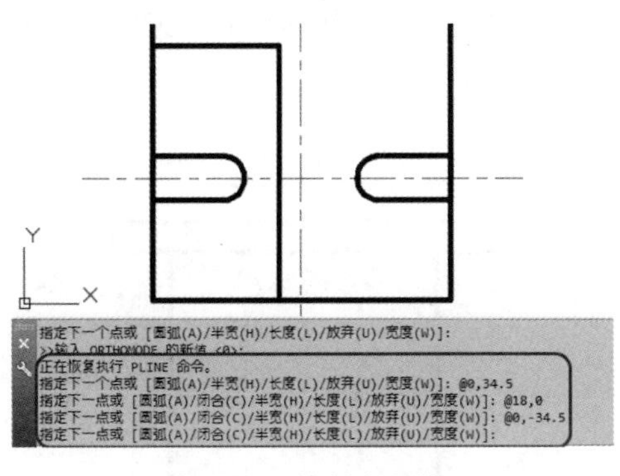

图 5-222 绘制多段线 2

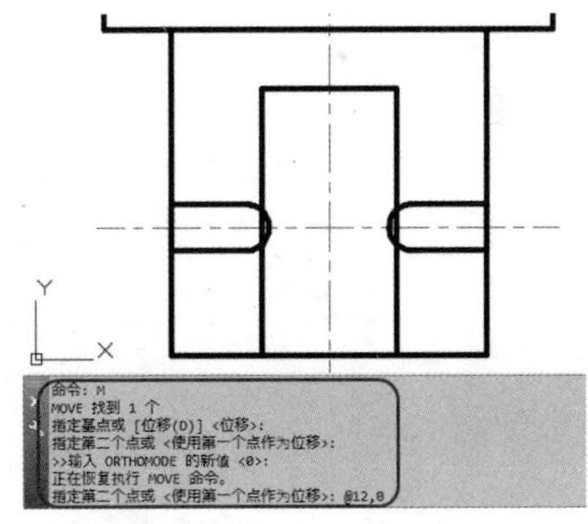

图 5-223 移动多段线后的效果 2

（25）在命令行中输入【LINE】命令，在绘图区中以如图 5-224 所示的端点为第一个点，根据命令行的提示输入【@0,10.4】，按两次【Enter】键完成直线的绘制。

（26）选中刚绘制的直线，在命令行中输入【ROTATE】命令，以该直线下方的端点为基点，指定旋转角度为【-60】，按【Enter】键完成直线的旋转，效果如图 5-225 所示。

（27）继续选中该直线，在命令行中输入【MIRROR】命令，将选中的直线进行镜像，效果如图 5-226 所示。

（28）在绘图区中选中所有对象，在命令行中输入【TRIM】命令，对选中的图形进行修剪，效果如图 5-227 所示。

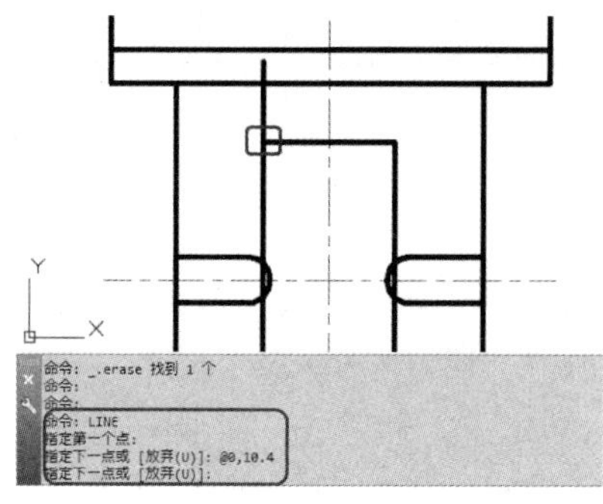

图 5-224　绘制直线

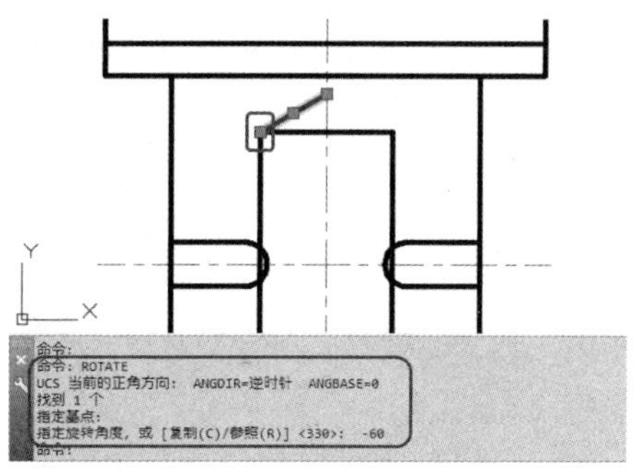

图 5-225　旋转直线后的效果

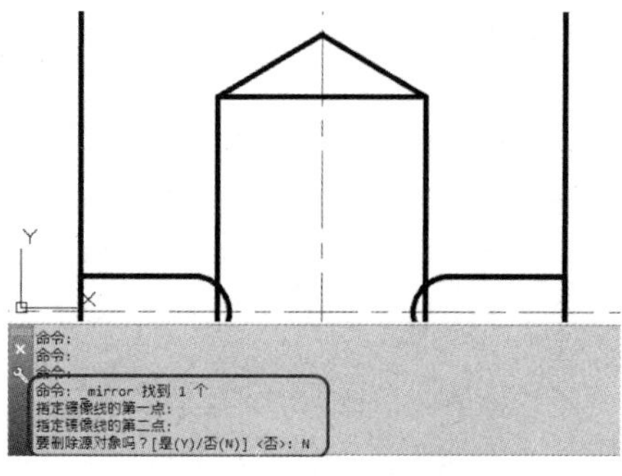

图 5-226　镜像直线后的效果

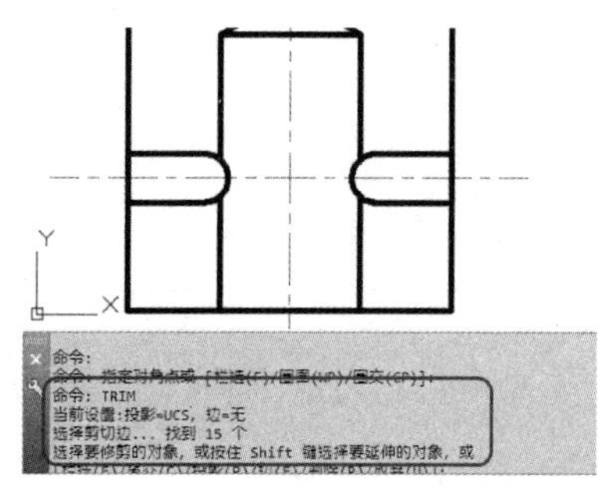

图 5-227　修剪图形后的效果

（29）将【图案】图层设置为当前图层，在命令行中输入【HATCH】命令，根据命令行的提示输入【T】，按【Enter】键确认，在弹出的【图案填充和渐变色】对话框中将【图案】设置为【ANSI31】，将【比例】设置为【0.75】，如图 5-228 所示。

（30）设置完成后，单击【确定】按钮，在绘图区中拾取内部点进行填充，效果如图 5-229 所示。

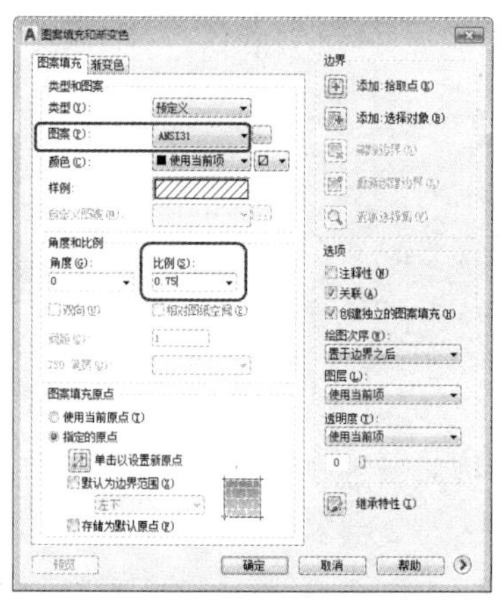

图 5-228　设置图案填充参数

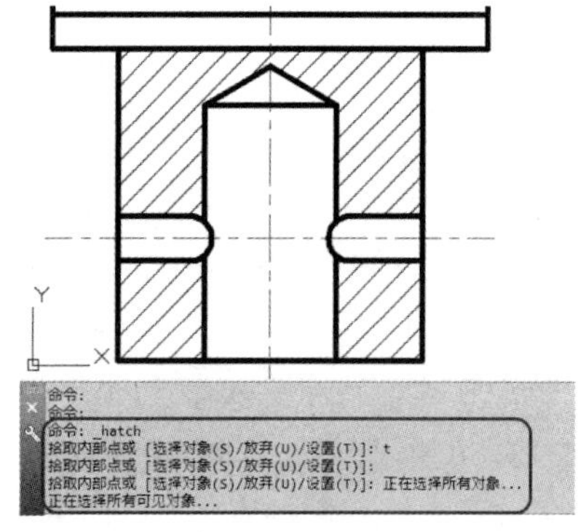

图 5-229　填充图案后的效果

（31）在命令行中输入【LAYER】命令，在打开的【图层特性管理器】选项板中选择【辅助线】图层，单击该图层右侧的图标，将其锁定，如图 5-230 所示。

（32）在命令行中输入【BLOCK】命令，在弹出的对话框中单击【选择对象】按钮，在绘图区中选择如图 5-231 所示的图形对象。

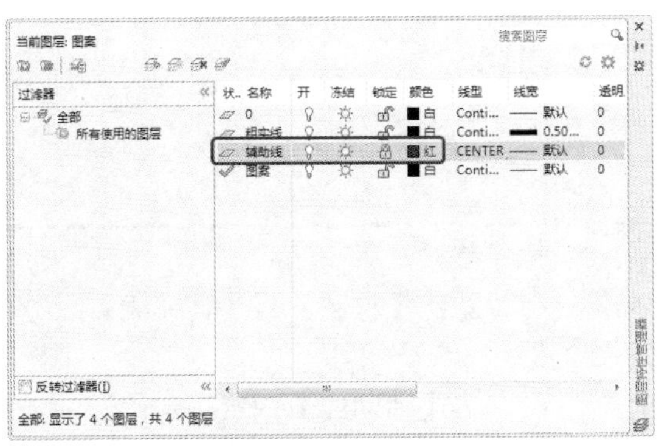
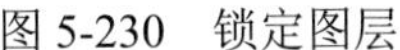

图 5-230　锁定图层

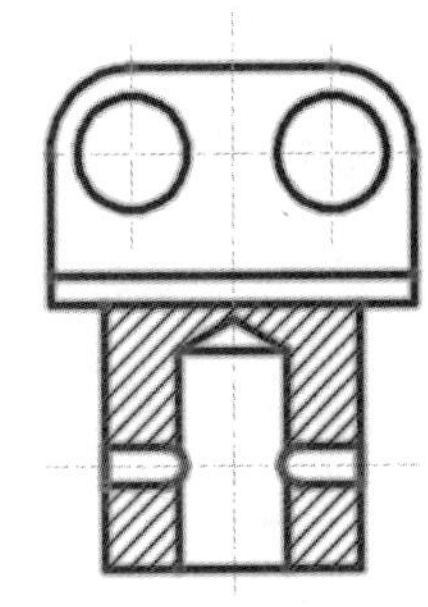

图 5-231　选择图形对象

（33）按【Enter】键确认，在【块定义】对话框中单击【拾取点】按钮，在绘图区中拾取点，如图 5-232 所示。

（34）在返回的【块定义】对话框中，将【名称】设置为【支撑套】，如图 5-233 所示。

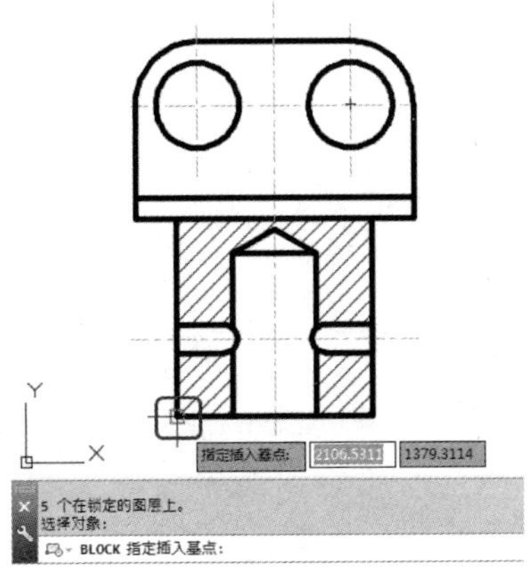

图 5-232　拾取点

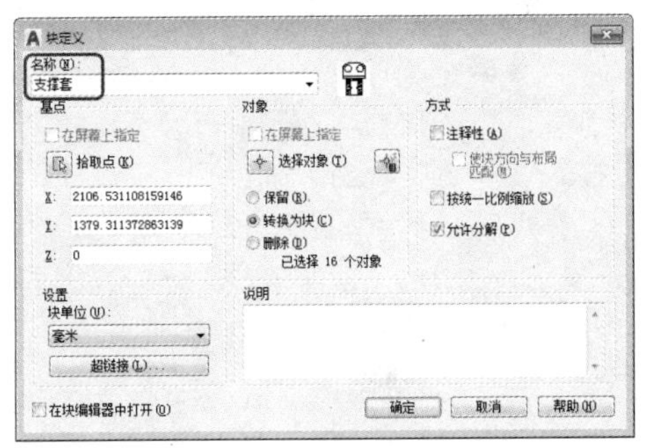

图 5-233　设置图块名称

（35）设置完成后，单击【确定】按钮，在命令行中输入【INSERT】，在弹出的【插入】对话框中单击【浏览】按钮，如图 5-234 所示。

（36）在弹出的对话框中选择【素材】|【Cha05】|【支撑套 01.dwg】素材文件，单击【打开】按钮，在返回的【插入】对话框中单击【确定】按钮，在绘图区中指定插入点，输入【1】，按【Enter】键完成图块的插入，效果如图 5-235 所示。

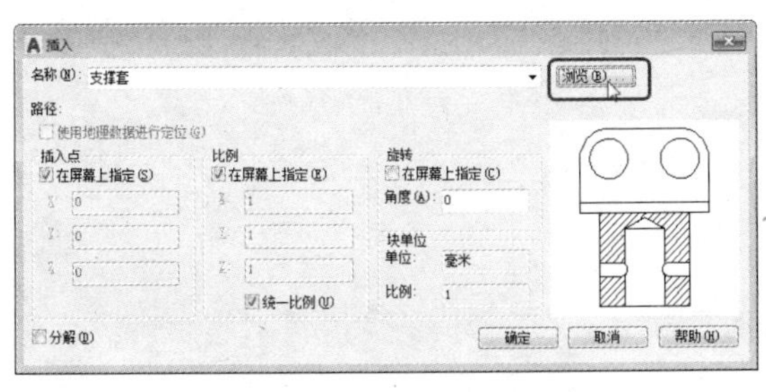

图 5-234　单击【浏览】按钮

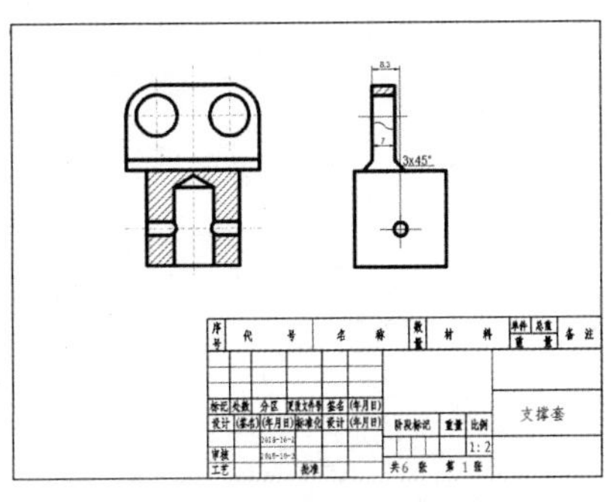

图 5-235　插入图块后的效果

习题与训练

项目练习　绘制连杆

效果展示：	操作要领：
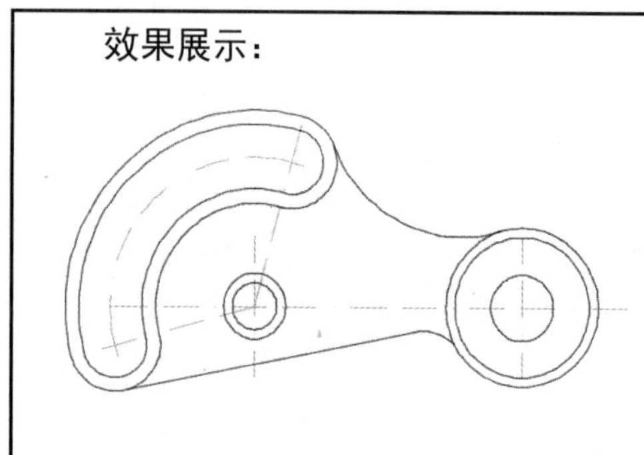	（1）新建【轮廓】与【辅助线】图层，绘制辅助线。 （2）将【辅助线】图层锁定。 （3）绘制连杆，并将绘制后的连杆创建为内部图块。

第 6 章

文字与表格

06

Chapter

本章导读：

基础知识
- ◈ 文字样式
- ◈ 文字的输入和编辑

重点知识
- ◈ 创建表格
- ◈ 编辑表格

提高知识
- ◈ 通过【文字编辑器】选项卡插入符号
- ◈ 调整文字说明比例

在绘制图形对象时，可以为其添加文字说明，如材料说明、工艺说明、技术说明和施工要求等，直观地表现图形对象的信息。

尺码测量表(cm)						
尺码	腰围	尺围	臀围	裤长	前浪	大腿围
28	74	2.22尺	96	102	24.5	58
29	76	2.28尺	98	102	25	58
30	78	2.34尺	100	102	25	60
31	80	2.4尺	102	102	25	60
32	82	2.46尺	104	102	25.5	62
33	84	2.52尺	106	103	25.5	64
34	86	2.58尺	108	103	25.5	64
35	88	2.64尺	110	103	26	64
36	90	2.7尺	112	103	26	66
37	92	2.76尺	114	103	26.5	68
38	94	2.82尺	116	103	26.5	70
40	103	3.09尺	120	107	28	72
42	105	3.15尺	120	107.5	28	74

				YHD500-160单柱校正压装液压机		
审 核		描 图			图别	机施
设 计		校 对		压 装 机 总 图	材 料	45#
制 图		日 期			图 号	YH-01

序号	标准或图号	名称/规格	数量	材料	备注
1	YHD00-01	液压机机架	1	A3	焊接组件
2	YHD00-02	工作台	1	ZG45#	
3	YHD00-03	滑块导向板	1	HT20-40	
4	YHD00-04	滑块部装	1	HT20-40	
5	YHD00-05	液压缸	1	A3	
6	YHD00-06	液压系统	1		
7	GB 70-85	内六角圆柱头螺钉 M16X60	4	A3	
8	GB 93-87	M16 弹簧垫圈	4	A3	
9	GB 5780-86	六角头螺栓 M12X35	8	A3	
10	GB 93-87	M12 弹垫+平垫	8套		
11	JB/T7940.3-1995	旋盖式油杯	2		M10X1
12	GB 5780-86	六角头螺栓 M16X50	8	A3	
13	GB 93-87	M16 弹垫+平垫	8套		
14	GB 5780-86	六角头螺栓 M12X60	8	A3	
15	GB 93-86	M12 弹垫+平垫	8套		
16	GB 5780-86	M12X100	12	A3	
17	GB 93-86	M12弹垫+平垫	12套		

序号	产品名称		材料	备注
图号				设计单位
数量				
标记				
日期				图样名称
规格				
化验单号				
设计者		审批		图样编号
校核		比例		
审核		共 张 第 张		

产品质量跟踪单					
产品名称		比例		规格型号	
设计		数量			
审核		质量		图号	
批准		材料		日期	
设计单位			工作号		
化验单号			跟踪编号		

6.1　任务 18：制作产品尺码明细表——文字样式

下面将通过实例讲解如何制作产品尺码明细表，完成后的效果如图 6-1 所示。具体操作步骤如下。

尺码测量表(cm)						
尺码	腰围	尺围	臀围	裤长	前浪	大腿围
28	74	2.22尺	96	102	24.5	58
29	76	2.28尺	98	102	25	58
30	78	2.34尺	100	102	25	60
31	80	2.4尺	102	102	25	60
32	82	2.46尺	104	102	25.5	62
33	84	2.52尺	106	103	25.5	64
34	86	2.58尺	108	103	25.5	64
35	88	2.64尺	110	103	26	64
36	90	2.7尺	112	103	26	66
37	92	2.76尺	114	103	26.5	68
38	94	2.82尺	116	103	26.5	70
40	103	3.09尺	120	107	28	72
42	105	3.15尺	120	107.5	28	74

图 6-1　完成后的效果

6.1.1　任务实施

（1）在命令行中输入【TABLESTYLE】命令，弹出【表格样式】对话框，在该对话框中单击【新建】按钮，在弹出的【创建新的表格样式】对话框中将【新样式名】设置为【制作产品尺码明细表】，然后单击【继续】按钮，如图 6-2 所示。

（2）弹出【新建表格样式：制作产品尺码明细表】对话框，在该对话框中将【单元样式】设置为【数据】，然后选择【常规】选项卡，将【对齐】设置为【正中】，如图 6-3 所示。

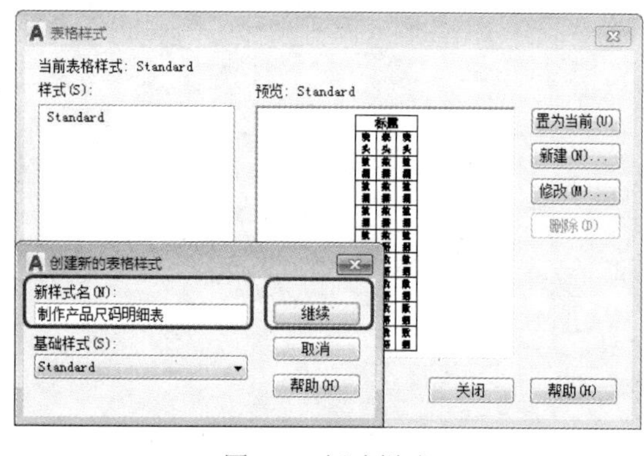

图 6-2　新建样式

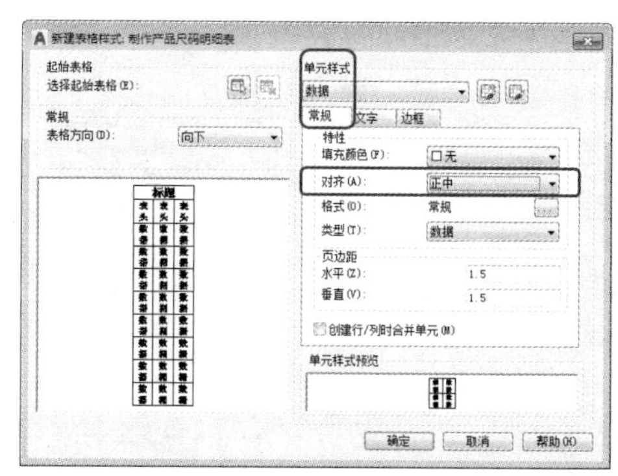

图 6-3　设置对齐方式

（3）单击【格式】右侧的按钮[...]，弹出【表格单元格式】对话框，在【数据类型】列表框中选择【文字】选项，然后单击【确定】按钮，如图 6-4 所示。

（4）返回【新建表格样式：制作产品尺码明细表】对话框，选择【文字】选项卡，单击【文字样式】右侧的按钮[...]，弹出【文字样式】对话框。在该对话框中将【字体名】设置为【微软雅黑】，然后单击【应用】和【置为当前】按钮，最后单击【关闭】按钮，如图 6-5 所示。

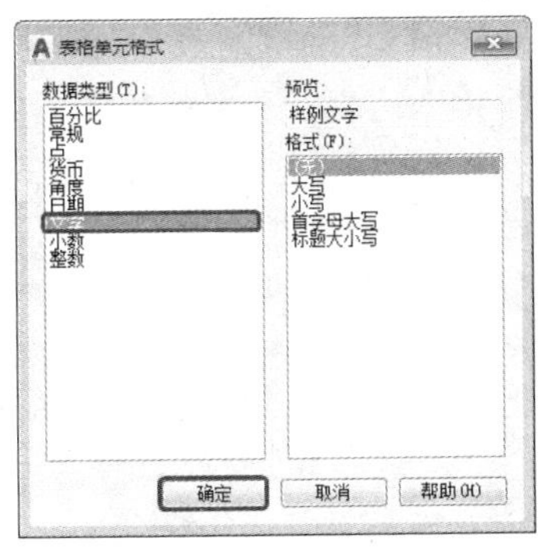

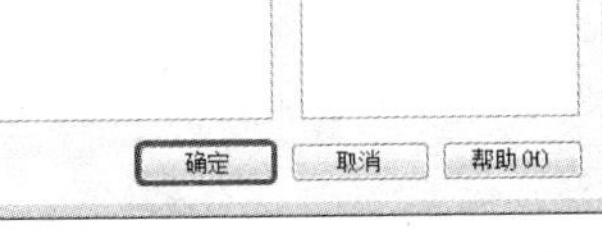

图 6-4　选择【文字】选项

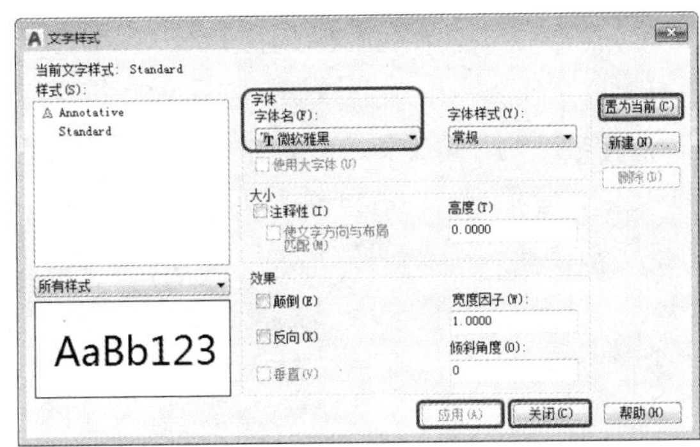

图 6-5　【文字样式】对话框

（5）返回【新建表格样式：制作产品尺码明细表】对话框，选择【文字】选项卡，将【文字高度】设置为【5】，如图 6-6 所示。

（6）将【单元样式】设置为【标题】，选择【文字】选项卡，将【文字高度】设置为 8，如图 6-7 所示。

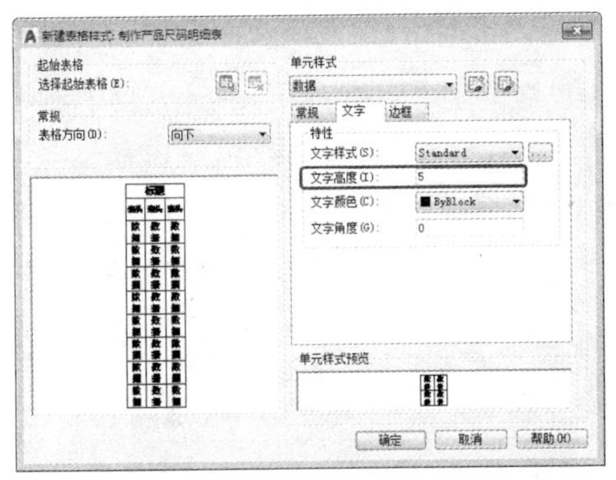

图 6-6　设置【文字高度】1

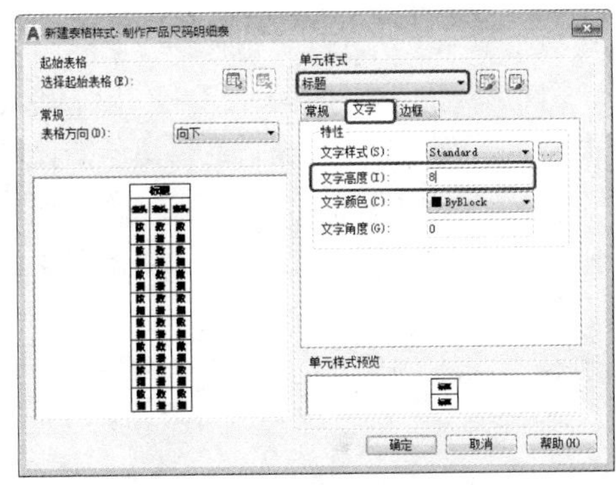

图 6-7　设置【文字高度】2

（7）将【单元样式】设置为【表头】，选择【文字】选项卡，将【文字高度】设置为【6】，如图 6-8 所示。

（8）设置完成后，单击【确定】按钮，返回【表格样式】对话框，单击【置为当前】按钮，然后单击【关闭】按钮，如图 6-9 所示。

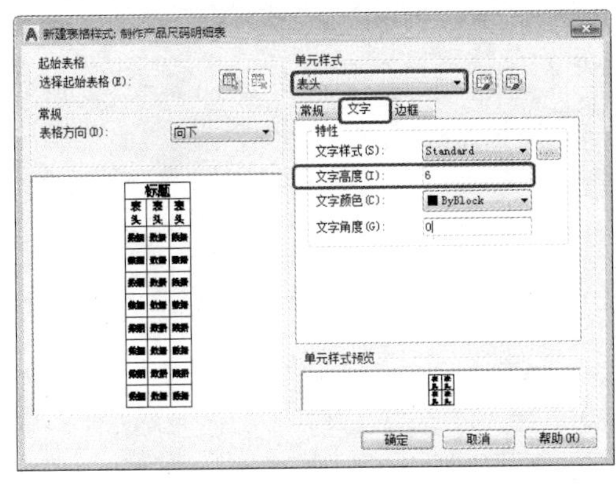

图 6-8　设置【文字高度】3

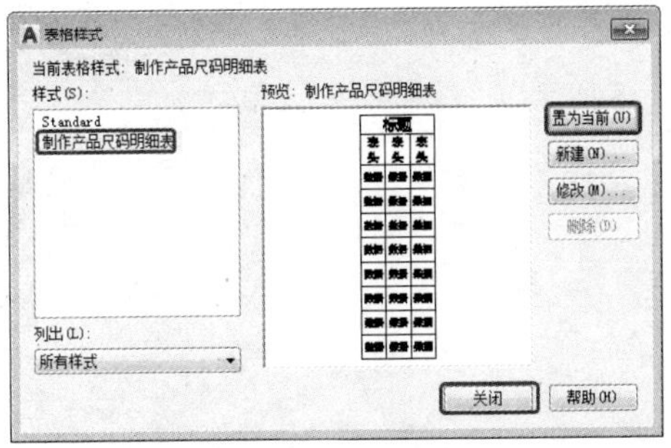

图 6-9　单击【置为当前】和【关闭】按钮

（9）在命令行中输入【TABLE】命令，弹出【插入表格】对话框。在【插入方式】选项组中选中【指定插入点】单选按钮，在【列和行设置】选项组中将【列数】设置为【9】，将【列宽】设置为【20】，将【数据行数】设置为【13】，将【行高】设置为【1】，如图 6-10 所示。

（10）设置完成后，单击【确定】按钮，在绘图区的合适位置处单击即可插入表格。插入表格后的显示效果如图 6-11 所示。

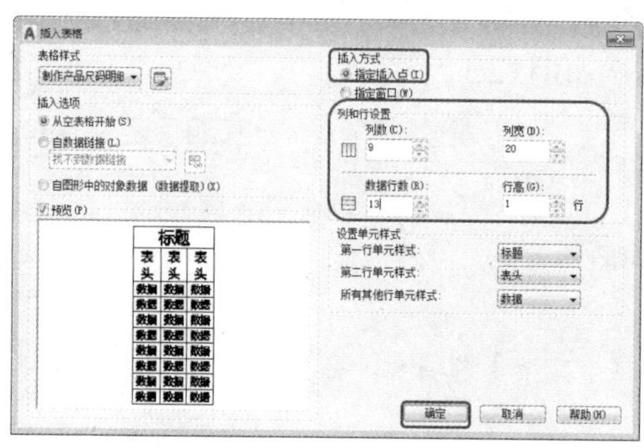

图 6-10　设置表格参数

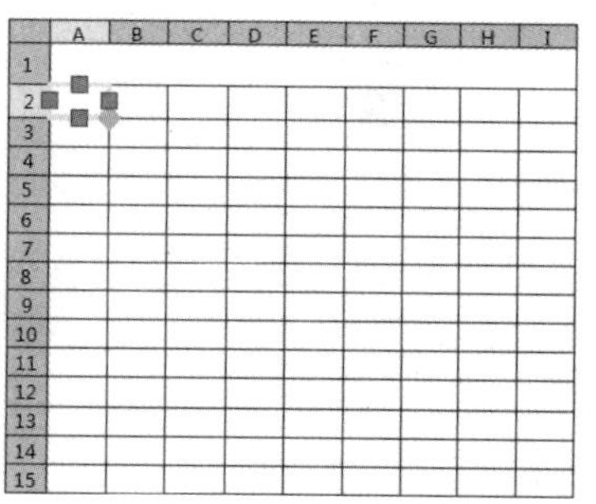

图 6-11　插入表格后的显示效果

（11）在绘图区中选择【C2：D2】单元格，在【表格单元】选项卡中单击【合并】面板中的【合并单元】下拉按钮，在弹出的下拉列表中选择【合并全部】选项，如图 6-12 所示。

（12）使用同样的方法合并其他单元格，合并效果如图 6-13 所示。

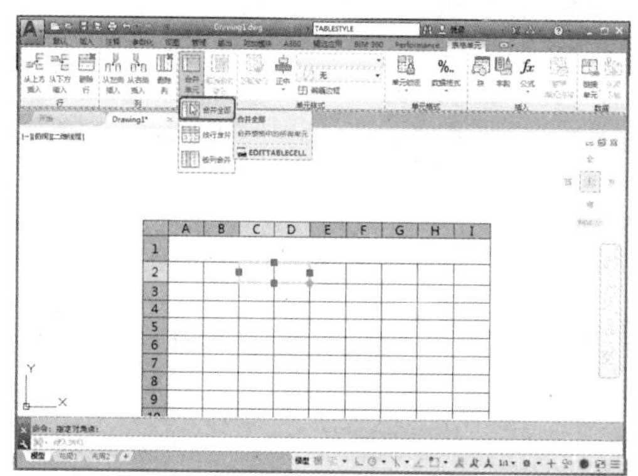

图 6-12　选择【合并全部】选项

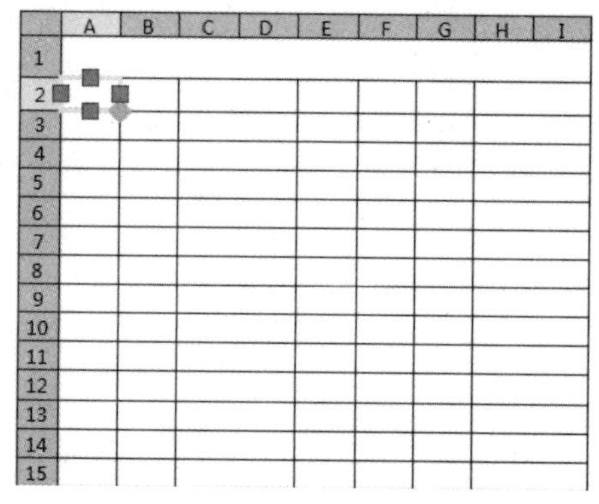

图 6-13　合并效果

（13）合并完成后，输入文字即可，完成效果如图 6-14 所示。

尺码测量表(cm)						
尺码	腰围	尺围	臀围	裤长	前浪	大腿围
28	74	2.22尺	96	102	24.5	58
29	76	2.28尺	98	102	25	58
30	78	2.34尺	100	102	25	60
31	80	2.4尺	102	102	25	60
32	82	2.46尺	104	102	25.5	62
33	84	2.52尺	106	103	25.5	64
34	86	2.58尺	108	103	25.5	64
35	88	2.64尺	110	103	26	64
36	90	2.7尺	112	103	26	66
37	92	2.76尺	114	103	26.5	68
38	94	2.82尺	116	103	26.5	70
40	103	3.09尺	120	107	28	72
42	105	3.15尺	120	107.5	28	74

图 6-14　完成效果

6.1.2 新建文字样式

在 AutoCAD 2017 中，系统默认的文字样式为【Standard】。在绘制图形的过程中，用户可以对该样式进行修改或者根据需要新建一个文字样式。

在新建文字样式之前，需要对文字样式的字体、字号、倾斜角度、方向和其他文字特性进行相关设置。

在 AutoCAD 2017 中，执行【文字样式】命令的方法有以下几种。

- 在菜单栏中选择【格式】|【文字样式】命令。
- 在【默认】选项卡的【注释】面板中单击 注释 ▾ 按钮，然后在弹出的下拉列表中单击【文字样式】按钮。
- 在【注释】选项卡的【文字】面板中单击其右下角的按钮。
- 在命令行中执行【STYLE】命令。

下面将通过实例讲解如何新建文字样式，具体操作步骤如下。

（1）在命令行中输入【STYLE】命令，弹出【文字样式】对话框。在该对话框中单击【新建】按钮，弹出【新建文字样式】对话框。在该对话框中将【样式名】设置为【新建样式 1】，然后单击【确定】按钮，如图 6-15 所示。

（2）返回【文字样式】对话框，在【字体】选项组中将【字体名】设置为【黑体】，在【大小】选项组中将【高度】设置为【5.0000】，然后单击【置为当前】按钮，弹出【AutoCAD】对话框，直接单击【是】按钮，即可将新建的文字样式置为当前文字样式，最后单击【关闭】按钮，如图 6-16 所示。

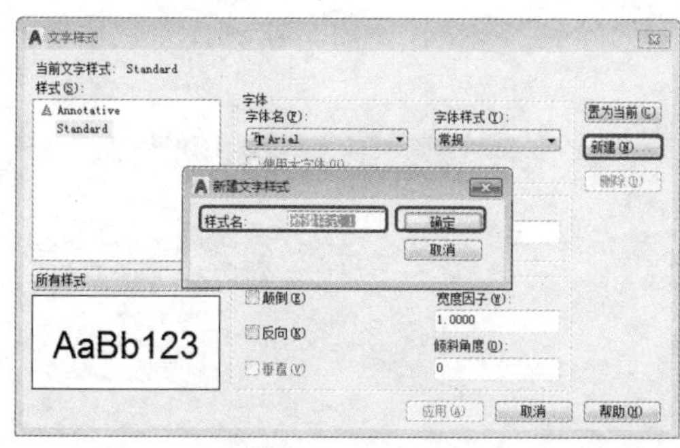

图 6-15　新建文字样式

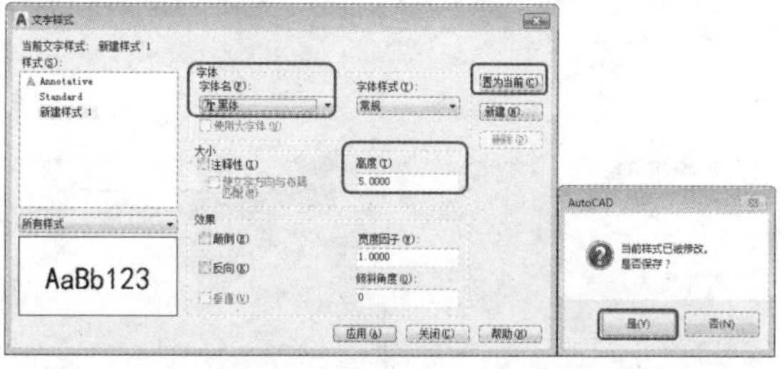

图 6-16　设置文字样式参数

在【文字样式】对话框中部分选项的含义介绍如下。

- 当前文字样式：显示当前正在使用的文字样式名称。
- 【样式】列表框：显示图形中所有的文字样式。在该列表框中包括已定义的样式名并默认显示选择的当前样式。
- 样式列表过滤器 所有样式 ▾：可以在该下拉列表中指定在【样式】列表框中显示所有样式还是仅显示使用中的样式。
- 预览：位于样式列表过滤器下方，会随着字体的改变和效果的修改而动态更改样例文字的预览效果。
- 【字体名】下拉列表：列出了系统中所有的字体名称。
- 【使用大字体】复选框：用于选择是否使用大字体。只有 SHX 文件可以创建【大字体】。

- 【字体样式】下拉列表：指定字体样式，如斜体、粗体或常规字体。勾选【使用大字体】复选框后，该选项变为【大字体】，用于选择大字体文件。
- 【高度】文本框：可在该文本框中输入文字的高度。如果用户在该文本框中指定了文字的高度，则在使用【TEXT】（单行文字）命令时，系统将不提示【指定高度】选项。
- 【颠倒】复选框：勾选该复选框，可以将文字上下颠倒显示，该选项只影响单行文字。
- 【反向】复选框：勾选该复选框，可以将文字首尾反向显示，该选项只影响单行文字。
- 【宽度因子】文本框：设置字符间距。若输入小于 1.0000 的值，将紧缩文字；若输入大于 1.0000 的值，将加宽文字。
- 【倾斜角度】文本框：用于指定文字的倾斜角度。

注 意

在指定文字的倾斜角度时，如果角度值为正数，则其方向为向右倾斜；如果角度值为负数，则其方向为向左倾斜。

6.1.3 应用文字样式

在 AutoCAD 2017 中，如果要应用某个文字样式，则需将该文字样式设置为当前文字样式。

- 在【默认】选项卡的【注释】面板中单击 注释 ▾ 按钮，然后在文字样式列表中选择相应的文字样式，如图 6-17 所示。
- 在命令行中输入【STYLE】命令，弹出【文字样式】对话框，在【样式】列表框中选择要设置为当前文字样式的文字样式，单击【置为当前】按钮，如图 6-18 所示。然后单击【关闭】按钮，关闭该对话框。

图 6-17　选择文字样式

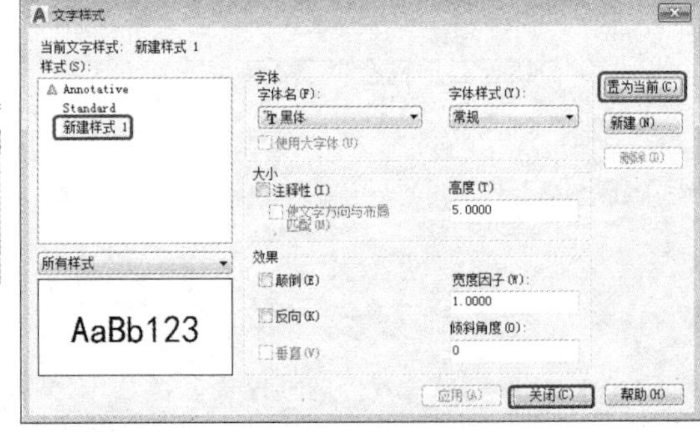

图 6-18　设置当前文字样式

6.1.4 重命名文字样式

在使用文字样式的过程中，如果对文字样式名称的设置不满意，则可以对其进行重命名操作，以便查看和使用。但不能对系统默认的【Standard】文字样式进行重命名操作。

在 AutoCAD 2017 中，执行【重命名文字样式】命令的方法有以下几种。

- 在命令行中输入【STYLE】命令，弹出【文字样式】对话框，在【样式】列表框中右击要重命名的文字样式，在弹出的快捷菜单中选择【重命名】命令，如图 6-19 所示。此时

被选择的文字样式名称呈可编辑状态，输入新的文字样式名称，然后按【Enter】键确认重命名操作。

- 在命令行中输入【RENAME】命令，弹出【重命名】对话框，在【命名对象】列表框中选择【文字样式】选项，在【项数】列表框中选择要修改的文字样式名称，然后在下方的【重命名为】按钮右侧的文本框中输入新的名称，单击【确定】按钮或【重命名为】按钮即可，如图6-20所示。

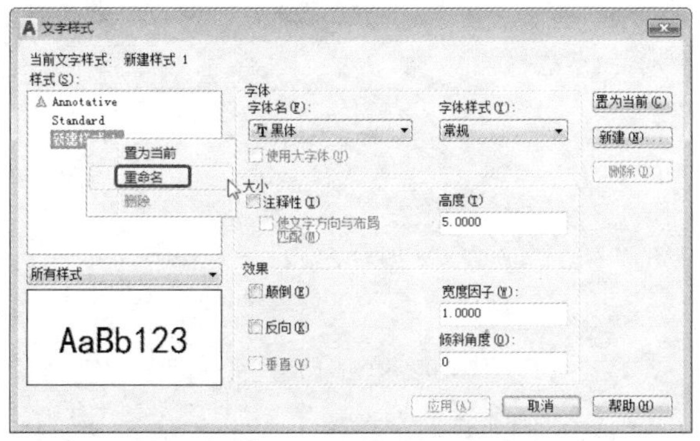

图6-19　选择【重命名】命令

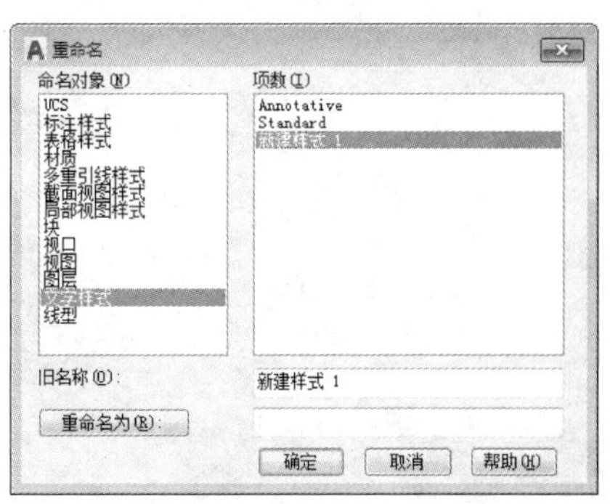

图6-20　重命名文字样式

6.1.5　删除文字样式

如果某个文字样式在图形中没有任何作用，则可以将其删除。

在AutoCAD 2017中，执行【删除文字样式】命令的方法有以下几种。

- 在命令行中输入【STYLE】命令，弹出【文字样式】对话框，在【样式】列表框中选择要删除的文字样式，单击【删除】按钮，如图6-21所示。此时会弹出如图6-22所示的【acad 警告】对话框，单击【确定】按钮，即可删除当前选择的文字样式。返回【文字样式】对话框，然后单击【关闭】按钮，关闭该对话框。

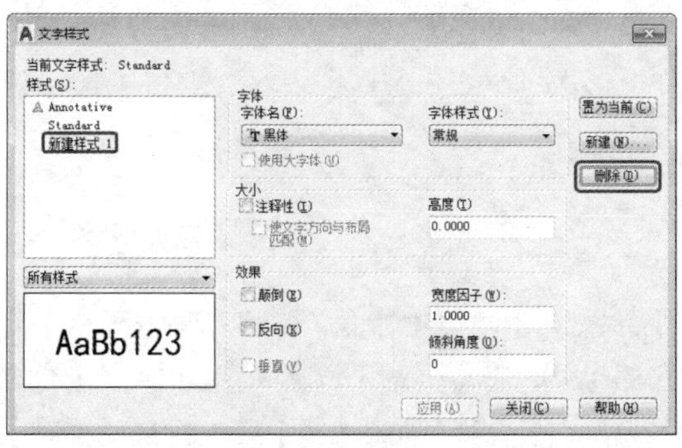

图6-21　单击【删除】按钮

图6-22　【acad 警告】对话框

- 在命令行中输入【PURGE】命令，弹出如图6-23所示的【清理】对话框。在该对话框中选中【查看能清理的项目】单选按钮，在【图形中未使用的项目】列表框中单击【文字样式】选项前面的加号按钮，显示当前图形文件中的所有文字样式，选择要删除的文字样式，然后单击【清理】按钮，在弹出的【清理-确认清理】对话框中单击【清理此项目】按钮即可，如图6-24所示。

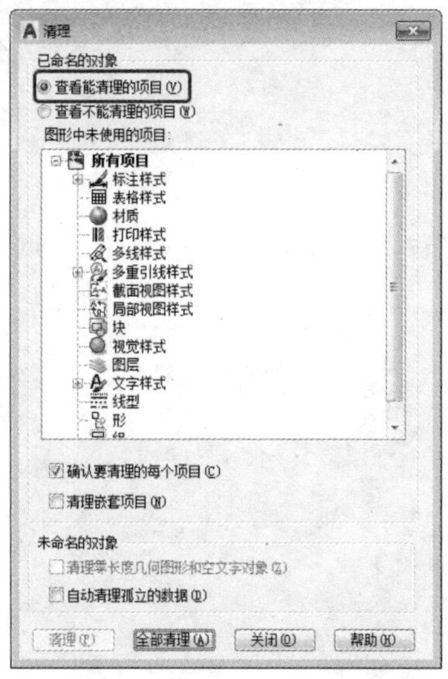

图 6-23 【清理】对话框

图 6-24 单击【清理此项目】按钮

提示： 系统默认的【Standard】文字样式与被设置为当前文字样式的文字样式不能删除。

6.2 任务 19：绘制机械标题栏——文字的输入与编辑

在文字样式设置完成后，即可使用相关命令在图形文件中输入文字。在输入文字的过程中，用户可以根据绘图需要输入单行文字或多行文字，完成后的效果如图 6-25 所示。

				YHD500-160单柱校正压装液压机		
审 核		描 图			图别	机施
设 计		校 对		压 装 机 总 图	材 料	45#
制 图		日 期			图 号	YH-01

图 6-25 完成后的效果

6.2.1 任务实施

（1）启动 AutoCAD 2017，在菜单栏中选择【绘图】|【表格】命令，弹出【插入表格】对话框。在【列和行设置】选项组中将【列数】设置为【9】，将【列宽】设置为【20】，将【数据行数】和【行高】分别设置为【3】和【1】，在【设置单元样式】选项组中将【第一行单元样式】、【第二行单元样式】和【所有其他行单元样式】都设置为【数据】，然后单击【确定】按钮，如图 6-26 所示。

（2）返回绘图区，插入表格后的效果如图 6-27 所示。

（3）在绘图区中选择【A1：D2】单元格，单击【合并单元】下拉按钮，在弹出的下拉列表中选择【合并全部】选项，然后分别选择【E1：I2】和【E3：G3】单元格，单击【合并全部】按钮，合并后的显示效果如图 6-28 所示。

（4）使用同样的方法将剩余的单元格合并，全部合并完成后的效果如图 6-29 所示。

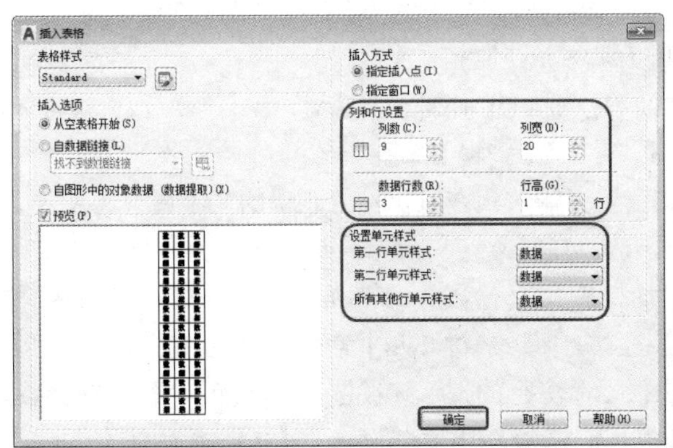

图 6-26　设置表格参数

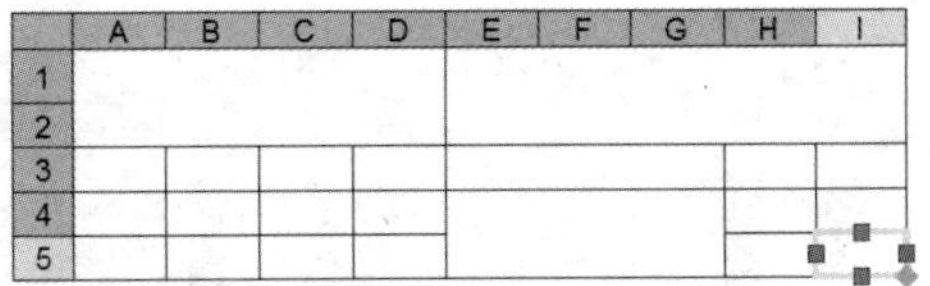

图 6-27　插入表格后的效果

图 6-28　合并后的显示效果

图 6-29　全部合并完成后的效果

（5）合并完成后，输入文字即可，完成效果如图 6-30 所示。

				YHD500-160单柱校正压装液压机		
审　核		描　图			图别	机施
设　计		校　对		压　装　机　总　图	材　料	45#
制　图		日　期			图　号	YH-01

图 6-30　完成效果

6.2.2　单行文字

单行文字主要用于不需要多种字体和多行文字的简短输入。

1．输入单行文字

输入单行文字是指在输入文字信息时，用户可以使用【单行文字】工具创建一行或多行文字。其中，每行文字都是独立的文字对象，并且可以对其进行相应的编辑操作，如重定位、调整格式或进行其他修改等。

在 AutoCAD 2017 中，执行【单行文字】命令的方法有以下几种。

- 在菜单栏中选择【绘图】|【文字】|【单行文字】命令。
- 在【默认】选项卡的【注释】面板中单击【单行文字】按钮，如果在【注释】面板中没有显示该按钮，则可以单击文字按钮，在弹出的下拉列表中单击【单行文字】按钮。
- 在【注释】选项卡的【文字】面板中单击【单行文字】按钮，如果在【文字】面板中没有显示该按钮，则可以单击【多行文字】按钮，在弹出的下拉列表中单击【单行文字】按钮。
- 在命令行中执行【DTEXT】或【TEXT】命令。

2. 编辑单行文字

在输入单行文字后，还可以对其特性和内容进行编辑。

在 AutoCAD 2017 中，编辑单行文字的方法有以下几种。

- 在菜单栏中选择【修改】|【对象】|【文字】|【编辑】命令。
- 直接双击需要编辑的单行文字，待文字呈可输入状态时，输入正确的文字内容。
- 在命令行中执行【DDEDIT】命令。

下面将通过实例讲解如何为立面图添加标题，具体操作步骤如下。

（1）打开【素材】|【Cha06】|【为立面图添加标题素材.dwg】素材文件，如图 6-31 所示。

（2）在命令行中输入【DTEXT】命令，根据命令行的提示在绘图区中黑色实线上方的合适位置指定一点作为起点，指定文字高度为【200】，将旋转角度值设置为【0】，然后按【Enter】键确认，在绘图区中即可出现如图 6-32 所示的文本框。

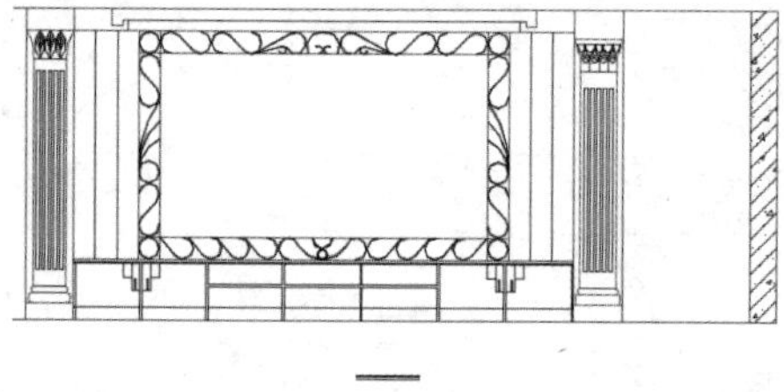

图 6-31　打开素材文件

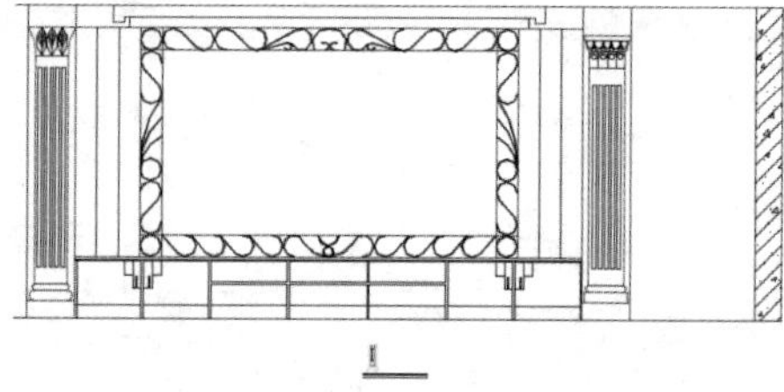

图 6-32　文本框

（3）输入单行文字，并在输入完成后按两次【Enter】键结束单行文字的输入，完成效果如图 6-33 所示。

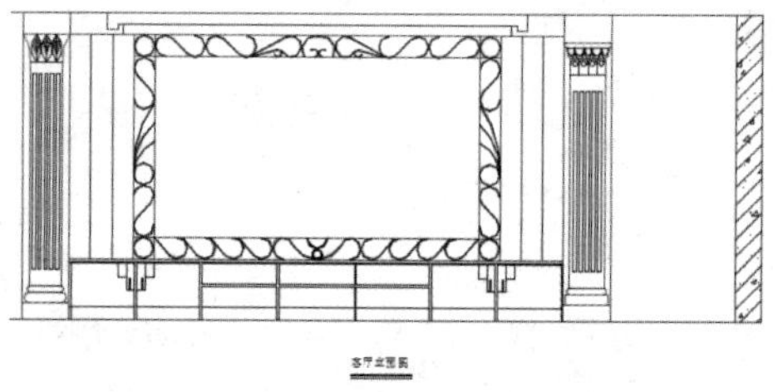

图 6-33　完成效果

知识链接：

查找和替换

当输入的文字内容过多时，为了避免出现错别字，用户可以通过 AutoCAD 的查找和替换功能对其进行检测。

在 AutoCAD 2017 中，执行【查找和替换】命令的方法有以下几种。

- 在【注释】选项卡的【文字】面板中的【查找文字】文本框中输入要查找的文本，然后单击按钮。
- 双击需要查找和替换的文本，切换至【文字编辑器】选项卡，在【工具】面板中单击【查找和替换】按钮。
- 在命令行中执行【FIND】命令。

下面将通过实例讲解如何进行查找和替换，具体操作步骤如下。

（1）打开【素材】|【Cha06】|【查找与替换素材.dwg】素材文件，如图 6-34 所示。

（2）在命令行中输入【FIND】命令，弹出【查找和替换】对话框。在【查找内容】文本框中输入【陪】，在【替换为】文本框中输入【配】，在【查找位置】下拉列表中选择【整个图形】选项，然后单击【查找】按钮，如图 6-35 所示。

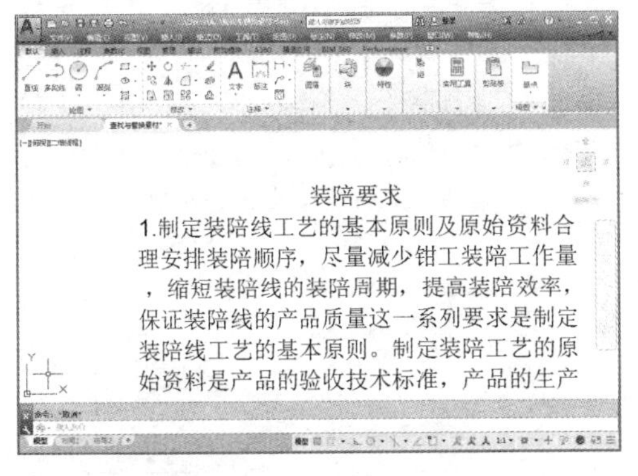

图 6-34　打开素材文件

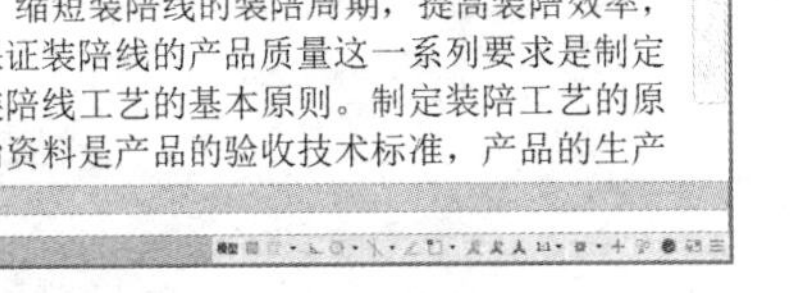

图 6-35　查找内容

（3）此时绘图区的多行文字呈灰底显示，单击【全部替换】按钮，在弹出的对话框中单击【确定】按钮，如图 6-36 所示。

（4）返回【查找和替换】对话框，单击【完成】按钮。在绘图区中可以看到所有的【陪】被替换成了【配】，效果如图 6-37 所示。

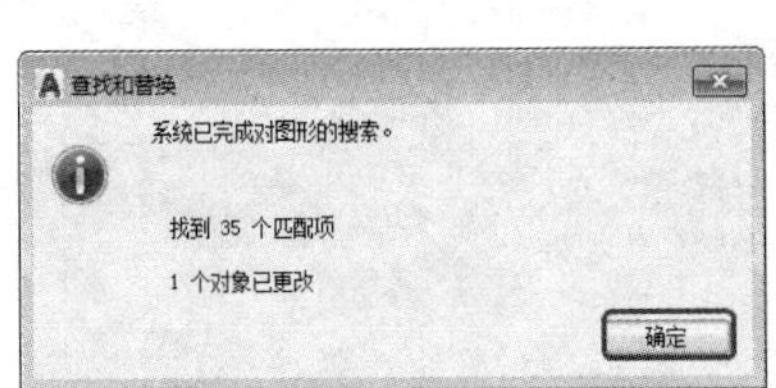

图 6-36　单击【确定】按钮

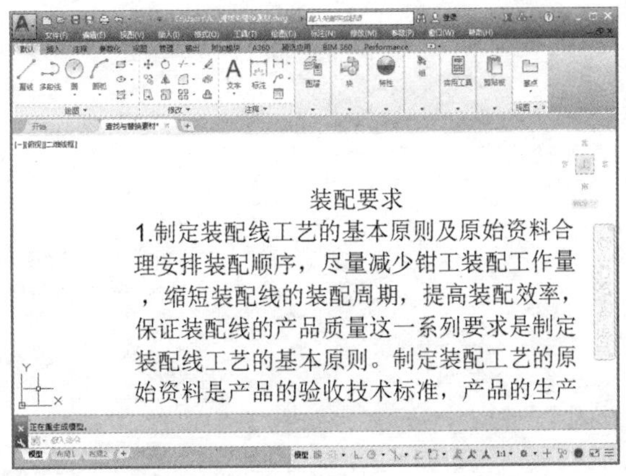

图 6-37　替换后的效果

知识链接：

拼写检查

为了提高文本的准确度，在输入文本内容后，可以使用 AutoCAD 提供的拼写检查功能对其进行检查。如果文本中出现了错误，则系统会建议对其进行修改。

在 AutoCAD 2017 中，执行【拼写检查】命令的方法有以下几种。

- 在【注释】选项卡的【文字】面板中单击【拼写检查】按钮。
- 双击需要进行拼写检查的文本，切换至【文字编辑器】选项卡，在【拼写检查】

面板中单击【拼写检查】按钮。

- 在命令行中执行【SPELL】命令。

下面将通过实例讲解如何进行拼写检查，具体操作步骤如下。

（1）打开【素材】|【Cha06】|【拼写与检查素材.dwg】素材文件，如图 6-38 所示。

（2）在命令行中输入【SPELL】命令，弹出【拼写检查】对话框。单击【开始】按钮，系统会自动进行拼写检查，在【不在词典中】文本框中会显示错误的单词【peopleff】，在【建议】文本框中会给出与原单词最接近的修改单词。在其下方的列表框中，系统还为用户提供了很多修改建议，这里在该列表框中选择【people】，然后单击【全部修改】按钮，如图 6-39 所示。

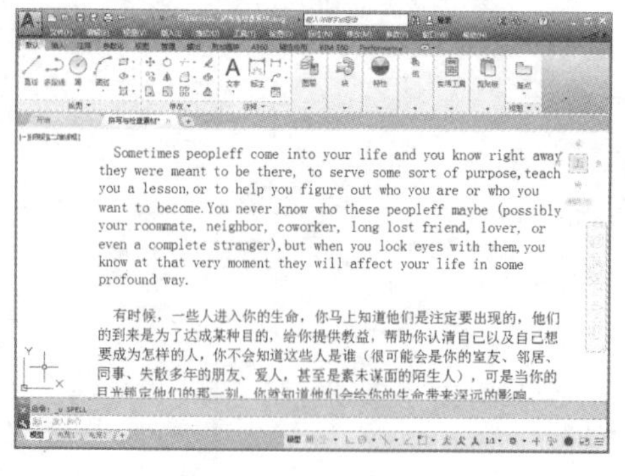

图 6-38　打开素材文件

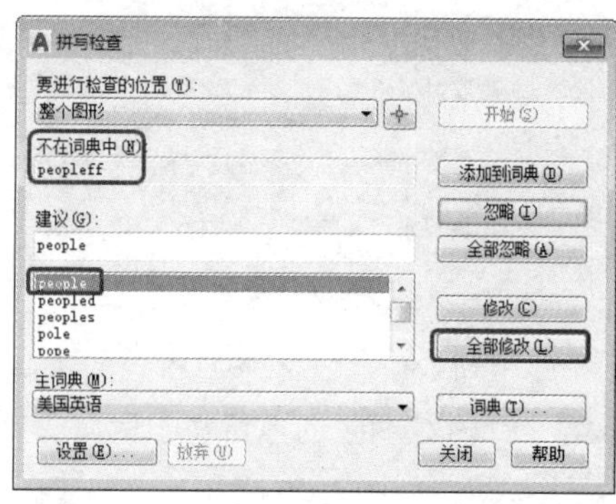

图 6-39　修改单词

（3）弹出如图 6-40 所示的【AutoCAD 消息】对话框，提示拼写检查完成，单击【确定】按钮，返回【拼写检查】对话框，单击【关闭】按钮。

（4）返回绘图区，即可看到文本中错误的【peopleff】单词都被修改为【people】，效果如图 6-41 所示。

图 6-40　【AutoCAD 消息】对话框

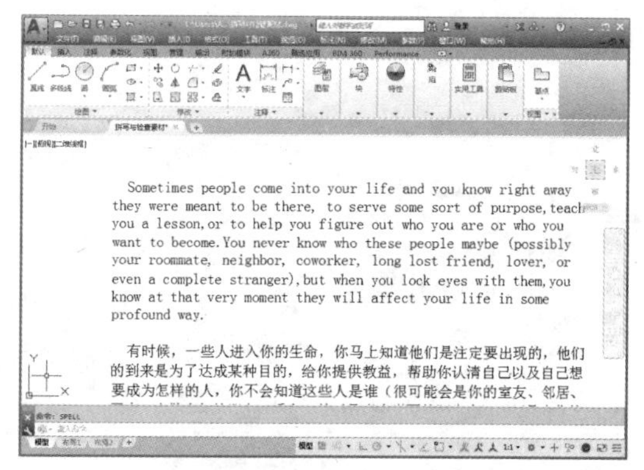

图 6-41　修改后的效果

6.2.3　编辑单行文字实例

下面将通过实例讲解如何编辑单行文字，具体操作步骤如下。

（1）打开【素材】|【Cha06】|【编辑单行文字素材.dwg】素材文件，如图 6-42 所示。

（2）在命令行中输入【DDEDIT】命令，根据命令行的提示选择单行文字使其处于编辑状态，如图 6-43 所示。

公寓客厅详图

图 6-42　打开素材文件

公寓客厅详图

图 6-43　单行文字处于编辑状态

（3）输入正确的文字【住宅小区装饰详图】，按【Enter】键结束该命令，输入文字后的效果如图 6-44 所示。

（4）选择单行文字并右击，在弹出的快捷菜单中选择【特性】命令，如图 6-45 所示。

住宅小区装饰详图
住宅小区装饰详图

图 6-44　输入文字后的效果

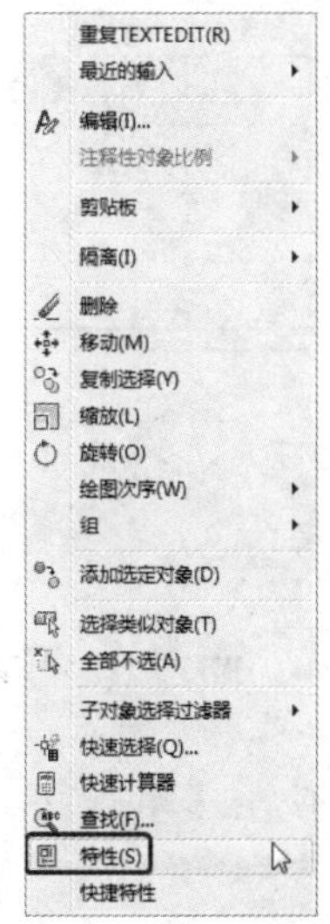

图 6-45　选择【特性】命令

（5）弹出【特性】选项板，在【常规】选项组中将【颜色】设置为【蓝】，在【文字】选项组中将【旋转】设置为【30】，如图 6-46 所示。

（6）单击【特性】选项板左上角的【关闭】按钮✖，关闭该选项板，返回绘图区，按【Esc】键取消文字的选择状态。此时可以看到单行文字的颜色和角度发生了变化，显示效果如图 6-47 所示。

图 6-46　设置文字参数

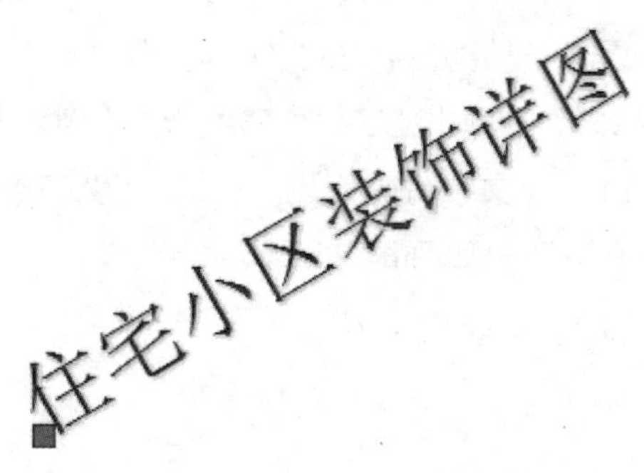

图 6-47　单行文字的显示效果

知识链接：

在标注文字说明时，可能需要输入一些特殊字符，如¯（上画线）、_（下画线）、°（度）、±（公差符号）和φ（直径符号）等。用户可以通过 AutoCAD 提供的控制码进行输入。控制码的输入和说明如表 6-1 所示。

表 6-1　控制码的输入和说明

控　制　码	特殊字符	说　　明	控　制　码	特殊字符	说　　明
%%p	±	公差符号	%%d	°	度
%%0	¯	上画线	%%c	ϕ	直径符号
%%u	_	下画线			

提示：在输入单行文字时，如果输入的符号显示为【?】，是因为当前字体库中没有该符号。

6.2.4　通过【文字编辑器】选项卡插入符号

下面使用【单行文字】命令创建文本标注，以练习控制码的输入，具体操作过程如下。

（1）启动 AutoCAD 2017，新建一个图纸文件。在命令行中输入【DTEXT】命令，在绘图区中指定一点为起点，按【Enter】键确认，保持默认文字的高度不变，按【Enter】键确认，保持默认文字的旋转角度不变，创建文本框并输入文字内容，如图 6-48 所示。

（2）按两次【Enter】键结束单行文字的输入，完成后的效果如图 6-49 所示。

基坑开挖底部标高允许偏差为%%P50mm

图 6-48　创建文本框并输入文字内容

基坑开挖底部标高允许偏差为±50mm

图 6-49　完成后的效果

在输入多行文字时，单击【文字编辑器】选项卡的【插入】面板中的【符号】按钮，也可以插入特殊符号，具体操作过程如下。

（1）打开【素材】|【Cha06】|【插入特殊符号素材.dwg】素材文件，如图 6-50 所示。

（2）双击绘图区中的文字内容，切换至【文字编辑器】选项卡，在【插入】面板中单击【符号】按钮，在弹出的下拉列表中选择【度数】选项，如图 6-51 所示。

（3）在【文字编辑器】选项卡的【关闭】面板中单击【关闭文字编辑器】按钮，结束多行文字的输入，如图 6-52 所示。

（4）返回绘图区，即可看到在文字后面插入了°符号，完成效果如图 6-53 所示。

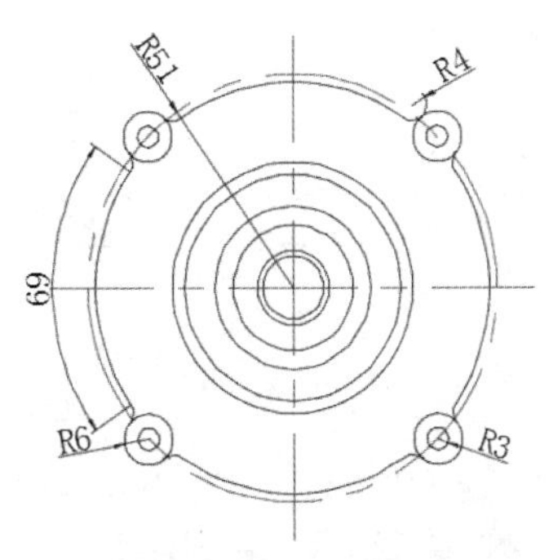

图 6-50　打开素材文件

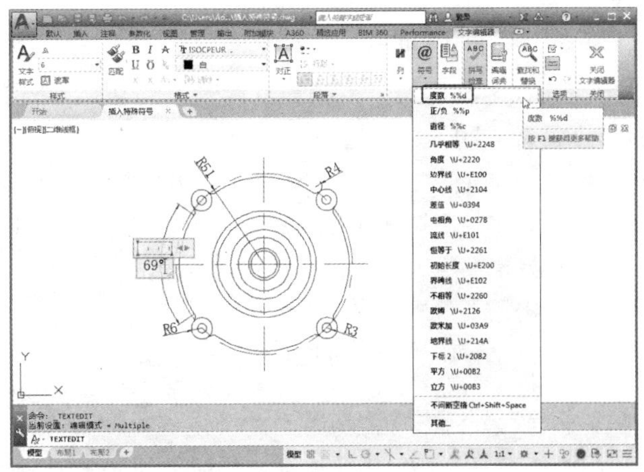

图 6-51　选择【度数】命令

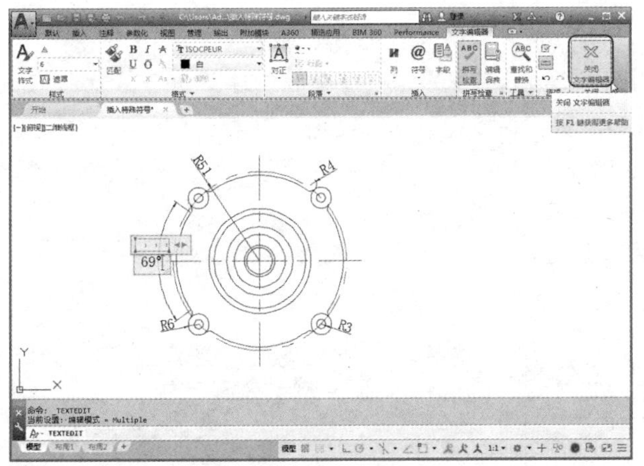

图 6-52　单击【关闭文字编辑器】按钮

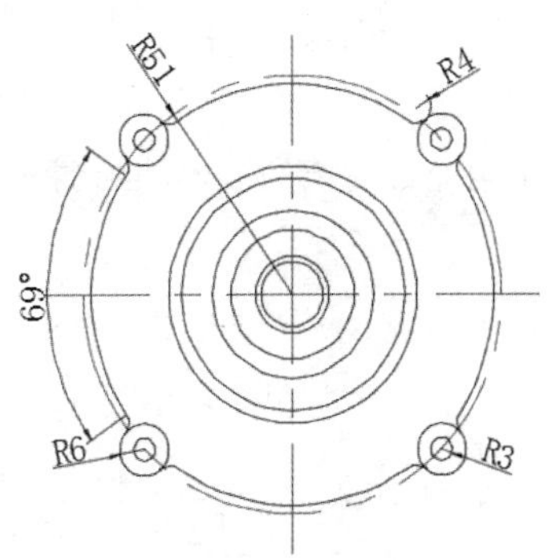

图 6-53　完成效果

6.2.5　多行文字

多行文字适用于较多或较复杂的文字注释中。

1．输入多行文字

输入多行文字是指在输入文字信息时，可以将若干文字段落创建为单个多行文字对象。当然，多行文字也可以被编辑。

在 AutoCAD 2017 中，执行【多行文字】命令的方法有以下几种。

- 在菜单栏中选择【绘图】|【文字】|【多行文字】命令。
- 在【默认】选项卡的【注释】面板中单击【多行文字】按钮A，如果在【注释】面板中没有显示该按钮，则可以单击文字按钮，在弹出的下拉列表中单击【多行文字】A多行文字按钮。
- 在【注释】选项卡的【文字】面板中单击【多行文字】按钮A，如果在【文字】面板中没有显示该按钮，则可以单击【单行文字】按钮单行文字，在弹出的下拉列表中单击【多行文字】按钮A多行文字。
- 在命令行中执行【MTEXT】命令。

2．编辑多行文字

在输入多行文字后，如果发现输入的文字内容有误或者需要添加某些特殊内容，则可以对其进行编辑。

在 AutoCAD 2017 中，编辑多行文字的方法有以下几种。

- 在菜单栏中选择【修改】|【对象】|【文字】|【编辑】命令。
- 选择需要编辑的多行文字并右击，在弹出的快捷菜单中选择【编辑多行文字】命令。
- 双击需要编辑的多行文字。
- 在命令行中执行【MTEDIT】或【DDEDIT】命令。

> **提示：**双击需要编辑的文字，系统将直接进入编辑状态。另外，在编辑一个文字对象后，系统将继续提示【选择注释对象】，用户可以继续编辑其他文字，直到按【Enter】键或【Esc】键退出命令为止。

下面将通过实例讲解如何为图纸添加说明，具体操作步骤如下。

（1）打开【素材】|【Cha06】|【为图纸添加说明素材.dwg】素材文件，如图 6-54 所示。

（2）在命令行中输入【MTEXT】命令，根据命令行的提示在图形对象下方的合适位置处指定第一个角点，再根据命令行的提示执行【高度】命令，将【高度】设置为【20】，然后指定另一个角点，完成文本框的绘制，如图 6-55 所示。

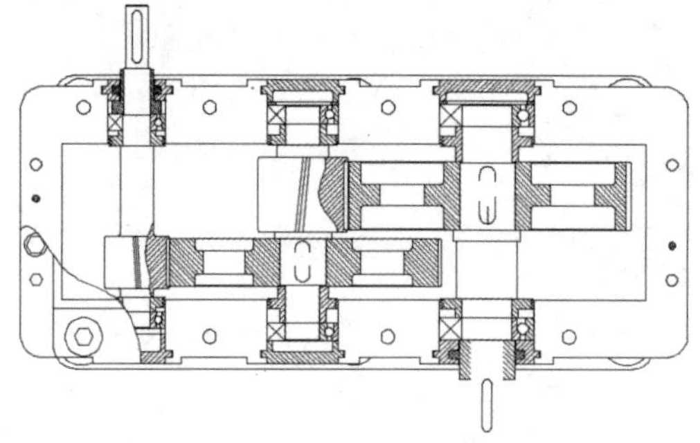

图 6-54　打开素材文件

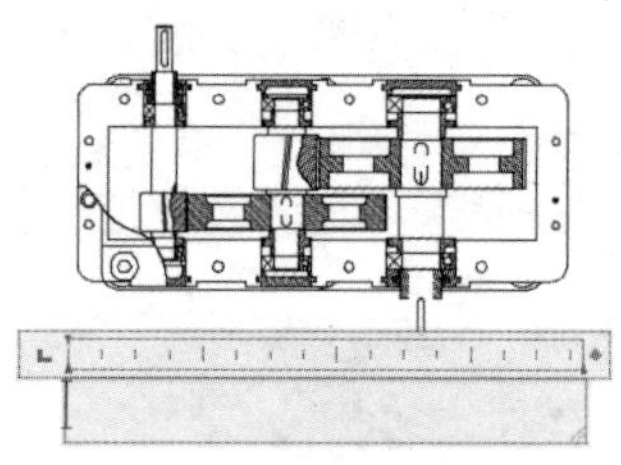

图 6-55　绘制文本框

（3）在文本框中输入需要创建的文字，输入文字后的效果如图 6-56 所示。

（4）输入完成后，在【文字编辑器】选项卡的【关闭】面板中单击【关闭文字编辑器】按钮，退出多行文字的输入状态，显示效果如图 6-57 所示。

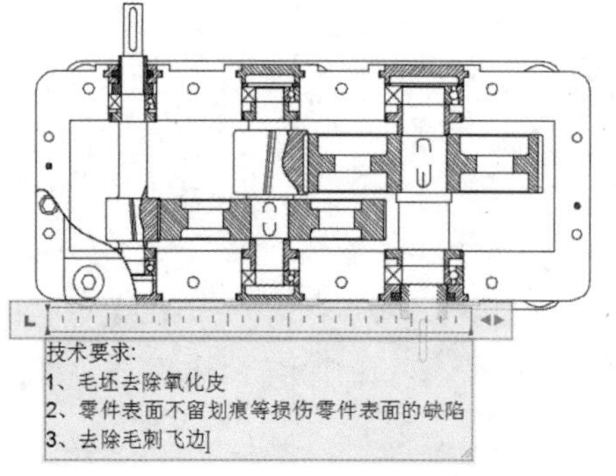

图 6-56　输入文字后的效果

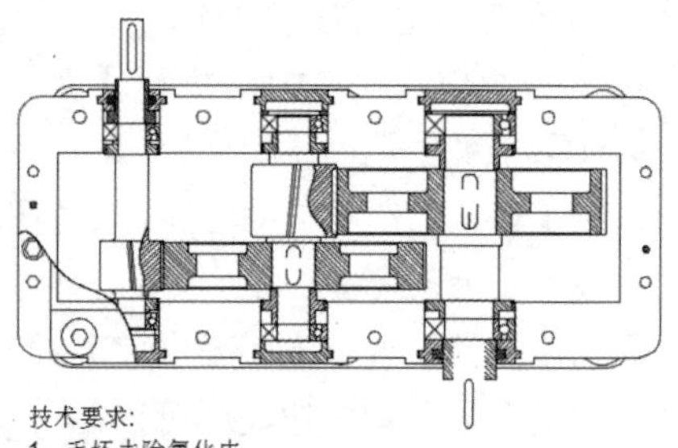

图 6-57　显示效果

6.2.6 编辑多行文字实例

下面通过实例讲解如何编辑多行文字，具体操作步骤如下。

（1）打开【素材】|【Cha06】|【编辑多行文字素材.dwg】素材文件，如图 6-58 所示。

（2）在命令行中输入【MTEDIT】命令，根据命令行的提示选择文字对象，使其处于编辑状态，如图 6-59 所示。

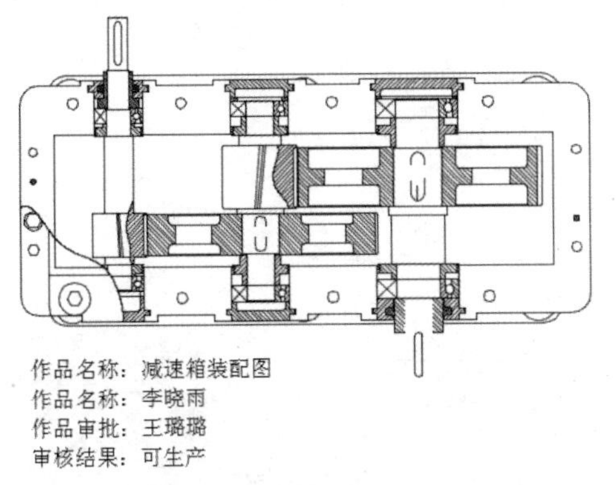

图 6-58 打开素材文件

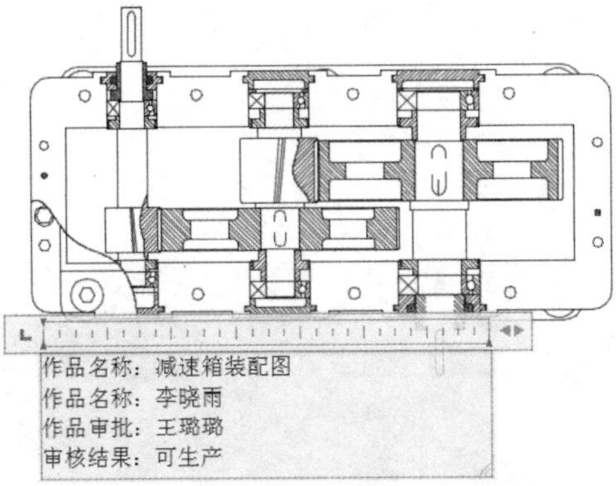

作品名称：减速箱装配图
作品名称：李晓雨
作品审批：王璐璐
审核结果：可生产

图 6-59 文字对象处于编辑状态

（3）在文本框中选择【作品名称：】文字内容，在【文字编辑器】选项卡的【格式】面板中单击【颜色】下拉按钮，在弹出的下拉列表中设置文字颜色为红色，如图 6-60 所示。

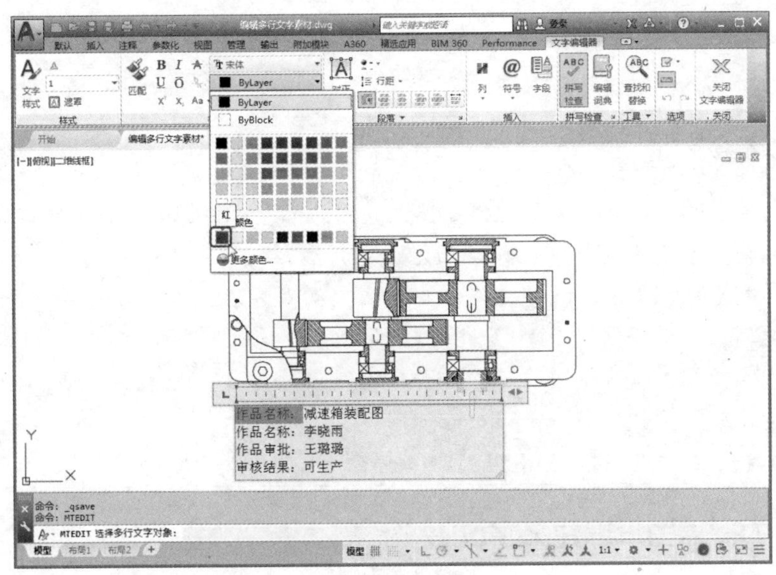

图 6-60 设置文字颜色

（4）设置文字颜色后的显示效果如图 6-61 所示。

（5）使用同样的方法编辑其他文字颜色，显示效果如图 6-62 所示。

（6）完成修改后，对文字的特性进行编辑。选择【减速箱装配图】文字内容，在【文字编辑器】选项卡的【格式】面板中单击【字体】下拉按钮，在弹出的下拉列表中选择【微软雅黑】选项，如图 6-63 所示。

（7）使用同样的方法编辑其他文字内容的特性，完成后的效果如图 6-64 所示。

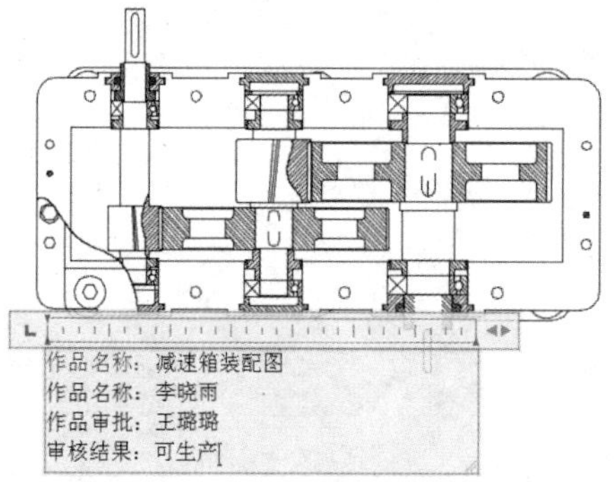

图 6-61　显示效果 1

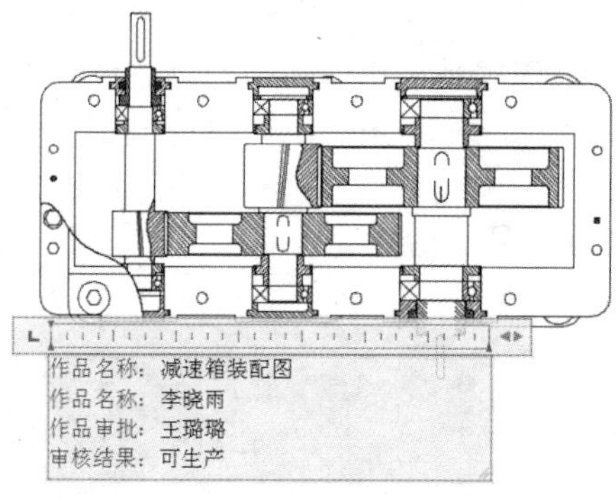

图 6-62　显示效果 2

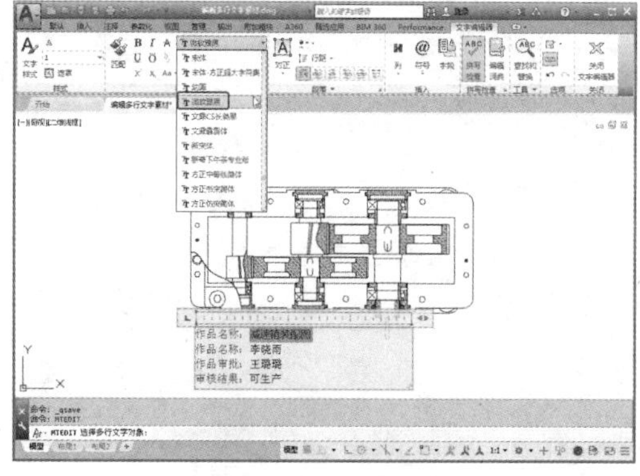

图 6-63　选择【微软雅黑】选项

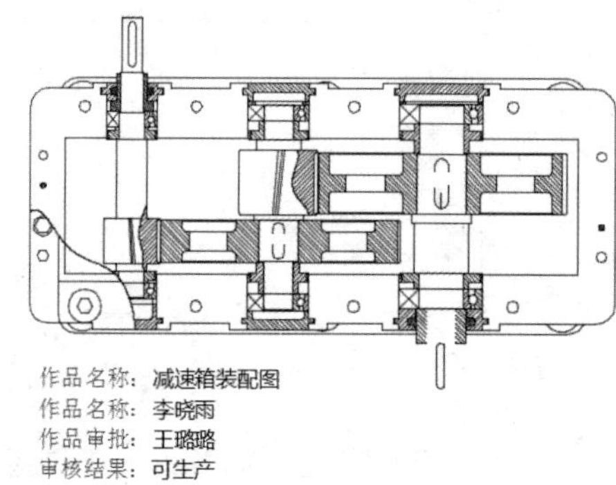

图 6-64　完成后的效果

知识链接：

如果文字说明的比例不对，则会直接影响图纸的整体效果，此时用户可以使用【缩放】命令调整文字说明的整体比例，而无须重新输入文字。

在 AutoCAD 2017 中，调整文字说明整体比例的方法有以下几种。

- 在菜单栏中选择【修改】|【对象】|【文字】|【比例】命令。
- 在【注释】选项卡的【文字】面板中单击【文字】下拉按钮，在弹出的下拉列表中单击【缩放】按钮。
- 在命令行中执行【SCALETEXT】命令。

6.2.7　为阀盖图形创建文字说明

前文介绍了在 AutoCAD 2017 中设置文字样式、输入文字、查找和替换等操作方法，本节将通过一个简单实例来加深读者对相关知识的理解。

（1）打开【素材】|【Cha06】|【阀盖素材.dwg】素材文件，如图 6-65 所示。

（2）在命令行中输入【STYLE】命令，打开【文字样式】对话框，然后单击【新建】按钮，弹出【新建文字样式】对话框。在该对话框的【样式名】文本框中输入【文字说明】，单击【确定】按钮，如图 6-66 所示。

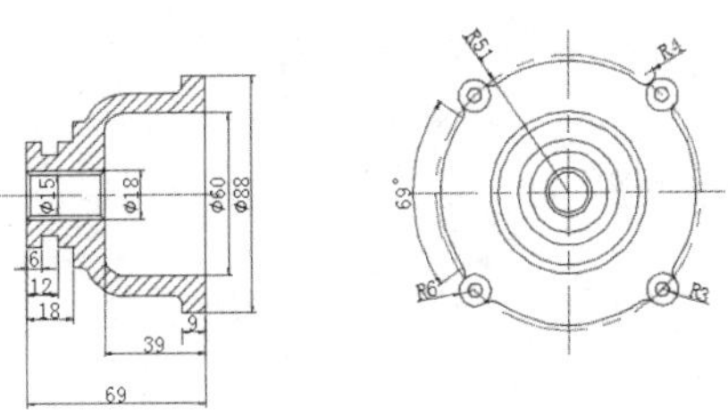

图 6-65　打开素材文件

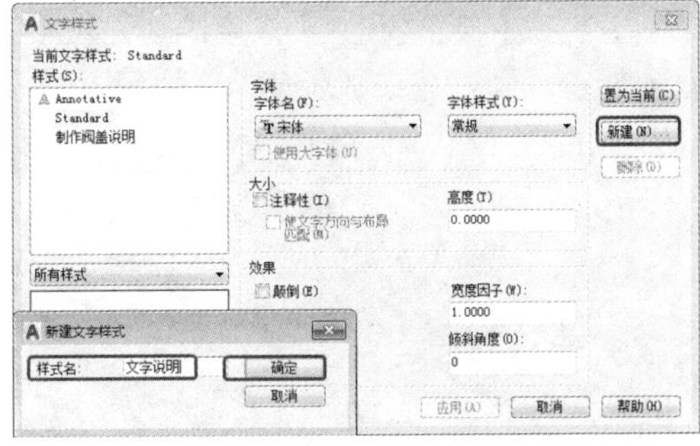

图 6-66　新建文字样式

（3）返回【文字样式】对话框，在【字体】选项组中，将【字体名】设置为【微软雅黑】，在【大小】选项组中，将【高度】设置为【10.0000】，然后单击【应用】按钮和【关闭】按钮，如图 6-67 所示。

（4）在命令行中输入【MTEXT】命令，然后在绘图区中创建文本框，并输入文字。输入文字后的效果如图 6-68 所示。

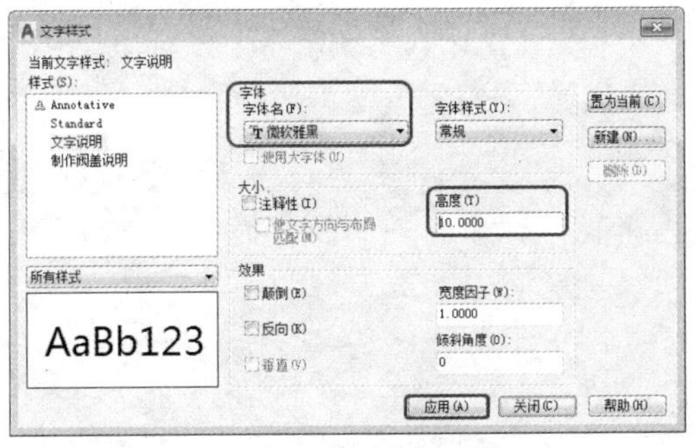

图 6-67　设置文字参数

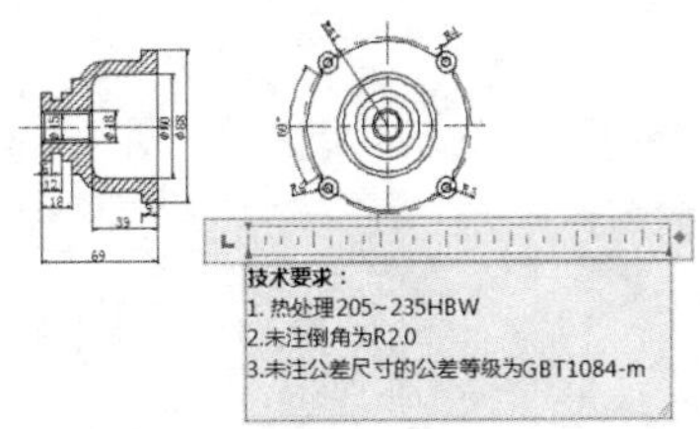

图 6-68　输入文字后的效果

（5）在【文字编辑器】选项卡的【插入】面板中单击【符号】按钮，在弹出的下拉列表中选择【其他】选项，弹出【字符映射表】对话框。在该对话框下方的列表框中选择符号/，单击【选择】按钮，然后单击【复制】按钮，如图 6-69 所示，并关闭该对话框。

（6）返回绘图区，按【Ctrl+V】组合键粘贴刚才复制的字符，如图 6-70 所示。

图 6-69　选择并复制符号

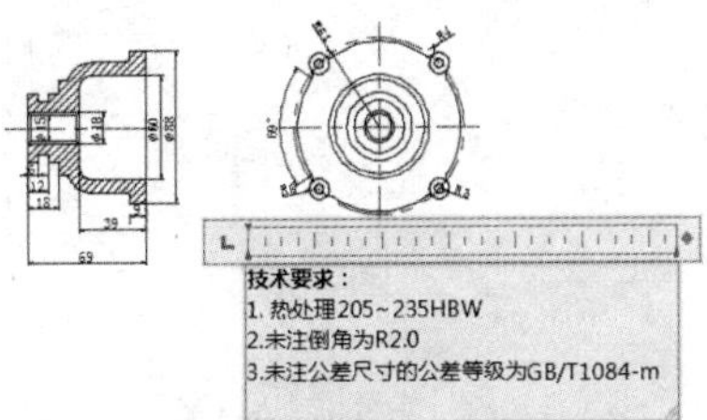

图 6-70　粘贴所复制的符号

（7）选择【技术要求：】文字内容，在【文字编辑器】选项卡的【格式】面板中单击【粗体】按钮B，效果如图 6-71 所示。

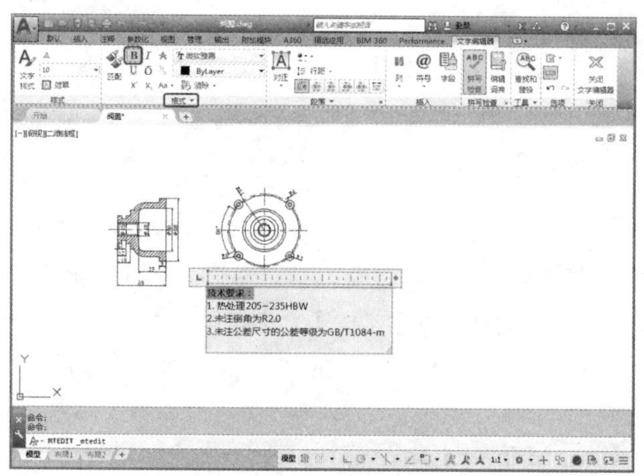

图 6-71　加粗字体后的效果

（8）在【文字编辑器】选项卡的【关闭】面板中单击【关闭文字编辑器】按钮，退出多行文字的输入，返回绘图区，创建文字说明后的效果如图 6-72 所示。

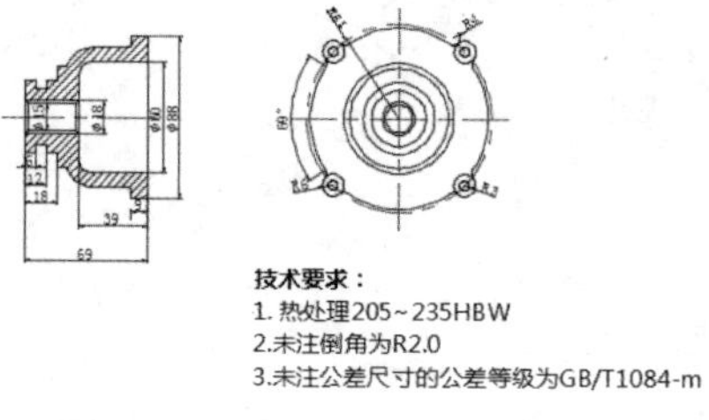

图 6-72　创建文字说明后的效果

6.2.8　调整文字说明比例

下面将通过实例讲解如何调整文字说明比例，具体操作步骤如下。

（1）继续上面实例的操作，在命令行中输入【SCALETEXT】命令，按【Enter】键确认，根据命令行的提示选择图形中的多行文字，按【Enter】键结束对象的选择，根据命令行的提示执行【中间】命令，然后指定新模型高度为【6】，按【Enter】键确认并结束该命令。

（2）此时在绘图区中即可看到调整文字说明比例后的效果，如图 6-73 所示。

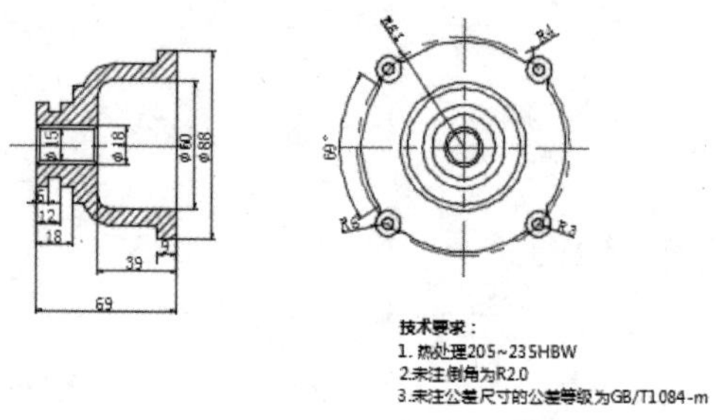

图 6-73　调整文字说明比例后的效果

> ! 提示：在使用【SCALETEXT】命令缩放文字比例时，被缩放后的文字不会改变其原来的位置；在使用【SCALETEXT】命令缩放对象时，能准确定位对象。

6.3 任务20：创建压力机配置一览表——创建表格

下面绘制如图6-74所示的压力机配置一览表。

序号	标准或图号	名称/规格	数量	材料	备注
1	YHD00-01	液压机机架	1	A3	焊接组件
2	YHD00-02	工作台	1	ZG45#	
3	YHD00-03	滑块导向板	1	HT20-40	
4	YHD00-04	滑块部装	1	HT20-40	
5	YHD00-05	液压缸	1	A3	
6	YHD00-06	液压系统	1		
7	GB 70-85	内六角圆柱头螺钉 M16X60	4	A3	
8	GB 93-87	M16 弹簧垫圈	4	A3	
9	GB 5780-86	六角头螺栓 M12X35	8	A3	
10	GB 93-87	M12 弹垫+平垫	8套		
11	JB/T7940.3-1995	旋盖式油杯	2		M10X1
12	GB 5780-86	六角头螺栓 M16X50	8	A3	
13	GB 93-87	M16 弹垫+平垫	8套		
14	GB 5780-86	六角头螺栓 M12X60	8	A3	
15	GB 93-86	M12 弹垫+平垫	8套		
16	GB 5780-86	M12X100	12	A3	
17	GB 93-86	M12弹垫+平垫	12套		

图6-74 压力机配置一览表

6.3.1 任务实施

（1）选择【格式】|【表格样式】命令，弹出【表格样式】对话框。在该对话框中单击【新建】按钮，在弹出的对话框中将【新样式名】设置为【压力机配置一览表】，单击【继续】按钮，如图6-75所示。

（2）将【单元样式】设置为【标题】，在【常规】选项卡中将【填充颜色】设置为【青】，选择【文字】选项卡，将【文字高度】设置为【6】，将【文字颜色】设置为【红】，如图6-76所示。

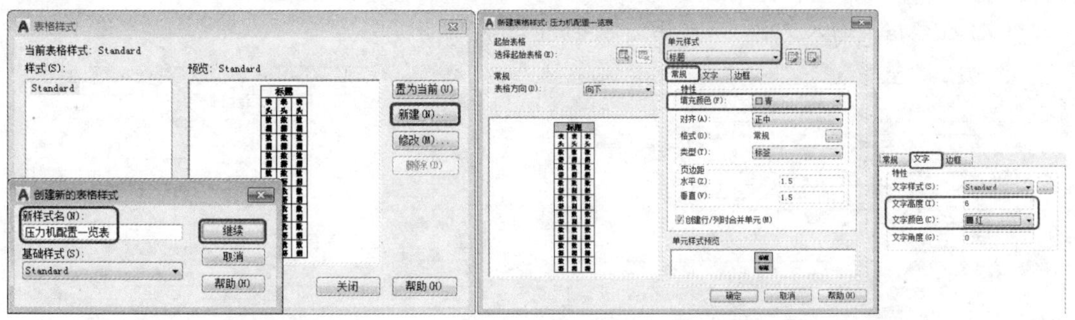

图6-75 新建表格样式　　图6-76 设置【标题】单元样式参数

（3）其他选项保持默认设置，单击【确定】按钮，返回【表格样式】对话框，选择【压力机配置一览表】样式，然后单击【置为当前】按钮，如图6-77所示。

（4）单击【关闭】按钮，关闭该对话框。在菜单栏中选择【绘图】|【表格】命令，弹出【插

入表格】对话框，将【列数】设置为【11】，将【列宽】设置为【30】，将【数据行数】设置为【16】，将【行高】设置为【1】，如图 6-78 所示。

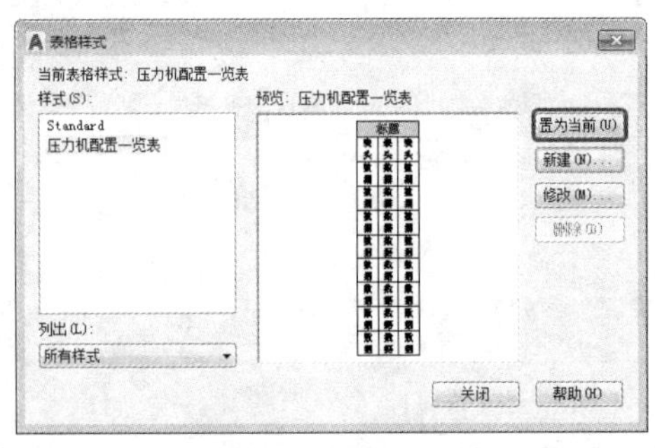

图 6-77　将新建表格样式设置为当前表格样式

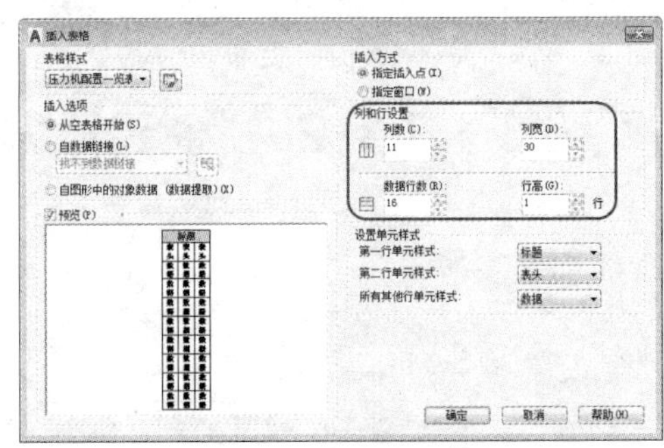

图 6-78　设置表格参数

（5）单击【确定】按钮，然后在绘图区中单击，创建表格，效果如图 6-79 所示。

（6）选择标题栏，在【表格单元】选项卡中的【合并】面板中单击【取消合并单元】按钮，如图 6-80 所示。

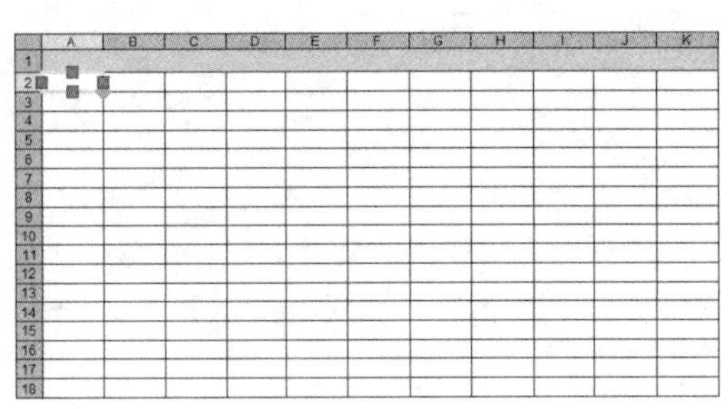

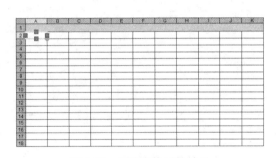

图 6-79　创建表格后的效果

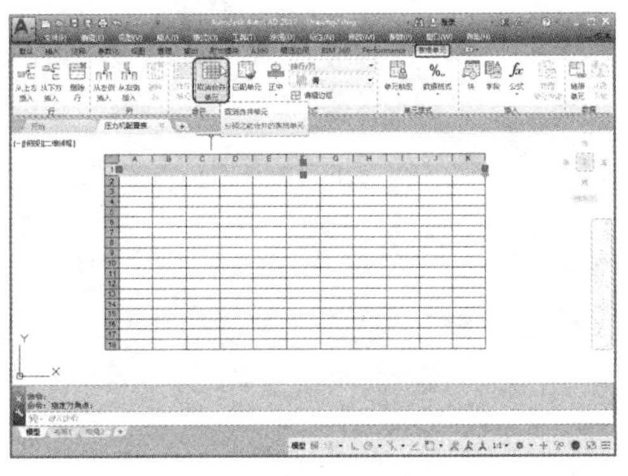

图 6-80　编辑标题栏

（7）选择【B2：D18】单元格，单击【合并单元】下拉按钮，在弹出的下拉列表中选择【按行合并】选项，使用同样的方法合并其他单元格，效果如图 6-81 所示。

（8）在表格中输入文字，完成后的效果如图 6-82 所示。

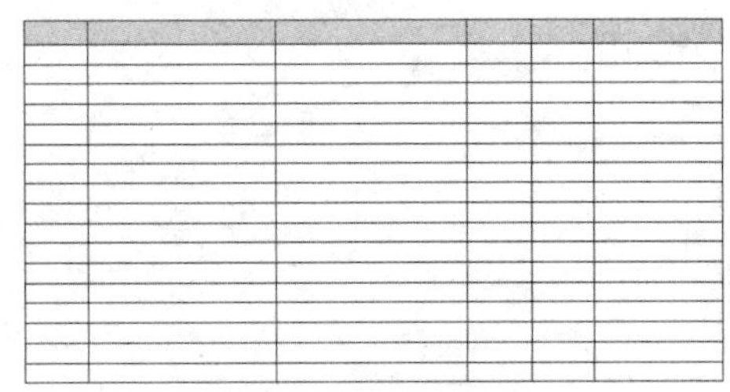

图 6-81　合并后的效果

序号	标准或图号	名称/规格	数量	材料	备注
1	YHD00-01	液压机机架	1	A3	焊接组件
2	YHD00-02	工作台	1	ZG45#	
3	YHD00-03	滑块导向板	1	HT20-40	
4	YHD00-04	滑块部装	1	HT20-40	
5	YHD00-05	液压缸	1	A3	
6	YHD00-06	液压系统	1		
7	GB 70-85	内六角圆柱头螺钉 M16X80	4	A3	
8	GB 93-87	M16 弹簧垫圈	4	A3	
9	GB 5780-86	六角头螺栓 M12X35	8	A3	
10	GB 93-87	M12 弹垫+平垫	8套		
11	JB/T7940.3-1995	旋盖式油杯	2		M10X1
12	GB 5780-86	六角头螺栓 M16X50	8	A3	
13	GB 93-87	M16 弹垫+平垫	8套		
14	GB 5780-86	六角头螺栓 M12X80	8	A3	
15	GB 93-86	M12 弹垫+平垫	8套		
16	GB 5780-86	M12X100	12	A3	
17	GB 93-86	M12弹垫+平垫	12套		

图 6-82　完成后的效果

6.3.2　创建表格

在 AutoCAD 中可以自动生成表格，为了使创建出的表格更符合要求，在创建表格前应先创建表格样式。

创建表格样式的目的是使创建出的表格更满足需要，从而方便后期对表格进行编辑。AutoCAD 中默认创建了一个名称为 Standard 的表格样式，用户可以直接对该表格样式的参数进行修改，也可以创建新的表格样式。

在 AutoCAD 2017 中，创建表格样式的方法有以下几种。

- 在菜单栏中选择【格式】|【表格样式】命令。
- 在【注释】选项卡的【表格】面板中单击右下角的↘按钮。
- 在命令行中执行【TABLESTYLE】命令。

下面将通过实例讲解如何创建表格，具体操作步骤如下。

（1）启动 AutoCAD 2017，在命令行中输入【TABLESTYLE】命令，弹出【表格样式】对话框，单击【新建】按钮，弹出【创建新的表格样式】对话框，在该对话框中将【新样式名】设置为【表格样式 1】，将【基础样式】设置为【Standard】，单击【继续】按钮，如图 6-83 所示。

（2）弹出【新建表格样式：表格样式 1】对话框，在【常规】选项组中将【表格方向】设置为【向下】；在【单元样式】选项组中将单元样式设置为【标题】，在其下方的【常规】、【文字】和【边框】选项卡中可以设置【标题】单元样式的基本特性、文字特性和边框特性，这里在【常规】选项卡的【特性】选项组中选择【填充颜色】下拉列表中的【红】选项，如图 6-84 所示。

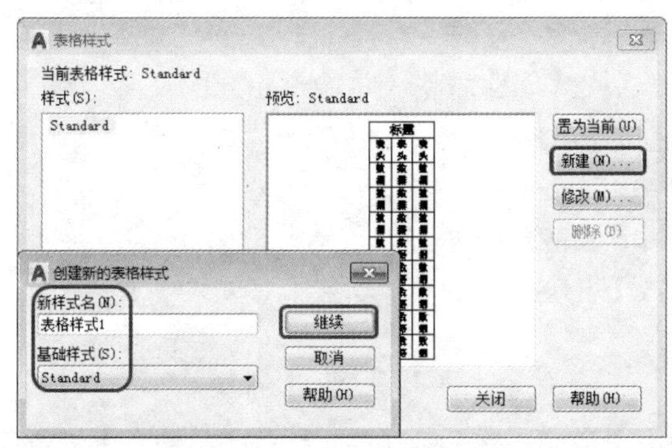

图 6-83　新建表格样式

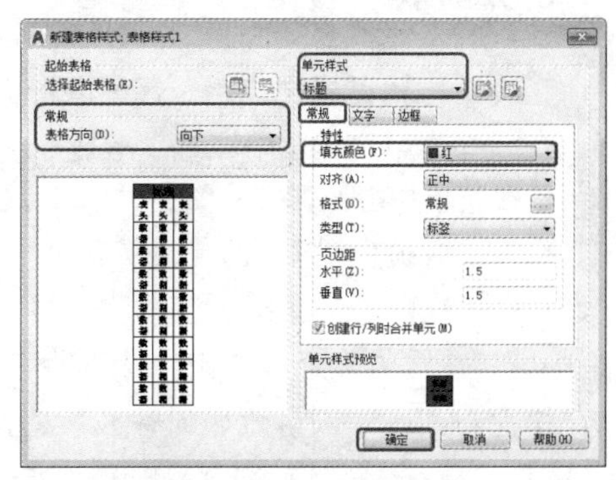

图 6-84　设置【标题】单元样式参数

（3）切换至【文字】选项卡，在【特性】选项组中单击【文字样式】右侧的...按钮，弹出【文字样式】对话框，在【字体名】下拉列表中选择【微软雅黑】选项，单击【应用】按钮，然后单击【置为当前】按钮和【关闭】按钮，如图 6-85 所示。

（4）返回【新建表格样式：表格样式 1】对话框，将【单元样式】设置为【表头】，在【常规】选项卡中将【对齐】方式设置为【正中】，在【文字】选项卡中将【文字高度】设置为【3】，如图 6-86 所示。

（5）将【单元样式】设置为【数据】，在【常规】选项卡中将【对齐】方式设置为【正中】，在【文字】选项卡中将【文字高度】设置为【3】，如图 6-87 所示。

（6）返回【表格样式】对话框，此时，在该对话框右侧的【预览】列表框中会显示新建的表格样式，单击【置为当前】按钮，即可将其设置为当前表格样式，然后单击【关闭】按钮完成操作，如图 6-88 所示。

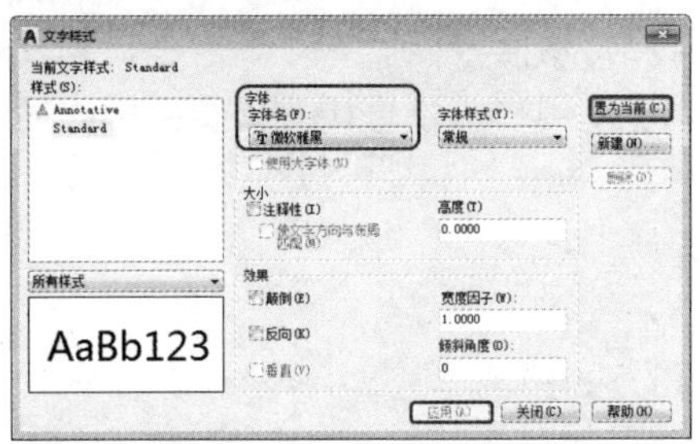

图 6-85　设置文字样式

图 6-86　设置【表头】单元样式参数

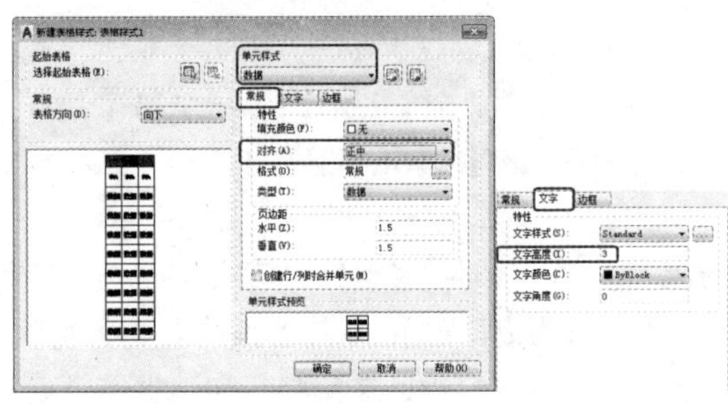

图 6-87　设置【数据】单元样式参数

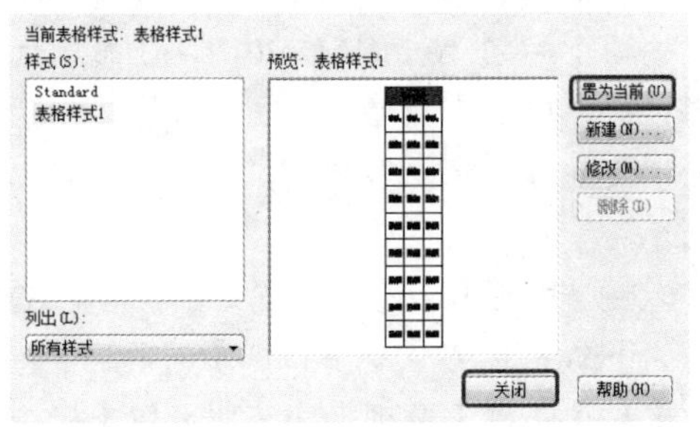

图 6-88　设置当前表格样式

6.3.3　插入表格

在表格样式设置完成后，就可以根据该表格样式创建表格，并输入相应的文字内容了。在 AutoCAD 2017 中，插入表格的方法有以下几种。

- 在菜单栏中选择【绘图】|【表格】命令。
- 在【默认】选项卡的【注释】面板中单击【表格】按钮。
- 在【注释】选项卡的【表格】面板中单击【表格】按钮。
- 在命令行中执行【TABLE】命令。

下面将通过实例讲解如何插入表格，具体操作步骤如下。

（1）在命令行中输入【TABLE】命令，弹出【插入表格】对话框，在【表格样式】下拉列表中选择【表格样式 1】选项，在【插入方式】选项组中选中【指定插入点】单选按钮，在【列和行设置】选项组中将【列数】设置为【5】，将【列宽】设置为【50】，将【数据行数】设置为【4】，将【行高】设置为【5】，如图 6-89 所示。

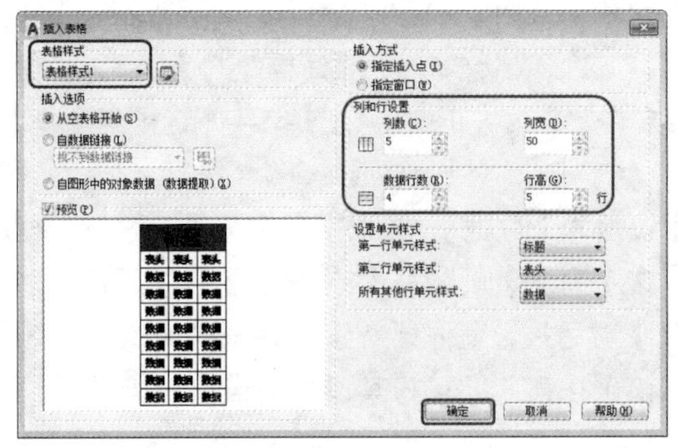

图 6-89　设置表格参数

（2）设置完成后，单击【确定】按钮返回绘图区，此时在光标处会出现将要插入的表格样式，然后在绘图区中任意拾取一点作为表格的插入点插入表格，在表格的标题单元格中就会出现闪烁的光标，效果如图 6-90 所示。

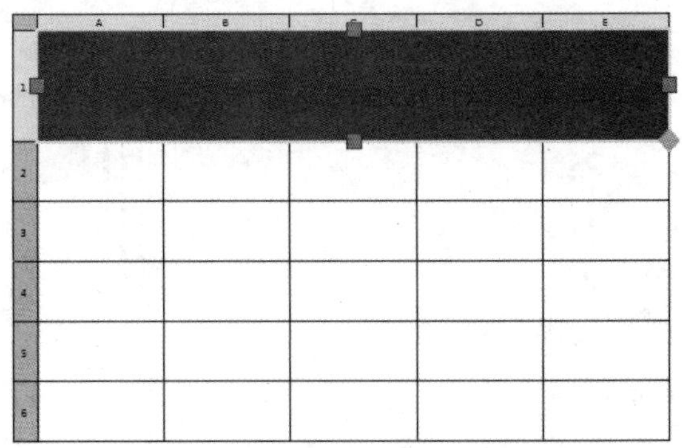

图 6-90　插入表格后的效果

（3）如果需要在其他单元格中输入文字内容，则可以按键盘上的方向键，依次在各个单元格之间进行切换。使用光标选择某个单元格，该单元格就会以不同颜色显示并伴有闪烁的光标，此时即可输入相应的文字内容。

6.4　任务 21：为机械图形添加标题栏——编辑表格

如果创建的表格不能满足实际绘图需要，则可以修改表格样式，也可以编辑表格与单元格。对于多余的表格样式，可以将其删除。

前文介绍了在 AutoCAD 2017 中创建表格与编辑表格的方法，本节将通过一个简单的实例来加深读者对相关知识的理解。表格完成效果如图 6-91 所示。

序号	产品名称		材料	备注
图号				设计单位
数量				
标记				
日期				图样名称
规格				
化验单号				
设计者		审批		图样编号
校核		比例		
审核		共　张　第　张		

图 6-91　表格完成效果

6.4.1　任务实施

（1）在命令行中输入【TABLESTYLE】命令，弹出【表格样式】对话框，在该对话框中单击【新建】按钮，在弹出的【创建新的表格样式】对话框中将【新样式名】设置为【机械图形标题栏】，然后单击【继续】按钮，如图 6-92 所示。

（2）弹出【新建表格样式：机械图形标题栏】对话框，在该对话框中将【单元样式】设置为【数据】，选择【常规】选项卡，将【对齐】方式设置为【正中】，如图 6-93 所示。

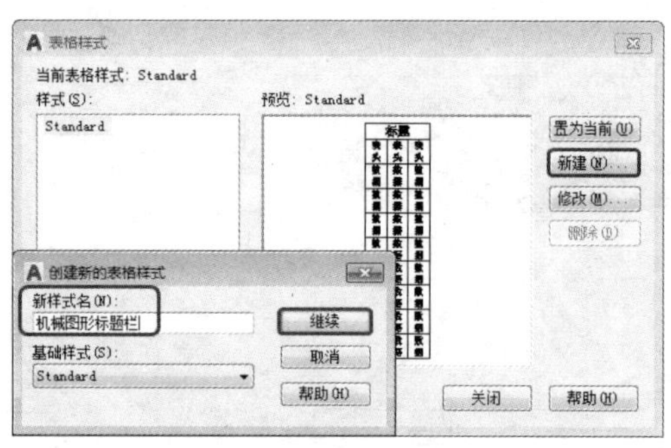

图 6-92　新建表格样式

图 6-93　设置【对齐】方式

（3）在该对话框中选择【文字】选项卡，将【文字高度】设置为【10】，如图 6-94 所示。

（4）选择【边框】选项卡，将【颜色】设置为【青】，然后单击【所有边框】按钮，如图 6-95 所示。

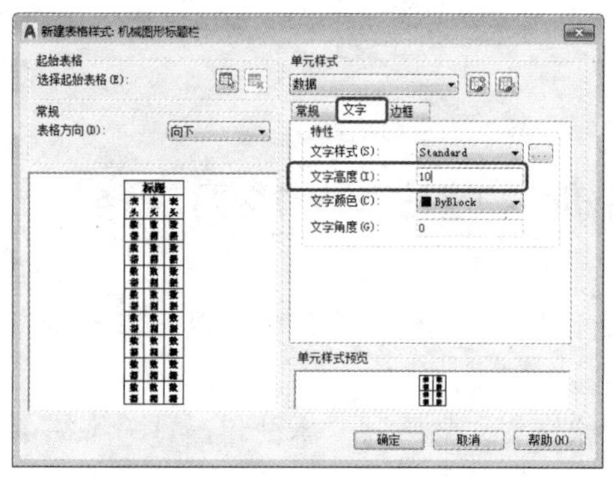

图 6-94　设置【文字高度】

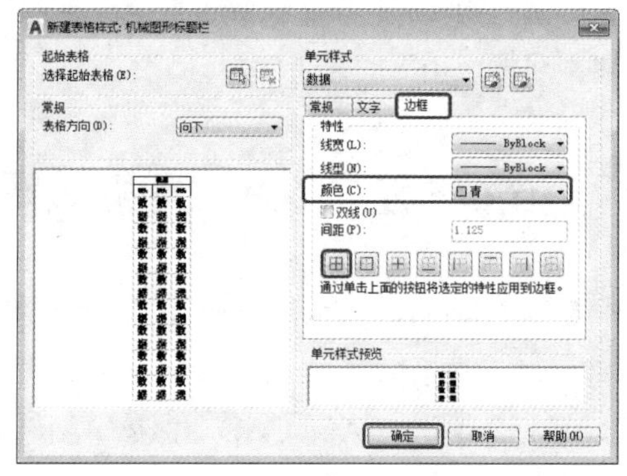

图 6-95　设置边框颜色

（5）设置完成后，单击【确定】按钮，返回【表格样式】对话框，单击【置为当前】和【关闭】按钮，如图 6-96 所示。

（6）在【注释】选项卡中单击【表格】面板中的【表格】按钮，在弹出的【插入表格】对话框中选中【指定插入点】单选按钮，将【列数】、【列宽】、【数据行数】和【行高】分别设置为【8】、【40】、【11】和【2】，将【第一行单元样式】和【第二行单元样式】都设置为【数据】，如图 6-97 所示。

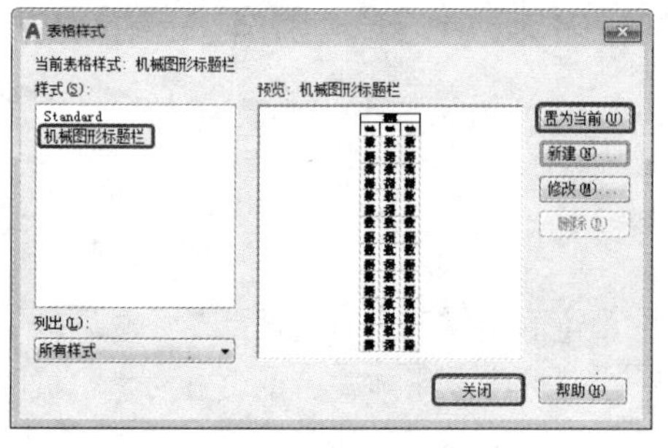

图 6-96　设置当前表格样式

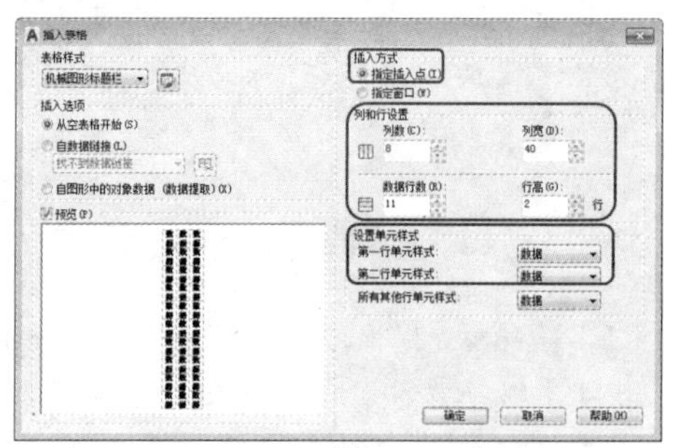

图 6-97　设置表格参数

（7）设置完成后，单击【确定】按钮，在绘图区中指定插入点，插入表格后的效果如图 6-98 所示。

（8）在绘图区中选择【C4：E4】单元格并右击，在弹出的快捷菜单中选择【合并】|【全部】命令，如图 6-99 所示。

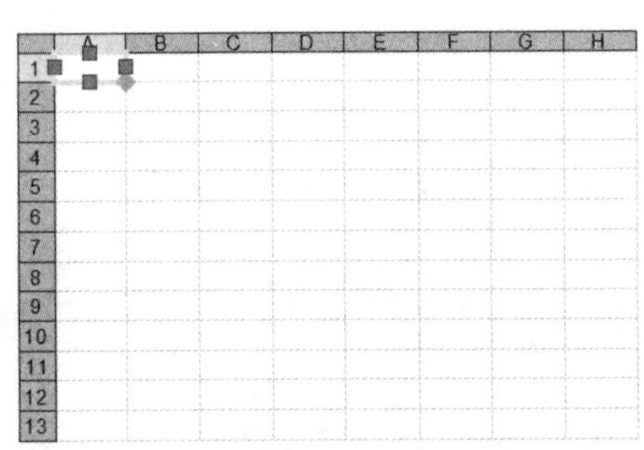

图 6-98　插入表格后的效果

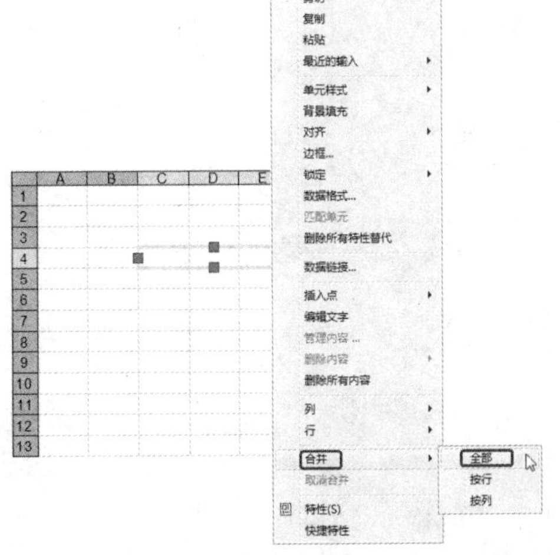

图 6-99　选择【合并】命令

（9）使用同样的方法合并其他单元格，效果如图 6-100 所示。

（10）在单元格中输入文字内容，并调整单元格的大小，完成后的效果如图 6-101 所示。

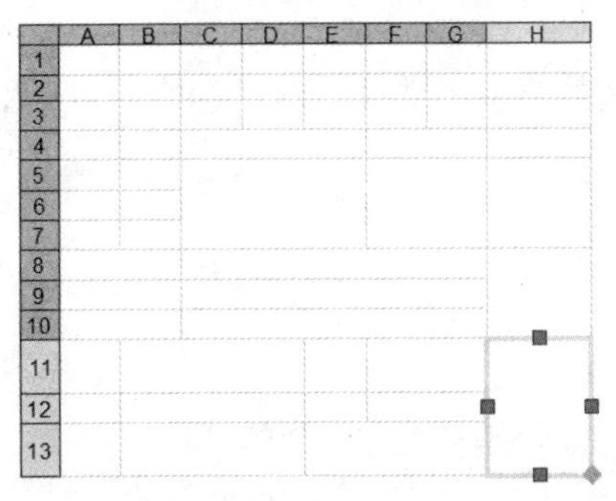

图 6-100　合并后的效果

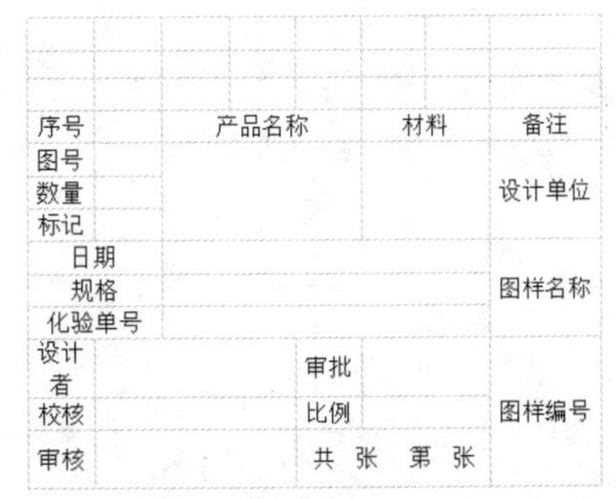

图 6-101　完成后的效果

6.4.2　修改表格样式

打开【表格样式】对话框，在【样式】列表框中选择需要修改的表格样式，单击【修改】按钮，如图 6-102 所示。弹出【修改表格样式】对话框，在该对话框中即可修改所选的表格样式，其中的选项与【新建表格样式】对话框中的选项的含义完全相同，这里不再赘述。

6.4.3　删除表格样式

打开【表格样式】对话框，在【样式】列表框中选择需要删除的表格样式，单击【删除】按钮，即可删除所选的表格样式，如图 6-103 所示。需要注意的是，当前表格样式不能被删除。

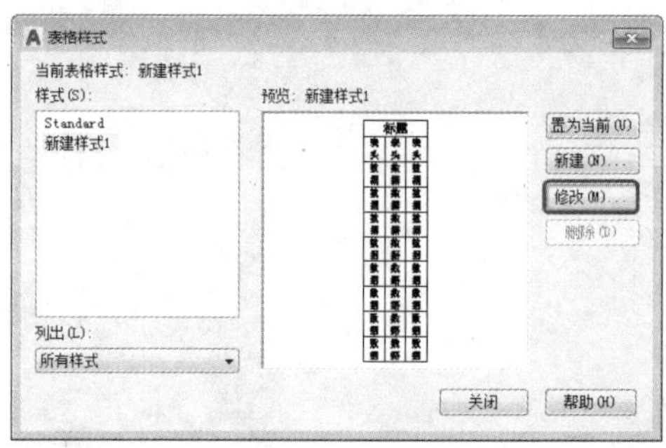

图 6-102　修改表格样式

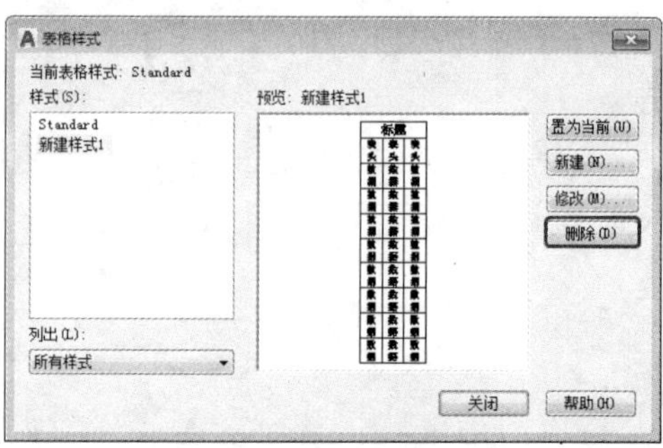

图 6-103　删除表格样式

6.4.4　编辑表格与单元格

如果修改表格样式后的表格仍不能满足绘图需要，则可以对表格与单元格进行编辑。

1．编辑表格

选择整个表格并右击，在弹出的快捷菜单中选择相应的命令，可以对表格进行编辑，如图 6-104 所示。

> ！　**提示：**选择表格后，在表格的四周、标题行上会显示许多夹点，拖动这些夹点也可以很方便地对表格进行编辑。

2．编辑单元格

选择表格中的某个单元格并右击，在弹出的快捷菜单中选择相应的命令，可以对单元格进行编辑，如图 6-105 所示。

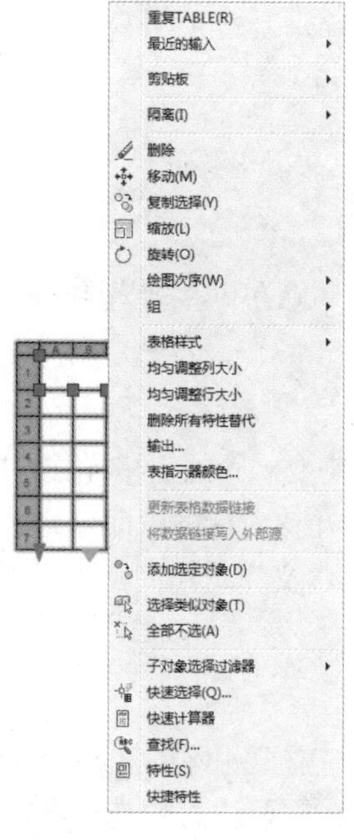

图 6-104　快捷菜单 1

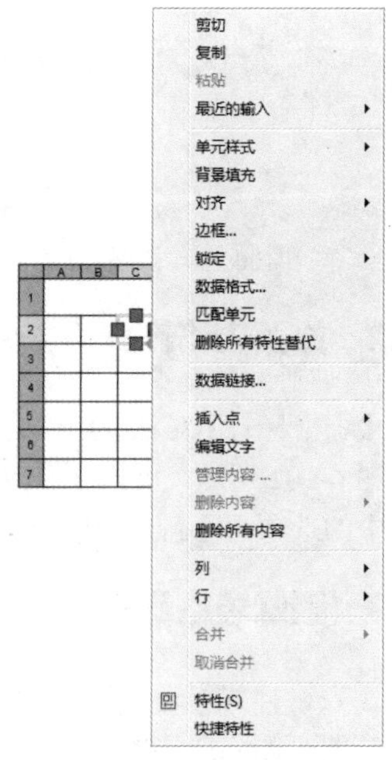

图 6-105　快捷菜单 2

在右击单元格所弹出的快捷菜单中，几个常用命令的含义如下。

- 对齐：选择其子菜单中的相应命令，可以设置单元格中内容的对齐方式。
- 边框：选择该命令，将弹出如图 6-106 所示的【单元边框特性】对话框，在该对话框中可以设置单元格边框的线宽、线型和颜色等特性。
- 匹配单元：选择该命令，可以用当前选中的单元格格式（源对象）匹配其他单元格（目标对象）。此时光标变为刷子形状，单击目标对象即可进行匹配，这与对图形进行的特性匹配操作的性质是相同的。
- 插入点：在其子菜单中选择【块】命令，将弹出如图 6-107 所示的【在表格单元中插入块】对话框，在该对话框中可以选择需要插入单元格中的块，还可以设置块在单元格中的对齐方式、插入比例、旋转角度等参数。
- 合并：在选择多个连续的单元格后，选择其子菜单中的相应命令，可以合并所有单元格，或者按行、按列合并单元格。

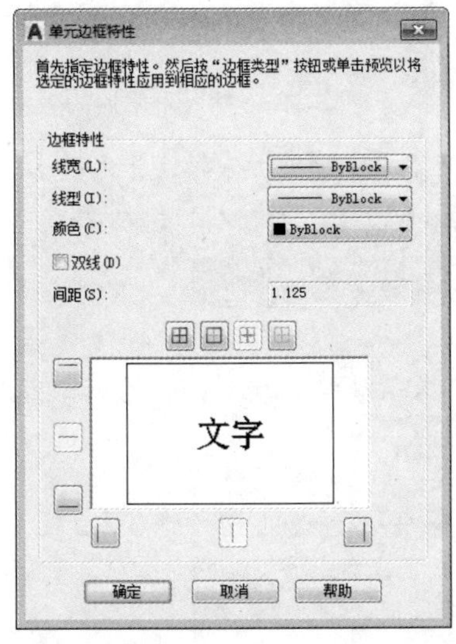

图 6-106 【单元边框特性】对话框

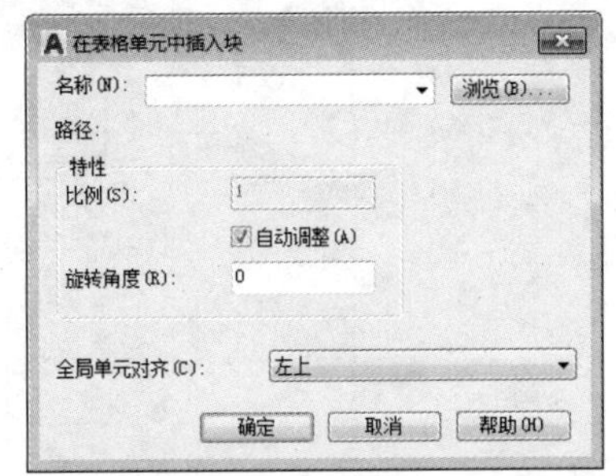

图 6-107 【在表格单元中插入块】对话框

6.5 上机练习——制作产品质量跟踪单

下面将通过实例讲解如何创建标题栏，完成后的效果如图 6-108 所示。具体操作步骤如下。

产品质量跟踪单					
产品名称		比例		规格型号	
设计		数量			
审核		质量		图号	
批准		材料		日期	
设计单位			工作号		
化验单号			跟踪编号		

图 6-108 完成后的效果

（1）在命令行中输入【TABLE】命令，弹出【插入表格】对话框，在该对话框中选中【指

定插入点】单选按钮，将【列数】、【列宽】、【数据行数】和【行高】分别设置为【6】、【40】、【5】和【4】，将【第一行单元样式】和【第二行单元样式】分别设置为【标题】和【数据】，如图 6-109 所示。

（2）返回绘图区，此时在光标处会出现将要插入的表格样式，在绘图区中任意拾取一点作为表格的插入点插入表格，效果如图 6-110 所示。

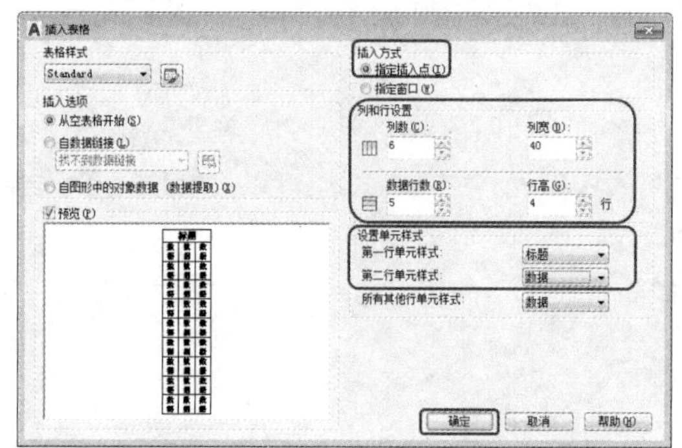

图 6-109　设置表格参数

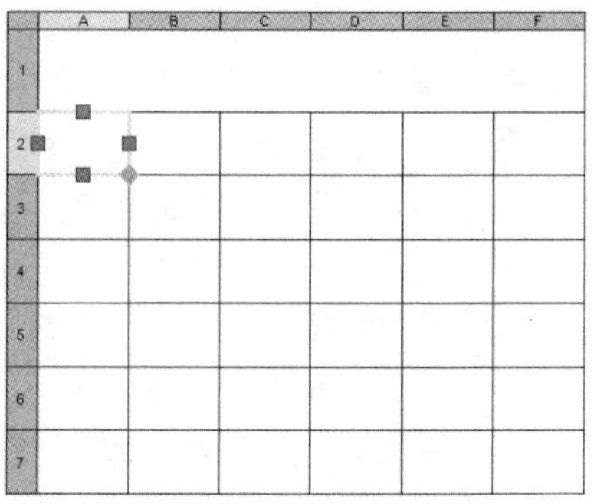

图 6-110　插入表格后的效果

（3）在绘图区中选择【A2：B2】单元格，在【表格单元】选项卡中单击【合并】面板中的【合并单元】按钮，在弹出的下拉列表中选择【合并全部】选项，如图 6-111 所示。

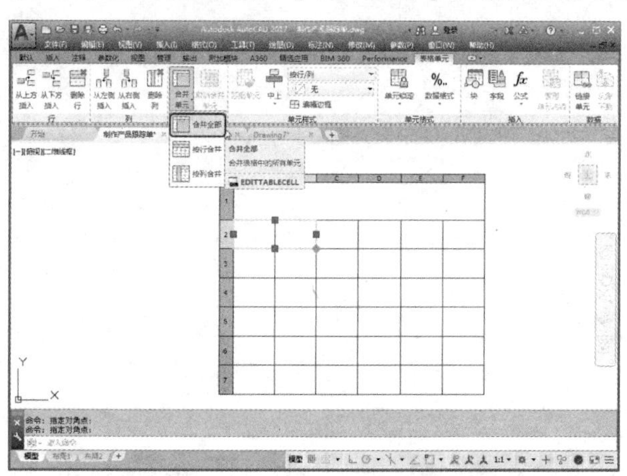

图 6-111　选择【合并全部】选项

（4）使用同样的方法合并其他单元格，最终合并效果如图 6-112 所示。

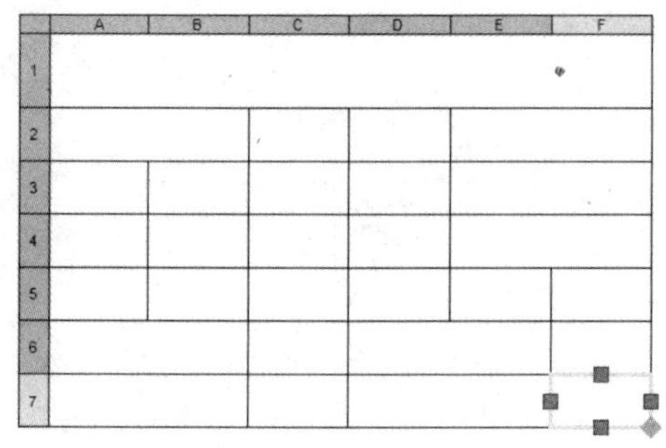

图 6-112　最终合并效果

（5）在单元格中输入相应的文字，并将合并单元格中的文字高度设置为【8】，输入文字后的效果如图 6-113 所示。

（6）选中整个表格，在【表格单元】选项卡中单击【单元样式】面板中的【对齐】按钮，在弹出的下拉列表中选择【正中】选项，如图 6-114 所示。

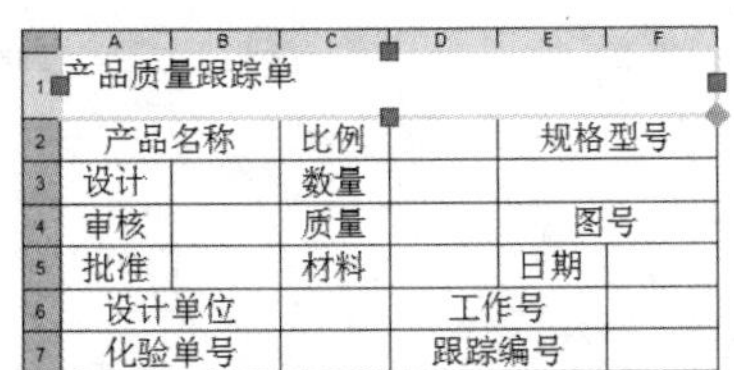

	A	B	C	D	E	F
1	产品质量跟踪单					
2	产品名称		比例		规格型号	
3	设计		数量			
4	审核		质量		图号	
5	批准		材料		日期	
6	设计单位			工作号		
7	化验单号			跟踪编号		

图 6-113 输入文字后的效果

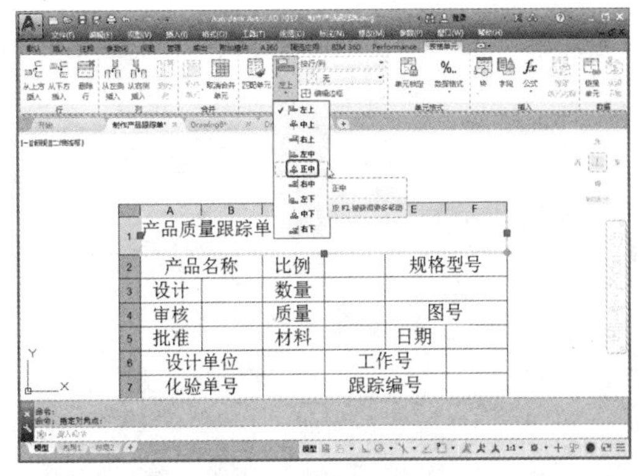

图 6-114 选择【正中】选项

（7）执行该命令后，即可完成单元格对齐方式的调整，完成效果如图 6-115 所示。

产品质量跟踪单					
产品名称		比例		规格型号	
设计		数量			
审核		质量		图号	
批准		材料		日期	
设计单位			工作号		
化验单号			跟踪编号		

图 6-115 完成效果

习题与训练

项目练习 创建锌模铸合金特性表

效果展示：

特性	Zamak锌模铸合金				ZA锌模铸合金		
	2	2	4	6	ZA-8	ZA -12	ZA-27
抗高温分裂	2	1	2	1	2	3	4
压力密度	3	3	2	1	3	3	4
铸造难易度	2	1	2	1	2	3	3
立体准确度	1	1	1	1	2	2	3
立体稳固性	4	2	2	2	2	3	4
防腐蚀	2	3	2	2	2	1	1
抗冷段裂变形	1	1	1	1	2	3	4
机械加工与质量	1	1	1	1	3	1	4
抛光加工与质量	1	1	1	1	2	2	4
电镀加工与质量	1	1	1	1	1	2	2
阳化（保护）	1	1	1	1	1	1	2
化学外层（保护）	1	1	1	1	1	3	2

操作要领：

（1）新建表格，设置表格样式。

（2）合并单元格，输入文字，调整文字样式。

第 7 章

尺寸标注

07

Chapter

本章导读：

基础知识

◈ 尺寸标注

◈ 编辑尺寸标注

重点知识

◈ 标注洗衣机

◈ 标注天花剖面图

提高知识

◈ 创建快速标注

◈ 更新标注

没有尺寸标注的设计图是无法指导生产的。在设计图中，一个完整的尺寸标注应当由尺寸界线、尺寸箭头、尺寸文字、尺寸线组成。AutoCAD 2017 提供了完整、灵活的尺寸标注功能，本章将详细介绍尺寸标注的有关知识。

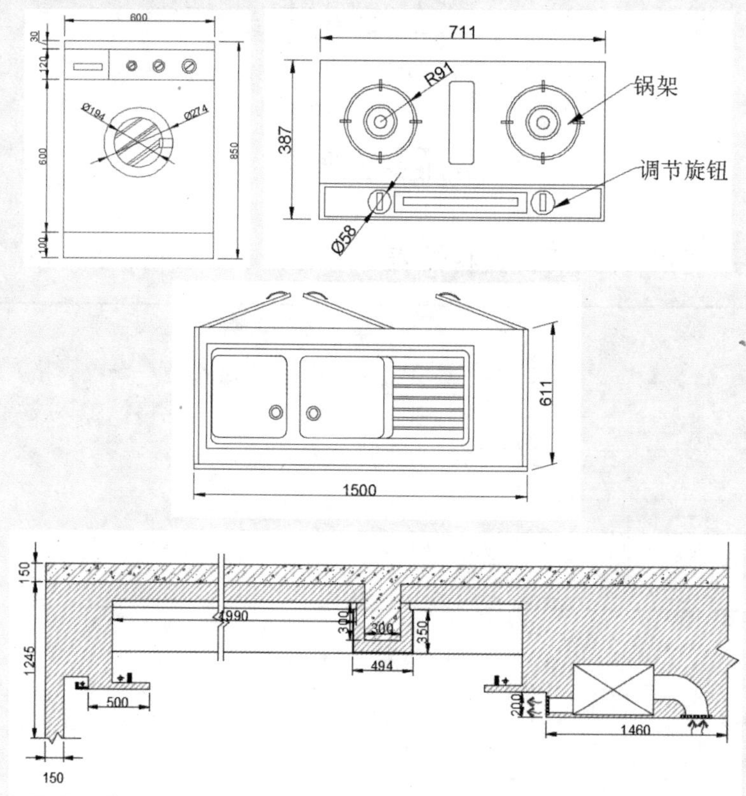

7.1 任务22：标注洗衣机——标注尺寸

本实例将使用直径标注、线性标注和连续标注等标注命令对洗衣机进行标注，标注效果如图7-1所示。

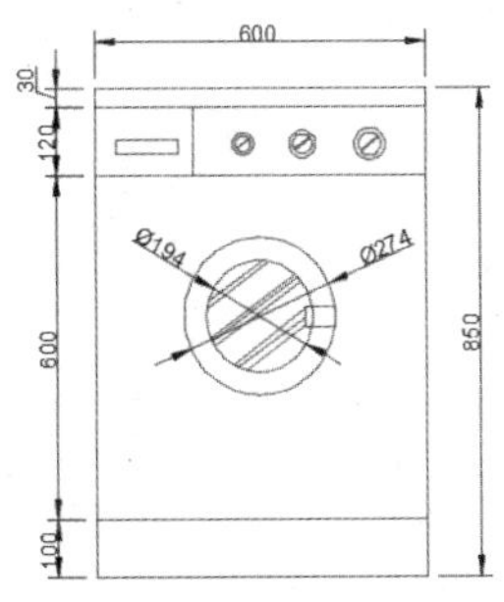

图7-1　洗衣机标注效果

7.1.1 任务实施

（1）打开【素材】|【Cha07】|【洗衣机.dwg】素材文件，如图7-2所示。

（2）在【默认】选项卡中单击 注释 ▾ 按钮，在弹出的下拉列表中单击【标注样式】按钮，如图7-3所示。

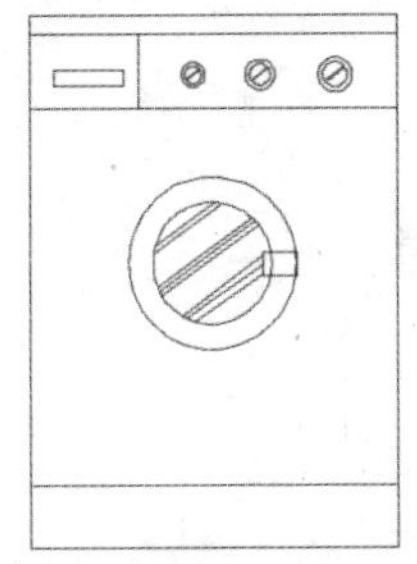

图7-2　打开素材文件

图7-3　单击【标注样式】按钮

（3）弹出【标注样式管理器】对话框，选择【尺寸标注】样式，单击【置为当前】和【关闭】按钮，如图7-4所示。

（4）在命令行中输入【DIMDIAMETER】命令，选择如图7-5所示的圆。

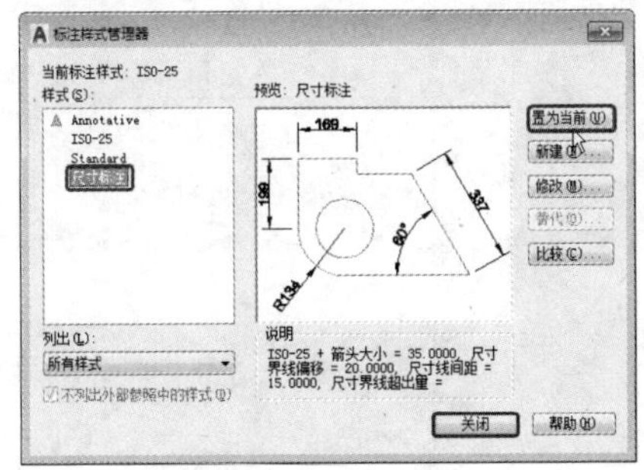

图7-4　设置标注样式

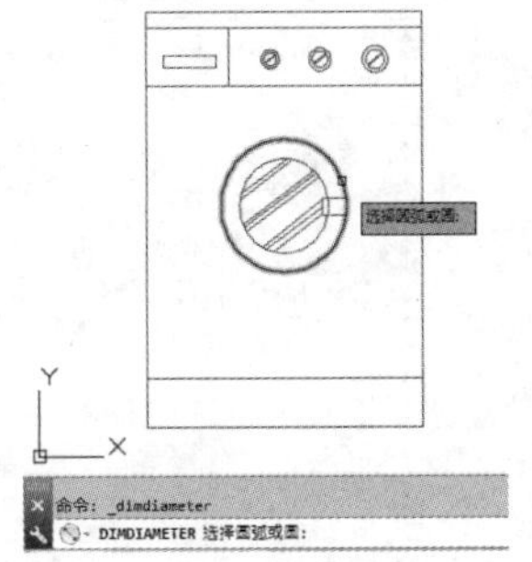

图7-5　选择圆

（5）指定尺寸线的位置，如图 7-6 所示。

（6）继续执行【DIMDIAMETER】命令，标注圆对象，在命令行中输入【DIMLINEAR】命令，指定尺寸线的第一点和第二点，向左移动鼠标光标并单击，标注后的效果如图 7-7 所示。

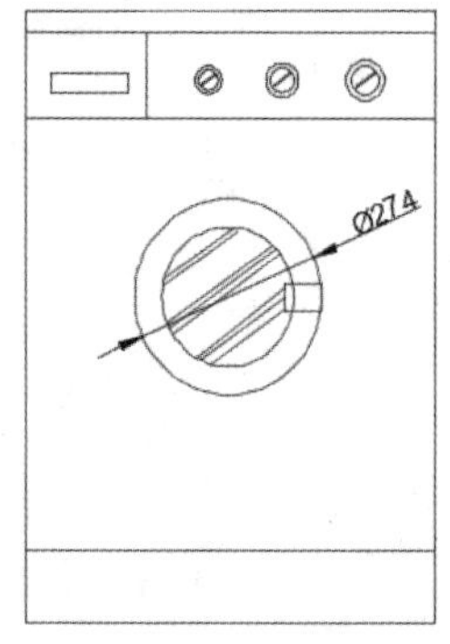

图 7-6　指定尺寸线的位置

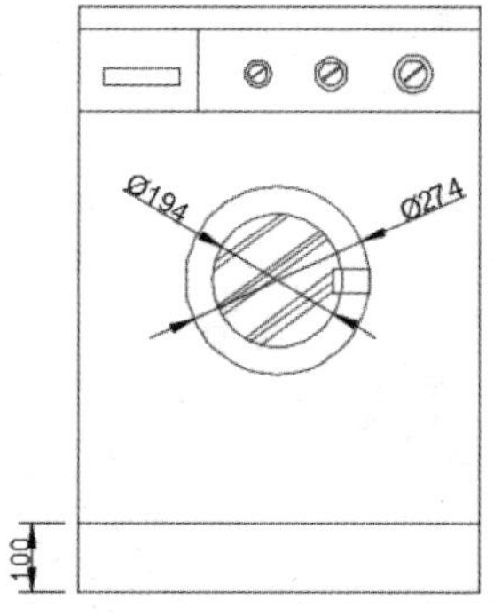

图 7-7　标注后的效果

（7）在菜单栏中选择【标注】|【连续】命令，如图 7-8 所示。

（8）在如图 7-9 所示的端点处单击，进行连续标注。

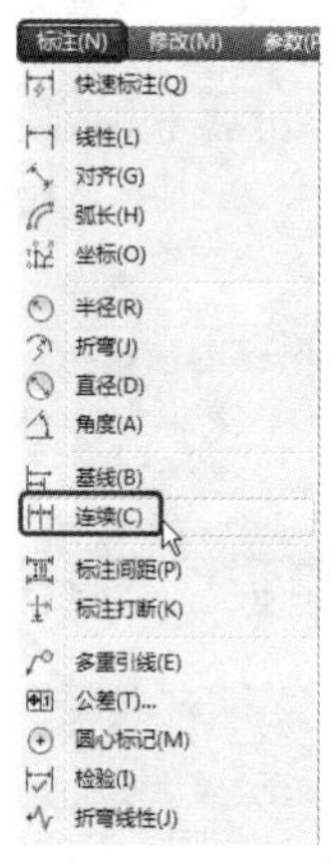

图 7-8　选择【连续】命令

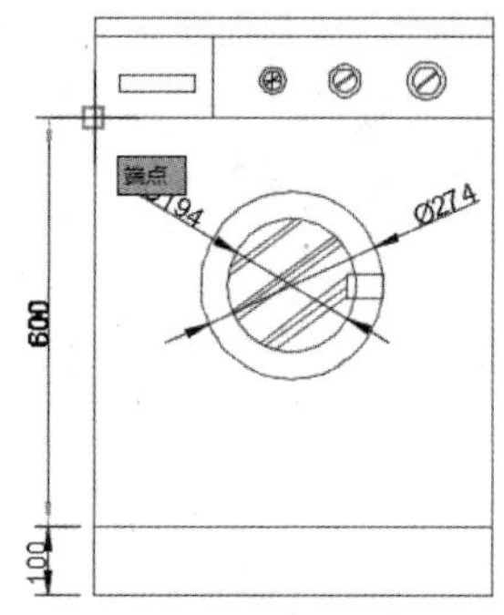

图 7-9　连续标注 1

（9）继续指定尺寸线的第二点和第三点，如图 7-10 所示。

（10）使用线性标注命令对洗衣机进行标注，最终效果如图 7-11 所示。

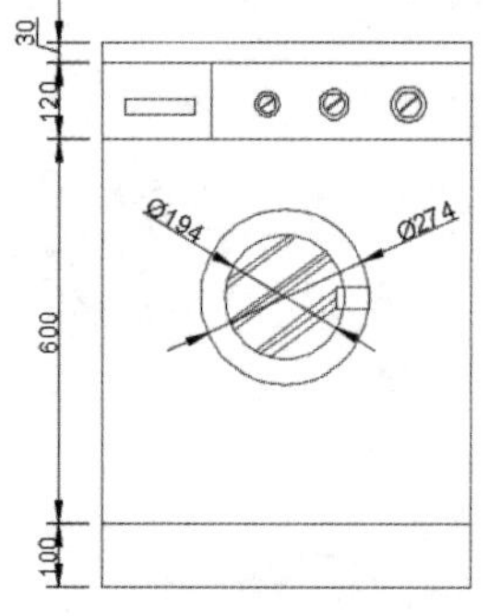

图 7-10　连续标注 2

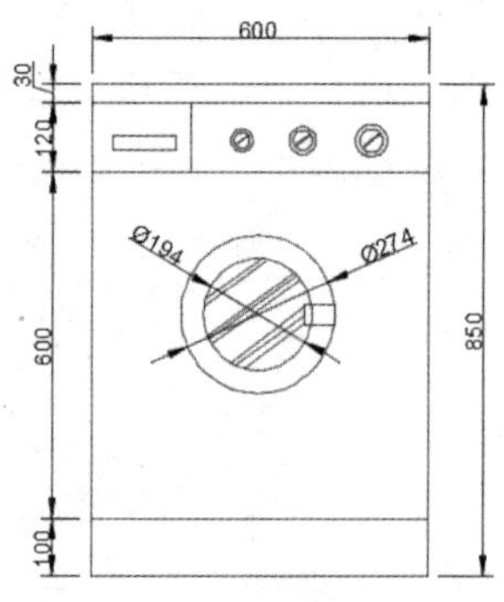

图 7-11　最终效果

知识链接：

在 AutoCAD 2017 中，对绘制的图形进行尺寸标注时应遵循以下规则。

● 物体的真实大小应以图样上所标注的尺寸数值为依据，与所绘图形的大小及绘图的准确性无关，也就是说，要严格按照比例绘制图形。

● 当图样中的尺寸以毫米为单位时，不需要标注计量单位的代号或名称。否则必须注明所采用的单位代号或名称，如厘米和米等。

● 图样中所标注的尺寸应当为该图样所标识的物体的最后完工尺寸，否则需另加说明。

● 建筑物部件的尺寸一般只标注一次，并且应标注在最能清晰反映该部件结构特征的视图上。

● 尺寸的配置要合理，功能尺寸应直接标注；统一要素的尺寸应尽可能集中标注；尽量避免在不可见的轮廓线上标注尺寸；数字之间不允许任何图线穿过，必要时可以将图线断开。

在通常情况下，一个完整的尺寸标注是由尺寸界线、尺寸箭头、尺寸线、尺寸文字组成的，有时还要用到圆心标记和中心线，如图 7-12 所示。

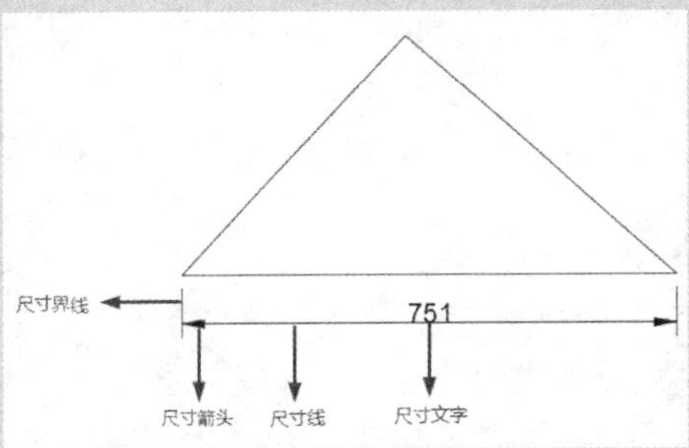

图 7-12　尺寸标注的组成

标注的主要组成部分含义如下。

● 尺寸界线：应从图形的轮廓线、轴线、对称中心线引出，同时，轮廓线、轴线和对称中心线也可以作为尺寸界线。尺寸界线应使用细实线来绘制。

● 尺寸箭头：尺寸箭头显示在尺寸线的端部，用于指出测量的开始和结束位置。AutoCAD 默认使用闭合的填充箭头符号。此外，系统还提供了多种箭头符号，如建筑标记、小斜线箭头、点和斜杠等。

● 尺寸线：用于标明标注的范围。AutoCAD 通常将尺寸线放置在测量区域内。如果空间不足，则可以将尺寸线或尺寸文字移到测量区域的外部。

● 尺寸文字：用于标明对象的测量值。尺寸文字应按标准字体书写，在同一张图纸上的文字高度要一致。尺寸文字在图中遇到图线时，需要将图线断开，如果将图线断开会影响图形，则需要调整尺寸标注的位置。

了解尺寸标注的组成后，在对图形对象进行尺寸标注前，还需要了解国家在机械和建筑方面对尺寸标注的相关规定。

1. 机械标注规定

我国对机械制图尺寸标注的有关规定如下。

● 符合国家标准的有关规定，标注制造零件所需要的全部尺寸，不重复、不遗漏，尺寸排列整齐，并符合设计和工艺要求。

● 每个尺寸一般只标注一次，尺寸数值为零件的真实大小，与所绘图形的大小及绘图的准确性无关。标注的尺寸以毫米为单位，若采用其他单位，则必须注明相应单位的名称。

● 尺寸文字中的字体必须按照国家标准书写，例如，汉字必须使用仿宋体，字号分为 1.8、2.5、3.5、5、7、10、14 和 20 号 8 种，其字体高度应按$\sqrt{2}$的比率递增。

● 字母和数字分为 A 型和 B 型两种字体，A 型字体的笔画宽度（d）与字体高度（h）符合 $d=h/14$，B 型字体的笔画宽度与字体高度符合 $d=h/10$。在同一张图样上，只允许使用一种形式的字体。

● 字母和数字分为直体和斜体两种书写形式，但在同一张图样上只能采用一种书写形式，通常使用斜体。

2. 建筑标注规定

我国对建筑制图尺寸标注的有关规定如下。

● 当图样中的尺寸以毫米为单位时，不需要标注计量单位，否则必须注明所采用的单位代号或名称，如厘米、米等。

● 物体的真实大小应以图样上所标注的尺寸数值为依据，与所绘图形的大小及绘图的准确性无关。

● 尺寸文字一般写在尺寸线上方，也可以写在尺寸线的中断处。尺寸文字的文字高度必须相同。

● 尺寸文字中的字体必须按照国家标准书写，即汉字必须使用仿宋体，数字使用阿拉伯数字或罗马数字，字母使用希腊字母或拉丁字母。各种字体的具体大小可以从 7 种规格（20、14、10、7、5、3.5、2.5）中选取，单位为毫米。

● 图样中每一部分的尺寸应当只标注一次，并且应当标注在最能反映其结构特征的视图上。

● 图样中所标注的尺寸应当为该图样所标识的物体的最后完工尺寸，否则需另加说明。

7.1.2 长度型尺寸标注

下面将通过实例讲解如何创建线性标注，具体操作步骤如下。

（1）按【Ctrl+O】组合键，打开【素材】|【Cha07】|【线性标注.dwg】素材文件，如图 7-13 所示。

（2）在命令行中输入【DIMLINEAR】（线性）命令，根据命令行的提示进行操作，在绘图区中的 A 点处单击，将鼠标光标拖动到 B 点处单击，并向上引导鼠标光标，指定尺寸线的位置，即可创建线性标注，如图 7-14 所示。

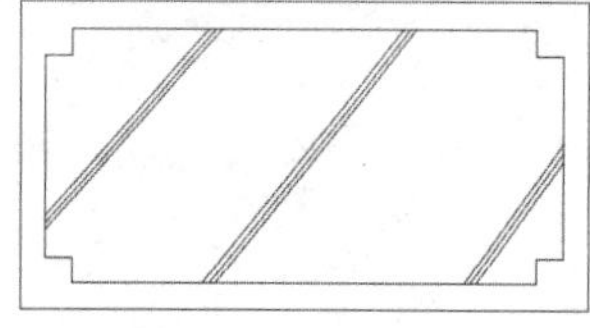

图 7-13　打开素材文件

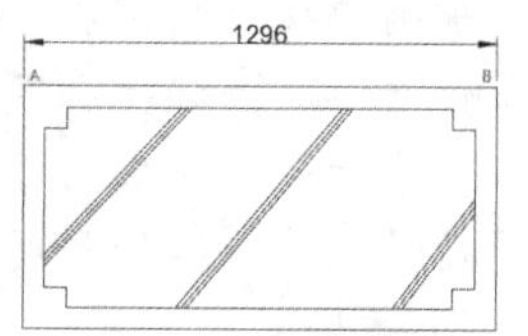

图 7-14　创建线性标注

下面将通过实例讲解如何创建对齐标注，具体操作步骤如下。

（1）按【Ctrl+O】组合键，打开【素材】|【Cha07】|【对齐标注.dwg】素材文件，如图7-15所示。

（2）在命令行中输入【DIMALIGNED】（对齐）命令，根据命令行的提示进行操作，在绘图区中的A点处单击，将鼠标光标拖动到B点处单击，并向左引导鼠标光标，指定尺寸线的位置，即可创建对齐标注，如图7-16所示。

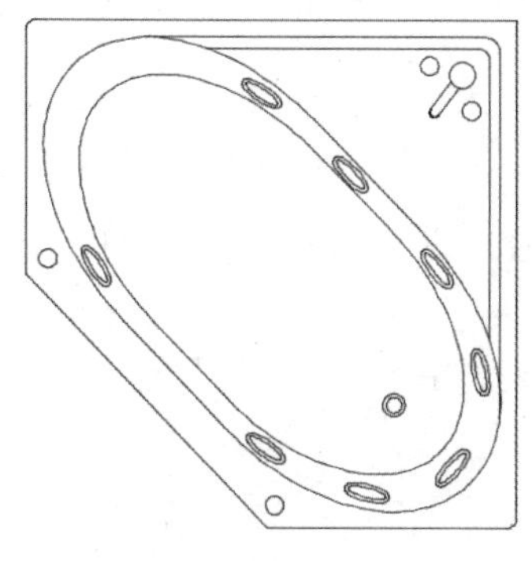

图7-15　打开素材文件

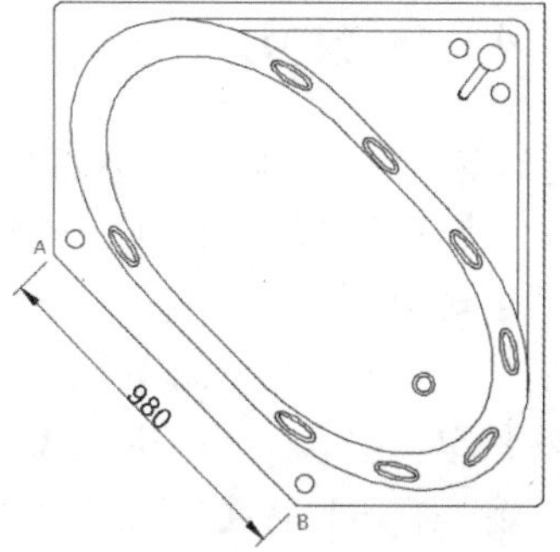

图7-16　创建对齐标注

7.1.3　坐标标注

坐标标注命令用于自动测量和标注一些特殊点的 *X*、*Y* 轴的坐标值。使用坐标标注命令可以保持特征点与基准点的精确偏移量，从而避免增大误差。调用该命令的方法有以下几种。

- 在【默认】选项卡的【注释】面板中单击下拉按钮，在弹出的下拉列表中选择【坐标】选项。
- 在【注释】选项卡的【标注】面板中的左侧下拉列表中选择【坐标】选项。
- 在菜单栏中选择【标注】|【坐标】命令。
- 在命令行中执行【DIMORDINATE】或【DIMORD】命令。

对坐标进行标注的具体操作过程如下。

（1）继续上述实例的操作，在命令行中输入【DIMORDINATE】命令，指定需要标注的点所在的位置，单击如图7-17所示的点，指定尺寸线的位置，移动鼠标光标并单击。

（2）完成坐标标注后，效果如图7-18所示。

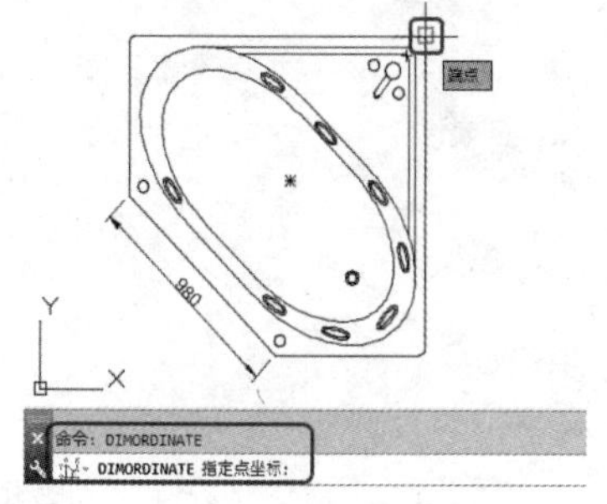

图7-17　指定点坐标

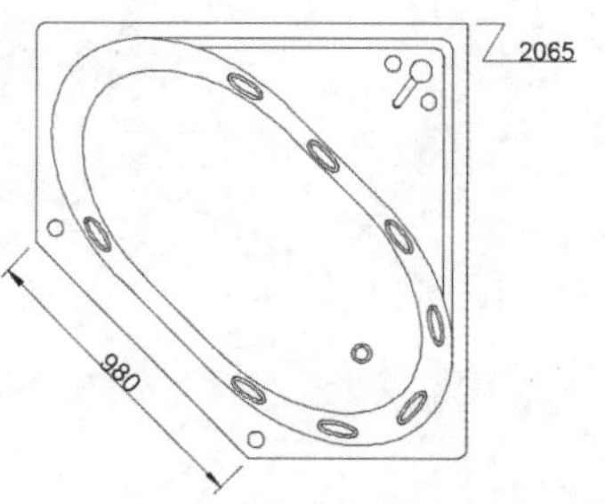

图7-18　完成坐标标注后的效果

在执行命令的过程中，命令行中各选项的含义如下。

- X 基准：系统自动测量 X 坐标值，并确定引线和标注文字的方向。
- Y 基准：系统自动测量 Y 坐标值，并确定引线和标注文字的方向。
- 多行文字：通过输入多行文字的方式输入多行标注文字。
- 文字：通过输入单行文字的方式输入单行标注文字。
- 角度：设置标注文字方向与 X（Y）轴夹角，默认为 0°，即水平或垂直。

7.1.4 直径标注

直径标注命令的调用方法有以下几种。

- 在【默认】选项卡的【注释】面板中单击下拉按钮，在弹出的下拉列表中选择【直径】选项。
- 在【注释】选项卡的【标注】面板中的左侧下拉列表中选择【直径】选项。
- 在菜单栏中选择【标注】|【直径】命令。
- 在命令行中执行【DIMDIAMETER】或【DIMDIA】命令。

7.1.5 半径标注

半径标注命令的调用方法有以下几种。

- 在【默认】选项卡的【注释】面板中单击下拉按钮，在弹出的下拉列表中选择【半径】选项。
- 在【注释】选项卡的【标注】面板中的左侧下拉列表中选择【半径】选项。
- 在菜单栏中选择【标注】|【半径】命令。
- 在命令行中执行【DIMRADIUS】或【DIMRAD】命令。

对半径进行标注的具体操作过程如下。

（1）打开【素材】|【Cha07】|【半径标注.dwg】素材文件，在命令行中输入【DIMRADIUS】命令，选择如图 7-19 所示的对象，移动鼠标光标使尺寸线处于合适位置，然后单击即可完成标注。

（2）完成半径标注后，效果如图 7-20 所示。

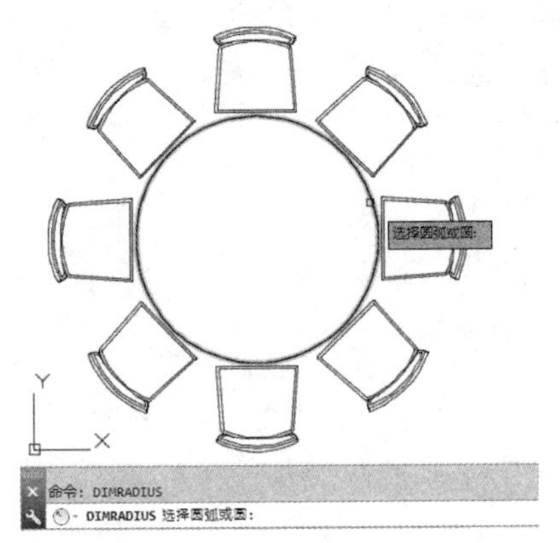

图 7-19　选择要标注的对象

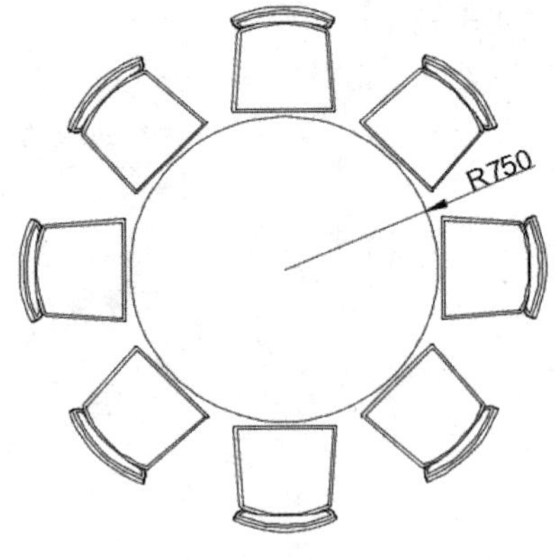

图 7-20　完成半径标注后的效果

7.1.6 角度标注

角度标注命令用于精确测量并标注直线、多段线、圆、圆弧，以及点和被测对象之间的夹角。调用该命令的方法有以下几种。

- 在【默认】选项卡的【注释】面板中单击下拉按钮，在弹出的下拉列表中选择【角度】选项。
- 在【注释】选项卡的【标注】面板中的左侧下拉列表中选择【角度】选项。
- 在菜单栏中选择【标注】|【角度】命令。
- 在命令行中执行【DIMANGULAR】命令。

对角度进行标注的具体操作过程如下。

（1）打开【素材】|【Cha07】|【角度标注.dwg】素材文件，如图 7-21 所示。

（2）在命令行中输入【DIMANGULAR】命令，选择如图 7-22 所示的第一条线段，然后选择如图 7-23 所示的第二条线段，确定尺寸线位置。

（3）完成角度标注后，效果如图 7-24 所示。

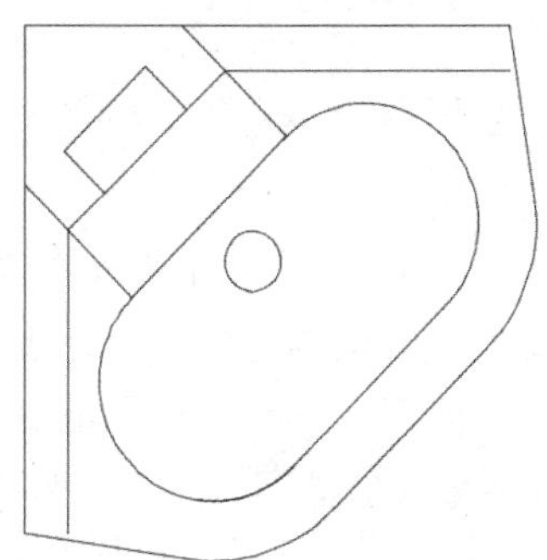

图 7-21 打开素材文件

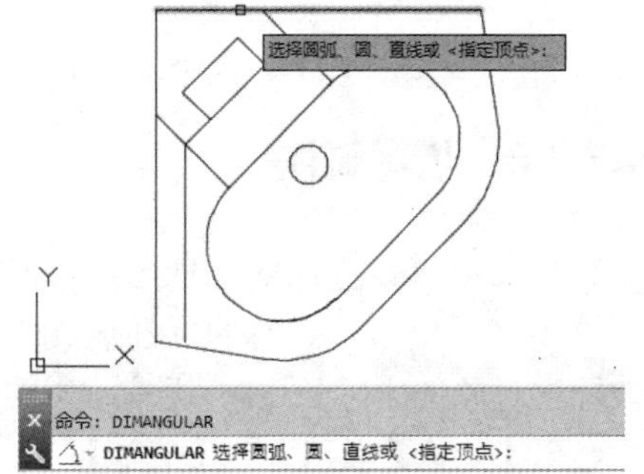

图 7-22 选择第一条线段

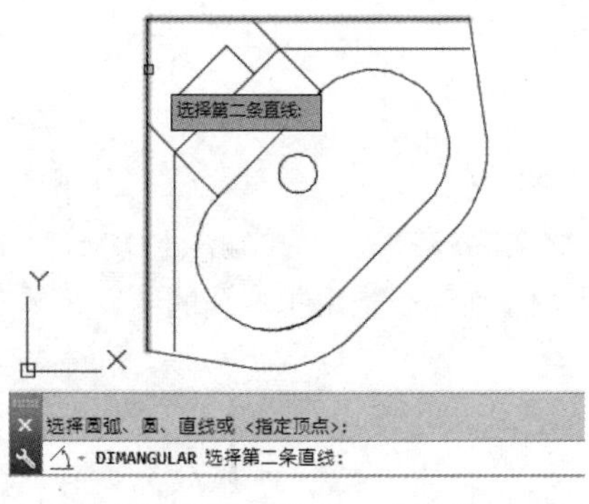

图 7-23 选择第二条线段

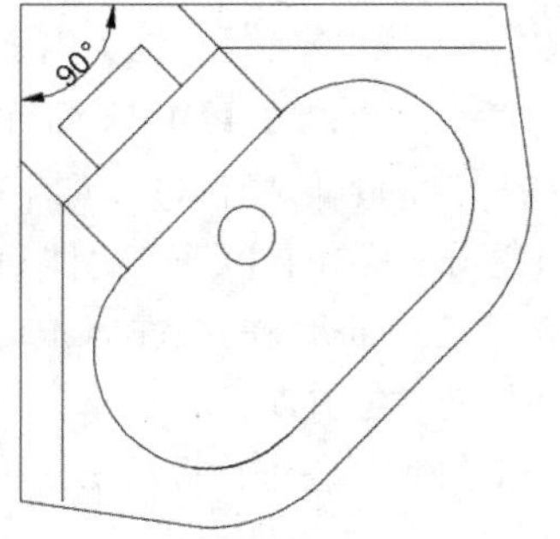

图 7-24 完成角度标注后的效果

7.1.7 弧长标注

弧长标注命令用于测量圆弧或多段线圆弧段的距离。弧长标注命令的典型用法包括测量凸轮的距离和电缆的长度。为了区别标注是线性标注还是弧长标注，在默认情况下弧长标注将显示为一个圆弧符号⌒。调用该命令的方法有以下几种。

- 在【默认】选项卡的【注释】面板中单击下拉按钮，在弹出的下拉列表中选择【弧长】选项。

- 在【注释】选项卡的【标注】面板中的左侧下拉列表中选择【弧长】选项。
- 在菜单栏中选择【标注】|【弧长】命令。
- 在命令行中执行【DIMARC】命令。

对弧长进行标注的具体操作过程如下。

（1）打开【素材】|【Cha07】|【弧长标注.dwg】素材文件，在命令行中输入【DIMARC】命令，选择如图 7-25 所示的弧线，指定尺寸线位置并按【Enter】键结束命令。

（2）完成弧长标注后，效果如图 7-26 所示。

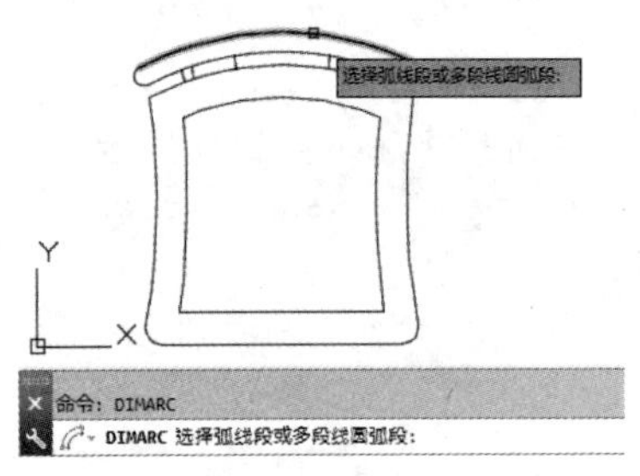

图 7-25 选择标注的弧线

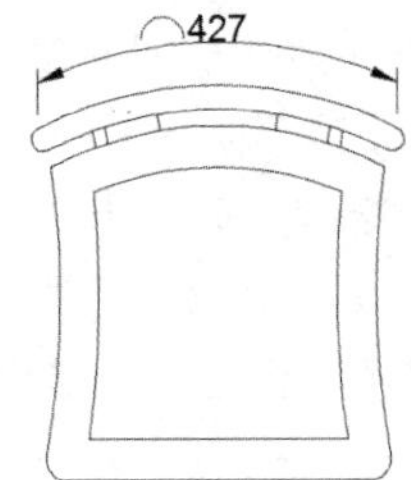

图 7-26 完成弧长标注后的效果

7.1.8 折弯标注

在对图形进行标注的过程中，有时需要标注的值很大，甚至超过图纸的范围，但又要在图纸中标示出来，这时的标注值就不是测量值了。在一般情况下，当显示的标注对象小于被标注对象的实际长度时，通常使用折弯标注表示。折弯标注命令的调用方法有以下几种。

- 在【默认】选项卡的【注释】面板中单击下拉按钮，在弹出的下拉列表中选择【折弯】选项。
- 在【注释】选项卡的【标注】面板中，单击【标注，折弯标注】按钮。
- 在菜单栏中选择【标注】|【折弯线性】命令。
- 在命令行中执行【DIMJOGLINE】命令。

折弯标注的具体操作过程如下。

（1）打开【素材】|【Cha07】|【折弯标注.dwg】素材文件，在命令行中输入【DIMJOGLINE】命令，选择要添加折弯的线性标注或对齐标注，如图 7-27 所示，指定折弯线的位置，单击线性标注右侧的任意位置即可。

（2）对线性标注进行折弯操作后，效果如图 7-28 所示。

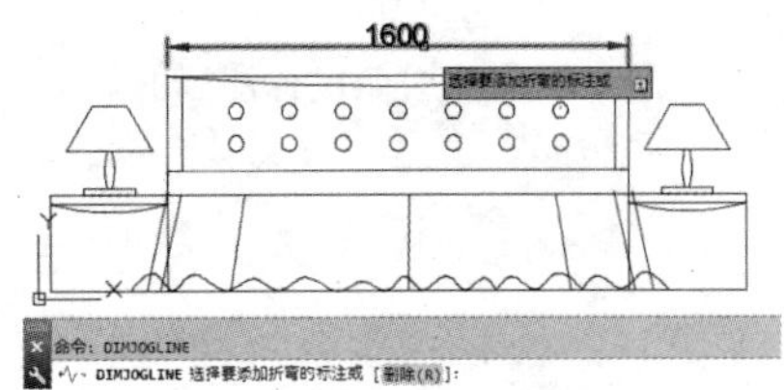

图 7-27 选择线性标注

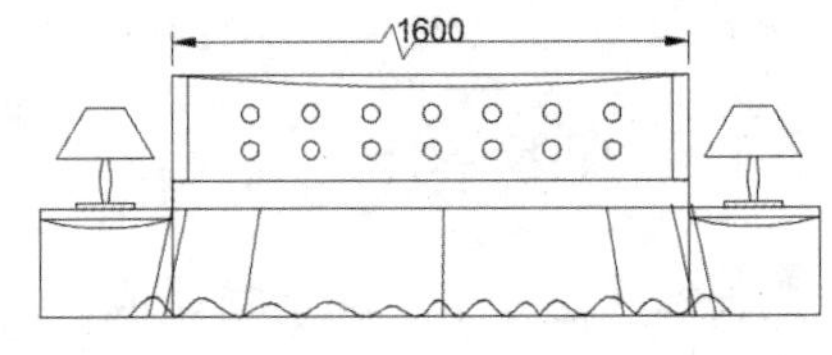

图 7-28 完成折弯标注后的效果

7.1.9 圆心标注

圆心标注命令用于标记圆或圆弧的圆心位置。调用该命令的方法有以下几种。

- 在【注释】选项卡的【中心线】面板中单击【圆心标记】按钮。
- 在菜单栏中选择【标注】|【圆心标记】命令。
- 在命令行中执行【DIMCENTER】命令。

在执行上述任意一种操作后，具体操作过程如下。

（1）在场景中绘制一个半径为10的圆，如图7-29所示。

（2）在命令行中输入【DIMCENTER】命令，然后根据命令行的提示选择圆。完成圆心标注后，效果如图7-30所示。

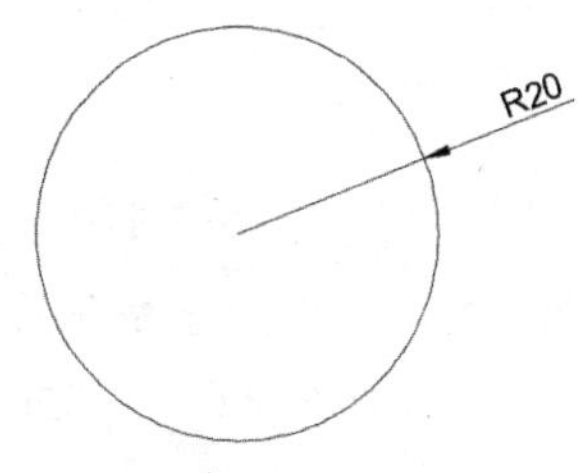

图7-29 绘制圆

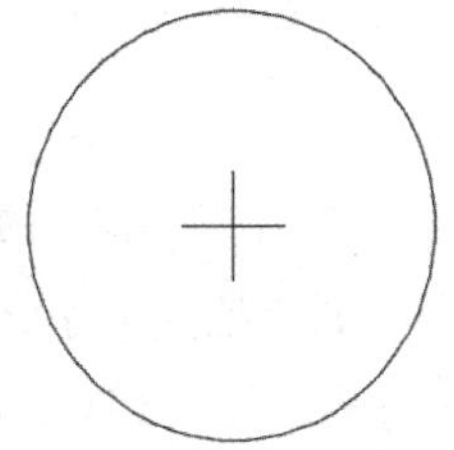

图7-30 完成圆心标注后的效果

7.1.10 基线标注

基线标注命令用于创建自同一基线处测量的多个标注，即创建自相同基线测量的一系列相关标注。调用该命令的方法有以下几种。

- 在【注释】选项卡的【标注】面板中单击【连续】右侧的下拉按钮，在弹出的下拉列表中选择【基线】选项。
- 在菜单栏中选择【标注】|【基线】命令。
- 在命令行中执行【DIMBASELINE】或【DIMBASE】命令。

7.1.11 连续标注

连续标注命令用于创建首尾相连的多个标注。在创建连续标注之前，必须先进行线性、对齐或角度等标注。调用该命令的方法有以下几种。

- 在【注释】选项卡的【标注】面板中单击【连续】按钮。
- 在菜单栏中选择【标注】|【连续】命令。
- 在命令行中执行【DIMCONTINUE】或【DIMCONT】命令。

下面练习为沙发添加尺寸标注，具体操作步骤如下。

（1）启动AutoCAD 2017，打开【素材】|【Cha07】|【连续标注.dwg】素材文件，如图7-31所示。

（2）在命令行中输入【DIMLINEAR】命令，在视图中对如图7-32所示的两个端点进行标注。

（3）在命令行中输入【DIMCONTINUE】命令，依次向右进行标注，完成标注后，按【Enter】键确认，效果如图7-33所示。

（4）在命令行中输入【DIMLINEAR】命令，在视图中对如图 7-34 所示的两个端点进行标注。

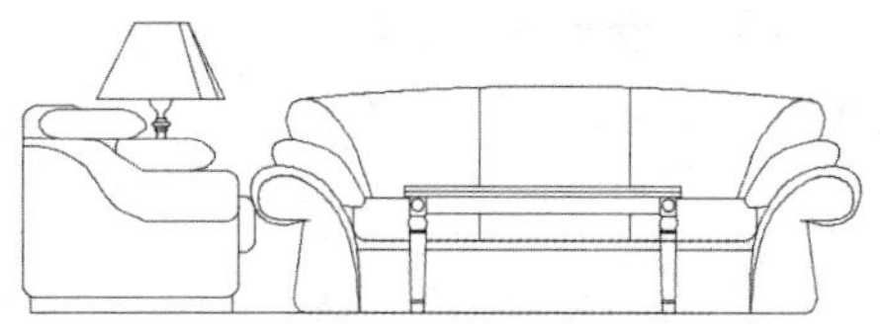

图 7-31　打开素材文件

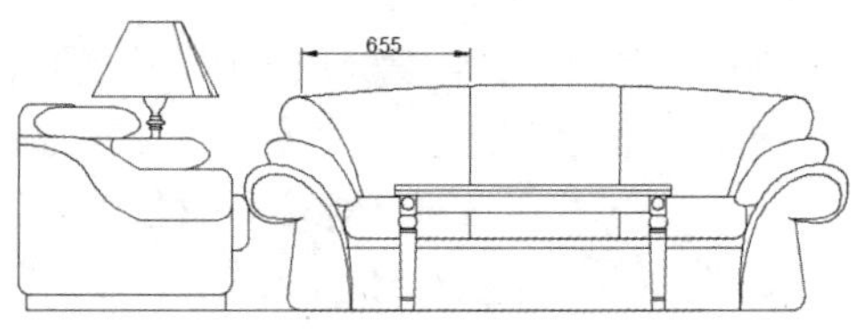

图 7-32　标注对象 1

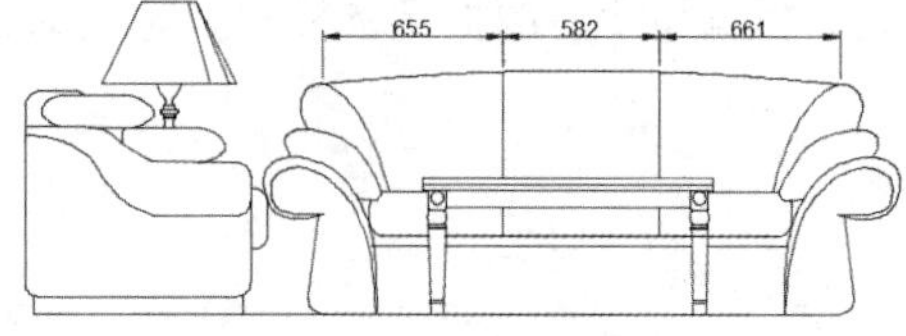

图 7-33　标注对象后的效果

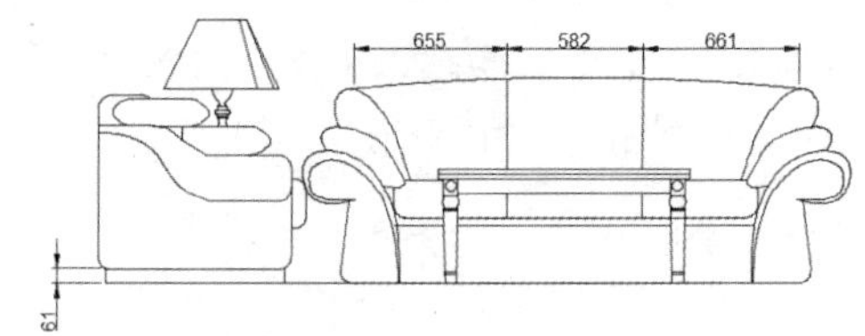

图 7-34　标注对象 2

（5）在命令行中输入【DIMBASELINE】命令，对如图 7-35 所示的对象进行标注。

（6）在命令行中输入【DIMSPACE】命令，根据命令行的提示选择基准标注，如图 7-36 所示。

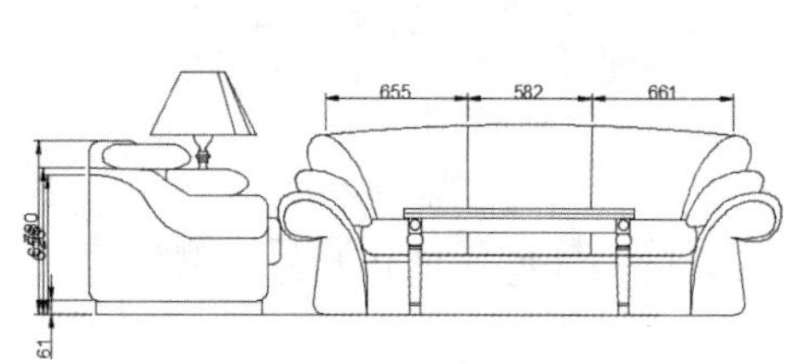

图 7-35　标注对象 3

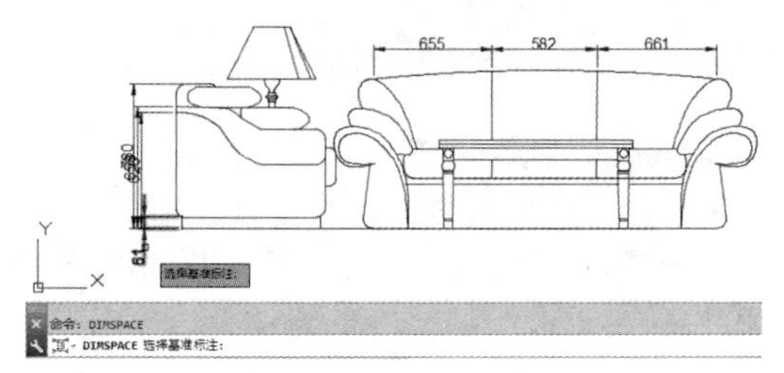

图 7-36　选择基准标注

（7）框选要产生间距的标注，如图 7-37 所示。

（8）按【Enter】键确认，然后在命令行中输入【A】，按【Enter】键确认，效果如图 7-38 所示。

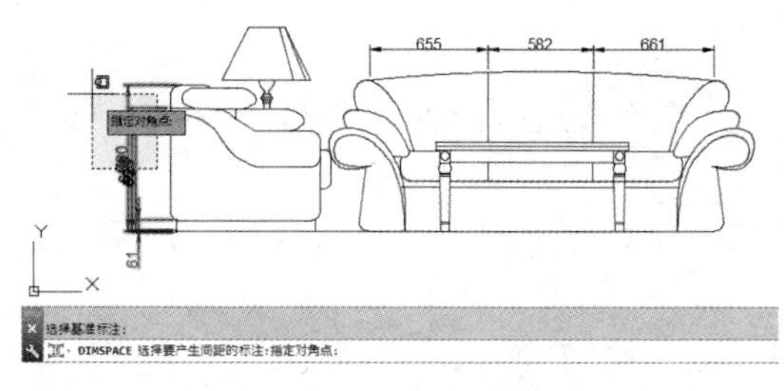

图 7-37　框选要产生间距的标注

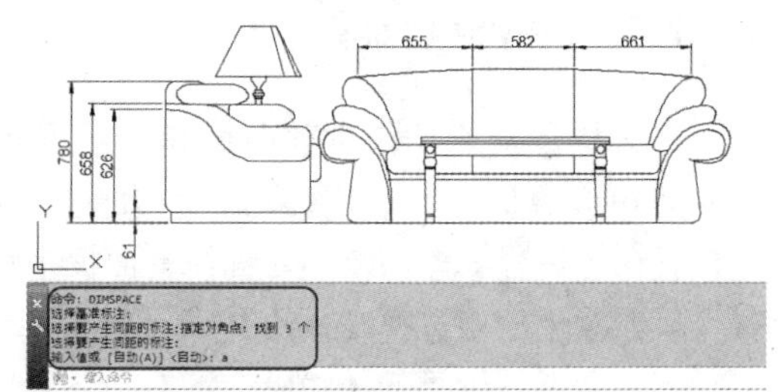

图 7-38　调整标注间距后的效果

7.1.12　快速标注

快速标注命令用于一次性标注多个标注形式相同的对象。调用该命令的方法有以下几种。

- 在【注释】选项卡的【标注】面板中单击【快速标注】按钮。
- 在菜单栏中选择【标注】|【快速标注】命令。

● 在命令行中执行【QDIM】命令。

快速标注图形对象的具体操作过程如下。

（1）打开【素材】|【Cha07】|【快速标注.dwg】素材文件，在命令行中输入【QDIM】命令，选择第一个要标注的对象，如图 7-39 所示，选择其他要标注的对象，如图 7-40 所示。

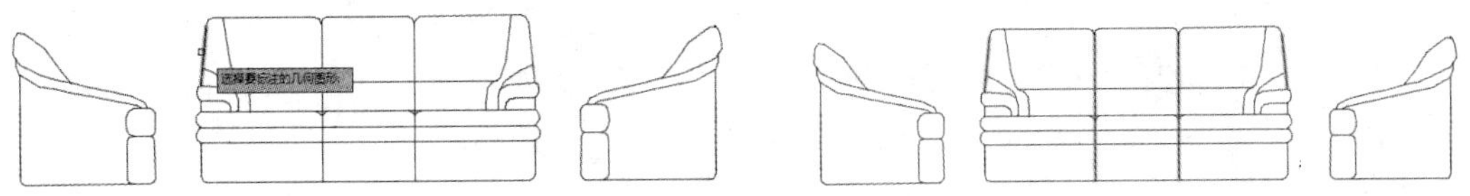

图 7-39　选择第一个要标注的对象　　　图 7-40　选择其他要标注的对象

（2）按【Enter】键确认，然后指定尺寸线的位置，即可结束对象的选择。完成快速标注后，效果如图 7-41 所示。

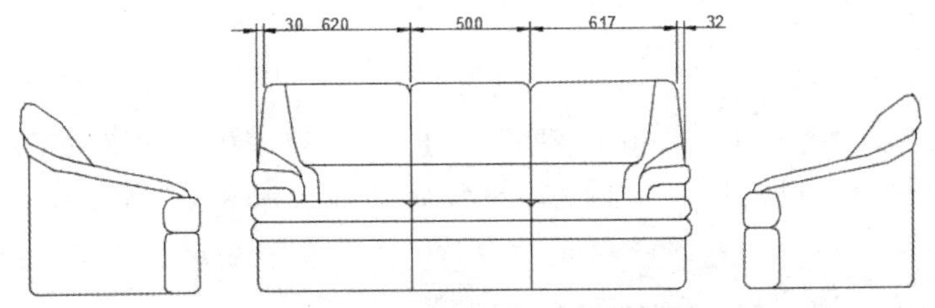

图 7-41　完成快速标注后的效果

在执行命令的过程中，命令行中各选项的含义如下。

● 连续/并列/基线/坐标：以连续/并列/基线/坐标的方式标注尺寸。

● 半径/直径：标注圆或圆弧的半径和直径。

● 基准点：以基线或坐标的方式标注尺寸时需指定基准点。

● 编辑：尺寸标注的编辑命令，用于增加或减少尺寸标注中延伸线的端点数目。

● 设置：设置关联标注的优先级。

下面练习为室内平面图添加尺寸标注，具体操作步骤如下。

（1）打开【素材】|【Cha07】|【室内平面图.dwg】素材文件，如图 7-42 所示。

（2）在菜单栏中选择【格式】|【标注样式】命令，弹出【标注样式管理器】对话框，单击【新建】按钮，在弹出的【创建新标注样式】对话框中将【新样式名】设置为【尺寸标注】，如图 7-43 所示。

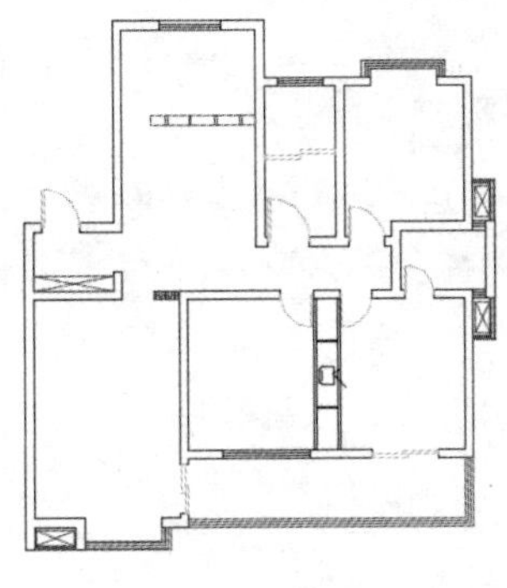

图 7-42　打开素材文件

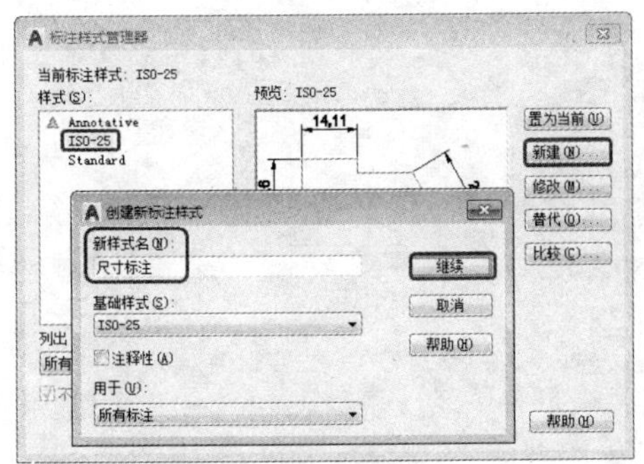

图 7-43　新建标注样式

（3）弹出【新建标注样式：尺寸标注】对话框，切换至【线】选项卡，将【基线间距】设置为【150】，将【超出尺寸线】和【起点偏移量】设置为【150】，如图 7-44 所示。

（4）切换至【符号和箭头】选项卡，将【箭头大小】设置为【350】，如图 7-45 所示。

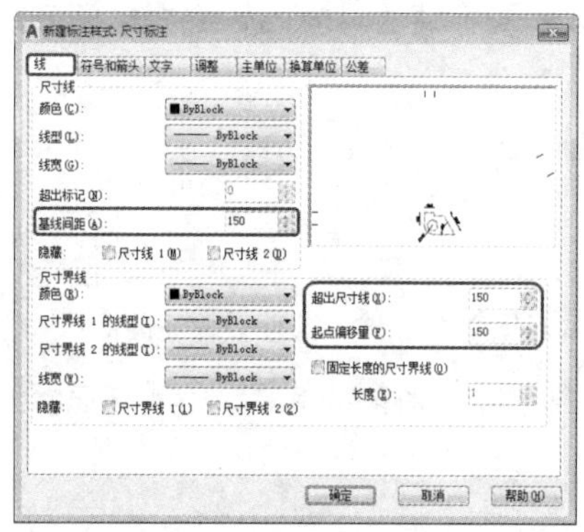

图 7-44　设置【线】选项卡

图 7-45　设置【符号和箭头】选项卡

（5）切换至【文字】选项卡，将【文字高度】设置为【300】，如图 7-46 所示。

（6）切换至【主单位】选项卡，将【精度】设置为【0】，单击【确定】按钮，如图 7-47 所示。

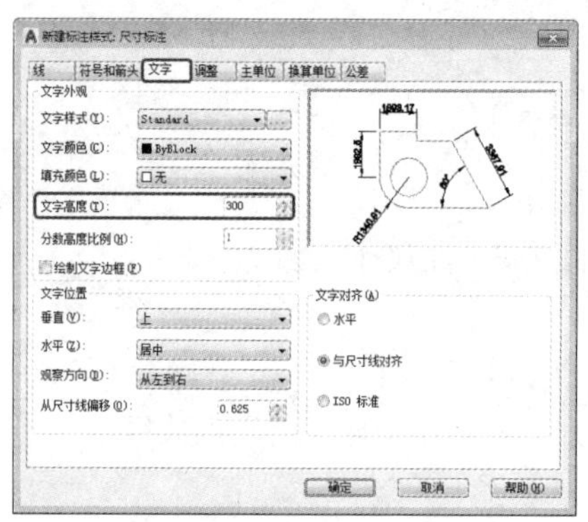

图 7-46　设置【文字】选项卡

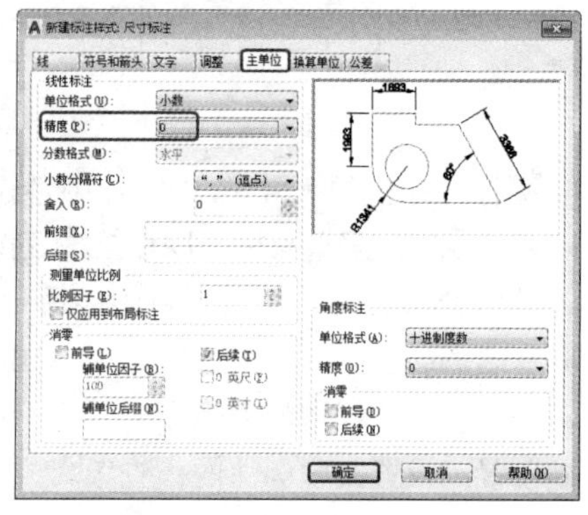

图 7-47　设置【主单位】选项卡

（7）返回【标注样式管理器】对话框，选择【尺寸标注】样式，单击【置为当前】按钮，然后单击【关闭】按钮，如图 7-48 所示。

（8）使用线性标注和连续标注命令对该对象进行标注，效果如图 7-49 所示。

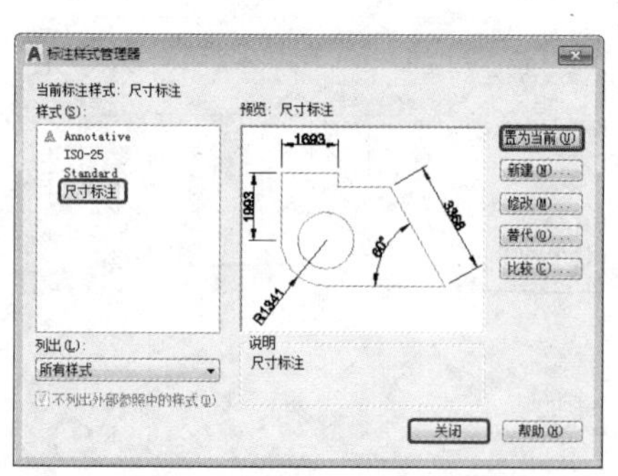

图 7-48　将【尺寸标注】样式设置为当前标注样式

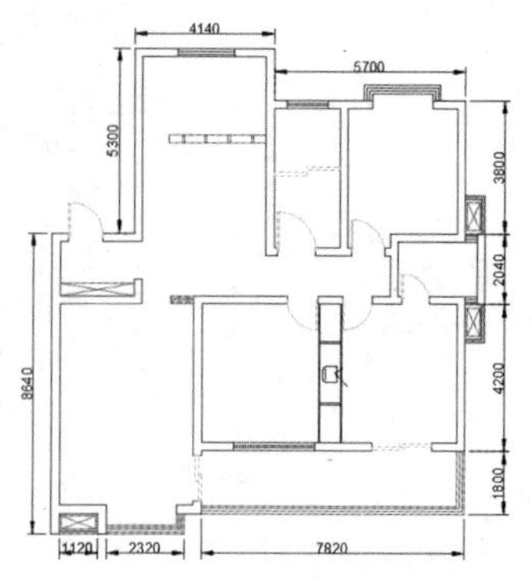

图 7-49　标注对象后的效果

7.2 任务 23：标注天然气灶——添加引线标注

下面将讲解如何为天然气灶添加引线标注，标注效果如图 7-50 所示。具体操作步骤如下。

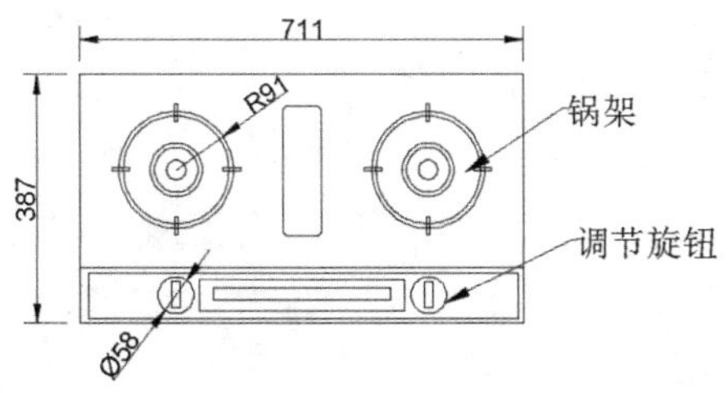

图 7-50　引线标注效果

7.2.1 任务实施

（1）打开【素材】|【Cha07】|【天然气灶.dwg】素材文件，如图 7-51 所示。

（2）在命令行中输入【DIMLINEAR】命令，对图形进行线性标注，如图 7-52 所示。

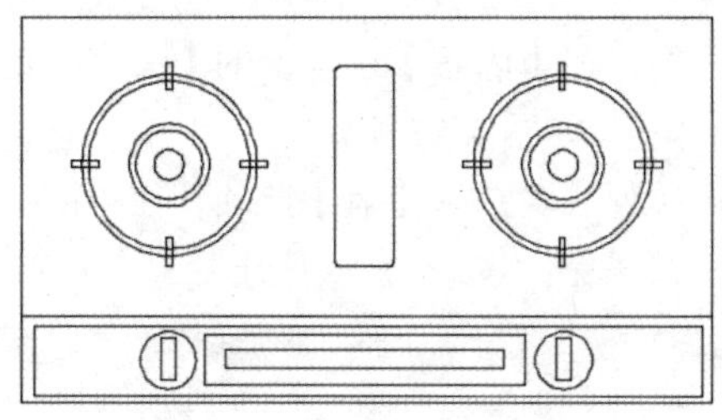

图 7-51　打开素材文件

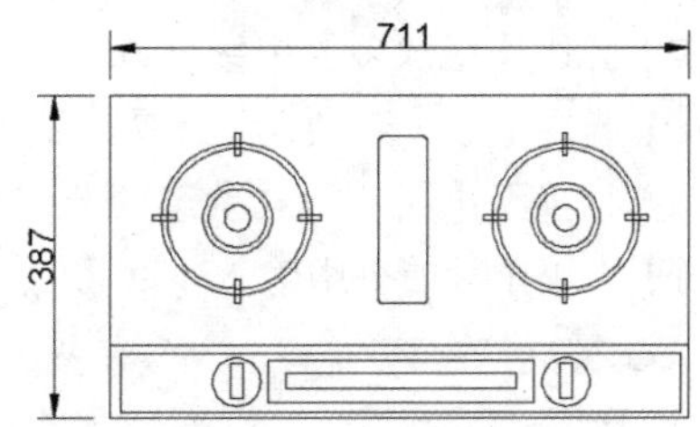

图 7-52　线性标注

（3）在命令行中输入【DIMRADIUS】命令，选中如图 7-53 所示的对象，然后对其进行半径标注。

（4）在命令行中输入【DIMDIAMETER】命令，选中如图 7-54 所示的对象，然后对其进行直径标注。

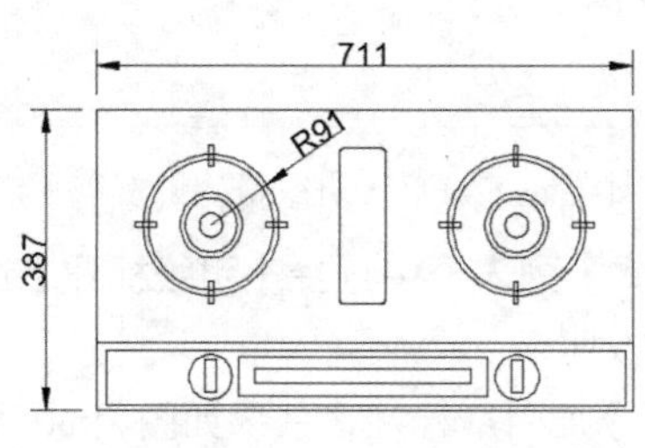

图 7-53　半径标注

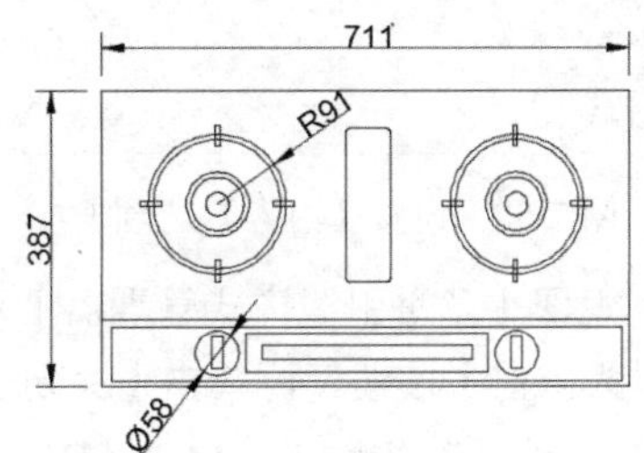

图 7-54　直径标注

（5）在菜单栏中选择【格式】|【多重引线样式】命令，如图 7-55 所示。

（6）在【注释】选项卡的【多重引线样式】面板中单击其右下角的↘按钮，弹出【多重引线样式管理器】对话框。单击【新建】按钮，弹出【创建新多重引线样式】对话框，在【新样式名】文本框中输入【引线标注】，单击【继续】按钮，如图 7-56 所示。

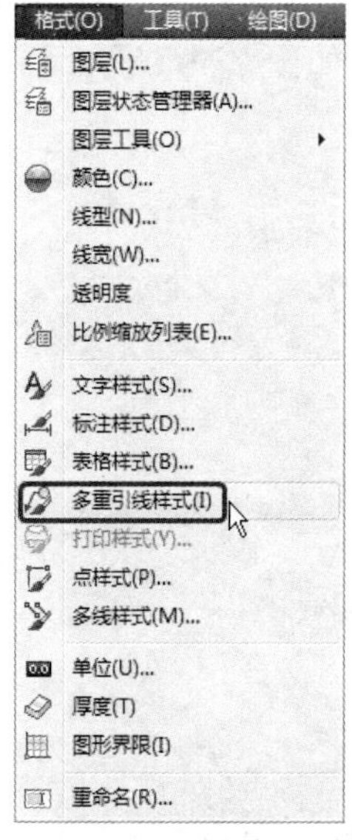

图 7-55　选择【多重引线样式】命令

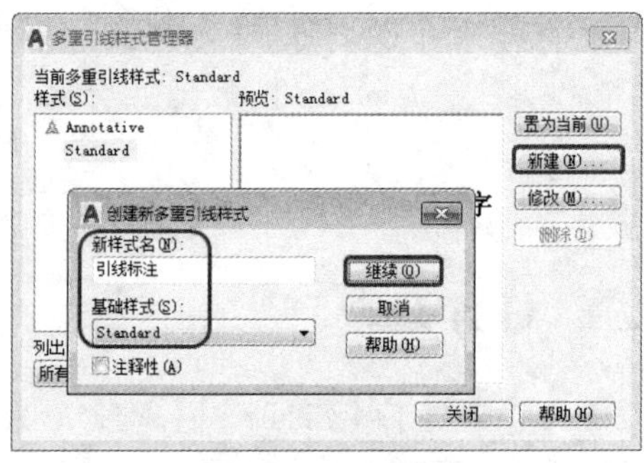

图 7-56　新建多重引线样式

（7）弹出【修改多重引线样式：引线标注】对话框，在【内容】选项卡的【文字颜色】下拉列表中选择【蓝】选项，将【文字高度】设置为【40】，如图 7-57 所示。

（8）切换至【引线格式】选项卡，在【颜色】下拉列表中选择【蓝】选项，在【箭头】选项组的【大小】数值框中输入【40】，然后单击【确定】按钮，如图 7-58 所示。

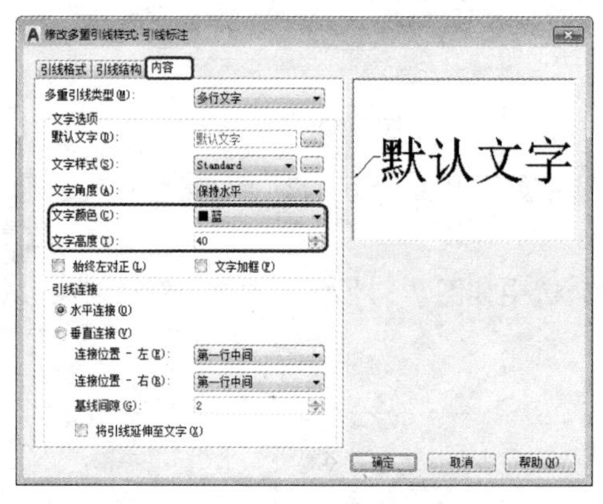

图 7-57　设置【内容】选项卡

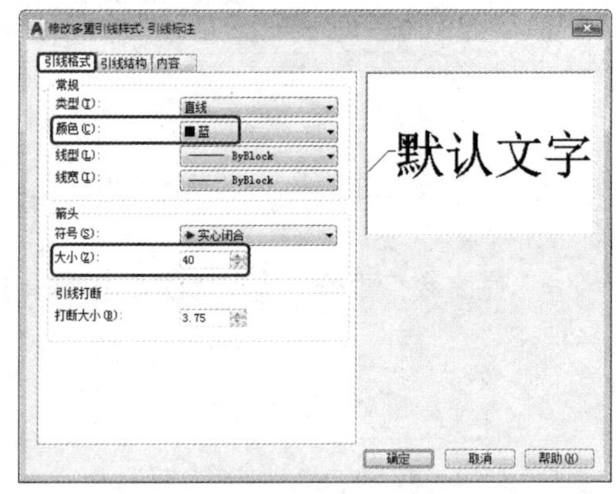

图 7-58　设置【引线格式】选项卡

（9）返回【多重引线样式管理器】对话框，在【样式】列表框中选择【引线标注】选项，单击【置为当前】按钮，再单击【关闭】按钮，如图 7-59 所示。

（10）在命令行中输入【MLEADER】命令，为图形添加引线标注，效果如图 7-60 所示。最后将场景文件保存即可。

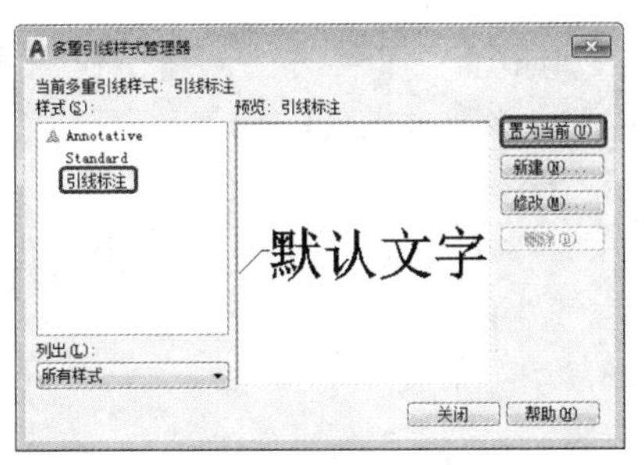

图 7-59　将【引线标注】样式设置为当前样式

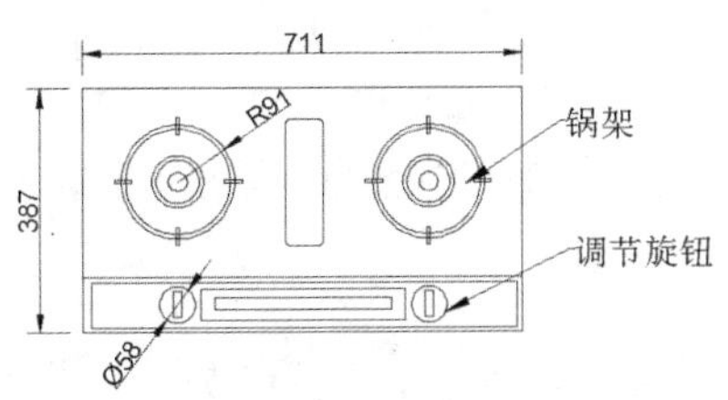

图 7-60　添加引线标注后的效果

7.2.2　创建快速标注

下面将通过实例讲解如何创建快速标注，具体操作步骤如下。

（1）按【Ctrl+O】组合键，打开【素材】|【Cha07】|【地面拼花.dwg】素材文件。在命令行中输入【QDIM】（快速标注）命令，并按【Enter】键确认，根据命令行的提示进行操作，在绘图区中选择如图 7-61 所示的对象。

（2）然后向上引导鼠标光标，在合适的位置处单击，即可创建快速标注，如图 7-62 所示。

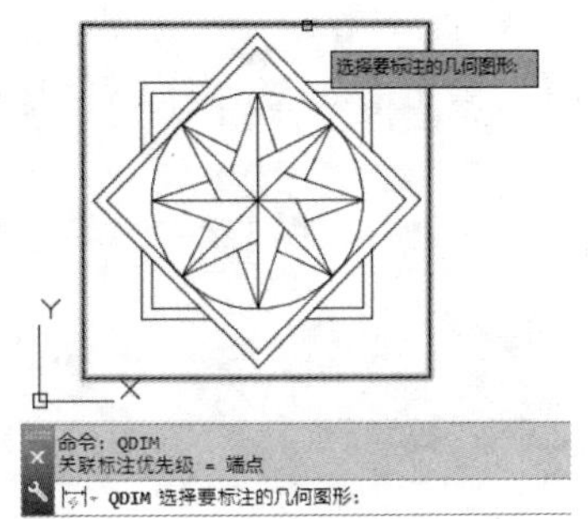

图 7-61　选择要标注的对象

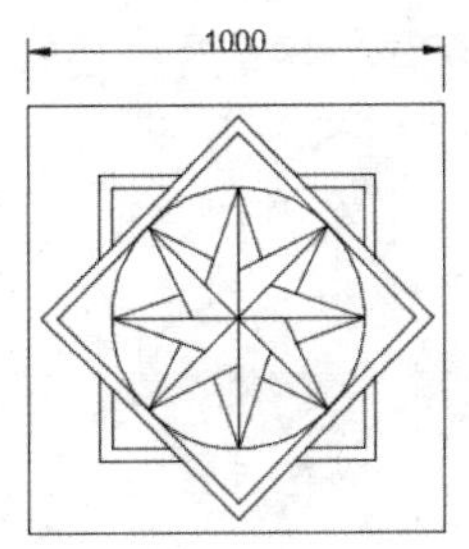

图 7-62　创建快速标注

7.2.3　创建引线标注

下面将讲解如何创建引线标注，具体操作步骤如下。

（1）继续上一小节的操作。切换至【默认】选项卡，在【注释】面板中单击【引线】按钮 ，如图 7-63 所示。

（2）根据命令行的提示进行操作，指定引线的箭头位置，然后指定引线基线的位置，在弹出的文本框中输入【地面拼花】，然后在绘图区的任意位置处单击，即可创建引线标注，如图 7-64 所示。

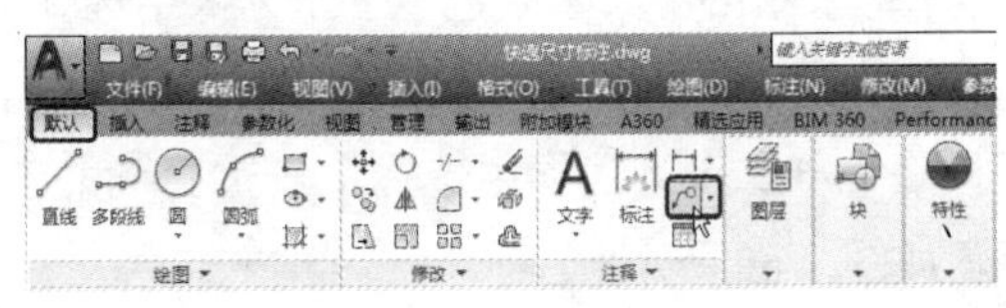

图 7-63　单击【引线】按钮

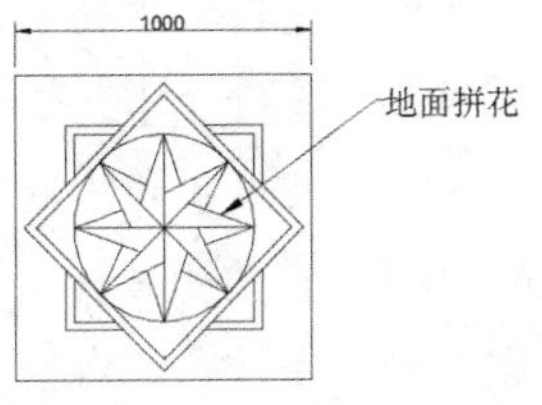

图 7-64　创建引线标注

除了使用上述方法可以创建引线标注，还可以使用下面的几种方法创建引线标注。

- 方法 1：在命令行中输入【MLEADER】（引线）命令，并按【Enter】键确认。
- 方法 2：在菜单栏中选择【标注】|【多重引线】命令。
- 方法 3：选择功能区选项卡中的【注释】选项卡，在【引线】面板中单击【多重引线】按钮。

7.2.4 多重引线标注

多重引线标注命令常用于标注某对象的说明信息，通常不标注尺寸等数字信息，只标注文字信息。该命令所标注的说明信息并非系统产生的尺寸信息，而是由用户指定标注的文字信息。

1. 设置多重引线样式

设置多重引线样式的方法有以下几种。

- 在【注释】选项卡的【引线】面板中单击其右下角的按钮。
- 在菜单栏中选择【格式】|【多重引线样式】命令。

设置多重引线样式的具体操作过程如下。

（1）在菜单栏中选择【格式】|【多重引线样式】命令，弹出【多重引线样式管理器】对话框，如图 7-65 所示。

（2）单击【新建】按钮，弹出【创建新多重引线样式】对话框，在【新样式名】文本框中输入【多重引线】，单击【继续】按钮，如图 7-66 所示。

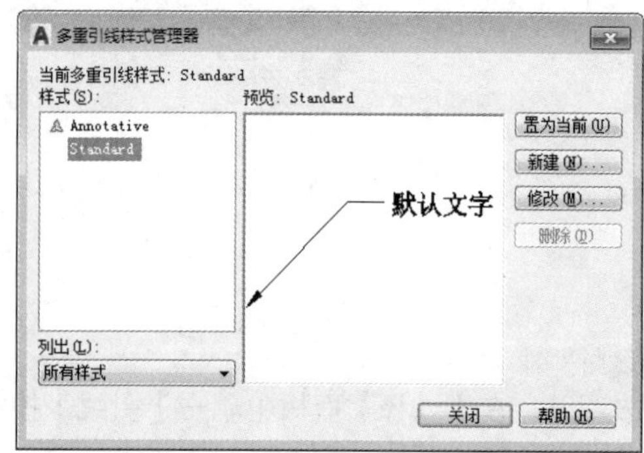

图 7-65 【多重引线样式管理器】对话框

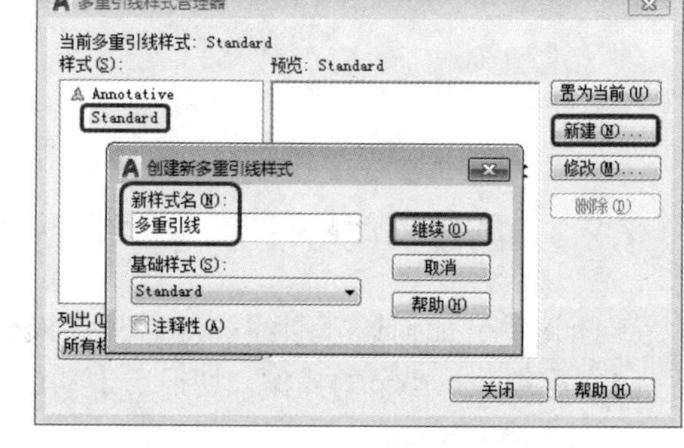

图 7-66 新建多重引线样式

（3）弹出【修改多重引线样式：多重引线】对话框，切换至【引线格式】选项卡，在【常规】选项组的【类型】下拉列表中选择【样条曲线】选项，在【颜色】下拉列表中选择【蓝】选项，在【箭头】选项组的【大小】数值框中输入【10】，如图 7-67 所示。

（4）切换至【内容】选项卡，在【文字选项】选项组的【文字颜色】下拉列表中选择【蓝】选项，在【文字高度】数值框中输入【30】，如图 7-68 所示，单击【确定】按钮。

（5）返回【多重引线样式管理器】对话框，在【样式】列表框中选择【多重引线】选项，单击【置为当前】按钮，再单击【关闭】按钮，如图 7-69 所示。

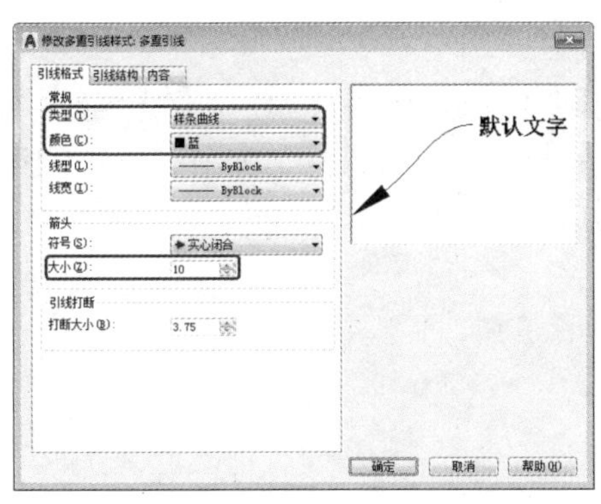

图 7-67　设置【引线格式】选项卡

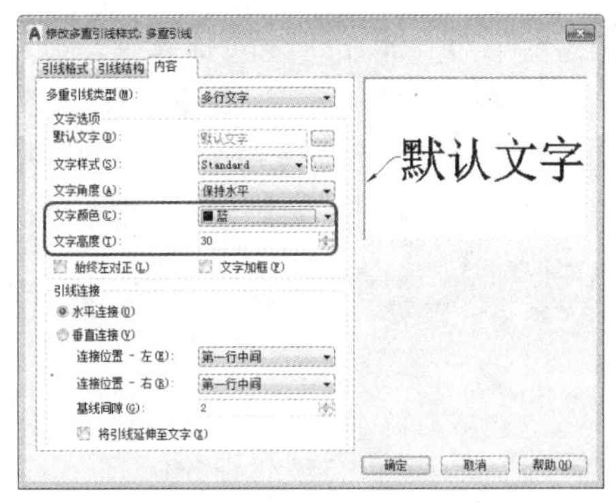

图 7-68　设置【内容】选项卡

2. 标注多重引线

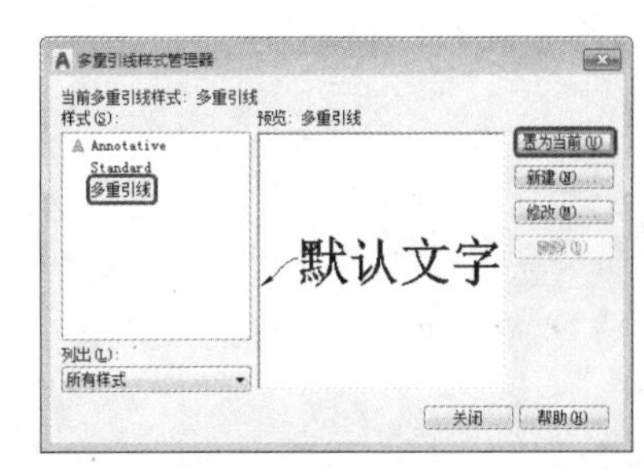

图 7-69　将【多重引线】样式设置为当前样式

标注多重引线的方法有以下几种。

- 在【默认】选项卡的【注释】面板中单击【多重引线】按钮。
- 在【注释】选项卡的【引线】面板中单击【多重引线】按钮。
- 在菜单栏中选择【标注】|【多重引线】命令。
- 在命令行中执行【MLEADER】命令。

标注多重引线的具体操作过程如下。

（1）打开【素材】|【Cha07】|【多重引线对齐.dwg】素材文件，在命令行中输入【MLEADER】命令，指定引线的箭头指向需要标注说明的图形，然后指定引线基线的位置，如图 7-70 所示。

（2）在弹出的文本框中输入【轻钢龙骨石膏板天花油漆】，然后单击绘图区的空白处完成标注。完成多重引线标注后，效果如图 7-71 所示。

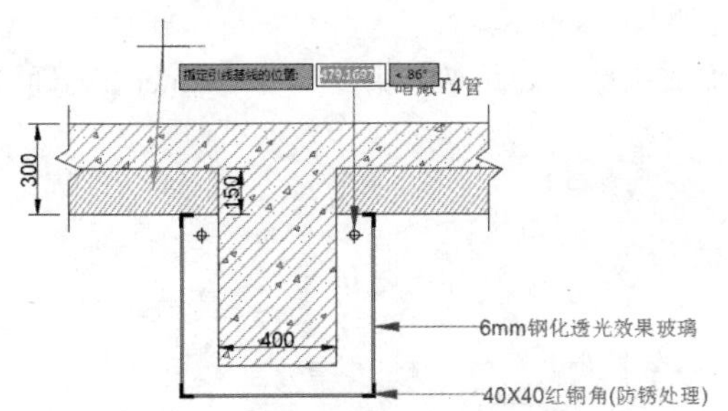

图 7-70　指定引线的箭头和引线基线的位置

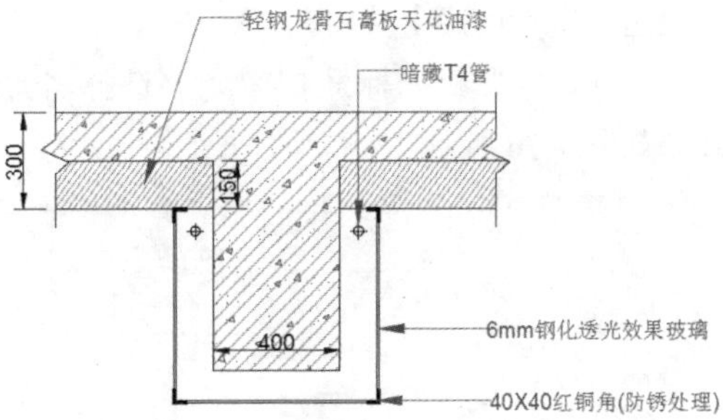

图 7-71　完成多重引线标注后的效果

3. 添加引线

使用添加引线命令可以将多条引线附着到同一文本，也可以均匀隔开并快速对齐多个文本。调用该命令的方法如下。

- 在【默认】选项卡的【注释】面板中单击下拉按钮，在弹出的下拉列表中选择【添加引线】选项。
- 在【注释】选项卡的【引线】面板中单击【添加引线】按钮。

为图形对象添加引线的具体操作过程如下。

（1）继续上面的操作，在【注释】选项卡的【引线】面板中单击【添加引线】按钮。

（2）此时鼠标光标呈□状态，选择需要添加的多重引线，然后选择需要标注说明的图形，如图7-72所示。按【Esc】键退出该命令，添加引线后的效果如图7-73所示。

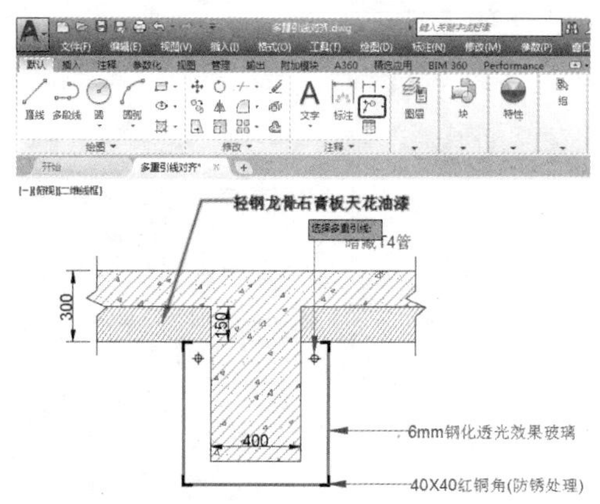

图7-72　选择多重引线和图形

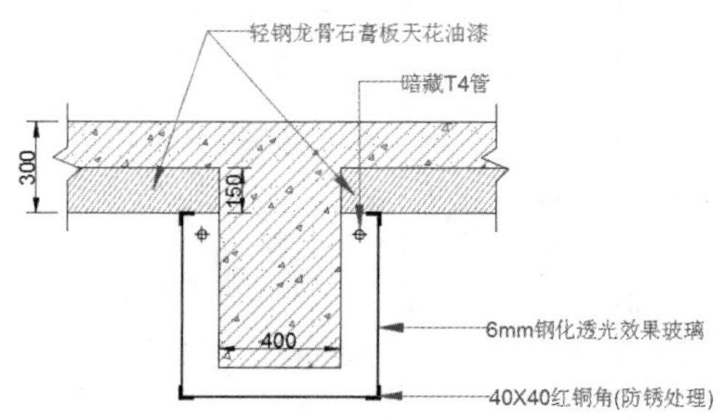

图7-73　添加引线后的效果

4．删除引线

在一张图纸中，若引线过多，则会影响整个图形的效果，所以删除多余的引线是必要的。调用删除引线命令的方法有以下两种。

- 在【默认】选项卡的【注释】面板中单击下拉按钮，在弹出的下拉列表中选择【删除引线】选项。
- 在【注释】选项卡的【引线】面板中单击【删除引线】按钮。

删除引线的具体操作过程如下。

（1）继续上面的操作，选择如图7-74所示的多重引线，在【注释】选项卡的【引线】面板中单击【删除引线】按钮。

（2）此时鼠标光标呈□状态，选择需要删除的引线，如图7-75所示，按【Enter】键确认，效果如图7-76所示。

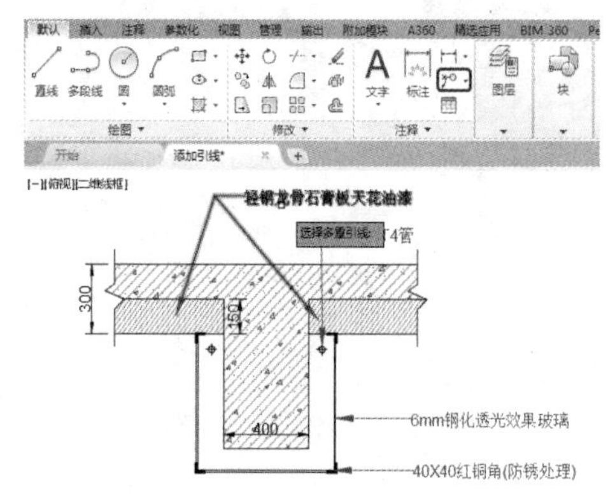

图7-74　选择多重引线

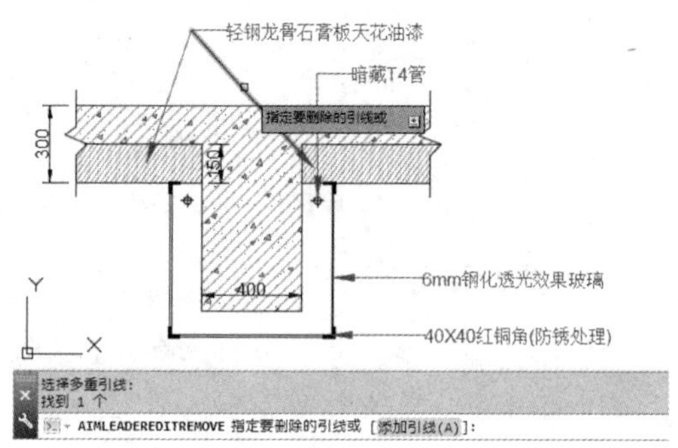

图7-75　选择需要删除的引线

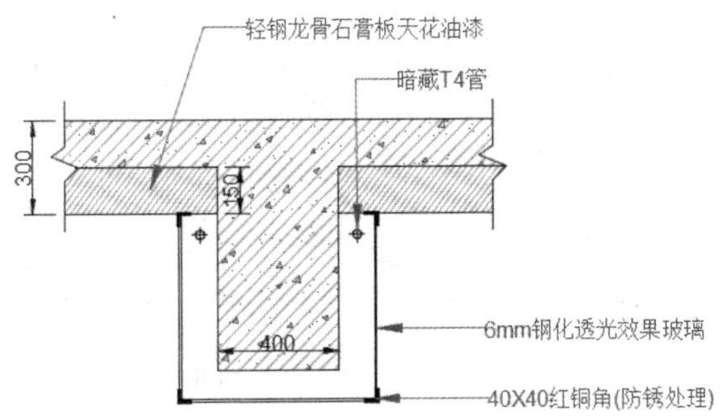

图 7-76　删除引线后的效果

5. 对齐引线

使用对齐引线命令可以沿指定的线对齐若干多重引线对象，同时水平基线将沿指定的不可见的线放置，箭头将保留在原来的位置处。调用该命令的方法有以下几种。

- 在【默认】选项卡的【注释】面板中单击下拉按钮，在弹出的下拉列表中选择【对齐引线】选项。
- 在【注释】选项卡的【引线】面板中单击【对齐引线】按钮。
- 在命令行中执行【MLEADERALIGN】命令。

对齐引线的具体操作过程如下。

（1）打开【素材】|【Cha07】|【对齐引线.dwg】素材文件，在命令行中输入【MLEADERALIGN】命令，选择需要对齐的引线，如图 7-77 所示，按【Enter】键确认，选择绘图区中剩余的引线，指定对齐方向。

（2）将其他引线对齐，效果如图 7-78 所示。

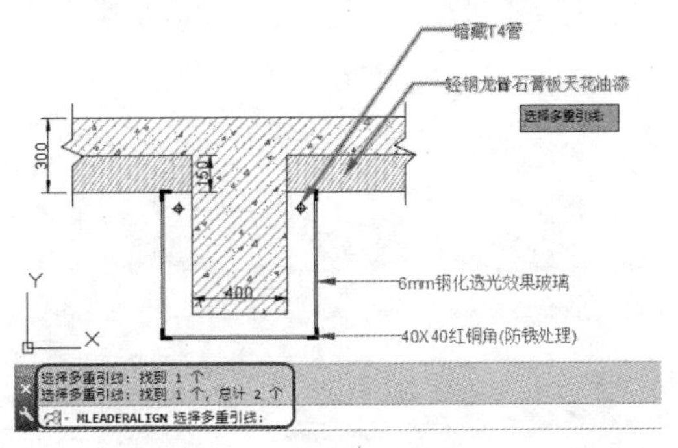

图 7-77　选择需要对齐的引线

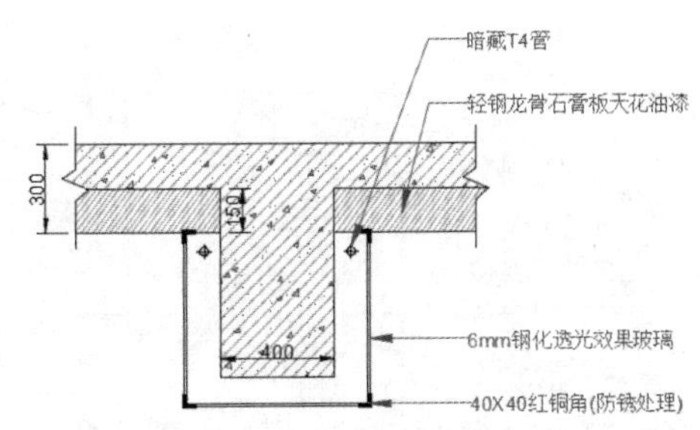

图 7-78　对齐引线后的效果

7.3　任务 24：标注水盆平面图——编辑尺寸标注

在完成尺寸标注后，若不满意还可以对其进行编辑。编辑尺寸标注包括更新标注、关联标注、编辑尺寸文字的内容，以及编辑尺寸文字的位置等。标注水盆平面图效果如图 7-79 所示。

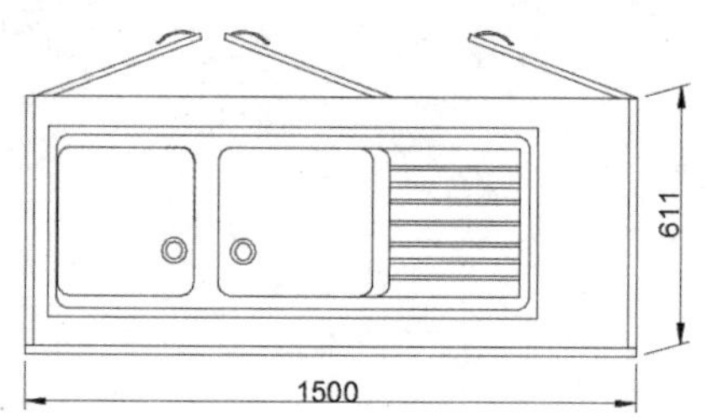

图 7-79　标注水盆平面图效果

7.3.1　任务实施

（1）打开【素材】|【Cha07】|【编辑尺寸标注.dwg】素材文件，如图 7-80 所示。

（2）使用线性标注命令对其进行标注，如图 7-81 所示。

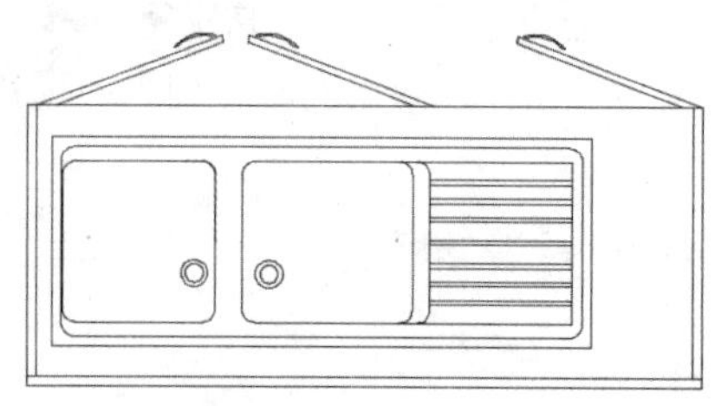

图 7-80　打开素材文件

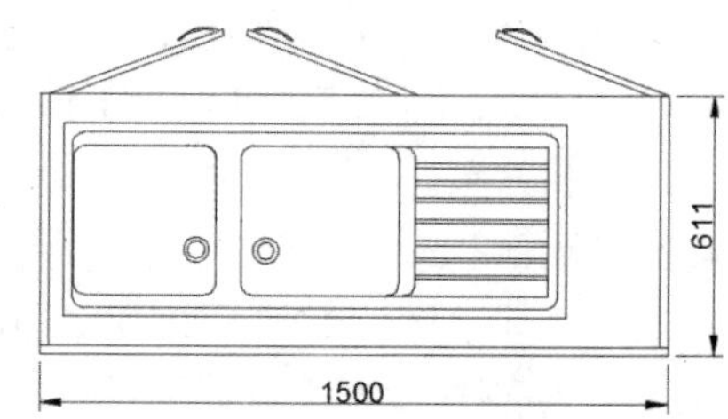

图 7-81　标注对象

（3）在命令行中输入【DIMEDIT】命令，根据命令行的提示输入【O】，选择如图 7-82 所示的要倾斜的标注。

（4）按【Enter】键确认，将倾斜角度设置为【15】，倾斜后的效果如图 7-83 所示。

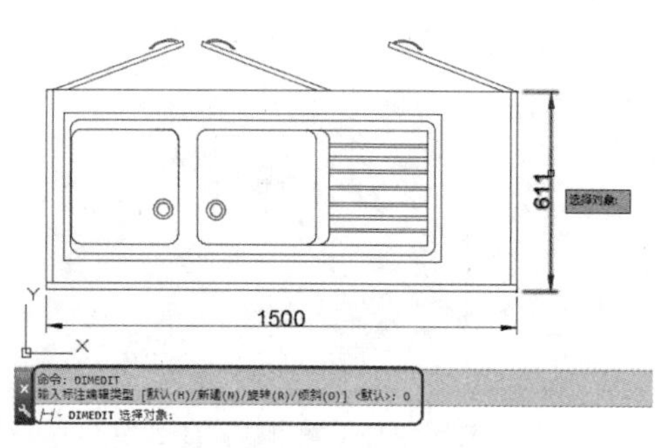

图 7-82　选择要倾斜的标注

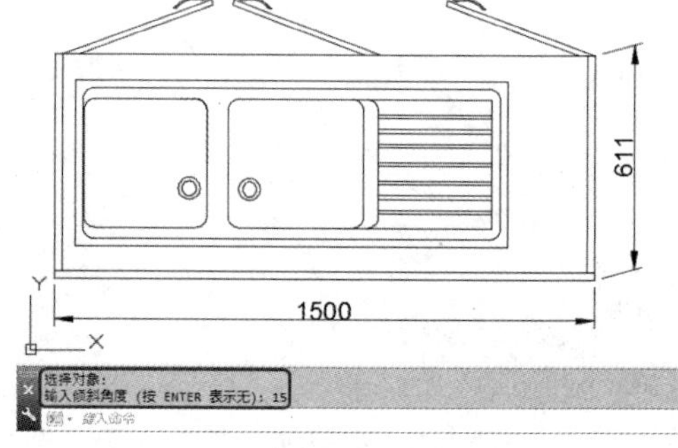

图 7-83　倾斜后的效果

7.3.2　使用【DIMTEDIT】命令编辑尺寸标注

编辑尺寸文字位置的方法有以下几种。

- 在【注释】选项卡的【标注】面板中单击 标注 ▾ 按钮，在弹出的下拉列表中单击框选的按钮，如图 7-84 所示。

图 7-84 【标注】面板的下拉列表

- 在菜单栏中选择【标注】|【对齐文字】命令，在其子菜单中选择相应的命令。
- 在命令行中执行【DIMTEDIT】命令。

执行【DIMTEDIT】命令后，具体操作过程如下。

```
命令:DIMTEDIT    //执行【DIMTEDIT】命令
选择标注:        //选择要修改的标注
标注文字指定新位置或 [左对齐(L)/右对齐(R)/居中(C)/默认(H)/角度(A)]:    //为标注文字指定新位置并按【Enter】键确认
```

在执行命令的过程中，命令行中各选项的含义如下。

- 左对齐（L）：选择该选项，可将标注文字放置在尺寸线的左端。
- 右对齐（R）：选择该选项，可将标注文字放置在尺寸线的右端。
- 居中（C）：选择该选项，可将标注文字放置在尺寸线的中心。
- 默认（H）：选择该选项，将恢复系统默认的尺寸标注设置。
- 角度（A）：选择该选项，可将标注文字旋转一定的角度。

7.3.3 使用【DIMEDIT】命令编辑尺寸标注

在命令行中执行【DIMEDIT】命令，可编辑尺寸文字的内容。下面将通过实例讲解如何使用【DIMEDIT】命令编辑尺寸标注，具体操作过程如下。

（1）打开【素材】|【Cha07】|【编辑标注素材.dwg】素材文件，如图 7-85 所示。

（2）在命令行中输入【DIMEDIT】（编辑尺寸）命令，按【Enter】键确认，输入【R】（旋转），按【Enter】键确认，输入【30】，按【Enter】键确认，然后在绘图区中选择尺寸标注，按【Enter】键确认，完成后的效果如图 7-86 所示。

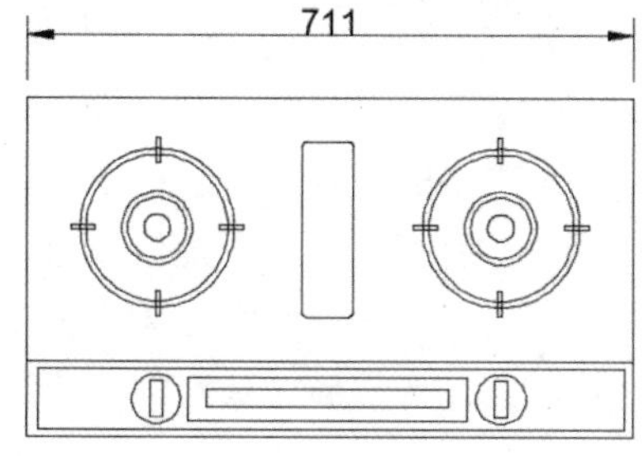

图 7-85 打开素材文件

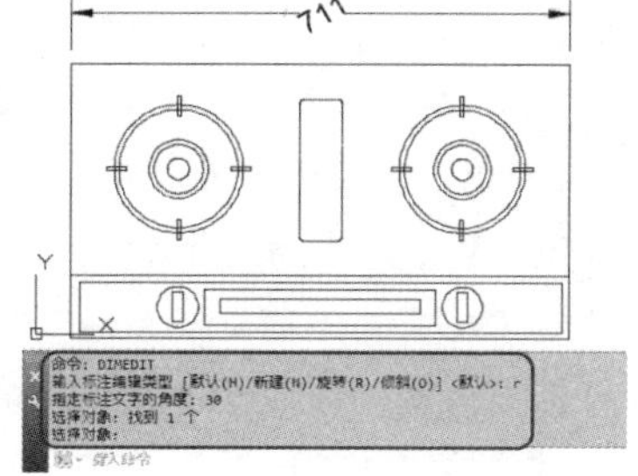

图 7-86 完成后的效果

7.3.4 更新标注

更新标注命令一般用于某个尺寸标注不符合要求时。调用该命令的方法有以下几种。

- 在【注释】选项卡的【标注】面板中单击【更新】按钮。
- 在菜单栏中选择【标注】|【更新】命令。
- 在命令行中执行【DIMSTYLE】命令。

更新标注的具体操作过程如下。

（1）在【默认】选项卡的【注释】面板中单击 注释 ▾ 按钮，然后在弹出的下拉列表中单击【标注样式】按钮。

（2）弹出【标注样式管理器】对话框，单击【替代】按钮，弹出【替代当前样式：尺寸标注】对话框，如图 7-87 所示。在该对话框中修改标注样式参数，然后单击【确定】按钮，再单击【关闭】按钮。

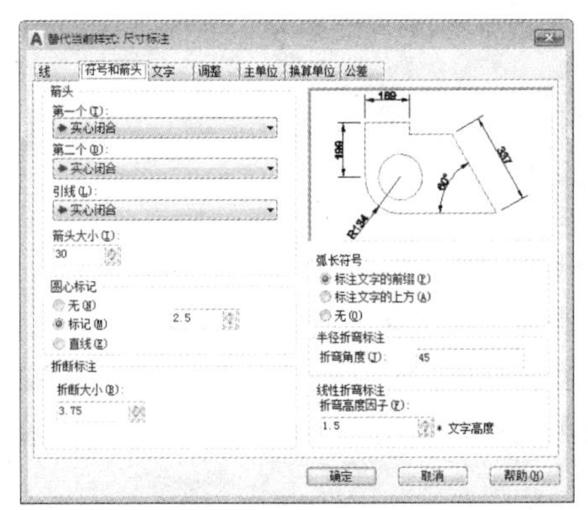

图 7-87 【替代当前样式：尺寸标注】对话框

（3）返回绘图区，在【注释】选项卡的【标注】面板中单击【更新】按钮，具体操作过程如下。

```
    命令:DIMSTYLE                              //单击【更新】按钮后，命令行显示该命令
    当前标注样式: Standard   注释性: 否       //提示当前标注样式
    输入标注样式选项[注释性(AN)/保存(S)/恢复(R)/状态(ST)/变量(V)/应用(A)/?] <恢复>:
apply                                          //提示系统自动选择【应用】选项
    选择对象: 找到 1 个                        //选择要更新的尺寸标注
    选择对象:                                  //按【Enter】键结束命令
```

在执行命令的过程中，命令行中部分选项的含义如下。

- 保存（S）：将标注系统变量的当前设置保存到标注样式。
- 恢复（R）：将标注系统变量设置恢复为选择标注样式设置。
- 状态（ST）：显示所有标注系统变量的当前值，并自动结束 DIMSTYLE 命令。
- 变量（V）：列出某个标注样式或设置选定标注对象的系统变量，但不能修改当前设置。
- 应用（A）：将当前标注系统变量设置应用到选定标注对象，永久替代这些对象的任何现有标注样式。选择该选项后，系统会提示选择标注对象，选择标注对象后，所选择的标注对象将自动被更新为当前标注样式。

7.3.5 重新关联标注

重新关联标注命令的作用是使修改图形时的标注根据图形的变化自动修改。调用该命令的方法有以下几种。

- 在【注释】选项卡的【标注】面板中单击【重新关联】按钮。
- 在菜单栏中选择【标注】|【重新关联标注】命令。
- 在命令行中执行【DIMREASSOCIATE】命令。

提示：在执行命令时，如果选择的尺寸标注不同，则命令行中的提示内容也会有所不同，其操作方法大同小异。

7.4　上机练习——标注天花剖面图

前文介绍了在 AutoCAD 2017 中标注尺寸、添加引线标注及编辑尺寸标注的方法，本节将通过一个简单的实例来加深读者对相关知识的理解。天花剖面图效果如图 7-88 所示。

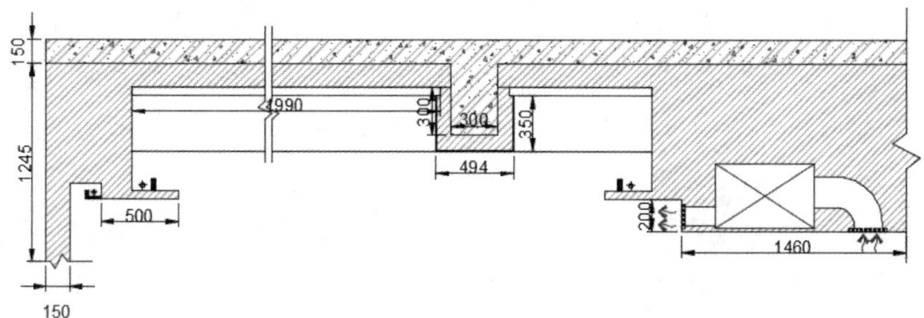

图 7-88　天花剖面图效果

（1）打开【素材】|【Cha07】|【天花剖面图.dwg】素材文件，如图 7-89 所示。

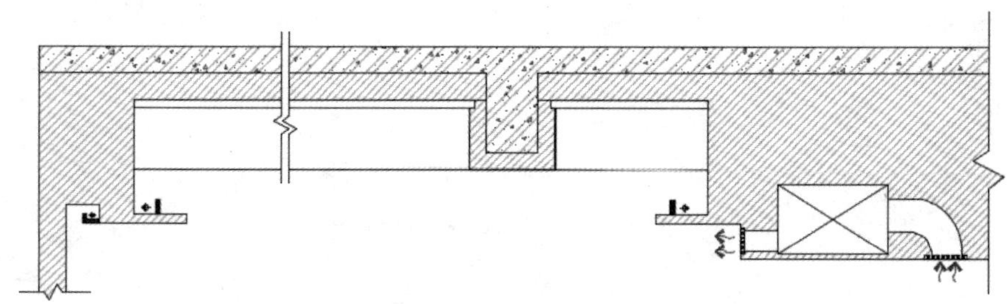

图 7-89　打开素材文件

（2）在命令行中输入【D】，弹出【标注样式管理器】对话框，单击【新建】按钮，弹出【创建新标注样式】对话框，将【新样式名】设置为【标注样式】，将【基础样式】设置为【ISO-25】，单击【继续】按钮，如图 7-90 所示。

（3）切换至【线】选项卡，将【基线间距】设置为【30】，将【超出尺寸线】和【起点偏移量】设置为【30】，如图 7-91 所示。

（4）切换至【符号和箭头】选项卡，将【箭头大小】设置为【80】，如图 7-92 所示。

（5）切换至【文字】选项卡，将【文字高度】设置为【80】，如图 7-93 所示。

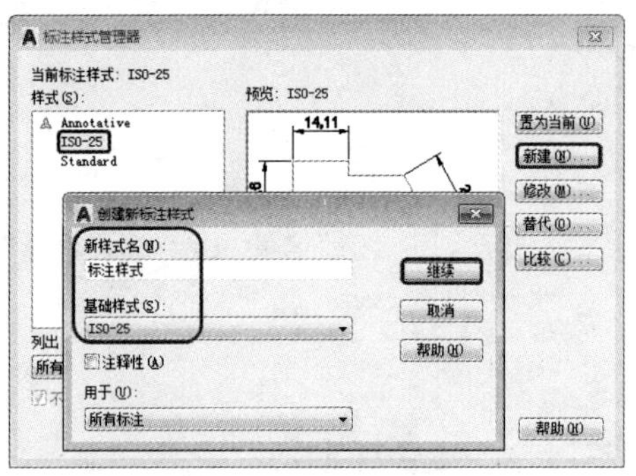

图 7-90　新建标注样式

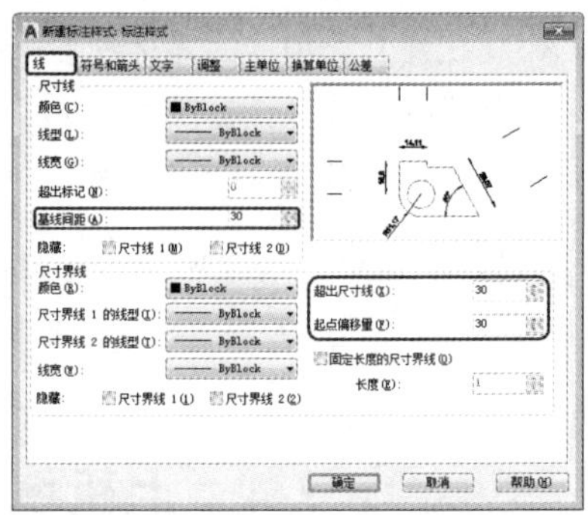

图 7-91　设置【线】选项卡

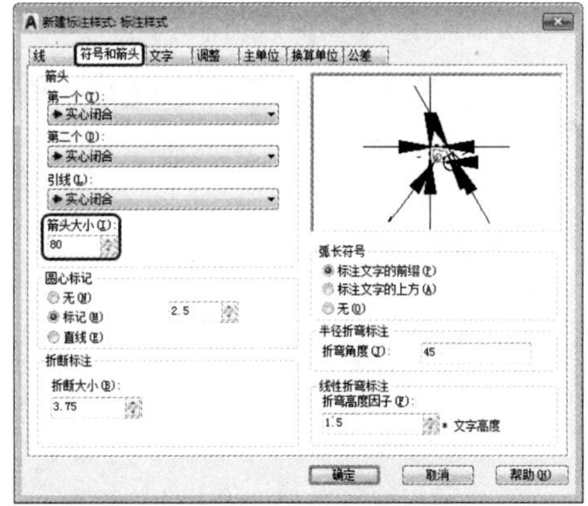

图 7-92　设置【符号和箭头】选项卡

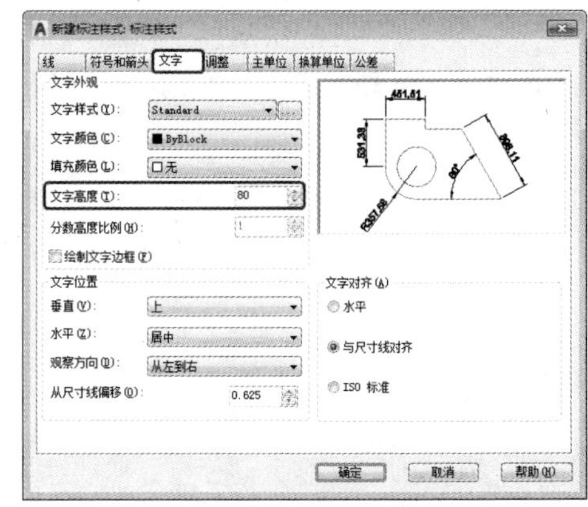

图 7-93　设置【文字】选项卡

（6）切换至【主单位】选项卡，将【精度】设置为【0】，如图 7-94 所示。

（7）单击【确定】按钮，返回【标注样式管理器】对话框，选择【标注样式】选项，单击【置为当前】和【关闭】按钮，如图 7-95 所示。

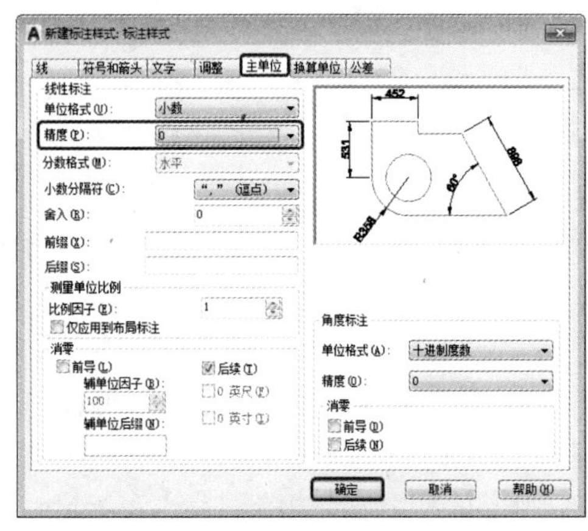

图 7-94　设置【主单位】选项卡

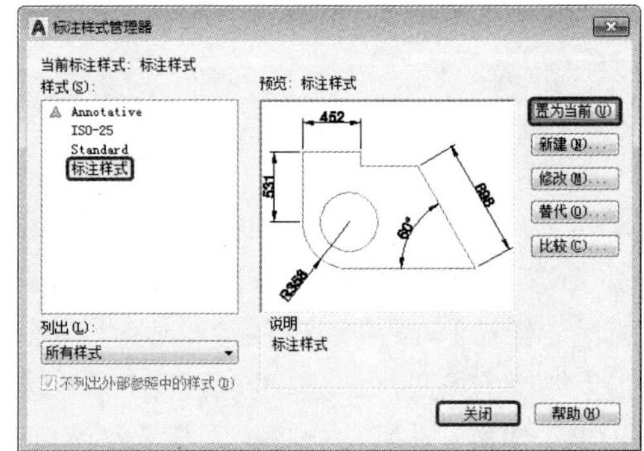

图 7-95　将【标注样式】设置为当前标注样式

（8）然后对天花剖面图进行尺寸标注，标注后的效果如图 7-96 所示。

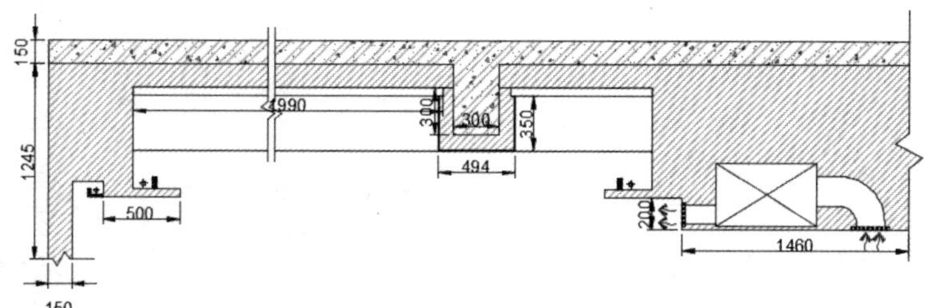

图 7-96　标注后的效果

习题与训练

项目练习　标注卫生间详图

<table>
<tr>
<td>

效果展示：

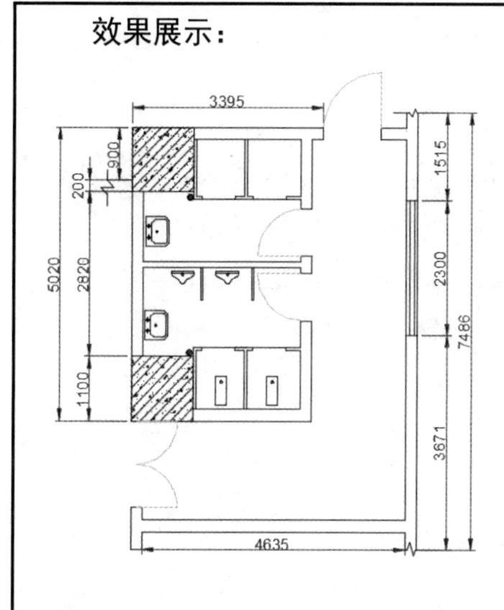

</td>
<td>

操作要领：

（1）打开【素材】|【Cha07】|【卫生间详图-素材.dwg】素材文件。

（2）设置标注样式。

（3）使用线性标注、快速标注命令进行标注。

</td>
</tr>
</table>

第8章

辅助工具

08

Chapter

本章导读：

基础知识
- ◈ 捕捉和栅格
- ◈ 正交模式

重点知识
- ◈ 动态输入
- ◈ 对象捕捉

提高知识
- ◈ 查询工具的使用方法
- ◈ 光栅图像

AutoCAD 为用户提供了很多精确绘图工具，例如，栅格、捕捉、追踪等。使用这些精确绘图工具不仅可以提高绘图的精确性，还可以提高绘图的工作效率。

AutoCAD 2017 不仅为用户提供了精确绘图工具，还提供了一些辅助绘图工具。使用这些辅助绘图工具可以查询所绘图形的距离、面积、坐标，还可以调整光栅对象。

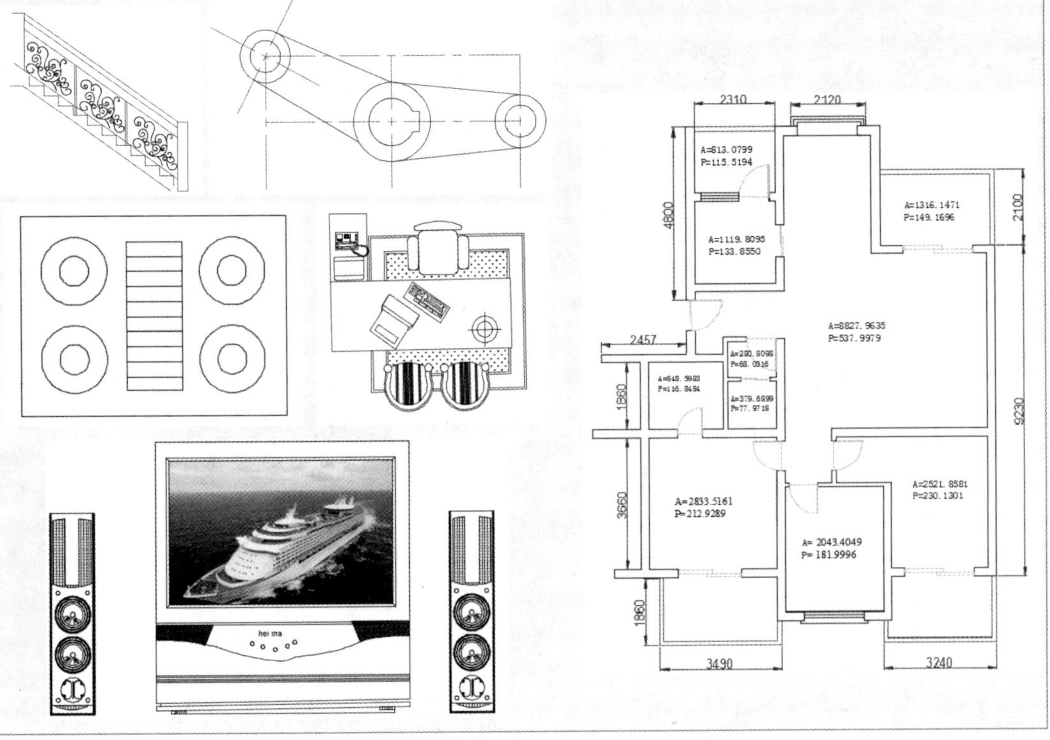

8.1 任务25：绘制楼梯——精确绘图工具

使用辅助定位功能可以使绘制的图形更加准确，并且可以提高绘图速度。辅助定位功能包括捕捉和栅格、极轴追踪、对象捕捉、动态输入和正交模式等。

楼梯效果如图8-1所示。下面将讲解楼梯的制作方法，具体操作方法如下。

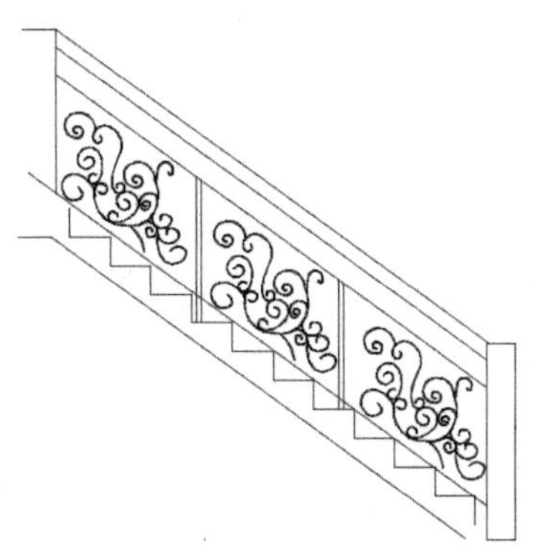

图8-1　楼梯效果

8.1.1 任务实施

（1）新建一个空白文档，按【F10】键开启【极轴追踪】模式，单击状态栏中按钮右侧的下拉按钮，在弹出的下拉列表中选择【正在追踪设置】选项，如图8-2所示。

（2）弹出【草图设置】对话框，勾选【启用极轴追踪】复选框，将【增量角】设置为【145】，单击【确定】按钮，如图8-3所示。

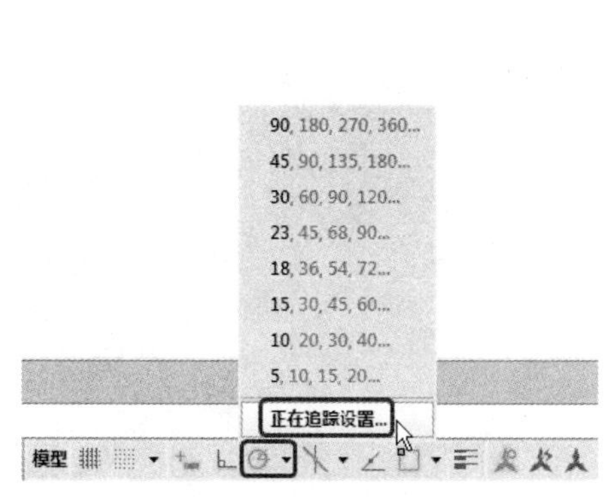

图8-2　【极轴追踪】模式

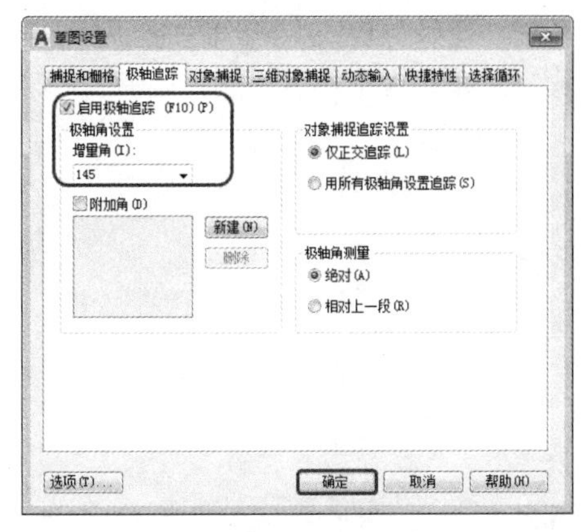

图8-3　设置增量角

（3）在命令行中输入【PLINE】命令，指定多段线的第一个点，向左上角引导鼠标光标，此时在145°角处会出现一条绿色虚线，即角度辅助线，如图8-4所示。

（4）输入【4047】，按住【Shift】键，向左引导鼠标光标并输入【230】，绘制水平线段。绘制多段线后的效果如图8-5所示。

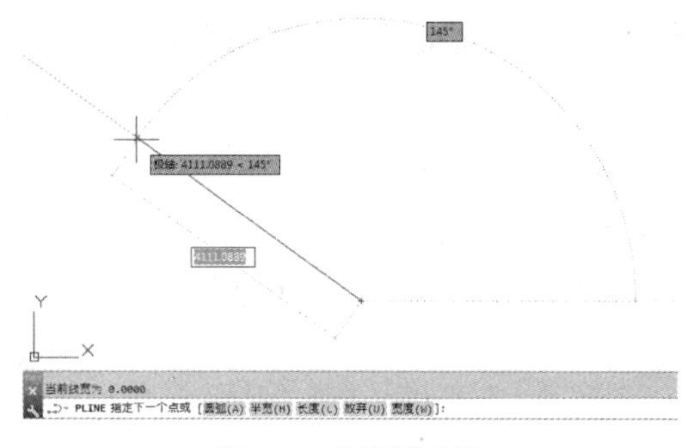

图 8-4　角度辅助线

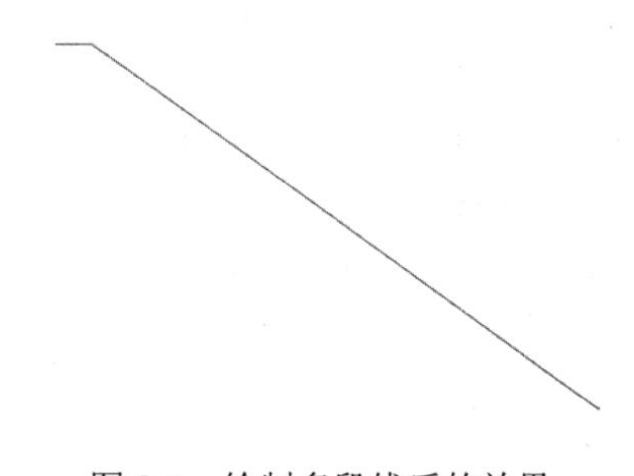

图 8-5　绘制多段线后的效果

（5）使用【极轴追踪】和【直线】工具绘制如图 8-6 所示的多段线。

（6）在命令行中输入【RECTANG】命令，指定矩形的第一个角点，在命令行中输入【@190,1256】，如图 8-7 所示。

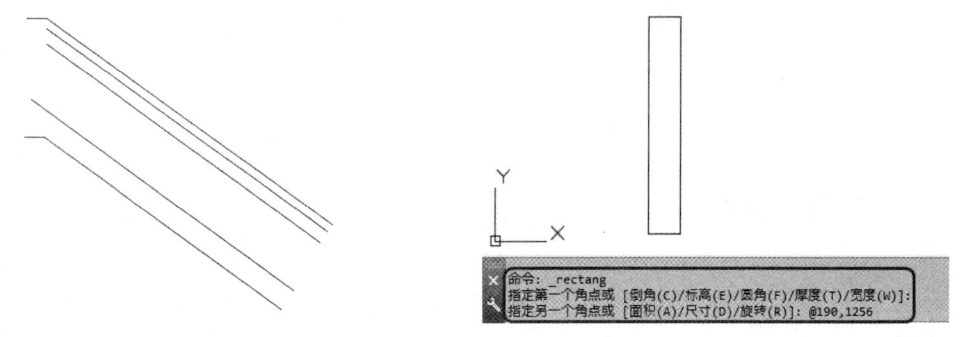

图 8-6　绘制多段线　　　　图 8-7　绘制矩形

（7）在命令行中输入【MOVE】命令，捕捉矩形的左下角点，向上引导鼠标光标，当出现绿色辅助线时，输入【215】，指定移动基点，如图 8-8 所示。

（8）指定第二个位移点，如图 8-9 所示。

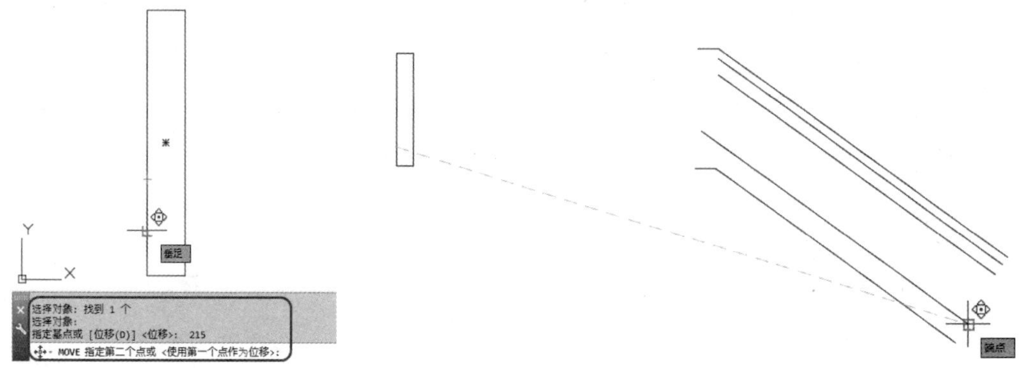

图 8-8　指定移动基点　　　　图 8-9　指定第二个位移点

（9）打开【素材】|【Cha08】|【楼梯花纹.dwg】素材文件，将对象复制到当前场景中，选择花纹图块的夹点，按【Enter】键确认，根据命令行的提示指定移动点，完成夹点的移动，如图 8-10 所示。

（10）在命令行中输入【PLINE】命令，指定多段线的第一个点，向下引导鼠标光标并输

入【185】，向右引导鼠标光标并输入【270】，反复重复该操作，绘制出楼梯部分，然后调整位置，如图 8-11 所示。

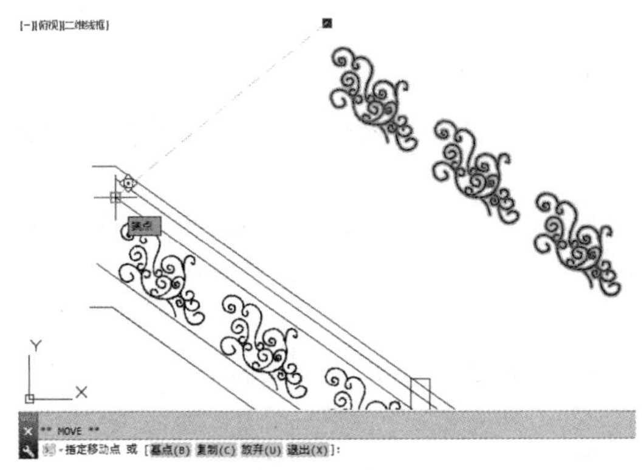

图 8-10　移动夹点

图 8-11　绘制楼梯部分并调整位置

（11）使用【直线】工具绘制直线，如图 8-12 所示。

（12）在命令行中输入【TRIM】命令，修剪图形对象，效果如图 8-13 所示。

图 8-12　绘制直线

图 8-13　修剪图形对象后的效果

8.1.2　捕捉和栅格

在绘图过程中，用户充分使用捕捉和栅格功能可以更好地定位坐标位置，从而提高绘图质量和速度。

1．捕捉

捕捉功能用于设置光标移动间距。

在 AutoCAD 2017 中，开启捕捉功能的方法如下。

- 单击状态栏中的【捕捉模式】按钮。
- 按【F9】键。
- 在命令行中执行【SNAP】命令。

1）使用命令设置捕捉功能

在命令行中输入【SNAP】命令后，具体操作过程如下。

```
命令:SNAP                                    //执行【SNAP】命令
指定捕捉间距或 [开(ON)/关(OFF)/纵横向间距(A)/样式(S)/类型(T)] <0.5000>: //输入捕捉间距或选择捕捉选项
```

在执行该命令的过程中，命令行中各选项的含义如下。

- 开：选择该选项，可开启捕捉功能，按当前间距进行捕捉操作。
- 关：选择该选项，可关闭捕捉功能。
- 纵横向间距：选择该选项，可设置捕捉的纵向和横向间距。
- 样式：选择该选项，可设置捕捉样式为标准的矩形捕捉模式或等轴测模式。采用等轴测模式可以在二维空间中仿真三维视图。
- 类型：选择该选项，可设置捕捉类型为默认的直角坐标捕捉类型或极坐标捕捉类型。
- <0.5000>：表示默认捕捉间距为 0.5000，可在提示后输入一个新的捕捉间距。

2）使用对话框设置捕捉功能

若使用命令设置捕捉功能不能满足需要，则可以使用对话框设置捕捉功能。

2. 栅格

栅格是由许多可见但不能打印的小点构成的网格。开启该功能后，在绘图区的某块区域中会显示一些小点，这些小点就是栅格，如图 8-14 所示。

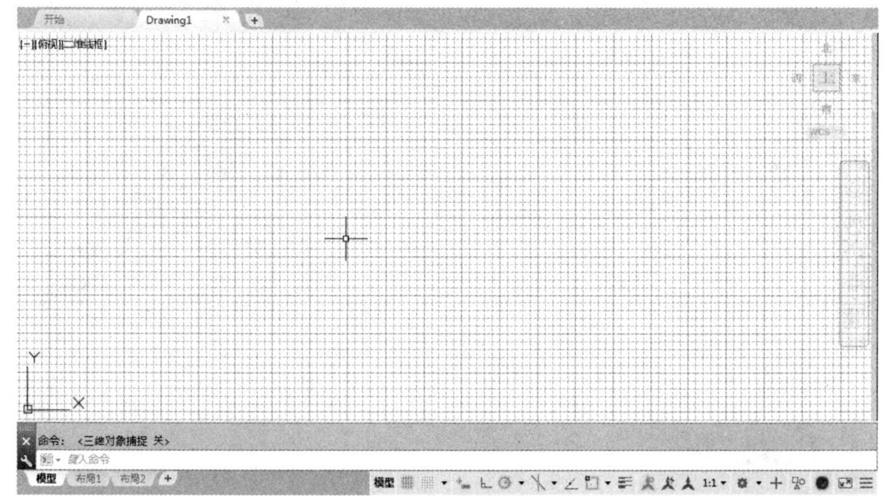

图 8-14　显示栅格

在 AutoCAD 2017 中，开启栅格功能的方法如下。

- 单击状态栏中的【栅格显示】按钮。
- 按【F7】键。

在执行命令的过程中，命令行中各选项的含义如下。

- 开：选择该选项，可按当前间距显示栅格。
- 关：选择该选项，可关闭栅格显示。
- 捕捉：选择该选项，可将栅格间距定义为与使用【SNAP】命令设置的当前光标移动间距相同。
- 纵横向间距：选择该选项，可设置栅格的 X 向间距和 Y 向间距。
- <10.0000>：选择该选项，表示默认栅格间距为 10.0000，可在提示后输入一个新的栅格间距。当栅格过于密集时，屏幕上不会显示出栅格，只有对图形进行局部放大观察才能看到。

下面将通过实例讲解如何使用对话框设置捕捉功能，具体操作步骤如下。

（1）启动 AutoCAD 2017，右击状态栏中的【捕捉模式】按钮，在弹出的快捷菜单中选择【捕捉设置】命令，如图 8-15 所示。

（2）弹出【草图设置】对话框，切换至【捕捉和栅格】选项卡，如图 8-16 所示。在【捕捉间距】选项组的【捕捉 X 轴间距】文本框中输入 X 轴方向的捕捉间距；在【捕捉 Y 轴间距】文本框中输入 Y 轴方向的捕捉间距；勾选 X 轴间距和 Y 轴间距相等(X) 复选框，可以使 X 轴和 Y 轴间距相等。在【捕捉类型】选项组中可对捕捉类型进行设置，一般保持默认设置。在设置完成后，单击 确定 按钮，此时在绘图区中，光标会自动捕捉到相应的栅格点上。

> 提示：在【草图设置】对话框的【捕捉和栅格】选项卡中，勾选 启用捕捉 (F9)(S) 复选框，表示开启捕捉模式，反之则关闭捕捉模式。

图 8-15 选择【捕捉设置】命令

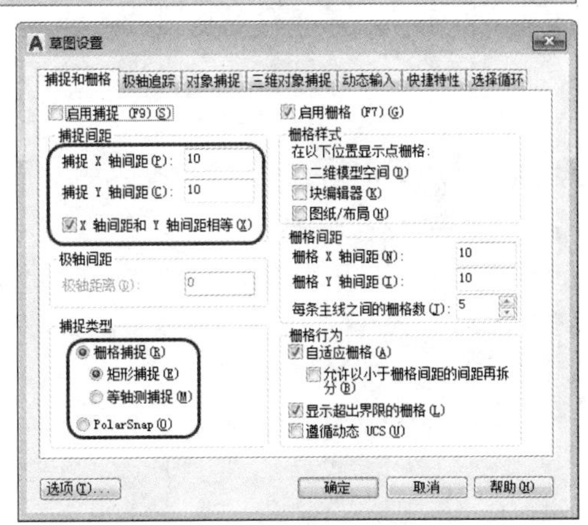

图 8-16 【草图设置】对话框

8.1.3 极轴追踪

使用极轴追踪功能可以用指定的角度绘制对象。在极轴追踪模式下，系统会在鼠标光标接近指定角度时显示临时的对齐路径，并自动在对齐路径上捕捉距离鼠标光标最近的点，同时给出该点的信息提示，用户可据此准确地确定目标点。

在 AutoCAD 2017 中，开启极轴追踪功能的方法如下。

- 单击状态栏中的【极轴追踪】按钮。
- 按【F10】键。

下面将通过实例讲解如何设置极轴追踪参数，具体操作步骤如下。

（1）启动 AutoCAD 2017，右击状态栏中的【极轴追踪】按钮，在弹出的快捷菜单中选择【正在追踪设置】命令，如图 8-17 所示。

（2）弹出【草图设置】对话框，切换至【极轴追踪】选项卡，勾选 启用极轴追踪 (F10)(P) 复选框，开启极轴追踪功能。在【极轴角设置】选项组的【增量角】下拉列表中选择追踪角度，如选择 45，表示以角度为 45° 或 45° 的整数倍进行追踪，如图 8-18 所示。

（3）勾选 附加角(D) 复选框，然后单击 新建(N) 按钮，可新建附加角，在【对象捕捉追踪设置】选项组中选中 仅正交追踪(L) 单选按钮，当极轴追踪角度增量为 90° 时，只能在水平和垂直方向建立临时捕捉追踪线；在【极轴角测量】选项组中选中 ◉绝对(A) 单选按钮，单击 确定 按钮完成设置，如图 8-19 所示。

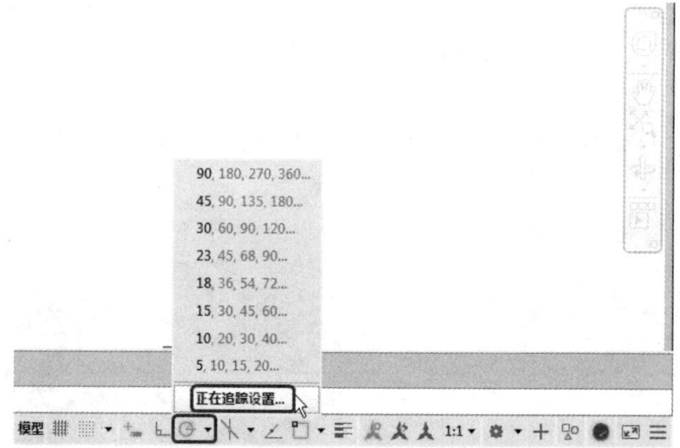

图 8-17　选择【正在追踪设置】命令

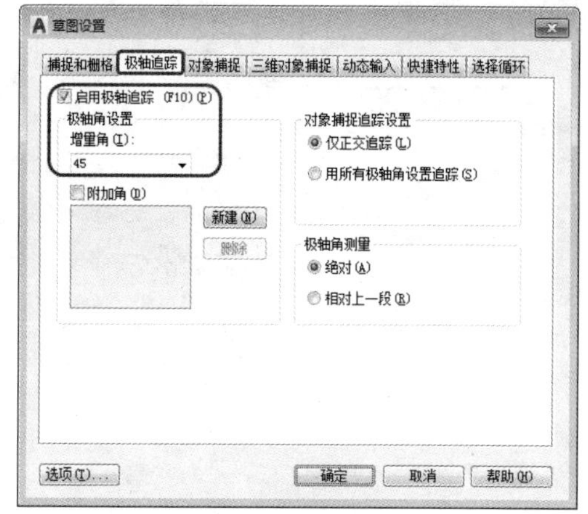

图 8-18　设置增量角

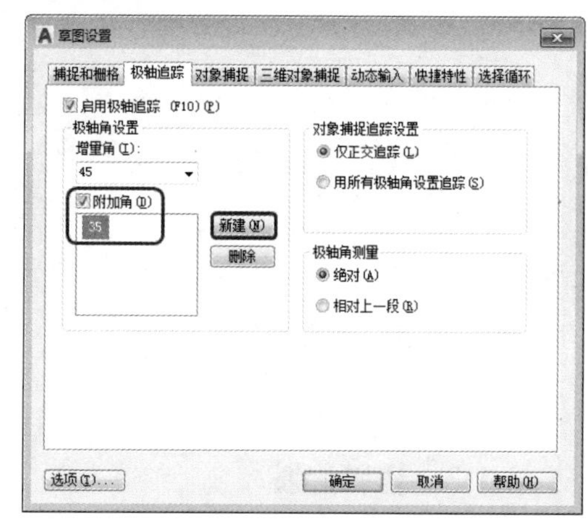

图 8-19　新建附加角

8.1.4　对象捕捉

在绘制图形时，使用对象捕捉功能可以准确地拾取直线的端点、两条直线的交点、圆的圆心等。在 AutoCAD 2017 中，开启对象捕捉功能的方法如下。

- 单击状态栏中的【对象捕捉】按钮。
- 按【F3】键。

右击状态栏中的【对象捕捉】按钮，在弹出的快捷菜单中选择【对象捕捉设置】命令，弹出【草图设置】对话框。切换至【对象捕捉】选项卡，在该选项卡中可以增加或减少对象捕捉模式，如图 8-20 所示。

> 提示：当选中【对象捕捉模式】选项组中需要捕捉的几何点后，在绘图时，鼠标光标所靠近的图形几何点会被自动捕捉。

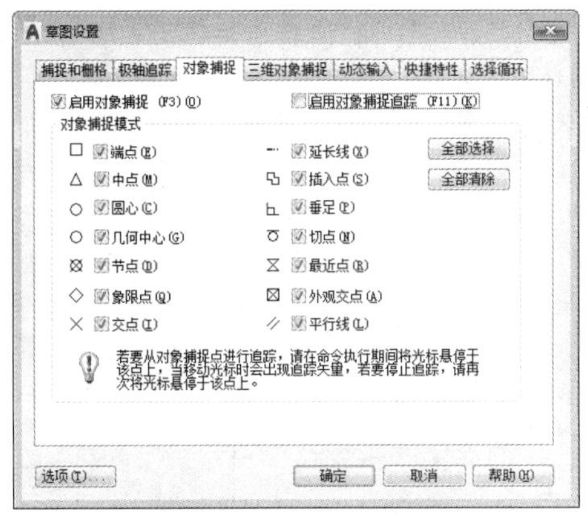

图 8-20 【对象捕捉】选项卡

8.1.5 动态输入

动态输入包括指针输入和标注输入。开启动态输入功能的方法如下。

- 单击状态栏中的【动态输入】按钮。
- 按【F12】键。

下面将通过实例讲解如何设置动态输入，具体操作步骤如下。

（1）启动 AutoCAD 2017，右击状态栏中的【动态输入】按钮，在弹出的快捷菜单中选择【动态输入设置】命令，如图 8-21 所示。

（2）弹出【草图设置】对话框，切换至【动态输入】选项卡，如图 8-22 所示。勾选 启用指针输入(P) 复选框，可开启指针输入功能。此时在绘图区中移动鼠标光标时，鼠标光标处将显示坐标值。在输入点时，首先在第一个文本框中输入数值，然后按【,】键，可切换到下一个文本框以输入下一个坐标值。

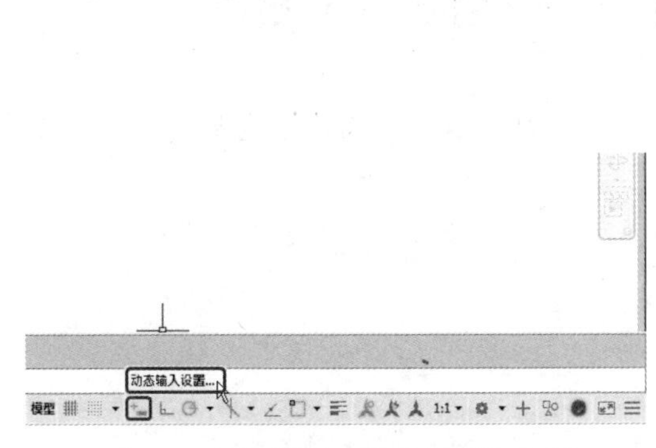

图 8-21 选择【动态输入设置】命令

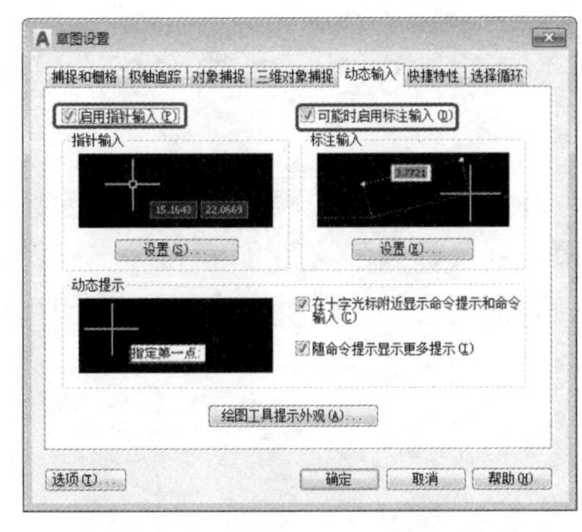

图 8-22 【动态输入】选项卡

（3）单击【指针输入】选项组中的 设置(S)... 按钮，弹出【指针输入设置】对话框，如图 8-23 所示，在该对话框中可对指针输入的相关参数进行设置。

（4）【标注输入】选项组用于输入距离和角度。在【草图设置】对话框的【动态输入】选项卡中勾选 可能时启用标注输入(D) 复选框，坐标输入字段会与正在创建或编辑的几何图形上的标注绑定，工具栏中的值将随着鼠标光标的移动而改变。单击【标注输入】选项组中的 设置(S)...

按钮，将弹出如图 8-24 所示的【标注输入的设置】对话框，在该对话框中可对标注输入的相关参数进行设置。

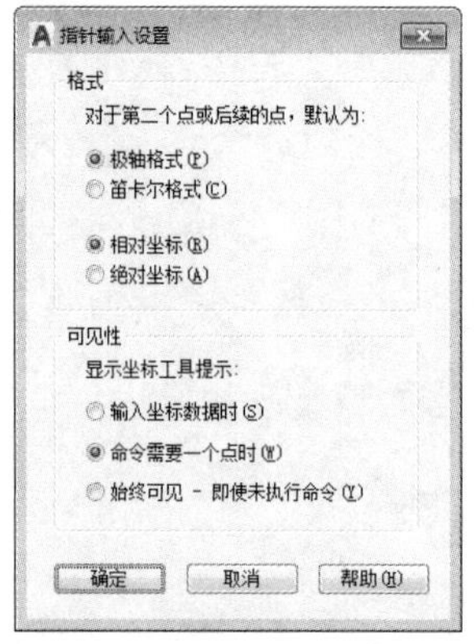

图 8-23　【指针输入设置】对话框

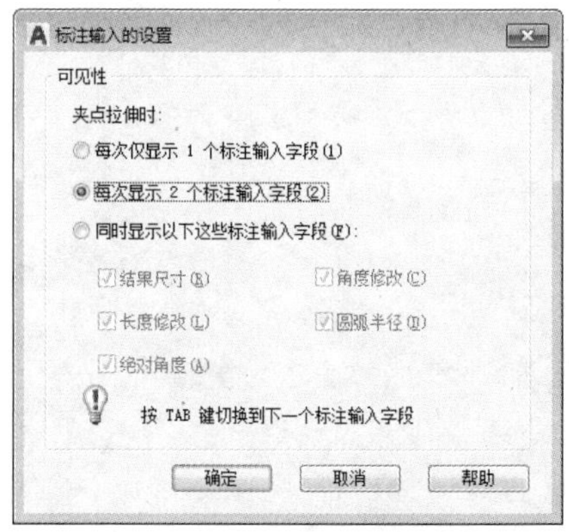

图 8-24　【标注输入的设置】对话框

8.1.6　正交模式

使用正交模式可在绘图区中手动绘制水平和垂直的直线或辅助线。在 AutoCAD 2017 中，开启正交模式的方法如下。

- 单击状态栏中的【正交模式】按钮。
- 按【F8】键。

提示： 开启正交模式后，无论鼠标光标处于什么位置，绘制直线时始终在水平或垂直方向上移动。但正交模式不能控制键盘输入的坐标点的位置，只能控制鼠标光标捕捉点的方位。

8.2　任务 26：绘制连杆——精确定位图形

在绘制图形的过程中，快速、直接、准确地选择几何点可以精确定位图形，既节省了绘图时间又提高了绘图准确性。

下面将通过实例讲解如何绘制连杆，其效果如图 8-25 所示。具体操作步骤如下。

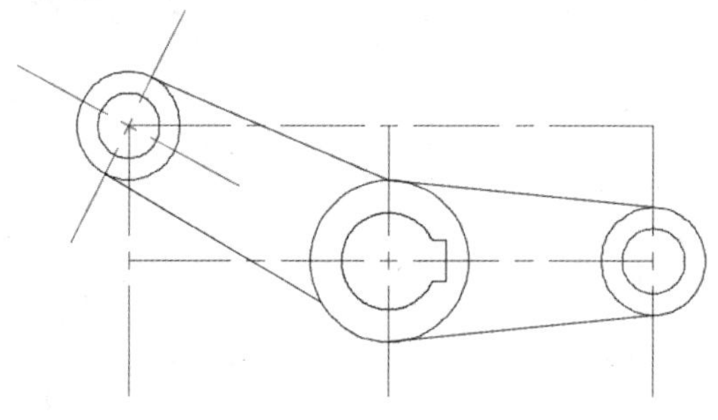

图 8-25　连杆效果

8.2.1 任务实施

（1）打开【素材】|【Cha08】|【连杆素材.dwg】素材文件，如图 8-26 所示。

（2）在命令行中输入【OSNAP】命令，弹出【草图设置】对话框，如图 8-27 所示。在该对话框中勾选【启用对象捕捉】和【启用对象捕捉追踪】复选框，在【对象捕捉模式】选项组中勾选【端点】、【中点】、【圆心】、【象限点】、【交点】和【切点】复选框，然后单击【确定】按钮。

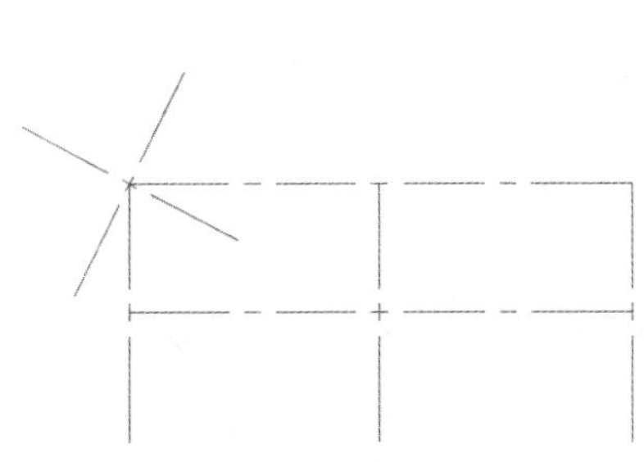

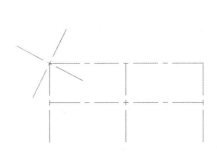

图 8-26 打开素材文件

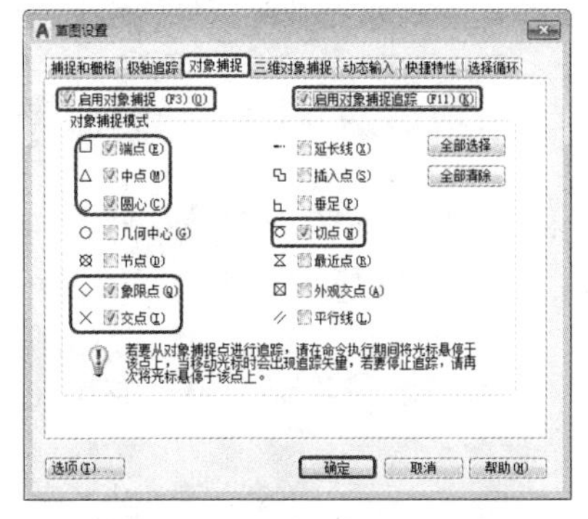

图 8-27 【草图设置】对话框

（3）在命令行中输入【CIRCLE】命令，以交点为圆心，绘制两个半径为 18 和 30 的圆，如图 8-28 所示。

（4）在命令行中输入【RECTANG】命令，绘制一个长度为 5、宽度为 15 的矩形，并将其调整到合适的位置，如图 8-29 所示。

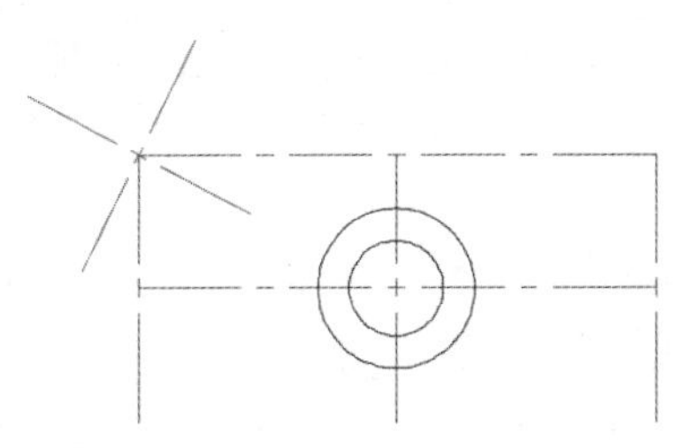

图 8-28 绘制圆

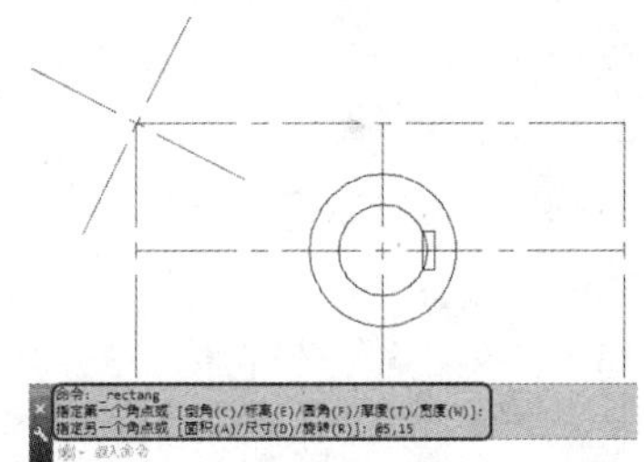

图 8-29 绘制矩形并调整位置

（5）在命令行中输入【TRIM】命令，对图形对象进行修剪，效果如图 8-30 所示。

（6）在命令行中输入【CIRCLE】命令，以线段的交点为圆心，绘制如图 8-31 所示的圆，并将它们的半径分别设置为 12 和 20。

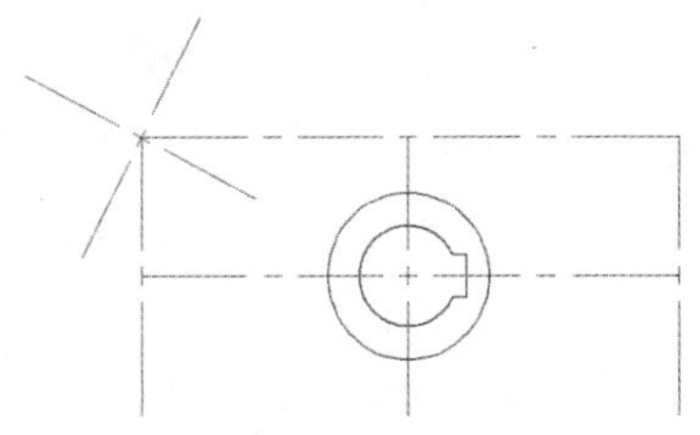

图 8-30 修剪后的效果

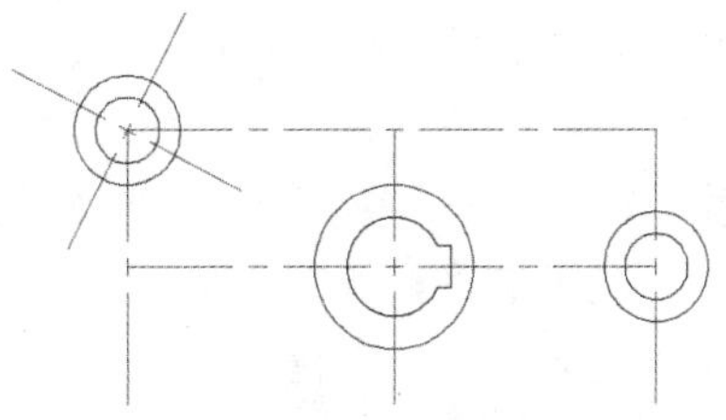

图 8-31 绘制圆 2

（7）在命令行中输入【LINE】命令，将绘制的图形对象连接起来，效果如图 8-32 所示。

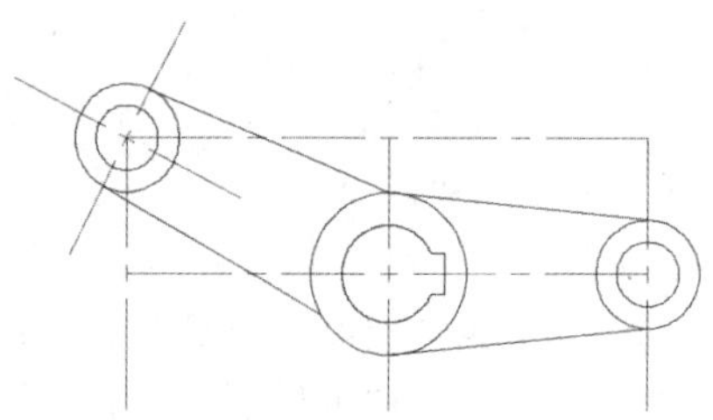

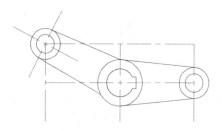

图 8-32　连接图形对象后的效果

8.2.2　设置对象捕捉几何点类型

在【参数化】选项卡的【几何】面板中单击需要的功能按钮，可以设置对象捕捉几何点类型，如图 8-33 所示。

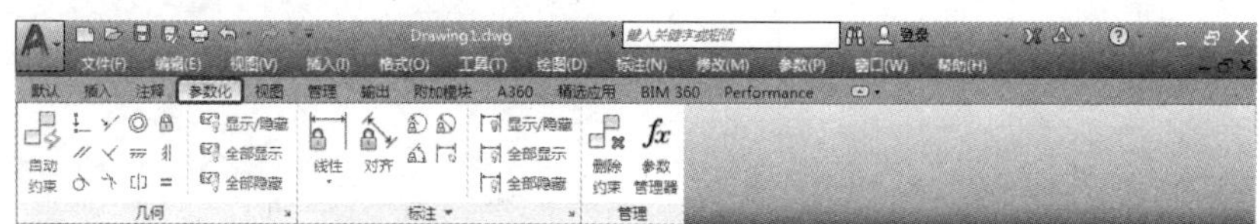

图 8-33　【参数化】选项卡

该选项卡中各按钮的功能介绍如下。

- 【自动约束】按钮：命令形式为【AUTOCONSTRAIN】。用于将多个几何约束应用于选定的对象。
- 【重合】按钮：命令形式为【CONSTRAINTBAR】。用于约束两个点，使它们重合，或者约束一个点，使其位于对象或对象延长部分的任意位置。对象上的约束点根据对象类型的不同而有所不同。例如，可以约束直线的中点和端点，则第二个选定点或对象将与第一个点或对象重合。
- 【共线】按钮：在命令行中输入【GEOMCONSTRAINT】命令后，输入【COL】。用于约束两条直线，使它们位于同一条无限长的直线上，即可以使第二条选定直线为与第一条选定直线共线。
- 【同心】按钮：在命令行中输入【GEOMCONSTRAINT】命令后，输入【CON】。用于约束选定的圆、圆弧或椭圆，使它们具有相同的圆心，即可以使第二个选定对象与第一个选定对象同心。
- 【固定】按钮：在命令行中输入【GEOMCONSTRAINT】命令后，输入【F】。用于约束一个点或一条曲线，使其固定在相对于世界坐标系的特定位置和方向上。
- 【平行】按钮：在命令行中输入【GEOMCONSTRAINT】命令后，输入【PA】。用于约束两条直线，使它们具有相同的角度，即可以使第二条选定直线与第一条选定直线平行。
- 【垂直】按钮：在命令行中输入【GEOMCONSTRAINT】命令后，输入【P】。用于约束两条直线或多段线的线段，使它们的夹角始终保持为 90°，即可以使第二条选定对象与第一条选定对象垂直。
- 【水平】按钮：在命令行中输入【GEOMCONSTRAINT】命令后，输入【H】。用于约束一条直线或一对点，使其与当前 UCS 的 *X* 轴平行。
- 【竖直】按钮：在命令行中输入【GEOMCONSTRAINT】命令后，输入【V】。用于约

束一条直线或一对点，使其与当前 UCS 的 *Y* 轴平行。

- 【相切】按钮：在命令行中输入【GEOMCONSTRAINT】命令后，输入【T】。用于约束两条曲线，使它们或它们的延长线相切。
- 【平滑】按钮：在命令行中输入【GEOMCONSTRAINT】命令后，输入【SM】。用于约束一条样条曲线，使其与其他样条曲线、直线、圆弧或多段线彼此相连并保持 G2 连续性，并且选定的第一个对象必须为样条曲线。
- 【对称】按钮：在命令行中输入【GEOMCONSTRAINT】命令后，输入【S】。用于约束对象上的两条曲线和两个点，使它们以选定直线为对称轴彼此对称。
- 【相等】按钮：在命令行中输入【GEOMCONSTRAINT】命令后，输入【E】。用于约束两条直线或多段线，使它们具有相同的长度，或者约束圆弧和圆，使它们具有相同的半径值。
- 【显示/隐藏】按钮：在命令行中输入【CONSTRAINTBAR】命令。用于显示/隐藏选定对象相关的几何约束。
- 【全部显示】按钮：在命令行中输入【CONSTRAINTBAR】命令后，输入【S】。用于显示运用于图形的所有几何约束。
- 【全部隐藏】按钮：在命令行中输入【CONSTRAINTBAR】命令后，输入【H】。用于隐藏应用于图形的所有几何约束。

8.2.3 设置运行捕捉模式和覆盖捕捉模式

在【草图设置】对话框的【对象捕捉】选项卡中，设置的对象捕捉模式始终处于运行状态，直到关闭对象捕捉功能为止，这种捕捉模式称为运行捕捉模式。如果需要临时启用捕捉模式，可以在输入点的提示下选择【对象捕捉】选项卡中的选项，这种捕捉模式称为覆盖捕捉模式。

> **提示：** 选中绘制的图形对象，按住【Shift】键或【Ctrl】键并右击图形对象，将弹出如图 8-34 所示的快捷菜单，在该快捷菜单中选择相应的捕捉模式，也可以启用覆盖捕捉模式。

图 8-34 所示的快捷菜单中各按钮的功能介绍如下。

- 【临时追踪点】按钮：命令形式为【TT】。用于临时使用对象捕捉追踪功能。在未开启对象捕捉追踪功能的情况下，可临时使用该功能一次。
- 【自】按钮：命令形式为【FROM】。在执行命令的过程中，使用该命令可以指定一个临时点，然后根据该临时点来确定其他点的位置。
- 【端点】按钮：命令形式为【END】。用于捕捉圆弧、直线、多段线、网格、椭圆弧或射线的最近端点，还可以用于捕捉延伸边的端点，以及 3D 面、迹线和实体填充线的角点。
- 【中点】按钮：命令形式为【MID】。用于捕捉圆弧、椭圆弧、直线、多线、多段线、面域、实体填充线、样条曲线或参照线的中点。

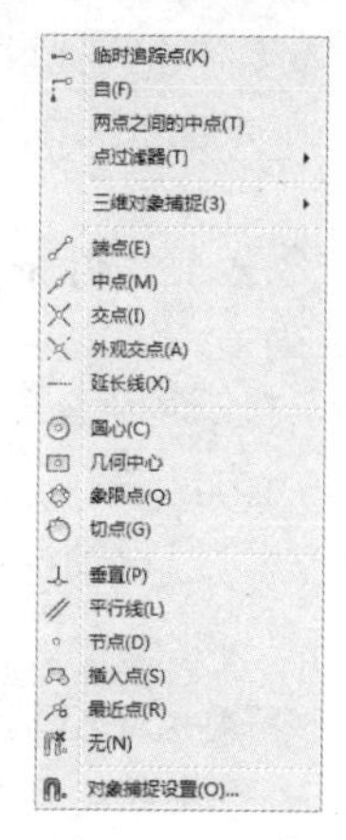

图 8-34 快捷菜单

- 【交点】按钮✕：命令形式为【INT】。用于捕捉直线、多段线、圆弧、圆、椭圆弧、椭圆、样条曲线、曲线、结构线、射线或平行多线等任何对象之间的交点。
- 【外观交点】按钮✕：命令形式为【APPINT】。用于捕捉两个在三维空间并未实际相交，但是由于投影关系在二维视图中相交的对象的交点，这些对象包括圆、圆弧、椭圆、椭圆弧、直线、多线、射线、样条曲线和参照线等。
- 【延长线】按钮┄：命令形式为【EXT】。用于以用户选定的实体填充线为基准显示其延长线。用户可捕捉此延长线上的任意一点。
- 【圆心】按钮◎：命令形式为【CEN】。用于捕捉圆弧、圆、椭圆、椭圆弧或实体填充线的圆（中）心。对于圆及圆弧，必须在圆周上拾取一点。
- 【象限点】按钮◇：命令形式为【QUA】。用于捕捉圆弧、椭圆弧、实体填充线、圆或椭圆的 0°、90°、180°、270° 的 1/4 象限点。象限点是相对于当前 UCS 用户坐标系而言的。
- 【切点】按钮○：命令形式为【TAN】。用于捕捉选取点与所选圆、圆弧、椭圆或样条曲线相切的切点。
- 【垂直】按钮⊥：命令形式为【PER】。用于捕捉选取点与选取对象的垂直交点。需要注意的是，垂直交点并不一定在选取对象上。
- 【平行线】按钮∥：命令形式为【PAR】。用于以用户选定的实体填充线为平行的基准线，当光标与所绘制的前一点的连线方向平行于基准线的方向时，系统将显示一条临时的平行线，用户可捕捉到此线上的任意一点。
- 【节点】按钮 ∘ ：命令形式为【NOD】。用于捕捉点对象，包括使用【POINT】【DIVIDE】【MEASURE】命令绘制的点，也包括尺寸对象的定义点。
- 【插入点】按钮：命令形式为【INS】。用于捕捉块、外部引用、图形、属性、属性定义或文本对象的插入点。也可以通过单击【对象捕捉】菜单中的图标来激活该捕捉方式。
- 【最近点】按钮：命令形式为【NEA】。用于捕捉最靠近十字光标的点，此点位于直线、圆、多段线、圆弧、线段、样条曲线、射线、结构线、视区或实体填充线、迹线或 3D 面对应的边上。
- 【无】按钮：命令形式为【NON】。用于关闭一次对象捕捉功能。
- 【对象捕捉设置】按钮：命令形式为【DSETTINGS】。单击该按钮，将弹出【草图设置】对话框，在该对话框中，用户可以将经常使用的对象捕捉模式设置为一直处于启用状态。

8.2.4 对象捕捉追踪

对象捕捉追踪功能既包含了对象捕捉功能又包含了对象追踪功能。对象捕捉追踪功能的使用方法是：先使用对象捕捉功能确定对象的某一捕捉点（只需将鼠标光标在该点上停留片刻，当自动捕捉标记中出现黄色的标记时即可），再以该点为基准点进行追踪，得到准确的目标点。

在 AutoCAD 2017 中，开启该功能的方法如下。

- 单击状态栏中的【对象捕捉追踪】按钮。
- 按【F11】键。

> **提示：**极轴追踪状态不影响对象捕捉追踪功能的使用，即使极轴追踪功能处于关闭状态，用户仍可在对象捕捉追踪状态下使用极轴角进行追踪。

8.3　任务27：绘制浴霸——查询工具

下面将通过实例讲解如何绘制浴霸，其效果如图8-35所示。具体操作步骤如下。

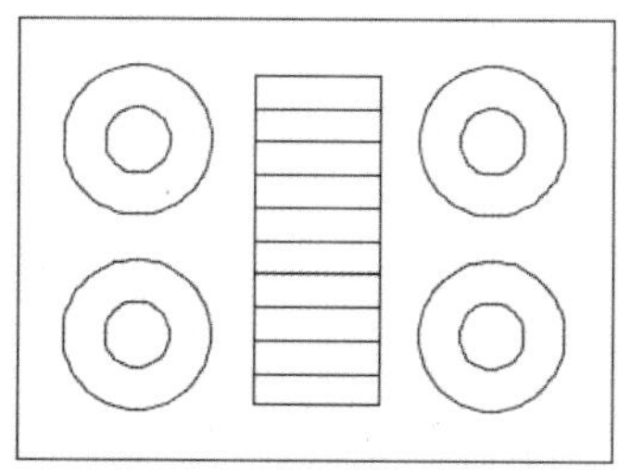

图8-35　浴霸效果

8.3.1　任务实施

（1）打开【素材】|【Cha08】|【浴霸素材.dwg】素材文件，如图8-36所示。

（2）在命令行中输入【RECTANG】命令，指定矩形的第一个角点，根据命令行的提示输入【@550,400】，如图8-37所示。

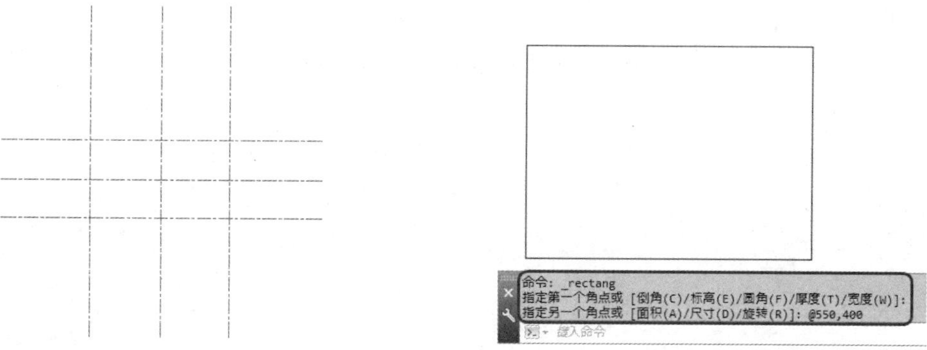

图8-36　打开素材文件　　图8-37　绘制矩形

（3）单击状态栏中【对象捕捉】按钮右侧的下拉按钮，在弹出的下拉列表中选择【几何中心】选项，如图8-38所示。

> **提示：**按【F3】键可开启【对象捕捉】模式。

（4）在命令行中输入【MOVE】命令，指定矩形的中心点作为移动基点，如图8-39所示。

（5）指定如图8-40所示的中点作为移动的第二个点。

（6）在命令行中输入【CIRCLE】命令，绘制两个半径为30、68的圆，如图8-41所示。

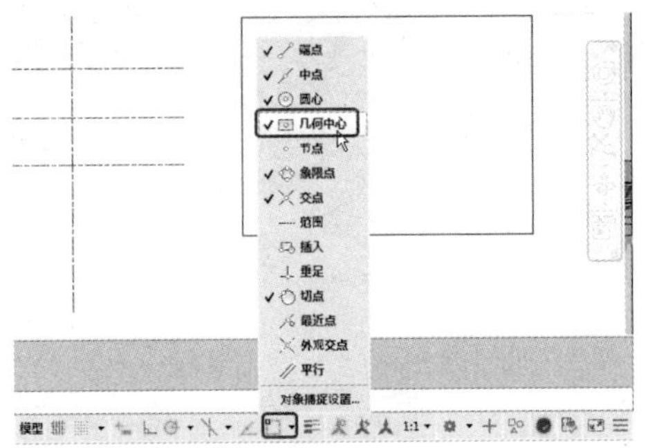

图 8-38　选择【几何中心】选项

图 8-39　指定移动基点

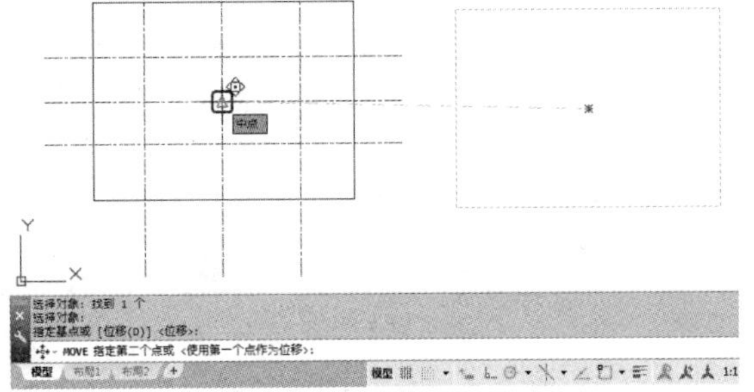

图 8-40　指定移动的第二个点

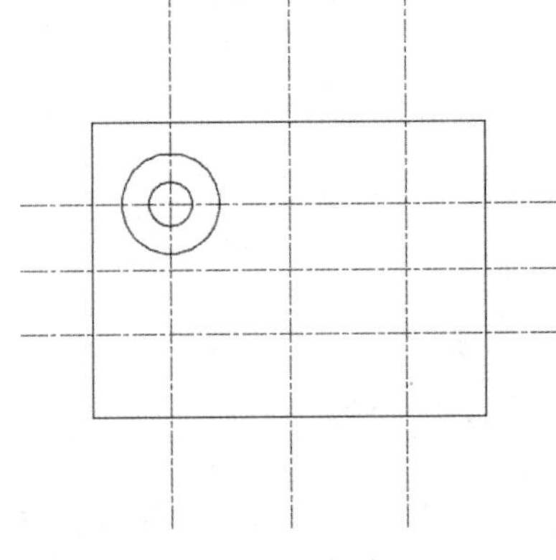

图 8-41　绘制圆

（7）在命令行中输入【COPY】命令，选择同心圆，并指定圆的圆心作为复制的基点，如图 8-42 所示。

（8）通过捕捉点进行复制操作，效果如图 8-43 所示。

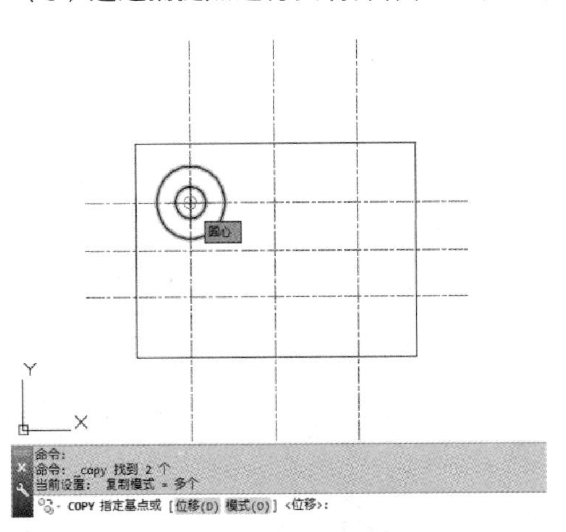

图 8-42　指定复制的基点

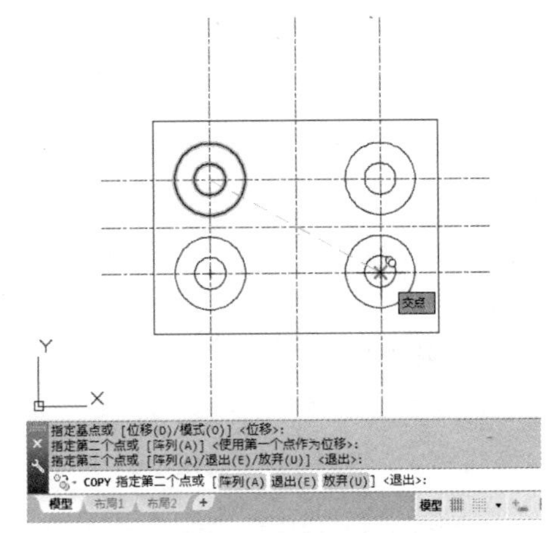

图 8-43　复制后的效果

（9）在命令行中输入【RECTANG】命令，指定矩形的第一个角点，根据命令行的提示输入【@118,297】，通过捕捉点移动矩形的位置，如图 8-44 所示。

（10）在命令行中输入【EXPLODE】命令，选择矩形，将矩形进行分解。然后在命令行中输入【OFFSET】命令，将上侧边依次向下偏移 30，如图 8-45 所示。

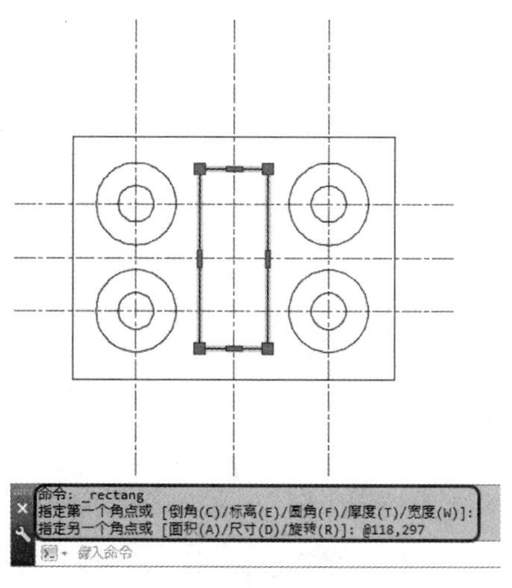

图 8-44　绘制矩形并移动位置

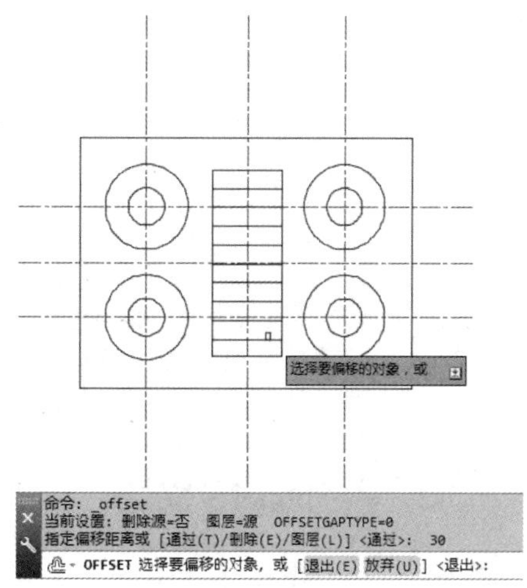

图 8-45　偏移直线

（11）在命令行中输入【LAYER】命令，弹出【图层特性管理器】选项板，将【辅助线】图层隐藏，如图 8-46 所示。

（12）浴霸最终效果如图 8-47 所示。

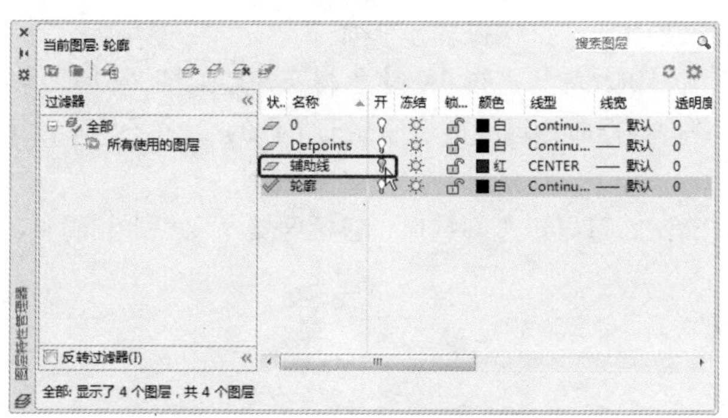

图 8-46　隐藏【辅助线】图层

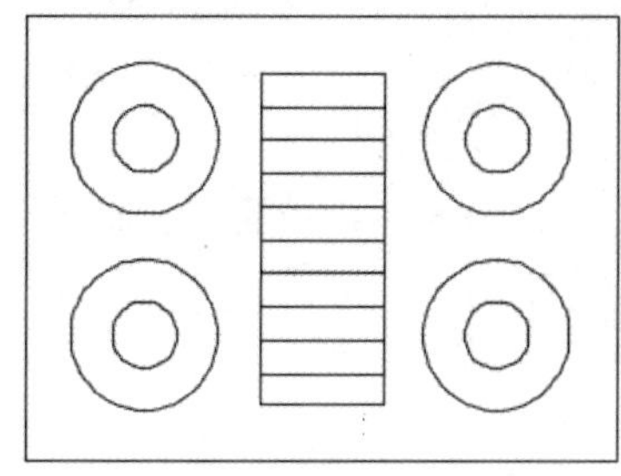

图 8-47　浴霸最终效果

8.3.2　查询距离

查询距离命令主要用于查询指定两点间的长度值与角度值。

在 AutoCAD 2017 中，执行该命令的方法有以下几种。

- 在菜单栏中选择【工具】|【查询】|【距离】命令。
- 在【默认】选项卡的【实用工具】面板中单击【距离】按钮。
- 在命令行中执行【DIST】命令。

下面将通过实例讲解如何查询距离，具体操作步骤如下。

（1）打开【素材】|【Cha08】|【查询距离素材.dwg】素材文件，如图 8-48 所示。

（2）在命令行中输入【DIST】命令，根据命令行的提示指定水平直线的左侧端点为第一个点，然后将鼠标光标放在右侧端点上，指定第二个点，如图 8-49 所示。

（3）指定第二个点后，将显示如图 8-50 所示的查询结果。

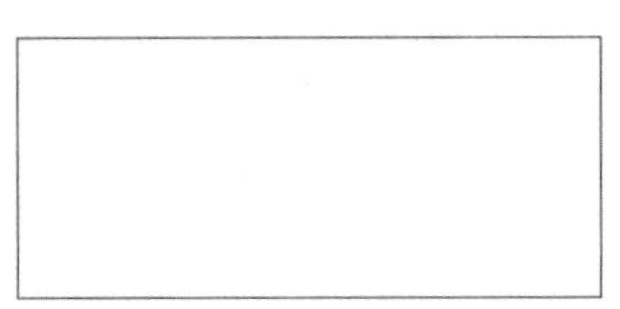

图 8-48　打开素材文件

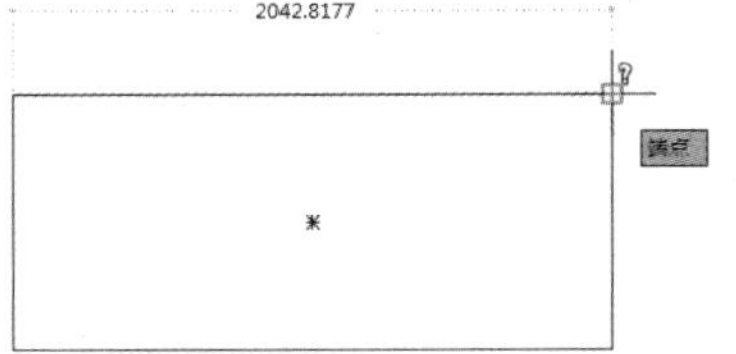

图 8-49　指定第二个点

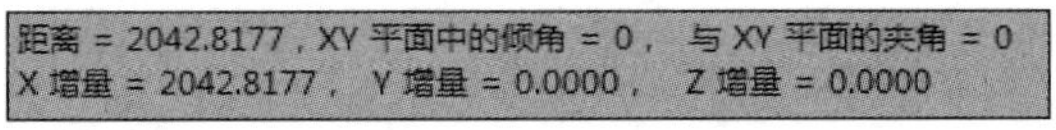

距离 = 2042.8177，XY 平面中的倾角 = 0，　与 XY 平面的夹角 = 0
X 增量 = 2042.8177，　Y 增量 = 0.0000，　Z 增量 = 0.0000

图 8-50　查询结果

8.3.3　查询面积及周长

查询面积及周长命令主要用于查询图形对象的面积和周长，同时可以对面积及周长值进行加/减运算。

在 AutoCAD 2017 中，执行该命令的方法有以下几种。

- 在菜单栏中选择【工具】|【查询】|【面积】命令。
- 在命令行中执行【AREA】命令。

下面将通过实例讲解如何查询面积及周长，具体操作步骤如下。

（1）打开【素材】|【Cha08】|【查询面积及周长素材.dwg】素材文件，如图 8-51 所示。

（2）在命令行中输入【AREA】命令，根据命令行的提示捕捉三角形的 3 个角点，指定区域，如图 8-52 所示。

（3）在指定区域后，按【Enter】键确认即可显示查询结果，包括区域（面积）和周长，如图 8-53 所示。

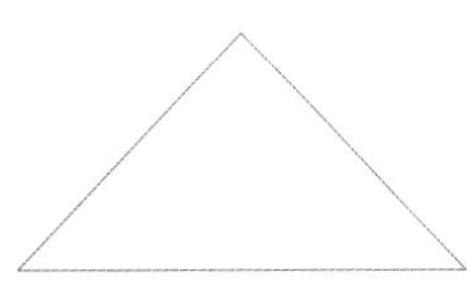

图 8-51　打开素材文件

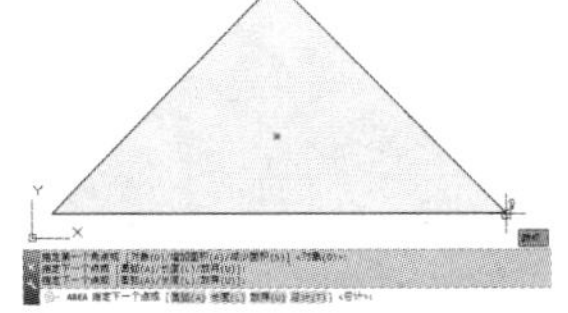

图 8-52　指定区域

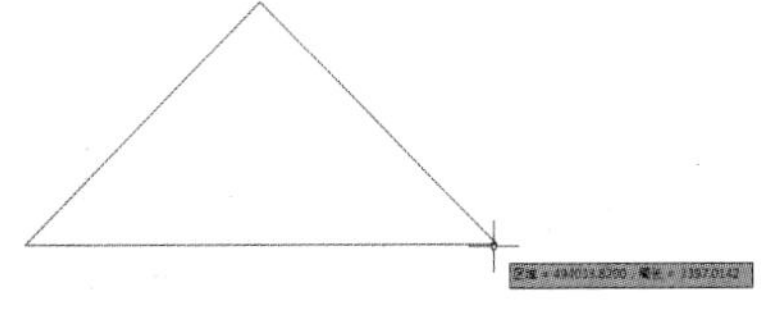

图 8-53　显示查询结果

在执行命令的过程中，命令行中各选项的含义如下。

- 对象：用于查询圆、椭圆、样条曲线、多段线、多边形、面域、实体填充线和由一些开放性的首尾相连的线所形成的封闭图形等图形的面积和周长。
- 增加面积：选择该选项后，继续定义新区域时应保持总面积平衡。使用该选项可计算各定义区域和对象的面积、周长，也可计算所有定义区域和对象的总面积。
- 减少面积：从总面积中减去指定面积。

> 提示：对于线宽大于 0 的多段线，系统将按其中心线来计算面积和周长。

8.3.4　查询点坐标

查询点坐标命令主要用于查询指定点的坐标。

在 AutoCAD 2017 中，执行该命令的方法有以下几种。

- 在【默认】选项卡的【实用工具】面板中单击【点坐标】按钮。
- 在菜单栏中选择【工具】|【查询】|【点坐标】命令。
- 在命令行中执行【ID】命令。

下面将通过实例讲解如何查询点坐标，具体操作步骤如下。

（1）打开【素材】|【Cha08】|【查询点坐标素材.dwg】素材文件，如图 8-54 所示。

（2）在命令行中输入【ID】命令，根据命令行的提示指定椭圆的中心点，即可显示查询结果，如图 8-55 所示。

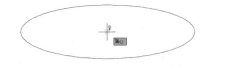

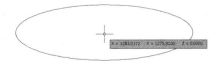

图 8-54　打开素材文件　　　　图 8-55　显示查询结果

> **提示：** 在基于某个对象绘制另一个对象时，查询点坐标命令较为常用。

8.3.5　查询时间

查询时间命令用于查询或设置图形文件的时间。

在 AutoCAD 2017 中，执行该命令的方法有以下几种。

- 在菜单栏中选择【工具】|【查询】|【时间】命令。
- 在命令行中执行【TIME】命令。

在执行上述任意一种操作后，都将打开如图 8-56 所示的【AutoCAD 文本窗口】对话框，在该对话框中可查看在执行查询时间命令后，窗口中显示的当前时间、创建时间、上次更新时间、累计编辑时间、消耗时间计时器和下次自动保存时间等信息。

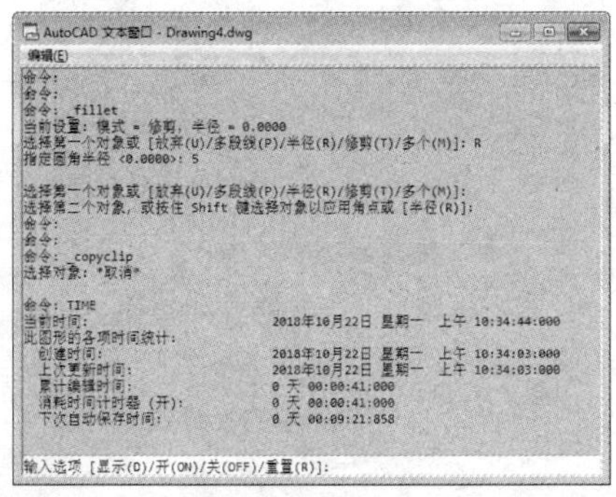

图 8-56　【AutoCAD 文本窗口】对话框

在执行该命令的过程中，命令行中各选项的含义如下。

- 显示：显示上述时间信息，并自动适时更新时间信息。
- 开：打开用户计时器。
- 关：关闭用户计时器。
- 重置：将用户计时器复位清零。

8.3.6 查询状态

查询状态命令主要用于查询当前图形中对象的数目和当前空间中各种对象的类型等信息。在 AutoCAD 2017 中，执行该命令的方法有以下几种。

- 在菜单栏中选择【工具】|【查询】|【状态】命令。
- 在命令行中执行【STATUS】命令。

在执行上述任意一种操作后，都将打开如图 8-57 所示的【AutoCAD 文本窗口】对话框，在该对话框中可查看在执行查询状态命令后，窗口中显示的当前空间、当前布局、当前图层、当前颜色、当前线型、当前材质、当前线宽、当前标高，以及图形中的对象的个数、对象捕捉模式等信息。

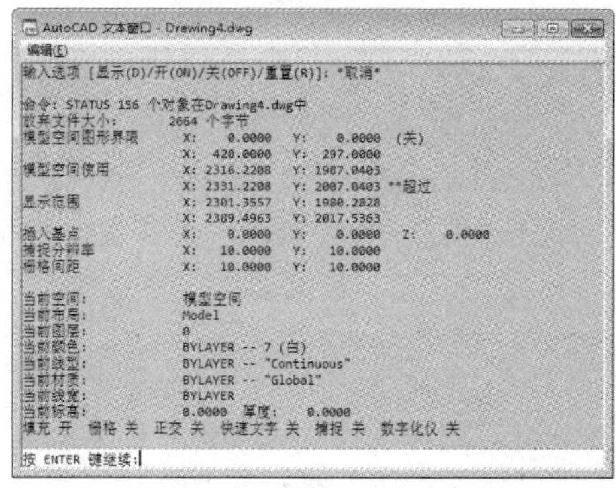

图 8-57 【AutoCAD 文本窗口】对话框

8.3.7 查询对象列表

查询对象列表命令主要用于查询 AutoCAD 图形对象各个点的坐标、长度、宽度、高度、旋转角度、面积、周长，以及所在图层等信息。

在 AutoCAD 2017 中，执行该命令的方法有以下几种。

- 在菜单栏中选择【工具】|【查询】|【列表】命令。
- 在命令行中执行【LIST】命令。

在执行上述任意一种操作后，根据命令行的提示选择要查询对象列表的对象，然后按【Enter】键确认，即可打开如图 8-58 所示的对话框。

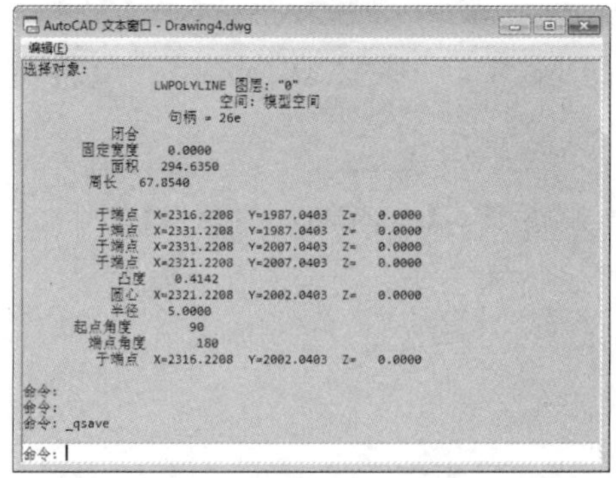

图 8-58 【AutoCAD 文本窗口】对话框

8.3.8 查询面域/质量特性

查询面域/质量特性命令主要用于查询所选对象（实体或面域）的面积、周长、边界框、惯性矩、惯性积和旋转半径等特征，并询问用户是否将分析结果写入文件。在 AutoCAD 2017 中，执行该命令的方法有以下几种。

- 在菜单栏中选择【工具】|【查询】|【面域/质量特性】命令。
- 在命令行中执行【MASSPROP】命令。

在执行上述任意一种操作后，根据命令行的提示选择要查询面域/质量特性的对象，然后按【Enter】键确认，即可打开如图 8-59 所示的对话框。

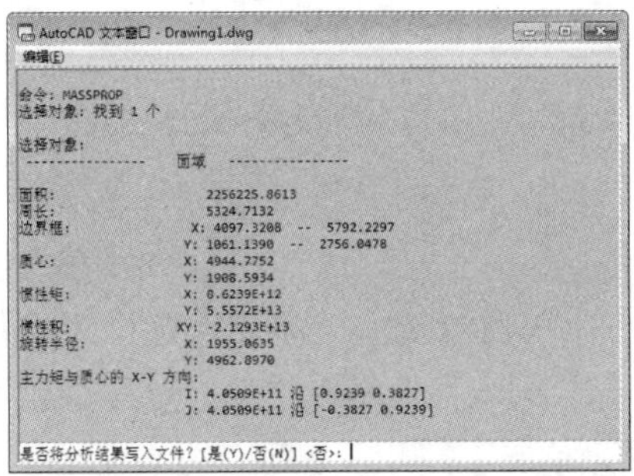

图 8-59 【AutoCAD 文本窗口】对话框

下面将通过实例讲解如何查询图形对象，具体操作步骤如下。

（1）打开【素材】|【Cha08】|【查询图形对象素材.dwg】素材文件，如图 8-60 所示。

（2）在命令行中输入【DIST】命令，根据命令行的提示单击查询距离对象的第一个点 C，然后单击查询距离对象的另一个点 A，即可显示查询距离的结果，如图 8-61 所示。

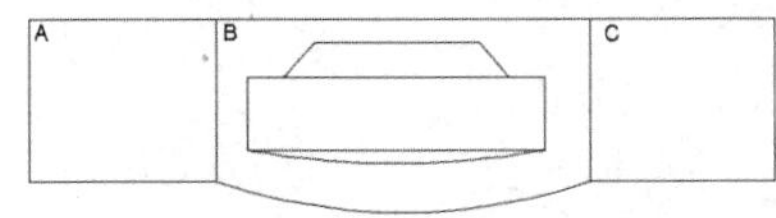

图 8-60 打开素材文件

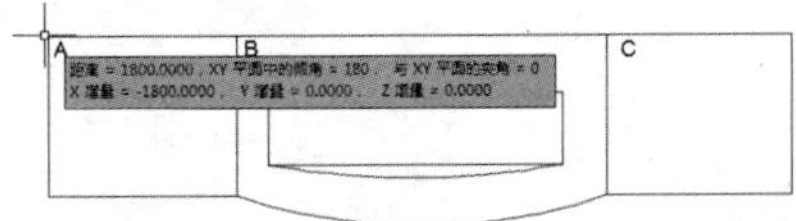

图 8-61 查询距离的结果

（3）在命令行中输入【ID】命令，根据命令行的提示指定 B 点，即可显示查询点坐标的结果，如图 8-62 所示。

（4）在命令行中输入【STATUS】命令，打开如图 8-63 所示的对话框，查看相关信息后，单击该对话框右上角的【关闭】按钮，关闭该对话框，最后关闭图形文件。

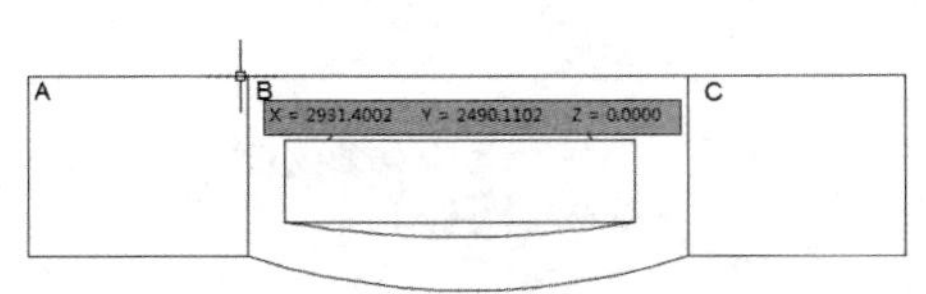

图 8-62 查询点坐标的结果

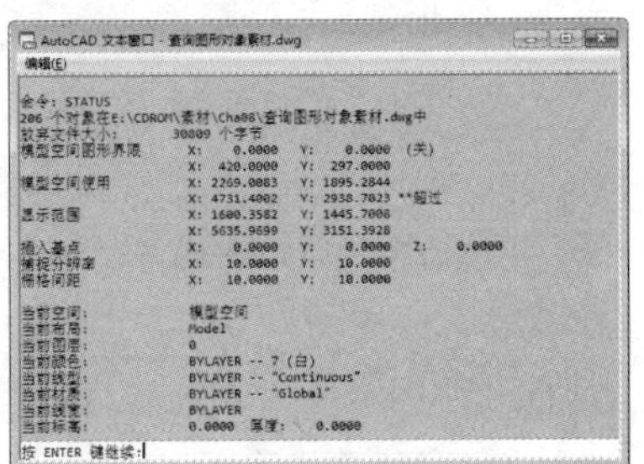

图 8-63 【AutoCAD 文本窗口】对话框

8.4 任务 28：编辑写字台——图形实用工具

下面以编辑写字台为例综合练习本节所讲的知识。写字台效果如图 8-64 所示。

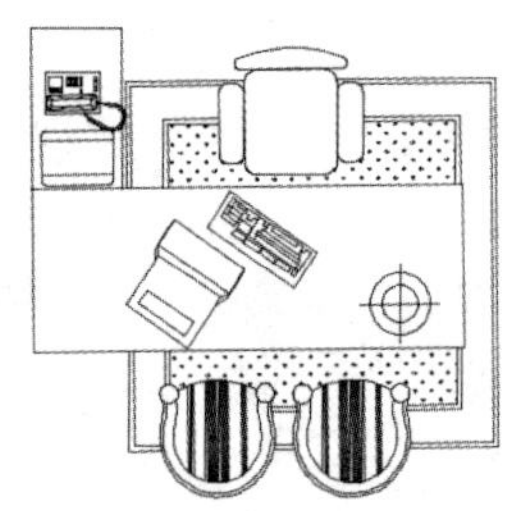

图 8-64 写字台效果

8.4.1 任务实施

（1）在命令行中输入【RECOVER】命令，弹出【选择文件】对话框，如图 8-65 所示。然后在该对话框的【查找范围】下拉列表中选择需要进行修复的文件的路径，选择【Cha08】|【编辑写字台素材.dwg】素材文件，单击【打开】按钮。

（2）系统会自动对图形文件进行修复并打开如图 8-66 所示的【AutoCAD 文本窗口】对话框，显示修复过程和结果。

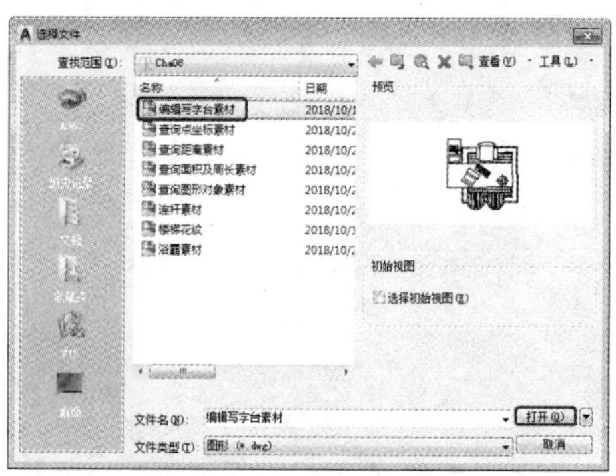

图 8-65 【选择文件】对话框

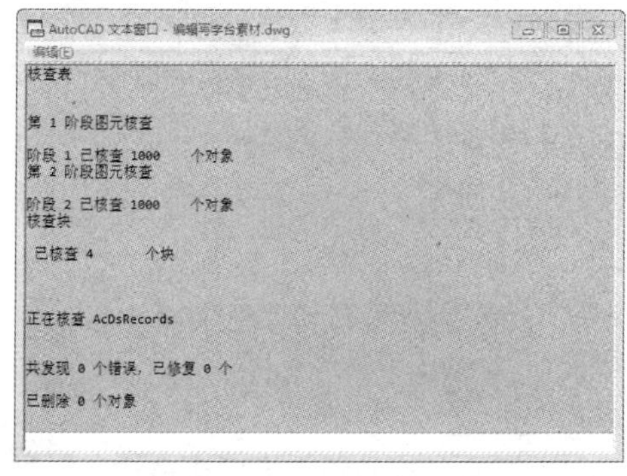

图 8-66 【AutoCAD 文本窗口】对话框

（3）修复完毕后，系统会自动弹出如图 8-67 所示的【AutoCAD 消息】对话框，单击【确定】按钮完成对图形的修复，即可打开素材文件，如图 8-68 所示。

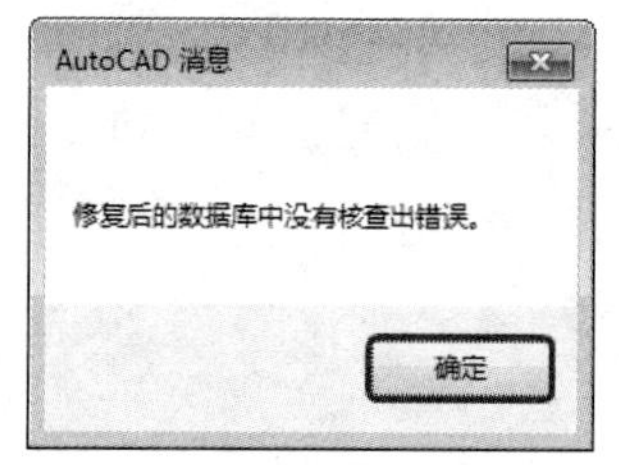

图 8-67 【AutoCAD 消息】对话框

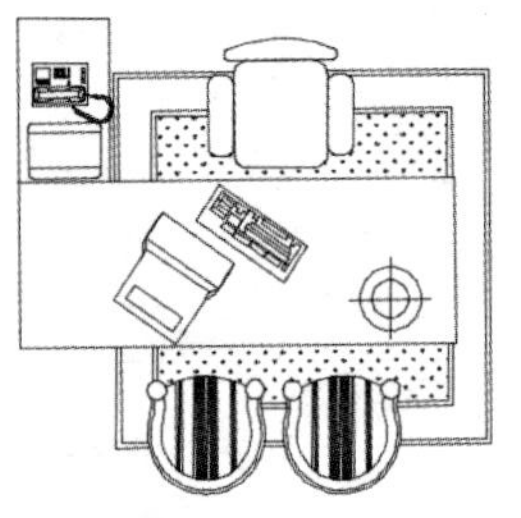

图 8-68 打开素材文件

（4）在命令行中输入【PURGE】命令，弹出【清理】对话框，如图 8-69 所示。在【图形中未使用的项目】列表框中选择【块】选项，再选择【ARAWE-AWQ】选项，然后单击【清理】按钮。

（5）弹出【清理-确认清理】对话框，单击【清理此项目】按钮确认清理该对象，如图 8-70 所示。返回【清理】对话框，单击【关闭】按钮即可。

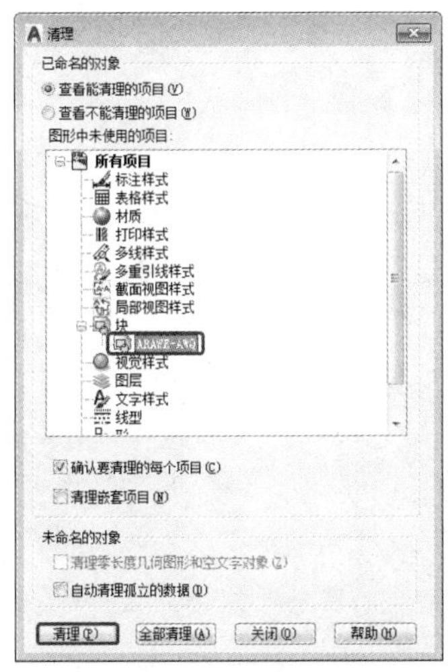

图 8-69　单击【清理】按钮

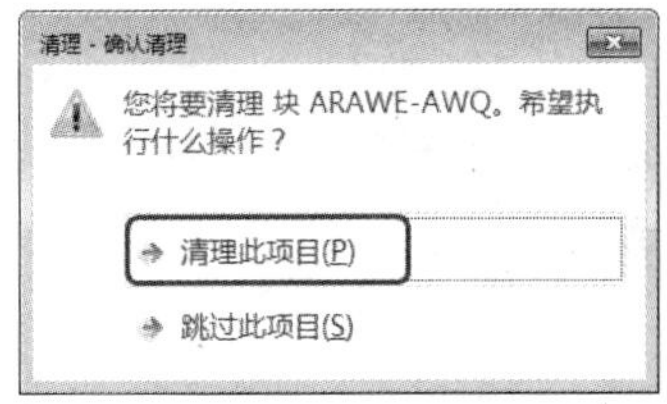

图 8-70　单击【清理此项目】按钮

8.4.2　核查

【核查】命令主要用于对图形对象进行更正和错误检测。

在 AutoCAD 2017 中，执行该命令的方法有以下几种。

- 在菜单栏中选择【文件】|【图形实用工具】|【核查】命令。
- 在命令行中执行【AUDIT】命令。

执行上述命令后，具体操作过程如下。

```
命令：AUDIT                                      //执行【AUDIT】命令
是否更正检测到的任何错误？[是(Y)/否(N)] <N>: Y   //选择【是】选项
核查表头                                         //系统自动核查表头
核查表                                           //系统自动核查表
第 1 阶段图元核查                                //系统进行第1阶段图元核查
阶段 1 已核查 100个对象                          //系统提示核查的对象数
第 2 阶段图元核查                                //系统进行第2阶段图元核查
阶段 2 已核查 100个对象                          //系统提示核查的对象数
核查块                                           //系统自动核查块
已核查 1        个块                             //系统提示核查的块数
共发现 0 个错误，已修复 0 个                     //系统提示核查和修复结果
已删除 0 个对象                                  //系统提示删除结果
```

8.4.3　修复

【修复】命令主要用于更正图形中的部分错误数据。

在 AutoCAD 2017 中，执行该命令的方法有以下几种。

- 在菜单栏中选择【文件】|【图形实用工具】|【修复】命令。
- 在命令行中执行【RECOVER】命令。

8.4.4 清理

【清理】命令用于将图形中不使用的对象删除。

在 AutoCAD 2017 中，执行该命令的方法有以下几种。

- 在菜单栏中选择【文件】|【图形实用工具】|【清理】命令。
- 在命令行中执行【PURGE】命令。

在执行上述任意一种操作后，都将弹出如图 8-71 所示的【清理】对话框。在该对话框的【图形中未使用的项目】列表框中选择要清理的对象，然后单击【清理】按钮，即可将选择的对象删除。

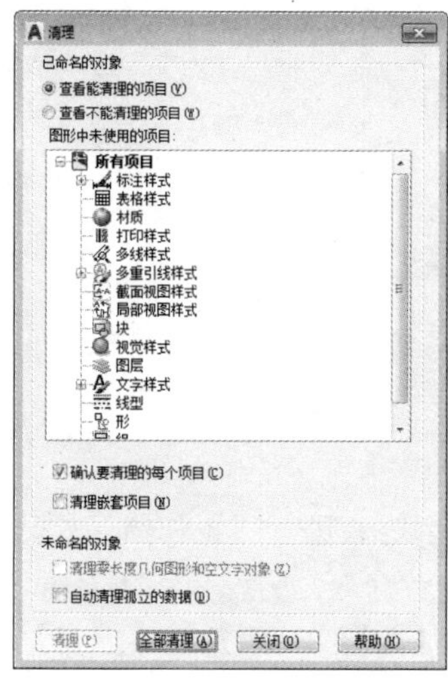

图 8-71 【清理】对话框

【清理】对话框中部分选项的含义如下。

- 【查看能清理的项目】单选按钮：切换树状图，以显示当前图形中可以清理的命名对象。
- 【查看不能清理的项目】单选按钮：切换树状图，以显示当前图形中不能清理的命名对象。
- 【图形中未使用的项目】列表框：列出当前图形中未使用的、可被清理的命名对象。可以单击加号或双击对象类型列出任意对象类型的项目，然后选择要清理的项目以清理项目。
- 【确认要清理的每个项目】复选框：清理项目时会弹出【清理-确认清理】对话框，可以取消或确认要清理的项目。
- 【清理嵌套项目】复选框：从图形中删除所有未使用的命名对象，即使这些对象被包含在其他未使用的命名对象中或被这些对象所参照。

8.5 任务 29：编辑电视机画面——光栅图像

下面将通过实例讲解如何编辑电视机画面，其效果如图 8-72 所示。具体操作步骤如下。

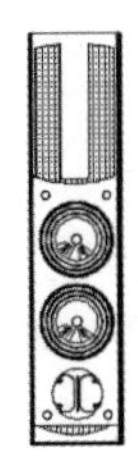

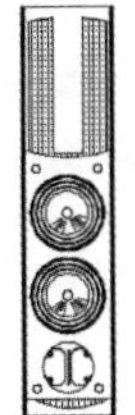

图 8-72　电视机画面效果

8.5.1　任务实施

（1）打开【Cha08】|【电视机素材.dwg】素材文件，如图 8-73 所示。

（2）在命令行中输入【IMAGEATTACH】命令，弹出【选择参照文件】对话框，然后选择【轮船. jpg】素材文件，单击【打开】按钮，如图 8-74 所示。

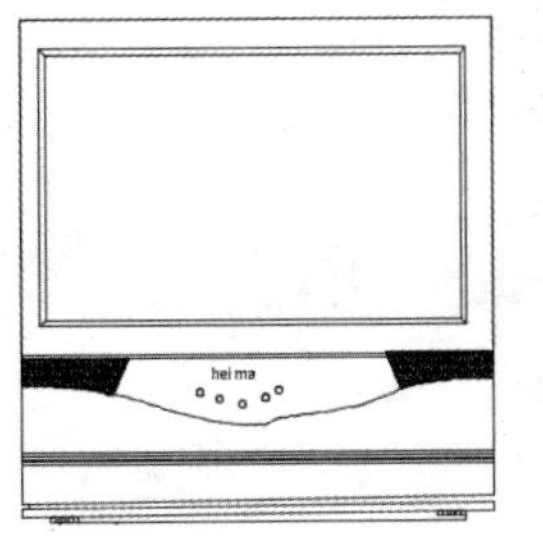

图 8-73　打开素材文件

图 8-74　选择素材文件

（3）弹出【附着图像】对话框，取消勾选【在屏幕上指定】复选框，在其下方的文本框中输入【3.58】，单击【确定】按钮，如图 8-75 所示。

（4）返回绘图区，指定如图 8-76 所示的端点。

图 8-75　设置附着图像参数

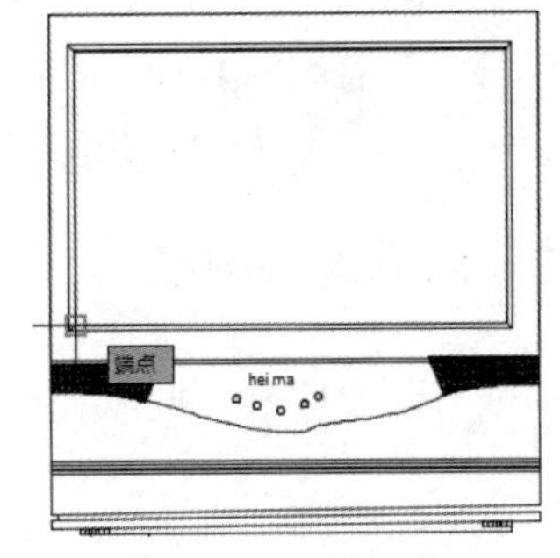

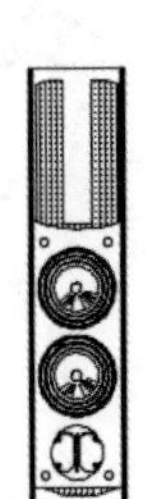

图 8-76　指定端点

（5）加载图像后的显示效果如图 8-77 所示。

（6）在命令行中输入【IMAGEADJUST】命令，选择刚刚加载的光栅图像，按【Enter】键确认，弹出【图像调整】对话框，然后将【亮度】设置为【38】，将【对比度】设置为【50】，单击【确定】按钮，如图 8-78 所示。

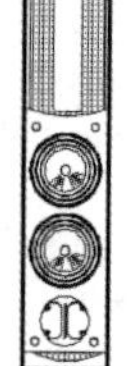

图 8-77　加载图像后的显示效果

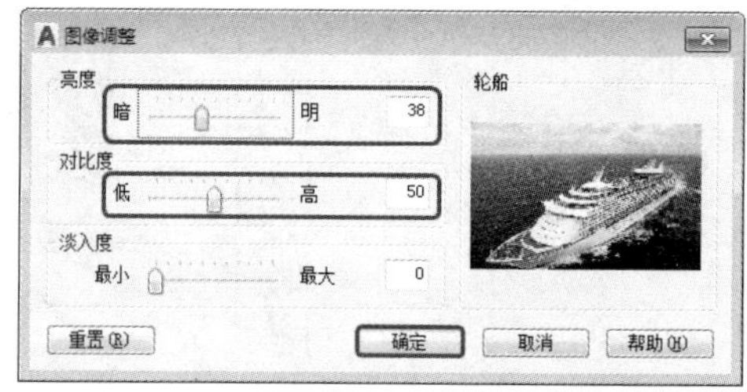

图 8-78　调整图像参数

（7）返回绘图区，即可查看调整后的效果，如图 8-79 所示。

图 8-79　调整后的效果

8.5.2　加载光栅图像

在 AutoCAD 2017 中，加载光栅图像的方法有以下几种。

- 在菜单栏中选择【插入】|【外部参照】命令。
- 在【视图】选项卡的【选项板】面板中单击【外部参照选项板】按钮，打开【外部参照】选项板，然后单击【附着 DWG】按钮右侧的按钮，在弹出的下拉列表中选择【附着图像】选项，如图 8-80 所示。
- 在命令行中执行【IMAGEATTACH】命令。

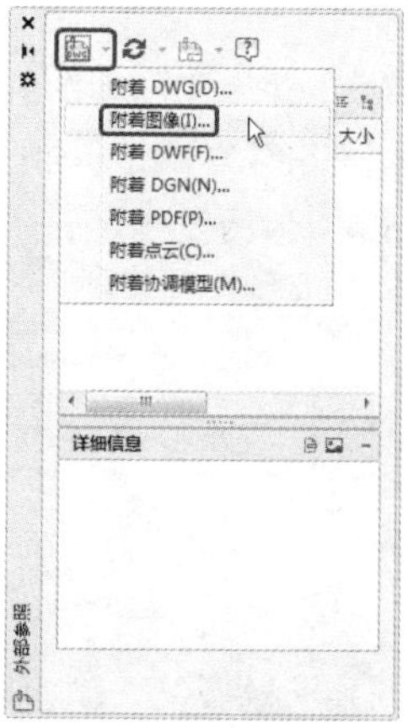

图 8-80　选择【附着图像】选项

8.5.3　卸载光栅图像

在 AutoCAD 2017 中，卸载光栅图像的方法有以下几种。

- 在【插入】选项卡的【参照】面板中单击其右下角的【外部参照】按钮，弹出【外部参照】选项板，在其中卸载光栅图像即可。
- 在命令行中执行【ERASE】命令。

下面将通过实例讲解如何卸载光栅图像，具体操作步骤如下。

（1）在【插入】选项卡的【参照】面板中单击其右下角的【外部参照】按钮，弹出【外部参照】选项板，如图 8-81 所示。

（2）在【文件参照】列表框中选择需要卸载的光栅图像并右击，在弹出的快捷菜单中选择【卸载】命令，即可卸载选择的光栅图像，如图 8-82 所示。

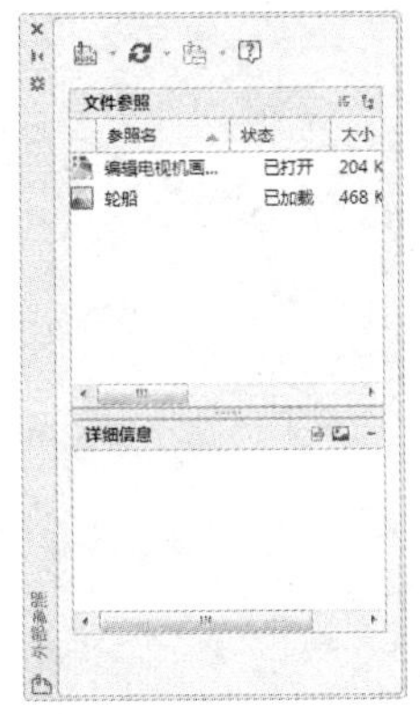

图 8-81 【外部参照】选项板

图 8-82 选择【卸载】命令

8.5.4 调整光栅图像

调整光栅图像的操作包括调整图像的亮度、对比度、淡入度，以及显示质量等，以使图像更符合图形文件的要求。

1. 调整图像的亮度、对比度和淡入度

调整图像的亮度、对比度和淡入度可以在【图像调整】对话框中进行。打开该对话框的方法有以下两种。

- 在菜单栏中选择【修改】|【对象】|【图像】|【调整】命令。
- 在命令行中执行【IMAGEADJUST】命令。

在执行上述任意一种操作并选择图像后，将弹出如图 8-83 所示的【图像调整】对话框。在该对话框的【亮度】选项组、【对比度】选项组和【淡入度】选项组中拖动滑块或者在其后面的文本框中输入相应的数值，并单击【确定】按钮，即可进行相应的更改。

> 提示：在【图像调整】对话框中单击【重置】按钮，可以将亮度、对比度和淡入度的各个参数恢复为设置前的状态，然后可以对各个参数进行重新设置。

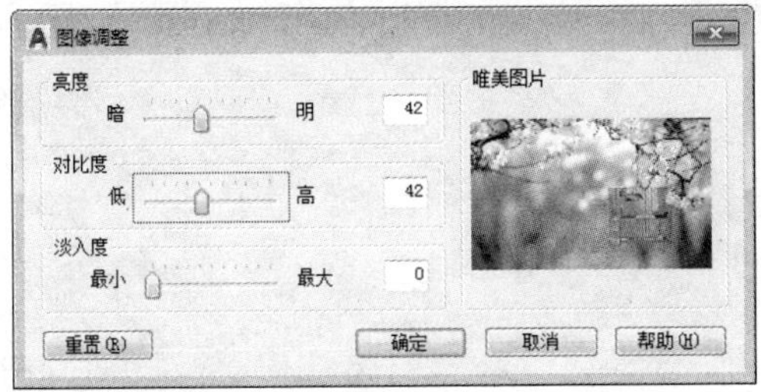

图 8-83 【图形调整】对话框

2. 调整图像的显示质量

为了不影响所加载的光栅图像的显示质量，可以对图像的显示质量进行设置。调整图

像显示质量的方法有以下几种。

- 在菜单栏中选择【修改】|【对象】|【图像】|【质量】命令。
- 在命令行中执行【IMAGEQUALITY】命令。

8.6　上机练习——查询住宅平面图

下面将通过实例讲解如何查询住宅平面图以巩固前面所学的知识。住宅平面图效果如图 8-84 所示。具体操作步骤如下。

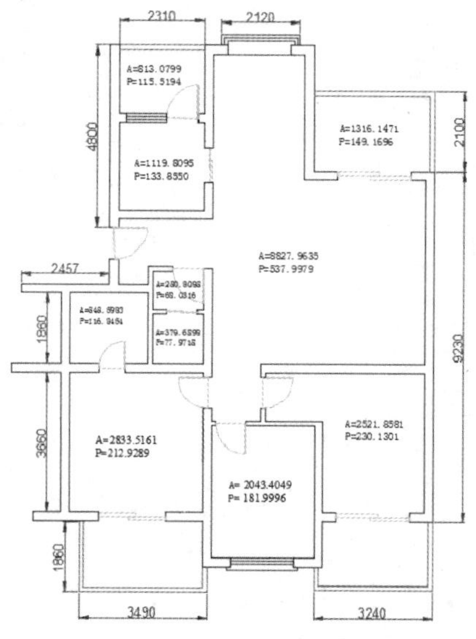

图 8-84　住宅平面图效果

（1）新建一个图形文件，在命令行中输入【IMAGEATTACH】命令，弹出【选择参照文件】对话框，选择【素材】|【Cha08】|【查询住宅平面图素材.bmp】素材文件，单击【打开】按钮，如图 8-85 所示。

（2）弹出【附着图像】对话框，单击【确定】按钮，如图 8-86 所示。

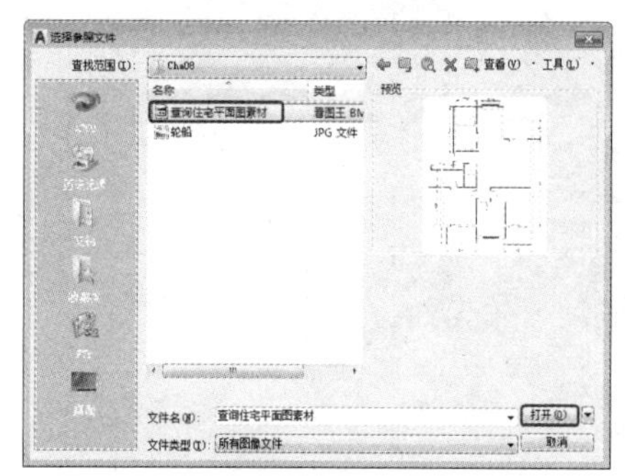

图 8-85　选择素材文件

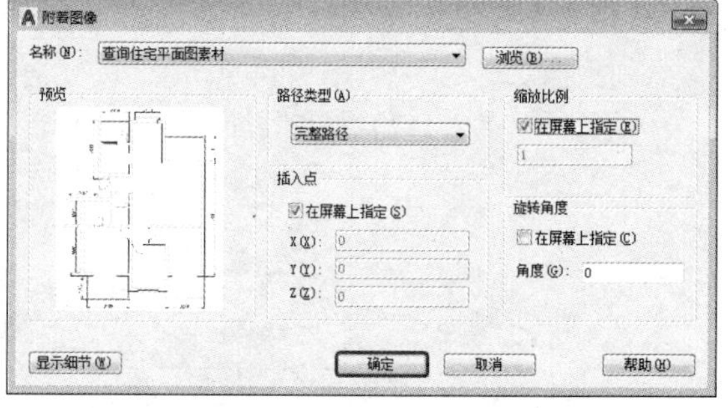

图 8-86　单击【确定】按钮

（2）返回绘图区，当命令行中提示【指定插入点 <0,0>:】时，在绘图区中单击以指定插入点；当命令行中提示【指定缩放比例因子或 [单位（U）]<1>:】时，输入【200】并按【Enter】

键确认。此时光栅图像加载完毕，然后滚动鼠标滚轮将其放大，显示效果如图 8-87 所示。

（3）在命令行中输入【AREA】命令，捕捉要查询的角点，具体操作过程如下。

```
命令：AREA    //执行【AREA】命令
指定第一个角点或 [对象(O)/加(A)/减(S)]：//捕捉要查询对象上的第一个角点，这里单击如图8-88所示的A点
指定下一个角点或按【Enter】键全选：  //捕捉下一角点，这里单击如图8-88所示的B点
指定下一个角点或按【Enter】键全选：  //捕捉下一角点，这里单击如图8-88所示的C点
指定下一个角点或按【Enter】键全选：  //捕捉下一角点，这里单击如图8-88所示的D点，然后按【Enter】键确认
区域=2833.5161，周长 = 212.9289  //系统提示查询结果并结束该命令，如图8-89所示
```

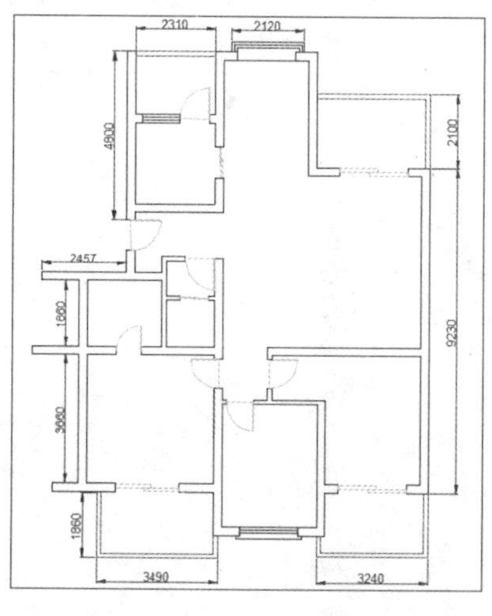

图 8-87　显示效果

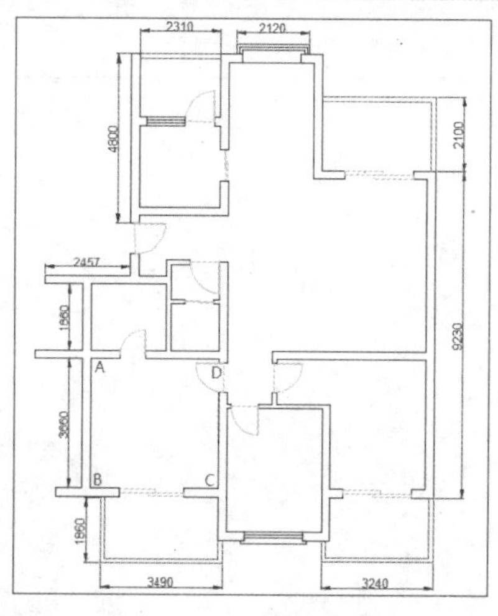

图 8-88　指定区域

（4）切换至【默认】选项卡，在【注释】面板中单击【多行文字】按钮A，在刚刚查询面积及周长的区域绘制文本框，并输入【A=2833.5161】【P=212.9289】，然后按照相同的方法，测量其他区域并输入面积及周长，最终效果如图 8-90 所示。

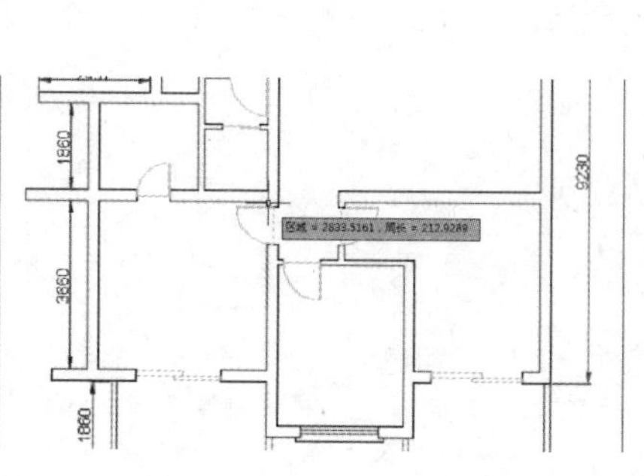

图 8-89　提示查询结果

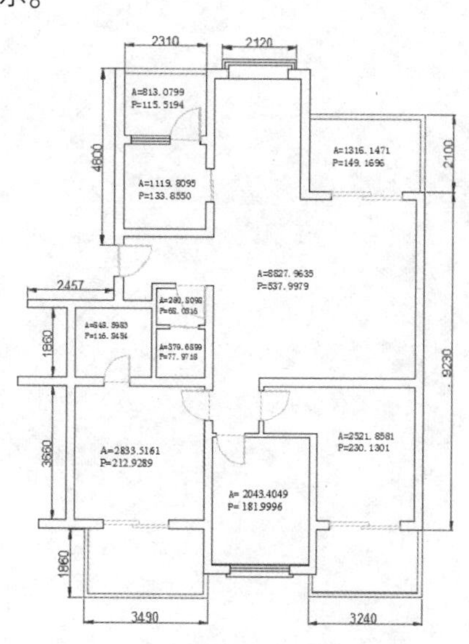

图 8-90　最终效果

习题与训练

项目练习　绘制沙发

效果展示：	操作要领：
	（1）打开【素材】|【Cha08】|【沙发素材.dwg】素材文件。 （2）使用本章介绍的辅助工具，捕捉对象并进行绘制。

第 9 章

三维实体的绘制

09

Chapter

本章导读：

基础知识
- ◈ 三维视觉样式
- ◈ 三维实体的绘制

重点知识
- ◈ 绘制电容器
- ◈ 绘制方墩

提高知识
- ◈ 预置三维视点
- ◈ 三维动态观察器

在前面章节中讲解了二维图形的一些基本知识，本章将重点讲解如何绘制三维实体。三维实体的绘制和二维图形的绘制相似，都有基本的绘制工具。三维实体的绘制工具分为两类：一类是直接绘制三维实体的工具，包括【长方体】【圆柱体】等；另一类是通过二维图形创建三维实体的工具，包括【拉伸】【放样】等。

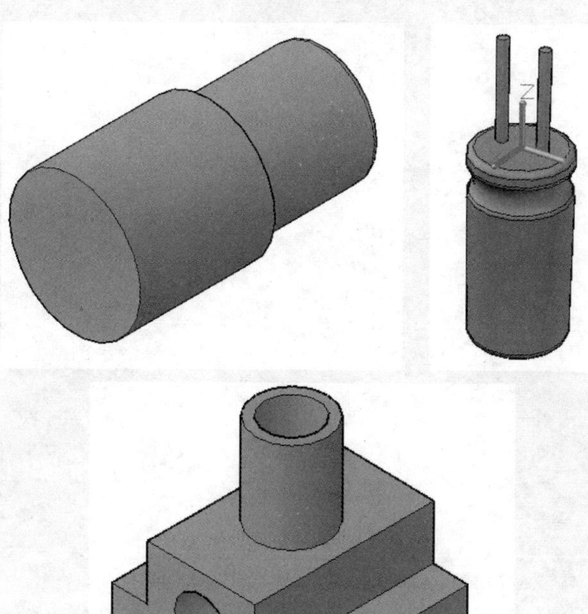

9.1 任务 30：联轴器——观察三维对象

为了满足用户需要，AutoCAD 提供了多种三维视图命令。下面将以联轴器为例介绍如何通过三维视图命令改变观察三维对象的角度，其效果如图 9-1 所示。具体操作步骤如下。

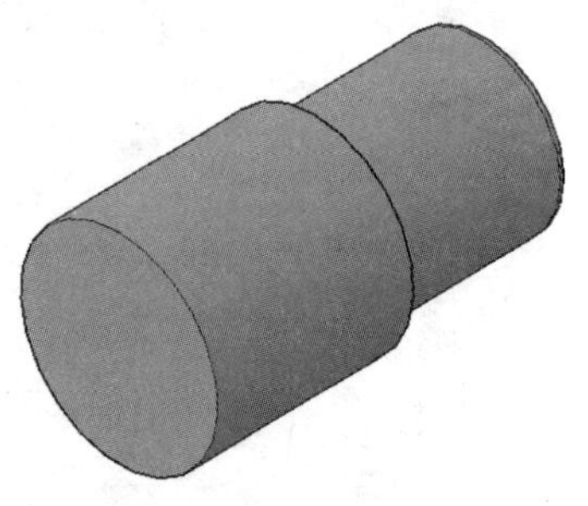

图 9-1 联轴器效果

9.1.1 任务实施

（1）打开【素材】|【Cha09】|【联轴器素材.dwg】素材文件，在菜单栏中选择【视图】|【三维视图】|【西南等轴测】命令，如图 9-2 所示。

（2）选择该命令后，即可改变三维对象的观察角度，效果如图 9-3 所示。

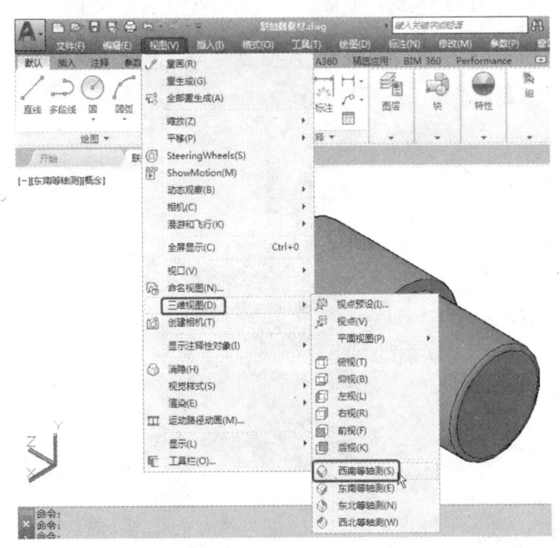

图 9-2 选择【西南等轴测】命令

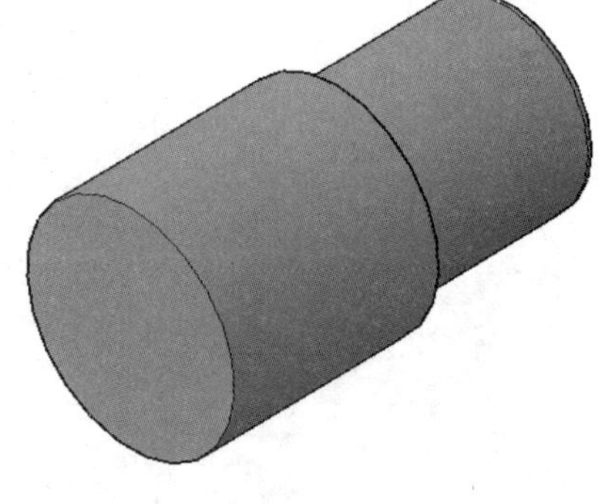

图 9-3 改变观察角度后的效果

知识链接：

根据几何模型的构造方法，三维模型可分为线框模型、表面模型和实体模型 3 类。

- 线框模型：此模型通过线（棱线和转向轮廓线）来描绘三维对象的框架，它没有实际意义上的面，而是使用描绘对象边界的点、直线和曲线来表示面的存在。由于构成线框模型的每个对象都必须被单独绘制和定位，因此该模型可以很好地表现出三维对象的内部结构和外部形状。但该模型在绘制时比较费时，且不支持隐藏、着色和渲染等操作。

- 表面模型：此模型通过物体的表面来表示三维对象，它有实际意义上的面。该模型中不仅包括线的信息，还包括面的信息。AutoCAD 2017 中的表面模型是使用多边形网格来定义镶嵌面的，并且由于网格面是平面，因此网格只能近似于曲面。
- 实体模型：此模型是 3 种模型中最高级且较常用的一种，包括一般实体模型、实体图元模型和曲面模型。该模型除了包括模型的边界和表面，还包括对象的体积，因此具有质量、体积和质心等质量特性。AutoCAD 为用户提供了多种三维模型来进行简单实体模型的创建。

在创建三维模型时，应该先了解一些三维绘图术语。

- *XY* 平面：*X* 轴垂直于 *Y* 轴所组成的一个平面，此时 *Z* 轴的坐标为 0。
- *Z* 轴：三维坐标系的第三轴，总是垂直于 *XY* 平面。
- 高度：主要是 *Z* 轴上的坐标值。
- 厚度：表示 *Z* 轴的长度。
- 相机位置：在观察三维模型时，相机位置相当于视点。
- 目标点：当通过相机观察某物体时，视线聚焦在一个清晰点上，该点就是目标点。
- 视线：将视点和目标点连接起来的线。
- 和 *XY* 平面的夹角：表示视线与其在 *XY* 平面的投影线之间的夹角。
- *XY* 平面角度：表示视线在 *XY* 平面的投影线与 *X* 轴之间的夹角。

三维模型都是由三维点构成的，其坐标均以（*X*,*Y*,*Z*）的形式确定，这与二维绘图有明显的区别。三维坐标包括笛卡儿坐标、柱坐标和球坐标 3 种。

1. 笛卡儿坐标系

在工作界面底部的状态栏左端所显示的三维坐标值，就是笛卡儿坐标系中的数值，它准确地反映了当前十字光标的位置。在默认情况下，坐标原点在绘图区左下角，*X* 轴以水平向右为正方向，*Y* 轴以垂直向上为正方向，*Z* 轴以垂直屏幕向外为正方向。AutoCAD 默认采用笛卡儿坐标系来确定实体。在进入 AutoCAD 绘图区时，系统会自动进入笛卡儿坐标系（世界坐标系 WCS）第一象限，AutoCAD 就是采用这个坐标系来确定图形的矢量方向的。在三维笛卡儿坐标系中，可以通过输入点的（*X*,*Y*,*Z*）坐标值来确定点的位置。在笛卡儿坐标系中，由于在绘图过程中需要不断进行视图的操作，判断坐标轴方向并不是很容易，因此 AutoCAD 提供了右手定则来确定 *Z* 轴方向。

右手定则可以确定 *X* 轴、*Y* 轴、*Z* 轴的正方向，可以将右手背对屏幕，拇指所指的方向为 *X* 轴正方向，食指所指的方向为 *Y* 轴正方向，中指所指的方向为 *Z* 轴正方向。如果要确定某个坐标轴的正旋转方向，则可以用右手的大拇指指向该轴的正方向并弯曲其他手指，此时右手的弯曲手指所指的方向为正旋转方向。

2. 柱坐标系

柱坐标系主要用于对模型进行贴图，定位贴图在模型中的位置。柱坐标使用 *XY* 平面距离、*XY* 平面角度和沿 *Z* 轴的距离来表示。

- 绝对坐标：*XY* 平面距离<*XY* 平面角度，*Z* 坐标。
- 相对坐标：@*XY* 平面距离<*XY* 平面角度，*Z* 坐标。

> 3. 球坐标系
>
> 球坐标系和柱坐标系的功能一样，都是用于对模型进行贴图，定位贴图在模型中的位置。使用球坐标确定点的方式是，通过指定与坐标原点的距离、在 *XY* 平面中与 *X* 轴正方向所成的角度及与 *XY* 平面所成的角度来指定该点位置。
>
> - *XYZ* 距离＜与 *X* 轴的夹角＜与 *XY* 平面的夹角：如球坐标点（4＜30＜30），表示该点与坐标原点的距离为 4，在 *XY* 平面中与 *X* 轴正方向的夹角为 30°，与 *XY* 平面的夹角为 30°。
> - @*XYZ* 距离＜与 *X* 轴的夹角＜与 *XY* 平面的夹角：如球坐标点（@4＜30＜30）表示该点相对于坐标原点的距离为 4，在 *XY* 平面中与 *X* 轴正方向的夹角为 30°，与 *XY* 平面的夹角为 30°。

9.1.2 预置三维视点

三维视点是指在三维空间中观察三维模型的位置。在 AutoCAD 2017 中，执行预置三维视点操作的方法有以下几种。

- 在菜单栏中选择【视图】|【三维视图】|【视点预设】命令。
- 在命令行中执行【DDVPOINT】或【VP】命令。

下面将介绍如何通过预置三维视点来观察三维对象，具体操作步骤如下。

（1）按【Ctrl+O】组合键，打开【素材】|【Cha09】|【球阀阀杆素材.dwg】素材文件，如图 9-4 所示。

（2）在命令行中输入【DDVPOINT】命令，按【Enter】键确认，在弹出的【视点预设】对话框中选中【相对于 UCS】单选按钮，将【自】下方的【XY 平面】设置为【60.0】，如图 9-5 所示。

（3）设置完成后，单击【确定】按钮，改变观察角度后的效果如图 9-6 所示。

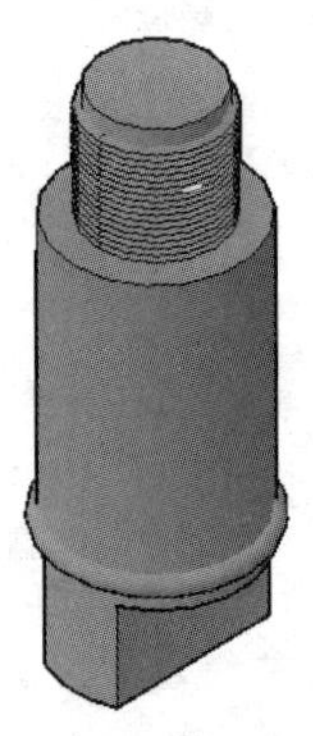

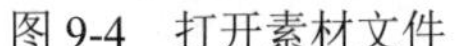

图 9-4　打开素材文件

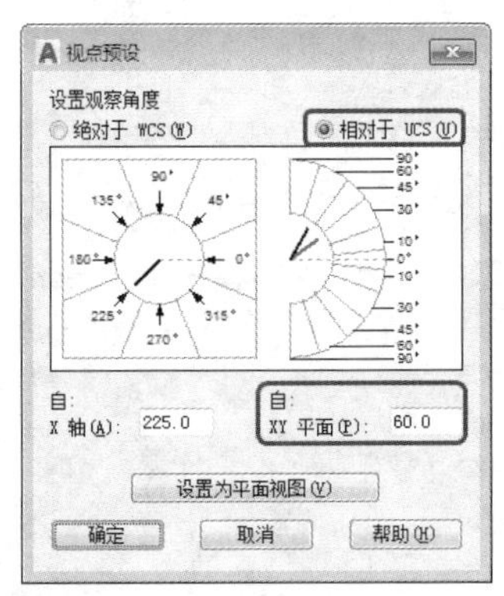

图 9-5　【视点预设】对话框

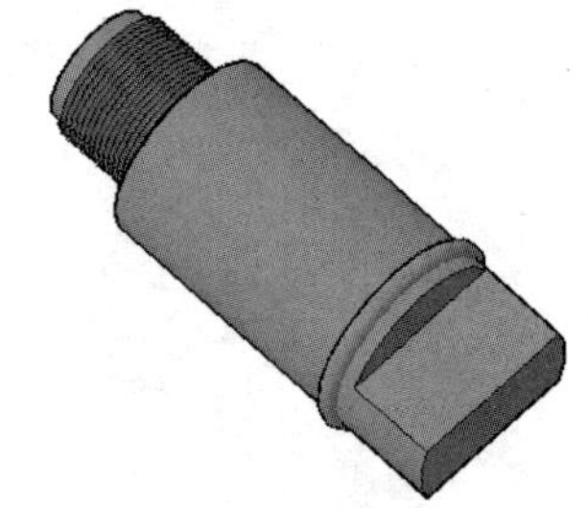

图 9-6　改变观察角度后的效果

9.1.3 三维动态观察器

在三维建模空间中，使用三维动态观察器可以从不同的角度、距离和高度查看图形中的对象。其方法是：在【视图】选项卡的【视口工具】面板中单击【导航栏】按钮，显示导航栏，在工作界面右侧弹出的下拉列表中选择需要的观察方式，如图 9-7 所示。其中包括动态观察、自由动态观察和连续动态观察 3 种方式。

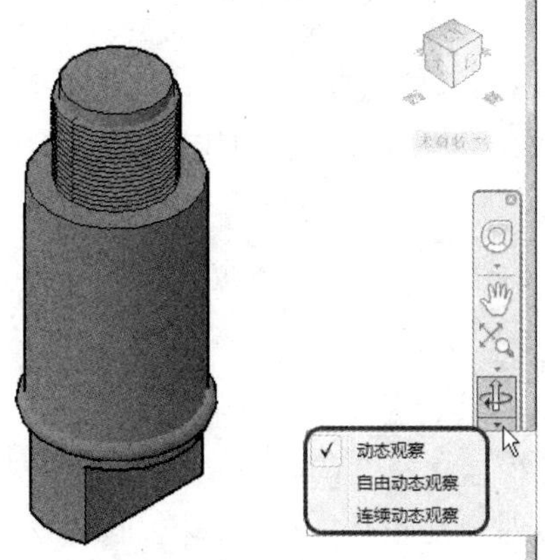

图 9-7　选择需要的观察方式

1．动态观察

动态观察是指沿 *XY* 平面或 *Z* 轴的受约束的三维动态观察。执行该命令的方法有以下两种。

- 在菜单栏中选择【视图】|【动态观察】|【受约束的动态观察】命令。
- 在命令行中执行【3DORBIT】命令。

在执行上述任意一种操作后，当绘图区中的光标变为形状时，按住鼠标左键进行拖动，即可动态观察对象。

2．自由动态观察

自由动态观察是指不参照平面，在任意方向上进行动态观察。执行该命令的方法有以下两种。

- 在菜单栏中选择【视图】|【动态观察】|【自由动态观察】命令。
- 在命令行中执行【3DFORBIT】命令。

在执行上述任意一种操作后，绘图区中的光标将变为形状，同时会显示一个导航球，该导航球被小圆分为 4 个区域，用户拖动这个导航球即可旋转视图进行自由动态观察，如图 9-8 所示。在绘图区中不同的位置单击并拖动，旋转的效果会有所不同。

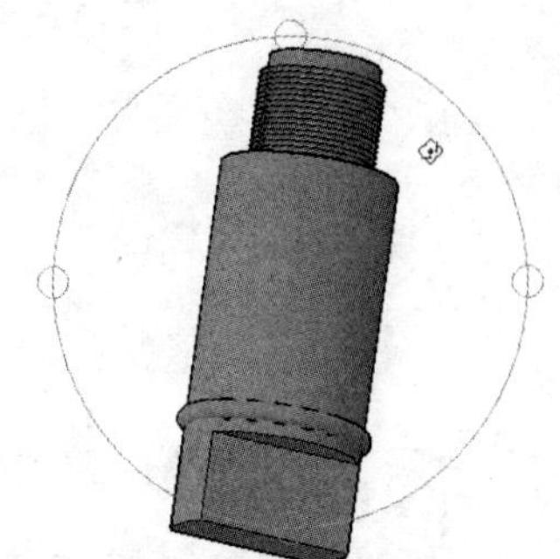

图 9-8　自由动态观察

- ：将光标移动到转盘内的三维对象上时光标显示的形状。此时按住鼠标左键并拖动，可以沿水平、竖直和对角方向随意操作视图。
- ：将光标移动到转盘外时光标显示的形状。此时按住鼠标左键并围绕转盘拖动，可以使视图围绕穿过转盘（垂直于屏幕）中心延伸的轴进行转动，称为滚动；将光标拖动到转盘内部时，它将变成形状，同时视图可以随意移动；将光标向后移动到转盘外时，又可以恢复滚动。
- ：将光标移动到转盘左侧或右侧的小圆上时光标显示的形状。此时按住鼠标左键并拖动，可以围绕垂直轴通过转盘中心延伸的 *Y* 轴旋转视图。

- ：将光标移动到转盘顶部或底部的小圆上时光标显示的形状。此时按住鼠标左键并拖动，可以围绕水平轴通过转盘中心延伸的 *X* 轴旋转视图。

3. 连续动态观察

使用连续动态观察方式可以让系统自动进行连续动态观察，其设置方法主要有以下两种。

- 在菜单栏中选择【视图】|【动态观察】|【连续动态观察】命令。
- 在命令行中执行【3DCORBIT】命令。

在执行上述任意一种操作后，绘图区中的光标将变为形状。在需要连续动态观察移动的方向上单击并拖动，使对象沿正在拖动的方向开始移动，然后释放鼠标，对象将在指定的方向上进行轨迹运动。

9.1.4 三维视觉样式

在绘制三维对象后，可以为其设置视觉样式，以便更好地观察三维对象。AutoCAD 提供了二维线框、三维线框、三维隐藏、真实和概念等多种视觉样式。

下面将介绍如何应用不同的视觉样式，具体操作步骤如下。

（1）打开【球阀阀杆素材.dwg】素材文件，在菜单栏中选择【视图】|【视觉样式】|【X 射线】命令，如图 9-9 所示。

（2）选择该命令后，即可以 X 射线视觉样式查看对象，效果如图 9-10 所示。

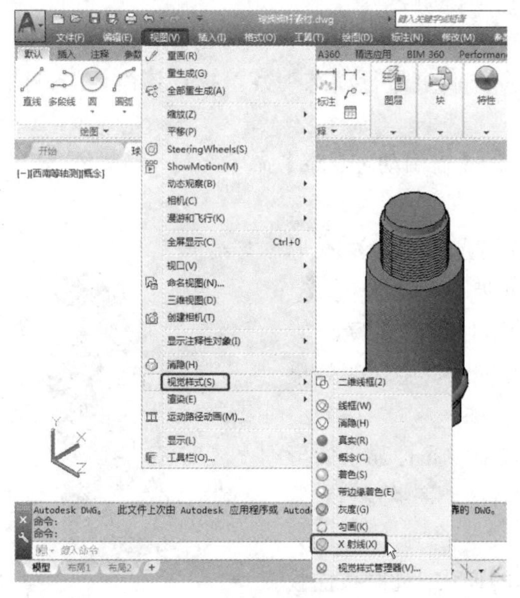

图 9-9　选择【X 射线】命令

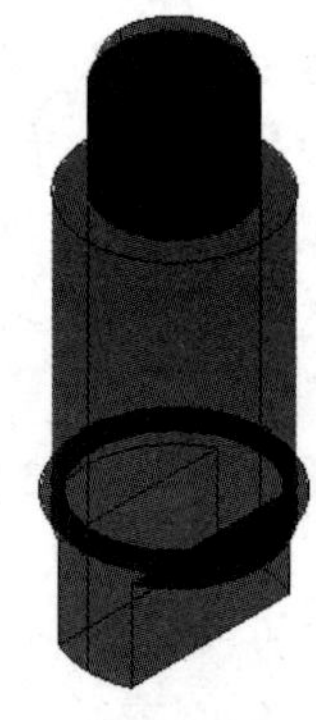

图 9-10　X 射线视觉样式下的对象效果

（3）在绘图区中右击视觉样式空间，在弹出的快捷菜单中选择【灰度】命令，如图 9-11 所示。

（4）选择该命令后，即可以灰度视觉样式查看对象，效果如图 9-12 所示。

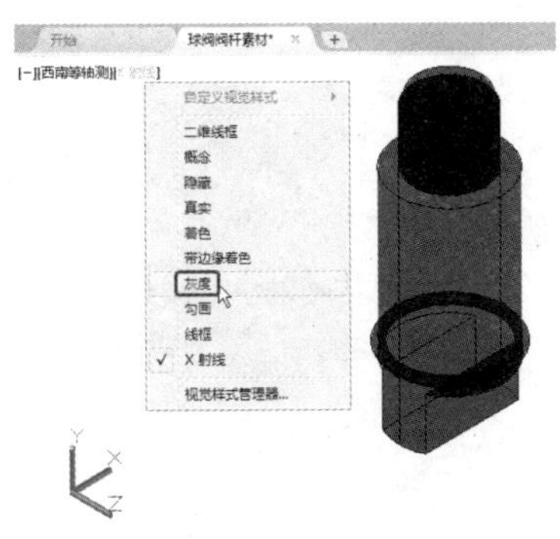

图 9-11　选择【灰度】命令

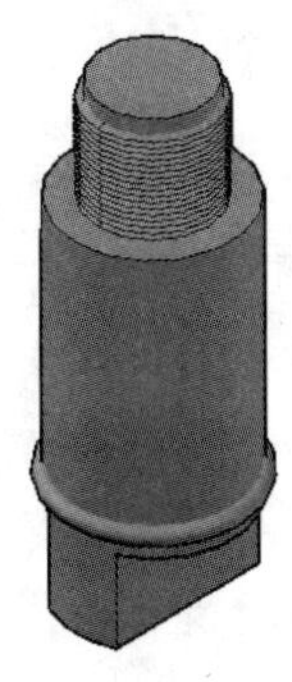
图 9-12　灰度视觉样式下的对象效果

（5）在命令行中输入【VSCURRENT】命令，按【Enter】键确认，根据命令行的提示输入【SK】，如图 9-13 所示。

（6）按【Enter】键确认，即可以勾画视觉样式查看对象，效果如图 9-14 所示。

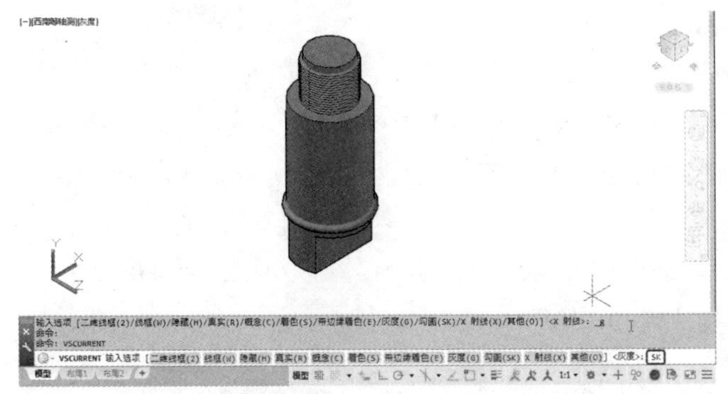
图 9-13　输入【SK】

图 9-14　勾画视觉样式下的对象效果

9.2　任务 31：绘制电容器——三维实体的绘制

电容器是两块金属板之间存在绝缘介质的一种电路元件，在储能、滤波、旁路、耦合、延时和整型等电路中均起着重要作用，电容的单位为法拉。本实例要绘制的电容器的三维实体模型如图 9-15 所示。在该实例中，首先创建圆柱体和圆环体等基本实体，然后对它们进行相应的布尔运算以组成单一实体，并且在该模型中创建了圆角。

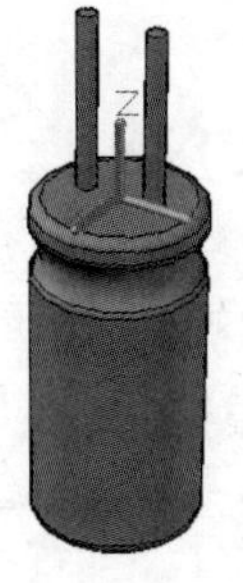
图 9-15　电容器的三维实体模型

9.2.1 任务实施

（1）在快速访问工具栏中单击【新建】按钮，弹出【选择样板】对话框，选择【acadiso3D.dwt】文件，单击【打开】按钮，如图 9-16 所示。

（2）进入【三维建模】工作空间，将视觉样式更改为【灰度】，如图 9-17 所示。

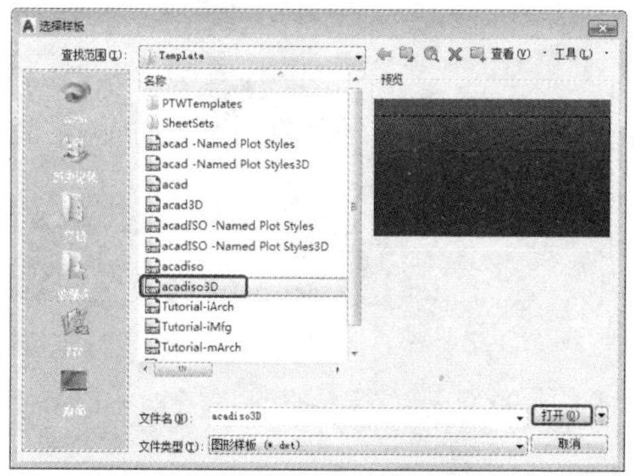

图 9-16 【选择样板】对话框

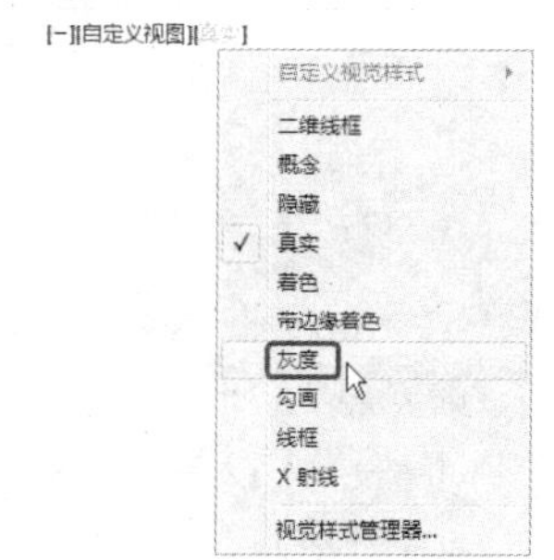

图 9-17 更改视觉样式

（3）切换至【实体】选项卡，在【图元】面板中单击【圆柱体】按钮，根据命令行的提示输入【0,0】，使其作为圆柱体底面的中心点，指定底面半径为【2.5】，指定高度为【10】，如图 9-18 所示。

（4）在【图元】面板中单击【圆环体】按钮，指定圆环体的中心点为【0,0,8.5】，指定半径为【3.2】，指定圆管半径为【1】，如图 9-19 所示。

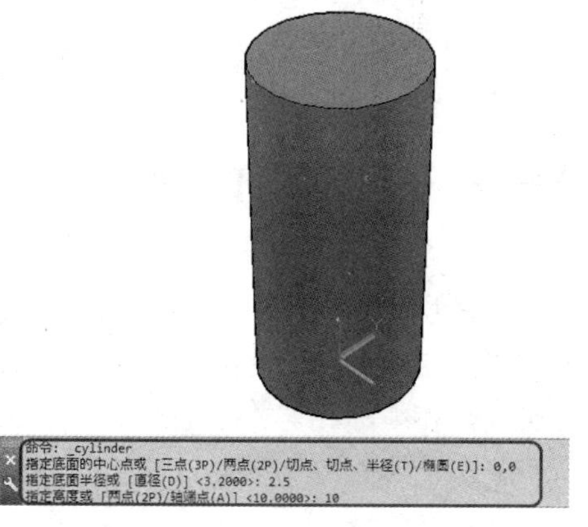

图 9-18 绘制圆柱体 1

图 9-19 绘制圆环体

（5）在【布尔值】面板中单击【差集】按钮，选择圆柱体，按【Enter】键，然后选择圆环体，按【Enter】键，此时的实体模型效果如图 9-20 所示。

（6）在【实体编辑】面板中单击【圆角边】按钮，在命令行中输入【R】，将【圆角半径】设置为【0.3】，分别对边 1～边 4 进行圆角处理，如图 9-21 所示。

（7）按【Enter】键确认圆角处理，效果如图 9-22 所示。

（8）切换至【常用】选项卡，在【坐标】面板中单击【原点】按钮，捕捉如图 9-23 所示的三维中心点（即所在端面的圆心位置）。

（9）切换至【实体】选项卡，在【图元】面板中单击【圆柱体】按钮，指定底面的中心点为【0,1.1,0】，指定底面半径为【0.25】，指定高度为【5】，绘制表示一个引脚的小圆柱体，如图 9-24 所示。

图 9-20　实体模型效果

图 9-21　圆角处理

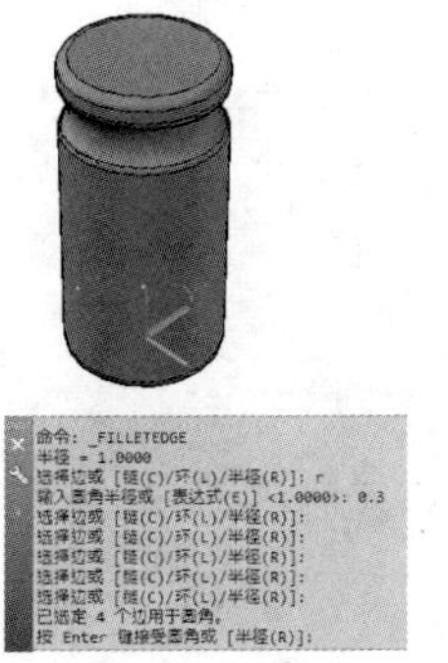

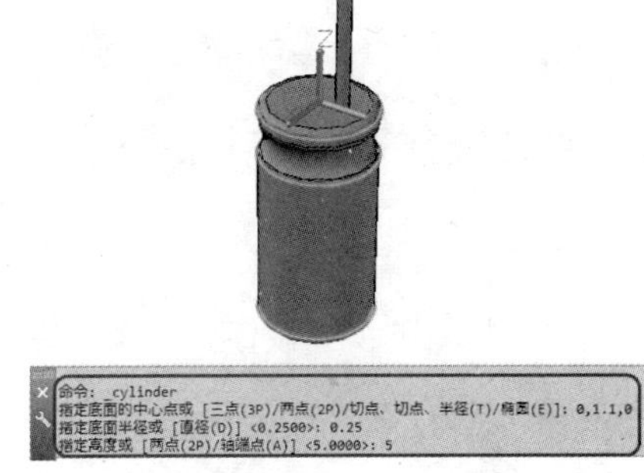

图 9-22　圆角处理后的效果　　图 9-23　捕捉三维中心点　　图 9-24　绘制圆柱体 2

（10）在【图元】面板中单击【圆柱体】按钮，指定底面的中心点为【0,-1.1,0】，指定底面半径为【0.25】，指定高度为【5】，如图 9-25 所示。

（11）在【布尔值】面板中单击【并集】按钮，然后分别选择如图 9-26 所示的实体、两个小圆柱体，按【Enter】键，从而将所选的 3 个实体对象合并为一个实体对象。

图 9-25　绘制圆柱体 3

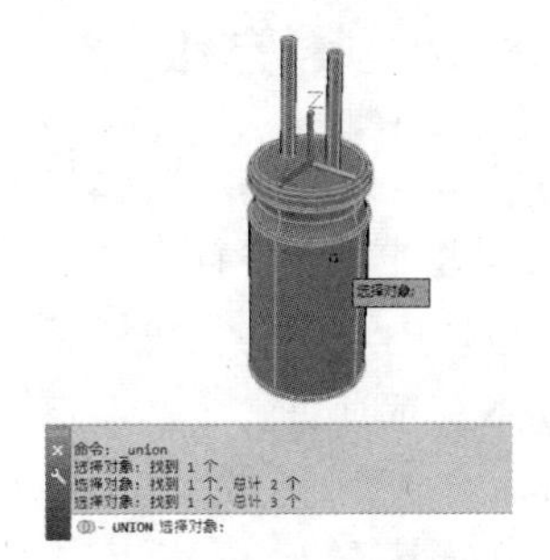

图 9-26　合并实体对象

9.2.2 绘制三维多段体

在 AutoCAD 中，用户可以根据需要绘制三维多段体。绘制三维多段体的方法有以下几种。

- 在菜单栏中选择【绘图】|【建模】|【多段体】命令。
- 在命令行中执行【POLYSOLID】命令。

下面将介绍如何绘制三维多段体，具体操作步骤如下。

（1）新建一个图纸文件，将当前视图设置为【俯视】，在命令行中输入【POLYSOLID】命令，根据命令行的提示输入【H】，按【Enter】键确认，输入【2000】，按【Enter】键确认，输入【W】，按【Enter】键确认，输入【180】，按【Enter】键确认，如图 9-27 所示。

（2）在绘图区中指定起点，根据命令行的提示输入【@4500,0】，按【Enter】键确认，输入【@0,3500】，按【Enter】键确认，输入【@-4500,0】，按两次【Enter】键完成多段体的绘制，如图 9-28 所示。

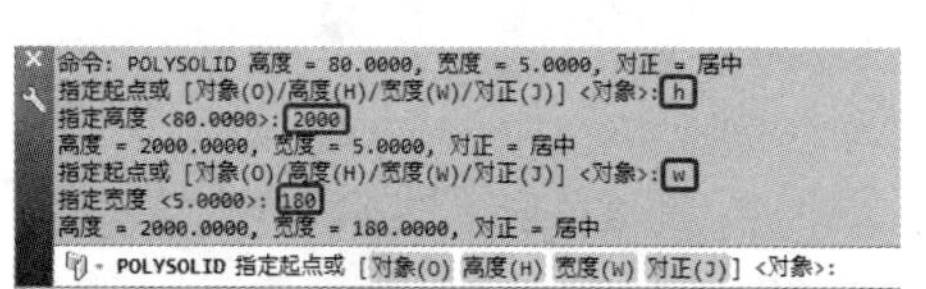

图 9-27　设置多段体参数

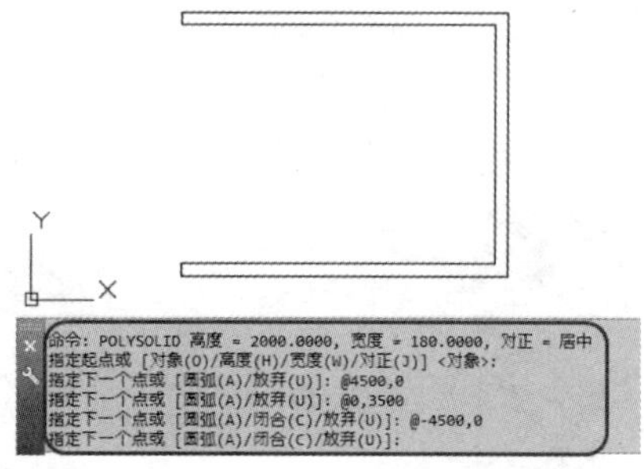

图 9-28　绘制多段体

（3）将当前视图设置为【东南等轴测】，在绘图区中观察绘制效果，如图 9-29 所示。

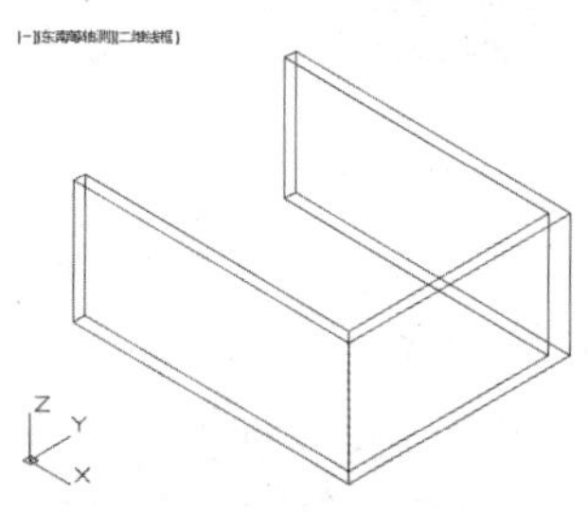

图 9-29　观察绘制效果

9.2.3 绘制长方体

长方体是常用的基本实体之一。AutoCAD 始终将长方体的底面绘制为与当前 UCS 的 *XY* 平面（工作平面）平行，并在 *Z* 轴方向上指定长方体的高度，高度值可以为正值或负值。在绘制长方体的过程中，可以使用一些选项来控制创建的长方体的大小和旋转，例如，使用【立方体】选项创建等边长方体（即立方体），使用【中心点】选项创建使用指定中心点的长方体。在 *XY* 平面内设定长方体的旋转，则可以使用【立方体】或【长度】选项。

下面介绍基于两点和高度创建实心长方体的简单范例。

（1）在快速访问工具栏中单击【新建】按钮，在弹出的【选择样板】对话框中选择

【acadiso3D.dwt】文件，单击【打开】按钮，并确保使用【三维建模】工作空间。

（2）在【常用】选项卡中单击【建模】面板中的【长方体】按钮，指定第一个角点为【0,0,0】，指定其他角点为【100,200,0】，指定高度为【400】，绘制的实心长方体如图 9-30 所示。

如果要创建实心立方体，则可以在【常用】选项卡中单击【建模】面板中的【长方体】按钮，然后指定第一个角点，或者选择【中心】选项并指定底面的中心点，然后在命令行的提示下选择【立方体】选项，并指定立方体的长度等，长度值用于设定立方体的宽度和高度。下面是创建实心立方体的一个操作实例，该实例绘制的实心立方体如图 9-31 所示。

```
命令： BOX
指定第一个角点或 [中心(C)]:
指定其他角点或 [立方体(C)/长度(L)]: C
指定长度: 2000
```

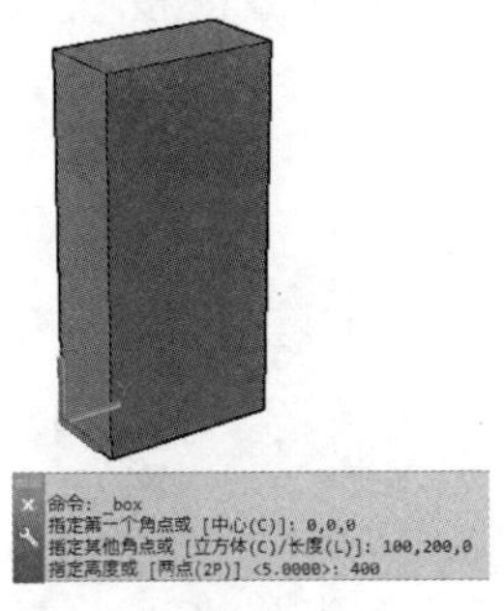

图 9-30　绘制的实心长方体

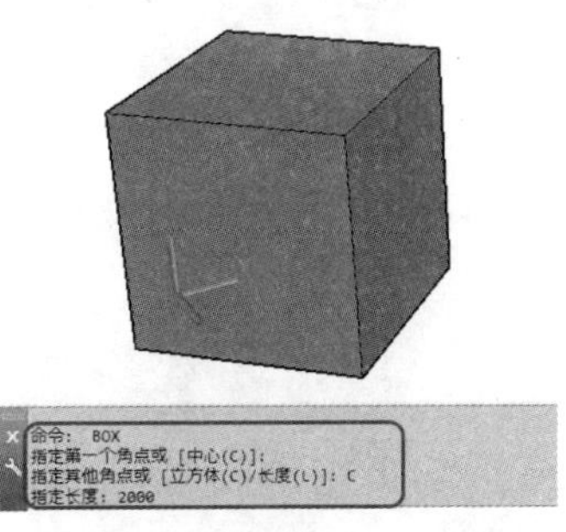

图 9-31　绘制的实心立方体

9.2.4　绘制楔体

楔体的创建方法与长方体的创建方法相似。楔体实际上是将长方体从两个对角线处剖切开的实体。绘制楔体的方法有以下几种。

- 在菜单栏中选择【绘图】|【建模】|【楔体】命令。
- 在命令行中执行【WEDGE】命令。

下面将介绍如何绘制楔体，具体操作步骤如下。

（1）按【Ctrl+O】组合键，打开【素材】|【Cha09】|【楔体素材.dwg】素材文件，如图 9-32 所示。

（2）在命令行中输入【WEDGE】命令，根据命令行的提示输入【68,297,40】，按【Enter】键确认，再次根据命令行的提示输入【@-80,-20,135】，按【Enter】键完成楔体的绘制，如图 9-33 所示。

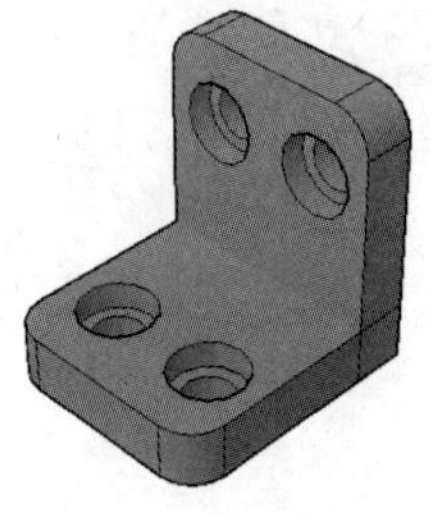

图 9-32　打开素材文件

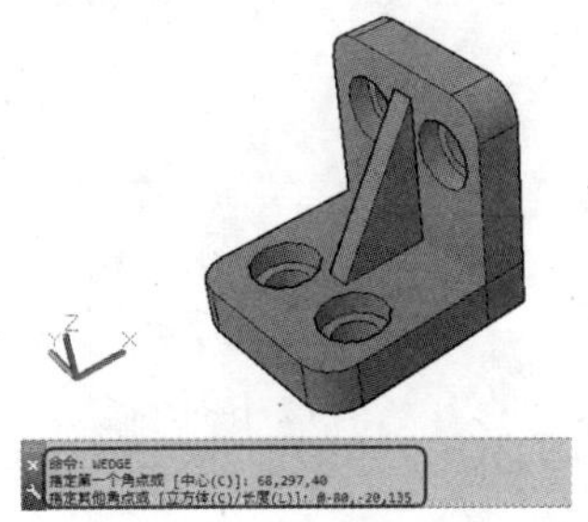

图 9-33　绘制楔体

9.2.5 绘制圆柱体

圆柱体也是较常用的基本实体之一。绘制圆柱体的方法有以下几种。

- 在菜单栏中选择【绘图】|【建模】|【圆柱体】命令。
- 在命令行中执行【CYLINDER】命令。

下面将介绍如何绘制圆柱体，具体操作步骤如下。

（1）新建一个图纸文件，将当前视图设置为【左视】，在命令行中输入【CYLINDER】命令，根据命令行的提示输入【0,0,0】，按【Enter】键确认，指定底面半径为【20】，按【Enter】键确认，指定高度为【80】，按【Enter】键完成圆柱体的绘制，如图 9-34 所示。

（2）再次在命令行中输入【CYLINDER】命令，根据命令行的提示输入【0,0,80】，按【Enter】键确认，指定底面半径为【15】，按【Enter】键确认，指定高度为【50】，按【Enter】键完成圆柱体的绘制，如图 9-35 所示。

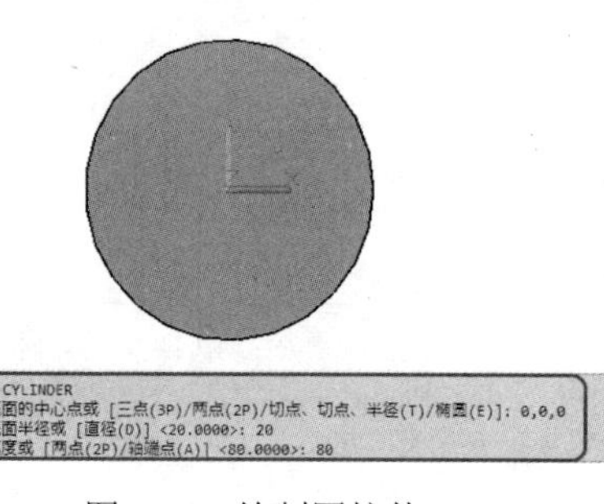

图 9-34　绘制圆柱体 1

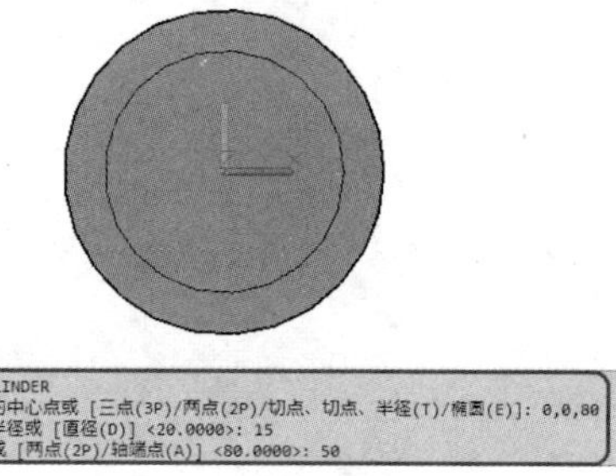

图 9-35　绘制圆柱体 2

（3）将当前视图设置为【东南等轴测】，在绘图区中观察绘制效果，如图 9-36 所示。

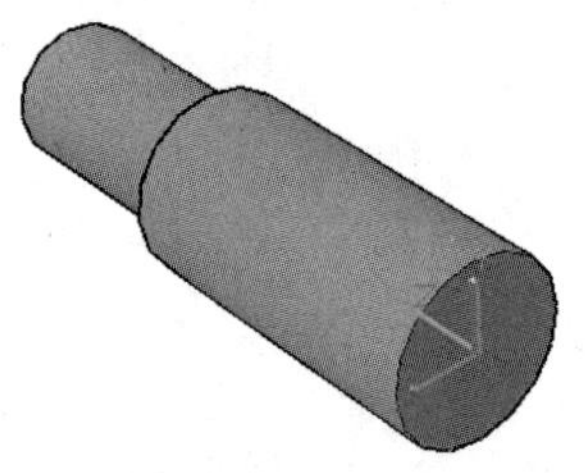

图 9-36　观察绘制效果

> **提示：** 在默认情况下，绘制的圆柱体与实际的圆柱体形状有差别，这是因为 ISOLINES 值太小，可以在绘制圆柱体之前设置该值。

9.2.6 绘制球体

绘制球体的方法有以下几种。

- 在菜单栏中选择【绘图】|【建模】|【球体】命令。
- 在命令行中执行【SPHERE】命令。

下面将介绍如何绘制球体，具体操作步骤如下。

（1）新建一个图纸文件，在命令行中输入【SPHERE】命令，在绘图区中指定中心点，如图 9-37 所示。

（2）指定中心点后，根据命令行的提示输入【30】，按【Enter】键完成球体的绘制，如图 9-38 所示。

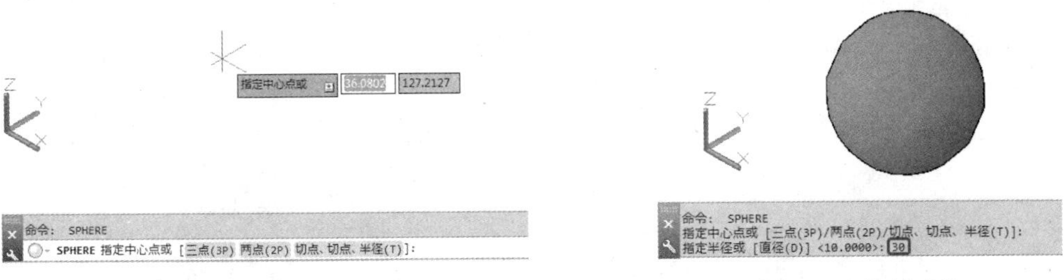

图 9-37 指定中心点　　图 9-38 绘制球体

9.2.7 绘制圆环体

在【常用】选项卡中单击【建模】面板中的【圆环体】按钮◎，可以创建类似于轮胎内胎的环形实体。圆环体具有两个半径值，一个半径值用于定义圆管，另一个半径值用于定义从圆环体的圆心到圆的圆心之间的距离。在默认情况下，圆环体将被绘制为与当前 UCS 的 *XY* 平面平行，且被该平面平分。注意：圆环体可以直交，但直交的圆环体没有中心孔，这是因为圆管半径大于环体半径。

创建圆环体的典型实例如下。

（1）在快速访问工具栏中单击【新建】按钮，在弹出的【选择样板】对话框中选择【acadiso3D.dwt】文件，单击【打开】按钮，如图 9-39 所示，并确保使用【三维建模】工作空间。

（2）在命令行中输入【TORUS】命令，指定中心点为【0,0,0】，指定半径为【300】，指定圆管半径为【40】，按【Enter】键完成圆环体的绘制，如图 9-40 所示。

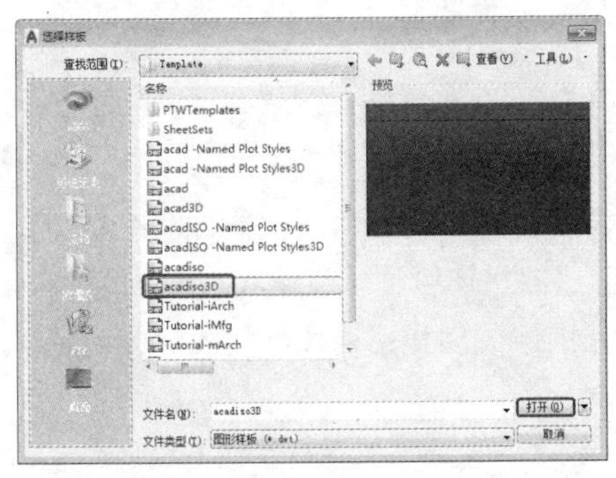

图 9-39 【选择样板】对话框

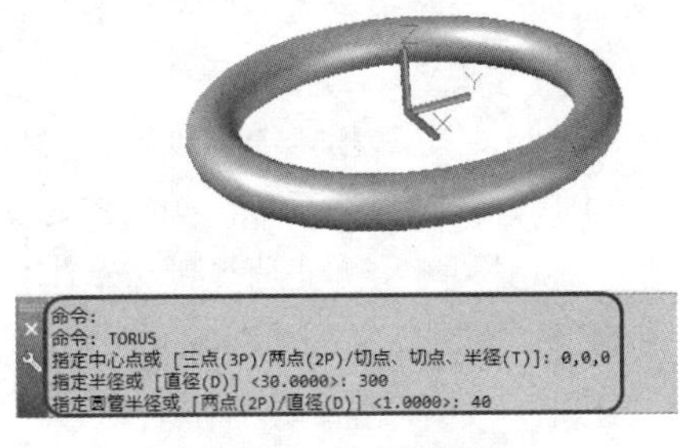

图 9-40 绘制圆环体

9.2.8 绘制棱锥体

在【常用】选项卡中单击【建模】面板中的【棱锥体】按钮，可以创建最多具有 32 个侧面的实体棱锥体。在创建过程中，可以使用相关的选项控制棱锥体的大小、形状和旋转。与圆锥体类似，棱锥体也有尖头棱锥体和实体棱台之分。

下面介绍创建尖头棱锥体和实体棱台的操作实例。

（1）在【快速访问】工具栏中单击【新建】按钮，在弹出的【选择样板】对话框中选择【acadiso3D.dwt】文件，单击【打开】按钮，并确保使用【三维建模】工作空间。在命令行中输入【PYRAMID】命令，指定底面的中心点为【0,0,0】，指定底面半径为【200】，指定高度为【400】，完成尖头棱锥体的绘制，如图 9-41 所示。

（2）在命令行中输入【PYRAMID】命令，根据命令行的提示输入【S】，输入侧面数为【6】，指定底面的中心点为【0,0,0】，指定底面半径为【100】，根据命令行的提示输入【T】，指定顶面半径为【50】，指定高度为【200】，完成实体棱台的绘制，如图 9-42 所示。

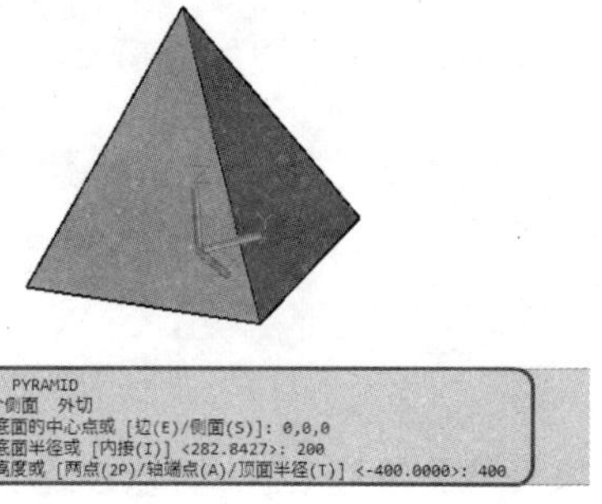

图 9-41 绘制尖头棱锥体

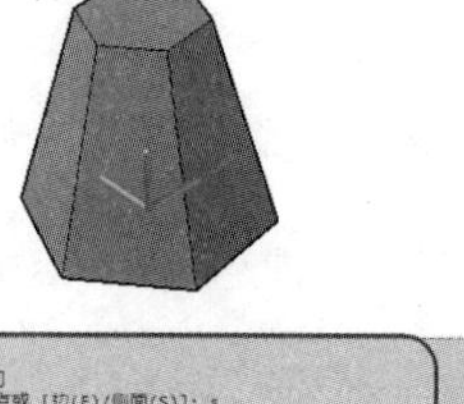

图 9-42 绘制实体棱台

9.2.9 通过拉伸创建三维实体

【拉伸】命令主要用于将二维封闭图形沿指定的路径拉伸为复杂的三维实体。在 AutoCAD 2017 中，执行【拉伸】命令的方法有以下几种。

- 在菜单栏中选择【绘图】|【建模】|【拉伸】命令。
- 在命令行中执行【EXTRUDE】命令。

在执行上述命令的过程中，命令行中各选项的含义如下。

- 方向：在默认情况下，对象可以沿 *Z* 轴方向拉伸，拉伸的高度可以为正值或负值，表示拉伸的方向。
- 路径：通过指定拉伸路径将对象拉伸为三维实体。拉伸路径可以是开放的，也可以是封闭的。
- 倾斜角：通过指定的角度拉伸对象。拉伸的角度值可以为正值或负值，其绝对值不大于 90°。在默认情况下，倾斜角为 0°，表示创建的实体侧面垂直于 *XY* 平面且没有锥度。若倾斜角度值为正值，则将产生内锥度，创建的侧面向里；若倾斜角度值为负值，则将产生外锥度，创建的侧面向外。

在执行上述任意一种操作后，具体操作过程如下。

（1）按【Ctrl+O】组合键，打开【素材】|【Cha09】|【拉伸素材.dwg】素材文件，如图 9-43 所示。

（2）在命令行中输入【EXTRUDE】命令，在绘图区中选择要拉伸的对象，如图 9-44 所示。

（3）按【Enter】键确认，根据命令行的提示输入【−30】，按【Enter】键完成拉伸，效果如图 9-45 所示。

（4）在命令行中输入【EXTRUDE】命令，在绘图区中选择另一个拉伸对象，按【Enter】

键确认，根据命令行的提示输入【-15】，按【Enter】键完成拉伸，如图 9-46 所示。

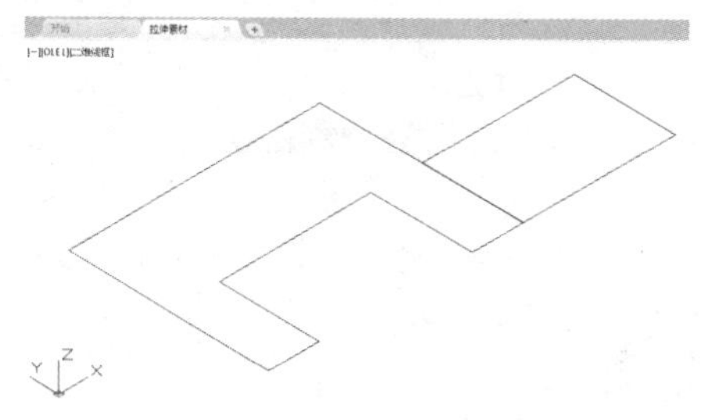

图 9-43　打开素材文件

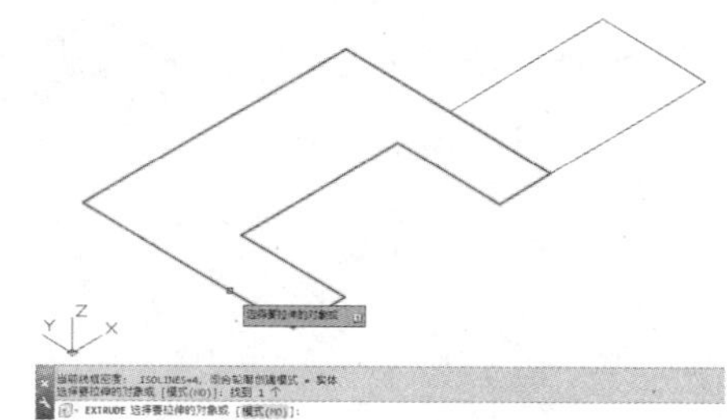

图 9-44　选择要拉伸的对象

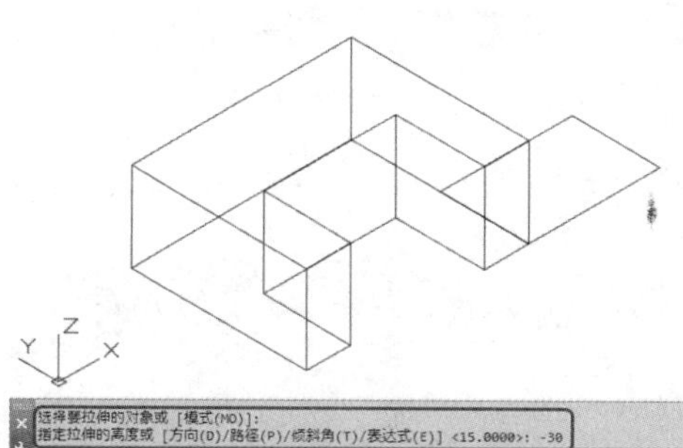

图 9-45　拉伸后的效果 1

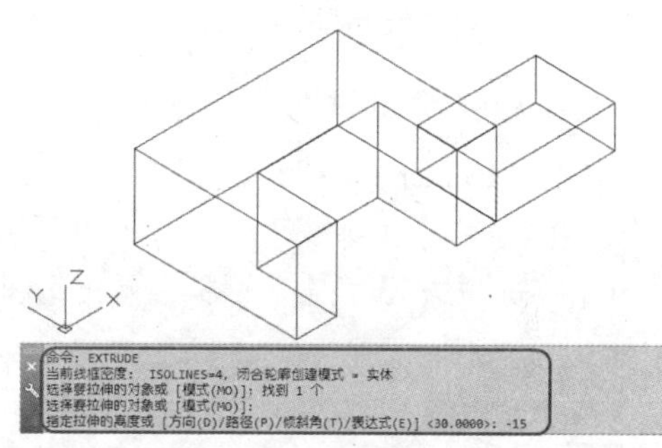

图 9-46　拉伸后的效果 2

（5）将视图样式设置为【概念】，效果如图 9-47 所示。

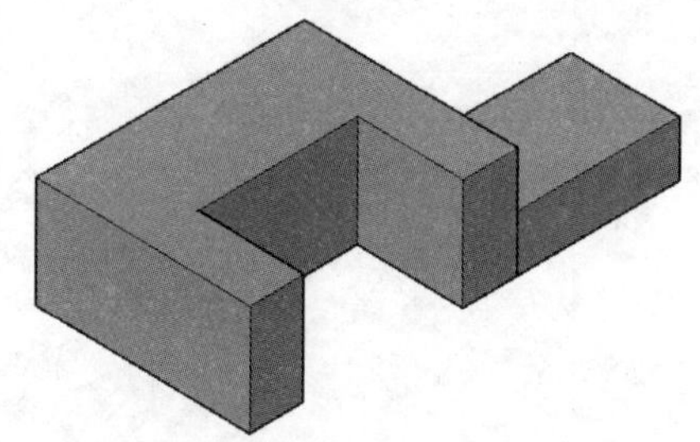

图 9-47　更改视图样式后的效果

9.2.10　通过放样创建三维实体

使用【放样】命令可以通过指定一系列横截面来创建新的实体或曲面。横截面可以是开放的，也可以是闭合的，通常为曲线或直线。在 AutoCAD 2017 中，执行【放样】命令的方法有以下几种。

- 在菜单栏中选择【绘图】|【建模】|【放样】命令。
- 在命令行中执行【LOFT】命令。

在执行上述任意一种操作后，具体操作过程如下。

（1）在俯视图中绘制半径为 45、50 的圆，切换至【西南等轴测】视图，并将它们上下调整一定的距离，如图 9-48 所示。

（2）在命令行中输入【LOFT】命令，根据命令行的提示在绘图区中选择要放样的对象，如图 9-49 所示。

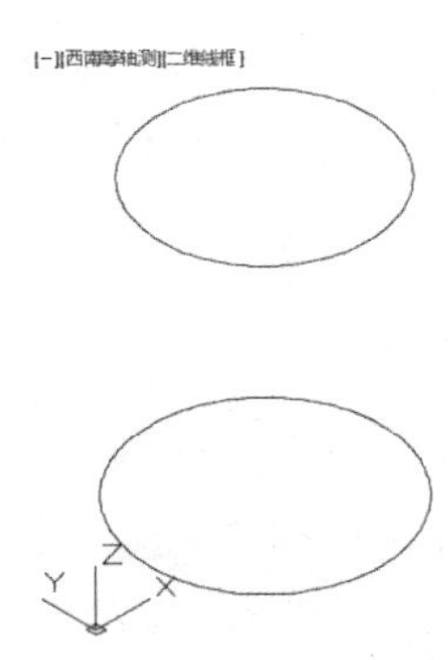

图 9-48　绘制圆并调整距离

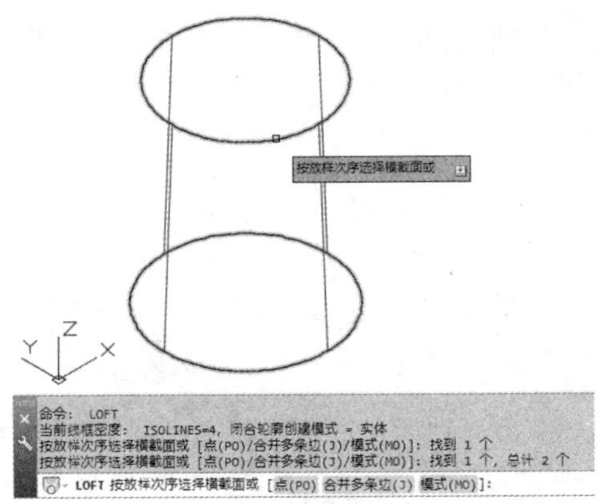

图 9-49　选择要放样的对象

（3）按【Enter】键确认，根据命令行的提示输入【S】，按【Enter】键确认，在弹出的对话框中选中【直纹】单选按钮，如图 9-50 所示。

（4）在【放样设置】对话框中单击【确定】按钮，完成放样，效果如图 9-51 所示。

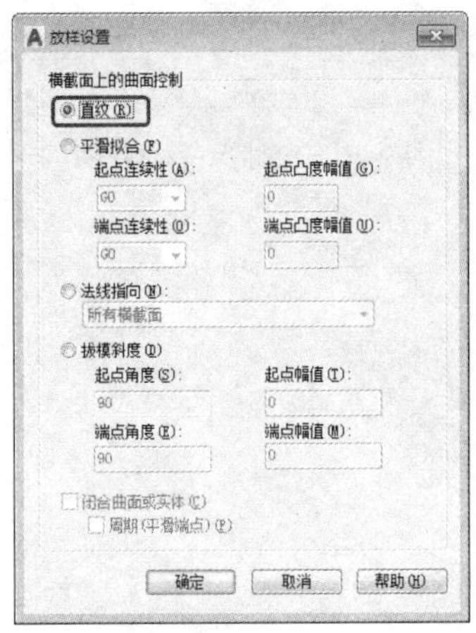

图 9-50　选中【直纹】单选按钮

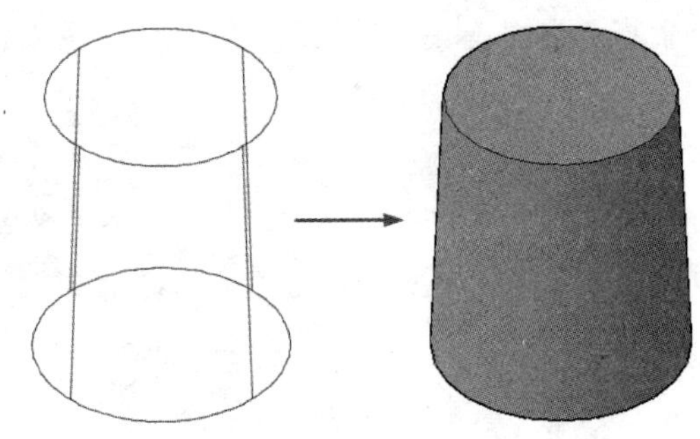
图 9-51　放样后的效果

在执行命令的过程中，命令行中部分选项的含义如下。

- 导向：指定控制放样实体或曲面形状的导向曲线。导向曲线是直线或曲线，可以通过将其他线框信息添加到对象中来进一步定义放样实体或曲面的形状。可以使用导向曲线控制点匹配相应的横截面，以避免出现不希望看到的效果。
- 路径：指定放样实体或曲面的单一路径。
- 仅横截面：弹出【放样设置】对话框。

9.2.11　通过旋转创建三维实体

在 AutoCAD 2017 中，也可以使用【旋转】命令使对象围绕指定的轴旋转来创建三维实体。执行【旋转】命令的方法有以下几种。

- 在菜单栏中选择【绘图】|【建模】|【旋转】命令。
- 在命令行中执行【REVOLVE】或【REV】命令。

在执行上述任意一种操作后，具体操作过程如下。

（1）按【Ctrl+O】组合键，打开【素材】|【Cha09】|【旋转素材.dwg】素材文件，如图 9-52 所示。

（2）在命令行中输入【REVOLVE】命令，根据命令行的提示在绘图区中选择要旋转的对象，如图 9-53 所示。

（3）按【Enter】键确认，在绘图中指定选择对象的垂直直线为旋转轴，根据命令行的提示输入【360】，按【Enter】键确认，效果如图 9-54 所示。

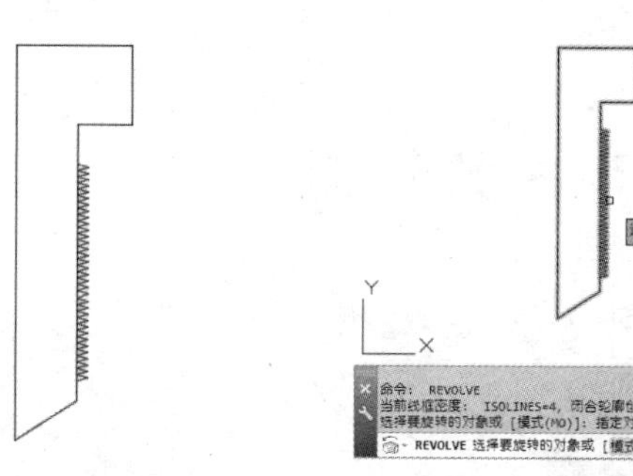

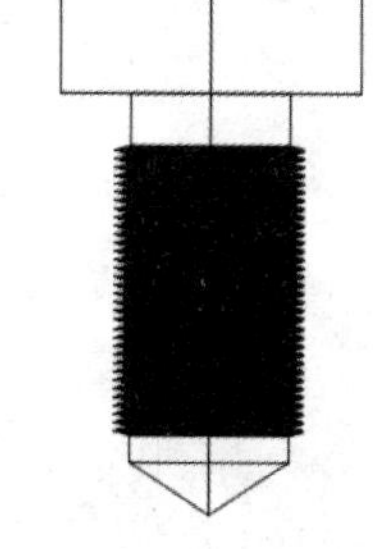

图 9-52　打开素材文件　　图 9-53　选择要旋转的对象　　图 9-54　旋转对象后的效果

在执行命令的过程中，命令行中各选项的含义如下。

- 对象：选择现有对象作为旋转对象时的参照轴。轴的正方向从该对象的最近端点指向最远端点，可以是直线、线性多段线、实体或曲面的线性边。
- X/Y/Z：使用当前 UCS 的 *X*、*Y* 或 *Z* 正方向轴作为旋转参照轴的正方向。
- 起点角度：指定从旋转对象所在平面开始的旋转偏移角度。

9.2.12　通过扫掠创建三维实体

使用【扫掠】命令可以将闭合的二维对象沿指定的路径创建为三维实体。在 AutoCAD 2017 中，执行【扫掠】命令的方法有以下几种。

- 在菜单栏中选择【绘图】|【建模】|【扫掠】命令。
- 在命令行中执行【SWEEP】命令。

在执行上述任意一种操作后，具体操作过程如下。

（1）使用【多边形】工具在场景中绘制侧面数为 6、内接于圆、半径为 1 的正六边形，然后使用【矩形】工具在场景中绘制长度为 4、宽度为 3 的矩形，效果如图 9-55 所示。

（2）在菜单栏中选择【绘图】|【建模】|【扫掠】命令，在场景中选择需要扫掠的对象，这里选择六边形，按【Enter】键，然后选择扫掠的路径，这里选择绘制的矩形，效果如图 9-56 所示。

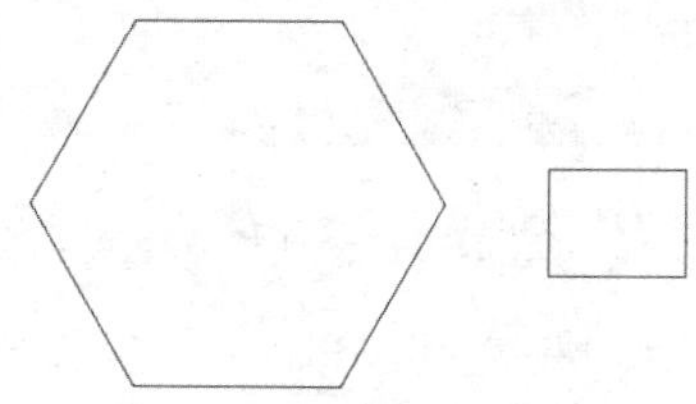

图 9-55　绘制图形后的效果

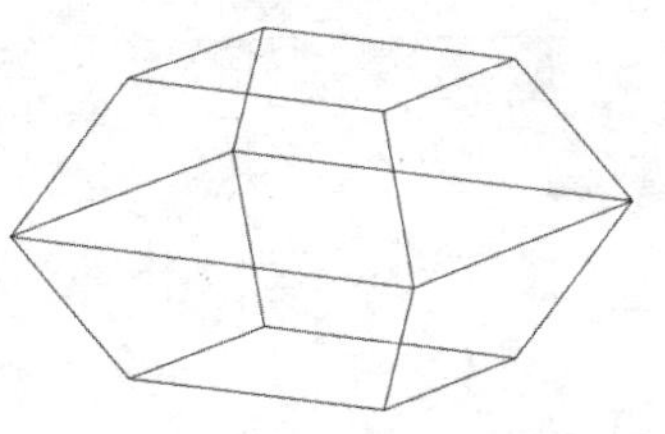

图 9-56　扫掠对象后的效果

在执行命令的过程中，命令行中各选项的含义如下。

- 对齐：指定是否对齐轮廓，以使其作为扫掠路径切向的方向。默认情况下为对齐轮廓。
- 基点：指定要扫掠对象的基点。如果指定的点不在选定对象所在的平面上，则该点将被投影到该平面上，并将投影点作为基点。
- 比例：指定进行扫掠操作的比例因子。从扫掠路径开始到结束，比例因子将被统一应用到扫掠的对象中。
- 扭曲：设置被扫掠对象的扭曲角度，即扫掠对象沿指定路径扫掠时的旋转量。如果被扫掠的对象为圆，则无须设置扭曲角度。

9.3　上机练习——绘制方墩

下面通过绘制方墩来学习三维实体的绘制方法，方墩效果如图 9-57 所示。

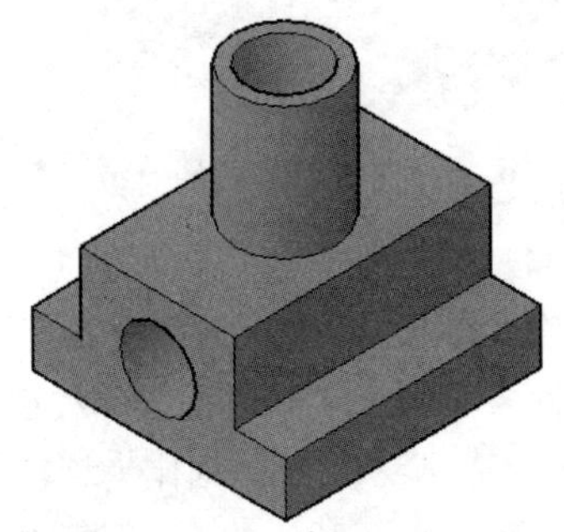

图 9-57　方墩效果

（1）将【视图】设置为【西南等轴测】，使用【长方体】工具，开启正交模式，在绘图区中的任意位置指定第一个角点，在命令行中输入【L】，绘制长度为 100、宽度为 100、高度为 20 的长方体，如图 9-58 所示。

（2）再次使用【长方体】工具，在绘图区中的任意位置指定第一个角点，在命令行中输入【@100,60,50】，如图 9-59 所示。

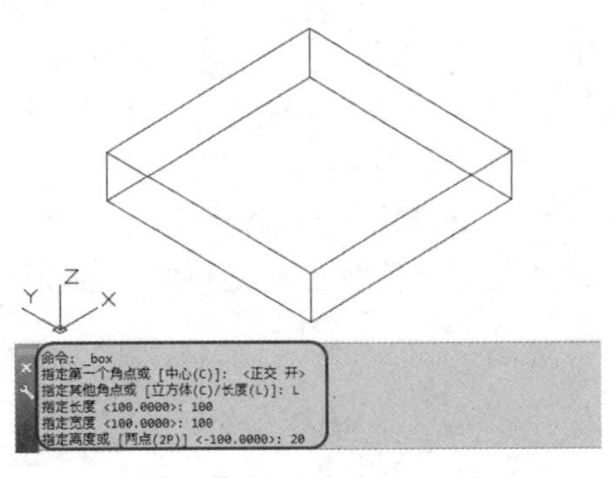

图 9-58　绘制长方体 1

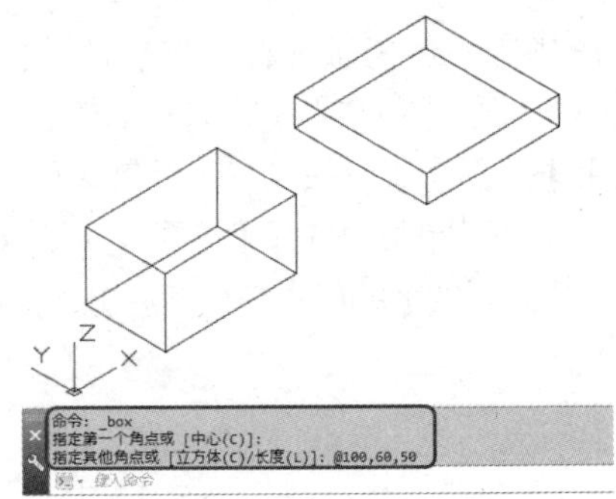

图 9-59　绘制长方体 2

（3）使用【直线】工具，绘制高度为 20 的长方体的顶面对角线，绘制高度为 50 的长方体的底面对角线，如图 9-60 所示。

（4）使用【移动】工具，捕捉高度为 50 的长方体的对角线中点，以高度为 20 的长方体的对角线中点为目标点进行移动，如图 9-61 所示。

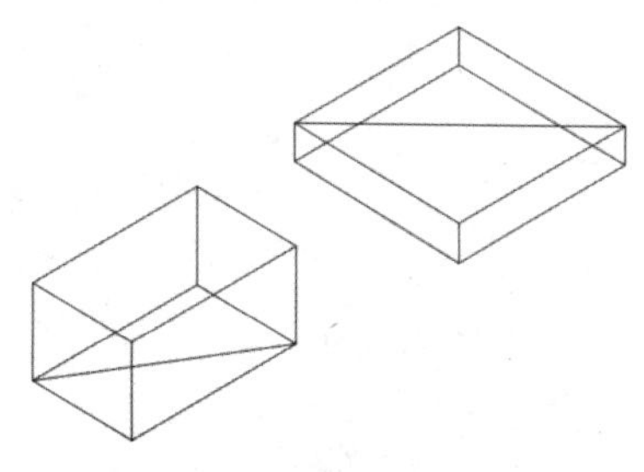

图 9-60　绘制直线 1

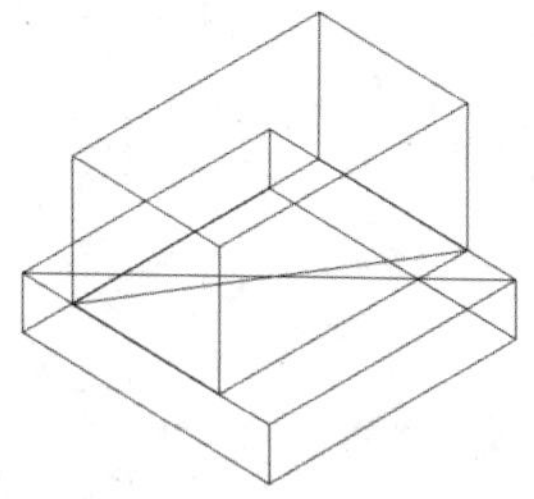

图 9-61　移动对象

（5）使用【直线】工具，绘制高度为 50 的长方体的顶面对角线，如图 9-62 所示。

（6）使用【圆柱体】工具，以步骤 5 绘制的直线中点为中心，绘制半径为 20、高度为 50 的圆柱体，如图 9-63 所示。

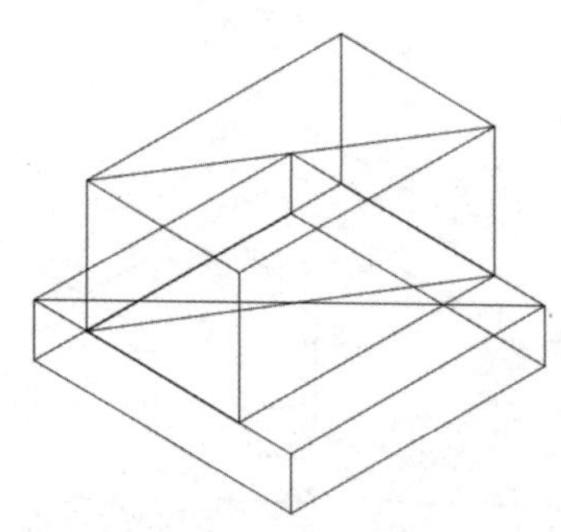

图 9-62　绘制直线 2

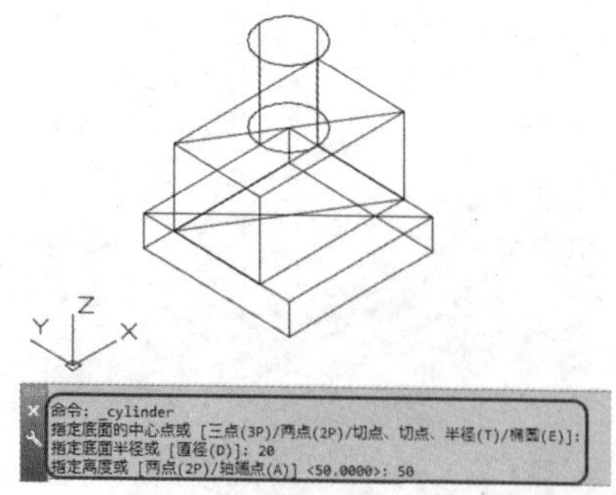

图 9-63　绘制圆柱体 1

（7）再次执行【CYLINDER】命令，在绘图区中捕捉圆柱体顶面的圆心为基点，根据命令行的提示输入【15】，按【Enter】键确认，向上移动鼠标光标，输入【-120】，按【Enter】键完成圆柱体的绘制，如图 9-64 所示。

（8）在绘图区中删除前面所绘制的对角线，使用【直线】工具绘制直线，如图 9-65 所示。

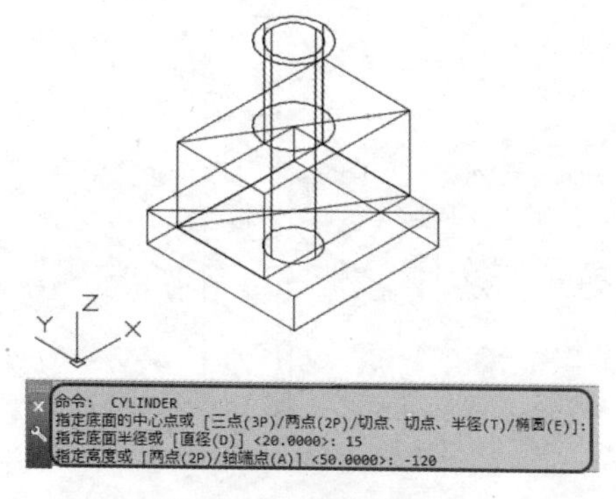

图 9-64　绘制圆柱体 2

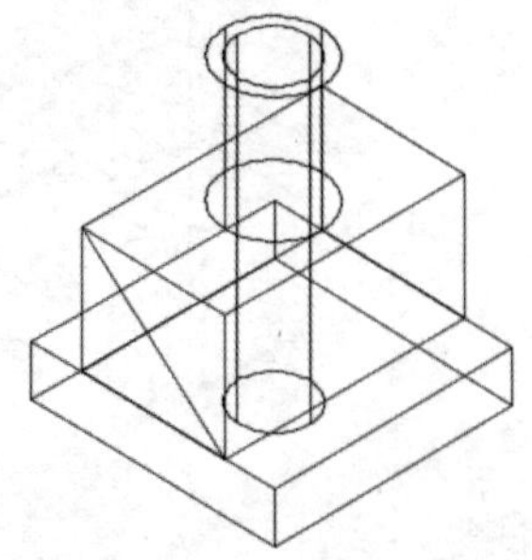

图 9-65　绘制直线 3

（9）切换至【左视】视图，在命令行中执行【CYLINDER】命令，在绘图区中捕捉对角线的中点，根据命令行的提示输入【15】，按【Enter】键确认，输入【-100】，按【Enter】键完成圆柱体的绘制，并使用【移动】工具移动其位置，如图 9-66 所示。

（10）删除多余的线段，如图 9-67 所示。

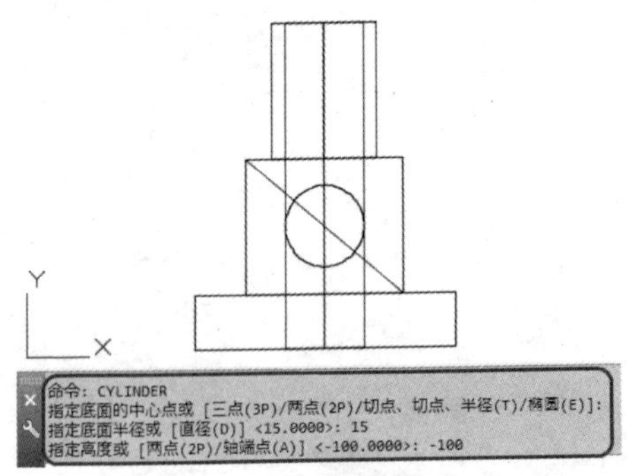

图 9-66　绘制圆柱体并移动位置

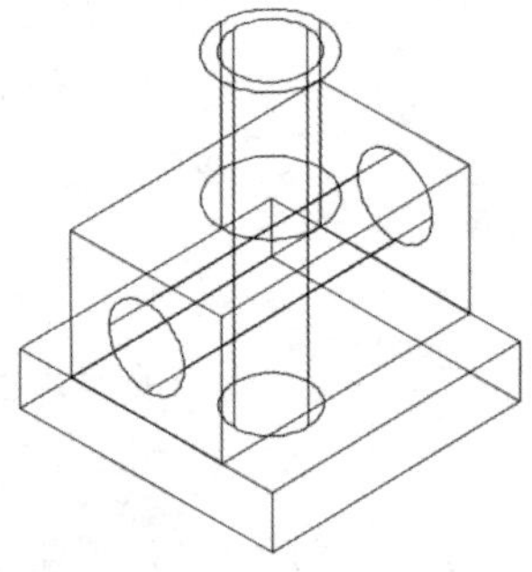

图 9-67　删除多余的线段

（11）使用【移动】工具，指定右下角的端点为移动基点，如图 9-68 所示。

（12）向上引导鼠标光标并输入【20】，移动后的效果如图 9-69 所示。

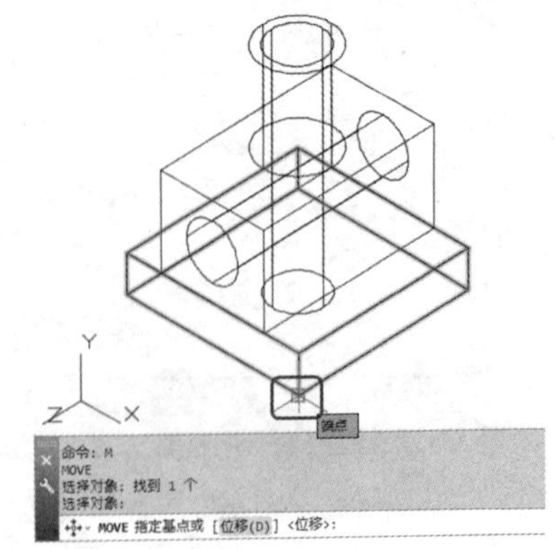

图 9-68　指定移动基点

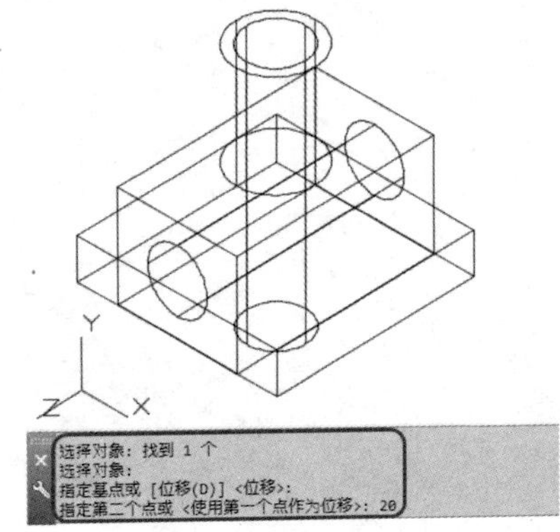

图 9-69　移动后的效果

（13）在命令行中执行【UNION】命令，在绘图区中选择如图 9-70 所示的 3 个并集对象。

（14）按【Enter】键确认，并集后的效果如图 9-71 所示。

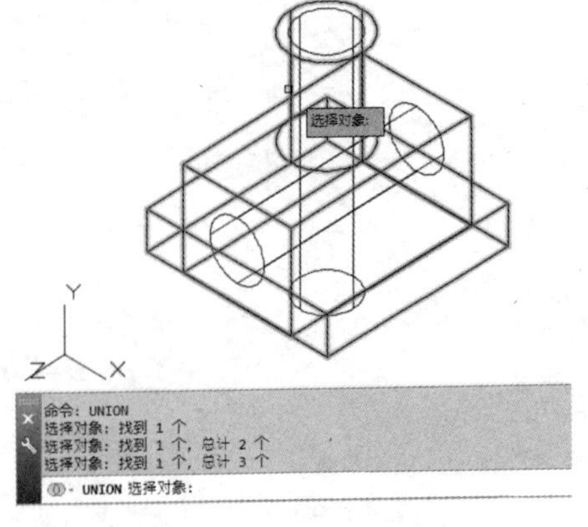

图 9-70　选择并集对象

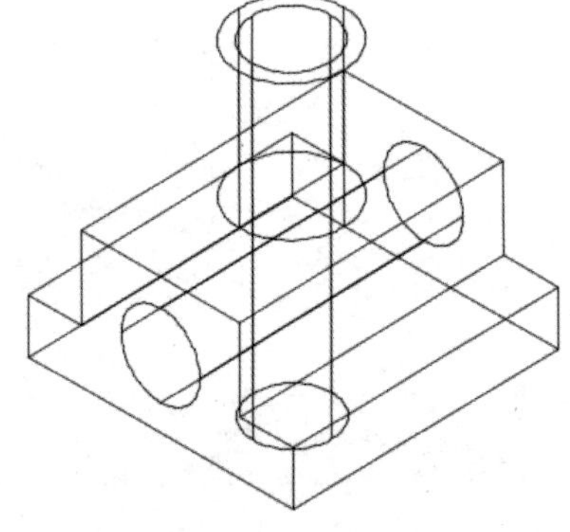

图 9-71　并集后的效果

（15）在命令行中执行【SUBTRACT】命令，在绘图区中选择如图 9-72 所示的要减去的实体对象。

（16）按【Enter】键确认，再次在绘图区中选择要减去的实体对象，如图 9-73 所示。

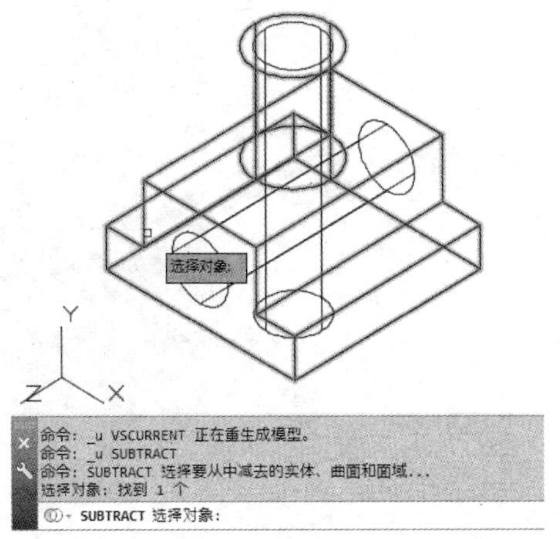

图 9-72　选择要减去的实体对象 1

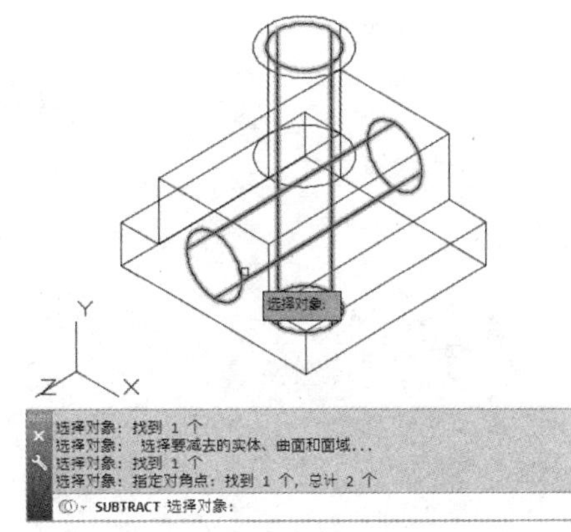

图 9-73　选择要减去的实体对象 2

（17）差集后的效果如图 9-74 所示。

（18）按【Enter】键确认，将视觉样式设置为【概念】，在绘图区中查看制作完成后的效果，如图 9-75 所示。

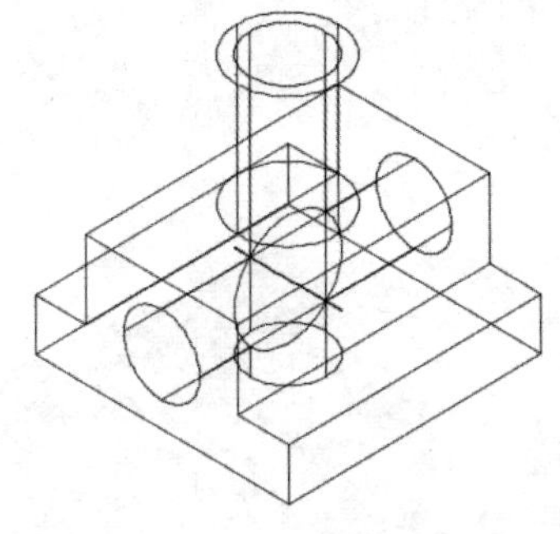

图 9-74　差集后的效果

图 9-75　制作完成后的效果

习题与训练

项目练习　绘制三角带轮

效果展示：	操作要领： （1）使用【多段线】和【直线】工具绘制三角带轮的二维图形。 （2）在命令行中执行【REV】命令，旋转对象。 （3）在命令行中执行【3DARR】命令，阵列对象，完成三角带轮的绘制。

第 10 章 三维实体的编辑

10 Chapter

本章导读：

基础知识
- ◈ 编辑三维实体
- ◈ 编辑实体边、面

重点知识
- ◈ 绘制连接盘
- ◈ 绘制盖
- ◈ 绘制深沟球轴承
- ◈ 绘制轴底座

上一章讲解了绘制三维实体的工具，本章主要讲解编辑三维实体的工具，其中部分编辑工具和二维图形的编辑工具的功能相似，例如，三维镜像工具和二维镜像工具的功能相似。

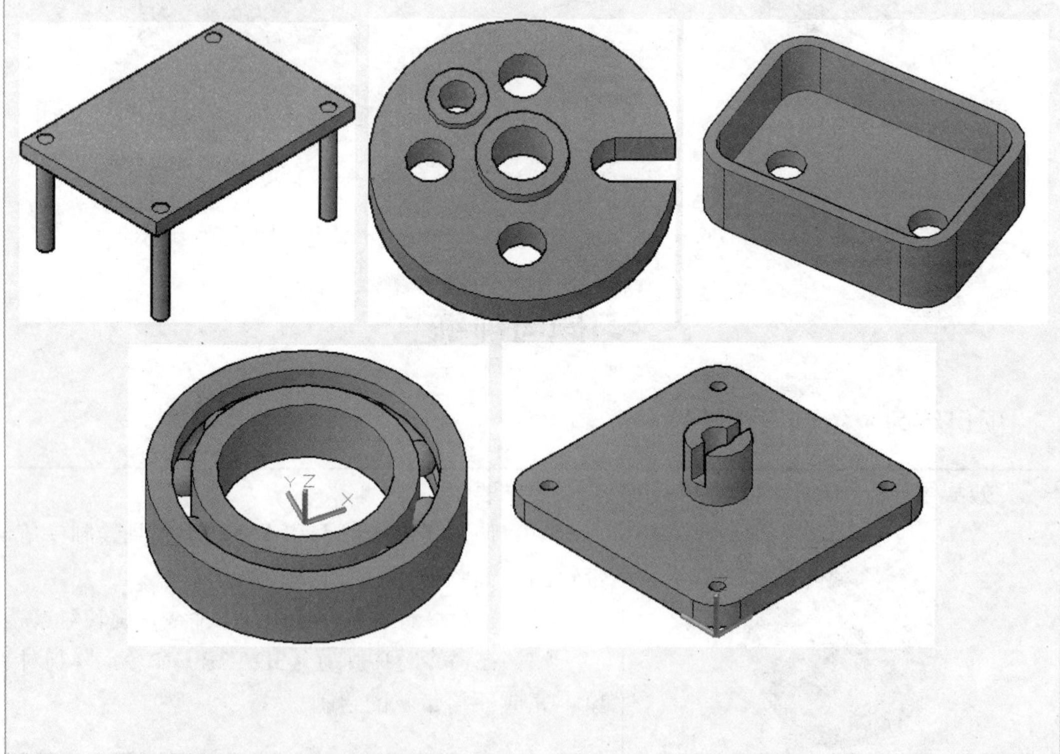

10.1 任务32：三维桌子——创建矩形阵列

在输入三维矩形阵列时，需要为对象指定行数、列数、层数和行间距、列间距、层间距参数。下面将通过三维桌子介绍如何创建矩形阵列，其效果如图10-1所示。具体操作步骤如下。

图10-1 三维桌子效果

10.1.1 任务实施

（1）启动AutoCAD 2017，打开【素材】|【Cha10】|【三维桌子素材.dwg】素材文件，如图10-2所示。

（2）在命令行中输入【3DARRAY】命令，并按【Enter】键确认，根据命令行的提示，在绘图区中选择圆柱体作为阵列对象，如图10-3所示。

图10-2 打开素材文件

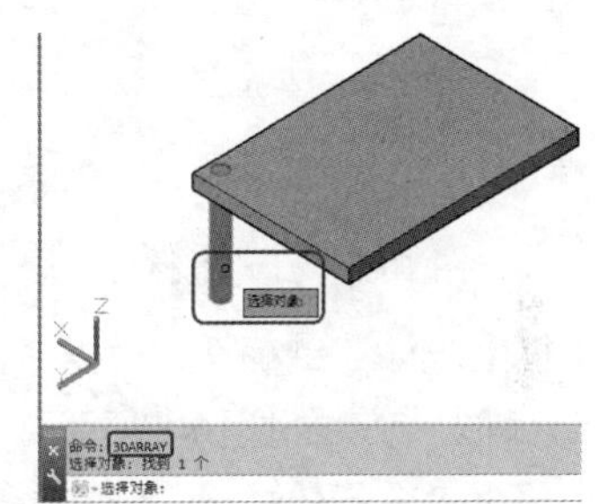

图10-3 选择阵列对象

（3）按【Enter】键确认，根据命令行的提示输入【R】，如图10-4所示。

（4）按【Enter】键确认，然后根据命令行的提示分别输入【2】、【2】、【-150】和【-103】，按【Enter】键完成矩形阵列，效果如图10-5所示。

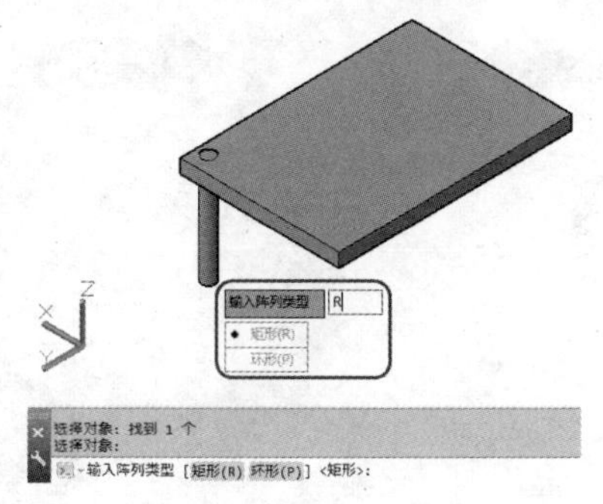

图10-4 输入阵列类型

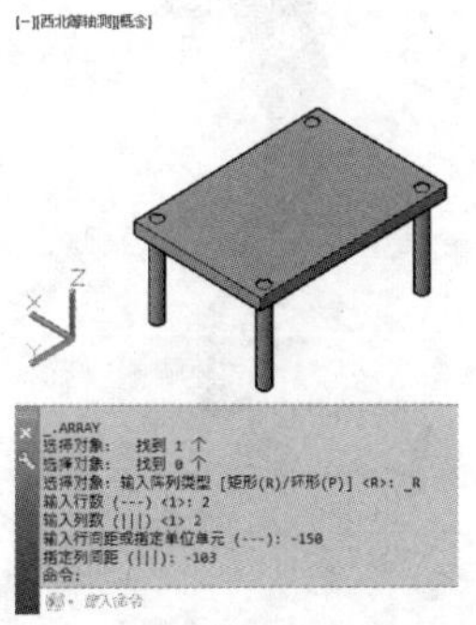

图10-5 完成矩形阵列后的效果

10.1.2 三维对齐

使用【三维对齐】命令需要指定源对象和目标对象的对齐点，使源对象与目标对象对齐。在 AutoCAD 2017 中，用户可以通过以下 3 种方法执行【三维对齐】命令。

- 功能区选项卡：在【三维建模】工作空间的功能区选项卡中选择【常用】选项卡，在【修改】面板中单击【三维对齐】按钮。
- 菜单：在菜单栏中选择【修改】|【三维操作】|【三维对齐】命令。
- 命令：在命令行中输入【3DALIGN】命令，并按【Enter】键确认。

（1）启动 AutoCAD 2017，打开【素材】|【Cha10】|【三维对齐素材.dwg】素材文件，如图 10-6 所示。

（2）在命令行中输入【3DALIGN】命令，按【Enter】键确认，然后根据命令行的提示，在绘图区中选择如图 10-7 所示的对象。

图 10-6　打开素材文件　　　图 10-7　选择对象

（3）按【Enter】键确认，根据命令行的提示，依次单击 A 点、B 点和 C 点，指定源对象上的 3 个点，即基点，如图 10-8 所示。

（4）根据命令行的提示，依次单击 A 点、B 点和 C 点，指定另一个三维对象（目标对象）上的 3 个点，即目标点，如图 10-9 所示。

（5）基点和目标点指定完成后，即可完成三维对齐，切换视图观察效果即可，如图 10-10 所示。

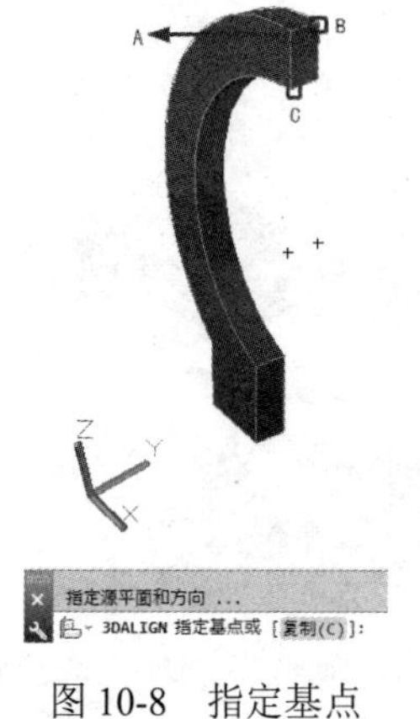

图 10-8　指定基点

图 10-9 指定目标点

图 10-10　三维对齐效果

10.1.3 三维镜像

【三维镜像】命令用于创建以镜像平面为对称面的三维对象，其使用方法与二维镜像命令基本类似。

在 AutoCAD 2017 中，用户可以通过以下 3 种方法执行【三维镜像】命令。

- 功能区选项卡：在【三维建模】工作空间的功能区选项卡中选择【常用】选项卡，在【修改】面板中单击【三维镜像】按钮。
- 菜单：在菜单栏中选择【修改】|【三维操作】|【三维镜像】命令。
- 命令：在命令行中输入【MIRROR3D】命令，并按【Enter】键确认。

（1）启动 AutoCAD 2017，按【Ctrl+O】组合键，在打开的对话框中选择【三维镜像素材.dwg】素材文件，如图 10-11 所示，单击【打开】按钮，打开素材文件，如图 10-12 所示。

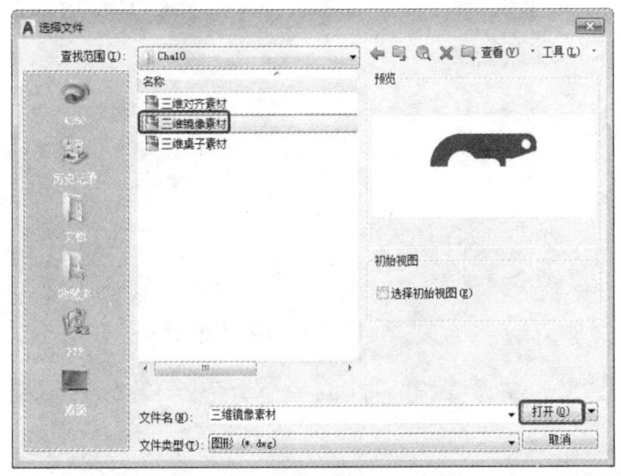

图 10-11 选择素材文件

图 10-12 打开的素材文件

（2）在命令行中输入【MIRROR3D】命令，按【Enter】键认，然后根据命令行的提示，在绘图区中选择要镜像的对象，按【Enter】键确认。根据命令行的提示，依次单击 A 点、B 点和 C 点，指定镜像平面的 3 个点，如图 10-13 所示。

（3）根据命令行的提示，输入【N】，并按【Enter】键确认，镜像后的效果如图 10-14 所示。

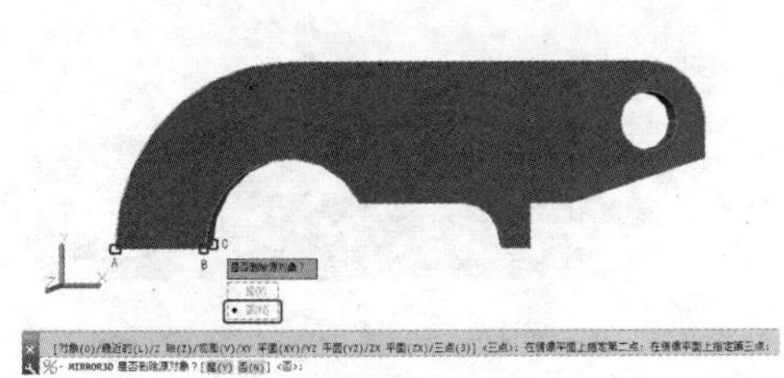

图 10-13 指定镜像点

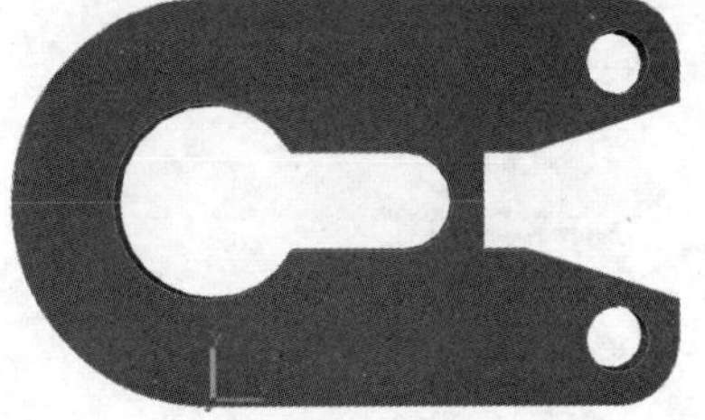

图 10-14 镜像后的效果

10.1.4 三维旋转

使用【三维旋转】命令可以利用在视图中显示的三维旋转控件，沿指定旋转轴（*X* 轴、*Y* 轴和 *Z* 轴）进行自由旋转。

在 AutoCAD 2017 中，用户可以通过以下 3 种方法执行【三维旋转】命令。

- 功能区选项卡：在【三维建模】工作空间的功能区选项卡中选择【常用】选项卡，在【修改】面板中单击【三维旋转】按钮。
- 菜单：在菜单栏中选择【修改】|【三维操作】|【三维旋转】命令。
- 命令：在命令行中输入【3DROTATE】命令，并按【Enter】键确认。

（1）启动 AutoCAD 2017，打开【素材】|【Cha10】|【三维旋转素材.dwg】素材文件，在菜单栏中选择【修改】|【三维操作】|【三维旋转】命令，根据命令行的提示，选择如图 10-15 所示的对象作为旋转对象。

（2）按【Enter】键确认，根据命令行的提示在绘图区中指定轴心为基点，如图 10-16 所示。

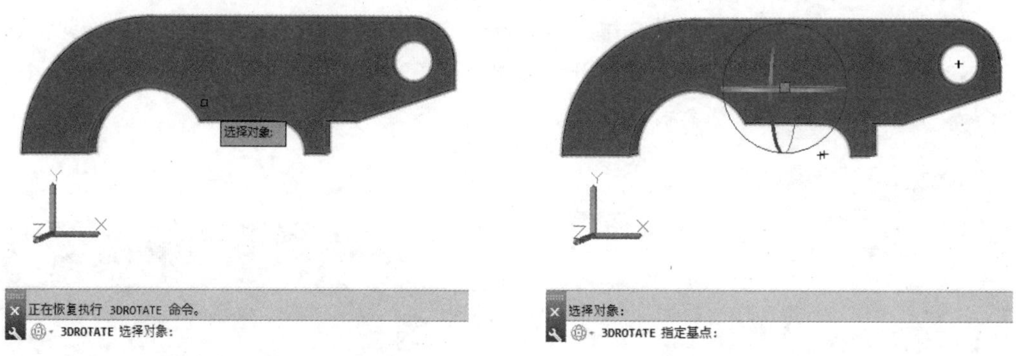

图 10-15　选择旋转对象　　　　图 10-16　指定基点

（3）根据命令行的提示，单击红色圆圈，指定 X 轴为旋转轴，此时会显示出一条红色直线，如图 10-17 所示。

（4）在命令行中根据提示输入旋转角度值为【180】，旋转后的效果如图 10-18 所示。

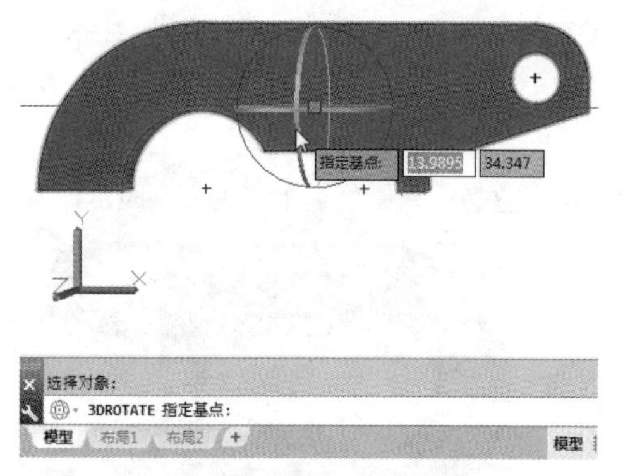

图 10-17　指定旋转轴

图 10-18　旋转后的效果

10.1.5　三维阵列

三维阵列与二维阵列相似，除了需要指定列数和行数，还需要指定图层数（Z 方向）。三维阵列也分为矩形阵列和环形阵列。

在 AutoCAD 2017 中，用户可以通过以下 2 种方法调用【三维阵列】命令。

- 菜单：在菜单栏中选择【修改】|【三维操作】|【三维阵列】命令。
- 命令：在命令行中输入【3DARRAY】命令，并按【Enter】键确认。

在创建三维环形阵列时，需要为对象指定项目数目、填充角度、是否旋转，以及旋转轴的起点和端点。下面将介绍如何创建三维环形阵列，具体操作步骤如下。

（1）启动 AutoCAD 2017，打开【素材】|【Cha10】|【三维阵列素材.dwg】素材文件，如图 10-19 所示。

（2）在菜单栏中选择【修改】|【三维操作】|【三维阵列】命令，如图 10-20 所示，然后根据命令行的提示，在绘图区中选择球体作为阵列对象，如图 10-21 所示。

（3）按【Enter】键确认，根据命令行的提示依次输入【P】、【6】、【360】和【Y】，如图 10-22 所示。

图 10-19　打开素材文件

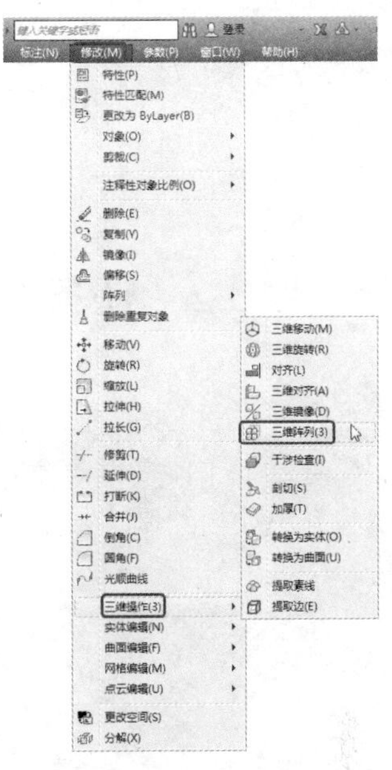

图 10-20　选择【三维阵列】命令

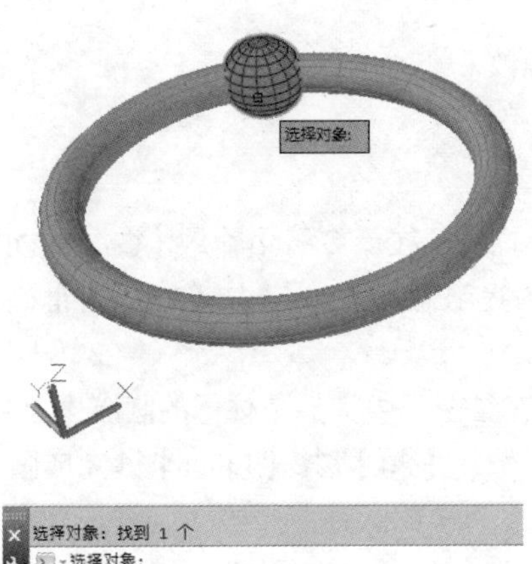

图 10-21　选择阵列对象

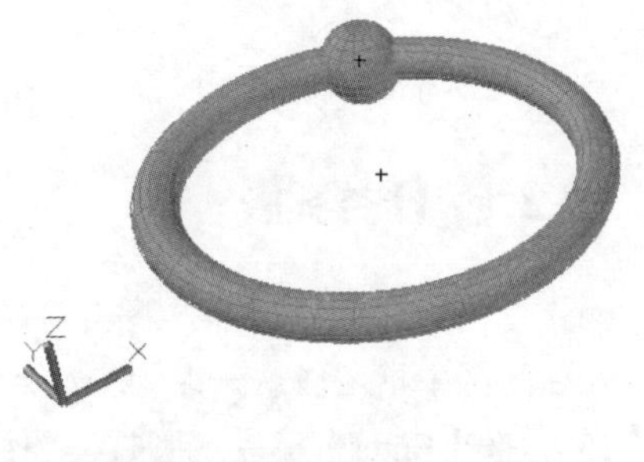

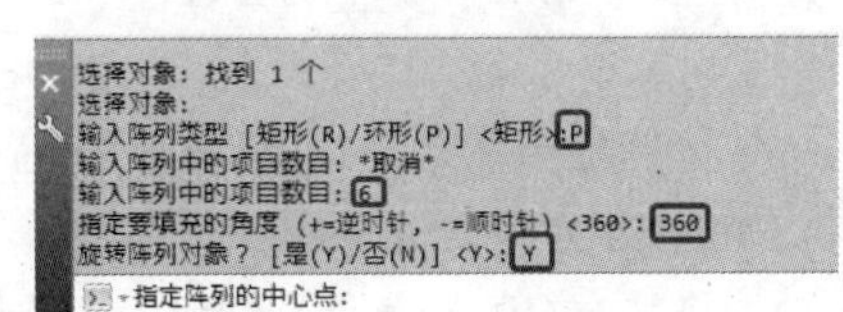

图 10-22　设置环形阵列参数

（4）在绘图区中选择圆环的圆心作为阵列的中心点，按【F8】键打开正交模式，向上引导鼠标光标至合适位置并单击，指定旋转轴上的第二点，如图 10-23 所示。

（5）创建三维环形阵列后的效果如图 10-24 所示。

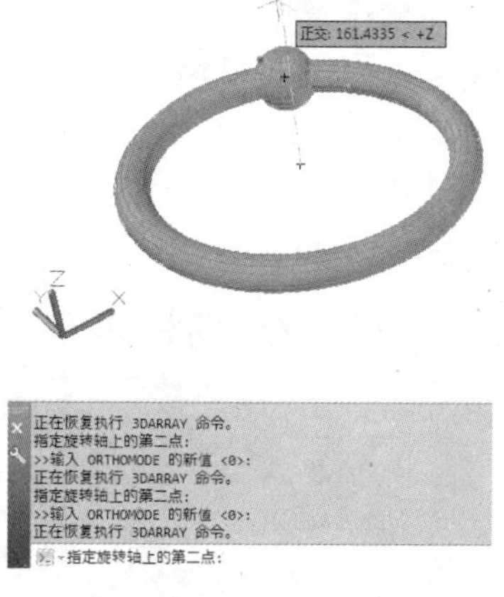

图 10-23　指定旋转轴上的第二点

图 10-24　创建三维环形阵列后的效果

10.2　任务 33：连接盘——编辑三维实体

在三维空间中，可以对整个三维实体进行编辑操作。AutoCAD 2017 提供了倒角、圆角、剖切和加厚等三维实体编辑命令。

下面将介绍如何绘制连接盘，其效果如图 10-25 所示。具体操作步骤如下。

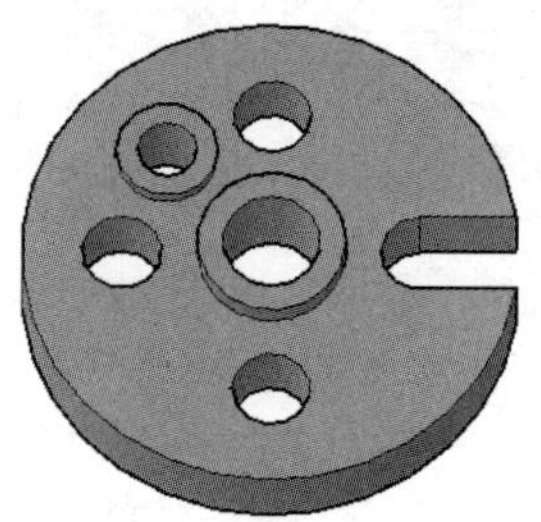

图 10-25　连接盘效果

10.2.1　任务实施

（1）新建一个图纸文件，将当前视图设置为【前视】，在命令行中输入【CYLINDER】命令，在绘图区中指定任意一点为中心点，根据命令的提示输入【50】，按【Enter】键确认，输入【15】，按【Enter】键完成圆柱体的绘制，如图 10-26 所示。

（2）再次在命令行中输入【CYLINDER】命令，在绘图区中捕捉圆柱体的圆心作为中心点，根据命令行的提示输入【15】，按【Enter】键确认，输入【20】，按【Enter】键完成圆柱体的绘制，如图 10-27 所示。

（3）将当前视图设置为【左视】，将视觉样式设置为【概念】，在绘图区中选择小圆柱体，在 Y 轴上单击，向左移动鼠标光标，输入【15】，按【Enter】键完成圆柱体的移动，如图 10-28 所示。

（4）切换至【前视】视图，在命令行中输入【UNION】命令，在绘图区中选择两个圆柱体作为并集对象，如图 10-29 所示。

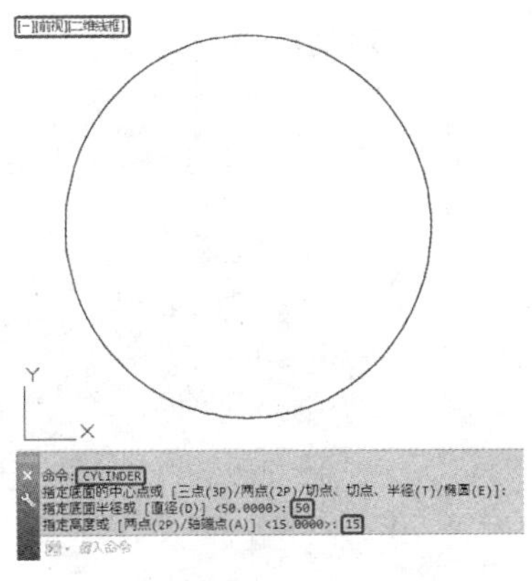

图 10-26　绘制圆柱体 1

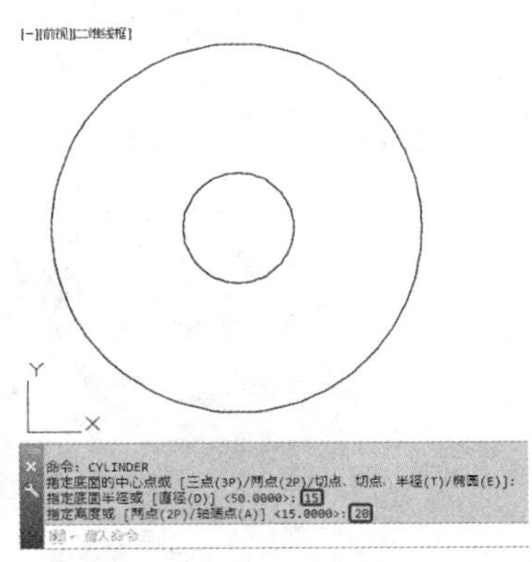

图 10-27　绘制圆柱体 2

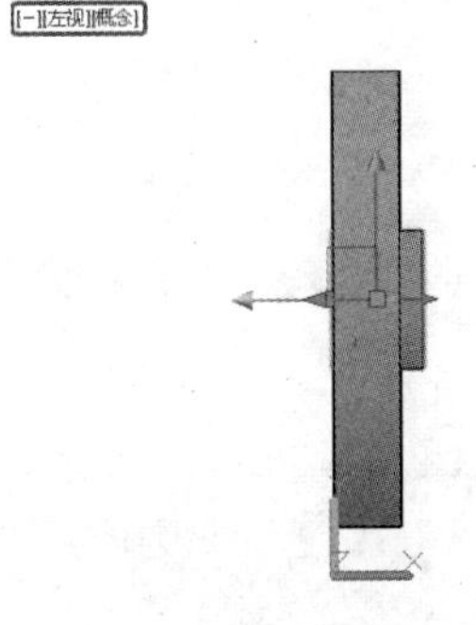

图 10-28　移动圆柱体 1

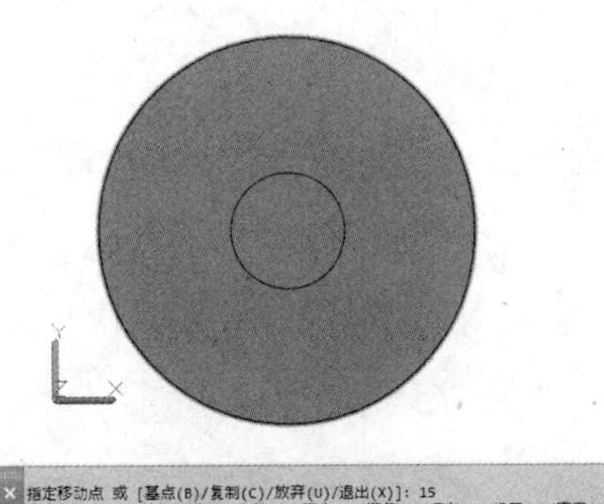

图 10-29　选择并集对象 1

（5）按【Enter】键完成对选中对象的并集运算，在命令行中输入【CYLINDER】命令，捕捉圆柱体的圆心作为中心点，根据命令行的提示输入【10】，按【Enter】键确认，输入【20】，按【Enter】键完成圆柱体的绘制，如图 10-30 所示。

（6）将当前视图设置为【左视】，在绘图区中选择新绘制的圆柱体，在 *Y* 轴上单击，向左移动鼠标光标，输入【20】，按【Enter】键完成圆柱体的移动，如图 10-31 所示。

图 10-30　绘制圆柱体 3

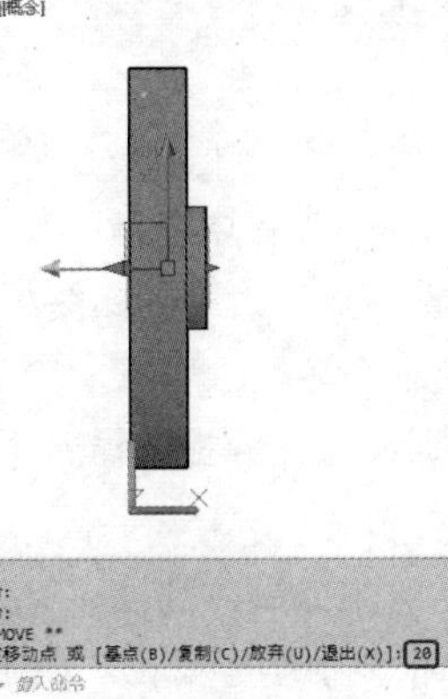

图 10-31　移动圆柱体 2

（7）切换至【前视】视图，在命令行中输入【SUBTRACT】命令，在绘图区中选择要减去的实体对象，如图 10-32 所示。

（8）按【Enter】键确认，再次在绘图区中选择要减去的实体对象，如图 10-33 所示。

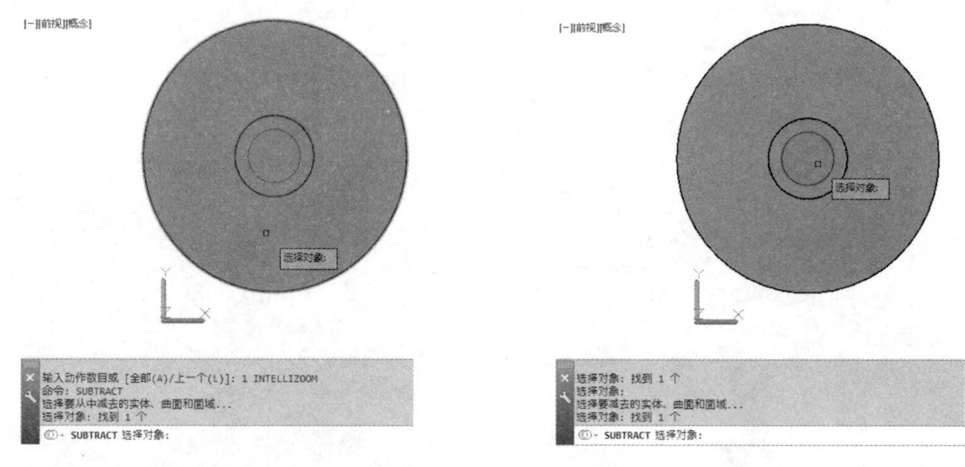

图 10-32　选择要减去的实体对象 1　　　　图 10-33　选择要减去的实体对象 2

（9）按【Enter】键完成对选中对象的差集运算，效果如图 10-34 所示。

（10）将视觉样式设置为【二维线框】，在命令行中输入【CIRCLE】命令，在绘图区中捕捉圆柱体的圆心作为基点，根据命令行的提示输入【30】，按【Enter】键完成圆的绘制，如图 10-35 所示。

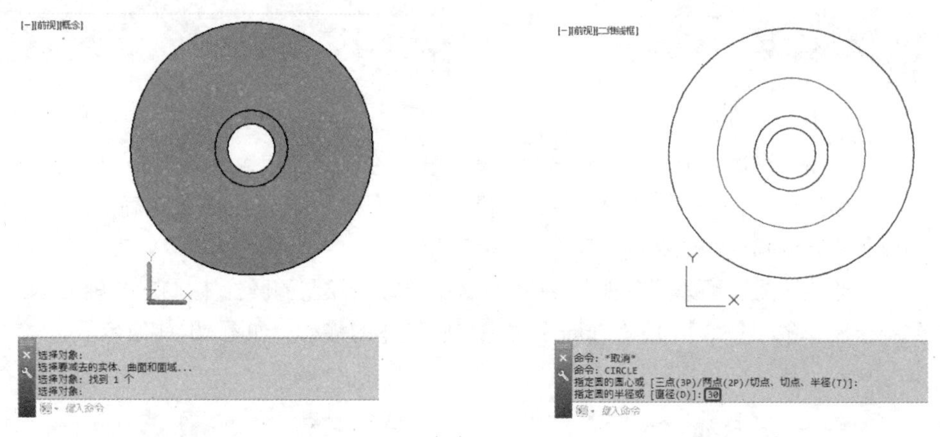

图 10-34　差集运算后的效果 1　　　　图 10-35　绘制圆

（11）在命令行中输入【XLINE】命令，在绘图区中以圆心为基点，按住【F8】键绘制两条水平垂直相交的射线，如图 10-36 所示。

（12）在命令行中输入【CYLINDER】命令，在绘图区中捕捉如图 10-37 所示的交点作为中心点，根据命令行的提示输入【8】，按【Enter】键确认，输入【15】，按【Enter】键完成圆柱体的绘制。

（13）选中绘制的圆柱体，在命令行中输入【ARRAYPOLAR】命令，以射线的中心点为基点，根据命令行的提示输入【I】，按【Enter】键确认，输入【4】，按【Enter】键确认，再次按【Enter】键完成阵列，效果如图 10-38 所示。

（14）选择阵列后的对象，在命令行中输入【EXPLODE】命令，将阵列后的对象进行分解，效果如图 10-39 所示。

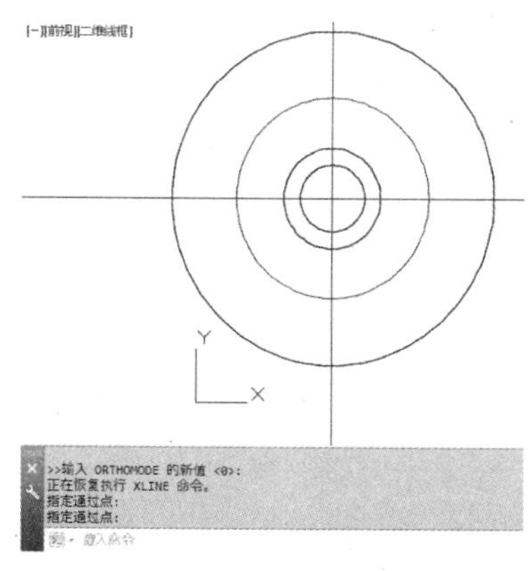

图 10-36　绘制射线

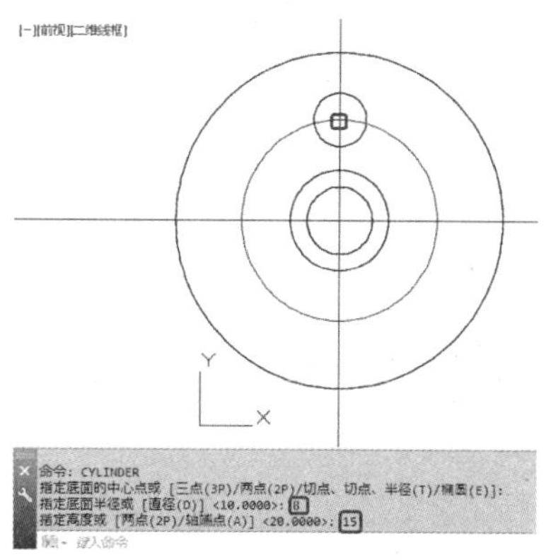

图 10-37　绘制圆柱体 4

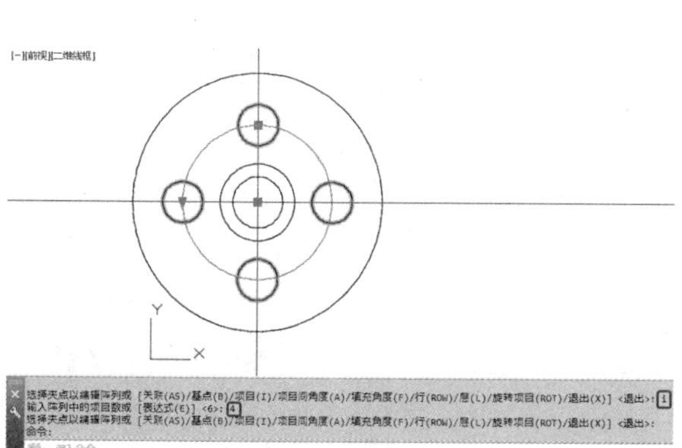

图 10-38　阵列后的效果

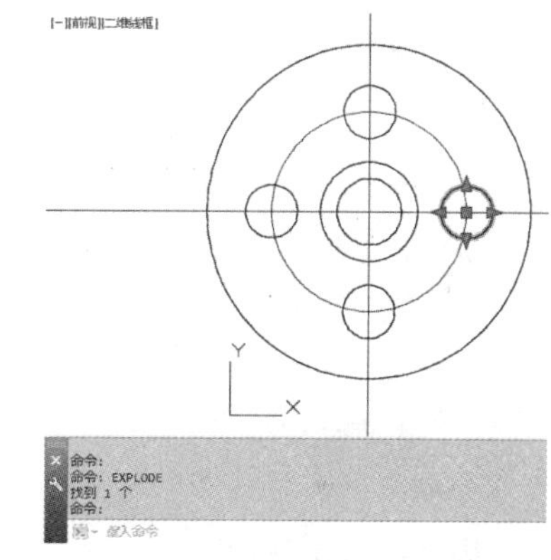

图 10-39　分解对象后的效果

（15）在命令行中输入【UNION】命令，在绘图区中选择分解后的 4 个圆柱体，如图 10-40 所示。

（16）按【Enter】键确认，即可对选中的对象进行并集运算。在命令行中输入【SUBTRACT】命令，在绘图区中选择要减去的实体对象，如图 10-41 所示。

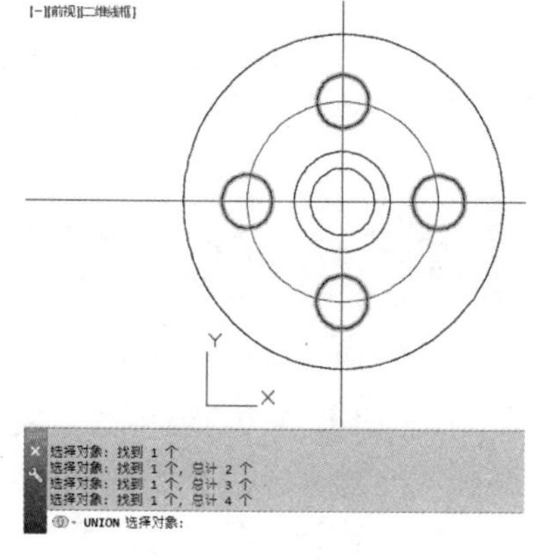

图 10-40　选择圆柱体

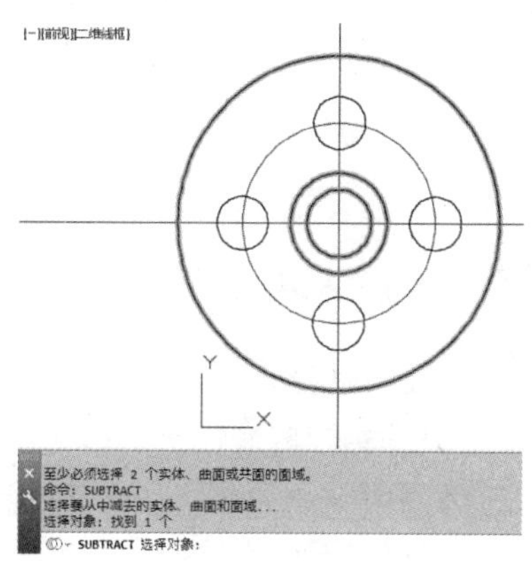

图 10-41　选择要减去的实体对象 3

（17）按【Enter】键确认，在绘图区中选择进行并集运算后的 4 个圆柱体对象作为要减去的实体对象，如图 10-42 所示。

（18）按【Enter】键，即可完成对选中对象的差集运算，在绘图区中选择垂直的射线，在命令行中输入【ROTATE】命令，指定射线的中点为基点，根据命令行的提示输入【-45】，按【Enter】键完成射线的旋转，如图 10-43 所示。

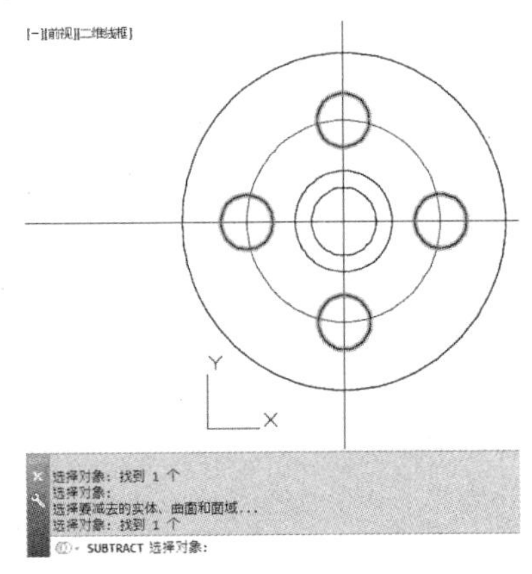

图 10-42　选择要减去的实体对象 4

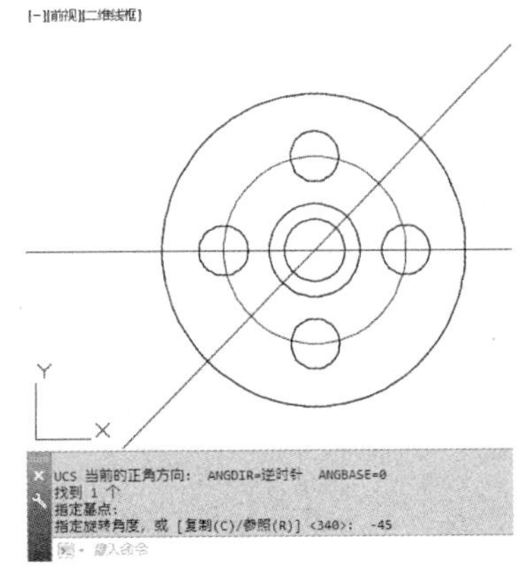

图 10-43　旋转射线

（19）在命令行中输入【CYLINDER】命令，在绘图区中捕捉如图 10-44 所示的交点作为中心点，根据命令行的提示输入【10】，按【Enter】键确认，输入【18】，按【Enter】键完成圆柱体的绘制。

（20）在命令行中再次输入【CYLINDER】命令，在绘图区中捕捉刚绘制的圆柱体的底面圆心作为中心点，根据命令行的提示输入【6】，按【Enter】键确认，输入【18】，按【Enter】键完成圆柱体的绘制，如图 10-45 所示。

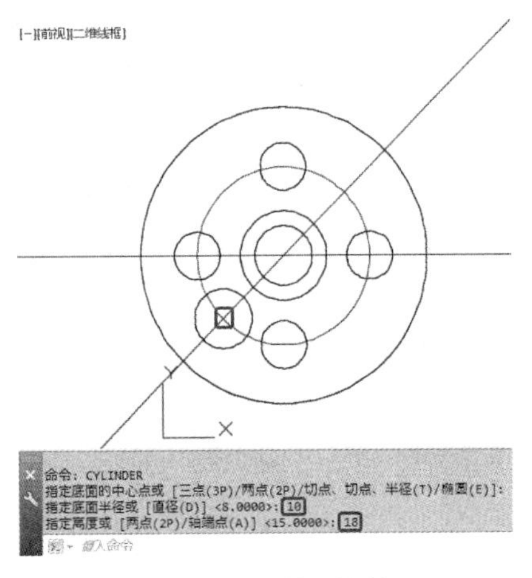

图 10-44　绘制圆柱体 5

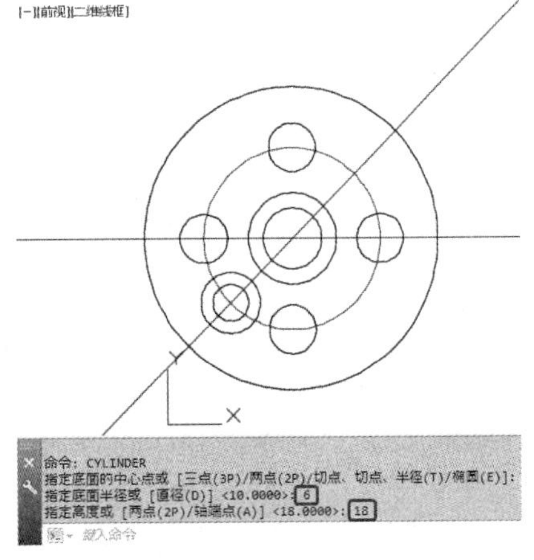

图 10-45　绘制圆柱体 6

（21）将当前视图设置为【左视】，将视觉样式设置为【概念】，在绘图区中选中新绘制的两个圆柱体，在 Y 轴上单击，向左移动鼠标光标，输入【15】，按【Enter】键完成圆柱体的移动，如图 10-46 所示；在绘图区中选中新绘制的小圆柱体，在 Y 轴上单击，向左移动鼠标光标，输入【18】，按【Enter】键完成圆柱体的移动，如图 10-47 所示。

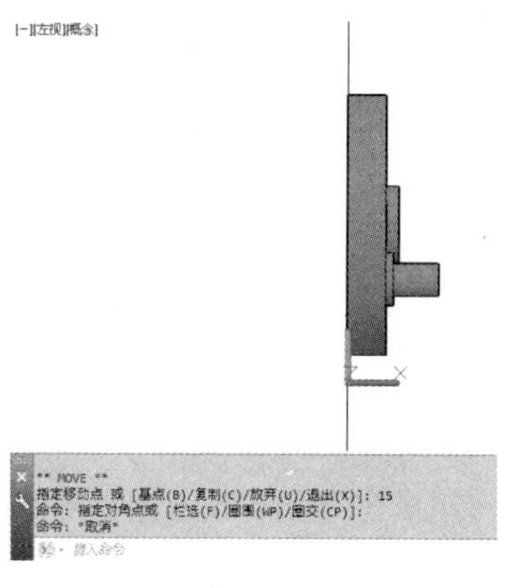
图 10-46　移动圆柱体 3

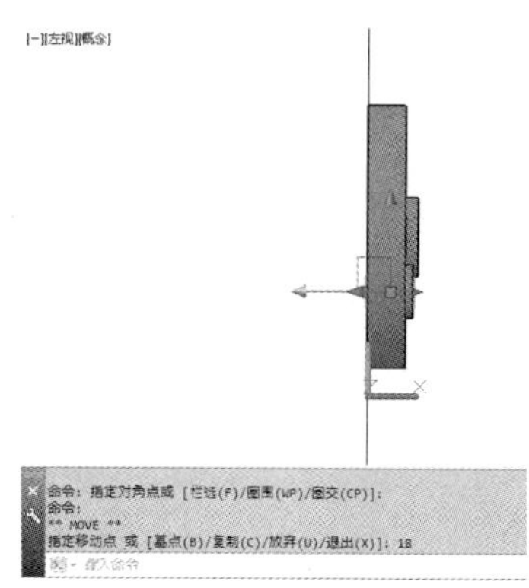
图 10-47　移动圆柱体 4

（22）将当前视图设置为【前视】，在命令行中输入【UNION】命令，在绘图区中选择除半径为 6 的圆柱体外的其他实体对象作为并集对象，如图 10-48 所示。

（24）按【Enter】键确认，在绘图区中选择要减去的实体对象，如图 10-49 所示。

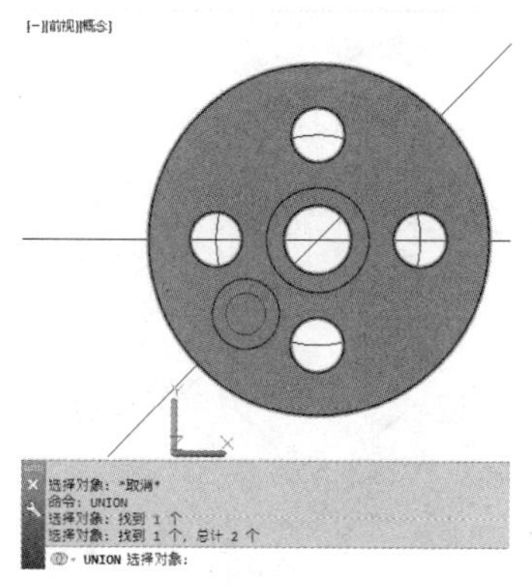
图 10-48　选择并集对象 2

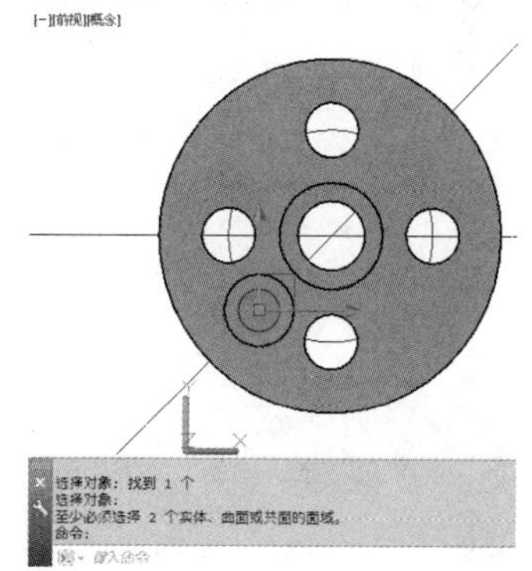
图 10-49　选择要减去的实体对象 5

（23）按【Enter】键确认，在命令行中输入【SUBTRACT】命令，在绘图区中选择要减去的实体对象，如图 10-50 所示。

（25）按【Enter】键确认，然后在绘图区中选择要减去的实体对象，按【Enter】键完成对选中对象的差集运算，效果如图 10-51 所示。

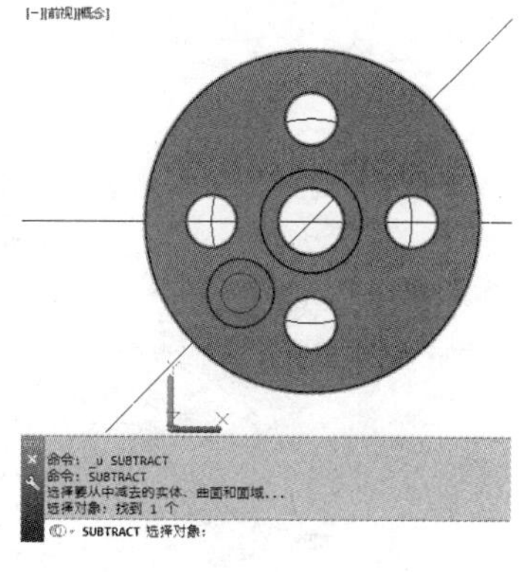
图 10-50　选择要减去的实体对象 6

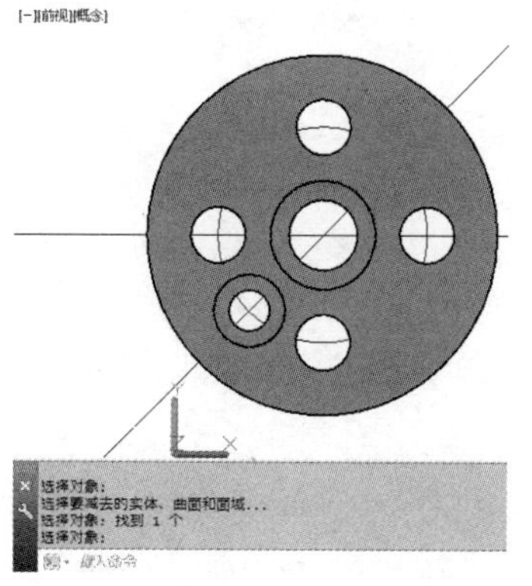
图 10-51　差集运算后的效果 2

（26）将视觉样式设置为【二维线框】，在命令行中输入【BOX】命令，指定如图 10-52 所示的圆柱体的象限点为第一个角点，然后根据命令行的提示输入【@-16,30,15】，按【Enter】键完成长方体的绘制，如图 10-53 所示。

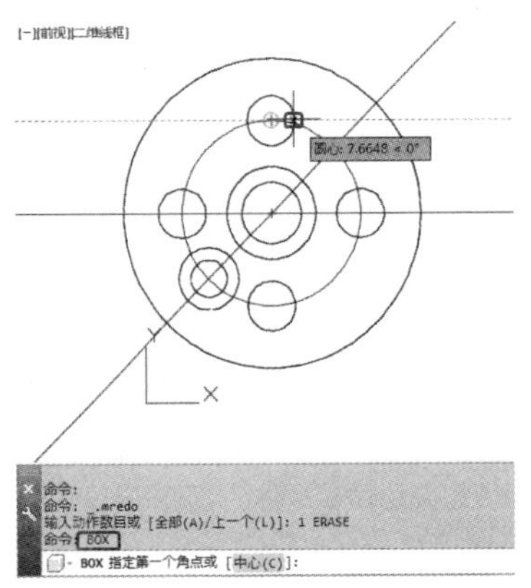

图 10-52　输入命令并指定第一个角点

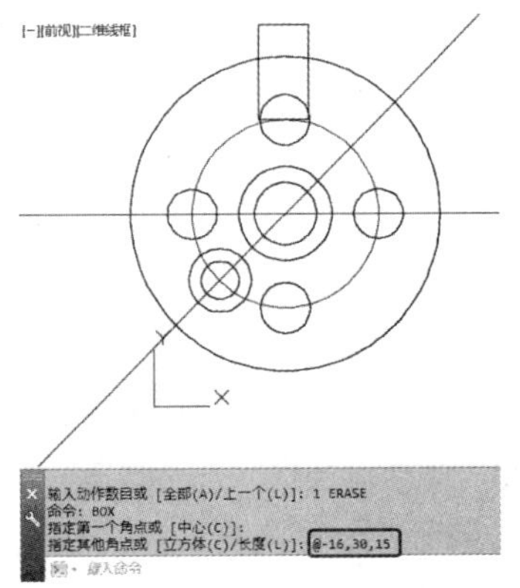

图 10-53　绘制长方体

知识链接：

象限点是圆弧、圆、椭圆和椭圆弧上的特殊点。如图 10-54 所示，坐标原点在圆心上的坐标系可以将圆划分为第一、第二、第三和第四象限 4 个部分，圆上各象限之间的分界点就是象限点。

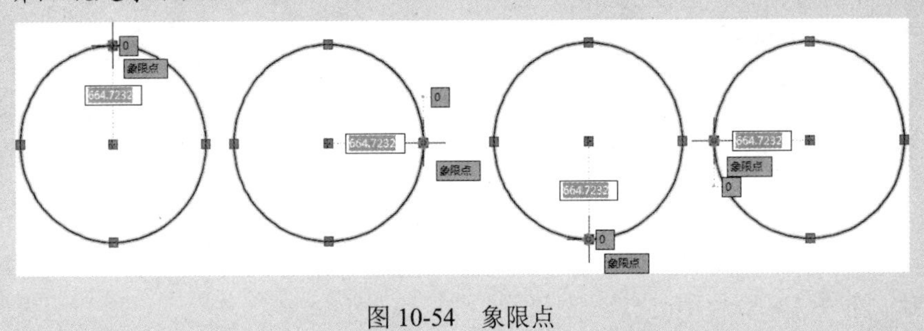

图 10-54　象限点

（27）根据前面所介绍的方法对绘图区中的对象进行差集运算，效果如图 10-55 所示。

（28）在绘图区中将多余的对象删除，并切换视图，观察完成后的效果，如图 10-56 所示。

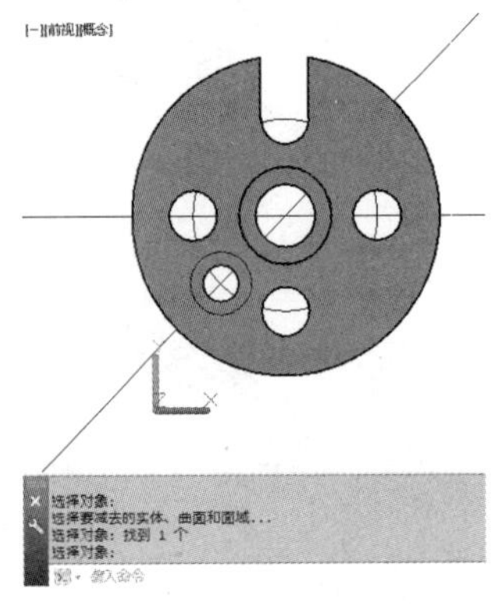

图 10-55　差集运算后的效果 3

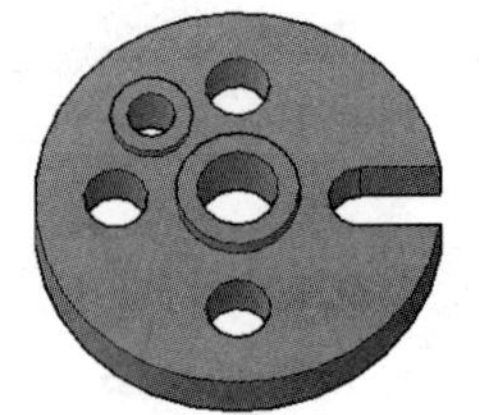

图 10-56　完成后的效果

10.2.2 倒角

在对三维实体进行倒角操作时，需要先选择三维实体的一条边，然后设置基面及曲面选项，指定倒角距离并选择需要进行倒角处理的边。

在 AutoCAD 2017 中，用户可以通过以下 3 种方法执行【倒角】命令。

- 功能区选项卡：在【三维建模】工作空间的功能区选项卡中单击【常用】选项卡，在【修改】面板中单击【圆角】按钮右侧的下拉按钮，在弹出的下拉列表中单击【倒角】按钮。
- 菜单：在菜单栏中选择【修改】|【倒角】命令。
- 命令：在命令行中输入【CHAMFER】命令，并按【Enter】键确认。

（1）启动 AutoCAD 2017，打开【素材】|【Cha10】|【倒角素材.dwg】素材文件，如图 10-57 所示。

（2）在命令行中输入【CHAMFER】命令，按【Enter】键确认，根据命令行的提示在绘图区中选择如图 10-58 所示的三维实体边。

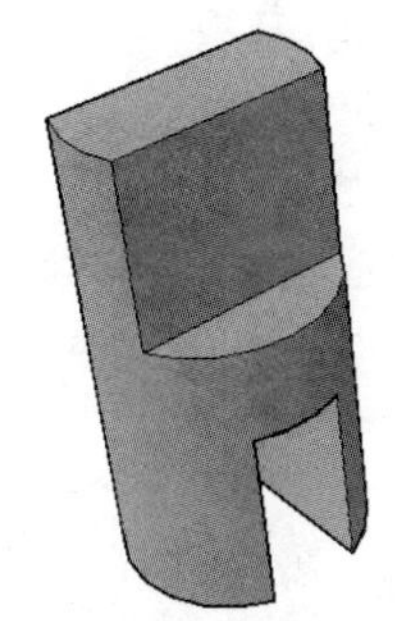

图 10-57 打开素材文件

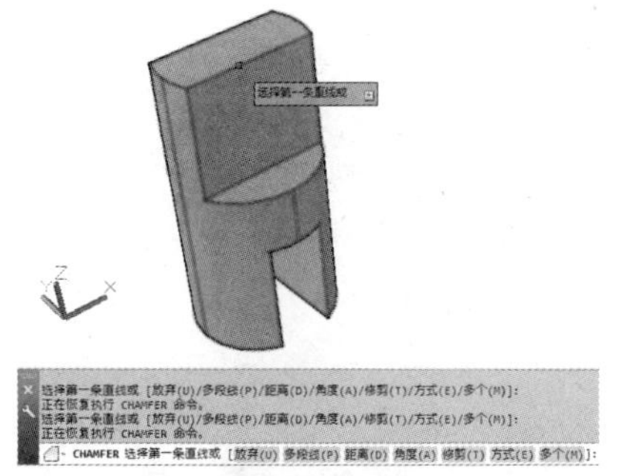

图 10-58 选择三维实体边

（3）按【Enter】键确认，根据命令行的提示在命令行中依次输入【10】和【10】，如图 10-59 所示。

（4）根据命令行的提示在绘图区中选择边，按【Enter】键完成倒角处理，效果如图 10-60 所示。

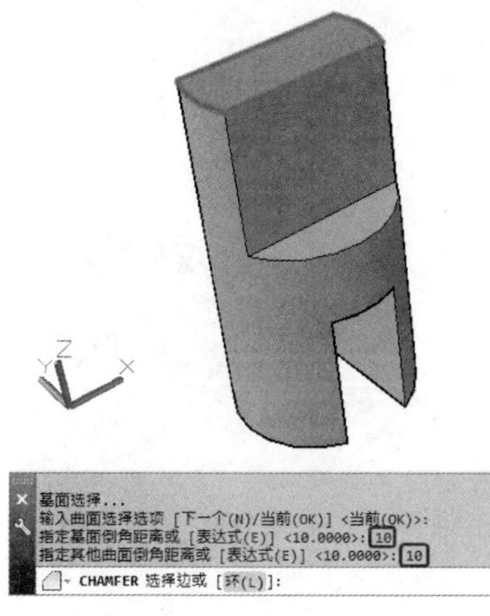

图 10-59 指定基面和其他曲面的倒角距离

图 10-60 倒角处理后的效果

10.2.3 圆角

对三维实体进行圆角操作与进行倒角操作的方法相似，需要先选择三维实体的一条边，然后设置圆角半径，并选择需要进行圆角处理的边。

在 AutoCAD 2017 中，用户可以通过以下 3 种方法执行【圆角】命令。

- 功能区选项卡：在【三维建模】工作空间的功能区选项卡中选择【常用】选项卡，在【修改】面板中单击【圆角】按钮。
- 菜单：在菜单栏中选择【修改】|【圆角】命令。
- 命令：在命令行中输入【FILLET】命令，并按【Enter】键确认。

（1）启动 AutoCAD 2017，打开【素材】|【Cha10】|【圆角素材.dwg】素材文件，如图 10-61 所示。

（2）在菜单栏中选择【修改】|【圆角】命令，根据命令行的提示在绘图区中选择如图 10-62 所示的要进行圆角处理的边。

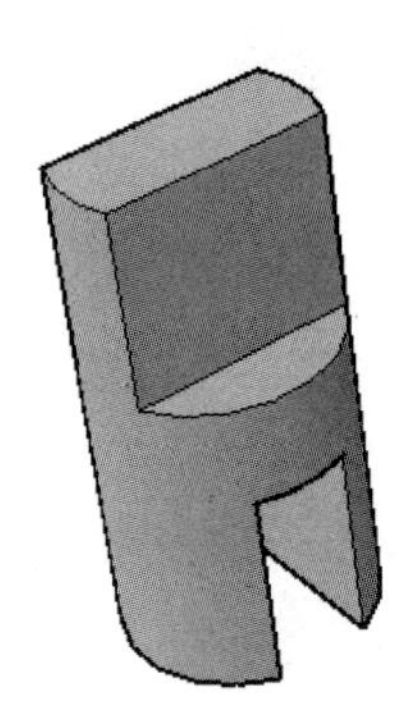

图 10-61　打开素材文件

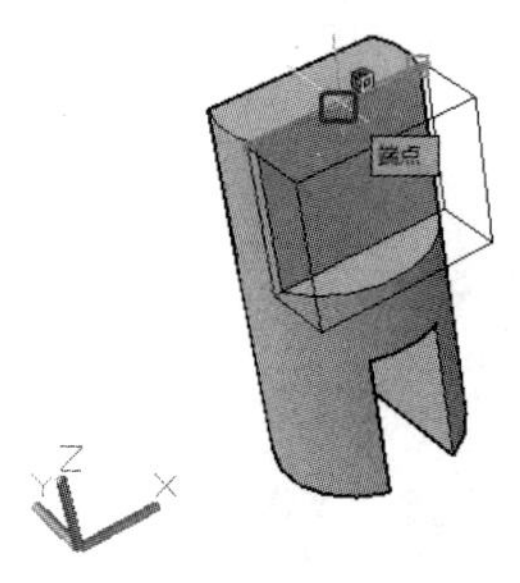

命令:
命令: _fillet
当前设置: 模式 = 修剪, 半径 = 0.0000
选择第一个对象或 [放弃(U)/多段线(P)/半径(R)/修剪(T)/多个(M)]:
FILLET 输入圆角半径或 [表达式(E)]:

图 10-62　选择要进行圆角处理的边

（3）根据命令行的提示输入圆角半径为【2】并再次选择该边，按【Enter】键完成圆角处理，效果如图 10-63 所示。

（4）使用同样的方法对其他边进行圆角处理，最终效果如图 10-64 所示。

选择第一个对象或 [放弃(U)/多段线(P)/半径(R)/修剪(T)/多个(M)]:
输入圆角半径或 [表达式(E)]: 2
选择边或 [链(C)/环(L)/半径(R)]:
已选定 1 个边用于圆角。
键入命令

图 10-63　圆角处理后的效果

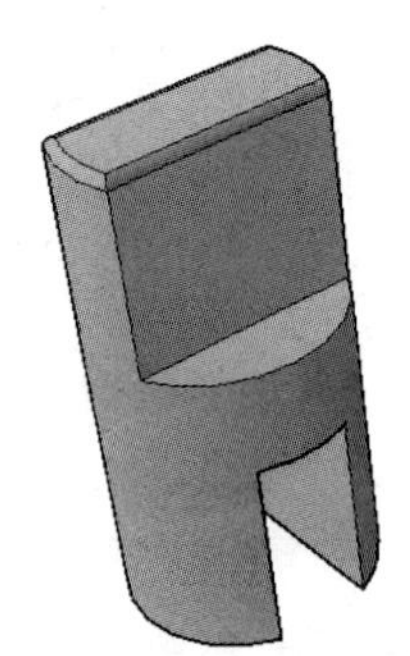

图 10-64　圆角处理后的最终效果

10.2.4 剖切

剖切的作用是表现实体内部的结构。用作剖切平面的对象可以是曲面、圆、椭圆、圆弧、椭圆弧、二维样条曲线或二维多段线。在剖切实体时，可以选择在剖切实体后保留一半或全部实体，剖切后的实体不保留创建它们的原始形式的记录，只保留原实体的图层和颜色特性。

在 AutoCAD 2017 中，用户可以通过以下 3 种方法执行【剖切】命令。

- 功能区选项卡：在【三维建模】工作空间的功能区选项卡中选择【常用】选项卡，在【实体编辑】面板中单击【剖切】按钮。
- 菜单：在菜单栏中选择【修改】|【三维操作】|【剖切】命令。
- 命令：在命令行中输入【SLICE】命令，并按【Enter】键确认。

（1）启动 AutoCAD 2017，打开【素材】|【Cha10】|【剖切素材.dwg】素材文件，然后在菜单栏中选择【修改】|【三维操作】|【剖切】命令，在绘图区中拾取对象，按【Enter】键确认，在绘图区中单击选中对象的中点，并选择要保留的面，如图 10-65 所示。

（2）完成该操作后，即可完成剖切，切换视图及视觉样式，查看剖切后的效果，如图 10-66 所示。

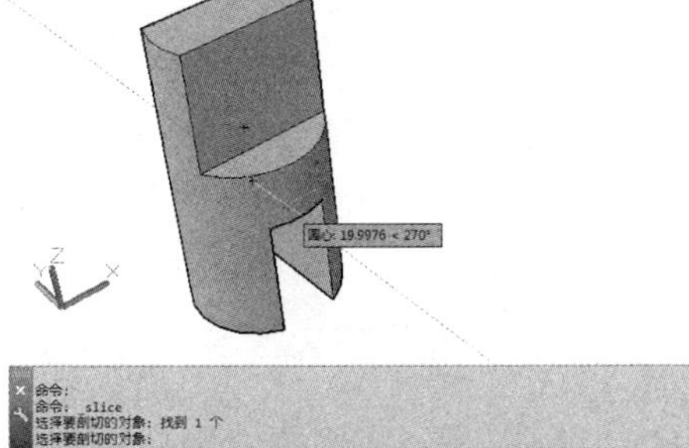

图 10-65 选择要保留的面

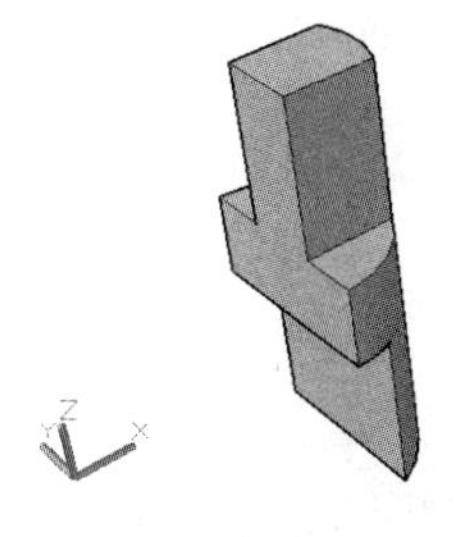

图 10-66 剖切后的效果

10.2.5 加厚

在三维建模中，AutoCAD 可以将曲面通过【加厚】命令的处理形成新的三维实体。

在 AutoCAD 2017 中，用户可以通过以下 3 种方法执行【加厚】命令。

- 功能区选项卡：在【三维建模】工作空间的功能区选项卡中选择【常用】选项卡，在【实体编辑】面板中单击【加厚】按钮。
- 菜单：在菜单栏中选择【修改】|【三维操作】|【加厚】命令。
- 命令：在命令行中输入【THICKEN】命令，并按【Enter】键确认。

（1）新建一个图纸文件，在命令行中输入【PLANESURF】命令，根据命令行的提示输入【1000,1000,1000】，按【Enter】键完成曲面的绘制，如图 10-67 所示。

（2）在菜单栏中选择【修改】|【三维操作】|【加厚】命令，在绘图区中选中新绘制的曲面，按【Enter】键确认，根据命令行的提示输入【50】，按【Enter】键确认，切换视图及视觉样式，查看加厚曲面后的效果，如图 10-68 所示。

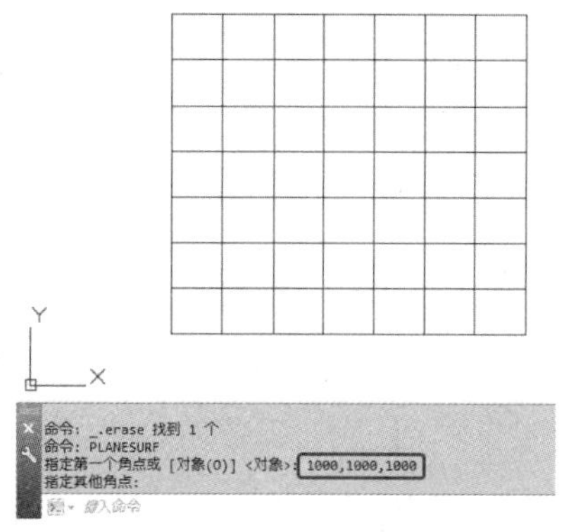

图 10-67　绘制曲面

图 10-68　加厚曲面后的效果

10.2.6　抽壳

【抽壳】命令用于以指定的厚度创建一个空的薄层（壳），并且允许将某些指定面排除在壳外。一个三维实体只能有一个壳，在指定壳的厚度时，若为正值，则从实体表面向内部抽壳，否则从实体内部向外抽壳。

在 AutoCAD 2017 中，用户可以通过以下 3 种方法执行【抽壳】命令。

- 功能区选项卡：在【三维建模】工作空间的功能区选项卡中选择【常用】选项卡，在【实体编辑】面板中单击【分割】按钮右侧的下拉按钮，在弹出的下拉列表中单击【抽壳】按钮。
- 菜单：在菜单栏中选择【修改】|【实体编辑】|【抽壳】命令。
- 命令：在命令行中输入【SOLIDEDIT】命令，并按【Enter】键确认。

（1）新建一个图纸文件，将当前视图设置为【俯视】，在命令行中输入【BOX】命令，根据命令行的提示输入【0,0,0】，按【Enter】键确认，输入【@300,200,200】，按【Enter】键完成长方体的绘制，如图 10-69 所示。

（2）在命令行中输入【SOLIDEDIT】命令，根据命令行的提示输入【B】，按【Enter】键确认，输入【S】，按【Enter】键确认，在绘图区中选择前面绘制的长方体，如图 10-70 所示。

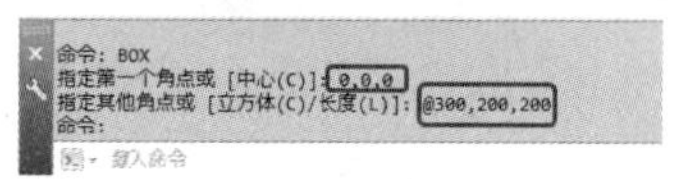

图 10-69　绘制长方体

图 10-70　选择长方体

（3）按【Enter】键确认，根据命令行的提示输入【50】，按【Enter】键确认，然后按两次【Enter】键完成抽壳操作。在命令行中输入【SLICE】命令，在绘图区中选择抽壳后的长方体，根据命令行的提示在绘图区中指定剖切点，如图 10-71 所示。

（4）在右侧面上单击，将其作为保留面，切换至【西南等轴测】视图，观察抽壳后的效果，如图 10-72 所示。

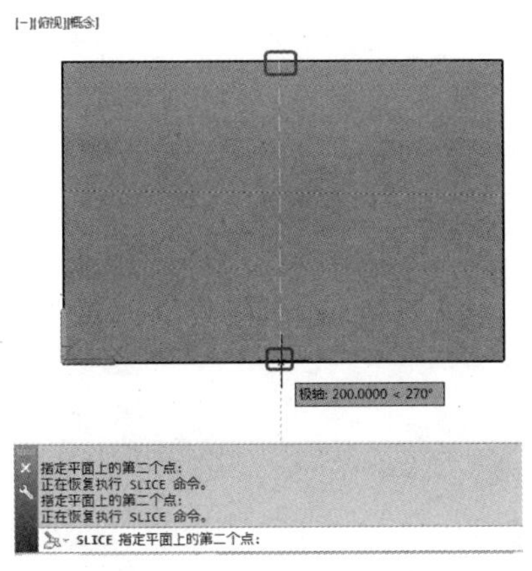

图 10-71　指定剖切点

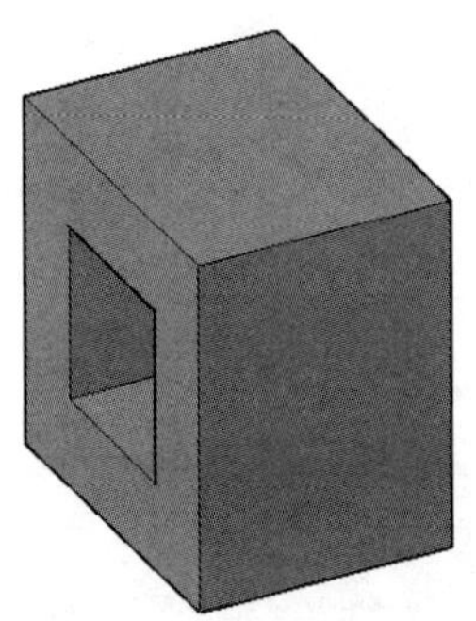

图 10-72　抽壳后的效果

10.2.7　并集

并集运算可以将两个或多个三维实体、曲面或面域合并为一个组合的三维实体、曲面或面域。并集运算是删除相交的部分，将不相交的部分保留并组合为新的对象。

在 AutoCAD 2017 中，用户可以通过以下 3 种方法执行【并集】命令。

- 功能区选项卡：在【三维建模】工作空间的功能区选项卡中选择【常用】选项卡，在【实体编辑】面板中单击【实体、并集】按钮。
- 菜单：在菜单栏中选择【修改】|【实体编辑】|【并集】命令。
- 命令：在命令行中输入【UNION】命令，并按【Enter】键确认。

（1）启动 AutoCAD 2017，打开【素材】|【Cha10】|【并集素材.dwg】素材文件，如图 10-73 所示。

（2）在菜单栏中选择【修改】|【实体编辑】|【并集】命令，在绘图区中选中所有对象作为并集对象，如图 10-74 所示。

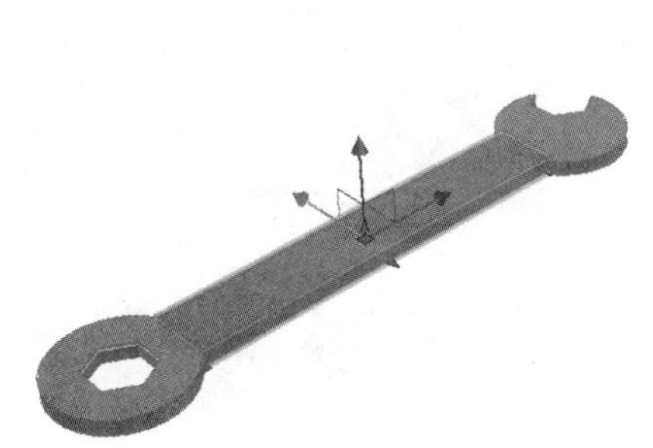

图 10-73　打开素材文件

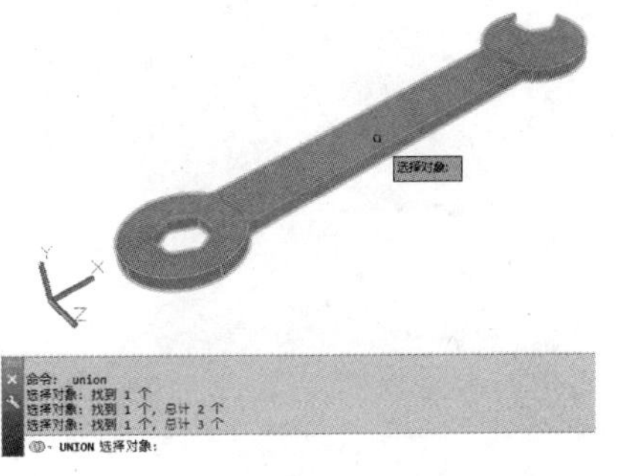

图 10-74　选择并集对象

（3）选择完成后，按【Enter】键确认，即可完成并集运算，效果如图 10-75 所示。

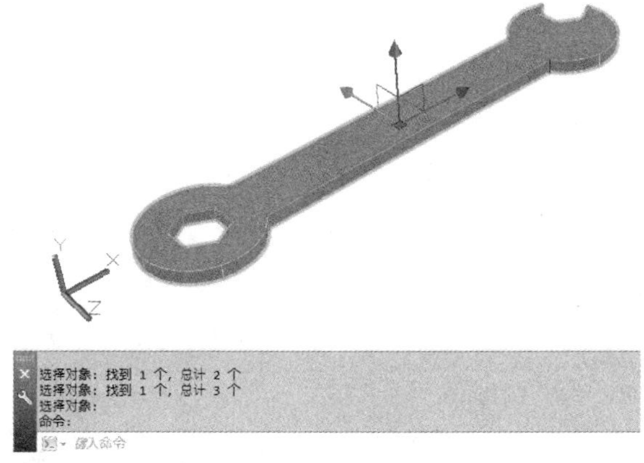

图 10-75　并集运算后的效果

10.2.8　差集

差集运算是一个对象减去另一个对象而形成新的组合对象。在差集运算中，先选择的对象为被修剪对象，后选择的对象为修剪对象。

在 AutoCAD 2017 中，用户可以通过以下 3 种方法执行【差集】命令。

- 功能区选项卡：在【三维建模】工作空间的功能区选项卡中选择【常用】选项卡，在【实体编辑】面板中单击【实体、差集】按钮。
- 菜单：在菜单栏中选择【修改】|【实体编辑】|【差集】命令。
- 命令：在命令行中输入【SUBTRACT】命令，并按【Enter】键确认。

（1）启动 AutoCAD 2017，打开【素材】|【Cha10】|【差集素材.dwg】素材文件，如图 10-76 所示。

（2）在命令行中输入【CYLINDER】命令，在绘图区中捕捉两条线的中点作为圆柱底面的中心点，根据命令行的提示输入【10】，按【Enter】键确认，输入【40】，按【Enter】键完成圆柱体的绘制，如图 10-77 所示。

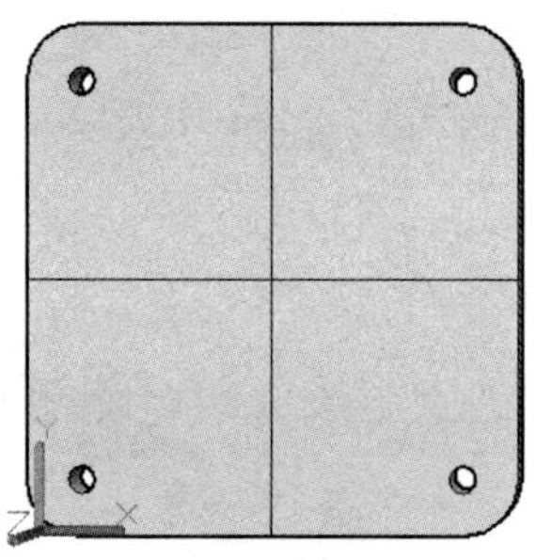

图 10-76　打开素材文件

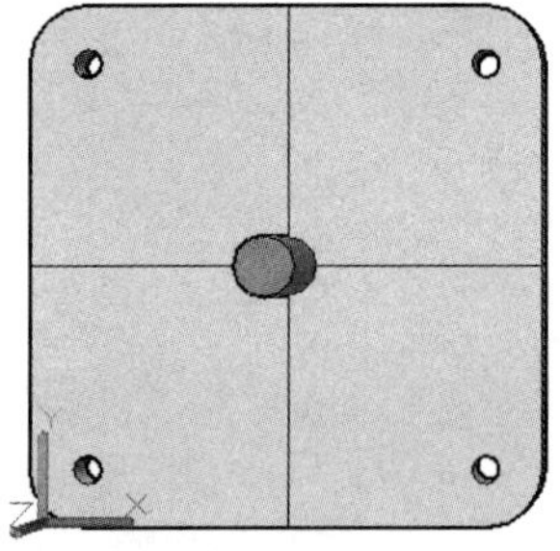

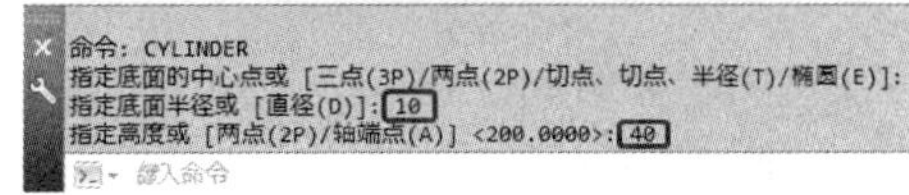

图 10-77　绘制圆柱体 1

（3）再次输入【CYLINDER】命令，在绘图区中捕捉两条线的中点作为圆柱底面的中心点，根据命令行的提示输入【20】，按【Enter】键确认，输入【35】，按【Enter】键完成圆柱体的绘制，如图 10-78 所示。

（4）在菜单栏中选择【修改】|【实体编辑】|【差集】命令，在绘图区中选择要减去的实体对象，如图 10-79 所示。

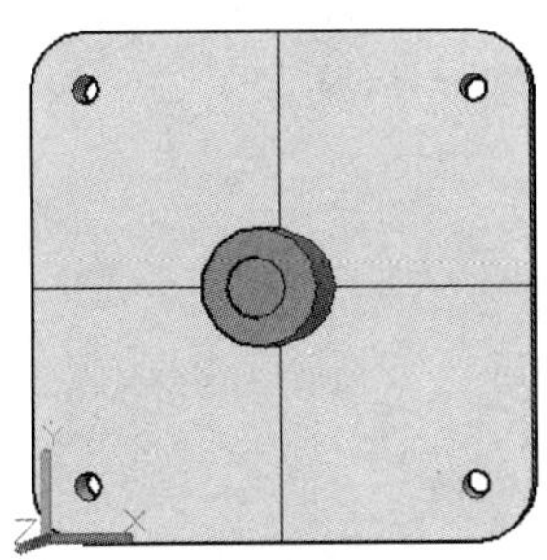

图 10-78　绘制圆柱体 2

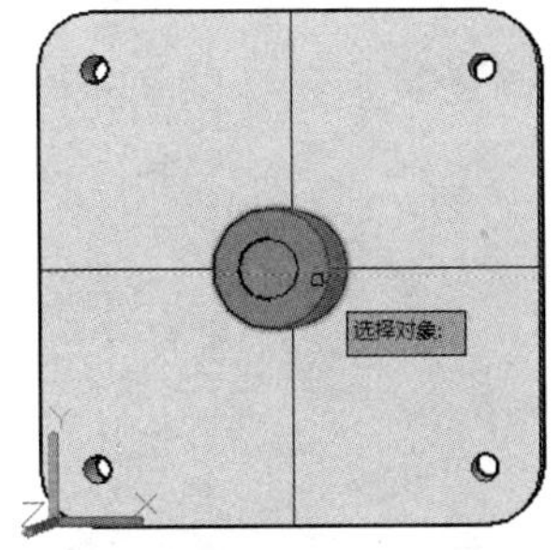

图 10-79　选择要减去的实体对象 1

（5）按【Enter】键确认，再次在绘图区中选择要减去的实体对象，如图 10-80 所示。

（6）按【Enter】键完成差集运算，切换视图并调整对象颜色，效果如图 10-81 所示。

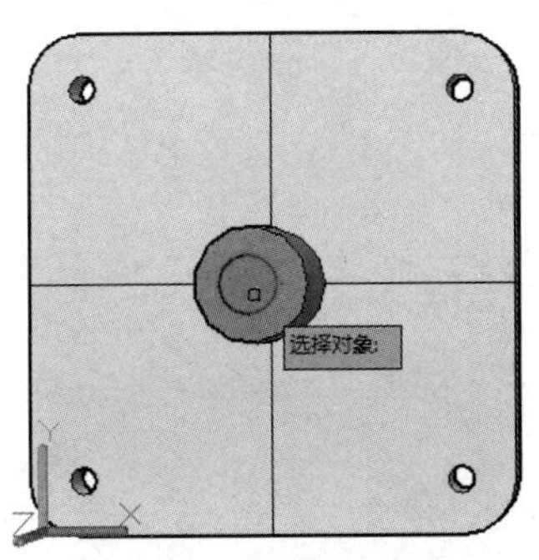

图 10-80　选择要减去的实体对象 2

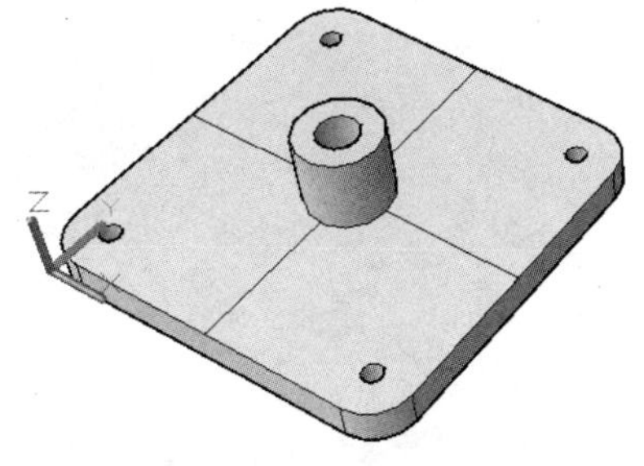

图 10-81　差集运算后的效果

10.2.9　交集

交集运算与并集运算的功能相反，交集运算是删除不相交部分，而将相交部分保留并组合为新的对象。

在 AutoCAD 2017 中，用户可以通过以下 3 种方法执行【交集】命令。

- 功能区选项卡：在【三维建模】工作空间的功能区选项卡中选择【常用】选项卡，在【实体编辑】面板中单击【实体、交集】按钮。

- 菜单：在菜单栏中选择【修改】|【实体编辑】|【交集】命令。
- 命令：在命令行中输入【INTERSECT】命令，并按【Enter】键确认。

（1）启动 AutoCAD 2017，打开【素材】|【Cha10】|【交集素材.dwg】素材文件，如图 10-82 所示。

（2）在菜单栏中选择【修改】|【实体编辑】|【交集】命令，根据命令行的提示在绘图区中选择所有实体对象，按【Enter】键完成交集运算，效果如图 10-83 所示。

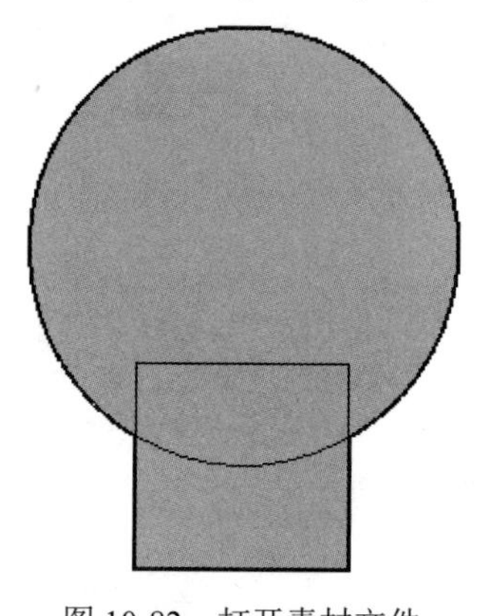

图 10-82　打开素材文件

图 10-83　交集运算后的效果

10.3　任务 34：盖——编辑实体边

下面将介绍如何绘制盖，其效果如图 10-84 所示。具体操作步骤如下。

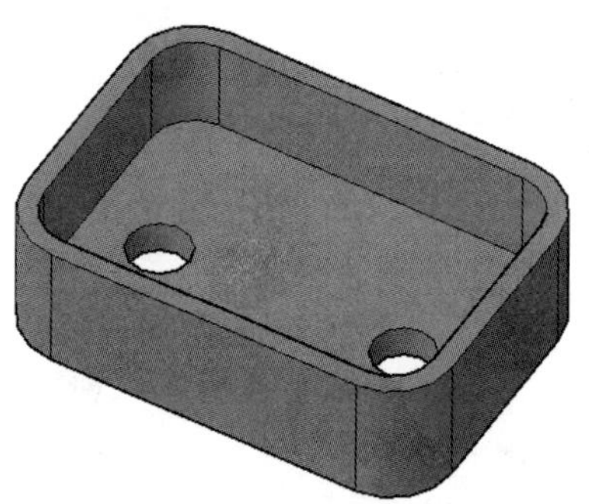

图 10-84　盖效果

10.3.1　任务实施

（1）新建一个图纸文件，将当前视图设置为【俯视】，在命令行中输入【REC】命令，输入【F】，按【Enter】键确认，输入【10】，按【Enter】键确认，在绘图区中指定第一个角点，并根据命令行的提示输入【@70,-50】，按【Enter】键完成矩形的绘制，如图 10-85 所示。

（2）选中绘制的矩形，在命令行中输入【OFFSET】命令，将选中的对象向内偏移 3，效果如图 10-86 所示。

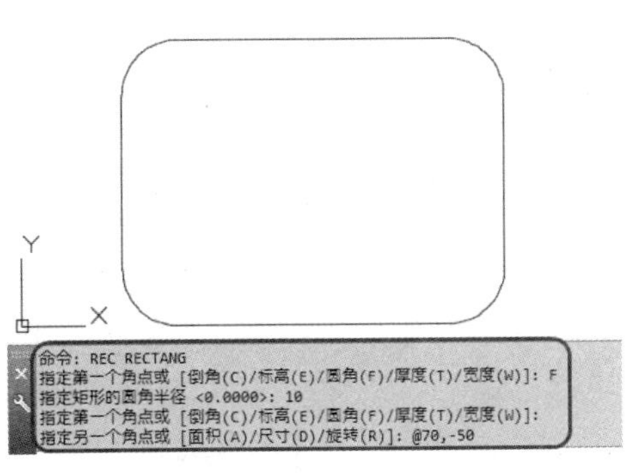

图 10-85　绘制矩形

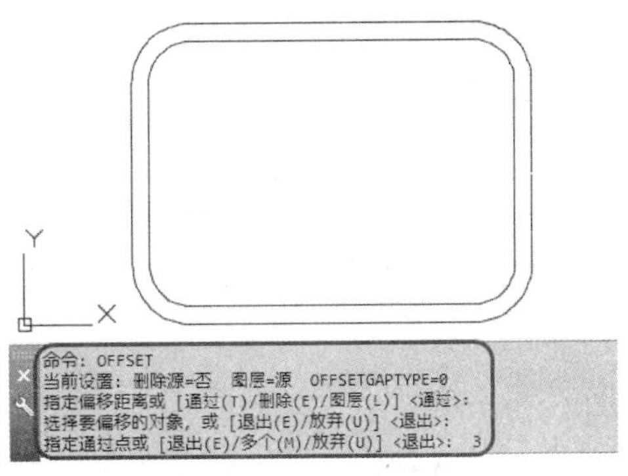

图 10-86　偏移后的效果

（3）在命令行中输入【EXTRUDE】命令，在绘图区中选择大圆角矩形，根据命令行的提示输入【20】，按【Enter】键完成拉伸，效果如图 10-87 所示。

（4）在命令行中输入【EXTRUDE】命令，在绘图区中选择小圆角矩形，根据命令行的提示输入【15】，按【Enter】键完成拉伸，效果如图 10-88 所示。

图 10-87　拉伸后的效果 1

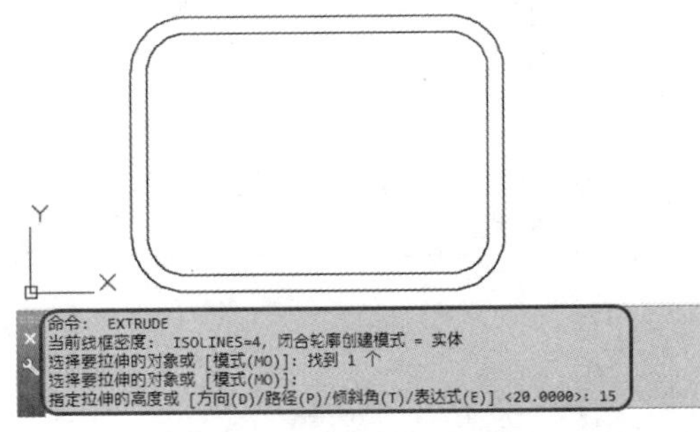

图 10-88　拉伸后的效果 2

（5）将当前视图设置为【前视】，在绘图区中选择拉伸后的小圆角矩形，在命令行中输入【MOVE】命令，捕捉选中对象的中点作为基点，根据命令行的提示输入【@0,5】，按【Enter】键完成移动，效果如图 10-89 所示。

（6）在命令行中输入【SUBTRACT】命令，在绘图区中选择要减去的实体对象，如图 10-90 所示。

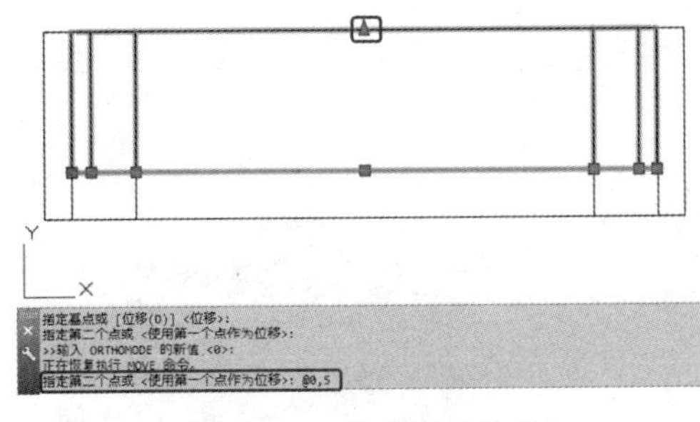

图 10-89　移动后的效果

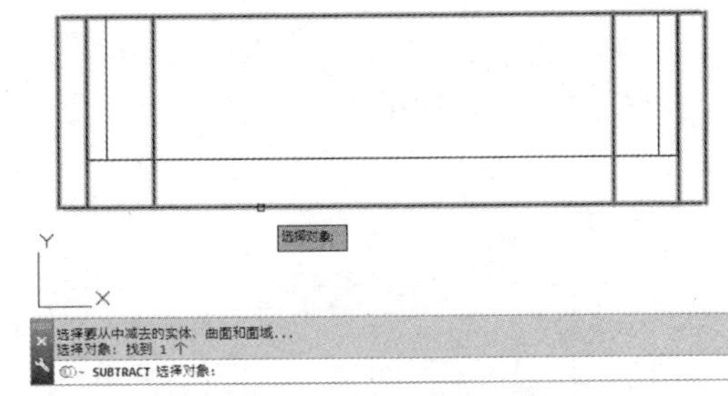

图 10-90　选择要减去的实体对象 1

（7）按【Enter】键确认，在绘图区中选择要减去的实体对象，如图 10-91 所示。

（8）按【Enter】键完成差集运算，在命令行中输入【XLINE】命令，切换至【俯视】视图，在绘图区中捕捉实体对象的中点，绘制两条水平垂直相交的射线，如图 10-92 所示。

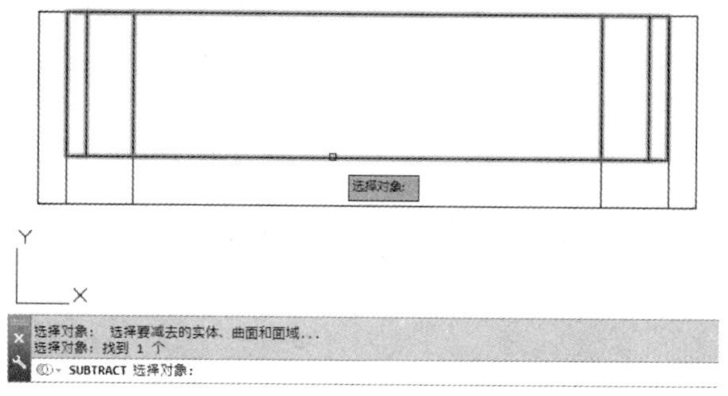

图 10-91　选择要减去的实体对象 2

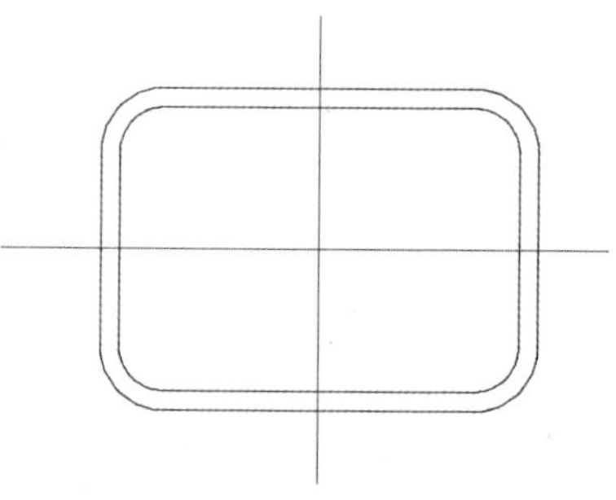

图 10-92　绘制射线

（9）在绘图区中选择垂直射线，在命令行中输入【OFFSET】命令，将选中的对象分别向左、向右偏移 20，效果如图 10-93 所示。

（10）在命令行中输入【CYLINDER】命令，在绘图区中捕捉水平射线与偏移射线的交点作为中心点，输入【5】，按【Enter】键确认，输入【20】，按【Enter】键完成圆柱体的绘制，然后使用相同的方法在另一侧绘制一个相同的圆柱体，如图 10-94 所示。

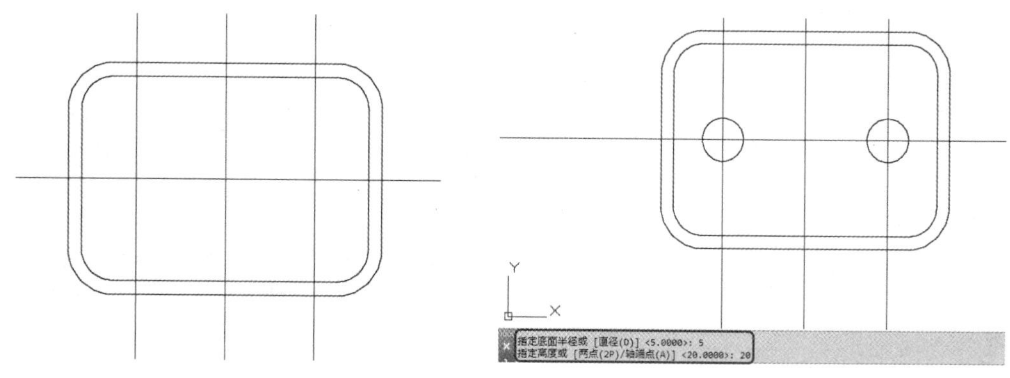

图 10-93　偏移射线后的效果

图 10-94　绘制圆柱体

（11）将当前视图设置为【前视】，选中绘制的两个圆柱体，移动对象的位置，如图 10-95 所示。

（12）将当前视图设置为【东南等轴测】，将视觉样式设置为【概念】，删除多余的射线，效果如图 10-96 所示。

（13）在命令行中执行【SUBTRACT】命令，进行差集运算，调整一个好的观察角度，查看最终效果，如图 10-97 所示。

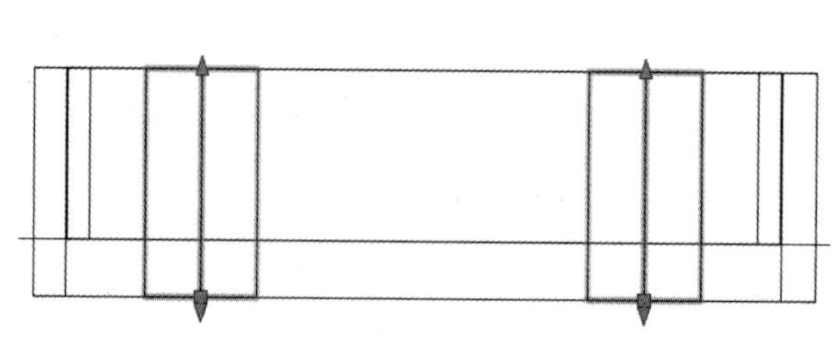

图 10-95　移动圆柱体

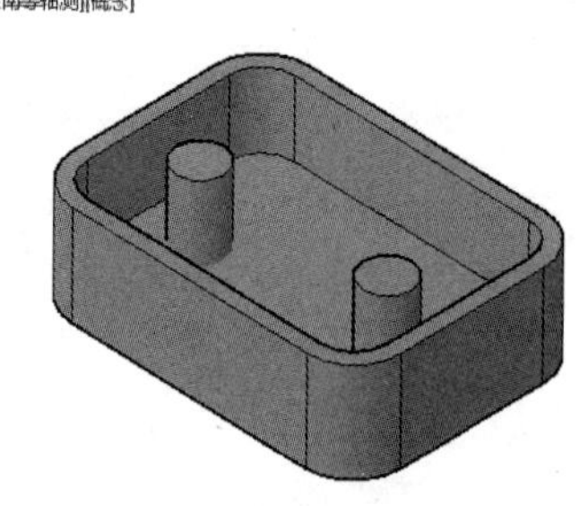

图 10-96　删除多余射线后的效果

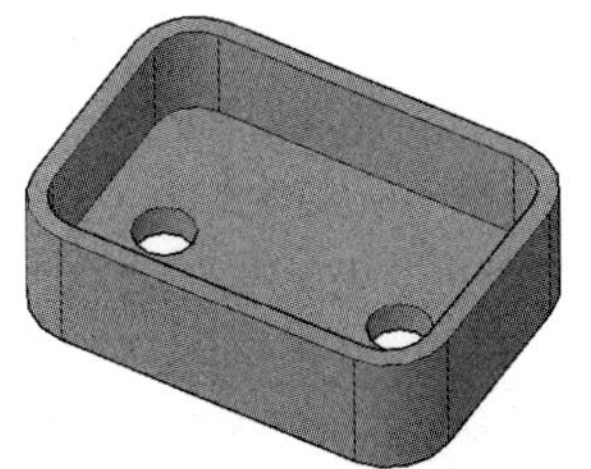

图 10-97　最终效果

10.3.2　提取边

【提取边】命令用于将三维实体、曲面、网格、面域或子对象等对象的所有边提取出来，创建线框几何图形。

在 AutoCAD 2017 中，用户可以通过以下 3 种方法执行【提取边】命令。

- 功能区选项卡：在【三维建模】工作空间的功能区选项卡中选择【常用】选项卡，在【实体编辑】面板中单击【提取边】按钮。
- 菜单：在菜单栏中选择【修改】|【三维操作】|【提取边】命令。
- 命令：在命令行中输入【XEDGES】命令，并按【Enter】键确认。

（1）启动 AutoCAD 2017，打开【素材】|【Cha10】|【提取边素材.dwg】素材文件，如图 10-98 所示。

（2）在命令行中输入【XEDGES】命令，在绘图区中选择如图 10-99 所示的对象。

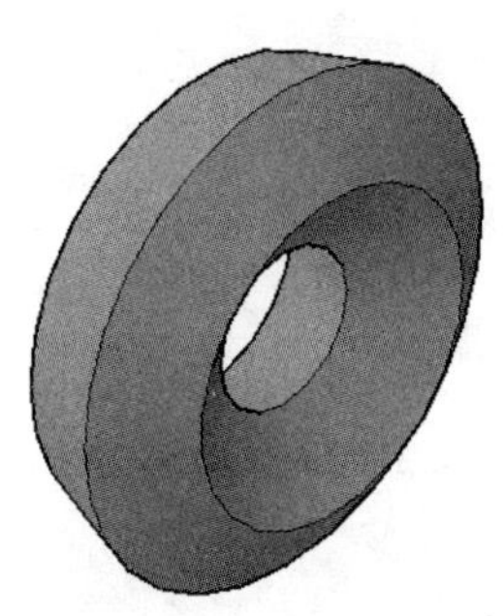

图 10-98　打开素材文件

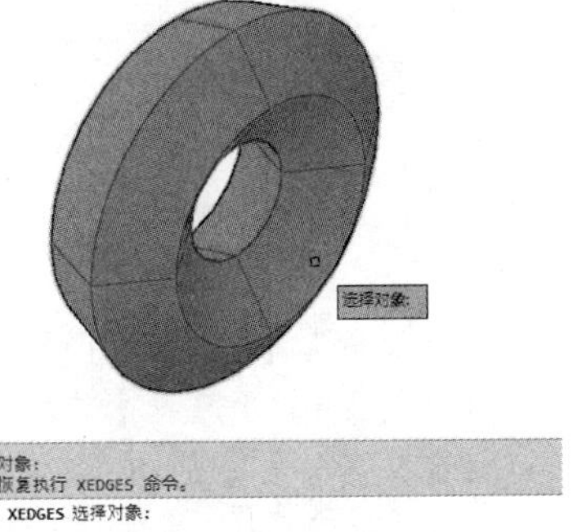

图 10-99　选择对象

（3）选择完成后，按【Enter】键确认，将三维实体对象移至另一侧，观察提取边后的效果，如图 10-100 所示。

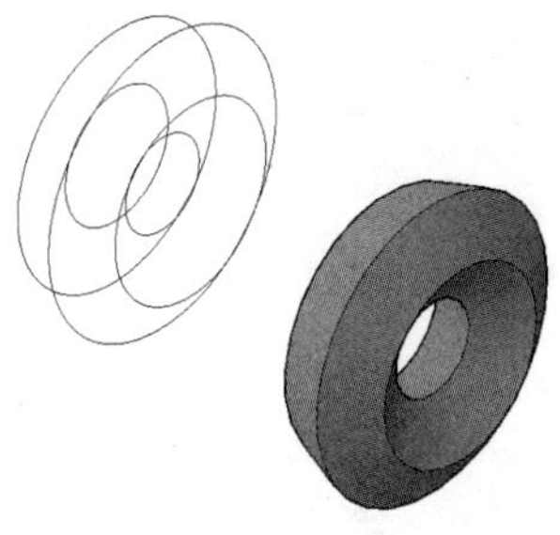

图 10-100　提取边后的效果

10.3.3 压印边

【压印边】命令用于将对象压印到选定的实体上，且被压印的对象必须与选定对象的一个或多个面相交。压印操作仅限于圆弧、圆、直线、多段线、椭圆、样条曲线、面域、体和三维实体对象。

在 AutoCAD 2017 中，用户可以通过以下 3 种方法执行【压印边】命令。

- 功能区选项卡：在【三维建模】工作空间的功能区选项卡中选择【常用】选项卡，在【实体编辑】面板中单击【提取边】按钮右侧的下拉按钮，在弹出的下拉列表中选择【压印】选项。
- 菜单：在菜单栏中选择【修改】|【实体编辑】|【压印边】命令。
- 命令：在命令行中输入【IMPRINT】命令，并按【Enter】键确认。

（1）启动 AutoCAD 2017，打开【素材】|【Cha10】|【压印边素材.dwg】素材文件，如图 10-101 所示。

（2）在命令行中输入【IMPRINT】命令，根据命令行的提示在绘图区中选择三维实体对象，如图 10-102 所示。

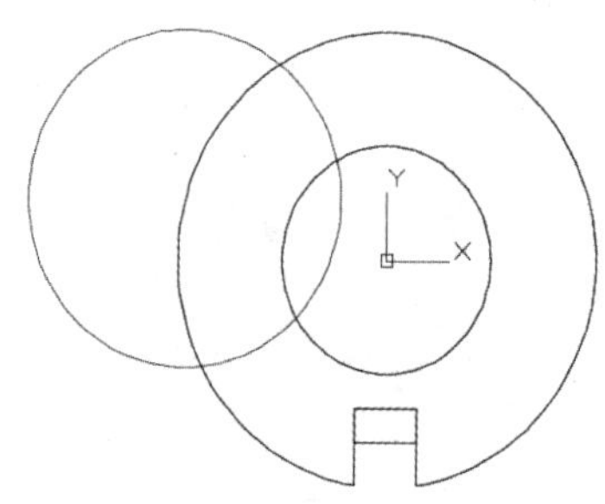

图 10-101　打开素材文件

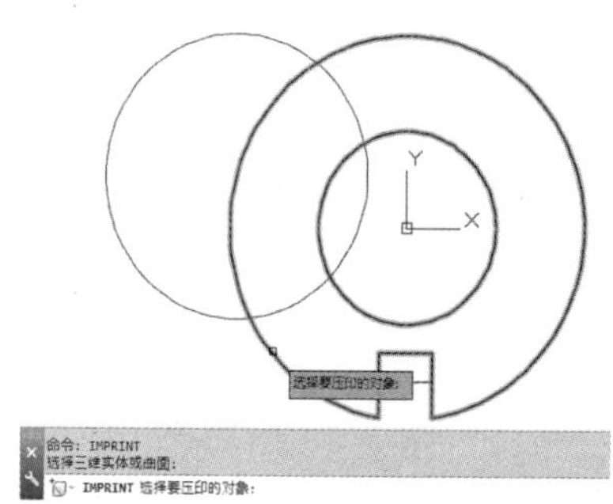

图 10-102　选择三维实体对象

（3）根据命令行的提示在绘图区中选择要压印的对象，如图 10-103 所示。

（4）根据命令行的提示输入【Y】，按【Enter】键确认，压印边后的效果如图 10-104 所示。

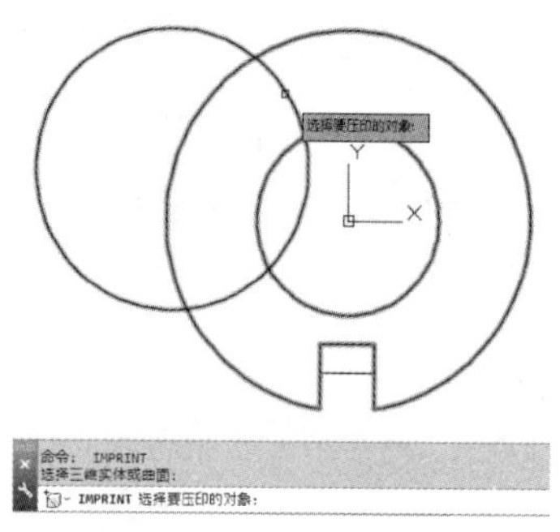

图 10-103　选择要压印的对象

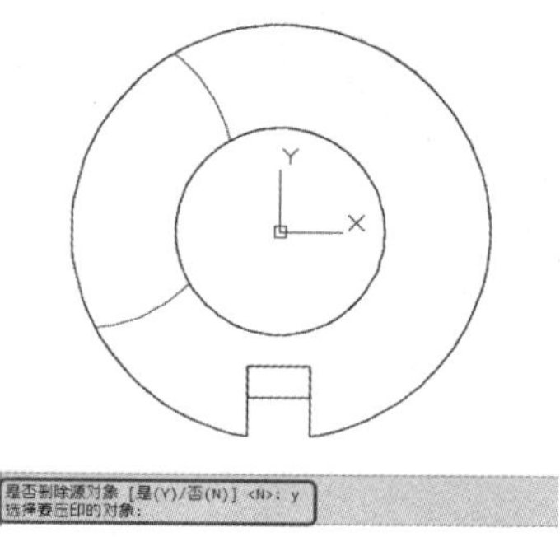

图 10-104　压印边后的效果

10.3.4 着色边

【着色边】命令用于更改实体边的颜色。

在 AutoCAD 2017 中，用户可以通过以下 3 种方法执行【着色边】命令。

- 功能区选项卡：在【三维建模】工作空间的功能区选项卡中选择【常用】选项卡，在【实体编辑】面板中单击【提取边】按钮右侧的下拉按钮，在弹出的下拉列表中选择【着色边】选项 着色边 。
- 菜单：在菜单栏中选择【修改】|【实体编辑】|【着色边】命令。
- 命令：在命令行中输入【SOLIDEDIT】命令，并按【Enter】键确认。

（1）启动 AutoCAD 2017，打开【素材】|【Cha10】|【着色边素材.dwg】素材文件，并切换至【东北等轴测】视图，如图 10-105 所示。

（2）在命令行中输入【SOLIDEDIT】命令，根据命令行的提示输入【E】，按【Enter】键确认，输入【L】，按【Enter】键确认，并根据提示在绘图区中选择要着色的边，如图 10-106 所示。

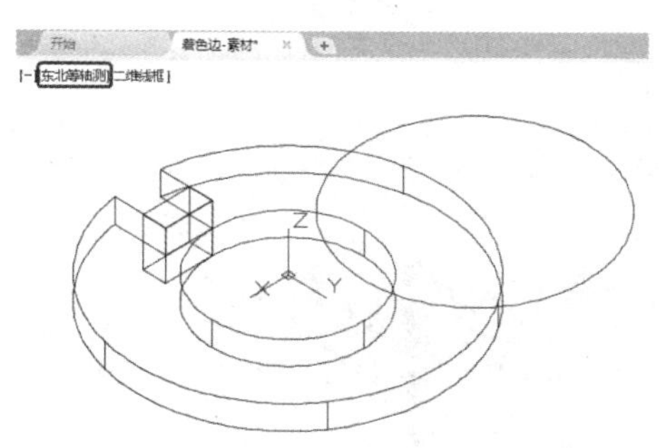

图 10-105　打开素材文件并切换视图

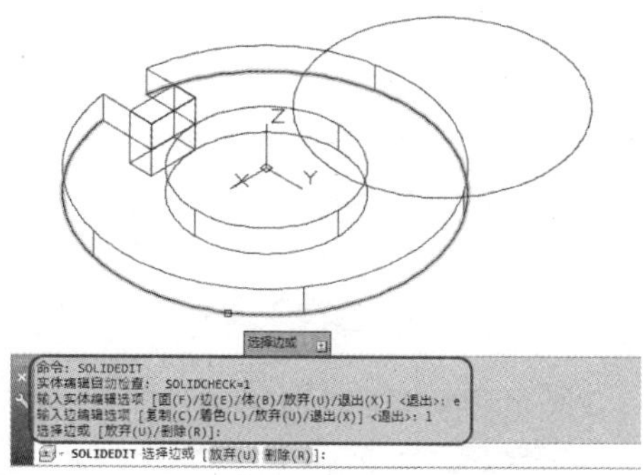

图 10-106　选择要着色的边

（3）按【Enter】键确认，在弹出的【选择颜色】对话框中选择相应的颜色，如图 10-107 所示。

（4）单击【确定】按钮，即可完成边的着色，效果如图 10-108 所示。

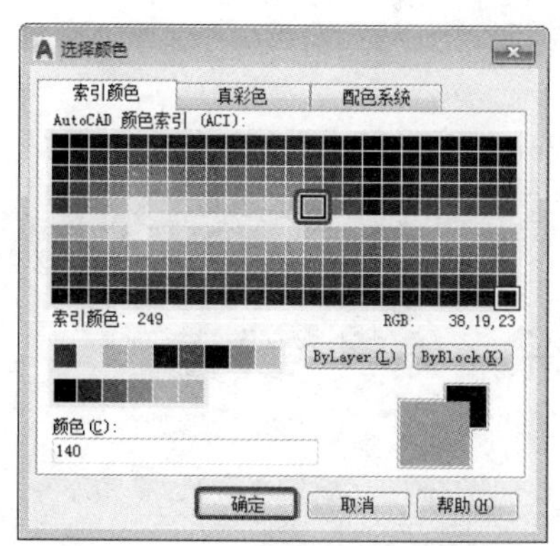

图 10-107　选择相应的颜色

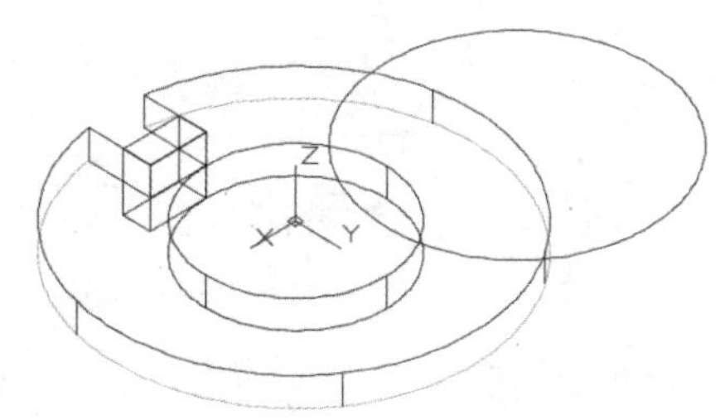

图 10-108　着色边后的效果

10.3.5　复制边

【复制边】命令用于将三维实体对象的边复制为直线、圆弧、圆、椭圆或样条曲线等图形。

在 AutoCAD 2017 中，用户可以通过以下 3 种方法执行【复制边】命令。

- 功能区选项卡：在【三维建模】工作空间的功能区选项卡中选择【常用】选项卡，在【实体编辑】面板中单击【提取边】按钮右侧的下拉按钮，在弹出的下拉列表中选择【复制边】选项。

- 菜单：在菜单栏中选择【修改】|【实体编辑】|【复制边】命令。
- 命令：在命令行中输入【SOLIDEDIT】命令，并按【Enter】键确认。

（1）新建一个图纸文件，在绘图区中绘制一个圆柱体，如图 10-109 所示。

（2）在命令行中输入【SOLIDEDIT】命令，根据命令行的提示输入【E】，按【Enter】键确认，输入【C】，按【Enter】键确认，在绘图区中选择要复制的边，如图 10-110 所示。

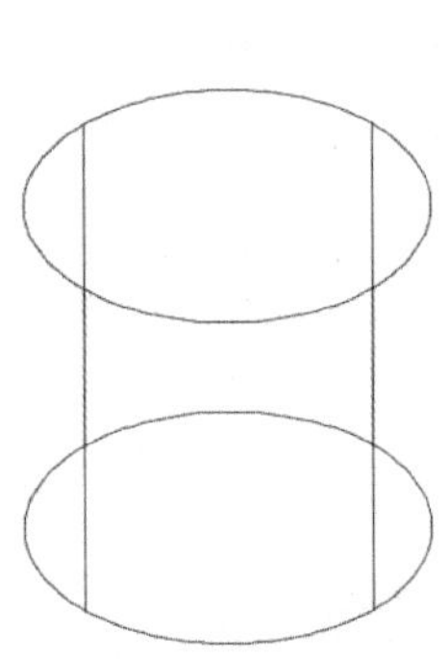

图 10-109　绘制圆柱体

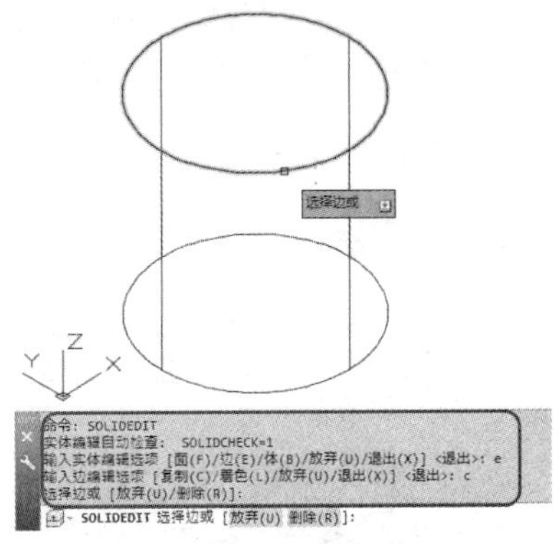

图 10-110　选择要复制的边

（3）按【Enter】键确认，在绘图区中指定位移点，如图 10-111 所示。

（4）指定完成后，即可完成边的复制，效果如图 10-112 所示。

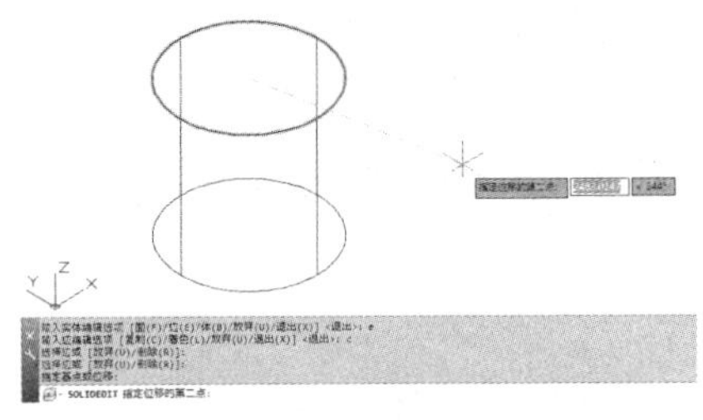

图 10-111　指定位移点

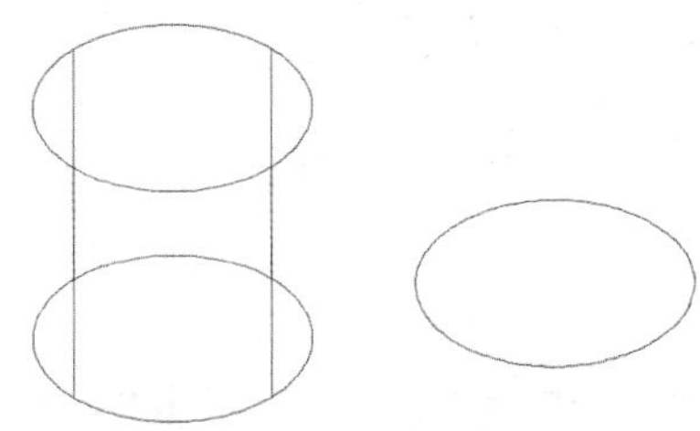

图 10-112　复制边后的效果

10.4　任务 35：深沟球轴承——编辑实体面

下面将介绍如何绘制深沟球轴承，其效果如图 10-113 所示。具体操作步骤如下。

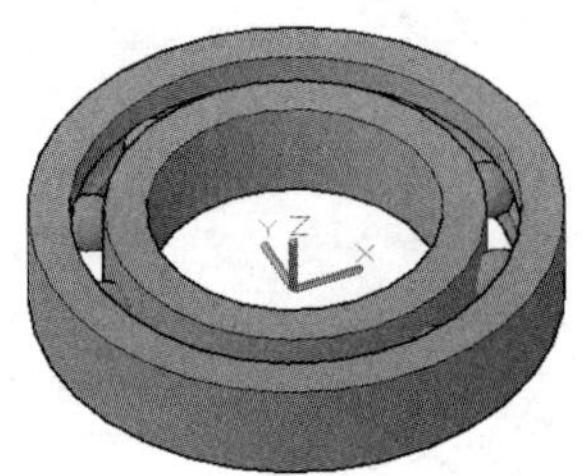

图 10-113　深沟球轴承效果

10.4.1 任务实施

（1）在命令行中输入【CYLINDER】命令，根据命令行的提示将底面的中心点设置为【0,0,0】，绘制两个半径分别为45、38，高度为20的圆柱体，如图10-114所示。

（2）将当前视图设置为【西南等轴测】，将视觉样式设置为【概念】，在命令行中输入【SUBTRACT】命令，根据命令行的提示先选择半径为45的圆柱体，再选择半径为38的圆柱体，进行差集运算，效果如图10-115所示。

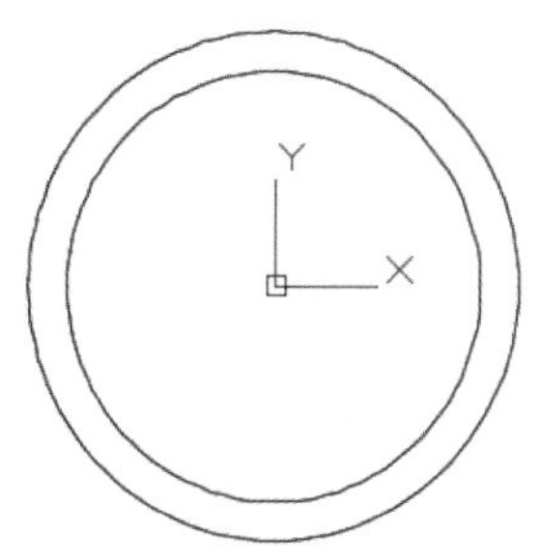

图10-114 绘制圆柱体1

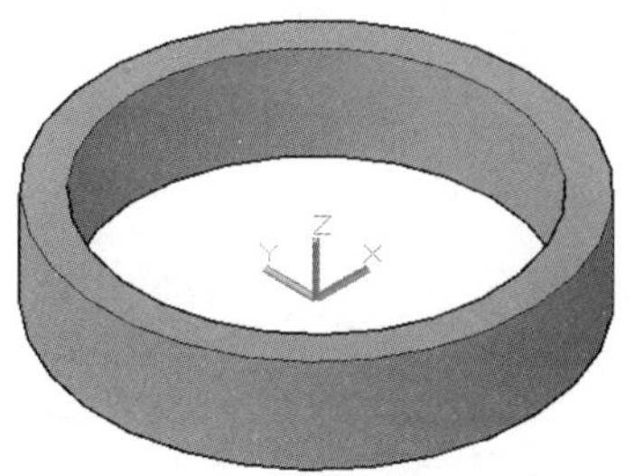

图10-115 差集运算后的效果1

（3）在命令行中输入【CYLINDER】命令，根据命令行的提示将底面的中心点设置为【0,0,0】，绘制两个半径分别为32、25，高度为20的圆柱体，如图10-116所示。

（4）在命令行中输入【SUBTRACT】命令，根据命令行的提示先选择半径为32的圆柱体，再选择半径为25的圆柱体，进行差集运算，效果如图10-117所示。

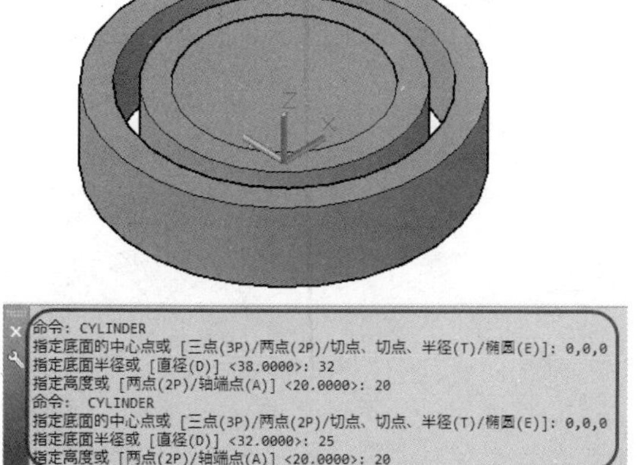

图10-116 绘制圆柱体2

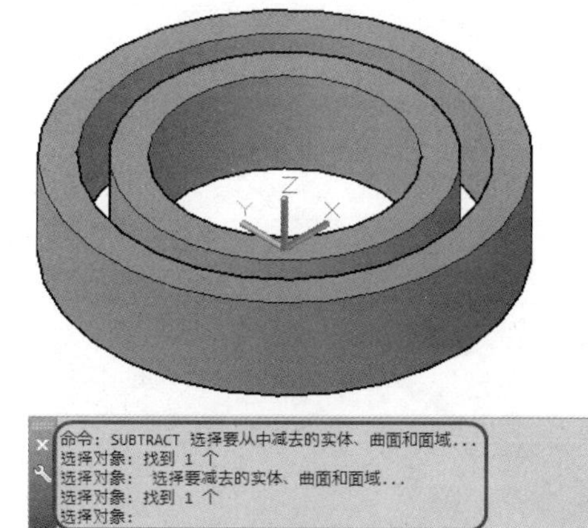

图10-117 差集运算后的效果2

（5）在命令行中输入【TORUS】命令，根据命令行的提示指定中心点为【0,0,10】，指定半径为【35】，指定圆管半径为【5】，完成圆环体的绘制，如图10-118所示。

（6）在命令行中输入【SUBTRACT】命令，根据命令行的提示选择轴承内外的圈，然后拾取新绘制的圆环体，进行差集运算，效果如图10-119所示。

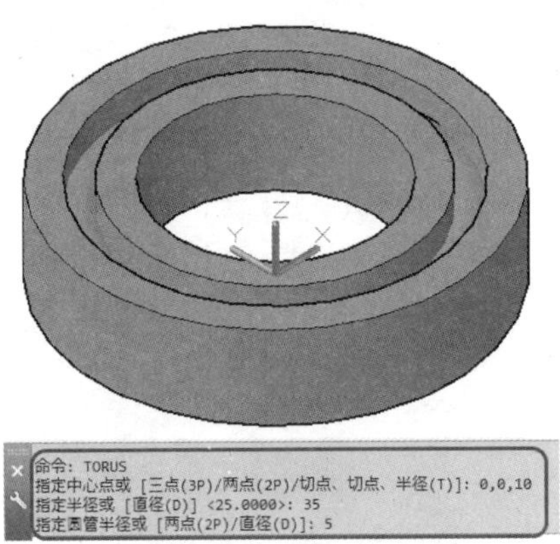

图 10-118　绘制圆环体

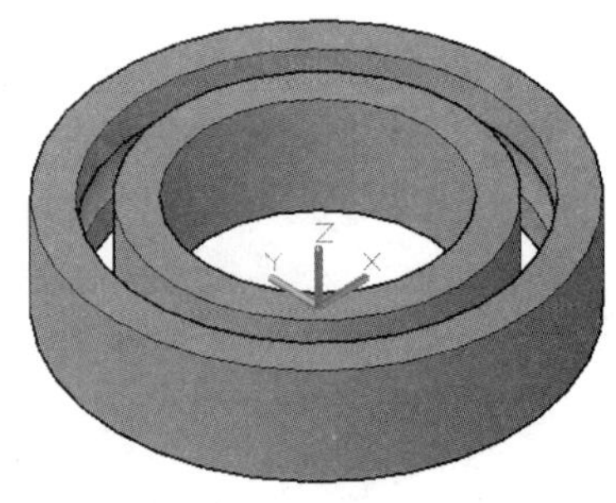

图 10-119　差集运算后的效果 3

（7）在命令行中输入【SPHERE】命令，根据命令行的提示指定中心点为【35,0,10】，指定半径为【5】，完成球体的绘制，并调整视图观察角度，观察效果如图 10-120 所示。

（8）在命令行中输入【ARRAYPOLAR】命令，根据命令行的提示指定阵列中心点为【0,0,0】，输入【I】，将项目数设置为【10】，环形阵列效果如图 10-121 所示。

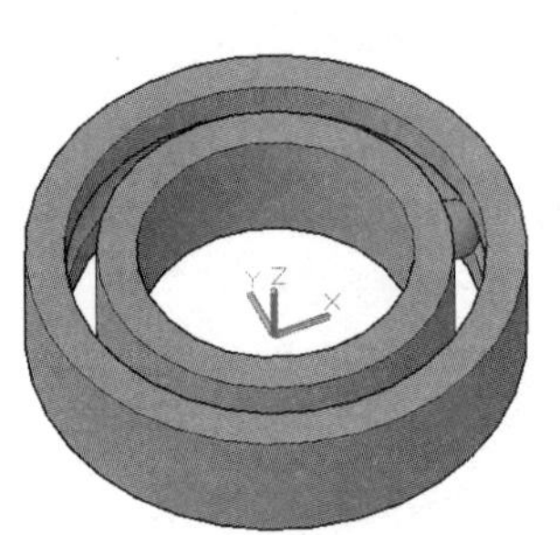

图 10-120　观察效果

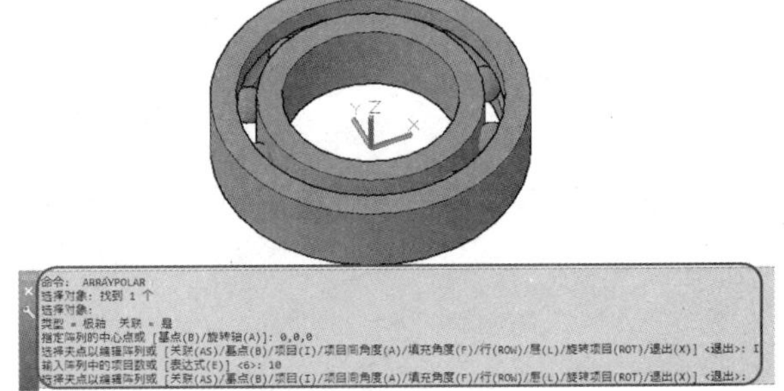

图 10-121　环形阵列效果

知识链接：

在 AutoCAD 2017 中，用户可以通过以下 3 种方法调用编辑实体面的相应命令。

- 功能区选项卡：在【三维建模】工作空间的功能区选项卡中选择【常用】选项卡，在【实体编辑】面板中单击【拉伸面】按钮右侧的下拉按钮，在弹出的下拉列表中选择相应的选项。
- 菜单：在菜单栏中选择【修改】|【实体编辑】，在子菜单中选择相应的命令。
- 命令：在命令行中输入【SOLIDEDIT】命令，并按【Enter】键确认。

10.4.2　拉伸面

【拉伸面】命令用于通过指定的高度和倾斜角度，或者沿一条指定路径来拉伸实体的面，从而形成新的实体，且一次可以选择多个面进行拉伸。

（1）启动 AutoCAD 2017，打开【素材】|【Cha10】|【拉伸面素材.dwg】素材文件，如图 10-122 所示。

（2）在命令行中输入【SOLIDEDIT】命令，根据命令行的提示输入【F】，按【Enter】键确

认，输入【E】，按【Enter】键确认，在绘图区中选择要拉伸的面，如图 10-123 所示。

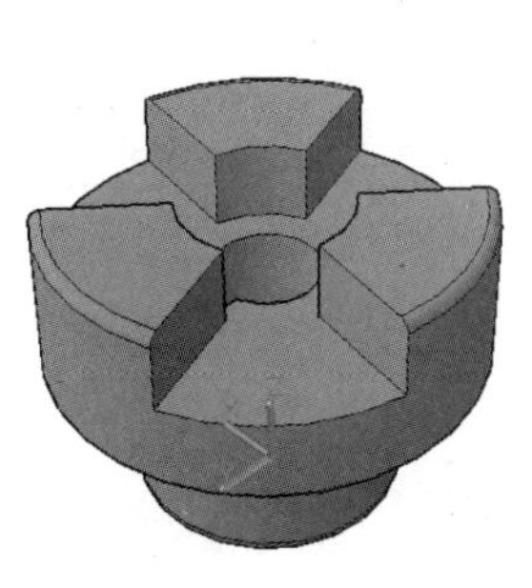

图 10-122　打开素材文件

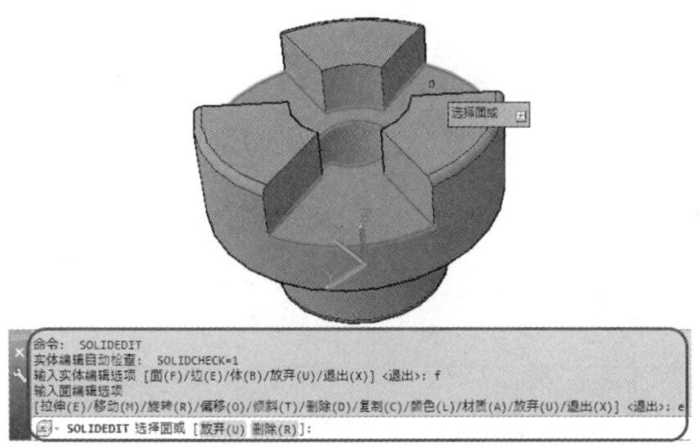

图 10-123　选择要拉伸的面

（3）按【Enter】键确认，根据命令行的提示输入【70】，按【Enter】键确认，输入【0】，按【Enter】键确认，然后按两次【Enter】键完成面的拉伸，效果如图 10-124 所示。

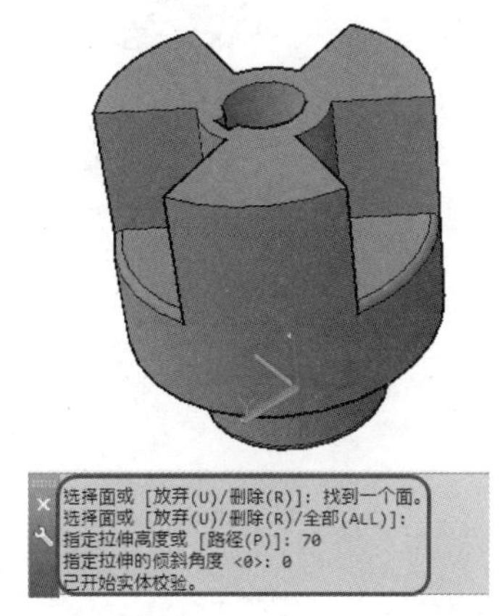

图 10-124　拉伸面后的效果

> **提示：**【拉伸面】命令只限于拉伸平面，对球体面、圆柱、圆锥体的侧面等曲面无效。若拉伸高度值为正值，则沿面的正法向拉伸；若拉伸高度值为负值，则沿面的反法向拉伸。若倾斜角度值为正值，则向内倾斜选定的面；若倾斜角度值为负值，则向外倾斜选定的面。

10.4.3　移动面

【移动面】命令用于根据指定的高度或距离移动选定的实体的面。

（1）打开【移动面素材.dwg】素材文件，在命令行中输入【SOLIDEDIT】命令，根据命令行的提示输入【F】，按【Enter】键确认，输入【M】，按【Enter】键确认，在绘图区中选择要移动的面，如图 10-125 所示。

（2）在绘图区中指定选中面左下角的端点为基点，向上移动鼠标光标，在合适的位置上单击，指定位移的第二点，如图 10-126 所示。

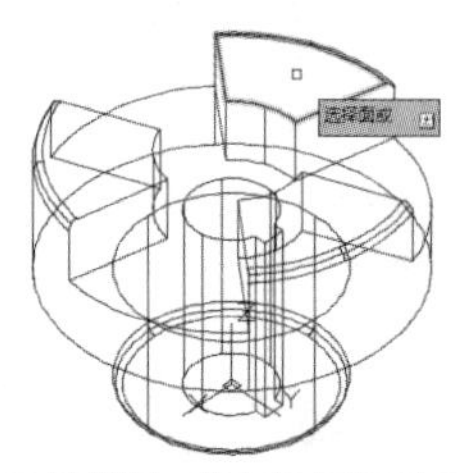

图 10-125　选择要移动的面

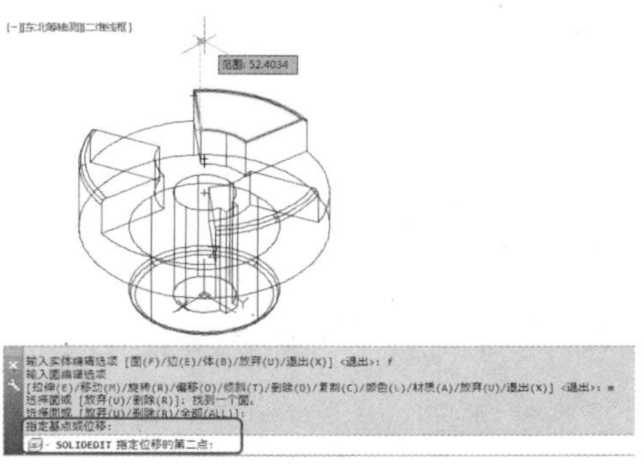

图 10-126　指定位移的第二点

（3）完成该操作后，即可完成面的移动，切换视觉样式并查看效果，如图 10-127 所示。

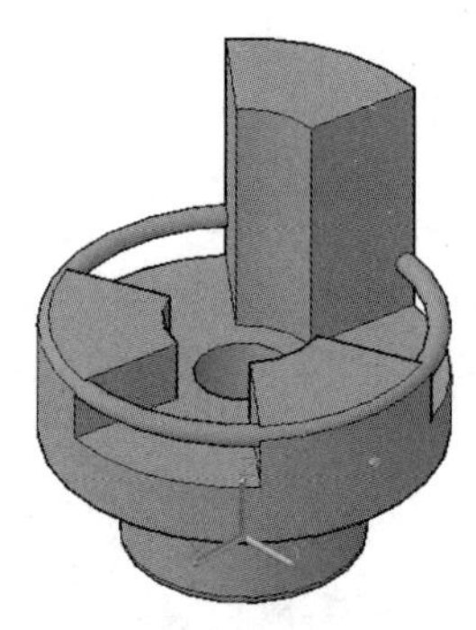

图 10-127　移动面后的效果

10.4.4　偏移面

【偏移面】命令用于根据指定的距离或指定的点，将面均匀地偏移，当距离值为正值时，会增大三维实体的大小或体积，反之会减小三维实体的大小或体积。

（1）打开【偏移面素材.dwg】素材文件，在命令行中输入【SOLIDEDIT】命令，根据命令行的提示输入【F】，按【Enter】键确认，输入【O】，按【Enter】键确认，在绘图区中选择要偏移的面，如图 10-128 所示。

（2）按【Enter】键确认，根据命令行的提示输入【50】，按【Enter】键完成面的偏移，效果如图 10-129 所示。

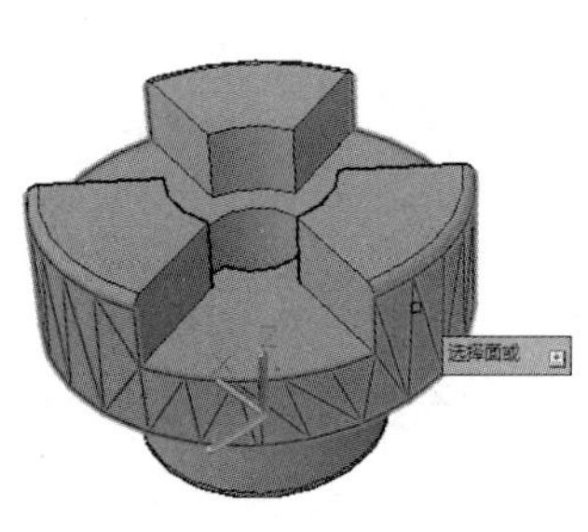

图 10-128　选择要偏移的面

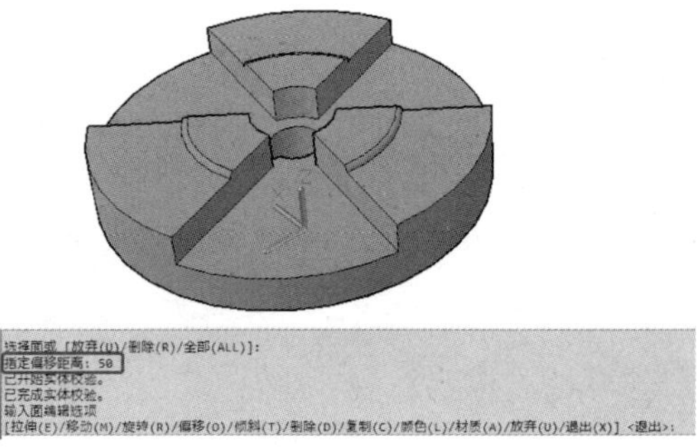

图 10-129　偏移面后的效果

10.4.5 删除面

【删除面】命令用于删除三维实体上指定的面，包括圆角面和倒角面。

（1）打开【删除面素材.dwg】素材文件，切换至【左视】视图，在命令行中输入【SOLIDEDIT】命令，根据命令行的提示输入【F】，按【Enter】键确认，输入【D】，按【Enter】键确认，在绘图区中选择要删除的面，如图 10-130 所示。

（2）选择完成后，按【Enter】键完成面的删除，切换视图并查看效果，如图 10-131 所示。

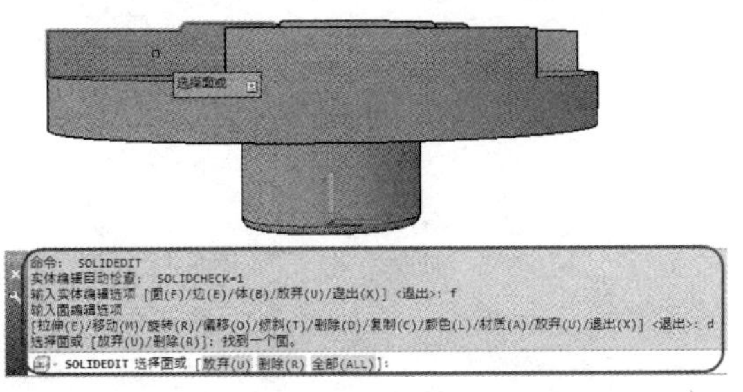

图 10-130　选择要删除的面

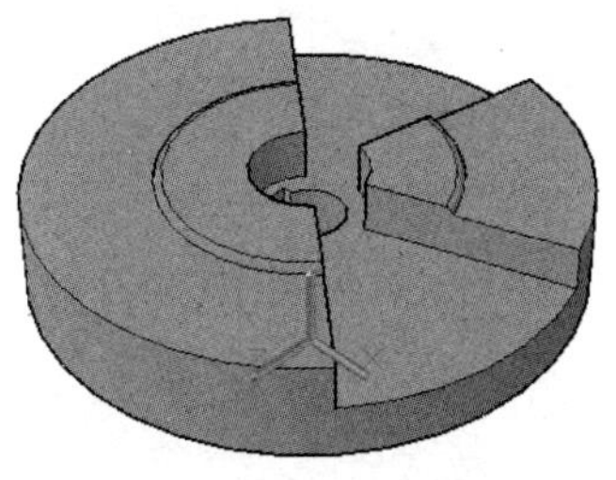

图 10-131　删除面后的效果

10.4.6 旋转面

【旋转面】命令用于将选择的三维实体面沿着指定的旋转轴和角度进行旋转，改变三维实体的形状。下面将介绍如何旋转面，具体操作步骤如下。

（1）打开【素材】|【Cha10】|【旋转面素材.dwg】素材文件，在命令行中输入【SOLIDEDIT】命令，根据命令行的提示输入【F】，按【Enter】键确认，输入【R】，按【Enter】键确认，在绘图区中选择要旋转的面，如图 10-132 所示。

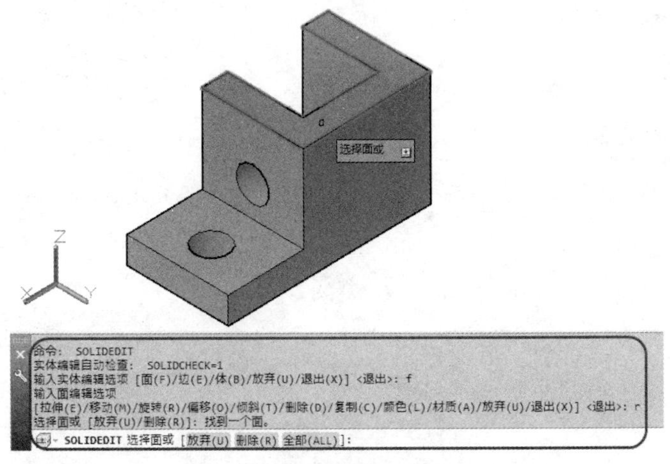

图 10-132　选择要旋转的面

（2）按【Enter】键确认，在绘图区中指定旋转轴的第一点和第二点，如图 10-133 所示。

（3）根据命令行的提示输入【30】，按【Enter】键确认，按两次【Enter】键完成面的旋转，效果如图 10-134 所示。

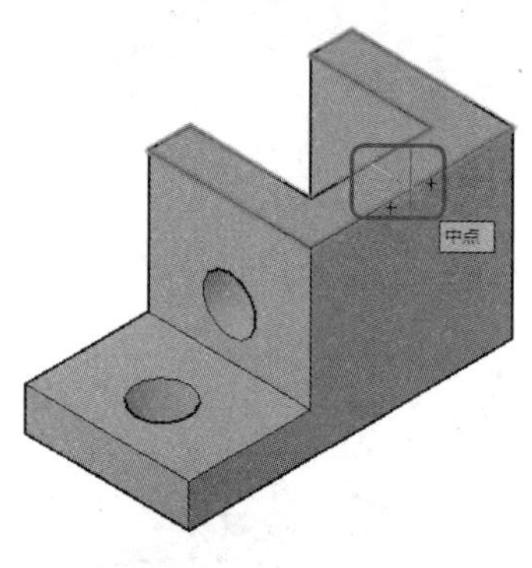

图 10-133 指定旋转轴

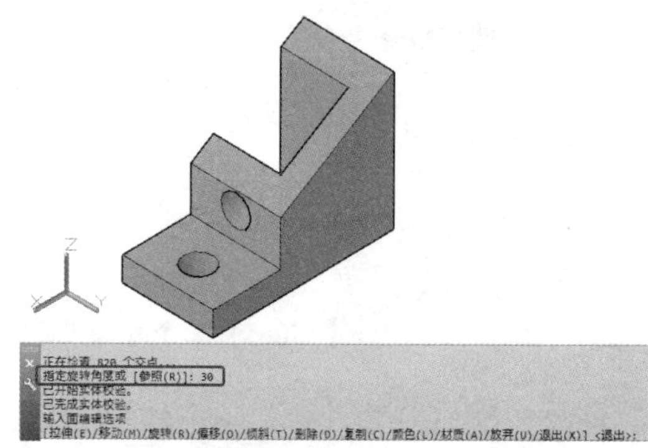

图 10-134 旋转面后的效果

10.4.7 倾斜面

【倾斜面】命令用于使三维实体面产生倾斜或锥化的效果。下面将介绍如何倾斜面，具体操作步骤如下。

（1）打开【倾斜面素材.dwg】素材文件，在命令行中输入【SOLIDEDIT】命令，根据命令行的提示输入【F】，按【Enter】键确认，输入【T】，按【Enter】键确认，在绘图区中选择要倾斜的面，如图 10-135 所示。

（2）按【Enter】键确认，在绘图区中指定基点与倾斜轴，如图 10-136 所示。

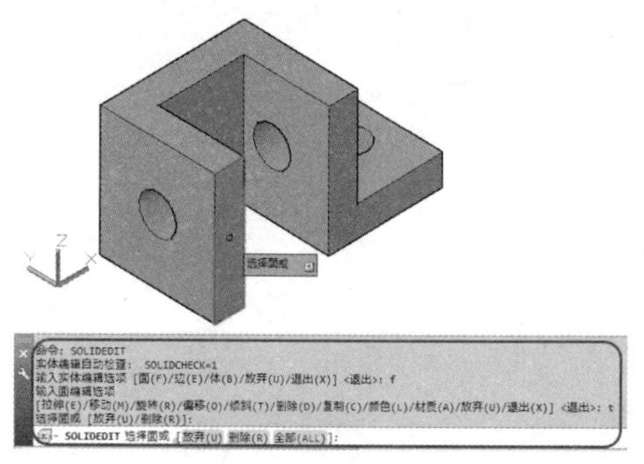

图 10-135 选择要倾斜的面

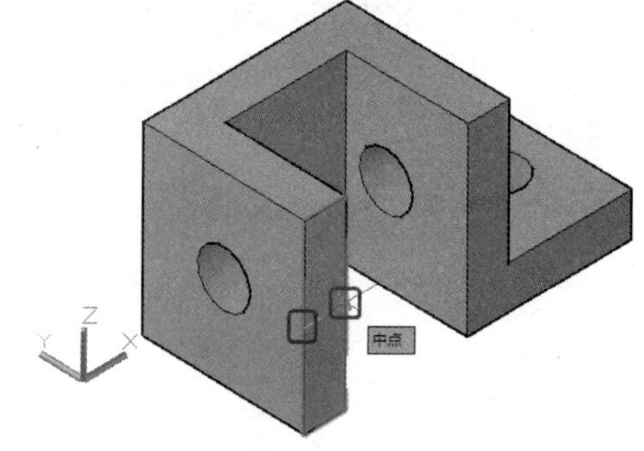

图 10-136 指定基点与倾斜轴

（3）根据命令行的提示输入【45】，按【Enter】键确认，然后按两次【Enter】键完成面的倾斜，并将当前视图设置为【东南等轴测】，效果如图 10-137 所示。

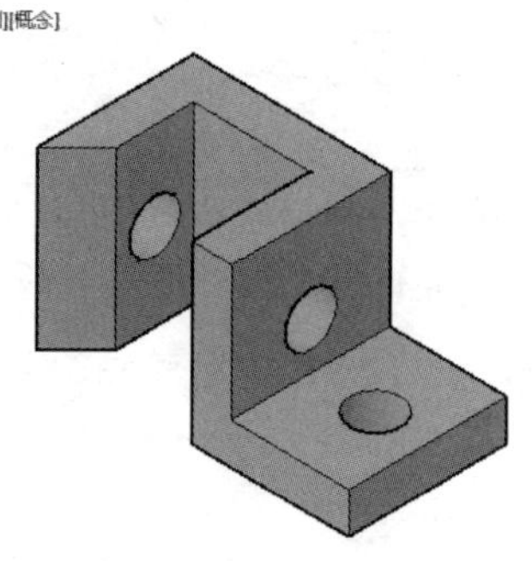

图 10-137 倾斜后的效果

10.4.8 着色面

【着色面】命令用于修改三维实体面的颜色。

（1）打开【着色面素材.dwg】素材文件，在命令行中输入【SOLIDEDIT】命令，根据命令行的提示输入【F】，按【Enter】键确认，输入【L】，按【Enter】键确认，在绘图区中选择要着色的面，按【Enter】键确认，在弹出的对话框中选择相应的颜色，如图 10-138 所示。

（2）设置完成后，单击【确定】按钮，按两次【Enter】键完成面的着色，效果如图 10-139 所示。

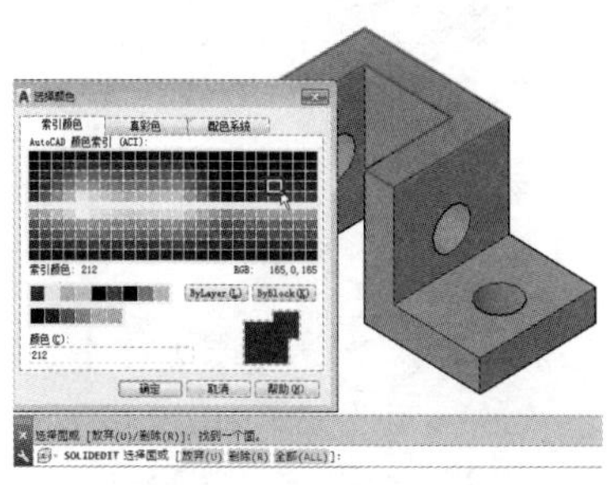

图 10-138 选择相应的颜色

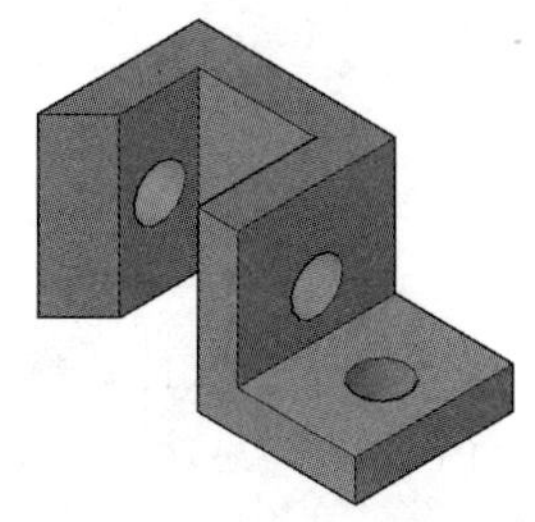

图 10-139 着色面后的效果

10.4.9 复制面

【复制面】命令用于将三维实体的面复制为面域或曲面模型。

（1）打开【复制面素材.dwg】素材文件，在命令行中输入【SOLIDEDIT】命令，根据命令行的提示输入【F】，按【Enter】键确认，输入【C】，按【Enter】键确认，在绘图区中选择要复制的面，如图 10-140 所示。

（2）按【Enter】键确认，在绘图区中指定位移点，如图 10-141 所示。

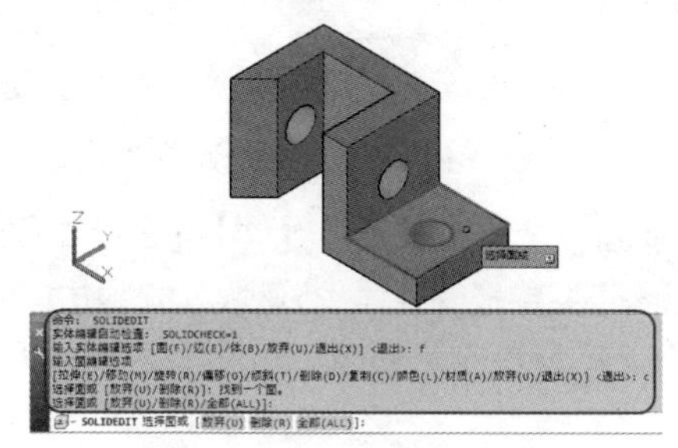

图 10-140 选择要复制的面

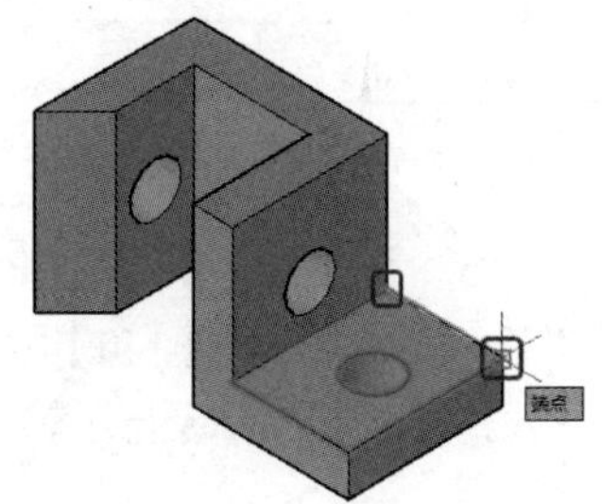

图 10-141 指定位移点

（3）完成该操作后，按两次【Enter】键完成面的复制，效果如图 10-142 所示。

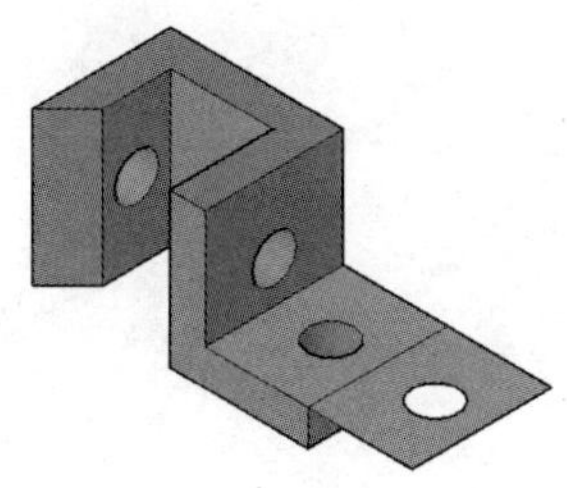

图 10-142 复制面后的效果

10.5　上机练习——绘制轴底座

下面将讲解如何绘制轴底座，其效果如图 10-143 所示。具体操作步骤如下。

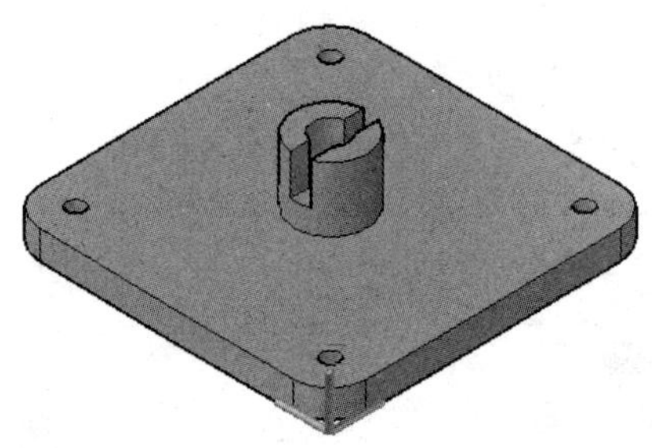

图 10-143　轴底座效果

（1）新建一个图纸文件，将当前视图设置为【西南等轴测】，使用【长方体】工具，在命令行中输入【0,0】，然后输入【@180,180,15】，完成长方体的绘制，如图 10-144 所示。

（2）在命令行中输入【CYLINDER】命令，以【20,20,0】为中心点，绘制半径为 5、高度为 15 的圆柱体，如图 10-145 所示。

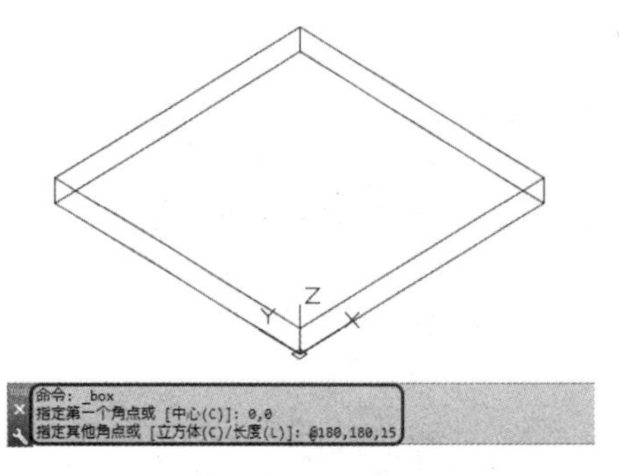

图 10-144　绘制长方体

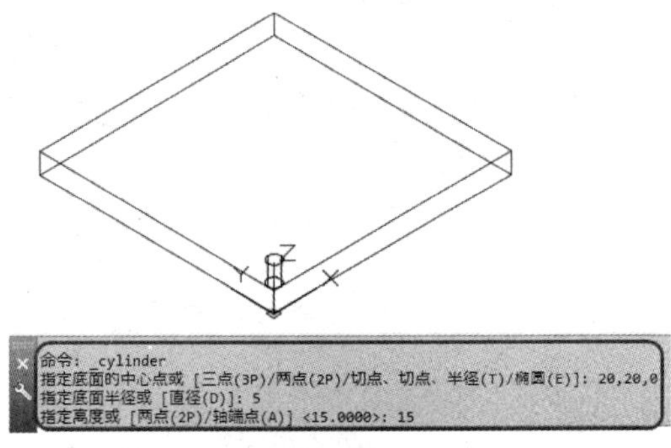

图 10-145　绘制圆柱体 1

（3）在命令行中输入【3DARRAY】命令，拾取圆柱体，依次输入【R】、【2】和【2】，按【Enter】键确认，依次输入【140】和【140】，按【Enter】键完成圆柱体的阵列，如图 10-146 所示。

（4）调整视图，在命令行中输入【LINE】命令，绘制直线，如图 10-147 所示。

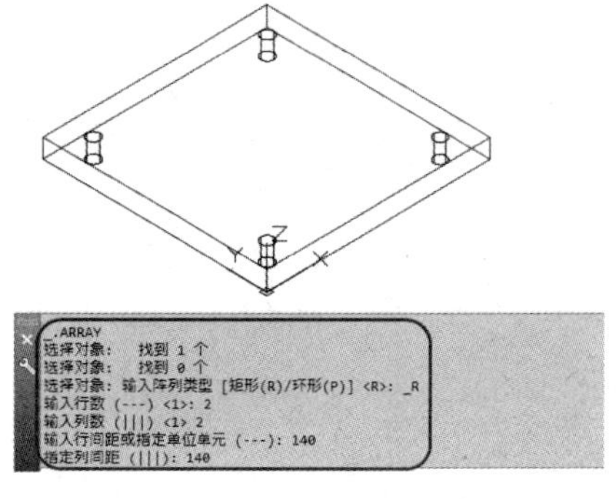

图 10-146　阵列圆柱体

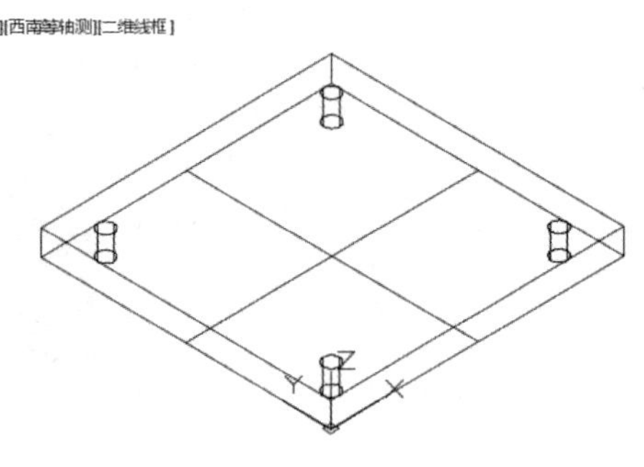

图 10-147　绘制直线

（5）将当前视图设置为【仰视】，使用【圆柱体】工具，以直线的交点为中心点，绘制半径为 10、20，高度为-50 的圆柱体，切换至【西南等轴测】视图，效果如图 10-148 所示。

（6）使用【删除】工具，删除辅助线，将当前视图设置为【西南等轴测】，将视觉样式设置为【概念】，效果如图 10-149 所示。

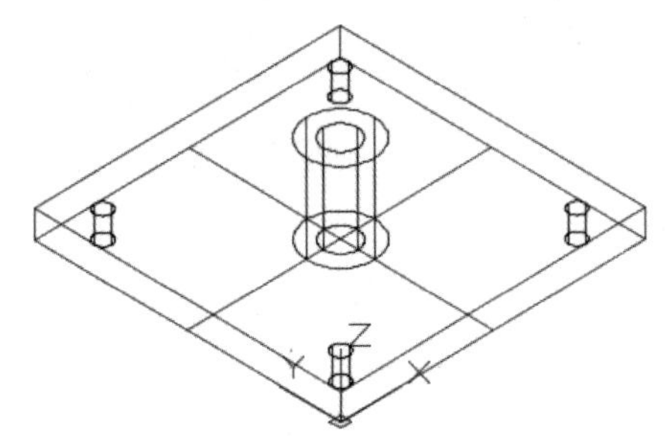

图 10-148 绘制圆柱体 2

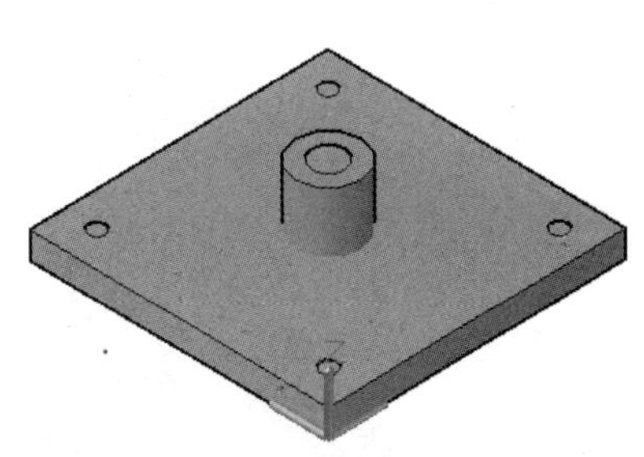

图 10-149 删除辅助线后的效果

（7）在命令行中输入【UNION】命令，拾取长方体和半径为 20 的圆柱体，进行并集运算，如图 10-150 所示。

（8）在命令行中输入【SUBTRACT】命令，选择并集运算后的实体，拾取半径为 5、10 的圆柱体，进行差集运算，如图 10-151 所示。

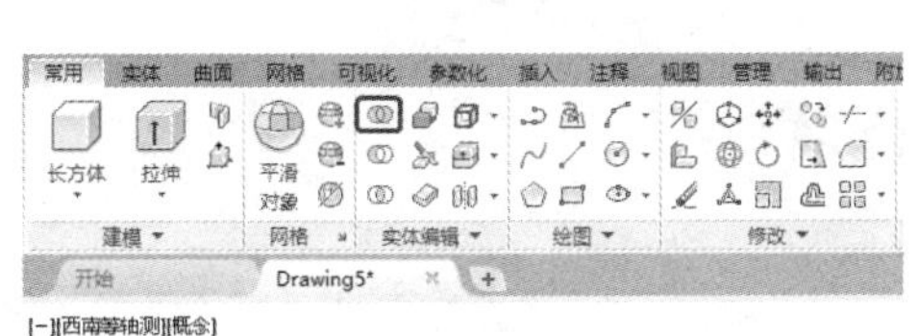

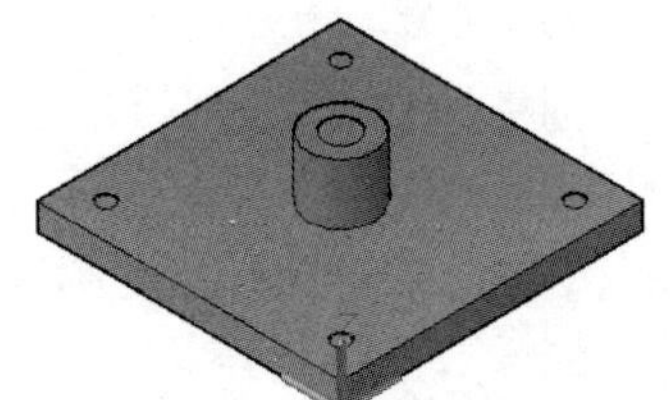

图 10-150 并集运算

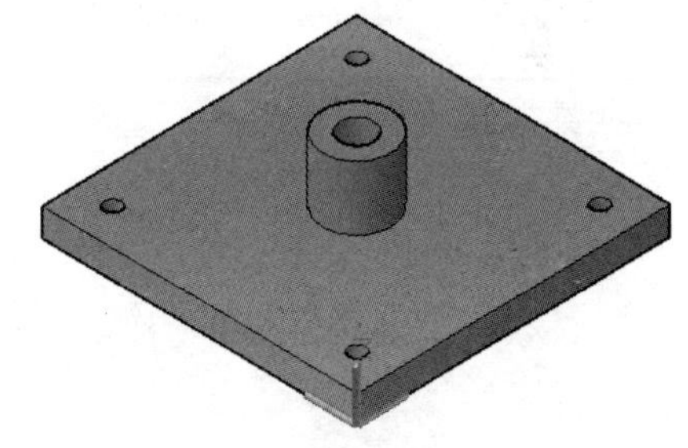

图 10-151 差集运算 1

（9）将视觉样式设置为【二维线框】，在命令行中输入【FILLETEDGE】命令，选择底座的 4 条边，在命令行中输入【R】，将圆角半径设置为【20】，对底座的 4 个角进行圆角处理，效果如图 10-152 所示。

（10）将视觉样式设置为【概念】，在命令行中输入【BOX】命令，绘制长度、宽度和高度分别为 100、10 和 50 的长方体，如图 10-153 所示。

（11）在命令行中输入【SUBTRACT】命令，选择底座，拾取刚绘制的长方体，进行差集运算，如图 10-154 所示。

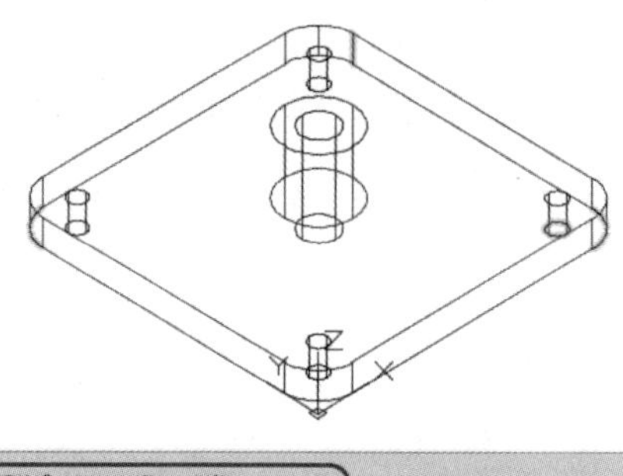

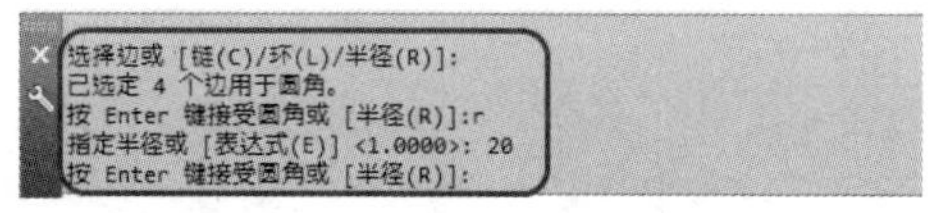

图 10-152　圆角处理后的效果

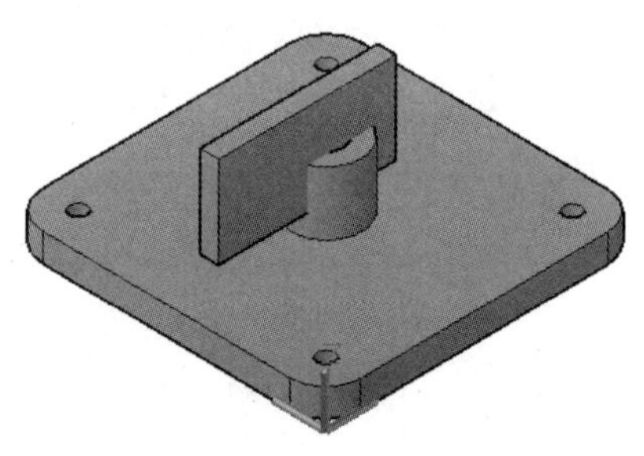

图 10-153　绘制长方体

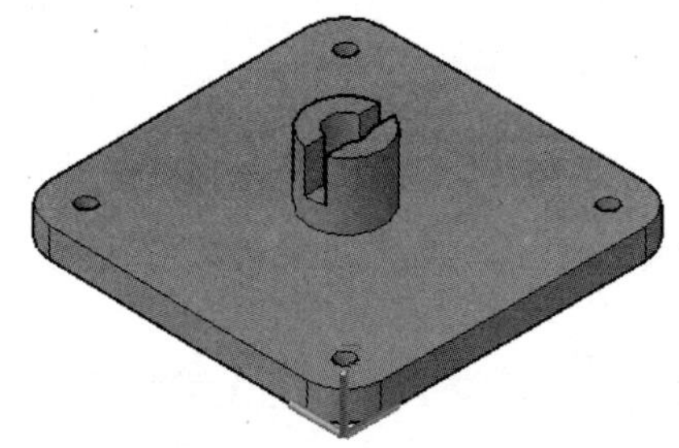

图 10-154　差集运算 2

习题与训练

项目练习　绘制内六角圆柱头螺丝钉

效果展示：	操作要领：
	(1) 使用【圆柱体】、【多边形】和【多段线】等工具绘制图形。 (2) 使用【拉伸】【差集】【阵列】等命令完成内六角圆柱头螺丝钉的绘制。

第 11 章 打印与输出

11

Chapter

本章导读：

基础知识
- ◈ 浮动视口
- ◈ 多视口布局

重点知识
- ◈ 创建打印样式表
- ◈ 编辑打印样式表

提高知识
- ◈ 设置打印区域
- ◈ 设置图纸尺寸

AutoCAD 2017 提供了两种制图空间，分别是模型空间和图纸空间。在这两种空间中完成图形的设计后，可以使用打印机将图形进行打印输出。施工人员根据打印输出的文件就可以进行施工。

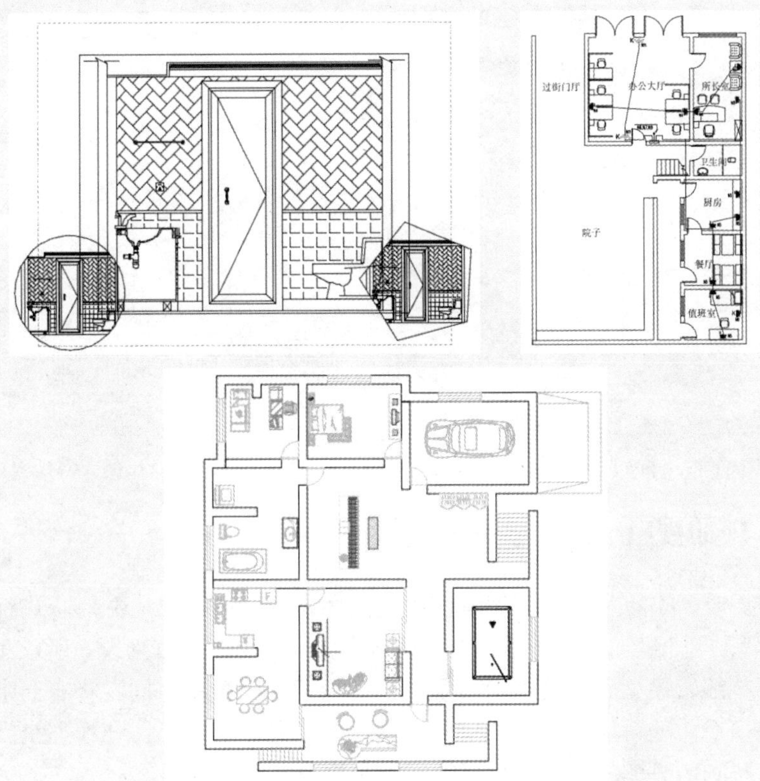

11.1 任务 36：卫生间立面图——特殊视口

在图纸空间状态下绘制圆、多边形等图形，可以将这些图形转换成视口。卫生间立面图效果如图 11-1 所示。

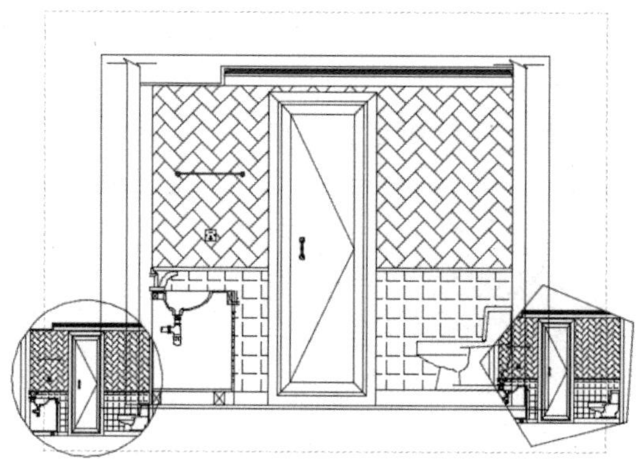

图 11-1 卫生间立面图效果

11.1.1 任务实施

（1）打开【素材】|【Cha11】|【卫生间立面图素材.dwg】素材文件，如图 11-2 所示。

（2）在图纸空间的空白处绘制圆和五边形。在菜单栏中选择【视图】|【视口】|【对象】命令，选择圆和五边形作为图形对象，创建特殊视口，如图 11-3 所示。

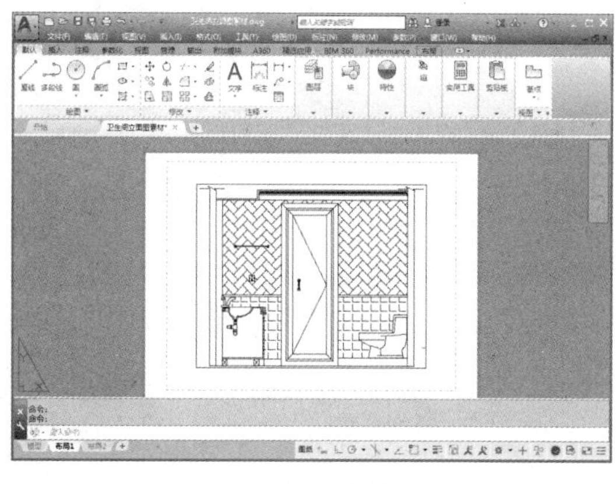

图 11-2 打开素材文件

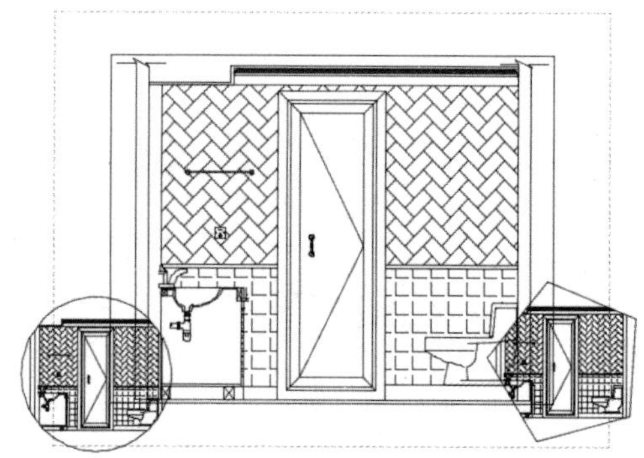

图 11-3 创建特殊视口

11.1.2 浮动视口

在设置布局时，可以将浮动视口看作模型空间中的视图对象，并对它进行移动和大小调整。浮动视口可以相互重叠或分离。因为浮动视口是 AutoCAD 对象，所以在图纸空间中设置布局时不能编辑模型。若要编辑模型，则必须切换到模型空间。将布局中的浮动视口设置为当前视口后，就可以在浮动视口中处理模型空间的对象了。在模型空间中进行的一切修改都将反映到所有图纸空间的视口中。

在浮动视口中，还可以在每个视口中选择性地冻结图层。冻结图层后，就可以查看每个浮动视口中的不同几何对象。通过在浮动视口中进行平移和缩放操作，还可以指定显示不同的视图。

- 删除、新建和调整浮动视口：在布局空间中，选择浮动视口边界，然后按【Delete】键即可删除浮动视口。删除浮动视口后，在菜单栏中选择【视图】|【视口】|【新建视口】命令，可以创建新的浮动视口，此时需要指定创建浮动视口的数量和区域，如图 11-4 所示。

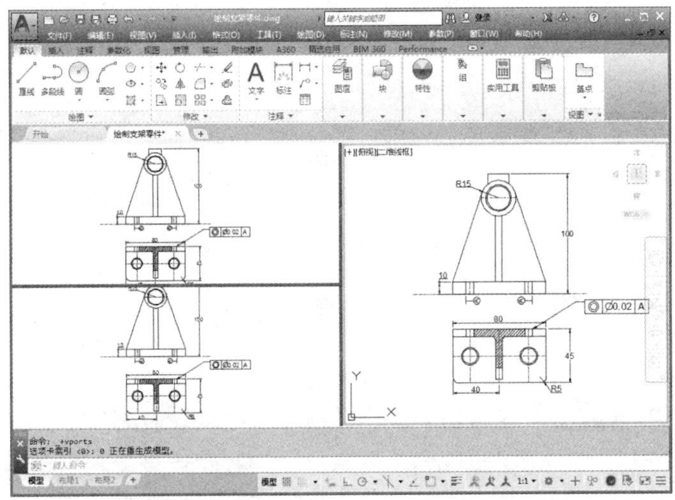

图 11-4　创建新的浮动视口

- 在浮动视口中旋转视图。
- 在浮动视口中执行【MVSETUP】命令后，根据命令行的提示可以旋转整个视图。
- 最大化与还原视图：在命令行中输入【VPMAX】命令或【VPMIN】命令，并选择要处理的视图，或者双击浮动视口的边界，如图 11-5 所示。

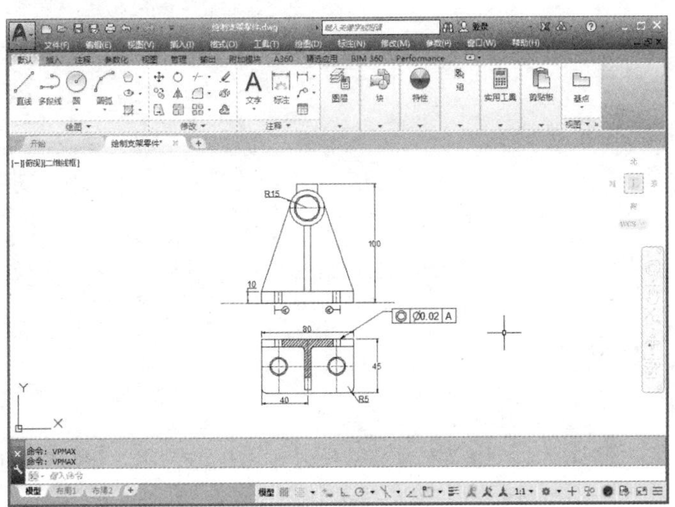

图 11-5　最大化与还原视图

- 设置视口的缩放比例：单击当前的浮动视口，在状态栏的【注释比例】下拉列表中选择需要的比例选项，如图 11-6 所示。

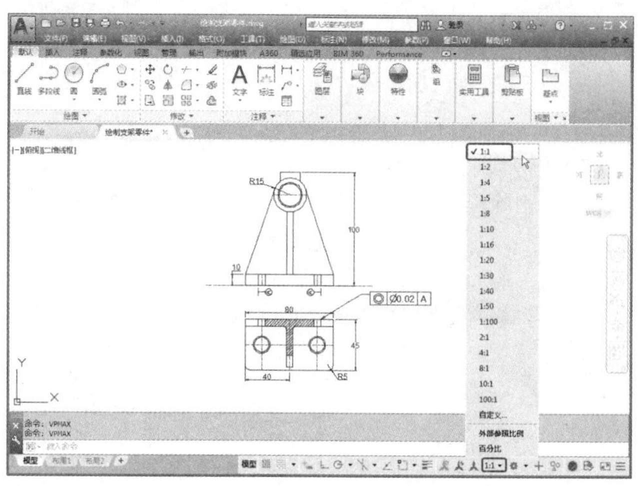

图 11-6　设置视口的缩放比例

11.1.3　多视口布局

在布局窗口中，可以将当前的一个视口分为多个视口。

在菜单栏中选择【视图】|【视口】命令，打开【视口】子菜单，如图 11-7 所示。在各个视口中，会使用不同的比例、角度和位置来显示同一个模型。在某视口内的任意位置单击，可以将该视口转换为当前视口，并进行编辑操作。可以把模型的主视图、俯视图、左视图和轴测图布置在各个视口上。多视口布局效果如图 11-8 所示。

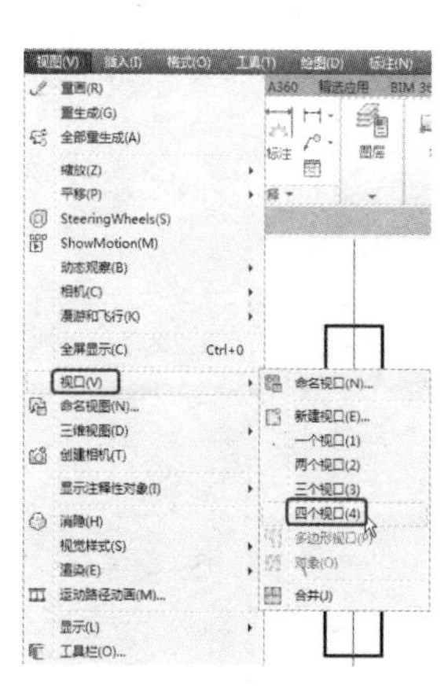

图 11-7　【视口】子菜单

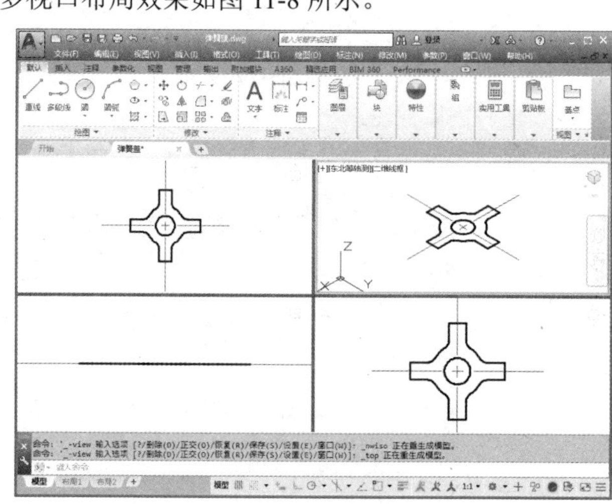

图 11-8　多视口布局效果

11.2　任务 37：建筑平面电气图——打印 PDF 图纸

本节将通过一个简单的实例讲解如何对建筑平面电气图进行打印预览，以加深读者对相关知识的理解。建筑平面电气图的打印效果如图 11-9 所示。

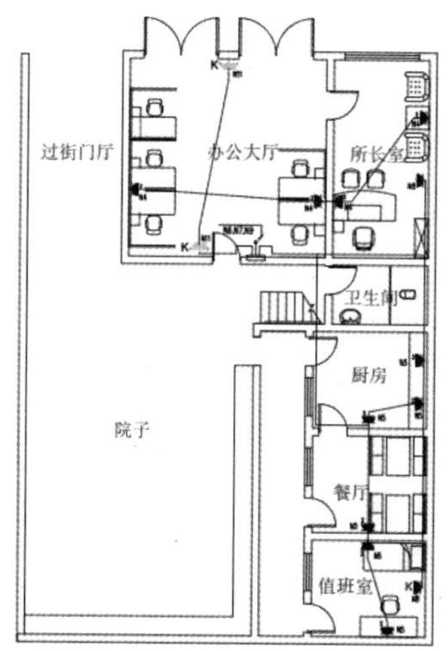

图 11-9　建筑平面电气图的打印效果

11.2.1　任务实施

（1）打开【素材】|【Cha11】|【建筑平面电气图素材.dwg】素材文件，单击快速访问工具栏中的【打印】按钮，弹出【打印-模型】对话框，设置【打印机/绘图仪】的【名称】为【AutoCAD PDF（Smallest File）.pc3】，设置【图纸尺寸】为【ARCH C（24.00×18.00 英寸）】，勾选【打印偏移】选项组下面的【居中打印】复选框，选中【图形方向】选项组下面的【横向】单选按钮，如图 11-10 所示。

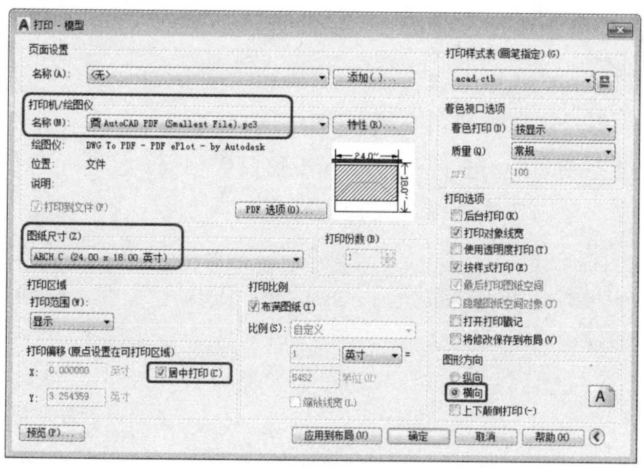

图 11-10　设置打印参数

（2）在【打印区域】选项组中，设置【打印范围】为【窗口】，如图 11-11 所示。

（3）返回图纸中，指定第一个角点和对角点，即可指定打印的范围，如图 11-12 所示。

（4）在【打印-模型】对话框中，单击【预览】按钮，预览效果如图 11-13 所示。

（5）预览完成后，在确认图纸不需要改动时，单击【确定】按钮，弹出【浏览打印文件】对话框，设置【保存位置】和【文件名】，单击【保存】按钮，导出 PDF 图纸文件的效果如图 11-14 所示。

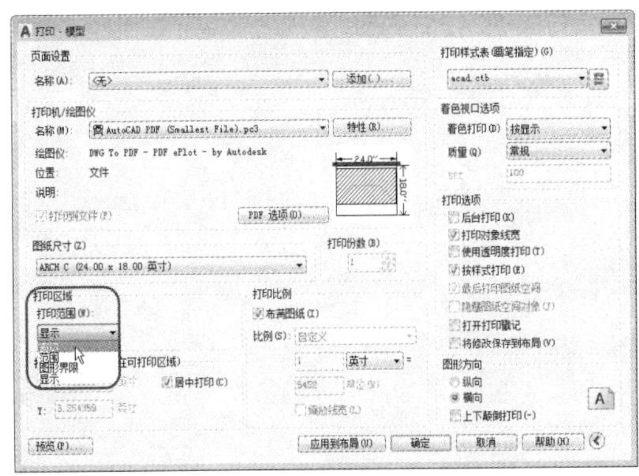

图 11-11　设置【打印范围】

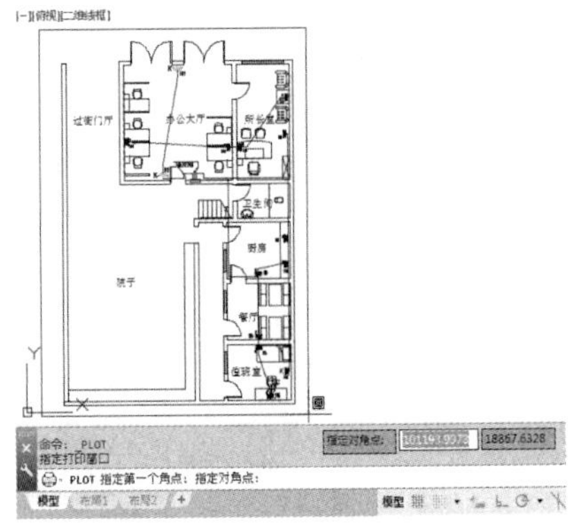

图 11-12　指定打印的范围

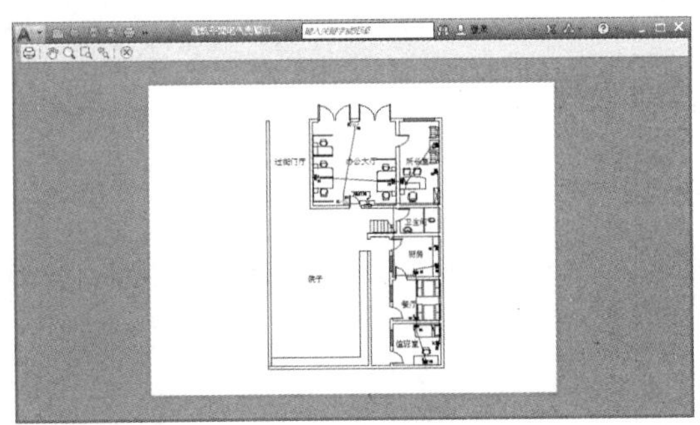

图 11-13　预览效果

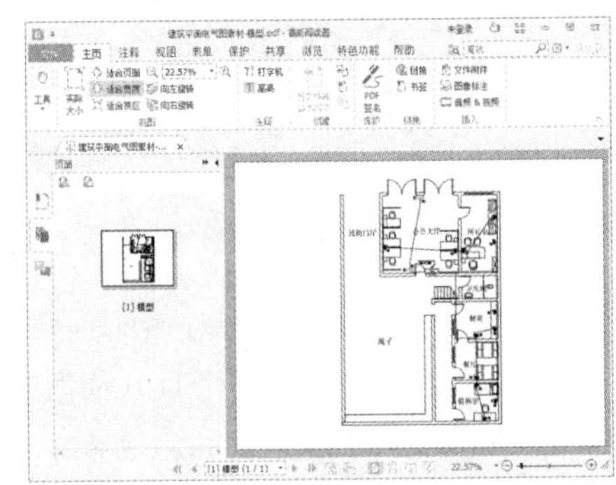

图 11-14　导出 PDF 图纸文件的效果

> ！　提示：按【ESC】键可退出预览效果。

在打印预览状态下，工具栏中各按钮的功能如下。

- 【打印】按钮：单击该按钮可直接打印图形文件。
- 【平移】按钮：该功能与视图缩放中的平移操作相同，这里不再赘述。
- 【缩放】按钮：单击该按钮后，鼠标光标变成形状，按住鼠标左键向下拖动鼠标光标，图形文件的视图窗口变小；向上拖动鼠标光标，图形文件的视图窗口变大。
- 【窗口缩放】按钮：单击该按钮后，鼠标光标变成形状，框选图形文件后，视图中的图形文件会变大。
- 【缩放为原窗口】按钮：单击该按钮可还原窗口。
- 【关闭】按钮：单击该按钮可退出打印预览窗口。

11.2.2　打印样式表

为了使打印出的图形更符合要求，在对图形对象进行打印之前，应先创建需要的打印样式表，并且在设置打印样式表后，还可以对其进行编辑。

1. 创建打印样式表

创建打印样式表是在【打印-模型】对话框中进行的。打开该对话框的方法有以下几种。

- 单击快速访问工具栏中的【打印】按钮。

- 单击【菜单浏览器】按钮，在弹出的操作菜单中选择【文件】|【打印】命令。
- 直接按【Ctrl+P】组合键。
- 在命令行中执行【PLOT】命令。

创建打印样式表的具体操作过程如下。

（1）单击快速访问工具栏中的【打印】按钮，弹出【打印-模型】对话框，在【打印样式表】下拉列表中选择【新建】选项，如图 11-15 所示。

（2）弹出【添加颜色相关打印样式表-开始】对话框，选中【创建新打印样式表】单选按钮，然后单击【下一步】按钮，如图 11-16 所示。

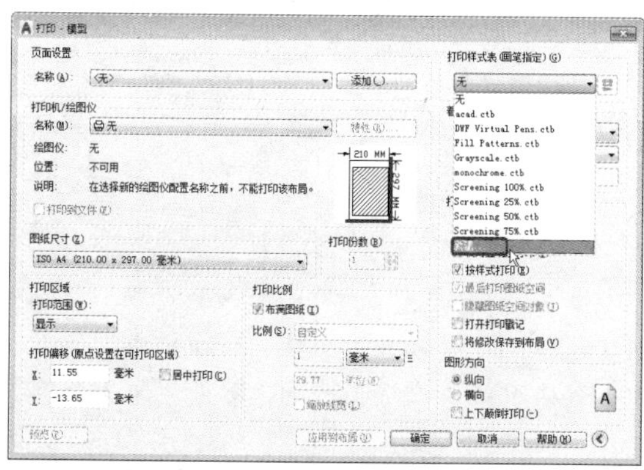

图 11-15 选择【新建】选项

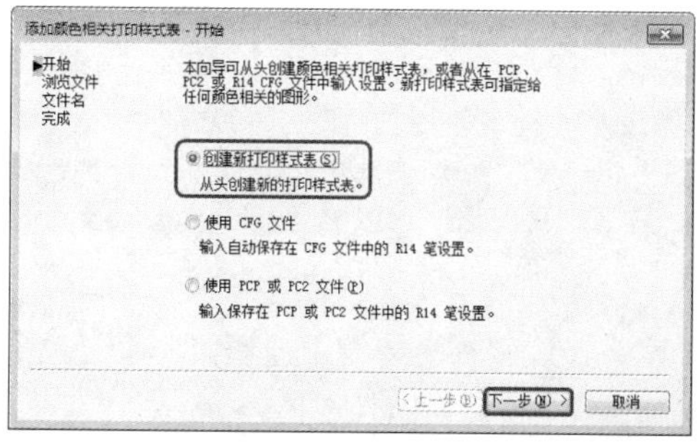

图 11-16 选中【创建新打印样式表】单选按钮

（3）弹出【添加颜色相关打印样式表-文件名】对话框，在【文件名】文本框中输入【立面图】，单击【下一步】按钮，如图 11-17 所示。

（4）弹出【添加颜色相关打印样式表-完成】对话框，单击【完成】按钮，完成打印样式表的创建，如图 11-18 所示。

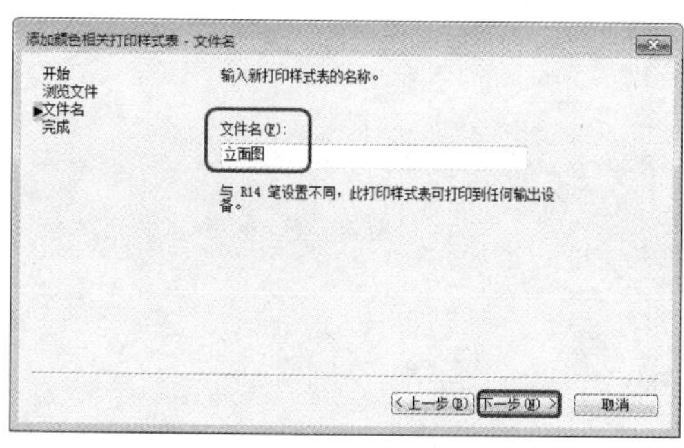

图 11-17 设置【文件名】

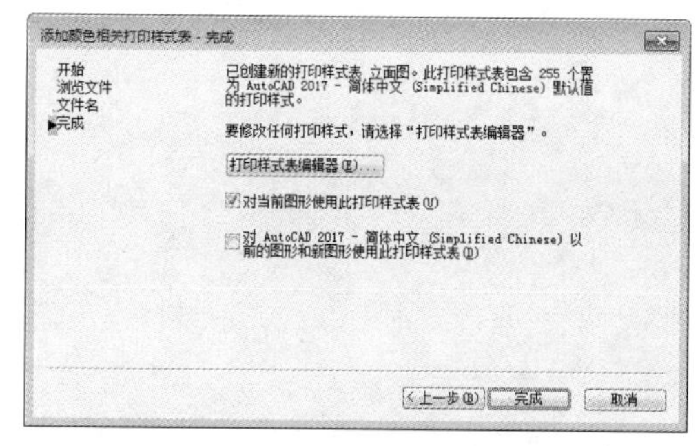

图 11-18 完成打印样式表的创建

2. 编辑打印样式表

编辑打印样式表的具体操作步骤如下。

（1）在菜单栏中选择【文件】|【打印样式管理器】命令，打开系统保存打印样式表的文件夹，双击要修改的打印样式表，这里双击名称为【DWF Virtual Pens.ctb】的打印样式表，如图 11-19 所示。

（2）弹出【打印样式表编辑器-DWF Virtual Pens.ctb】对话框，切换至【表视图】选项卡，在该选项卡下选择需要修改的选项，这里在【线宽】右侧的第一个下拉列表中选择【0.4000 毫米】选项，如图 11-20 所示。

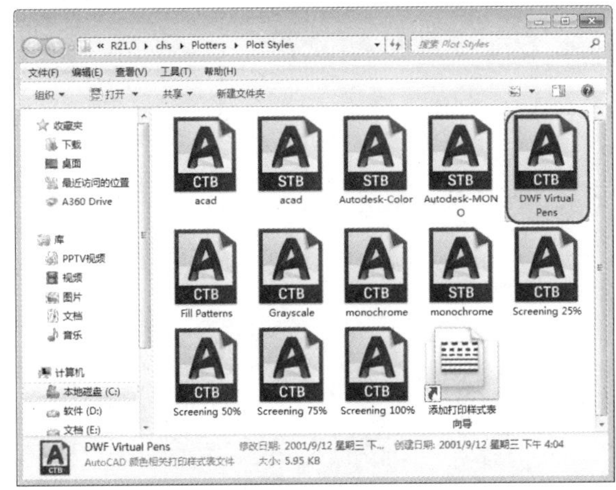

图 11-19　双击【DWF Virtual Pens.ctb】打印样式表

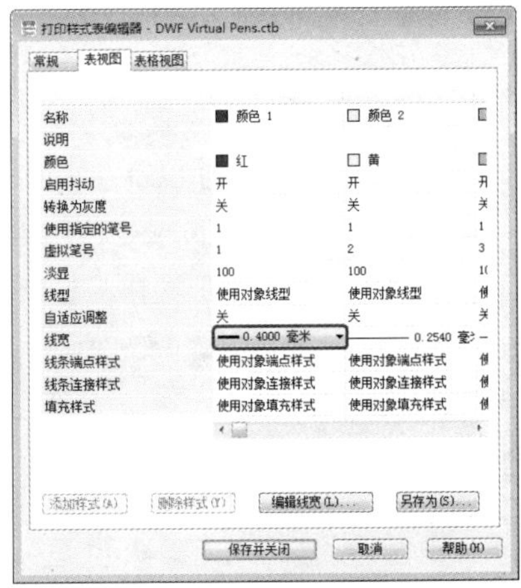

图 11-20　设置【线宽】

（3）切换至【表格视图】选项卡，在【特性】选项组中可以设置对象的打印颜色、抖动、灰度等，这里在【特性】选项组的【颜色】下拉列表中选择【洋红】选项，然后单击【保存并关闭】按钮，如图 11-21 所示。

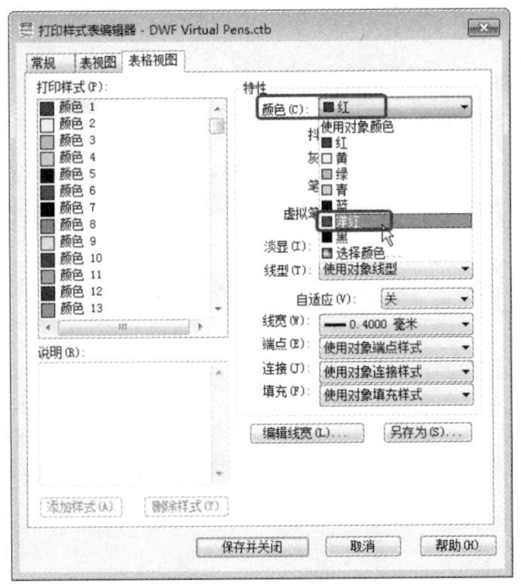

图 11-21　设置【颜色】

在【打印样式表编辑器-DWF Virtual Pens.ctb】对话框的【表格视图】选项卡中，部分选项的含义如下。

- 【颜色】选项：指定对象的打印颜色。打印颜色的默认设置为【使用对象颜色】。如果指定了对象的打印颜色，则在打印时该颜色将替代对象的颜色。
- 【抖动】选项：打印机采用抖动功能来靠近点图案的颜色，使打印颜色看起来比 AutoCAD 颜色索引（ACI）中的颜色要多。如果绘图仪不支持抖动功能，则将忽略抖动设置。为了避免抖动所带来的线条打印错误，通常会关闭抖动功能。关闭抖动功能还可以使较暗的颜色看起来更清晰。在关闭抖动功能时，AutoCAD 会将颜色映射到最接近的颜色，从而导致打印时的颜色范围较小。无论使用对象颜色还是指定打印颜色，都可以使用抖动功能。

- 【灰度】选项：如果绘图仪支持灰度功能，可将对象颜色转换为灰度。如果关闭了灰度功能，则 AutoCAD 将使用对象颜色的 RGB 值。
- 【笔号】选项：指定打印使用该打印样式表的对象时需要使用的笔。笔号的范围为 1～32。如果将打印颜色设置为【使用对象颜色】，或者正编辑颜色相关打印样式表中的打印颜色，则不能更改指定的笔号，其设置为【自动】。
- 【虚拟笔号】选项：指定一个虚拟笔号为 1～255。许多非笔式绘图仪都可以使用虚拟笔来模仿笔式绘图仪。对于许多设备而言，都可以在绘图仪的前面板上对笔的宽度、填充图案、端点样式、合并样式和颜色淡显等参数进行设置。
- 【淡显】选项：指定颜色强度，用于确定打印时 AutoCAD 在纸上使用的墨的多少。该选项的有效范围为 0～100，选择 0，将显示为白色；选择 100，将以最大的浓度显示颜色。如果要启用【淡显】选项，则必须将【抖动】选项设置为【开】。
- 【线型】选项：使用样例和说明显示每种线型的列表。该选项的默认设置为【使用对象线型】。如果指定了一种打印线型，则在打印时该线型将替代对象的线型。
- 【自适应】选项：调整线型比例以完成线型图案。如果未将【自适应】选项设置为【开】，则直线将可能在图案的中间结束。如果线型缩放比例更重要，则应先将【自适应】选项设置为【关】。
- 【线宽】选项：显示线宽及其数字值的样例，并以毫米为单位指定每个线宽的数值。该选项的默认设置为【使用对象线宽】。如果指定了一种打印线宽，则在打印时该线宽将替代对象的线宽。
- 【端点】选项：提供线条端点样式，如柄形、方形、圆形和菱形。该选项的默认设置为【使用对象端点样式】。如果指定了一种直线端点样式，则在打印时该直线的端点样式将替代对象的线条端点样式。
- 【连接】选项：提供线条连接样式，如斜接、倒角、圆形和菱形。该选项的默认设置为【使用对象连接样式】。如果指定了一种直线连接样式，则在打印时该直线的连接样式将替代对象的线条连接样式。
- 【填充】选项：提供填充样式，如实心、棋盘形、交叉线、菱形、水平线、左斜线、右斜线、方形点和垂直线。该选项的默认设置为【使用对象填充样式】。如果指定了一种填充样式，则在打印时该填充样式将替代对象的填充样式。
- 【添加样式】按钮：向命名打印样式表中添加新的打印样式。打印样式的基本样式为【普通】，使用对象的特性，默认不使用任何替代样式。在创建新的打印样式后，必须指定要应用的替代样式。颜色相关打印样式表包含 255 种映射到颜色的打印样式，不能向颜色相关打印样式表中添加新的打印样式，也不能向包含转换表的命名打印样式表中添加新的打印样式。
- 【删除样式】按钮：从打印样式表中删除选定样式。被指定了删除的打印样式的对象将以【普通】样式打印，因为该打印样式已经不再存在于打印样式表中。不能从包含转换表的命名打印样式表中删除打印样式，也不能从颜色相关打印样式表中删除打印样式。
- 【编辑线宽】按钮：单击此按钮，将弹出【编辑线宽】对话框。该对话框中共有 28 种线宽可以应用于打印样式表中的打印样式。如果存储在打印样式表中的线宽列表不包含所需的线宽，则可以对现有的线宽进行编辑。不能在打印样式表的线宽列表中添加或删除线宽。

11.2.3 设置打印参数

打印参数的设置关系到打印图形的最终效果，其操作也是在【打印-模型】对话框中进行的。

1. 设置打印区域

当只需打印绘图区中的某部分图形对象时，可以对打印区域进行设置。在【打印区域】选项组的【打印范围】下拉列表中包含【窗口】、【范围】、【图形界限】和【显示】4 个选项，如图 11-22 所示。

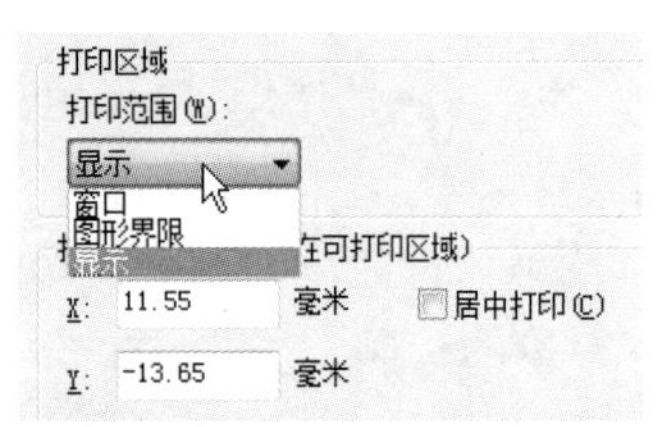

图 11-22 【打印区域】选项组

其中各选项的含义如下。

- 【窗口】选项：用于定义要打印的区域。选择该选项后，将返回绘图区选择打印区域。
- 【范围】选项：将打印图形中的所有可见对象。
- 【图形界限】选项：将按照设置的图形界限，打印图形界限内的图形对象。
- 【显示】选项：将打印图形中显示的所有对象。

2. 设置打印比例

打印比例的设置尤为重要，若打印比例过小，则会使打印输出后的图形对象在图纸上的显示比例很小，从而导致看不清楚；若打印比例过大，则会使图纸无法装满图形对象，从而导致无法查看。【打印比例】选项组如图 11-23 所示。

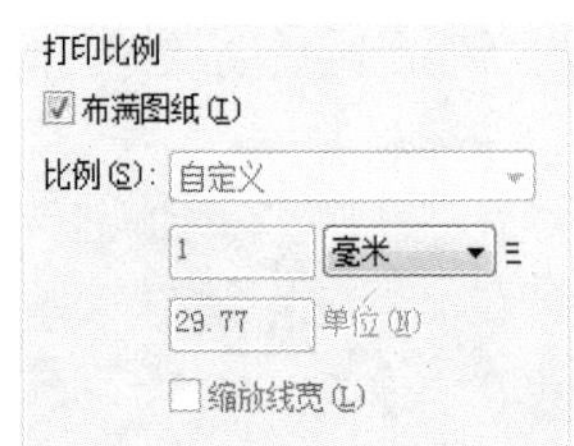

图 11-23 【打印比例】选项组

其中各选项的含义如下。

- 【布满图纸】复选框：选择该复选框，将缩放打印图形以布满所选图纸，并在【比例】下拉列表、【毫米】和【单位】文本框中显示自定义的缩放比例因子。
- 【比例】下拉列表：指定打印的比例。
- 【毫米】文本框：指定与单位数等价的英寸数、毫米数或像素数。当前所选图纸的尺寸决定了单位是英寸、毫米还是像素。
- 【单位】文本框：指定的英寸数、毫米数。
- 【缩放线宽】复选框：如果是在布局空间中打开的【打印-模型】对话框，则该复选框将被激活。勾选该复选框后，对象的线宽也会按打印比例进行缩放。若取消勾选该复选框，则只缩放打印图形而不缩放线宽。

3. 设置图形方向

在【打印-模型】对话框的【图形方向】选项组中可以设置图形的打印方向，如图 11-24 所示。

图 11-24　【图形方向】选项组

其中各选项的含义如下。

- 【纵向】单选按钮：选中该单选按钮，图形将以水平方向放置在图纸上。
- 【横向】单选按钮：选中该单选按钮，图形将以垂直方向放置在图纸上。
- 【上下颠倒打印】复选框：勾选该复选框，系统会将图形旋转 180° 后再进行打印。

> 提示：【图形方向】选项组中右侧的图标A，即图形在图纸上打印的缩影，它简单地表示了图形对象。

4. 设置图纸尺寸

设置图纸尺寸表示选择打印图形时的纸张大小，在如图 11-25 所示的【图纸尺寸】下拉列表中选择即可。

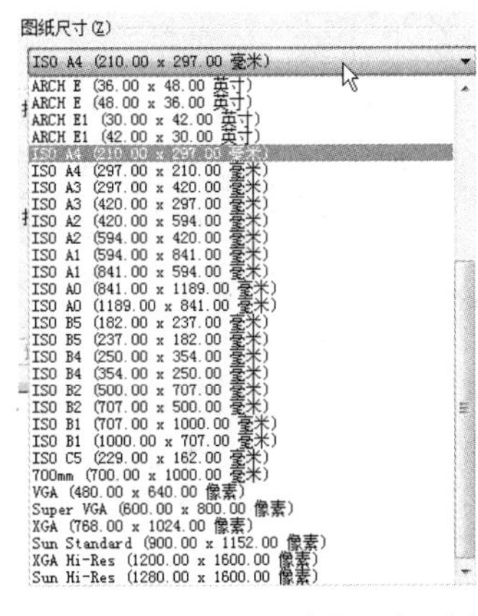

图 11-25　【图纸尺寸】下拉列表

5. 设置打印样式

打印样式就像一个打印模子一样，是系统预设好的样式。通过设置打印样式可以间接地设置图形对象在打印输出时的颜色、线型或线宽等特性。

（1）打开【打印-模型】对话框，在【打印样式表】下拉列表中选择需要的打印样式，这里选择【acad.ctb】选项，如图 11-26 所示。

（2）系统自动弹出【问题】对话框，询问是否将此打印样式表指定给所有布局，单击 是(Y) 按钮，表示确定将此打印样式表指定给所有布局，如图 11-27 所示。

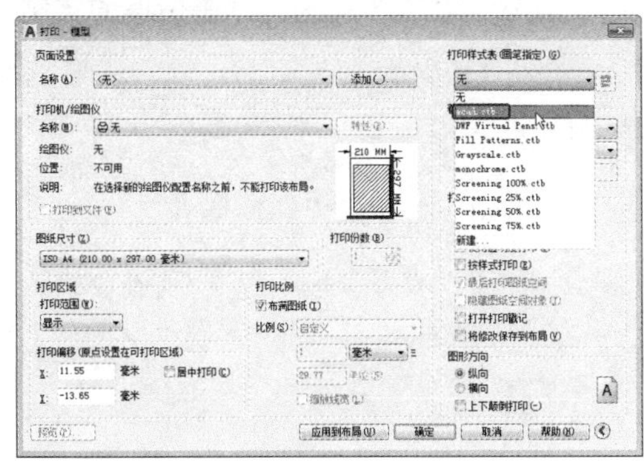

图 11-26　选择【acad.ctb】选项

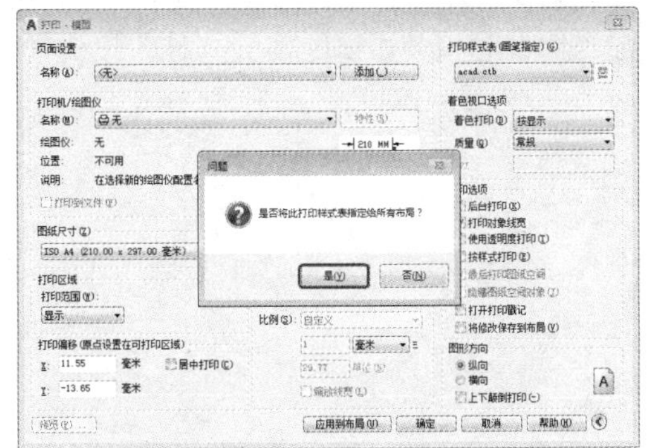

图 11-27　弹出【问题】对话框

6. 设置打印偏移

设置打印偏移可以控制在打印输出图形对象时，图形对象位于图纸的哪个位置。【打印

偏移】选项组如图 11-28 所示。

其中各选项的含义如下。

- X 文本框：指定打印原点在 *X* 轴方向上的偏移量。
- Y 文本框：指定打印原点在 *Y* 轴方向上的偏移量。
- 【居中打印】复选框：勾选该复选框后，会将图形打印到图纸的正中间，系统会自动计算出打印原点在 *X* 轴和 *Y* 轴方向上的偏移量。

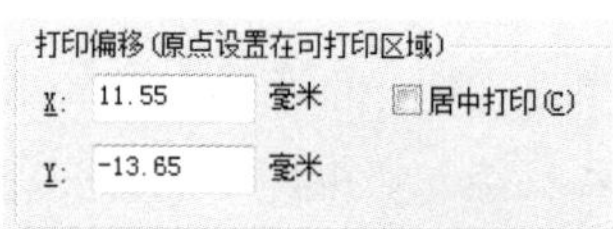

图 11-28 【打印偏移】选项组

7. 打印着色的三维模型

当打印着色的三维模型时，需要在【着色视口选项】选项组的【着色打印】下拉列表中选择需要的打印方式，如图 11-29 所示。

其中部分选项的含义如下。

- 按显示：按对象在屏幕上显示的效果进行打印。
- 传统线框：使用线框方式打印对象，不考虑它在屏幕上的显示方式。
- 传统隐藏：打印对象时消除隐藏线，不考虑它在屏幕上的显示方式。
- 渲染：按渲染后的效果打印对象，不考虑它在屏幕上的显示方式。

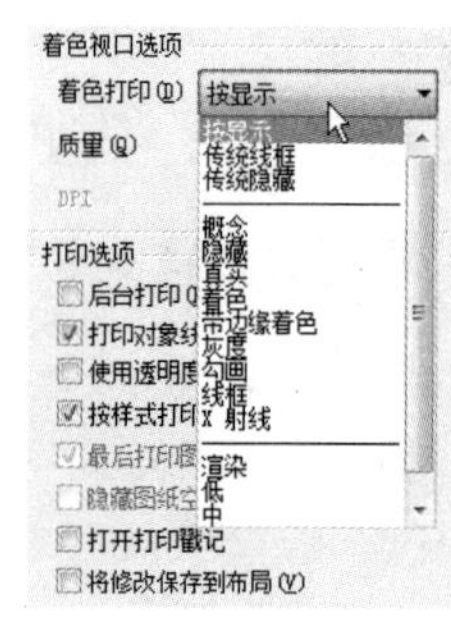

图 11-29 【着色视口选项】选项组

11.3 上机练习——打印建筑平面图

前文介绍了在 AutoCAD 2017 中打印图形对象的方法，本节将通过一个简单的实例来加深读者对相关知识的理解。打印建筑平面图效果如图 11-30 所示。

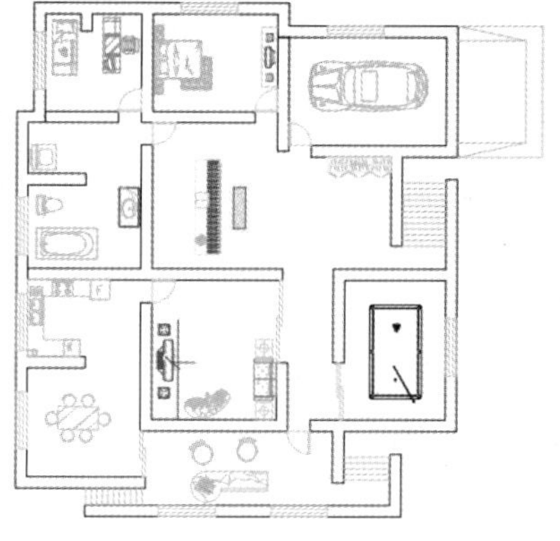

图 11-30 打印建筑平面图效果

（1）打开【素材】|【Cha11】|【建筑平面图素材.dwg】素材文件，单击快速访问工具栏中的【打印】按钮，弹出【打印-模型】对话框。在【打印机/绘图仪】选项组的【名称】下拉列表中选择所需的打印设备，这里选择【DWG To PDF.pc3】选项，在【图纸尺寸】下拉列表中选择【ISO A4】选项，如图11-31所示。

（2）在【打印区域】选项组的【打印范围】下拉列表中选择【窗口】选项，返回绘图区，绘制如图11-32所示的矩形。

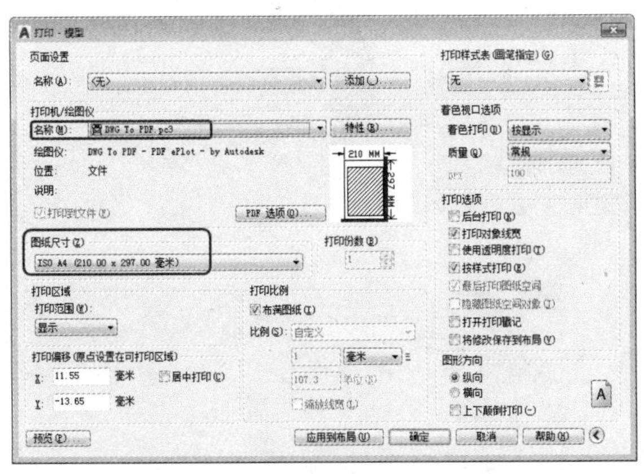

图11-31　设置打印设备和图纸尺寸

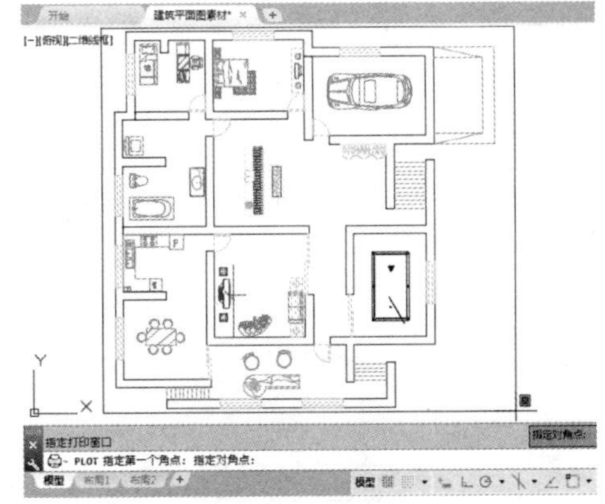

图11-32　设置打印范围并绘制矩形

（3）返回【打印-模型】对话框，在【打印样式表（画笔指定）】下拉列表中选择【acad.ctb】选项，系统会自动弹出【问题】对话框，单击【是】按钮，如图11-33所示。

（4）在【打印偏移】选项组中勾选【居中打印】复选框，将【图形方向】设置为【横向】，如图11-34所示。

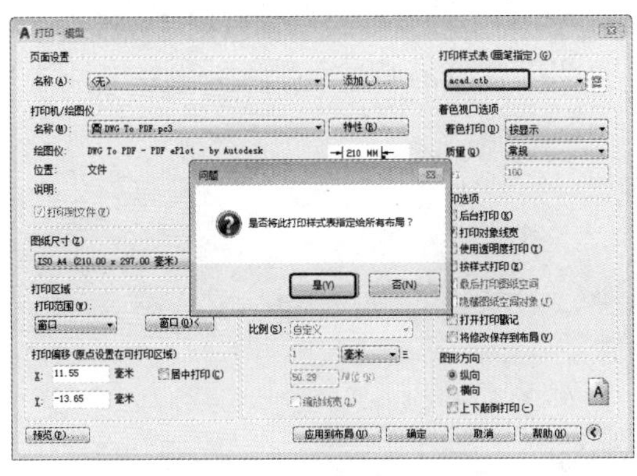

图11-33　设置打印样式表

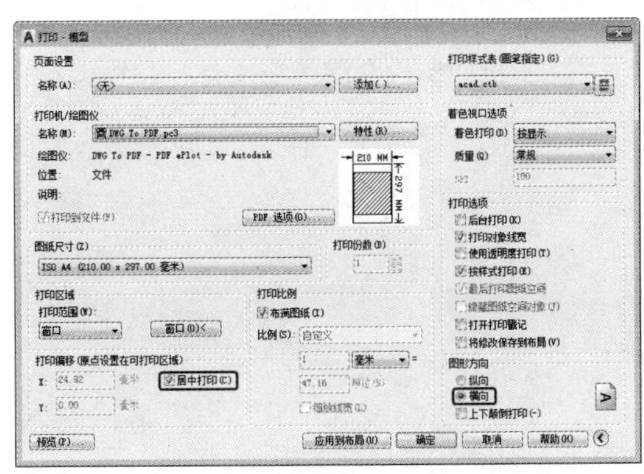

图11-34　设置打印偏移和图形方向

（5）单击左下角的【预览】按钮，预览效果如图11-35所示。

（6）单击【关闭预览窗口】按钮，返回【打印-模型】对话框。在【页面设置】选项组中单击【添加】按钮，弹出【添加页面设置】对话框，在【新页面设置名】文本框中输入【建筑图纸】，然后单击【确定】按钮，如图11-36所示。

（7）返回【打印-模型】对话框，单击【确定】按钮，弹出【浏览打印文件】对话框，设置保存路径，保存图形文件，如图11-37所示。

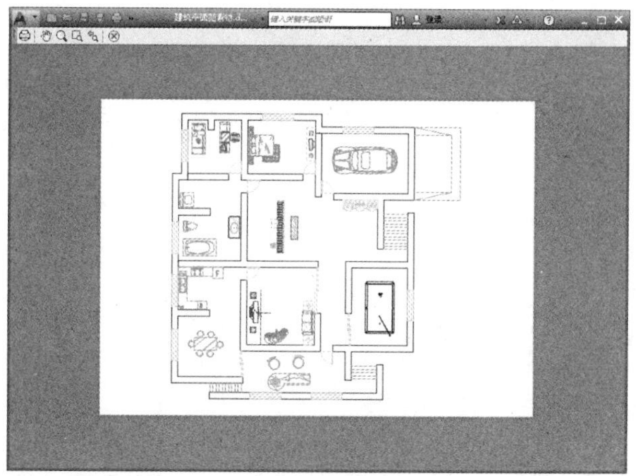

图 11-35　预览效果

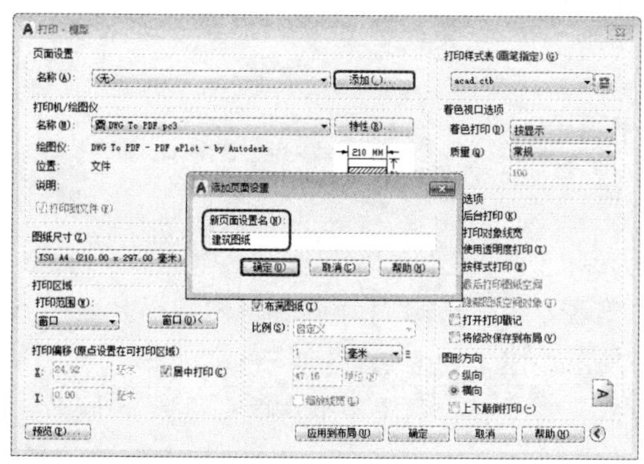

图 11-36　添加页面设置

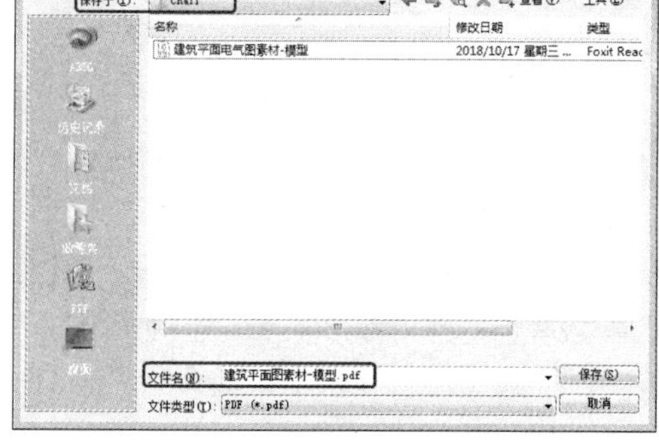

图 11-37　【浏览打印文件】对话框

（8）打印参数会随图形文件一起被保存，保存成 PDF 文件后的效果如图 11-38 所示。

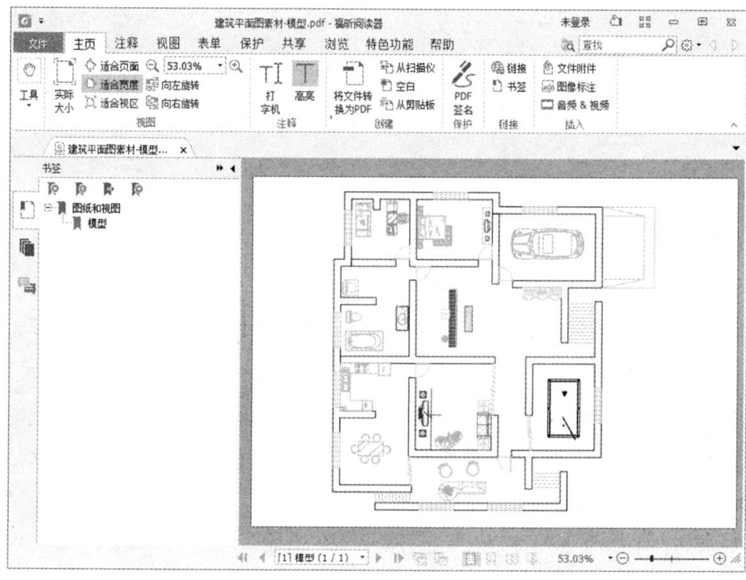

图 11-38　保存成 PDF 文件后的效果

习题与训练

项目练习　打印建筑剖面图

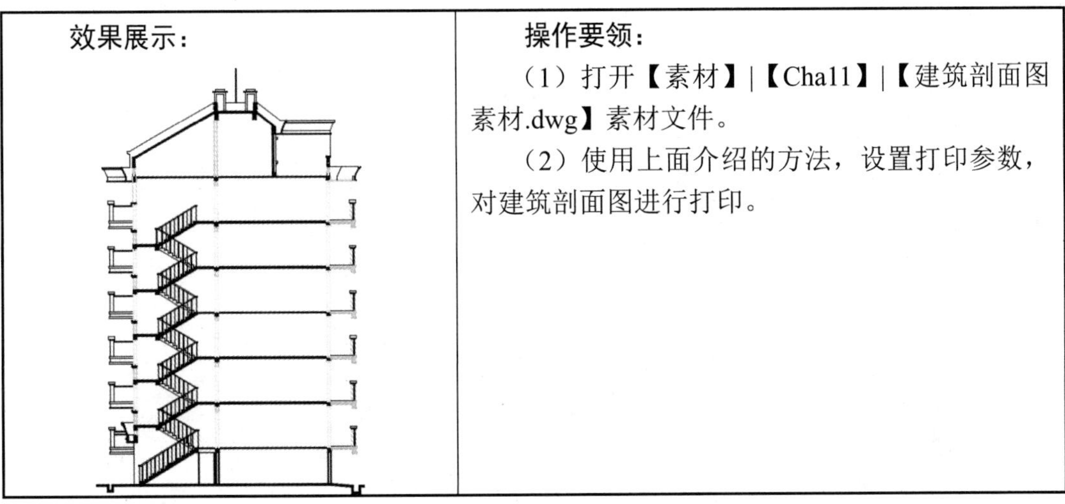

效果展示：	操作要领：
	（1）打开【素材】|【Cha11】|【建筑剖面图素材.dwg】素材文件。 （2）使用上面介绍的方法，设置打印参数，对建筑剖面图进行打印。

附录 A AutoCAD 2017 常用快捷键

功能键		
F1：获取帮助	F2：实现作图窗口和文本窗口的切换	F3：控制是否实现对象自动捕捉
F4：数字化仪控制	F5：等轴测平面切换	F6：控制状态行上坐标的显示方式
F7：栅格显示模式控制	F8：正交模式控制	F9：栅格捕捉模式控制
F10：极轴模式控制	F11：对象追踪模式控制	
快捷键		
ALT+TK：快速选择	ALT+NL：线性标注 ALT+VV4：快速创建 4 个视口	ALT+MUP：提取轮廓
Ctrl+B：栅格捕捉模式控制（F9）	Ctrl+C：将选择的对象复制到剪切板上	Ctrl+F：控制是否实现对象自动捕捉（F3）
Ctrl+G：栅格显示模式控制（F7）	Ctrl+J：重复执行上一步命令	Ctrl+K：超级链接
Ctrl+N：新建图形文件	Ctrl+M：重复上一个命令	Ctrl+O：打开图形文件
Ctrl+P：打印当前图形	Ctrl+Q：打开/关闭【保存】对话框	Ctrl+S：保存文件
Ctrl+U：极轴模式控制（F10）	Ctrl+V：粘贴剪贴板上的内容	Ctrl+W：对象追踪模式控制（F11）
Ctrl+X：剪切所选择的内容	Ctrl+Y：重做	Ctrl+Z：取消前一步的操作
Ctrl+1：打开【特性】选项板	Ctrl+2：打开【图像资源管理器】选项板	Ctrl+3：打开【工具】选项板
Ctrl+6：打开图像数据原子	Ctrl+8 或 QC：快速	双击中键：显示里面所有的图像
尺寸标注		
DLI：线性标注	DRA：半径标注	DDI：直径标注
DAL：对齐标注	DAN：角度标注	DCO：连续标注
DCE：圆心标注	LE：引线标注	TOL：公差标注
捕捉快捷命令		
END：捕捉到端点	MID：捕捉到中点	INT：捕捉到交点
CEN：捕捉到圆心	QUA：捕捉到象限点	TAN：捕捉到切点
PER：捕捉到垂足	NOD：捕捉到节点	NEA：捕捉到最近点
基本快捷命令		
AA：测量区域和周长（AREA）	ID：指定坐标	LI：指定集体（个体）的坐标
AL：对齐（ALIGN）	AR：阵列（ARRAY）	AP：加载*lsp 程序
AV：打开【视图】对话框（DSVIEWER）	SE：打开对象自动捕捉对话框	ST：打开字体设置对话框（STYLE）
SO：绘制二维面（2D SOLID）	SP：拼音的校核（SPELL）	SC：缩放比例（SCALE）
SN：栅格捕捉模式设置（SNAP）	DT：单行文本输入（DTEXT）	DI：测量两点间的距离
OI：插入外部对象	RE：更新显示	RO：旋转
LE：引线标注	ST：文字样式的设置	LA：图层管理器

续表

绘图命令		
REC：矩形	A：绘圆弧	B：定义块
C：画圆	D：尺寸资源管理器	E：删除
F：倒圆角	G：对象组合	H：填充
I：插入	J：对接	S：拉伸
T：多行文本输入	W：定义块并保存到硬盘中	L：直线
PL：画多段线。先输入【PL】，根据提示输入【W】，设置线宽，再输入【A】，就可以画线型较粗的圆了	M：移动	X：分解炸开
V：设置当前坐标	U：恢复上一次操作	O：偏移
P：移动	Z：缩放	以下包括 3ds max 快捷键
显示降级适配（开关）【O】	适应透视图格点【Shift】+【Ctrl】+【A】	排列【Alt】+【A】
角度捕捉（开关）【A】	动画模式（开关）【N】	改变到后视图【K】
背景锁定（开关）【Alt】+【Ctrl】+【B】	前一时间单位【.】	下一时间单位【,】
改变到上（Top）视图【T】	改变到底（Bottom）视图【B】	改变到相机（Camera）视图【C】
改变到前（Front）视图【F】	改变到等大的用户（User）视图【U】	改变到右（Right）视图【R】
改变到透视(Perspective)图【P】	循环改变选择方式【Ctrl】+【F】	默认灯光（开关）【Ctrl】+【L】
删除物体 【DEL】	当前视图暂时失效【D】	是否显示几何体内框（开关）【Ctrl】+【E】
显示第一个工具条【Alt】+【1】	暂存（Hold）场景【Alt】+【Ctrl】+【H】	取回（Fetch）场景【Alt】+【Ctrl】+【F】
冻结所选物体【6】	跳到最后一帧【END】	跳到第一帧【HOME】
显示/隐藏相机（Cameras）【Shift】+【C】	显示/隐藏几何体（Geometry）【Shift】+【O】	显示/隐藏网格（Grids）【G】
显示/隐藏帮助（Helpers）物体【Shift】+【H】	显示/隐藏光源（Lights）【Shift】+【L】	显示/隐藏粒子系统（Particle Systems)【Shift】+【P】
显示/隐藏空间扭曲（Space Warps）物体【Shift】+【W】	锁定用户界面（开关）【Alt】+【0】	匹配到相机（Camera）视图【Ctrl】+【C】
材质（Material）编辑器【M】	最大化当前视图（开关）【W】	脚本编辑器【F11】
新的场景【Ctrl】+【N】	法线（Normal）对齐【Alt】+【N】	向下轻推网格小键盘【-】
向上轻推网格小键盘【+】	NURBS 表面显示方式【Alt】+【L】或【Ctrl】+【4】	NURBS 调整方格 1【Ctrl】+【1】
NURBS 调整方格 2【Ctrl】+【2】	NURBS 调整方格 3【Ctrl】+【3】	偏移捕捉【Alt】+【Ctrl】+【Space】
打开一个 MAX 文件【Ctrl】+【O】	平移视图【Ctrl】+【P】	交互式平移视图【I】
放置高光（Highlight）【Ctrl】+【H】	播放/停止动画【/】	快速（Quick）渲染【Shift】+【Q】
回到上一场景操作【Ctrl】+【A】	回到上一视图操作【Shift】+【A】	撤销场景操作【Ctrl】+【Z】
撤销视图操作【Shift】+【Z】	刷新所有视图【1】	用前一次的参数进行渲染【Shift】+【E】或【F9】

渲染配置【Shift】+【R】或【F10】	在 xy/yz/zx 锁定中循环改变【F8】	约束到 X 轴【F5】
约束到 Y 轴【F6】	约束到 Z 轴【F7】	旋转（Rotate）视图模式【Ctrl】+【R】或【V】
保存（Save）文件【Ctrl】+【S】	透明显示所选物体（开关）【Alt】+【X】	选择父物体【PageUp】
选择子物体 【PageDown】	根据名称选择物体【H】	选择锁定（开关）【Space】
减淡所选物体的面（开关）【F2】	显示所有视图网格（Grids）（开关）【Shift】+【G】	显示/隐藏命令面板【3】
显示/隐藏浮动工具条【4】	显示最后一次渲染的图画【Ctrl】+【I】	显示/隐藏主要工具栏【Alt】+【6】
显示/隐藏安全框【Shift】+【F】	显示/隐藏所选物体的支架【J】	显示/隐藏工具条【Y】/【2】
百分比（Percent）捕捉（开关）【Shift】+【Ctrl】+【P】	打开/关闭捕捉（Snap)【S】	循环通过捕捉点【Alt】+【空格】
声音（开关）【\】	间隔放置物体【Shift】+【I】	改变到光线视图【Shift】+【4】
循环改变子物体层级【Ins】	子物体选择（开关）【Ctrl】+【B】	贴图材质（Texture）修正【Ctrl】+【T】
加大动态坐标【+】	减小动态坐标【-】	激活动态坐标（开关）【X】
精确输入转变量【F12】	全部解冻【7】	根据名字显示隐藏的物体【5】
刷新背景图像（Background)【Alt】+【Shift】+【Ctrl】+【B】	显示几何体外框（开关）【F4】	视图背景（Background)【Alt】+【B】
用方框（Box）快显几何体（开关）【Shift】+【B】	打开虚拟现实数字键盘【1】	虚拟视图向下移动数字键盘【2】
虚拟视图向左移动数字键盘【4】	虚拟视图向右移动数字键盘【6】	虚拟视图向中移动数字键盘【8】
虚拟视图放大数字键盘【7】	虚拟视图缩小数字键盘【9】	实色显示场景中的几何体（开关）【F3】
全部视图显示所有物体【Shift】+【Ctrl】+【Z】	视窗缩放到选择物体范围（Extents）【E】	缩放范围【Alt】+【Ctrl】+【Z】
视窗放大两倍【Shift】+数字键盘【+】	放大镜工具【Z】	视窗缩小二分之一【Shift】+数字键盘【-】
根据框选进行放大【Ctrl】+【W】	视窗交互式放大【[】	视窗交互式缩小【]】

反侵权盗版声明

电子工业出版社依法对本作品享有专有出版权。任何未经权利人书面许可，复制、销售或通过信息网络传播本作品的行为；歪曲、篡改、剽窃本作品的行为，均违反《中华人民共和国著作权法》，其行为人应承担相应的民事责任和行政责任，构成犯罪的，将被依法追究刑事责任。

为了维护市场秩序，保护权利人的合法权益，我社将依法查处和打击侵权盗版的单位和个人。欢迎社会各界人士积极举报侵权盗版行为，本社将奖励举报有功人员，并保证举报人的信息不被泄露。

举报电话：（010）88254396；（010）88258888

传　　真：（010）88254397

E-mail：dbqq@phei.com.cn

通信地址：北京市万寿路173信箱

电子工业出版社总编办公室

邮　　编：100036